"十二五"普通高等教育本科国家级规划教材

高等学校交通运输与工程类专业教材建设委员会规划教材

基础工程

（第5版）

魏　进　王晓谋　主　编

赵明华　李镜培　主　审

人民交通出版社股份有限公司

北京

内 容 提 要

本书为"十二五"普通高等教育本科国家级规划教材。本教材系统讲述了道路、桥梁及人工构造物常用的各种类型地基和基础的设计原理、理论计算方法及施工技术。全书共分七章，包括导论、天然地基上的浅基础、桩基础的基本知识及施工、桩基础的设计计算、沉井基础及地下连续墙、地基处理和几种特殊土地基上的基础工程。

本教材为高等院校土木工程（桥梁工程、隧道工程或岩土工程方向）、道路桥梁与渡河工程专业本科和研究生的教学用书，亦可供其他相关专业师生和从事基础工程设计、施工的技术人员参考。

图书在版编目（CIP）数据

基础工程 / 魏进，王晓谋主编. —5 版. — 北京：
人民交通出版社股份有限公司，2021.1
ISBN 978-7-114-16589-4

Ⅰ. ①基… Ⅱ. ①魏… ②王… Ⅲ. ①基础（工程）—
教材 Ⅳ. ①TU47

中国版本图书馆 CIP 数据核字（2020）第 243449 号

"十二五"普通高等教育本科国家级规划教材
高等学校交通运输与工程类专业教材建设委员会规划教材
Jichu Gongcheng(Di 5 Ban)

书　　　名	基础工程（第5版）
著 作 者	魏　进　王晓谋
责任编辑	卢俊丽
责任校对	刘　芹
责任印制	刘高彤
出版发行	人民交通出版社股份有限公司
地　　　址	（100011）北京市朝阳区安定门外外馆斜街 3 号
网　　　址	http://www.ccpcl.com.cn
销售电话	（010）59757973
总 经 销	人民交通出版社股份有限公司发行部
经　　　销	各地新华书店
印　　　刷	北京印匠彩色印刷有限公司
开　　　本	787×1092　1/16
印　　　张	23
字　　　数	560 千
版　　　次	1986 年 10 月　第 1 版 1997 年 10 月　第 2 版 2003 年 8 月　第 3 版 2010 年 9 月　第 4 版 2021 年 1 月　第 5 版
印　　　次	2024 年 6 月　第 5 版　第 6 次印刷　总第 54 次印刷
书　　　号	ISBN 978-7-114-16589-4
定　　　价	65.00 元

（有印刷、装订质量问题的图书由本公司负责调换）

第5版前言

本书是根据面向 21 世纪交通版高等学校教材(公路类)编审委员会制定的《基础工程》教材大纲,并主要参考了《公路桥涵设计通用规范》(JTG D60—2015)及《公路桥涵地基与基础设计规范》(JTG 3363—2019),在 2010 年人民交通出版社出版的《基础工程》(第 4 版)教材的基础上修订而成。在修订过程中征求了有关学校和单位对教材使用的意见,根据最新规范更新了教材相关内容,补充了目前应用较为广泛和成熟的内容,使本版教材在重视基本原理和基本方法的基础上,同时具备前沿性。

本书根据新规范对第 4 版进行了修订。具体修订如下:

1. 第一章:删除了第一节"概述"中的"地基和基础分类图";结合新规范重新编写了第二节"作用的分类及代表值、作用效应组合与极限状态设计"、第三节"基础工程设计计算原则、设计方法"。

2. 第二章:结合新规范修改了第四节"地基承载力容许值的确定"中岩土的名称确定、分类分级表。

3. 第三章:删除了第二节目前国内已很少使用的"管柱基础"内容;增加了使用已较为广泛的旋挖钻孔的内容;更新了钢管桩最新打桩船及液压打桩锤参数。

4. 第四章:在第一节"单桩承载力的确定"中增加了自平衡试验法;根据新规范改写了单排桩和多排桩算例;在第六节"桩基础的设计"之"桩间距的确定"中引入了"考虑土拱效应的桩间距"的内容,介绍了土拱效应的定义、应力状态及应用。

全书修改了一些表述方面的问题,使得表述更加完善、合理。

本书第一章由张宏光(长安大学)编写;第二章由魏进、王晓谋(长安大学)编写;第三章由魏进、王晓谋(长安大学)编写;第四章由魏进、王晓谋(长安大学)编写,其中本章第一节中的自平衡法部分由龚维明编写(东南大学);第五章由石名磊(东南大学)编写;第六章由方磊(东南大学)编写;第七章由魏进、王晓谋(长安大学)编写。全书由魏进、王晓谋主编,由赵明华(湖南大学)、李镜培(同济大学)主审。查道宏(中铁大桥局集团有限公司)提供了水中大直径钢管桩施工技术的资料,在此致谢。责任编辑卢俊丽在本书的编写和出版过程中提出了建设性意见,她以认真负责的工作态度和扎实的专业知道提升了本书的质量,在此表示衷心的感谢!

恳请读者提出批评和建议。

编　者

2019 年 12 月

第4版前言

本教材是根据面向 21 世纪交通版高等学校教材(公路类)编审委员会制定的《基础工程》教材大纲,并主要参考了《公路桥涵设计通用规范》(JTG D60—2004)及《公路桥涵地基与基础设计规范》(JTG D63—2007),在 2003 年人民交通出版社出版的《基础工程》(第 3 版)教材的基础上编写而成的普通高等教育"十一五"国家级规划教材。在编写过程中征求了有关学校和单位对教材编写的意见。为了使教材的内容能反映本学科的最新成果,使读者学到的知识能适应公路建设的需要,编者经过两年的努力,学习新规范及相关资料进行修订和重新编写。这次编写不仅限于用新规范代替老规范,而是努力按教材应有的要求修改,使内容更着重于基本原理和基本方法的阐述。

在第一章导论里增加了"作用的分类及代表值、作用效应组合与极限状态设计;基础工程设计方法:容许承载力设计方法、极限状态设计方法和可靠度设计方法;桥梁基础工程发展历史、现状及前景等内容"。对第二章第四节"地基承载力容许值的确定"结合新规范进行了重写。对第二章第六节"埋置式桥台刚性扩大基础计算算例"根据新规范进行了重新计算和编写。在第三章增加了"水中桩基础的施工"一节,将第三版第二章第二节"刚性扩大基础施工"中有关"钢板桩围堰和双壁钢围堰"的内容移到"水中桩基础的施工"这一节中。将第三版第三章第五节"单桩承载力"的内容移至第四章,并结合新规范进行了重写,对第四章第二节"单排桩内力及位移计算"一节进行了重写,引入了"弹性地基梁基本概念"的内容,增加了"将桩视为弹性地基上的竖梁,在弯矩和横轴向力作用下桩的挠曲微分方程的求解过程"。按新规范对第四章第五节"承台的设计计算"一节进行了重写。对第四章的两个算例按新规范进行了重新计算和编写。删减了第四章第一节"动测试桩法中波动方程法"的主要内容,仅作简要介绍。删除了第四章第三节中"桩作为弹性地基梁的有限元解法简介"的内容。对第五章根据新规范也进行了修订和补充。第六章除对各节进行修订和补充外,根据新规范对第三节"换土垫层法"进行了重写。根据新规范对第七章的"黄土、冻土及地震区的基础工程"内容进行了重写。

本书第一章由张宏光(长安大学)编写;第二章由王晓谋(长安大学)编写;第三章由赵伟封(长安大学)编写;第四章由王晓谋编写;第五章由石名磊(东南大学)编写;第六章由方磊(东南大学)编写;第七章由王晓谋编写;长安大学博士研究生方磊协助主编对书中的算例进行了计算和校核。全书由王晓谋主编,由赵明华(湖南大学)、李镜培(同济大学)主审。

恳请读者提出批评和建议。

编 者

2010 年 6 月

第3版前言

本教材系根据全国高等学校路桥及交通工程教学指导委员会制定的《基础工程》教材大纲，在1997年人民交通出版社出版的《基础工程》教材的基础上编写而成的。在编写过程中征求了有关学校对本课程及教材的意见，并结合近年来本学科工程技术的发展，进行了修订、补充和重新编写。

在导论里介绍了基础工程极限状态设计的内容；天然地基浅基础增加了板桩墙支护结构上土压力计算算例；桩基础的类型里增加了钻埋空心桩，并简要介绍了其施工方法，补充了桩基质量检验方法的内容，增加了变截面桩和桩顶为弹性嵌固时桩顶位移计算的无量纲计算公式及表格；在地基处理方面增加了土工合成材料的应用的内容；在特殊土地基上的基础工程方面，增加了膨胀土地基的内容。为了更有利于教学，本教材在编写过程中，根据教学需要对部分内容进行了调整：将"天然地基浅基础"一章中"基础埋置深度的确定及刚性扩大基础尺寸拟定"和"刚性扩大基础的验算"两节合为"刚性扩大基础设计"一节；将"刚性扩大基础施工"一节调至"刚性扩大基础设计"一节前面；将"桩基础"一章分为"桩基础的基本知识及施工"和"桩基础设计"两章；将"桩基础的施工质量检验"编写为单独一节；将"几种特殊土地基上的基础工程"一章中的"软土地基"一节调至"地基处理"一章。

本教材每章都给出了必要的例题、习题和思考题，以便教学时使用。书后列出了参考资料，这是为了教师备课时参考，也可为深入学习的学生及读者提供方便。

本书第一、二章由王晓谋（长安大学）编写；第三、四章由赵伟封（长安大学）

编写;第五章由刘松玉、石名磊(东南大学)编写;第六章由方磊(东南大学)编写;第七章由王晓谋编写。全书由(长安大学)王晓谋主编,由赵明华(湖南大学)主审。

恳请读者提出批评和建议。

编　者

2003 年 5 月

目录

第一章

导论

　　任何建筑物都建造在一定的地层上,建筑物的全部荷载都由它下面的地层来承担。一般而言,将承受建筑物各种作用的地层称为地基,而将建筑物与地基接触的最下部分,也就是将建筑物的各种作用传递至地基的结构物称为基础。以桥梁为例,桥梁由桥梁上部结构、桥梁下部结构和附属结构组成,其中桥梁上部结构包括桥跨结构和支座系统,桥梁下部结构包括桥墩(墩身)、桥台(台身)以及墩台基础,附属结构主要是起防护和过渡作用,如表1-1、图1-1所示。基础工程所要研究的主要内容即为桥梁、道路及其他人工构造物基础及其所在地基的设计与施工,以及相关的基本概念、计算原理和计算方法。

桥梁结构基本组成

表1-1

桥梁上部结构		桥梁下部结构			附属结构
桥跨结构	支座系统	桥墩(墩身)	桥台(台身)	墩台基础	
行车走人,跨越障碍(如江河、山谷或其他路线等)的结构物	支承上部结构并将上部结构产生的各种作用传递至桥梁墩台	设在河中、岸上或地面上,支承两侧桥梁上部结构的建筑物	设在桥的两端,支承上部结构并与路基衔接,承受台后土压力的建筑物	保证桥梁墩台安全并将各种作用传至地基的桥梁墩台的最下部分	引道、锥坡、导流护岸等调治构造物

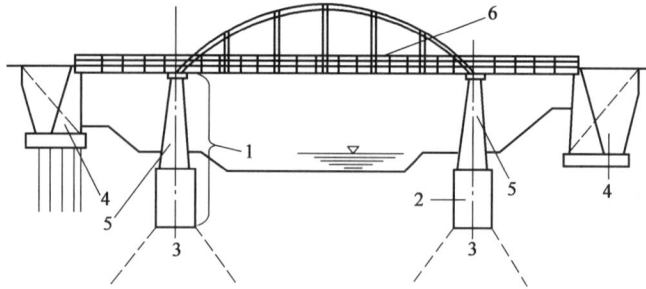

图 1-1 桥梁结构各部立面示意图

1-下部结构;2-基础;3-地基;4-桥台;5-桥墩;6-上部结构

第一节 概 述

地基与基础在各种作用下将产生附加应力和变形。为了保证建筑物的正常使用与安全,地基与基础必须具有足够的强度、稳定性和耐久性,变形也应在允许范围之内。根据地层变化情况、上部结构的要求、作用特点和施工技术水平,可采用不同类型的地基和基础。

地基可分为天然地基与人工地基。未经人工处理就可以满足设计要求的地基称为天然地基。如果天然地层土质过于软弱或存在不良工程地质问题,需要经过人工加固或处理后才能修筑基础,这种地基称为人工地基。

公路工程及桥梁工程结构物常用的基础形式有:浅基础、深基础和深水基础。浅基础与深基础是根据基底埋置深度(自地面或局部冲刷线到基础底面的距离)确定的,通常将埋置深度较浅(一般在数米以内)且施工相对简单的基础称为浅基础。在浅基础的设计计算中,可忽略基础侧面土体的摩阻力和侧向抗力,如刚性扩大基础、柔性扩大基础等。若浅层土工程性质不良,需将基础置于较深的良好土层上,这类基础形式在设计计算中不能忽略基础侧面土体的摩阻力和侧向抗力,称为深基础,如桩基础、沉井基础、地下连续墙等。深水基础则与基础的埋置深度无直接关系,其在水下部分较深,在设计和施工中必须考虑水深对于基础的影响。

目前,在桥梁基础工程中,对"浅水"与"深水"并没有严格的定量界限,但根据一般传统的桥梁基础工程中所介绍的水中围堰的概念,可暂将深水基础定义为:水深超过 5m 以上,且不能采用一般的土围堰、木板桩围堰等防水技术施工的桥梁基础。深水环境不仅会对桥梁基础产生许多直接作用,而且对其设计理论和施工技术也提出一些特殊问题。深水基础是目前基础工程的热点问题之一。

桥梁及各种人工构造物常采用天然地基上的浅基础,当需设置深基础时常采用桩基础或沉井基础。在我国公路桥梁建设中,由于桩基础施工简便、适用范围广,因此,是目前应用最为广泛的一种深基础形式。基础可由不同材料构筑,目前我国公路建筑物基础大多采用混凝土结构、钢筋混凝土结构和钢结构(钢管桩及钢沉井等);在石料丰富的地区,按照就地取材原则,也常用石砌基础;只有在特殊情况下(如抢修、建临时便桥)才采用木结构。

工程实践表明:建筑物地基与基础的设计和施工质量,对整个建筑物的质量和正常使用起着根本的作用。基础工程是隐蔽工程,如有缺陷,较难发现,也较难弥补和修复,而这些缺陷往往直接影响整个建筑物的使用年限甚至安全。基础工程的进度,经常控制整个建筑物的施工进度。基础工程的造价,通常在整个建筑物造价中占相当大的比例,在复杂的地质条件下或深水中修建基础更是如此。因此,对基础工程必须做到精心设计、精心施工。

本课程将面向道路桥梁与渡河工程专业的学生,系统地介绍桥梁、道路及其他人工构造物地基与基础的有关设计基本理论、计算方法和施工要点。

在学习中,应理解问题的实质,掌握原理,搞清方法步骤,其中天然地基浅基础、桩基础和沉井基础,应较全面掌握其设计基本理论和具体计算方法。教材中所述的理论和方法,虽多以桥梁基础工程问题举例说明,但一般也适用于道路及其他土建类的有关基础工程问题。

本课程的内容涉及其他学科较多,因而要求有较广泛的先修课知识,如《公路工程地质》《土质学与土力学》《桥涵水文》《材料力学》《结构力学》《结构设计原理》和《桥梁工程》,尤其是《土质学与土力学》,它们为本课程的重要基础理论,应注意紧密联系。

基础工程是一门比较年轻的学科,地基土又是自然的产物,复杂多变,因此,为使基础工程问题得到切合实际的、合理的和完善的解决,除需要丰富的理论知识外,还需要有较多的工程实践知识。在学习时应注意理论联系实际,通过各个教学环节,紧密结合工程实践,才能提高对理论的认识,增加处理基础工程问题的能力。

第二节 基础工程设计和施工所需的资料及计算作用的确定

地基与基础的设计方案、计算中有关参数的选用,都需要根据当地的地质条件、水文条件、上部结构形式、作用特性、材料情况及施工要求等因素全面考虑。施工方案和方法也应该结合设计要求、现场地形、地质条件、施工技术设备、施工季节、气候和水文等情况来研究确定。因此,应在事前通过详细的调查研究,充分掌握必要的、符合实际情况的资料。本节将对桥梁基础工程所需资料及计算作用确定原则作简要介绍。

一、基础工程设计和施工需要的资料

桥梁的地基与基础在设计及施工开始之前,除了应掌握有关全桥的资料,包括上部结构形式、跨径、作用、墩台结构等及国家颁发的桥梁设计和施工技术规范外,还应注意地质、水文资料的搜集和分析,重视土质和建筑材料的调查与试验。主要应掌握的地质、水文、地形等资料见表1-2,其中各项资料内容范围可根据桥梁工程规模、重要性及建桥地点的工程地质、水文条件的具体情况和设计阶段确定取舍。资料取得的方法和具体规定可参阅《公路工程地质》《土质学与土力学》《桥涵水文》等有关教材和手册。

基础工程有关设计和施工需要的地质、水文、地形及现场各种调查资料 表1-2

资料种类	资料主要内容	资料用途
1. 桥位平面图(或桥址地形图)	(1)桥位地形; (2)桥位附近地貌、地物; (3)不良工程地质现象的分布位置; (4)桥位与两端路线的平面关系; (5)桥位与河道的平面关系	(1)研究桥位的选择、下部结构位置; (2)布置施工现场; (3)作为地质概况的辅助资料; (4)估计河岸冲刷及水流方向改变; (5)布置墩台、基础防护构造物

资 料 种 类		资 料 主 要 内 容	资 料 用 途
2. 桥位工程地质勘测报告及工程地质纵剖面图		(1)桥位地质勘测调查资料包括河床地层分层土(岩)类及岩性,层面高程,钻孔位置,及钻孔柱状图; (2)地质、地史资料的说明; (3)不良工程地质现象及特殊地貌的调查勘测资料	(1)选定桥位、下部结构位置; (2)选定地基持力层; (3)选定墩台高度、结构形式; (4)布置墩台、基础防护构造物
3. 地基土质调查试验报告		(1)钻孔资料; (2)覆盖层及地基土(岩)层状生成分布情况; (3)分层土(岩)层状生成分布情况; (4)荷载试验报告; (5)地下水位调查	(1)分析和掌握地基土的层状分布情况; (2)研究与确定地基持力层及基础埋置深度; (3)选定地基各土层强度及有关计算参数; (4)确定基础类型和构造; (5)计算基础沉降
4. 河流水文调查报告		(1)桥位附近河道纵横断面图; (2)有关流速、流量、水位调查资料; (3)各种冲刷深度的计算资料; (4)通航等级、漂浮物、流冰调查资料	(1)根据冲刷要求确定基础的埋置深度; (2)计算桥墩身水平作用力; (3)研究施工季节、施工方法
5.其他调查资料	地震	(1)地震记录; (2)震害调查	(1)确定抗震设计强度; (2)确定抗震设计方法和抗震措施; (3)分析研究地基土振动液化和岸坡滑移
	建筑材料	(1)就地可采取、可供应的建筑材料种类、数量、规格、质量、运距等; (2)当地工业加工能力、运输条件有关资料; (3)工程用水调查	(1)确定下部结构采用材料种类; (2)计算就地供应材料和制订材料计划
	气象	(1)当地气象台有关气温变化、降水量、风向风力等记录资料; (2)实地调查采访记录	(1)确定气温变化; (2)确定基础埋置深度; (3)确定风压; (4)确定施工季节和方法
	附近桥梁的调查	(1)附近桥梁结构形式、设计书、图纸、现状; (2)地质、地基土(岩)性质; (3)河道变动、冲刷、淤积情况; (4)运营情况及墩台变形情况	(1)掌握架桥地点地质、地基土情况; (2)作为基础埋置深度的参考; (3)作为河道冲刷和改道情况的参考
	施工调查资料		(1)确定施工方法及施工适宜季节; (2)布置工程用地; (3)拟订工程材料、设备的供应、运输方案; (4)规划工程动力及临时设备; (5)规划施工临时结构

（一）桥位(包括桥头引道)平面图、拟建上部结构及墩台形式、总体构造及有关设计资料

大中型桥梁基础在进行初步设计时,应掌握经过实地测绘和调查取得的桥位地形、地貌、洪水泛滥线、河道主河槽和河床位置等资料及绘成的地形平面图,比例为1∶500～1∶5000,测绘范围应根据桥梁工程规模、重要性和河道情况确定,若桥址有不良工程地质现象,如滑坡、崩塌、泥石流以及河道弯曲、主支流会合、河岔、河心滩和活动沙洲等,均应在图上示出。

桥梁上部结构的形式、跨径和墩台的结构形式、高度、平面尺寸等对地基与基础设计方案的选择和具体的设计计算都有很大的制约作用,如超静定结构的上部结构对地基、基础的沉降有较严格的要求,上部结构、墩台的永久作用、可变作用是地基基础的主要作用,除了特殊情况,基础工程的设计作用标准、等级应与上部结构一致,因此,应全面获得上部结构及墩台的总体设计资料、数据、设计等级、技术标准等。

（二）桥位工程地质勘测报告及桥位地质纵剖面图

对桥位地质构造进行工程评价的主要资料包括河谷的地质构造,桥位及附近地层的岩性,如地质年代、成因、层序、分布规律及其工程性质(产状、构造、结构、岩层完整及破碎程度、风化程度等),以及覆盖层厚度和土层变化关系等资料,应说明建桥地点一定范围各种不良工程地质现象或特殊地貌如溶洞、冲沟、陡崖等的成因、分布范围、发展规律及其对工程的影响(小型桥梁及地质条件单一的地点,勘测报告可以省略)。

（三）地基土质调查试验报告

在进行施工详图设计时,应掌握地基各土层的类别及物理力学性质。可通过工程地质勘测时钻(挖)取的各层地基土原状土(岩)样,用室内或原位试验方法得到各层土的物理力学指标,如:粒径级配、塑性指数、液性指数、天然含水率、密度、孔隙比、抗剪强度指标、压缩特性、渗透性指标以及必要时的荷载试验、岩石抗压强度试验等结果。并应将这些结果编制成表,在绘制成的土(岩)柱状剖面图中予以说明。

为评定各土层的强度和稳定性,报告中还应有各层土的颜色、结构、密实度和状态等的描述资料,对岩石还应包括有关风化、节理、裂隙和胶结质等情况的说明。地基土质调查资料还应包括地下水及其随季节升降的高程,在冰冻地区应掌握土层的冻结深度、冻融情况及有关冻土力学数据。

如地基内遇到湿陷性黄土、多年冻土、软黏土、有机质土或膨胀土、盐渍土时,对这些土层的特性还应有专门的试验资料,如湿陷性指标、冻土强度、可溶盐和有机质含量等。

（四）河流水文调查资料

设计桥梁墩台的基础,要有通过计算和调查取得的比较可靠的设计冲刷深度数据,并了解设计洪水频率的最高洪水位、低水位和常年水位及流量、流速、流向变化情况,河流的下蚀、侵蚀和河床的稳定性,架桥地点河槽、河滩、阶地淹没情况,并应注意收集河流变迁情况和水利设施及规划。在沿海地点尚应了解潮汐、潮流有关资料及对桥梁的影响关系,还应有河水及地下水侵蚀的检验资料,详见表1-2。

二、作用的分类及代表值

要保证桥梁的地基与基础满足强度、刚度（变形）、稳定性和耐久性的要求，就需要对其在各种工况条件下的多项指标进行验算，而组成各种工况的基本要素就是作用❶。显然，作用有很多种，其特性各有不同。以结构重力、汽车荷载和地震作用为例，在结构使用期间，三者在量值变化幅度、持续时间久暂、出现概率大小上存在较大的差异。因此，从设计的安全性和经济性出发，有必要对各种作用进行分类。根据这一原则，现行《公路桥涵设计通用规范》（JTG D60—2015）将公路桥涵设计所采用的作用分为永久作用、可变作用、偶然作用和地震作用4类，具体见表1-3。

作用分类   表1-3

序号	分类	名称
1	永久作用	结构重力（包括结构附加重力）
2		预加力
3		土的重力
4		土侧压力
5		混凝土收缩、徐变作用
6		水浮力
7		基础变位作用
8	可变作用	汽车荷载
9		汽车冲击力
10		汽车离心力
11		汽车引起的土侧压力
12		汽车制动力
13		人群荷载
14		疲劳荷载
15		风荷载
16		流水压力
17		冰压力
18		波浪力
19		温度（均匀温度和梯度温度）作用
20		支座摩阻力
21	偶然作用	船舶的撞击作用
22		漂流物的撞击作用
23		汽车撞击作用
24	地震作用	地震作用

---

❶ 作用：施加在结构上的集中力或分布力（直接作用，也称为荷载）和引起结构外加变形或约束变形的原因（间接作用）。

永久作用是指在设计基准期❶内始终存在且其量值变化与平均值相比可以忽略不计的作用,或其变化是单调的并趋于某个限值的作用,如结构重力、预加力等。可变作用是指在设计基准期内其量值随时间而变化,且其变化值与平均值相比不可忽略不计的作用。可变作用种类较多,如汽车荷载、人群荷载、风荷载、流水压力等。设计基准期是确定各作用具体量值的重要时间参数,现行《公路桥涵设计通用规范》(JTG D60—2015)规定,公路桥涵结构的设计基准期为 100 年。

由极限状态设计理论可知,针对不同的设计目的与要求,作用宜采用不同的计算量值,为此引入了"作用的代表值"这一概念。作用的代表值是根据其在某一工况条件下的概率分布规律选用合适的概率模型进行统计分析得到的。现行《公路桥涵设计通用规范》(JTG D60—2015)规定,作用的代表值为极限状态设计所采用的作用值,可以是作用的标准值或可变作用的伴随值(组合值、频遇值或准永久值)。也就是说,作用有多个代表值,可根据设计的不同要求进行选取。作用代表值的取用见表1-4。

作 用 代 表 值 表 1-4

作用分类	作用代表值取用
永久作用	标准值 (承载能力极限状态设计、正常使用极限状态设计及按弹性阶段计算结构强度时采用)
可变作用	标准值 (承载能力极限状态设计基本组合及按弹性阶段计算截面应力时采用)
	组合值 = 标准值×组合值系数 (承载能力极限状态设计基本组合时采用)
	频遇值 = 标准值×频遇值系数 (承载能力极限状态设计偶然组合及正常使用极限状态设计频遇组合时采用)
	准永久值 = 标准值×准永久值系数 (承载能力极限状态设计偶然组合、正常使用极限状态设计频遇组合和准永久组合时采用)
偶然作用	设计值 (承载能力极限状态设计偶然组合时采用)
地震作用	标准值 (承载能力极限状态设计地震组合时采用)

永久作用被近似地认为在设计基准期内是不变的,其代表值只有一个,即标准值,对结构重力(包括结构附加重力),可按结构设计规定的设计尺寸和材料的重度计算确定;可变作用的标准值按现行《公路桥涵设计通用规范》(JTG D60—2015)有关章节中的规定采用;偶然作

---

❶ 设计基准期:在进行结构可靠性分析时,考虑持久设计状况下各项基本变量与时间关系所采用的基准时间参数。

用取其设计值作为代表值,可根据历史记载、现场观测和试验,并结合工程经验综合分析确定,也可根据有关标准的专门规定确定;地震作用的代表值为其标准值,应根据现行《公路工程抗震规范》(JTG B02—2013)确定。

（一）作用的标准值

作用的标准值是结构设计的主要参数,关系到结构的安全问题,是作用的基本代表值。其量值应取结构设计规定期限内可能出现的最不利值,一般按作用在设计基准期内最大值概率分布的某个分位值确定,也可根据对观测数据的统计、作用的自然界限或工程经验确定。

（二）可变作用的组合值、频遇值、准永久值

当结构承受两种或两种以上可变作用时,不仅要考虑多种作用的叠加效应,还要考虑其共同出现的概率大小,因此,引入可变作用的"组合值系数"。现行《公路桥涵设计通用规范》(JTG D60—2015)规定,为了保证可变作用组合数目不同时构件的可靠指标不变,组合值系数取为0.75;对已调查的主要可变作用的频遇值和准永久值分别取其随机过程截口任意时点分布的0.95和0.5分位值,对不可调查或尚未调查的可变作用仍取其标准值或参照有关资料取值。具体而言,0.5分位值的取值原则意味着在设计基准期内,可变作用的准永久值取超越0.5倍设计基准期时的作用值。可变作用的准永久值实际上是考虑可变作用施加的时间间歇性和分布不均匀的一种折减。例如对于地基沉降计算,短时间的荷载不一定引起充分的沉降,在这种情况下可变作用的代表值就应该采用可变作用的准永久值。与可变作用的准永久值类似,可变作用的频遇值取超越0.95倍设计基准期时的作用值。

在实际操作层面,可变作用的标准值分别乘以组合值系数 ψ_c、频遇值系数 ψ_f 或准永久值系数 ψ_q 时,即可转变为相应的可变作用的组合值、频遇值或准永久值。可变作用的组合值是指在主导可变作用(汽车荷载)出现时段内其他可变作用的最大量值,比标准值小,可由标准值乘以小于1的组合值系数 ψ_c 得到;可变作用的频遇值是指结构上较频繁出现且量值较大的作用取值,比标准值小,可由标准值乘以小于1的频遇值系数 ψ_f 得到;可变作用的准永久值是指结构上经常出现的作用取值,比频遇值小,可由标准值乘以准永久值系数 ψ_q(小于 ψ_f)得到。

这些作用不仅作用在桥梁上部结构、墩台身和基础上,还通过基础传给地基。因此,在设计计算时,应视验算目标与验算目的的不同,以各种作用的代表值为基础进行多种作用组合[1],进而形成各种验算工况,确保桥梁结构的安全与经济。

三、作用组合与极限状态设计

事实上对于结构计算而言,不仅在可变作用内部存在不同作用间的组合问题,在不同类别的作用(永久作用、可变作用、偶然作用及地震作用)之间也同样存在组合问题。显然,为了保证结构的可靠性,需要考虑同时施加在结构上的多种作用效应[2],以及各种作用同时出现的概

---

[1] 作用组合:在不同作用的同时影响下,为验证某一极限状态的结构可靠度而采用的一组作用设计值。

[2] 作用效应:由作用引起的结构或结构构件的反应。

率大小,因此,全面而合理的作用组合是桥涵结构设计的关键,而各种作用组合又与预期中桥涵所能达到的极限状态密切相关。现行《公路桥涵设计通用规范》(JTG D60—2015)规定,在设计计算时应考虑基准期内各种可能出现的作用组合,重点考虑4种设计状况(持久设计状况、短暂设计状况、偶然设计状况和地震设计状况),并分别按承载能力极限状态和正常使用极限状态进行设计。下面对现行《公路桥涵设计通用规范》(JTG D60—2015)中有关承载能力极限状态和正常使用极限状态下的各种作用组合进行简要介绍。

(一)承载能力极限状态设计

承载能力极限状态:对应于结构或结构构件达到最大承载能力或不适于继续承载的变形的状态。

公路桥涵结构按承载能力极限状态设计时,对持久设计状况和短暂设计状况应采用作用的基本组合,对偶然设计状况应采用作用的偶然组合,对地震设计状况应采用作用的地震组合,并应符合下列规定。

(1)基本组合:永久作用设计值与可变作用设计值❶相组合。

①作用基本组合的效应设计值可按下式计算:

$$S_{ud} = \gamma_0 S \left(\sum_{i=1}^{m} \gamma_{G_i} G_{ik}, \gamma_{Q_1} \gamma_{L_1} Q_{1k}, \psi_c \sum_{j=2}^{n} \gamma_{L_j} \gamma_{Q_j} Q_{jk} \right) \tag{1-1}$$

或

$$S_{ud} = \gamma_0 S \left(\sum_{i=1}^{m} G_{id}, Q_{1d}, \sum_{j=2}^{n} Q_{jd} \right) \tag{1-2}$$

式中:S_{ud}——承载能力极限状态下作用基本组合的效应设计值;

$S(\ )$——作用组合的效应函数;

γ_0——结构重要性系数,对应于设计安全等级一级、二级和三级分别取1.1、1.0和0.9;

γ_{G_i}——第i个永久作用的分项系数,按表1-5的规定采用;

G_{ik}、G_{id}——第i个永久作用的标准值和设计值;

γ_{Q_1}——汽车荷载(含汽车冲击力、离心力)的分项系数,采用车道荷载计算时取γ_{Q_1} = 1.4,采用车辆荷载计算时,其分项系数取γ_{Q_1} = 1.8,当某个可变作用在组合中其效应值超过汽车荷载效应时,则该作用取代汽车荷载,其分项系数取γ_{Q_1} = 1.4,对专为承受某作用而设置的结构或装置,设计时该作用的分项系数γ_{Q_1} = 1.4,计算人行道板和人行道栏杆的局部荷载,其分项系数也取γ_{Q_1} = 1.4;

γ_{L_1}——汽车荷载(含汽车冲击力、离心力)的结构设计使用年限荷载调整系数,γ_{L_1} = 1.0;

Q_{1k}、Q_{1d}——汽车荷载(含汽车冲击力、离心力)的标准值和设计值;

γ_{Q_j}——在作用组合中除汽车荷载(含汽车冲击力、离心力)、风荷载外的其他第j个可变作用的分项系数,取γ_{Q_j} = 1.4,但风荷载的分项系数取γ_{Q_j} = 1.1;

Q_{jk}、Q_{jd}——在作用组合中除汽车荷载(含汽车冲击力、离心力)外的其他第j个可变作用的标准值和设计值;

---

❶ 作用设计值:作用的代表值与作用分项系数的乘积。

ψ_c——在作用组合中除汽车荷载(含汽车冲击力、离心力)外的其他可变作用的组合值系数,取 $\psi_c = 0.75$;

$\psi_c Q_{jk}$——在作用组合中除汽车荷载(含汽车冲击力、离心力)外的其他第 j 个可变作用的组合值;

γ_{Lj}——第 j 个可变作用的结构设计使用年限荷载调整系数,公路桥涵结构的设计使用年限按现行《公路工程技术标准》(JTG B01—2014)取值时,可变作用的设计使用年限荷载调整系数 $\gamma_{Lj} = 1.0$,否则 γ_{Lj} 取值应按专题研究确定。

永久作用的分项系数 表1-5

编　号	作　用　类　别		永久作用效应分项系数	
			对结构的承载能力不利时	对结构的承载能力有利时
1	混凝土和圬工结构重力(包括结构附加重力)		1.2	1.0
	钢结构重力(包括结构附加重力)		1.1 或 1.2	1.0
2	预加力		1.2	1.0
3	土的重力		1.2	1.0
4	混凝土收缩及徐变作用		1.0	1.0
5	土侧压力		1.4	1.0
6	水的浮力		1.0	1.0
7	基础变位作用	混凝土和圬工结构	0.5	0.5
		钢结构	1.0	1.0

注:本表编号1中,当钢桥采用钢桥面板时,永久作用分项系数取1.1;当采用混凝土桥面板时,取1.2。

②当作用与作用效应可按线性关系考虑时,作用基本组合的效应设计值 S_{ud} 可通过作用效应代数相加计算。

③设计弯桥时,当离心力与制动力同时参与组合时,制动力标准值或设计值按70%取用。

④进行基础结构或结构构件稳定性验算时,上述各项系数均取为1.0。

(2)偶然组合:永久作用标准值与可变作用某种代表值、一种偶然作用设计值相组合;与偶然作用同时出现的可变作用,可根据观测资料和工程经验取用频遇值或准永久值。

①作用偶然组合的效应设计值可按下式计算:

$$S_{ad} = S\left[\sum_{i=1}^{m} G_{ik}, A_d, (\psi_{f1} \text{ 或 } \psi_{q1})Q_{1k}, \sum_{j=2}^{n} \psi_{qj}Q_{jk}\right] \quad (1\text{-}3)$$

式中:　S_{ad}——承载能力极限状态下作用偶然组合的效应设计值;

A_d——偶然作用的设计值;

ψ_{f1}——汽车荷载(含汽车冲击力、离心力)的频遇值系数,取 $\psi_{f1} = 0.7$,当某个可变作用在组合中其效应值超过汽车荷载效应时,则该作用取代汽车荷载,人群荷载 $\psi_f = 1.0$,风荷载 $\psi_f = 0.75$,温度梯度作用 $\psi_f = 0.8$,其他作用 $\psi_f = 1.0$;

$\psi_{f1}Q_{1k}$——汽车荷载的频遇值；

ψ_{q1}、ψ_{qj}——第 1 个和第 j 个可变作用的准永久值系数，汽车荷载（含汽车冲击力、离心力）$\psi_{q1}=0.4$，人群荷载 $\psi_{qj}=0.4$，风荷载 $\psi_{qj}=0.75$，温度梯度作用 $\psi_{qj}=0.8$，其他作用 $\psi_{qj}=1.0$；

$\psi_{q1}Q_{1k}$、$\psi_{qj}Q_{jk}$——第 1 个和第 j 个可变作用的准永久值。

②当作用与作用效应可按线性关系考虑时，作用偶然组合的效应设计值 S_{ad} 可通过作用效应代数相加计算。

（3）作用地震组合的效应设计值应按现行《公路工程抗震设计规范》（JTG B02—2013）的有关规定计算。

承载力验算时作用效应组合中各效应的分项系数、结构重要性系数及效应组合系数按式（1-1）规定取值；稳定性验算时，各项系数均取为 1.0。

（二）正常使用极限状态设计

正常使用极限状态：对应于结构或结构构件达到正常使用或耐久性能的某项规定限值的状态。

公路桥涵结构按正常使用极限状态设计时，应根据不同的设计要求，采用作用的频遇组合或准永久组合，并应符合下列规定。

（1）频遇组合：永久作用标准值与汽车荷载频遇值、其他可变作用准永久值相结合。

①作用频遇组合的效应设计值可按下式计算：

$$S_{fd}=S\left(\sum_{i=1}^{m}G_{ik},\psi_{f1}Q_{1k},\sum_{j=2}^{n}\psi_{qj}Q_{jk}\right) \tag{1-4}$$

式中：S_{fd}——正常使用极限状态下作用频遇组合的效应设计值；

ψ_{f1}——汽车荷载（不计汽车冲击力）的频遇值系数，取 $\psi_{f1}=0.7$，当某个可变作用在组合中其效应值超过汽车荷载效应时，则该作用取代汽车荷载，人群荷载 $\psi_f=1.0$，风荷载 $\psi_f=0.75$，温度梯度作用 $\psi_f=0.8$，其他作用 $\psi_f=1.0$；

其他变量意义如式（1-3）所示。

②当作用与作用效应可按线性关系考虑时，作用频遇组合的效应设计值 S_{fd} 可通过作用效应代数相加计算。

（2）准永久组合：永久作用标准值与可变作用准永久值相组合。

①作用准永久组合的效应设计值可按下式计算：

$$S_{qd}=S\left(\sum_{i=1}^{m}G_{ik},\sum_{j=1}^{n}\psi_{qj}Q_{jk}\right) \tag{1-5}$$

式中：S_{qd}——正常使用极限状态下作用准永久组合的效应设计值；

ψ_{qj}——第 j 个可变作用的准永久值系数，汽车荷载（不计汽车冲击力）$\psi_{qj}=0.4$，人群荷载 $\psi_{qj}=0.4$，风荷载 $\psi_{qj}=0.75$，温度梯度作用 $\psi_{qj}=0.8$，其他作用 $\psi_{qj}=1.0$。

其他变量意义如式（1-3）所示。

②当作用与作用效应可按线性关系考虑时，作用准永久组合的效应设计值 S_{qd} 可通过作用效应代数相加计算。

（三）基础工程相关验算

1. 基础结构稳定性验算

基础结构的稳定性可按下式进行验算：

$$k \leqslant \frac{S_{bk}}{\gamma_0 S_{sk}} \tag{1-6}$$

式中：γ_0——结构重要性系数，取 $\gamma_0 = 1.0$；

  S_{sk}——使基础结构稳定的作用标准值组合效应，按基本组合和偶然组合最小组合值计算，表达式中的作用分项系数、频遇值系数和准永久值系数均取 1.0；

  S_{bk}——基础结构失稳的作用标准值的组合效应，按基本组合和偶然组合最大组合值计算，表达式中的作用分项系数、频遇值系数和准永久值系数均取 1.0；

  k——基础结构稳定安全系数。

此外，基础结构还应进行耐久性设计。

2. 地基竖向承载力验算

进行地基竖向承载力验算时，传至基底或承台底面的作用应采用正常使用极限状态的频遇组合；同时尚应考虑作用的偶然组合（不包括地震作用）。

作用组合值应小于或等于相应的抗力——地基承载力特征值或单桩承载力容许值。当采用作用频遇组合时，其中可变作用的频遇值系数均取为 1.0，且汽车荷载应计入冲击系数；当采用作用的偶然组合时，不考虑结构重要性系数，式（1-3）中的频遇值系数 ψ_f 和准永久值系数 ψ_q 均取为 1.0。

3. 基础沉降计算

计算基础沉降时，传至基础底面的作用效应应采用正常使用极限状态的准永久组合。该组合仅为直接施加于结构上的永久作用标准值（不包括混凝土收缩及徐变作用、基础变位作用）和可变作用准永久值（仅指汽车荷载和人群荷载）引起的效应。

4. 关于水浮力计算的相关规定

关于在水下的土中基础和地基土的浮力计算，是一个至今还存在不同意见的问题。从安全角度出发，基础工程设计时对浮力的计算可以做如下处理：

（1）基础底面位于透水性地基上的桥梁墩台，当验算稳定性时，应考虑设计水位的浮力；当验算地基承载力时，可仅考虑低水位的浮力，或不考虑水的浮力。

（2）基础嵌入不透水性地基（密实黏性土地基，较完整、裂隙较少的岩石地基）的桥梁墩台基础，可不考虑水的浮力。

（3）作用在桩基承台底面的浮力，应考虑全部底面积。对桩嵌入不透水地基并灌注混凝土封闭者，不应考虑桩所受的浮力，在计算承台底面浮力时应扣除桩的截面面积。

（4）当不能确定地基是否透水时，应以透水和不透水两种情况与其他作用组合，取其最不利者。

水对水下墩台及基础或土的固体颗粒的浮力作用，可采用墩台及基础的圬工浮重度或土的浮重度来反映。圬工的浮重度等于圬工重度减去水的重度，土的浮重度可以根据土质勘测资料得到的物理性质指标，如土的天然重度、天然含水率、土粒重度或土的饱和重度来计算。

　　总之，为保证地基与基础满足在强度、稳定性和变形方面的要求，应根据建筑物所在地区的各种条件和结构特性，按其可能出现的最不利作用组合情况进行验算。所谓"最不利作用组合"就是指所组合起来的作用，既有可能共同发生，又能满足一定的概率要求，且能产生最大的力学效能。例如滑动稳定验算时组合在一起的作用能使得滑动安全系数最小等。并且应该注意到，不同的验算内容将由不同的最不利作用组合控制设计。

　　一般说来，不经过计算较难判断哪一种作用组合最为不利，必须用分析的方法，对各种可能的最不利作用组合进行计算后，才能得到最后的结论。由于可变作用（车辆荷载）的布置在纵横方向都是可变的，它将影响着各支座传递给墩台及基础的支座反力的分配数值，以及台后由车辆荷载引起的土侧压力大小等，因此，车辆荷载的布置方式往往对确定最不利作用组合起着支配作用，对于不同验算项目（强度、偏心距及稳定性等），可能各有其相应的最不利作用组合，应分别进行验算。

　　此外，许多可变作用其作用方向在水平投影面上常可以分解为纵桥向和横桥向，因此，一般也需按此两个方向进行地基与基础的计算，并考虑其最不利作用组合，比较出最不利者来控制设计。桥梁的地基与基础大多数情况下为纵桥向控制设计，但当有较大横桥向水平力（风力、水压力和船舶撞击力等）作用时，也需进行横桥向计算，即为横桥向控制设计。

第三节　基础工程设计计算原则、设计方法

一、基础工程设计计算的原则

　　建筑物是一个整体，地基、基础、墩台和上部结构共同工作且相互影响，地基的任何变形都必定引起基础、墩台和上部结构的位移或变形；不同类型的基础会影响上部结构的受力和工作；上部结构的力学特征也必然对基础的类型与地基的强度、变形和稳定条件提出相应的要求。地基和基础的不均匀沉降对于超静定的上部结构影响较大，因为较小的基础沉降差就能引起上部结构产生较大的内力。同时恰当的上部结构、墩台结构形式也具有调整地基基础受力条件，改善位移状况的能力。因此，基础工程应紧密结合上部结构、墩台特性和要求进行；上部结构的设计也应充分考虑地基的特点，把整个结构物作为一个整体，考虑其整体作用和各个组成部分的共同作用；把强度、变形和稳定紧密地与现场条件、施工条件结合起来，全面分析，综合考虑建筑物整体和各组成部分的设计可行性、安全性和经济性。

　　基础工程设计计算的目的是设计一个安全、经济和可行的地基及基础，以保证结构物的安全和正常使用。因此，基础工程设计计算的基本原则是：

　　（1）基础底面的压应力小于地基承载力特征值；

　　（2）地基及基础的变形值小于建筑物要求的变形值；

　　（3）地基及基础的整体稳定性有足够保证；

　　（4）基础本身的强度、刚度和耐久性满足要求。

　　地基与基础方案的确定主要取决于地基土层的工程性质与水文地质条件、荷载特性、上部结构的结构形式及使用要求，以及材料的供应和施工技术等因素，方案选择的原则是：力求使

用上安全可靠、施工技术上简便可行和经济上合理。因此,必要时应做不同方案的比较,从中选出较为适宜与合理的设计方案和施工方案。

二、地基承载力确定方法

随着建筑科学技术的发展,地基承载力的确定方法也在不断改进。

(一)容许承载力设计方法

建筑物荷载通过基础传递到地基上,对于刚性扩大基础而言,作用在基础底面单位面积上的压力称为基底压力。设计中要求基底压力不能超过地基极限承载力,而且要有足够的安全度;同时所引起的地基变形不能超过建筑物容许变形值。满足这两项要求,地基单位面积上所能承受的最大压力就称为地基容许承载力。如果地基容许承载力$[\sigma_0]$确定了,则要求的基础底面积 A 就可用下式计算:

$$A = \frac{N}{[\sigma_0]} \tag{1-7}$$

式中:N——作用在基础上的总荷载,包括基础自重;

$[\sigma_0]$——地基的容许承载力。

最早的地基容许承载力是根据工程师的经验或建设者参考建筑场地附近建筑物地基的承载状况确定的。通过长期经验积累,人们不断总结容许承载力与地基土性状的关系,用规范的形式给出地基容许承载力与土的种类、物理性质指标(如孔隙比 e、液性指数 I_L 等)或原位测试指标(如标准贯入击数等)的关系,设计者可以从地基规范的容许承载力表中直接查出地基容许承载力。例如根据我国 1985 年颁布的《公路桥涵地基与基础设计规范》(JTJ 024—85),一般黏性土容许承载力$[\sigma_0]$值可由表 1-6 查得,砂土容许承载力$[\sigma_0]$可由表 1-7 查得。有了地基容许承载力,地基基础设计就很容易进行。地基容许承载力设计方法是我国 20 世纪最常用的方法,并积累了丰富的工程经验,目前还有一些规范使用此种方法,如《铁路桥涵地基和基础设计规范》(TB10093—2017)。然而,由于地基容许承载力设计方法本身的局限性,安全度有多大,很难给出比较准确的答案。因此,这种方法需要改进。

一般黏性土的容许承载力$[\sigma_0]$ (kPa)   表 1-6

e	I_L												
	0	0.1	0.2	0.3	0.4	0.5	0.6	0.7	0.8	0.9	1.0	0.2	0.3
0.5	450	440	430	420	400	380	350	310	270	240	220	—	—
0.6	420	410	400	380	360	340	310	280	250	220	210	180	—
0.7	400	370	350	330	310	290	270	240	220	190	170	160	150
0.8	380	330	300	280	260	240	230	210	180	160	150	140	130
0.9	320	280	260	240	220	210	190	180	160	140	130	120	100
1.0	250	230	220	210	190	170	160	150	140	120	110	—	—
1.1	—	—	160	150	140	130	120	110	100	90	—	—	—

砂土的容许承载力$[\sigma_0]$（kPa）　　　　表 1-7

砂类土名称	湿　　度	密　实　度		
		密实的	中等密实的	稍松的
砾砂、粗砂	与湿度无关	550	400	200
中砂	与湿度无关	450	350	150
细砂	水上	350	250	—
	水下	300	200	—
粉砂	水上	300	200	—
	水下	200	100	—

（二）极限状态设计方法

随着建筑技术的发展，结构不断更新、形式日益复杂。新型结构物和大型结构物对沉降和不均匀沉降更为敏感。地基容许承载力设计方法未必仍能保证新型建筑物安全使用。因此对复杂一些的建筑物往往还要单独进行地基变形验算。这样，容许承载力设计方法就满足不了要求。实际上，地基承载力容许和变形容许是对地基的两种不同要求，要充分发挥地基承载作用，并不能简单地用一个容许承载力概括。更好的做法应该是分别验算，了解控制的因素，对薄弱环节采取必要的工程措施，才能真正充分发挥地基的承载能力，在保证安全可靠的前提下达到最为经济的目的，这也就是极限状态设计方法的本质。按极限状态设计方法，地基必须满足如下两种极限状态的要求。

1. 承载能力极限状态或稳定极限状态

其意是让地基土最大限度地发挥承载能力，荷载超过此种限度时，地基土即发生强度破坏而丧失稳定或发生其他任何形式的危及建筑物安全的破坏。表达式为

$$\frac{N}{A} = p \leqslant \frac{p_u}{K} \tag{1-8}$$

式中：p——基底压应力；

$\quad\ p_u$——地基极限承载力，或称极限荷载；

$\quad\ K$——安全系数。

2. 正常使用极限状态或变形极限状态

其意是地基受载后的变形应该小于建筑物地基变形的容许值，表达式为

$$s \leqslant [s] \tag{1-9}$$

式中：s——建筑物地基的变形；

$\quad\ [s]$——建筑物地基的容许变形值。

表面上看，地基的极限状态设计与结构的极限状态完全相同。首先满足承载力极限状态，保证地基稳定；然后满足正常使用极限状态，符合变形要求。但是，已有大量地基工程事故资料表明，绝大多数地基事故都是由于变形过大而且不均匀造成的。根据地基载荷试验和地基承载力理论可知，随着荷载的增加，地基先产生压密，再产生局部剪切，最后产生整体剪切破

坏。临塑荷载❶p_{cr}远小于整体剪切破坏时的极限荷载p_u。这就是说，地基在充分发挥其承载力以前，通常都产生较大的变形，影响建筑物正常使用，即地基设计实质上受变形控制。

在式(1-8)中地基极限承载力除以安全系数的含义也与材料强度除以安全系数的含义不同。这是因为地基极限承载力不是土的强度，其值不仅与土的性质有关，而且与荷载的分布范围及作用的深度等因素有关；其次地基极限承载力除以安全系数得到的地基承载力在很大程度上仍然是反映建筑物对变形的要求，因为地基发生失稳破坏的情况极为少见。

对于必须按式(1-9)验算变形的重要建筑物，验算式(1-8)的实质控制地基内不要出现过大的塑性区，以免变形迅速发展，导致地基失稳。对于不必按式(1-9)验算变形的一般建筑物，按式(1-8)验算实质上是以满足式(1-9)的要求为前提的。由此可见，地基的极限状态分析，实际上是以验算变形为核心的分析，这点与结构的分析不同。

现行《公路桥涵地基与基础设计规范》（JTG 3363—2019）所选定的地基承载力为地基承载力特征值，地基承载力特征值的基本意义与地基容许承载力是一致的。规范将容许值修改为特征值，主要是考虑勘察工作市场化后，将本行业的地基承载力提法与其他行业规范统一起来。规范提供的地基承载力特征值取值方法与2007版规范相同，且都是基于1985版规范给出的，特征值的确定需要同时满足强度和变形两个条件，因此可视为按正常使用极限状态确定的地基承载力。

用这种设计方法，地基的安全程度都是用单一的安全系数表示，为了与后面第三种方法相区别，可称之为单一安全系数的极限状态设计方法。

（三）可靠度设计方法

前面所讲的两种设计方法，都是把各种作用和抗力当成一个确定量，其中，衡量建筑物安全度的安全系数也是一个确定值。其实，无论是何种作用或者抗力，都存在很大的不确定性，很难确切得到其准确的数值。以试验研究某土层的内摩擦角φ值为例，进行的多次试验中每次试验结果都不会完全一致，因为取样的位置、试验的具体操作都不可能完全一样。就是说，内摩擦角φ这个土的重要力学指标无法得到完全确定的数值，它的变化是随机的，可称其为随机变量。随机变量并不是变化莫测、毫无规律，因为是属于同一层土，基本性质应该大致相同，其变化服从于某一统计规律。内摩擦角是这样，土的其他特性指标也是这样，推而广之，其他材料的特性指标及施加于建筑物上的各种作用以及很多的事物和现象也都是这样。

另一方面，工程上对安全系数数值的确定，仅是根据以往的工程经验，比较粗糙，而且不同方法之间，要求也不尽相同。例如用式(1-8)验算地基稳定时，要求安全系数达到2~3；而改用圆弧滑动法验算地基稳定性时，要求安全系数则为1.3~1.5。但这完全不表示前者的安全度高于后者，仅仅是采用方法不同、准确性不一样，所以要求不同而已。以上说明这种需要确定数量的荷载和抗力以单一安全系数所表征的设计方法来分析是不够科学的。于是另一种新的分析方法，即可靠度分析方法就逐渐发展起来。

可靠度设计方法也称以概率理论为基础的极限状态设计方法。可靠度的研究早在20世纪30年代就已开始，当时是围绕飞机失效所进行的研究。如果飞机设计师按以往的设计方法

---

❶ 临塑荷载：土体中刚要出现而尚未出现塑性区时的荷载；或相应于基础的压力-沉降曲线从弹性变形阶段转为弹塑性变形阶段的临界荷载。

得到的安全系数是 3 或者更大,这对安全飞行提供的只是一个很模糊的概念,因为再大的安全系数也避免不了飞行事故的发生。如果采用新的方法,提供的结果是每飞行一小时,失事的可能性为百万分之几的概率,则人们对飞行安全性的认识就要具体得多,这种以失效概率为表征的分析方法就是可靠度分析方法。第二次世界大战中,德国用可靠度分析方法研究火箭,美国在对其新型飞机的研究中也进行可靠度分析。后来可靠度分析方法逐渐推广应用到多个生产部门,20 世纪 40 年代已应用于结构设计中。1983 年我国颁布的《建筑结构统一标准(草案)》就完全按国际上推行的建筑结构可靠度设计的基本原则,采用以概率统计理论为基础的极限状态设计方法。

采用概率统计的方法是确定性方法的发展与补充。对于土力学问题的概率分析,还是立足于对土体平衡与运动的确定性分析,采用确定性分析方法的简化图式与力学模型。不同之处仅在于参数作为随机变量来考虑,在力学分析中采用概率的模式来描述参数,从而对力学计算的结果赋予概率的含义,对岩土体的性状与行为做出概率的预测。

由于地基土是在漫长的地质年代中形成的,是大自然的产物,其性质十分复杂,不仅不同地点的土性可以差别很人,即使同一地点,同一土层的土,其性质也随位置发生变化。所以地基土具有比任何人工材料大得多的变异性,其复杂性质不仅难以人为控制,而且要清楚地认识它都很不容易。在进行地基可靠性研究的过程中,取样、代表性样品选择、试验、成果整理分析等各个环节都有可能带来一系列的不确定性,增加测试数据的变异性,从而影响到最终分析结果。地基土因位置不同引起的固有可变性,样品测值与真实土性值之间的差异性,以及有限数量所造成误差等,最终都会造成地基土材料特性的变异性。因此,地基可靠性分析的精度,在很大程度上取决于土性参数统计分析的精度。如何恰当地对地基土性参数进行概率统计分析,是地基与基础工程最重要的问题之一。

首先,地基是一个半无限体,与板梁柱组成的结构体系完全不同。在结构工程中,可靠性研究的第一步是先解决单个构件的可靠度问题。目前列入规范的亦仅仅是这一步,至于结构体系的系统可靠度分析还处在研究阶段,还没有成熟到可以用于设计标准的程度。地基设计与结构设计不同的地方在于无论是地基稳定和强度问题或者是变形问题,求解的都是整个地基的综合响应,地基的可靠性研究无法区分构件与体系,而且从一开始就必须考虑半无限体的连续介质,或至少是一个大范围连续体。显然,这样的验算不论是从计算模型还是涉及的参数方面都比单个构件的可靠性分析复杂得多。

其次,在结构设计时,所验算的截面尺寸与材料试样尺寸之比并不很大。但在地基问题中却不然,地基受力影响范围的体积与土样体积之比非常大。这就引起了两方面的问题,一是小尺寸的试件如何代表实际工程的性状,二是由于地基的范围大,决定地基性状的因素不仅是一点土的特性,而是取决于一定空间范围内平均土层特性,这是结构工程与基础工程在可靠度分析方面最基本的区别所在。

我国基础工程可靠度研究始于 20 世纪 80 年代初,虽然起步较晚,但发展很快,研究涉及的课题范围较广,有些课题的研究成果已达国际先进水平。但由于研究对象的复杂性,基础工程的可靠度研究落后于上部结构可靠度的研究,而且要将基础工程可靠度研究成果纳入设计规范,进入实用阶段,还需要做大量的工作。国外有些国家已建立了地基按半经验半概率的分项系数极限状态标准。在我国,随着结构设计使用了极限状态设计方法,在地基设计中采用极限状态设计工作也已提上议事日程。我国 1992 年颁布了《工程结构可靠度设计统一标准》

（GB 50153—92），1999 年 6 月颁布了推荐性国家标准《公路工程可靠度设计统一标准》。2001 年 11 月建设部对 92 版标准又进行了修改补充，颁布了《建筑结构可靠度设计统一标准》（GB 50068—2001），该标准规定，制定建筑结构荷载规范以及钢结构、薄壁型钢结构、混凝土结构、砌体结构、木结构等设计规范均应遵守该标准的规定。至此，可靠度设计已经成为我国建筑结构设计的统一依据。

20 世纪 90 年代以来，我国对施加在公路桥涵上的各种作用（永久作用、汽车荷载、人群荷载、汽车冲击力、风荷载、温度作用等）都进行了全国性的调查和测试，取得了大量的具有代表性的数据，并运用统计数学的方法寻找各种荷载的统计参数和概率分布类型；用随机过程概率模型来描述可变作用，并最终求得在设计基准期内最大值的概率分布。在取得各种作用统计规律的基础上，根据国际通用的原则，以概率分布的某一分位值作为各种荷载的标准值。基于此，原 85 版桥规于 2004 年以后陆续修订为《公路桥涵设计通用规范》（JTG D60—2004）、《公路圬工桥涵设计规范》（JTG D61—2005）、《公路钢筋混凝土及预应力混凝土桥涵设计规范》（JTG D62—2004），向可靠度设计方法迈出了坚实的一步。基于岩土本身的复杂性，短期内完全应用可靠度设计有一定的困难，因此，我国现行《公路桥涵地基与基础设计规范》（JTG 3363—2019）虽然引用了部分可靠度设计原则，但仍在相当程度上保留了《公路桥涵地基与基础设计规范》（JTJ 024—85）的内容。

第四节　基础工程学科发展概况

一、桥梁基础工程发展历史与现状

我国是一个具有悠久历史的文明古国，我国古代劳动人民在基础工程方面，也早就表现出高超的技艺和创造才能，许多宏伟壮丽的中国古代建筑逾千百年仍留存至今且安然无恙的事实就充分说明了这一点。如隋代李春于公元 595—605 年建造的河北赵州安济桥，是世界上首创的石砌敞肩平拱桥。其净跨为 37.02m，宽 9m，矢高 7.23m，采用扩大基础，基础平面尺寸为 5.5m×9.6m，高 1.58m，由五层料石砌成，建在较浅的轻亚黏土地基上，即使按照现在的规范验算，地基承载力也能满足设计要求。再如我国于公元 1053—1059 年在福建泉州建造的万安桥（也称洛阳桥），桥址水深流急，潮汐涨落频繁，河床变化剧烈，根据当时条件修建桥基很困难。但建筑者采用先在江底抛投大石块，再在其上移殖蚝使其繁殖，将石块胶结成整体，进而形成坚实的人工地基，再在其上建桥基，这种独特的施工方法，实为世界创举。但这些仅反映了我国历史上有关桥梁基础工程方面的工艺和技术成就，因受当时社会生产力和自然科学发展水平的限制，还仅限于凭经验的感性认识。

18 世纪欧洲工业革命后的资本主义工业化的发展，带动交通和桥梁科技的大发展。1773 年法国 C. A. 库仑提出土的抗剪强度和土压力理论和 1925 年 K. 太沙基出版《土力学》，为桥梁基础的设计和计算分析奠定了理论基础；1936 年成立国际土力学与基础工程学会，并举行了第一次国际学术会议，开启了桥梁基础在设计、施工、试验、勘测等各方面进入国际性交流的时代，使工业发达国家在桥梁深水基础领域有了更新的开拓和发展。比如，1936 年美国旧金山奥克兰大桥在水深 32m、覆盖层厚 54.7m 的条件下，采用 60m×28m 浮运沉井，定位后射水、吸泥下沉,基础深度达 73.28m。1938 年加拿大狮门大桥,南塔基础位于海潮急流处,流速 7n mile/h,基础采用两个直径为 14.63m 的开口沉井,浮运就位,灌注混凝土下沉;北塔基础在低潮处,采用 35.67m×20.68m 开口沉井,水深 12m,基础深度为 12.7m。而这时的我国由于长期处于封建社会阶段,生产力发展缓慢,19 世纪中叶又遭受帝国主义入侵,民族资本主义的发展受到压制,桥梁科学技术大大落后于工业发达国家。直至 1937 年在桥梁工程先驱茅以升的组织下,中国人才开始自己设计和修建了中国第一座现代大型桥梁——杭州钱塘江大桥。该桥桥址处水深有十余米,基础采用 17.4m×11.1m×6m 的气压沉箱,有 6 个墩基础直接沉至岩石上,有 9 个墩先打长 30m 的木桩,而沉箱设于桩顶上,这就开创了我国桥梁深水基础的先河,并缩小了我国桥梁深水基础施工技术与西方的差距。

但自 1937 年以后的近十余年内,由于内外战乱频繁,我国桥梁技术又一度陷于停滞状态,不论是公路还是铁路,遇江必阻,逢河必渡,在长江、黄河上根本没修一座现代化的大桥。直到 1957 年,长江上第一座桥梁——武汉长江大桥建成通车,才实现了“天堑变通途”这一多少代中国桥梁工作者的梦想。武汉长江大桥首先采用新型基础结构——管柱基础,克服了水深 40m 的施工困难,使我国桥梁深水基础技术发生了转折性的变化,自此进入到自行设计和施工桥梁深水基础的阶段。到了南京长江大桥水中九个桥墩建成之后,使我国在桥梁深水基础方面的技术水平达到了当时的世界先进水平。南京长江大桥桥址不仅水深,且地质条件更复杂,覆盖层更厚,除采用管柱基础外,因地制宜地还采用了气筒浮运沉井、沉井套管柱等一系列新型基础结构和施工新工艺。这就使我国实现了能在大江、大河、近海、海湾及任何地质条件下都能修建桥梁深水基础的宏愿。

综上所述,我国桥梁深水基础技术从 20 世纪 50 年代开始,发展至今已进入国际先进水平。将其粗略划分为三个阶段:第一阶段,大力发展管柱基础。20 世纪 50 年代因修建武汉长江大桥的需要,首创直径 1.55m 管柱基础后,管柱直径发展到 3.0m、3.6m、5.8m,且由普通钢筋混凝土管柱发展到预应力钢筋混凝土管柱和钢管柱。第二阶段,大力发展沉井和钻孔桩基础。20 世纪 60 年代后,因修建南京长江大桥的需要,由于施工水位深 30.5m,覆盖层最大厚度达 54.87m,进而发展了重型沉井、深水浮运沉井和沉井套管柱基础;因公路桥梁深水基础的发展和成昆铁路建设的需要,全国开始大规模发展钻孔桩基础,山东北镇黄河桥钻孔灌注桩桩长达 100m,当时世界罕见;到 20 世纪 70 年代,由于修建九江长江大桥的需要,首创了双壁钢围堰钻孔桩基础。第三阶段,大力发展复合基础和特殊基础。如 20 世纪 80 年代后在修建肇庆西江大桥时开始采用双承台钢管柱基础,在修建广州江村南北桥时采用了钢筋混凝土沉井加钻孔灌注桩基础。进入 21 世纪以后,杭州湾跨海大桥、青岛海湾大桥、湛江海湾大桥、汕头海湾大桥、厦漳跨海大桥、港珠澳大桥等一系列跨海大桥的修建,标志着我国在桥梁深水基础技术方面已进入到世界前列并与世界同步发展的新阶段。

二、桥梁基础工程发展前景

随着桥梁向大跨、轻型、高强、整体方向发展,桥梁基础结构形式正在出现日新月异的变化。我国江河纵横,海岸线长约 1.8 万 km,海域面积大,沿海有开发价值的岛屿众多。我国 20 世纪末路网规划表明,在大江大河和沿海修建规模更大的桥梁势在必行。如:长江口联络工程、珠江口跨线工程、琼州海峡工程、沿海诸多岛屿与内陆之间的联络工程以及香港、澳门及台湾的大型联络桥工程都需要修建许多桥梁深水基础。其中,同三线高速公路的琼州海峡大桥,水深一般在 80～120m,与台湾的大型联络桥,基础水深会超过 200m。这就是我国桥梁深水基础的发展规划,也是前景展望。这些工程中会遇到许多新的技术难题,就需要进一步学习各国已有的深水基础的先进成果和技术,并结合我国实际情况和具体桥梁工程进行认真分析、研究,才能保证我国桥梁深水基础的技术水平持续发展。

另外,随着国际经济区域的建立和全球海洋资源的新开发,要求铺建跨洲、跨国的大通道,也给全世界跨海桥梁的建设提供了更大发展空间。欧美近海国家、日本等国都有修建跨海大桥的宏伟规划。如:土耳其伊兹米特海湾桥,水深约 45m;希腊科林斯海湾桥(已建成),水深约 62m;意大利墨西拿海峡桥,水深约 120m;直布罗陀海峡桥,A 线方案水深 350m、B 线方案水深 290m;白令海峡桥,水深约 54m。再如,日本 21 世纪跨海规划:津轻海峡桥,基础水深 200～250m;东京湾桥,最大水深 80m;丰子海峡桥,最大水深 80m。这些水深近百米,甚至超百米的桥梁深水基础的最终建成,无疑会使桥梁深水基础的科学技术水平大大提高。

第二章

天然地基上的浅基础

天然地基上的基础,由于埋置深度不同,采用的施工方法、基础结构形式和设计计算方法也不相同,通常可分为浅基础和深基础两类。浅基础埋入地层深度较浅,施工一般采用敞开挖掘基坑并修筑基础的方法,故亦称为明挖基础。浅基础在设计计算时可以忽略基础侧面土体对基础的影响,基础结构形式和施工方法也较简单。深基础埋入地层较深,结构形式和施工方法较浅基础复杂,在设计计算时需考虑基础侧面土体的影响。在深水中修筑基础有时也可以采用深水围堰清除覆盖层,按浅基础形式将基础直接放在基岩上,但施工方法较复杂。

天然地基上的浅基础由于埋深浅,结构形式简单,施工方法简便,造价也较低,因此是建筑物最常用的基础类型之一。

第一节　天然地基上浅基础的类型、构造及适用条件

一、浅基础常用类型及适用条件

天然地基上的浅基础根据受力条件及构造可分为刚性基础(也称无筋扩展基础)和钢筋混凝土扩展基础两大类。

（一）刚性基础

基础在外力（包括基础自重）作用下，基底的地基反力为 p（图 2-1），此时基础的悬出部分[图 2-1b）]a-a 断面左端，相当于承受着强度为 p 的均布荷载的悬臂梁，在荷载作用下，a-a 断面将产生弯曲拉应力和剪应力。当基础圬工具有足够的截面使材料的容许应力大于由地基反力产生的弯曲拉应力和剪应力时，a-a 断面不会出现裂缝，这时，基础内不需要配置受力钢筋，这种基础称为刚性基础[图 2-1b）]。它是桥梁、涵洞和房屋等建筑物常用的基础类型。其形式有：刚性扩大基础[图 2-1b）及图 2-2]，单独柱下刚性基础[图 2-3a）、d）]，条形基础（图 2-4）等。

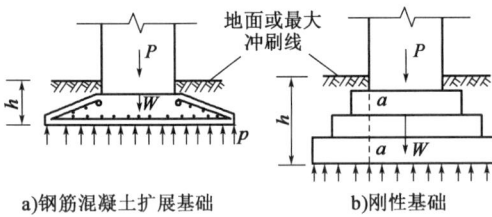

a)钢筋混凝土扩展基础　　b)刚性基础

图 2-1　基础类型

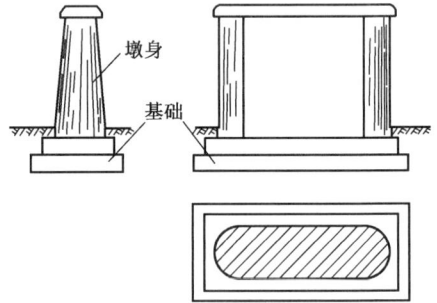

图 2-2　刚性扩大基础

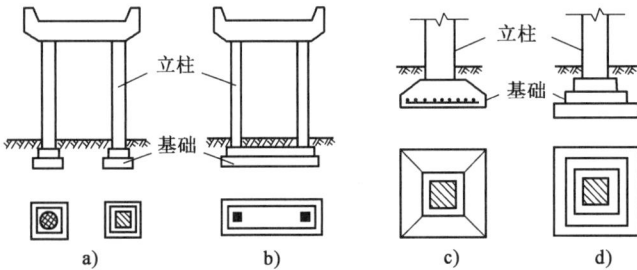

图 2-3　单独基础和联合基础

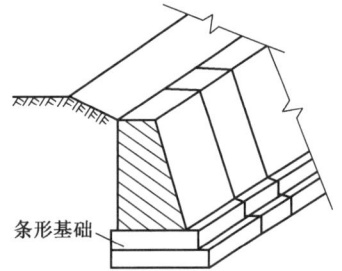

图 2-4　挡土墙下条形基础

建筑物基础在一般情况下均砌筑在土中或水下，所以，要求图 2-1 所示基础类型的所有材料要有良好的耐久性和较高的强度。刚性基础常用的材料有混凝土、粗料石和片石。混凝土是修筑基础最常用的材料，它的优点是强度高、耐久性好，可浇筑成任意形状，混凝土强度等级一般不宜小于 C15。对于大体积混凝土基础，为了节约水泥用量，可掺入不多于基础混凝土体积 25% 的片石（称片石混凝土），但片石的强度等级不应低于 MU25，也不应低于混凝土的强度等级。采用粗料石砌筑桥梁、涵洞和挡墙等的基础时，要求石料外形大致方整，厚度为 20 ～ 30cm，宽度和长度分别为厚度的 1.0 ～ 1.5 倍和 2.5 ～ 4.0 倍，石料强度等级不应小于 MU25，砌筑时应错缝，一般采用 M5 水泥砂浆。片石常用于小桥涵基础，石料厚度不小于 15cm，强度等级不小于 MU25，一般采用 M5 或 M2.5 砂浆砌筑。

刚性基础的特点是稳定性好、施工简便、能承受较大的荷载，所以，只要地基强度能满足要求，它是桥梁和涵洞等结构物首先考虑的基础形式。它的主要缺点是自重大，并且当持力层为软弱土时,由于扩大基础面积有一定限制,需要对地基进行处理或加固后才能采用,否则,会因所受的荷载压力超过地基强度而影响建筑物的正常使用。所以,对于荷载大或上部结构对沉降差较敏感的建筑物,当持力层的土质较差又较厚时,刚性基础作为浅基础是不适宜的。

(二)钢筋混凝土扩展基础

基础在基底反力作用下,在 a-a 断面[(图2-1a)]产生的弯曲拉应力和剪应力若超过了基础圬工的强度极限值,为了防止基础在 a-a 断面开裂甚至断裂,可将刚性基础尺寸重新设计,并在基础中配置足够数量的钢筋,这种基础称为钢筋混凝土扩展基础[图2-1a)及图2-3c)]。

钢筋混凝土扩展基础主要是用钢筋混凝土浇筑,常见的形式有柱下扩展基础、条形和十字形基础(图2-5)以及筏板和箱形基础(图2-6、图2-7),其整体性能较好,抗弯刚度较大。如筏板和箱形基础,在外力作用下只产生均匀沉降或整体倾斜,这样对上部结构产生的附加应力比较小,基本上消除了由于地基沉降不均匀引起的建筑物损坏。所以,在土质较差的地基上修建高层建筑物时,采用这种基础形式是适宜

图2-5 柱下条形基础

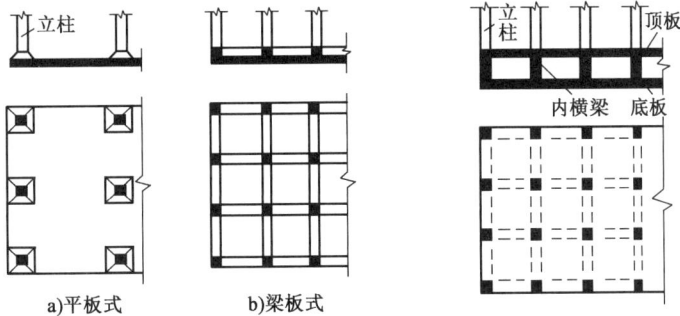

的。但上述钢筋混凝土扩展基础形式,特别是箱形基础,钢筋和水泥的用量较大,施工技术的要求也较高,所以,这种基础形式应与其他基础方案(如采用桩基础等)进行技术经济比较后再确定是否采用。

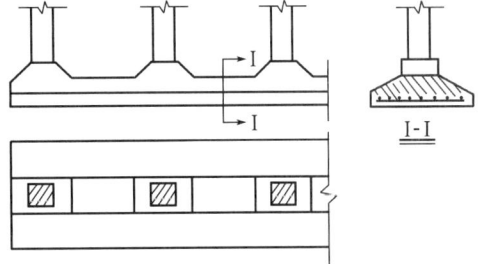

图2-6 筏板基础

图2-7 箱形基础

二、浅基础的构造

(一)刚性扩大基础

由于地基强度一般较墩台或墙柱圬工的强度低,因而需要将基础平面尺寸扩大以满足地基强度要求,这种刚性基础又称刚性扩大基础,如图2-2所示。它是桥涵及其他建筑物常用的基础形式,其平面形状常为矩形。其每边扩大的尺寸最小为 $0.20 \sim 0.50$m,视土质、基础厚度、埋置深度和施工方法而定。作为刚性基础,每边扩大的最大尺寸应受到材料刚性角的限制(关于刚性角的讨论见本章第五节中刚性扩大基础尺寸的拟定)。当基础较厚时,可在纵横两

个剖面上都做成台阶形,以减少基础自重,节省材料。

(二)单独基础和联合基础

单独基础是立柱式桥墩和房屋建筑常用的基础形式之一。它的纵横剖面均可做成台阶式[图2-3a)、d)],但柱下单独基础用石或砖砌筑时,则在柱子与基础之间用混凝土墩连接。如果两个或两个以上立柱共用一个基础,这种基础形式称为联合基础,它的剖面亦可做成台阶式[图2-3b)]。个别情况下柱下基础用钢筋混凝土浇筑时,其剖面也可浇筑成锥形[图2-3c)]。

(三)条形基础和十字形基础

条形基础分为墙下条形基础和柱下条形基础,墙下条形基础(图2-4)是挡土墙下或涵洞下常用的基础形式。其横剖面可以是矩形或将一侧筑成台阶形。如挡土墙很长,为了避免在沿墙长方向因沉降不均匀而开裂,可根据土质和地形予以分段,设置沉降缝。有时为了增强柱下基础的承载能力,将同一排若干个柱子的基础联合起来,也就成为柱下条形基础(图2-5)。其构造与倒置的T形截面梁相类似,沿柱子排列方向的剖面可以是等截面的,也可以如图2-5那样在柱位处加腋。在桥梁基础中,一般是做成刚性基础,个别的也可做成钢筋混凝土扩展基础。

如地基土很软,基础在宽度方向需进一步扩大面积,同时,又要求基础具有空间刚度来调整不均匀沉降时,可在柱下纵、横两个方向均设置条形基础,称为十字形基础。这是房屋建筑常用的基础形式,也是一种交叉条形基础。

(四)筏板基础和箱形基础

筏板基础和箱形基础都是房屋建筑常用的基础形式。

当立柱或承重墙传来的荷载较大,地基土质软弱又不均匀,采用单独基础或条形基础均不能满足地基承载力或沉降的要求时,可采用筏板式钢筋混凝土基础,这样既扩大了基底面积,又增加了基础的整体性,并避免建筑物局部发生不均匀沉降。

筏板基础在构造上类似于倒置的钢筋混凝土楼盖,它可以分为平板式[图2-6a)]和梁板式[图2-6b)]。平板式常用于柱荷载较小而且柱子排列较均匀、间距也较小的情况。

为增大基础刚度,可将基础做成由钢筋混凝土顶板、底板及纵横隔墙组成的箱形基础(图2-7),它的刚度远大于筏板基础,而且基础顶板和底板间的空间常被利用作为地下室。它适用于地基较软弱、土层厚、建筑物对不均匀沉降较敏感或荷载较大而基础建筑面积不太大的高层建筑。

以上仅对较常见的浅基础的构造作了概括的介绍,在实践中必须因地制宜地选用。有时还必须另行设计基础的形式,如在非岩石地基上修筑拱桥桥台基础时,为了增加基底的抗滑能力,将基底顺桥向剖面做成齿坎状或斜面等。

第二节　刚性扩大基础施工

刚性扩大基础的施工可采用明挖的方法进行基坑开挖,开挖工作应尽量在枯水或少雨季节进行,且不宜间断。基坑挖至基底设计高程时,应立即对基底土质及坑底情况进行检验,验收合格后应尽快修筑基础,不得将基坑暴露过久。基坑可用机械或人工开挖,接近基底设计高程应留 30cm 高度由人工开挖,以免破坏基底土的结构。基坑开挖过程中要注意排水,基坑尺寸要比基底尺寸每边大 0.5 ~ 1.0m,以方便设置排水沟及立模板和砌筑工作。基坑开挖时根据土质及开挖深度对坑壁予以围护或不围护,围护的方式有多种多样。水中开挖基坑还需先修筑防水围堰。

一、旱地上基坑开挖及围护

(一)无围护基坑

当基坑较浅,地下水位较低或渗水量较少,不影响坑壁稳定时,坑壁可不加围护,此时可将坑壁挖成竖直或斜坡形。竖直坑壁只有在岩石地基或基坑较浅又无地下水的硬黏土中采用。在一般土质条件下开挖基坑时,应采用放坡开挖的方法。当基坑深度在 5m 以内,施工期较短,地下水在基底以下,且土的湿度接近最佳含水率,土质构造又较均匀时,基坑坡度可参考表 2-1 选用。

无围护基坑坑壁坡度 表 2-1

坑 壁 土 类	坑 壁 坡 度		
	基坑顶缘无荷载	基坑顶缘有静载	基坑顶缘有动载
砂土	1:1	1:1.25	1:1.5
碎石土	1:0.75	1:1	1:1.25
粉土	1:0.67	1:0.75	1:1
黏性土	1:0.33	1:0.5	1:0.75
极软岩	1:0.25	1:0.33	1:0.67
软质岩	1:0	1:0.1	1:0.25
硬质岩	1:0	1:0	1:0

如地基土的湿度较大可能引起坑壁坍塌时,坑壁坡度应适当放缓。基坑顶缘有动荷载时,基坑顶缘与动荷载之间至少应留 1m 宽的护道,如地质水文条件较差,应增宽护道或采取加固等措施,以增加边坡的稳定性。基坑深度大于 5m 时,可将坑壁坡度适当放缓或加设平台。

(二)有围护基坑

当基坑较深,土质条件较差,地下水影响较大或放坡开挖对邻近建筑有影响时,应对坑壁进行围护。目前护壁方法很多,选择护壁的方法与开挖深度、土质条件及地下水位高低、施工技术条件、材料供应等有密切关系。现仅就目前常用的方法介绍如下。

1.板桩墙支护

在基坑开挖前将板桩先垂直打入土中至坑底以下一定深度,然后边挖边设支撑,开挖基坑的过程始终是在板桩支护下进行。

板桩材料有木板桩、钢筋混凝土板桩和钢板桩 3 种。木板桩易于加工,但我国除林区以外现已很少采用。钢筋混凝土板桩耐久性好,但制造复杂且重量大,防渗性能差,修建桥梁基础也很少采用。钢板桩由于板薄,强度又大,能穿过较坚硬土层,锁口紧密,不易漏水,还可以焊接接长并能重复使用,且断面形式较多(图 2-8),可适应不同形状基坑。上述这些特点使钢板桩应用较广泛,但价格较贵。

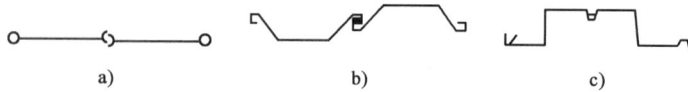

图 2-8　钢板桩断面形式

板桩墙分悬臂式[图 2-9a)]、支撑式和锚撑式[图 2-9d)]。悬臂式板桩墙由于墙身位移较大,仅适用于基坑较浅的情况,且要求板桩有足够的入土深度,以保持板桩墙的稳定。支撑式板桩墙按设置支撑的层数可分为单支撑板桩墙[图 2-9b)]和多支撑板桩墙[图 2-9c)]。由于板桩墙多应用于较深基坑的开挖,故多支撑板桩墙应用较多。

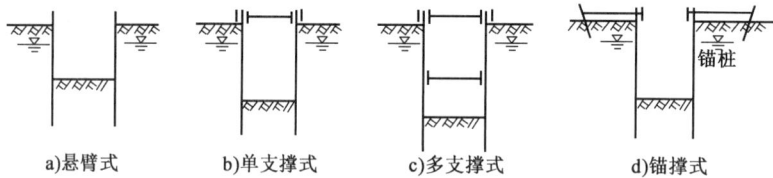

图 2-9　板桩墙形式

板桩墙主要承受侧向土压力和水压力作用,需对其尺寸、截面强度、入土深度和内支撑力(锚定拉力)进行设计计算,具体内容见本章第三节。

2. 喷射混凝土护壁

喷射混凝土护壁,宜用于土质较稳定,渗水量不大,深度小于 10m,直径为 6~12m 的圆形基坑。对于有流砂或淤泥夹层的土质,也有使用成功的实例。

喷射混凝土护壁的基本原理是以高压空气为动力,将搅拌均匀的砂、石、水泥和速凝剂干料,由喷射机经输料管吹送到喷枪,在通过喷枪的瞬间,加入高压水进行混合,自喷嘴射出,喷射在坑壁上,形成环形混凝土护壁结构,以承受土压力。

采用喷射混凝土护壁时,根据土质和渗水等情况,可将坑壁设计为接近陡立或稍有坡度,每开挖一层喷护一层,每层高度约为 1m,土层不稳定时应酌减,渗水较大时不宜超过 0.5m。

混凝土的喷射顺序,对无水、少量渗水坑壁可由下向上一环一环进行;对渗水较大坑壁,喷护应由上向下进行,以防新喷的混凝土被水冲流;对有集中渗出股水的基坑,可从无水或水小处开始,逐步向水大处喷护,最后用竹管将集中的股水引出。喷射作业应沿坑周分若干区段进行,区段长度一般不超过 6m。

喷射混凝土厚度主要取决地质条件、渗水量大小、基坑直径和基坑深度等因素。根据实践经验,对于不同土层,喷射厚度可取下列数值:一般黏性土、砂土和碎卵石类土层,如无渗水,厚度为 3~8cm;如有少量渗水,厚度为 5~10cm。对稳定性较差的土,如淤泥、粉砂等,如无渗水,厚度为 10~15cm;如有少量渗水,厚度为 15cm;当有大量渗水时,厚度为 15~20cm。

一次喷射是否能达到规定的厚度,主要取决于混凝土与土之间的黏结力和渗水量大小。如一次喷射达不到规定的厚度,则应在混凝土终凝后再补喷,直至达到规定厚度为止。

喷射混凝土应当早强、速凝、有较高的不透水性,且其干料应能顺利通过喷射机。

水泥应用硬化快、早期强度高、保水性能较好的硅酸盐水泥或普通水泥,其强度等级不宜低于42.5;粗集料最大粒径要严格控制在喷射机允许范围内;细集料宜用中砂,应严格控制其含水率在4%~6%之间。当含水率小于4%时混合料易胶结,堵塞管路,或使喷射效果显著降低;当含水率大于6%时,混合料容易在喷射过程中离析,从而降低混凝土强度,并产生大量粉尘污染环境,危害工人健康。混凝土水灰比为0.4~0.5,水泥与集料比为1:4~1:5,速凝剂掺量为水泥用量的2%~4%,掺入后停放时间不应超过20min。混凝土初凝时间宜大于5min,终凝时间不大于10min。

经过对喷射混凝土试件进行抗压试验,7d后其抗压强度一般达13700kPa,最高达26300kPa。

3. 混凝土围圈护壁

喷射混凝土护壁要求有熟练的技术工人和专门设备,对混凝土用料的要求也较严,用于超过10m的深基坑尚无成熟经验,因而有其局限性。混凝土围圈护壁适应性较强,可以按一般混凝土施工,基坑深度可达15~20m,除流砂及呈流塑状态的黏土外,还可适用于其他各种土类。

混凝土围圈护壁同样是用混凝土环形结构承受土压力,但其混凝土壁是现场浇筑的普通混凝土,壁厚较喷射混凝土大,一般为15~30cm,也可按土压力作用下的环形结构计算。

采用混凝土围圈护壁时,基坑自上而下分层垂直开挖,开挖一层后随即灌注一层混凝土壁。为防止已浇筑的围圈混凝土施工时因失去支承而下坠,顶层混凝土应一次整体浇筑,以下各层均间隔开挖和浇筑,并将上下层混凝土纵向接缝错开。开挖面应均匀分布对称施工,及时浇筑混凝土壁支护,每层坑壁无混凝土壁支护总长度应不大于周长的一半。分层高度以垂直开挖面不坍塌为原则,一般顶层高约2m,以下每层高1~1.5m。

围圈混凝土应紧贴坑壁浇筑,不用外模,内模可做成圆形或多边形。施工中注意使层、段间各接缝密贴,防止其间夹泥土和有浮浆等而影响围圈的整体性。围圈混凝土一般采用C15早强混凝土。为使基坑开挖和支护工作连续不间断地进行,一般在围圈混凝土抗压强度达到2500kPa时,即可拆除模板,承受土压力。

混凝土围圈护壁和喷射混凝土护壁一样,即要防止地下水渗入基坑,又要避免在坑顶周围土的破坏棱体范围内有不均匀附加荷载。

目前,也有采用混凝土预制块分层砌筑来代替就地浇筑的混凝土围圈,其好处是省去现场混凝土浇筑和养护时间,使开挖与支护砌筑连续不间断进行,且围圈混凝土质量容易得到保证。

此外,在软弱土层中的较深基坑还可将深层搅拌桩、粉体喷射搅拌桩、旋喷桩等,按密排或格框形布置成连续墙以形成支挡结构代替板桩墙等,多用于市政工程、工业与民用建筑工程,桥梁工程也有使用成功的报道。其设计原理和施工请参阅第五章及第六章有关内容。在一些基础工程施工中,对局部坑壁的围护也常因地制宜就地取材采用多种灵活的围护方法,在浅基坑中,当地下水影响不大时,也可使用木挡板支撑(路桥施工除在特定条件下,现较少采用)。

二、基坑排水

基坑如在地下水位以下,随着基坑的下挖,渗水将不断涌向基坑,因此,施工过程中必须不断地排水,以保持基坑的干燥,便于基坑挖土和基础的砌筑与养护。目前,常用的基坑排水方法有表面排水和井点法降低地下水位两种。

（一）表面排水法

表面排水法是在基坑整个开挖过程及基础砌筑和养护期间，在基坑四周开挖集水沟来汇集坑壁及基底的渗水，并引向一个或数个比集水沟挖得更深一些的集水坑。集水沟和集水坑应设在基础范围以外，在基坑每次下挖以前，必须先挖集水沟和集水坑。集水坑的深度应大于抽水机吸水龙头的高度，在吸水龙头上套竹管围护，以防土石堵塞龙头。

这种排水方法设备简单、费用低，一般土质条件下均可采用。但当地基土为饱和粉细砂土等黏聚力较小的细粒土层时，由于抽水会引起流砂现象，造成基坑的破坏和坍塌，因此，当基坑为这类土时，应避免采用表面排水法。

（二）井点法降低地下水位

对粉质土、粉砂类土等如采用表面排水极易引起流砂现象，影响基坑稳定，此时可采用井点法降低地下水位排水。根据使用设备的不同，主要有轻型井点、喷射井点、电渗井点和深井泵井点等多种类型，可根据土的渗透系数、要求降低水位的深度及工程特点选用。

轻型井点降水布置如图2-10所示，即在基坑开挖前预先在基坑四周打入（或沉入）若干根井管，井管下端约1.5m为滤管，上面钻有若干直径约2mm的滤孔，外面用过滤层包扎起来。各个井管用集水管连接并抽水。由于使井管两侧一定范围内的水位逐渐下降，各井管相互影响形成了一个连续的疏干区。在整个施工过程中保持不断抽水，以保证在基坑开挖和基础砌筑的整个过程中基坑始终保持着无水状态。

该法降低地下水的特点是井管范围内的地下水不从基坑的四周边缘和底面流出，而是以相反的方向流向井管，因而可以避免发生流砂和边坡坍塌现象，且由于流水压力对土层还有一定的压密作用。在滤管部分包有铜丝过滤网，以免带走过多的土粒而引起土层潜蚀现象。

井点法降低地下水位适用于渗透系数为$0.1 \sim 80 \text{m/d}$的砂土。对于渗透系数小于0.1m/d的淤泥、软黏土等则效果较差，需要采用电渗井点排水或其他方法。

根据经验，如四周井管间距为$0.6 \sim 1.2 \text{m}$，集水管总长不超过120m，井管布置在基坑边缘外约0.2m处，基坑中央地下水位可以下降$4 \sim 4.5 \text{m}$。用井点降低地下水位的理论计算方法较多，若井管竖直打到不透水层，根据水力学原理，当抽水量大于渗水量时，水位下降，在土内形成漏斗状（图2-11），若在一定时间后抽水量不变，水面下降坡度也保持不变，则离井管任意距离x处的水头高y可用下式表示：

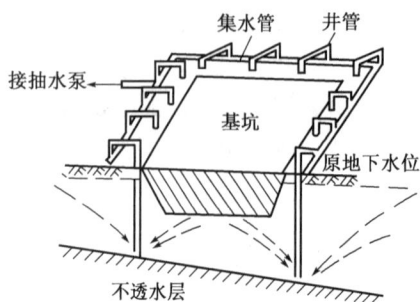

图2-10 轻型井点降水布置

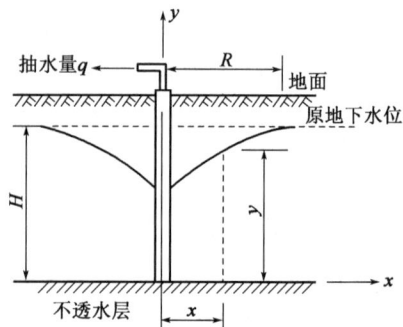

图2-11 水位降落漏斗

$$y^2 = H^2 - \frac{q}{\pi K} \ln \frac{R}{x} \qquad (2\text{-}1)$$

式中：K——土层的渗透系数（m/s），由室内试验或野外抽水试验求得；

H——原地下水位至不透水层的距离（m）；

q——单位时间内的抽水量（m³/s）；

R——井的影响半径（m），通过观察孔测得。

应用上式时，若需要考虑其他井管的相互影响，近似认为在井点系统多井抽水的情况，其水头下降可以叠加，即

$$y^2 = H^2 - \sum \left(\frac{q_i}{\pi K} \ln \frac{R_i}{x_i} \right) \qquad (2\text{-}2)$$

式中：i——第 i 号井管。

在采用井点法降低地下水位时，应将滤管尽可能设置在透水性较好的土层中。同时，还应注意到在四周水位下降的范围内对邻近建筑物的影响，因为，由于水位下降，土的自重应力增加可能引起邻近结构物的附加沉降。

三、水中刚性扩大基础修筑时的围堰工程

在水中修筑桥梁基础时，开挖基坑前需在基坑周围先修筑一道防水围堰，把围堰内水排干后，再开挖基坑修筑基础。如排水较困难，也可在围堰内进行水下挖土，挖至预定高程后先灌注水下封底混凝土，然后再抽干水继续修筑基础。在围堰内不但可以修筑浅基础，也可以修筑桩基础等。

水中围堰的种类很多，有土围堰、草（麻）袋围堰、钢板桩围堰、双壁钢围堰和地下连续墙围堰等。这里仅介绍适合刚性扩大基础的土围堰、草袋围堰及地下连续墙围堰。其他围堰形式在第三章第五节中介绍。

（一）土围堰和草袋围堰

在水深较浅（2m 以内）、流速缓慢、河床渗水较小的河流中，修筑基础时可采用土围堰（图 2-12）或草袋围堰（图 2-13）。

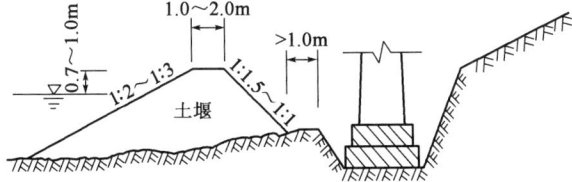

图 2-12　土围堰

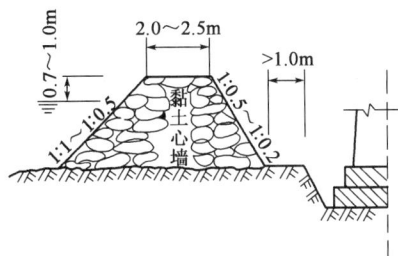

图 2-13　草袋围堰

土围堰用黏性土填筑，无黏性土时，也可用砂土填筑，但须加宽堰身以加大渗流长度，砂土颗粒越大堰身越要加厚。围堰断面应根据土质条件、渗水程度及围堰在水压力作用下的稳定性确定。若堰外流速较大，可在外侧用草袋柴排防护。

此外，还可以用竹笼片石围堰和木笼片石围堰做水中围堰，其结构由内外两层装片石的竹（木）笼中间填黏土心墙组成。黏土心墙厚度不应小于2m。为避免片石笼对基坑顶部压力过大，并为必要时变更基坑边坡留有余地，片石笼围堰内侧一般应距基坑顶缘3m以上。

（二）地下连续墙围堰法

地下连续墙是近几十年来伴随着钻孔灌注桩施工技术在地下工程和基础工程施工中发展起来的一项新技术，它既可是结构物基础的一部分，也可在修筑施工中起围堰支护基坑的作用，目前已在修建桥梁基础中得到应用。关于地下连续墙的介绍详见第五章。

围堰结构应能承受施工期间产生的土压力、水压力以及其他可能发生的荷载，满足强度和稳定要求。围堰应具有良好的防渗性能。

第三节　板桩墙的计算

在基坑开挖时坑壁常用板桩予以支撑，板桩也用作水中桥梁墩台施工时的围堰结构。

板桩墙的作用是挡住基坑四周的土体，防止土体下滑和防止水从坑壁周围渗入或从坑底上涌，避免渗水过大或形成流砂而影响基坑开挖。根据基坑深度和水深，一般可采用悬臂式、单支撑式和多支撑式板桩墙。它主要承受土压力和水压力，因此，板桩墙本身也是挡土墙，但又非一般刚性挡墙，它在承受水平压力时是弹性变形较大的柔性结构，它的受力条件与板桩墙的支撑方式、支撑的构造、板桩和支撑的施工方法以及板桩入土深度密切相关，需要进行专门的设计计算。

板桩墙计算内容应包括：板桩墙侧向压力计算；确定板桩插入土中深度的计算，以确保板桩墙有足够的稳定性；计算板桩墙截面内力，验算板桩墙材料强度，确定板桩截面尺寸；板桩支撑（锚撑）的计算；基坑稳定性验算；水下混凝土封底计算。

一、侧向压力计算

作用于板桩墙上的外力主要有坑壁土压力和水压力，或坑顶其他荷载（如挖、运土机械等）所引起的侧向压力。

板桩墙土压力计算比较复杂，因为板桩柔度大，在土压力作用下将发生弯曲变形，此种变形又反过来影响土压力的大小与分布，二者密切相关，相互影响，因此，板桩墙上土压力主要取决于土的性质和板桩墙在施工和使用期间的变形情况。由于它大多是临时结构物，因此，常采用比较粗略的近似计算，即不考虑板桩墙的实际变形，仍沿用古典土压力理论计算作用于板桩墙上的土压力。一般用朗金理论来计算不同深度 z 处每延米宽度内的主、被动土压力强度 p_a、p_p（kPa），计算公式分别为

$$\left.\begin{array}{l} p_a = \gamma z \tan^2\left(45° - \dfrac{\varphi}{2}\right) = \gamma z K_a \\ p_p = \gamma z \tan^2\left(45° + \dfrac{\varphi}{2}\right) = \gamma z K_p \end{array}\right\} \quad (2\text{-}3)$$

式中：γ——土的重度；

φ——土的内摩擦角;

K_a、K_p——朗金主、被动土压力系数,$K_a = \tan^2\left(45° + \dfrac{\varphi}{2}\right)$,$K_p = \tan^2\left(45° + \dfrac{\varphi}{2}\right)$。

对于黏性土,式(2-3)中的内摩擦角 φ 用等代内摩擦角 φ_e 代入,其值可参照表2-2取用。

等代内摩擦角值 φ_e 表 2-2

土 的 类 别	土的潮湿程度 S_r(饱和度)		
	$0 < S_r \leqslant 0.5$	$0.5 < S_r \leqslant 0.8$	$0.8 < S_r \leqslant 1$
	(稍湿)	(很湿)	(饱和)
黏性土	40°~45°	30°~35°	20°~25°

如有地下水或地面水,还应根据土的透水性质和施工方法来考虑计算静水压力对板桩的作用。若土层为透水性土,在计算土压力时,土的重度取浮重度,并考虑全部静水压力;若水下土层为不透水的黏性土层,且打板桩时土不会松动而使水进入土中,计算土压力时不考虑水的浮力,土的重度取饱和重度,而土面以上水深作为均布的超载作用考虑。

二、悬臂式板桩墙计算

图 2-14 所示的悬臂式板桩墙,因板桩不设支撑,故墙身位移较大,通常可用于挡土高度不大的临时性支撑结构。

悬臂式板桩墙的破坏一般是板桩绕桩底端 b 点以上的某点 O 转动。这样在转动点 O 以上的墙身前侧(开挖侧)以及 O 点以下的墙身后侧,将产生被动抵抗力,在相应的另一侧产生主动土压力。由于精确地确定土压力的分布规律困难,一般近似地假定土压力的分布图形如图 2-14 所示:墙身前侧是被动土压力(bcd),其合力为 E_{p1},并考虑有一定的安全系数 K(一般取 $K=2$);在墙身后方为主动土压力(abe),合力为 E_a。另外在桩下端还作用有被动土压力 E_{p2},由于 E_{p2} 的作用位置不易确定,计算时假定作用在桩端 b 点。因此,可按图 2-14 所示的土压力分布图形计算板桩墙的稳定性及板桩的强度。考虑到 E_{p2} 的实际作用位置应在桩端以上一段距离,因此,在最后求得板桩的入土深度 t 后,再适当增加 10%~20%。

例题 2-1 已知桩周土为砂砾,$\gamma = 19\text{kN/m}^3$,$\varphi = 30°$,$c = 0$;基坑开挖深度 $h = 1.8\text{m}$;安全系数 $K = 2$。计算图 2-15 所示悬臂式板桩墙需要的入土深度 t 及桩身最大弯矩值。

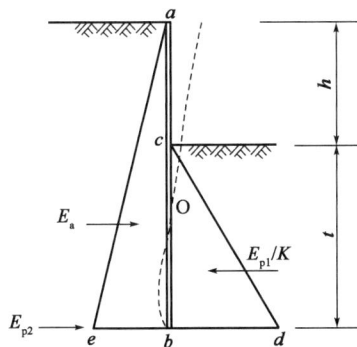

图 2-14 悬臂式板桩墙的计算

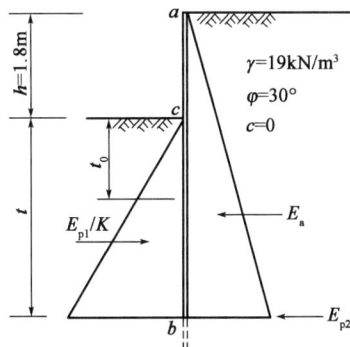

图 2-15 例题 2-1 图

解:当 $\varphi = 30°$ 时,朗金主动土压力系数 $K_a = \tan^2\left(45° - \dfrac{30°}{2}\right) = 0.333$,朗金被动土压力系数, $K_p = \tan^2\left(45° + \dfrac{30°}{2}\right) = 3$。

若令板桩入土深度为 t,取 1 延米长的板桩墙,计算墙上作用力对桩端 b 点的力矩平衡条件 $\sum M_b = 0$,得

$$\frac{1}{6}\gamma t^3 K_p \frac{1}{K} = \frac{1}{6}\gamma (h+t)^3 K_a$$

$$\frac{1}{6} \times 19 \times t^3 \times 3 \times \frac{1}{2} = \frac{1}{6} \times 19 \times (1.8 + t)^3 \times 0.333$$

解得 $$t = 2.76(\text{m})$$

板桩的实际入土深度较计算值增加 20%,则可求得板桩的总长度 L 为

$$L = h + 1.2t = 1.8 + 1.2 \times 2.76 = 5.12(\text{m})$$

若板桩的最大弯矩截面在基坑底深度 t_0 处,该截面的剪力应等于零,即

$$\frac{1}{2}\gamma K_p \frac{1}{K} t_0^2 = \frac{1}{2}\gamma K_a (h + t_0)^2$$

$$\frac{1}{2} \times 19 \times 3 \times \frac{1}{2} \times t_0^2 = \frac{1}{2} \times 19 \times 0.333 \times (1.8 + t_0)^2$$

解得 $$t_0 = 1.60(\text{m})$$

可求得每延米板桩墙的最大弯矩 M_{max} 为

$$M_{max} = \frac{1}{6} \times 19 \times 0.333 \times (1.8 + 1.60)^3 - \frac{1}{6} \times 19 \times 3 \times \frac{1}{2} \times 1.60^3$$

$$= 21.99(\text{kN} \cdot \text{m})$$

三、单支撑（锚撑式）板桩墙计算

当基坑开挖高度较大时,不能采用悬臂式板桩墙,此时可在板桩顶部附近设置支撑或锚定拉杆,成为单支撑板桩墙,如图 2-16 所示。

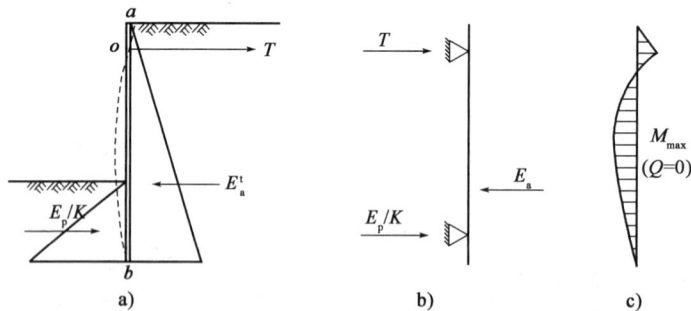

图 2-16 单支撑板桩墙的计算

单支撑板桩墙的计算,可以把它作为有两个支承点的竖直梁:一个支点是板桩上端的支撑杆或锚定拉杆,另一个是板桩下端埋入基坑底下的土。下端的支承情况又与板桩埋入土中的深度大小有关,一般分为两种支承情况:第一种是简支支承,如图 2-16a) 所示,这类板桩埋入土中较浅,桩板下端允许产生自由转动;第二种是固定端支承,如图 2-17 所示,若板桩下端埋

入土中较深,可以认为板桩下端在土中嵌固。

(一)板桩下端简支支承时的土压力分布

板桩墙受力后挠曲变形,上下两个支承点均允许自由转动,墙后侧(非开挖侧)产生主动土压力 E_a。由于板桩下端允许自由转动,故墙后下端不产生被动土压力。墙前侧由于板桩向前挤压故产生被动土压力 E_p。由于板桩下端入土较浅,板桩墙的稳定安全度,可以用墙前被动土压力 E_p 除以安全系数 K 保证。此种情况下的板桩墙受力图式如同简支梁[图 2-16b)],按照板桩上所受土压力计算出的每延米板桩跨间的弯矩如图 2-16c)所示,并以 M_{max} 值设计板桩的厚度。

例题 2-2 已知板桩下端为自由支承,土的性质如图 2-18 所示。基坑开挖深度 $h=8m$,锚杆位置在地面下 $d=1m$,锚杆设置间距 $a=2.5m$。计算图 2-18 所示锚定式板桩墙的入土深度 t,锚定拉杆拉力 T,以及板桩的最大弯矩值。

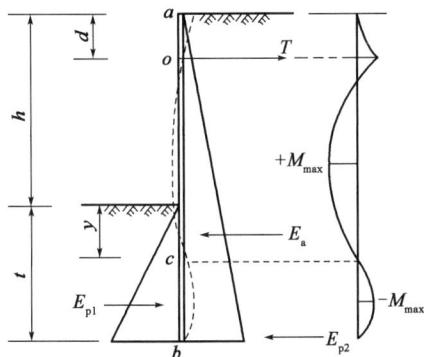

图 2-17　下端为固定支承时的单支撑板桩计算　　图 2-18　例题 2-2 图

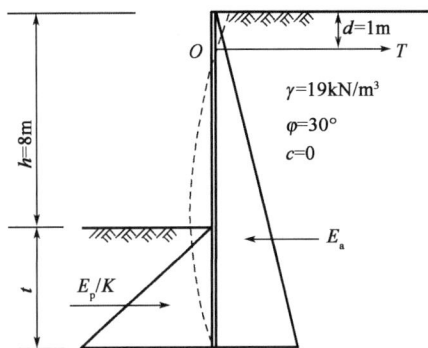

解:当 $\varphi=30°$ 时,朗金主动土压力系数 $K_a=\tan^2\left(45°-\dfrac{30°}{2}\right)=0.333$,朗金被动土压力系数 $K_p=\tan^2\left(45°+\dfrac{30°}{2}\right)=3$,则

$$E_a=\frac{1}{2}\gamma(h+t)^2 K_a=\frac{1}{2}\times 19\times 0.333\times(8+t)^2 \left.\vphantom{\frac{1}{2}}\right\}$$

$$\frac{E_p}{K}=\frac{1}{2}\times\frac{1}{2}\times K_p\gamma t^2=\frac{1}{4}\times 3\times 19\times t^2$$

根据锚定点 o 的力矩平衡条件 $\sum M_o=0$,得

$$E_a\left[\frac{2}{3}(h+t)-d\right]=\frac{E_p}{K}\left(h-d+\frac{2}{3}t\right)$$

将 E_a 与 E_p 代入　　$\left[\dfrac{2}{3}(8+t)-1\right]\times(8+t)^2=4.5\times\left(7+\dfrac{2}{3}t\right)t^2$

解得　　　　　　　　　　　　　$t=5.5(m)$

由平衡条件 $\sum H=0$,得锚杆拉力 T 为

$$T=\left(E_a-\frac{E_p}{K}\right)\times a=\frac{1}{2}\times 19\times[0.333\times(8+5.5)^2-1.5\times 5.5^2]\times 2.5$$

$$=363.7(kN)$$

板桩墙的最大弯矩计算方法与悬臂式板桩墙相同,可参见例题 2-1。

(二)板桩下端固定支承时的土压力分布

板桩下端入土较深时,板桩下端在土中嵌固,板桩墙后侧除主动土压力 E_a 外,在板桩下端嵌固点下还产生被动土压力 E_{p2}。假定 E_{p2} 作用在桩底 b 点处。与悬臂式板桩墙计算相同,板桩的入土深度可按计算值适当增加 $10\% \sim 20\%$。板桩墙的前侧作用被动土压力 E_{p1}。由于板桩入土较深,板桩墙的稳定性安全度由桩的入土深度保证,故被动土压力 E_{p1} 不再考虑安全系数。由于板桩下端的嵌固点位置未知,因此,不能用静力平衡条件直接求解板桩的入土深度 t。在图 2-17 中给出了板桩受力后的挠曲形状,在板桩下部有一挠曲反弯点 c,在 c 点以上板桩有最大正弯矩,c 点以下产生最大负弯矩,挠曲反弯点 c 相当于弯矩零点,弯矩分布图如图 2-17 所示。太沙基给出了在均匀砂土中,当土表面无超载,墙后地下水位较低时,反弯点 c 的深度 y 值与土的内摩擦角 φ 间的近似关系(表 2-3)。

反弯点的深度 y 与内摩擦角 φ 的近似关系　　　　　表 2-3

φ	20°	30°	40°
y	$0.25h$	$0.08h$	$-0.007h$

确定反弯点 c 的位置后,已知 c 点的弯矩等于零,则将板桩分成 ac 和 cb 两段,根据平衡条件可求板桩的入土深度 t,计算方法可参见例题 2-2。

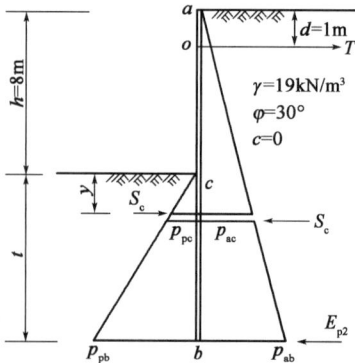

图 2-19　例题 2-3 图

例题 2-3　按板桩墙下端为固定支承的条件,计算例题 2-2 的锚定式板桩墙的入土深度 t 及锚杆拉力 T。

解:已知 $\varphi = 30°$,故反弯点 c 的位置为(图 2-19)

$$y = 0.08h = 0.08 \times 8 = 0.64(\text{m})$$

将板桩墙在 c 点切开,如图 2-19 所示,c 点截面上的剪力为 S_c,弯矩 $M_c = 0$。c 点及 b 点的土压力强度分别为(取 1 延米板桩墙计算)

$$p_{pc} = \gamma y K_p = 19 \times 0.64 \times 3 = 36.48(\text{kPa})$$
$$p_{ac} = \gamma(h+y) K_a = 19 \times (8+0.64) \times 0.333 = 54.66(\text{kPa})$$
$$p_{pb} = \gamma t K_p = 19 \times 3t = 57t(\text{kPa})$$
$$p_{ab} = \gamma K_a(h+t) = 19 \times 0.333 \times (8+t) = 6.33 \times (8+t)(\text{kPa})$$

根据板桩墙 ac 段上的作用力,对锚杆处 o 点的力矩平衡条件 $\sum M_o = 0$,得

$$S_c(h+y-d) = \frac{1}{2} p_{ac}(h+y) \left[\frac{2}{3}(h+y) - d \right] - \frac{1}{2} p_{pc} y \left(h + \frac{2}{3} y - d \right)$$

$$S_c(8 + 0.64 - 1) = \frac{1}{2} \times 54.66 \times 8.64 \times \left(\frac{2}{3} \times 8.64 - 1 \right) -$$

$$\frac{1}{2} \times 36.48 \times 0.64 \times \left(7 + \frac{2}{3} \times 0.64 \right)$$

解得　　　　　　　　　　　　$S_c = 135.8(\text{kN/m})$

再考虑板桩墙 cb 段上的作用力,对 b 点的力矩平衡条件 $\sum M_b = 0$,得

令

$$p_n = p_{pc} - p_{ac} = 36.48 - 54.66 = -18.18 (\text{kPa})$$

得

$$S_c(t-y) = \frac{1}{6}\gamma(K_p - K_a)(t-y)^3 + \frac{1}{2}p_n(t-y)^2$$

$$t - y = \frac{-3p_n + [9p_n^2 + 24(K_p - K_a)\gamma S_c]^{\frac{1}{2}}}{2\gamma(K_p - K_a)}$$

$$= \frac{3 \times 18.18 + [9 \times 18.18^2 + 24 \times (3 - 0.333) \times 19 \times 135.8]^{\frac{1}{2}}}{2 \times 19 \times (3 - 0.333)} = 4.58(\text{m})$$

$$t = 4.58 + 0.64 = 5.22(\text{m})$$

板桩实际入土深度取

$$1.2t = 1.2 \times 5.22 = 6.3(\text{m})$$

锚杆拉力 T 为

$$T = \left[\frac{1}{2}p_{ac}(h+y) - \frac{1}{2}p_{pc}y - S_c\right] \times a$$

$$= \left(\frac{1}{2} \times 54.66 \times 8.64 - \frac{1}{2} \times 36.48 \times 0.64 - 135.8\right) \times 2.5$$

$$= 221.75(\text{kN})$$

四、多支撑板桩墙计算

当坑底在地面或水面以下很深时,为了减少板桩墙的弯矩可以设置多层支撑。支撑的层数及位置要根据土质、坑深、支撑结构杆件的材料强度以及施工要求等因素拟定。板桩墙的支撑层数和支撑间距布置一般采用以下两种方法设置。

(1)等弯矩布置:当板桩强度已定,即板桩作为常备设备使用时,可按支撑之间最大弯矩相等的原则设置。

(2)等反力布置:当把支撑作为常备构件使用时,甚至要求各层支撑的断面都相等时,可把各层支撑的反力设计成相等。

支撑系按在轴向力作用下的压杆计算,若支撑长度很大时,应考虑支撑自重产生的弯矩影响。从施工角度出发,支撑间距不应小于 2.5m。

多支撑板桩墙上的土压力分布形式与板桩墙位移情况有关,由于多支撑板桩墙的施工程序往往是先打好板桩,然后随挖土随支撑,因而,板桩墙下端在土压力作用下容易向内倾斜,如图 2-20a)中虚线所示。这种位移与挡土墙绕墙顶转动的情况相似,但墙后土体达不到主动极限平衡状态,土压力不能按库仑或朗金理论计算。试验结果证明这时土压力呈中间大、上下小的抛物线形状分布,其变化在静止土压力与主动土压力之间,如图 2-20b)所示。

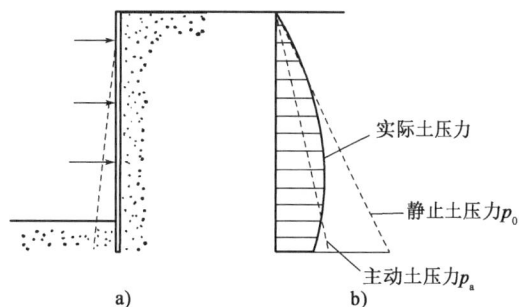

图 2-20 多支撑板桩墙的位移及土压力分布

太沙基和佩克(Terzaghi and Peck,1948,1967,1969)根据实测及模型试验结果,提出了作用在板桩墙上的土压力分布经验图形(图 2-21)。对于砂土,其土压力分布图形如图 2-21b)、c)

所示，最大土压力强度 $p_a = 0.8\gamma H K_a \cos\delta$，式中 K_a 为库仑主动土压力系数，δ 为墙与土间的摩擦角。

黏性土的土压力分布图形如图 2-21d)、e) 所示，当坑底处土的自重压力 $\gamma H > 6c_u$（c_u 为黏土的不排水抗剪强度）时，可认为土的强度已达到塑性破坏条件，此时墙上的土压力分布如图 2-21d) 所示，其最大土压力强度为 $(\gamma H - 4m_1 c_u)$，其中系数 m_1 通常采用 1，若基坑底有软弱土存在时，则取 $m_1 = 0.4$。当坑底处土的自重压力 $\gamma H < 4c_u$ 时，认为土未达到塑性破坏，这时土压力分布图形如图 2-21e) 所示，其最大土压力强度为 $(0.2 \sim 0.4)\gamma H$。当墙位移很小，而且施工期很短时，采用其中低值。当 γH 在 $(4 \sim 6)c_u$ 之间时，土压力分布可在两者之间取用。

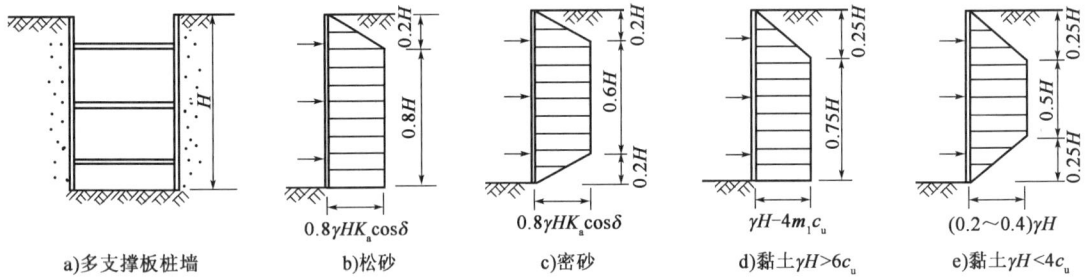

图 2-21　多支撑板桩墙上土压力的分布图形

多支撑板桩墙计算时，也可假定板桩在支撑之间为简支支承，由此计算板桩弯矩及支撑作用力。其计算方法可参见例题 2-4。

例题 2-4　某基坑开挖采用多支撑板桩墙，如图 2-22 所示。已知地基土为密砂，$\gamma = 19.5\text{kN/m}^3$，$c = 0$，$\varphi = 35°$，$\delta = \varphi/2$；基坑开挖高度 $H = 10\text{m}$；支撑在基坑长度方向的间距 $a = 2.5\text{m}$。计算作用在每根支撑上的荷载及板桩上的最大弯矩值。

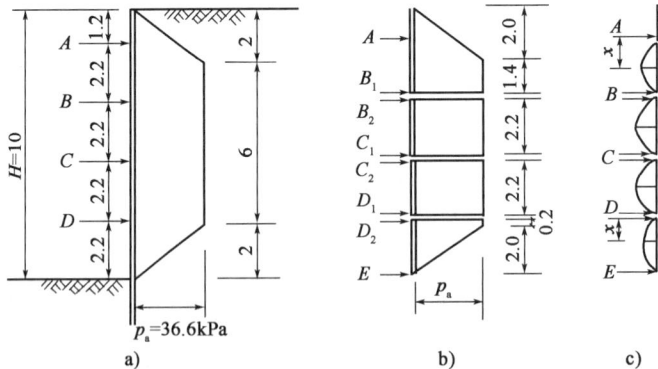

图 2-22　例题 2-4 图（尺寸单位：m）

解：由于土为密砂，作用在板桩上的土压力分布可按图 2-21c) 计算。当 $\beta = 0$，$\varepsilon = 0$，$\varphi = 35°$，$\delta = \varphi/2$ 时，库仑主动土压力系数为

$$K_a = \frac{\cos^2\varphi}{\cos\delta \left[1 + \sqrt{\dfrac{\sin(\delta + \varphi)\sin\varphi}{\cos\delta}}\right]^2} = 0.246$$

最大土压力强度为

$$p_a = 0.8\gamma H K_a \cos\delta = 0.8 \times 19.5 \times 10 \times 0.246 \times \cos17.5° = 36.6(\text{kPa})$$

板桩墙上的土压力分布图形如图 2-22a)所示。板桩设置 4 层支撑 A、B、C、D,板桩下端支承在坑底土中。计算时取 1 延米长板桩墙,假定板桩在支撑之间为简支,其计算图式如图 2-22b)所示。

(1)计算支撑荷载。

对 B_1 取矩,按 $\sum M_{B_1} = 0$ 得

$$A \times 2.2 = \frac{1}{2} \times 36.6 \times 2 \times \left(1.4 + \frac{2}{3}\right) + 36.6 \times \frac{1}{2} \times 1.4^2 = 111.5(\text{kN})$$

得 $\qquad\qquad\qquad A = 50.7(\text{kN/m})$

$$B_1 = 36.6 \times \frac{1}{2} \times (1.4 + 3.4) - 50.7 = 37.1(\text{kN/m})$$

同理得 $\qquad B_2 = C_1 = C_2 = D_1 = \frac{1}{2} \times 36.6 \times 2.2 = 40.3(\text{kN/m})$

按 $\sum M_E = 0$ 得

$$D_2 \times 2.2 = 36.6 \times 0.2 \times \left(2 + \frac{0.2}{2}\right) + \frac{1}{2} \times 36.6 \times 2 \times \frac{2}{3} \times 2 = 64.17(\text{kN})$$

$$D_2 = 29.17(\text{kN/m})$$

由此得每延米板桩墙上支撑作用力为

$$A = 50.7\text{kN/m}$$
$$B = B_1 + B_2 = 77.4\text{kN/m}$$
$$C = C_1 + C_2 = 80.6\text{kN/m}$$
$$D = D_1 + D_2 = 69.47\text{kN/m}$$
$$E = \frac{1}{2} \times (0.2 + 2.2) \times 36.6 - 29.17 = 14.75(\text{kN/m})$$

已知支撑间距 $a = 2.5\text{m}$,故各支撑计算荷载为

$$A = 2.5 \times 50.7 = 126.8(\text{kN})$$
$$B = 2.5 \times 77.4 = 193.5(\text{kN})$$
$$C = 2.5 \times 80.6 = 201.5(\text{kN})$$
$$D = 2.5 \times 69.47 = 173.68(\text{kN})$$

(2)计算板桩弯矩[图 2-22c)]。

A 点弯矩 $\quad M_A = -\frac{1}{2} \times 1.2 \times \left(\frac{1.2}{2} \times 36.6\right) \times \frac{1.2}{3} = -5.27(\text{kN} \cdot \text{m})$

AB 跨间最大正弯矩位置距 A 为 x,按该点截面剪力等于零可得

$$Q_x = \frac{1}{2} \times 36.6 \times 2 + 36.6 \times (x - 0.8) - 50.7 = 0$$

得 $\qquad\qquad\qquad x = 1.19(\text{m})$

AB 跨间最大正弯矩为

$$M_{AB} = 50.7 \times 1.19 - \frac{1}{2} \times 36.6 \times 2 \times \left(\frac{2}{3} + 0.39\right) - \frac{0.39^2}{2} \times 36.6 = 18.88(\text{kN} \cdot \text{m})$$

同理可求得 $\qquad M_{BC} = M_{CD} = \frac{1}{8} \times 36.6 \times 2.2^2 = 22.14(\text{kN} \cdot \text{m})$

DE 跨间最大正弯矩位置距 D 为 x，按 $Q_x = 0$ 求得

$$Q_x = \frac{1}{4}p_a \times (2.2-x)^2 - E = 0$$

$$Q_x = \frac{1}{4} \times 36.6 \times (2.2-x)^2 - 14.75 = 0$$

解得 $\qquad\qquad\qquad\qquad x = 0.93(\text{m})$

$$M_{DE} = E \times (2.2-x) - \frac{1}{12}p_a(2.2-x)^3$$

$$= 14.75 \times (2.2-0.93) - \frac{1}{12} \times 36.6 \times (2.2-0.93)^3$$

$$= 12.48(\text{kN} \cdot \text{m})$$

故知板桩墙设计控制弯矩为 $M_{BC} = 22.14\text{kN} \cdot \text{m}$。

五、基坑稳定性验算

（一）坑底流砂验算

图 2-23 基坑抽水后水头差引起的渗流

若坑底土为粉砂、细砂等，在基坑内抽水可能引起流砂的危险。一般可采用简化计算方法进行验算。其原则是板桩有足够的入土深度以增大渗流长度，减少向上动水力。由于基坑内抽水后引起的水头差 h'（图 2-23）造成的渗流，其最短渗流途径为 $h_1 + t$，在流程 t 中水对土粒动水力应是垂直向上的，故可要求此动水力不超过土的有效重度 γ_b，则不产生流砂的安全条件为

$$K \cdot i \cdot \gamma_w \leqslant \gamma_b \qquad\qquad (2\text{-}4)$$

式中：K——安全系数，取 2.0；

$\quad i$——水力梯度，$i = \dfrac{h'}{h_1 + t}$；

γ_w——水的重度。

由此可计算确定板桩要求的入土深度 t。

（二）坑底隆起验算

软土基坑开挖较深时，在坑壁土体自重和坑顶荷载作用下，坑底软土可能受挤在坑底发生隆起现象。常用简化方法验算，即假定地基破坏时会发生如图 2-24 所示滑动面，其滑动面圆心在最底层支撑点 A 处，半径为 x，土的重度为 γ，垂直面上的抗滑阻力不予考虑，则滑动力矩为

$$M_d = (q + \gamma H)\frac{x^2}{2} \qquad (2\text{-}5)$$

稳定力矩为

$$M_\gamma = x \int_0^{\frac{\pi}{2}+\alpha} S_u x \mathrm{d}\theta \qquad \left(\alpha < \frac{\pi}{2}\right) \qquad (2\text{-}6)$$

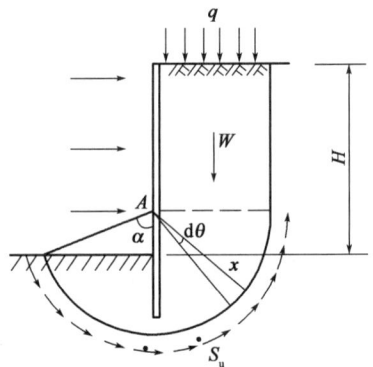

图 2-24 板桩支护的软土滑动面假设

式中：S_u——滑动面上不排水抗剪强度，如土为饱和软黏土，则 $\varphi = 0$，$S_u = c_u$。

M_γ 与 M_d 之比即为安全系数 K，如基坑处地层土质均匀，则安全系数为

$$K_s = \frac{(\pi + 2\alpha)S_u}{\gamma H + q} \geqslant 1.2$$

式中，$\pi + 2\alpha$ 以弧度表示。

六、封底混凝土厚度计算

有时钢板桩围堰需浇筑水下封底混凝土后在围堰内抽干水后再修筑基础和墩身。在抽干水后封底混凝土底面因围堰内外水头差而受到向上的静水压力，若板桩围堰和封底混凝土之间的黏结作用不致被静水压力破坏，则封底混凝土及围堰有可能被水浮起，或者封底混凝土产生向上挠曲而折裂，因而，封底混凝土应有足够的厚度，以确保围堰安全。

作用在封底层的浮力是由封底混凝土和围堰自重，以及板桩和土的摩阻力来平衡的，如图 2-25 所示。当板桩打入基底以下深度不大时，平衡浮力主要靠封底混凝土自重，若封底混凝土最小厚度为 x，则

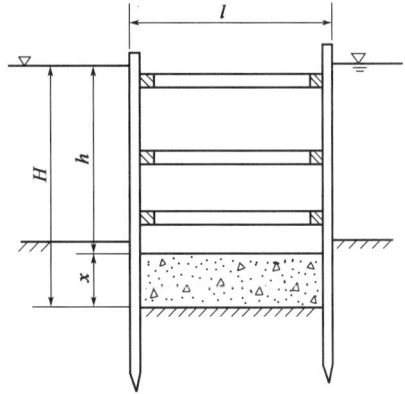

图 2-25　封底混凝土最小厚度

$$\gamma_c \cdot x = \gamma_w(\mu h + x)$$

$$x = \frac{\mu \cdot \gamma_w h}{\gamma_c - \gamma_w} \tag{2-7}$$

式中：μ——考虑未计算桩土间摩阻力和围堰自重的修正系数，小于 1，具体数值由经验确定；

　　γ_w——水的重度，取 10kN/m^3；

　　γ_c——混凝土重度，取 23kN/m^3；

　　h——封底混凝土顶面处水头高度（m）。

如板桩打入基坑下较深，板桩与土之间摩阻力较大，加上封底层及围堰自重，整个围堰不会被水浮起，此时封底层厚度应由其强度确定。假定封底层为一简支单向板，其顶面在静水压力作用下产生弯曲拉应力

$$\sigma = \frac{1}{8}\frac{pl^2}{W} = \frac{l^2}{8}\frac{\gamma_w(h+x) - \gamma_c x}{\frac{1}{6}x^2} \leqslant [\sigma]$$

经整理得

$$\frac{4}{3}\frac{[\sigma]}{l^2}x^2 + \gamma_c x - \gamma_w H = 0 \tag{2-8}$$

式中：W——封底层每米宽断面的抵抗矩（m^3）；

　　l——围堰宽度（m）；

　　$[\sigma]$——水下混凝土容许弯曲拉应力，考虑水下混凝土表层质量较差、养护时间短等因素，不宜取值过高，一般用 $100 \sim 200\text{kPa}$。

由此可解得封底混凝土层厚 x。

封底混凝土灌注时厚度宜比计算值超过 0.25~0.50m,以便在抽水后将顶层浮浆、软弱层凿除,以保证质量。当需要进一步计算封底混凝土层厚度时可参照第五章沉井基础式(5-42)进行。

第四节　地基承载力

地基承载力的确定一般有以下 3 种方法:

(1)根据现场荷载试验的 p-s 曲线确定;

(2)按地基承载力理论公式计算;

(3)按现行规范提供的经验公式计算。

这里介绍按《公路桥涵地基与基础设计规范》(JTG 3363—2019)提供的经验公式和参数确定地基承载力的方法。《公路桥涵地基与基础设计规范》(JTG 3363—2019)中地基设计采用正常使用极限状态,这是由于土是大变形材料,当荷载增加时,随着地基变形的增长,地基承载力也在逐渐增大,很难界定出一个真正的"极限值";另外桥涵结构物的使用有一个功能要求,常常是地基承载力还有潜力可挖,而地基的变形却已经达到或超过按正常使用的限值,因此,地基承载力应取结构物容许沉降对应的地基承受荷载的能力。

《公路桥涵地基与基础设计规范》(JTJ 024—85)采用的地基承载力表给公路工程设计人员提供了很大帮助,随着设计水平的提高,设计中应尽可能采用载荷试验或其他原位测试来取得地基承载力,但是由于桥涵基础所处环境特殊,在很多地点可能无法进行现场测试,可查《公路桥涵地基与基础设计规范》(JTG 3363—2019)地基承载力表。

按照《公路桥涵地基与基础设计规范》(JTG 3363—2019)提供的经验公式和数据来确定地基承载力的步骤和方法如下。

一、确定地基岩土的名称

公路桥涵地基的岩土分为岩石、碎石土、砂土、粉土、黏性土和特殊性岩土。

(一)岩石

岩石为颗粒间连接牢固、呈整体或具有节理裂隙的地质体。作为公路桥涵地基,除应确定岩石的地质名称外,还应按《公路桥涵地基与基础设计规范》(JTG 3363—2019)规定划分其坚硬程度、完整程度、节理发育程度、软化程度和特殊性岩石。

岩石的坚硬程度应根据岩块的饱和单轴抗压强度标准值 f_{rk} 按表 2-4 分为坚硬岩、较硬岩、较软岩、软岩和极软岩 5 个等级。当缺乏有关试验数据或不能进行该项试验时,可按《公路桥涵地基与基础设计规范》(JTG 3363—2019)附录表 A.0.1-1 定性分级。

岩石坚硬程度分级　　　　　　　　　　　　　　　　　　　表 2-4

坚硬程度类别	坚硬岩	较硬岩	较软岩	软岩	极软岩
饱和单轴抗压强度标准值 f_{rk}(MPa)	$f_{rk}>60$	$60 \geqslant f_{rk}>30$	$30 \geqslant f_{rk}>15$	$15 \geqslant f_{rk}>5$	$f_{rk} \leqslant 5$

岩体完整程度根据完整性指数按表 2-5 分为完整、较完整、较破碎、破碎和极破碎 5 个等

级。当缺乏有关试验数据时,可按《公路桥涵地基与基础设计规范》(JTG 3363—2019)附录表 A.0.1-3 定性分级。

岩体完整程度划分 表 2-5

完整程度类别	完整	较完整	较破碎	破碎	极破碎
完整性指数	>0.75	0.75 ~ 0.55	0.55 ~ 0.35	0.35 ~ 0.15	≤0.15

注:完整性指数为岩体纵波波速与岩块纵波波速之比的平方。

岩体节理发育程度根据节理间距按表 2-6 分为节理很发育、节理发育、节理不发育 3 类。

岩体节理发育程度的分类 表 2-6

程度	节理不发育	节理发育	节理很发育
节理间距(mm)	>400	(200,400]	≤200

注:节理是指岩体破裂面两侧岩层无明显位移的裂缝或裂隙。

岩石按软化系数可分为软化岩石和不软化岩石,当软化系数等于或小于 0.75 时,应定为软化岩石;当软化系数大于 0.75 时,定为不软化岩石。

当岩石具有特殊成分、特殊结构或特殊性质时,应定为特殊性岩石。如易溶性岩石、膨胀性岩石、崩解性岩石、盐渍化岩石等。

(二)碎石土

碎石土为粒径大于 2mm 的颗粒含量超过总质量 50% 的土。碎石土可按表 2-7 分为漂石、块石、卵石、碎石、圆砾和角砾 6 类。

碎石土的分类 表 2-7

土 的 名 称	颗 粒 形 状	粒组含量
漂石	圆形及亚圆形为主	粒径大于 200mm 的颗粒含量超过总质量 50%
块石	棱角形为主	
卵石	圆形及亚圆形为主	粒径大于 20mm 的颗粒含量超过总质量 50%
碎石	棱角形为主	
圆砾	圆形及亚圆形为主	粒径大于 2mm 的颗粒含量超过总质量 50%
角砾	棱角形为主	

注:碎石土分类时应根据粒组含量从大到小以最先符合者确定。

碎石土的密实度,可根据重型动力触探锤击数 $N_{63.5}$ 按表 2-8 分为松散、稍密、中密、密实 4 级。当缺乏有关试验数据时,碎石土平均粒径大于 50mm 或最大粒径大于 100mm 时,按《公路桥涵地基与基础设计规范》(JTG 3363—2019)附录表 A.0.2 鉴别其密实度。

碎石土的密实度 表 2-8

锤击数 $N_{63.5}$	密 实 度	锤击数 $N_{63.5}$	密 实 度
$N_{63.5} \leq 5$	松散	$10 < N_{63.5} \leq 20$	中密
$5 < N_{63.5} \leq 10$	稍密	$N_{63.5} > 20$	密实

注:1. 本表适用于平均粒径小于或等于 50mm 且最大粒径不超过 100mm 的卵石、碎石、圆砾、角砾。

2. 表内 $N_{63.5}$ 为经修正后锤击数的平均值。

（三）砂土

砂土为粒径大于 2mm 的颗粒含量不超过总质量 50%、粒径大于 0.075mm 的颗粒超过总质量 50% 的土。砂土可按表 2-9 分为砾砂、粗砂、中砂、细砂和粉砂 5 类。

表 2-9

砂土分类

土的名称	粒组含量
砾砂	粒径大于 2mm 的颗粒含量占总质量 25% ~50%
粗砂	粒径大于 0.5mm 的颗粒含量超过总质量 50%
中砂	粒径大于 0.25mm 的颗粒含量超过总质量 50%
细砂	粒径大于 0.075mm 的颗粒含量超过总质量 85%
粉砂	粒径大于 0.075mm 的颗粒含量超过总质量 50%

注：砂土分类时根据粒组含量从大到小以最先符合者确定。

砂土的密实度可根据标准贯入锤击数按表 2-10 分为松散、稍密、中密、密实 4 级。

表 2-10

砂土的密实度

标准贯入锤击数 N	密实度	标准贯入锤击数 N	密实度
$N \leqslant 10$	松散	$15 < N \leqslant 30$	中密
$10 < N \leqslant 15$	稍密	$N > 30$	密实

（四）粉土

粉土为塑性指数 $I_P \leqslant 10$ 且粒径大于 0.075mm 的颗粒含量不超过总质量 50% 的土。

粉土的密实度应根据孔隙比 e 划分为密实、中密和稍密；其湿度应根据天然含水率 $w(\%)$ 划分为稍湿、湿、很湿。密实度和湿度的划分应分别符合表 2-11 和表 2-12 的规定。

表 2-11

粉土密实度分类

孔隙比 e	密实度	孔隙比 e	密实度
$e < 0.75$	密实	$e > 0.9$	稍密
$0.75 \leqslant e \leqslant 0.90$	中密		

表 2-12

粉土湿度分类

天然含水率 $w(\%)$	湿度	天然含水率 $w(\%)$	湿度
$w < 20$	稍湿	$w > 30$	很湿
$20 \leqslant w \leqslant 30$	湿		

（五）黏性土

黏性土为塑性指数 $I_P > 10$ 且粒径大于 0.075mm 的颗粒含量不超过总质量 50% 的土。黏性土根据塑性指数按表 2-13 分为黏土和粉质黏土。

表 2-13

黏性土的分类

塑性指数 I_P	土的名称	塑性指数 I_P	土的名称
$I_P > 17$	黏土	$10 < I_P \leqslant 17$	粉质黏土

注：液限和塑限分别按 76g 锥试验确定。

黏性土的软硬状态可根据液性指数 I_L 按表 2-14 分为坚硬、硬塑、可塑、软塑、流塑 5 种状态。

黏性土的软硬状态 表 2-14

液性指数 I_L	状　态	液性指数 I_L	状　态
$I_L \le 0$	坚硬	$0.75 < I_L \le 1$	软塑
$0 < I_L \le 0.25$	硬塑	$I_L > 1$	流塑
$0.25 < I_L \le 0.75$	可塑	—	—

黏性土可根据沉积年代按表 2-15 分为老黏性土、一般黏性土和新近沉积黏性土。

黏性土的沉积年代分类 表 2-15

沉积年代	土的分类	沉积年代	土的分类
第四纪晚更新世(Q_3)及以前	老黏性土	第四纪全新世(Q_4)以后	新近沉积黏性土
第四纪全新世(Q_4)	一般黏性土		

(六)特殊性岩土

特殊性岩土是具有一些特殊成分、结构和性质的区域性土,包括软土、膨胀土、湿陷性土、红黏土、冻土、盐渍土和填土等。

(1)软土。软土为滨海、湖沼、谷地、河滩等处天然含水率高、天然孔隙比大、抗剪强度低的细粒土,其鉴别指标应符合表 2-16 规定,包括淤泥、淤泥质土、泥炭、泥炭质土等。

软土地基鉴别指标 表 2-16

指标名称	天然含水率 w	天然孔隙比 e	直剪内摩擦角 φ	十字板剪切强度 C_u	压缩系数 a_{1-2}
指标值	$\ge 35\%$ 或液限	≥ 1.0	宜小于 $5°$	$< 35kPa$	宜大于 $0.5MPa^{-1}$

淤泥为在静水或缓慢的流水环境中沉积,并经生物化学作用形成,其天然含水率大于液限、天然孔隙比大于或等于 1.5 的黏性土。

天然含水率大于液限而天然孔隙比小于 1.5 但大于或等于 1.0 的黏性土或粉土为淤泥质土。

(2)膨胀土。膨胀土为土中黏粒成分主要由亲水性矿物组成,同时具有显著的吸水膨胀和失水收缩特性,其自由膨胀率大于或等于 40% 的黏性土。

(3)湿陷性土。湿陷性土为浸水后产生附加沉降,其湿陷系数大于或等于 0.015 的土。

(4)红黏土。红黏土为碳酸盐岩系的岩石经红土化作用形成的高塑性黏土,其液限一般大于 50。红黏土经再搬运后仍保留其基本特征且其液限大于 45 的土为次生红黏土。

(5)冻土。冻土是温度为 0℃ 或负温,含有冰且与土颗粒呈胶结状态的土。

(6)盐渍土。盐渍土为土中易溶盐含量大于 0.3% ,并具有溶陷、盐胀、腐蚀等工程特性的土。

(7)填土。填土根据其组成和成因,可分为素填土、压实填土、杂填土、冲填土。

素填土为由碎石土、砂土、粉土、黏性土等组成的填土。经过压实或夯实的素填土为压实填土。杂填土为含有建筑垃圾、工业废料、生活垃圾等杂物的填土。冲填土为由水力冲填泥砂形成的填土。

二、地基岩土工程特性指标确定

土的工程特性指标包括抗剪强度指标、抗压强度指标、压缩性指标、动力触探锤击数、静力触探探头阻力、载荷试验承载力以及其他特性指标。

地基土工程特性指标的代表值应分别为标准值、平均值及特征值。强度指标应取标准值；压缩性指标应取平均值；承载力指标应取特征值。

土的抗剪强度指标，可采用原状土室内剪切试验、无侧限抗压强度试验、现场剪切试验、十字板剪切试验等方法测定。当采用室内剪切试验确定土的抗剪强度指标时，室内试验抗剪强度指标黏聚力标准值 c_k、内摩擦角标准值 φ_k，可按《公路桥涵地基与基础设计规范》（JTG 3363—2019）确定。

土的压缩性指标包括压缩模量及压缩系数等指标，可采用原状土室内压缩试验、原位浅层或深层平板载荷试验、旁压试验确定。当采用室内压缩试验确定压缩模量时，试验所施加的最大压力应超过土自重压力与预计附加压力之和，试验成果用 $e\text{-}p$ 曲线表示。地基土的压缩性可按 p_1 为 100kPa、p_2 为 200kPa 相对应的压缩系数值 a_{1-2} 划分为低、中、高压缩性，且应按以下规定进行评价：

（1）当 $a_{1-2} < 0.1 \mathrm{MPa}^{-1}$ 时，为低压缩性土；

（2）当 $0.1\mathrm{MPa}^{-1} \leqslant a_{1-2} < 0.5\mathrm{MPa}^{-1}$ 时，为中压缩性土；

（3）当 $a_{1-2} \geqslant 0.5\mathrm{MPa}^{-1}$ 时，为高压缩性土。

土的载荷试验应包括浅层平板载荷试验和深层平板载荷试验。两种载荷试验要点应分别符合《公路桥涵地基与基础设计规范》（JTG 3363—2019）附录 B、C 规定。岩基载荷试验要点应符合《公路桥涵地基与基础设计规范》（JTG 3363—2019）附录 D 规定。

三、地基承载力的确定

地基承载力的验算，应以修正后的地基承载力特征值 f_a 控制。该值系在地基原位测试或《公路桥涵地基与基础设计规范》（JTG 3363—2019）给出的各类岩土承载力特征值 f_{a0} 的基础上，经修正后而得。地基承载力特征值应首先考虑由载荷试验或其他原位测试取得，其值不应大于地基极限承载力的 1/2；对中小桥、涵洞，当受现场条件限制，或载荷试验和原位测试确有困难时，也可按照《公路桥涵地基与基础设计规范》（JTG 3363—2019）第 4.3.3 条有关规定采用。

地基承载力特征值尚应根据基底埋深、基础宽度及地基土的类别按照《公路桥涵地基与基础设计规范》（JTG 3363—2019）第 4.3.4 条规定进行修正。

软土地基承载力特征值可按照《公路桥涵地基与基础设计规范》（JTG 3363—2019）第 4.3.5 条确定。

其他特殊性岩土地基承载力特征值可参照各地区经验或相应的标准确定。

（一）地基承载力特征值的确定

地基承载力特征值 f_{a0} 可根据岩土类别、状态及其物理力学特性指标按表 2-17～表 2-23

选用。

（1）一般岩石地基可根据强度等级、节理按表2-17确定其地基承载力特征值f_{a0}。对于复杂的岩层（如溶洞、断层、软弱夹层、易溶岩石、软化岩石等)应按各项因素综合确定。

岩石地基承载力特征值f_{a0}（kPa）　　　　表2-17

坚硬程度	节理发育程度		
	节理不发育	节理发育	节理很发育
坚硬岩、较硬岩	>3000	3000～2000	2000～1500
较软岩	3000～1500	1500～1000	1000～800
软岩	1200～1000	1000～800	800～500
极软岩	500～400	400～300	300～200

（2）碎石土地基可根据其类别和密实度按表2-18确定其地基承载力特征值f_{a0}。

碎石土地基承载力特征值f_{a0}（kPa）　　　　表2-18

土　名	密　实　度			
	密实	中密	稍密	松散
卵石	1200～1000	1000～650	650～500	500～300
碎石	1000～800	800～550	550～400	400～200
圆砾	800～600	600～400	400～300	300～200
角砾	700～500	500～400	400～300	300～200

注：1. 由硬质岩组成，填充砂土者取高值；由软质岩组成，填充黏性土者取低值。

2. 半胶结的碎石土，可按密实的同类土的f_{a0}值提高10%～30%。

3. 松散的碎石土在天然河床中很少遇见，需特别注意鉴定。

4. 漂石、块石的f_{a0}值，可参照卵石、碎石适当提高。

（3）砂土地基可根据土的密实度和水位情况按表2-19确定其地基承载力特征值f_{a0}。

砂土地基承载力特征值f_{a0}（kPa）　　　　表2-19

土　名	湿　度	密　实　度			
		密实	中密	稍密	松散
砾砂、粗砂	与湿度无关	550	430	370	200
中砂	与湿度无关	450	370	330	150
细砂	水上	350	270	230	100
	水下	300	210	190	—
粉砂	水上	300	210	190	—
	水下	200	110	90	—

（4）粉土地基可根据土的天然孔隙比e和天然含水率w（%）按表2-20确定其承载力特征值f_{a0}。

粉土地基承载力特征值 f_{a0}（kPa） 表2-20

e	$w(\%)$					
	10	15	20	25	30	35
0.5	400	380	355	—	—	—
0.6	300	290	280	270	—	—
0.7	250	235	225	215	205	—
0.8	200	190	180	170	165	—
0.9	160	150	145	140	130	125

（5）老黏性土地基可根据压缩模量 E_s 按表2-21确定其地基承载力特征值 f_{a0}。

老黏性土地基承载力特征值 f_{a0}（kPa） 表2-21

E_s（MPa）	10	15	20	25	30	35	40
f_{a0}（kPa）	380	430	470	510	550	580	620

注：当老黏性土 $E_s < 10$MPa 时，地基承载力特征值 f_{a0} 按一般黏性土（表2-22）确定。

（6）一般黏性土可根据液性指数 I_L 和天然孔隙比 e 按表2-22确定其承载力特征值 f_{a0}。

一般黏性土地基承载力特征值 f_{a0}（kPa） 表2-22

e	I_L												
	0	0.1	0.2	0.3	0.4	0.5	0.6	0.7	0.8	0.9	1.0	1.1	1.2
0.5	450	440	430	420	400	380	350	310	270	240	220	—	—
0.6	420	410	400	380	360	340	310	280	250	220	200	180	—
0.7	400	370	350	330	310	290	270	240	220	190	170	160	150
0.8	380	330	300	280	260	240	230	210	180	160	150	140	130
0.9	320	280	260	240	220	210	190	180	160	140	130	120	100
1.0	250	230	220	210	190	170	160	150	140	120	110	—	—
1.1	—	—	160	150	140	130	120	110	100	90	—	—	—

注：1. 土中含有粒径大于2mm的颗粒质量超过总质量30%以上者，f_{a0} 可适当提高。

2. 当 $e < 0.5$ 时，取 $e = 0.5$；当 $I_L < 0$ 时，取 $I_L = 0$。此外，超过表列范围的一般黏性土，$f_{a0} = 57.22E_s^{0.57}$。

3. 一般黏性土地基承载力特征值 f_{a0} 取值大于300kPa时，应有原位测试数据作依据。

（7）新近沉积黏性土地基可根据液性指数 I_L 和天然孔隙比 e 按表2-23确定其地基承载力特征值 f_{a0}。

新近沉积黏性土地基承载力特征值 f_{a0}（kPa） 表2-23

e	I_L		
	≤0.25	0.75	1.25
≤0.8	140	120	100
0.9	130	110	90
1.0	120	100	80
1.1	110	90	—

(二)修正后的地基承载力特征值的确定

修正后的地基承载力特征值 f_a 按式（2-9）确定。当基础位于水中不透水地层上时，f_a 按平均常水位至一般冲刷线的水深每米再增大 10kPa。

$$f_a = f_{a0} + k_1 \gamma_1 (b-2) + k_2 \gamma_2 (h-3) \tag{2-9}$$

式中：f_a——修正后的地基承载力特征值（kPa）；

  b——基础底面的最小边宽（m），当 $b < 2m$ 时，取 $b = 2m$；当 $b > 10m$ 时，取 $b = 10m$；

  h——基底埋置深度（m），自天然地面起算，有水流冲刷时自一般冲刷线起算；当 $h < 3m$ 时，取 $h = 3m$；当 $h/b > 4$ 时，取 $h = 4b$；

  k_1、k_2——基底宽度、深度修正系数，根据基底持力层土的类别按表2-24确定；

  γ_1——基底持力层土的天然重度（kN/m³）。若持力层在水面以下且为透水者，应取浮重度；

  γ_2——基底以上土层的加权平均重度（kN/m³），换算时若持力层在水面以下，且不透水时，不论基底以上土的透水性质如何，一律取饱和重度；当透水时，水中部分土层则应取浮重度。

地基土承载力宽度、深度修正系数 k_1、k_2 表2-24

系数	黏 性 土				粉土	砂 土								碎 石 土			
	老黏性土	一般黏性土		新近沉积黏性土	—	粉砂		细砂		中砂		砾砂、粗砂		碎石、圆砾、角砾		卵石	
		$I_L \geqslant 0.5$	$I_L < 0.5$			中密	密实	中密	密实	中密	密实	中密	密实	中密	密实	中密	密实
k_1	0	0	0	0	0	1.0	1.2	1.5	2.0	2.0	3.0	3.0	4.0	3.0	4.0	3.0	4.0
k_2	2.5	1.5	2.5	1.0	1.5	2.0	2.5	3.0	4.0	4.0	5.5	5.0	6.0	5.0	6.0	6.0	10.0

注：1. 对于稍密和松散状态的砂土、碎石土，k_1、k_2 值可采用表列中密值的50%。

  2. 强风化和全风化的岩石，可参照所风化成的相应土类取值；其他状态下的岩石不修正。

(三)修正后的地基承载力特征值应乘的抗力系数

修正后的地基承载力特征值 f_a 应根据地基受荷阶段及受荷情况，乘以下列规定的地基承载力抗力系数 γ_R。

1. 使用阶段

(1)当地基承受作用频遇组合或作用偶然组合时，可取 $\gamma_R = 1.25$；但对修正后的地基承载力特征值 f_a 小于 150kPa 的地基，应取 $\gamma_R = 1.0$。

(2)当地基承受的作用频遇组合仅包括结构自重、预加力、土重力、土侧压力、汽车和人群时，应取 $\gamma_R = 1.0$。

(3)当基础建于经多年压实未遭破坏的旧桥基（岩石旧桥基除外）上时，对于 $f_a \geqslant 150kPa$ 的地基，地基承载力抗力系数均可取 $\gamma_R = 1.5$；对 $f_a < 150kPa$ 的地基可取 $\gamma_R = 1.25$。

（4）基础建于岩石旧桥基上，应取 $\gamma_R = 1.0$。

2. 施工阶段

（1）地基在不受单向推力作用时，可取 $\gamma_R = 1.25$；

（2）当地基施工期间承受单向推力时，可取 $\gamma_R = 1.5$。

第五节 刚性扩大基础的设计与计算

刚性扩大基础的设计与计算主要包括这些内容：基础埋置深度的确定、刚性扩大基础尺寸的拟定、地基承载力验算、基底合力偏心距验算、基础稳定性和地基稳定性验算、基础沉降验算。

一、基础埋置深度的确定

确定基础的埋置深度是地基基础设计中的重要步骤，它涉及建筑物建成后的牢固、稳定及正常使用问题。在确定基础埋置深度时，必须考虑把基础设置在变形较小而强度又比较大的持力层上，以保证地基强度满足要求，而且不致产生过大的沉降或沉降差。此外还要使基础有足够的埋置深度，以保证基础的稳定性，确保基础的安全。确定基础的埋置深度时，必须综合考虑地基的地质和地形条件、河流的冲刷程度、当地的冻结深度、上部结构形式以及保证持力层稳定所需的最小埋深和施工技术条件、造价等因素。对于某一具体工程而言，往往是其中一、两种因素起决定性作用，所以在设计时，必须从实际出发，抓住主要因素进行分析研究，确定合理的埋置深度。

（一）地基的地质条件

地质条件是确定基础埋置深度的重要因素之一。覆盖土层较薄（包括风化岩层）的岩石地基，一般应清除覆盖土和风化层后，将基础直接修建在新鲜岩面上；如岩石的风化层很厚，难以全部清除时，基础放在风化层中的埋置深度应根据其风化程度、冲刷深度及相应的地基承载力特征值来确定。如岩层表面倾斜时，不得将基础的一部分置于岩层上，而另一部分则置于土层上，以防基础因不均匀沉降而发生倾斜甚至断裂。在陡峭山坡上修建桥台时，还应注意岩体的稳定性。

当基础埋置在非岩石地基上，如受压层范围内为均质土，基础埋置深度除满足冲刷、冻胀等要求外，可根据荷载大小，由地基土的承载能力和沉降特性来确定（同时考虑基础需要的最小埋深）。当地质条件较复杂，如地层为多层土组成等，或对大中型桥梁及其他建筑物基础持力层的选定，应通过较详细计算或方案比较后确定。

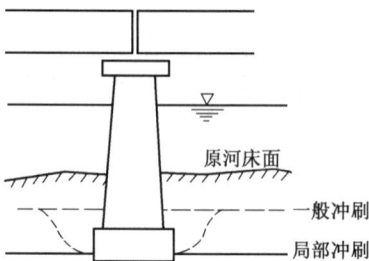

图 2-26 河流的冲刷作用

（二）河流的冲刷深度

在有水流的河床上修建基础时，要考虑洪水对墩台基础的冲刷作用，洪水水流越急，流量越大，洪水的冲刷越大，整个河床面被洪水冲刷后要下降，这是一般冲刷，被冲下去的深度为一般冲刷深度。同时由于桥墩的阻水作用，使洪水在桥墩四周冲出一个深坑，如图 2-26 所示，这是局部冲刷。

因此,在有冲刷的河流中,为了防止桥梁墩、台基础四周和基底下土层被水流掏空冲走以致倒塌,基础必须埋置在设计洪水的最大冲刷线以下不小于1m。特别是在山区和丘陵地区的河流,更应注意考虑季节性洪水的冲刷作用。

涵洞基础,在无冲刷处(岩石地基除外),应设在地面或河床底以下埋深不小于1m处;如有冲刷,基底埋深应在局部冲刷线以下不小于1m;如河床上有铺砌层时,基础底面宜设置在铺砌层顶面以下不小于1m。

基础在设计洪水冲刷总深度以下的最小埋置深度不应是一个定值,它与河床地层的抗冲刷能力、计算设计流量的可靠性、选用计算冲刷深度的方法、桥梁的重要性和破坏后修复的难易程度等因素有关。因此,对于非岩石河床桥梁墩台基础的基底在设计洪水冲刷总深度以下的最小埋置深度,参照表2-25采用。

桥梁墩台基础基底最小埋置深度(m)   表2-25

桥梁类别	总冲刷深度(m)				
	0	5	10	15	20
大桥、中桥、小桥(不铺砌)	1.5	2.0	2.5	3.0	3.5
特大桥	2.0	2.5	3.0	3.5	4.0

在计算冲刷深度时,尚应考虑其他可能产生的不利因素,如因水利规划使河道变迁,水文资料不足或河床为变迁性和不稳定河段等情况时,表2-25所列数值应适当加大。

修筑在覆盖土层较薄的岩石地基上,河床冲刷又较严重的大桥桥墩基础,基础应置于新鲜岩面或弱风化层中并有足够埋深,以保证其稳定性。也可用其他锚固等措施,使基础与岩层能联成整体,以保证整个基础的稳定性。如风化层较厚,在满足冲刷深度要求下,一般桥梁的基础可设置在风化层内,此时,地基各项条件均按非岩石考虑。

位于河槽的桥台,当其最大冲刷深度小于桥墩总冲刷深度时,桥台基底的埋深应与桥墩基底相同。当桥台位于河滩时,对河槽摆动不稳定河流,桥台基底高程应与桥墩基底高程相同;在稳定河流上,桥台基底高程可按照桥台冲刷结果确定。

(三)当地的冻结深度

在寒冷地区,应该考虑由于季节性的冰冻和融化对地基土引起的冻胀影响。

产生冻胀的原因是由于冬季气温下降,当地面下一定深度内土的温度达到冰冻温度时,土中孔隙水分开始冻结,体积增大,使土体产生一定的隆胀。对于冻胀性土,如土温在较长时间内保持在冻结温度以下,水分能从未冻结土层不断地向冻结区迁移,引起地基的冻胀和隆起,这些都可能使基础遭受损坏。为了保证建筑物不受地基土季节性冻胀的影响,除地基为非冻胀性土外,基础底面应埋置在天然最大冻结线以下一定深度。《公路桥涵地基与基础设计规范》(JTG 3363—2019)规定,上部为超静定结构的桥涵基础,其地基为冻胀土层时,应将基底埋入冻结线以下不小于0.25m。对静定结构的基础,一般也按此要求,但在冻结较深地区,为了减少基础埋深,有些类别的冻土经计算后也可将基底置于最大冻结线以上。冻土分类和有关的计算方法详见本书第七章第三节。

我国幅员辽阔,地理气候不一,各地冻结深度应按实测资料确定。无资料时,可参照《公路桥涵地基与基础设计规范》(JTG 3363—2019)中标准冻深线图结合实地调查确定。

（四）上部结构形式

上部结构的形式不同,对基础产生的位移要求也不同。对中、小跨度简支梁桥来说,这项因素对确定基础的埋置深度影响不大。但对超静定结构即使基础发生较小的不均匀沉降也会使内力产生一定变化。例如,对于拱桥桥台,为了减少可能产生的水平位移和沉降差值,有时需将基础设置在埋藏较深的坚实土层上。

（五）当地的地形条件

当墩台、挡土墙等结构位于较陡的土坡上时,确定基础埋深,还应考虑防止土坡连同结构物基础一起滑动的情况。由于在确定地基承载力特征值时,一般是按地面为水平的情况下确定的,因而当地基为倾斜土坡时,应结合实际情况,予以适当折减并采取以下措施。

若基础位于较陡的岩体上,可将基础做成台阶形,但要注意岩体的稳定性。基础前缘至岩层坡面间必须留有适当的安全距离,其数值与持力层岩石（或土）的类别及斜坡坡度等因素有关。根据挡土墙设计要求,基础前缘至斜坡面间的安全距离 l 及基础嵌入地基中的深度 h 与持力层岩石（或土）类的关系见表 2-26,在设计桥梁基础时也可作参考。但具体应用时,因桥梁基础承受荷载比较大,而且受力较复杂,采用表列 l 值宜适当增大,必要时应降低地基承载力特征值,以防止邻近边缘部分地基下沉过大。

斜坡上基础埋深与持力层土类关系　　　　　　　　表 2-26

持力层土类	h（m）	l（m）	示　意　图
较完整的坚硬岩石	0.25	0.25 ~ 0.50	
一般岩石（如砂页岩互层等）	0.60	0.60 ~ 1.50	
松软岩石（如千枚岩等）	1.00	1.00 ~ 2.00	
砂类砾石及土层	≥1.00	1.50 ~ 2.50	

（六）保证持力层稳定所需的最小埋置深度

地表土在温度和湿度的影响下,会产生一定的风化作用,其性质是不稳定的。加上人类和动物的活动以及植物的生长作用,也会破坏地表土层的结构,影响其强度和稳定,所以,一般地表土不宜作为持力层。为了保证地基和基础的稳定性,基础的埋置深度（除岩石地基外）应在天然地面或无冲刷河底以下不小于1m。

除此以外,在确定基础埋置深度时,还应考虑相邻建筑物的影响,如新建筑物基础比原有建筑物基础深,则施工挖土有可能影响原有基础的稳定。施工技术条件（施工设备、排水条件、支撑要求等）及经济分析等对基础埋深也有一定影响,这些因素也应考虑。

上述影响基础埋深的因素不仅适用于天然地基上的浅基础,有些因素也适用于其他类型的基础（如沉井基础）。

现举一简例来说明如何较合理地确定基础埋置深度和选择持力层。

某河流的水文资料和土层分布及其承载力特征值如图 2-27 所示。

根据水文地质资料,如施工技术条件有充分保证,由于基础修建在常年有水的河中（上部为静定结构),因而对上述因素(三)至(六)可以排除。从土质条件来看,土层(Ⅰ)(Ⅲ)(Ⅳ)均可作为持力层,所以第一方案采用浅基础,只需根据最大冲刷线确定其最小埋置深度,即在最大冲刷线以下 $h_1 = 2m$,然后验算土层(Ⅰ)(Ⅱ)的承载力是否满足要求。如这一方案不能通过,就应按土质条件将基底设置在土层(Ⅲ)上,但埋深 h_2 达 8m 以上,若仍采用浅基础大开挖施工方案则要考虑技术上的可能性和经济上的合理性,这时也可考虑沉井基础(第二方案)或桩基础。如荷载大,要求基础埋得更深时,则可考虑第三方案采用桩基础,将桩底设置在土层(Ⅳ)中。采用这一方案时,可以避免水下施工,给施工带来便利。

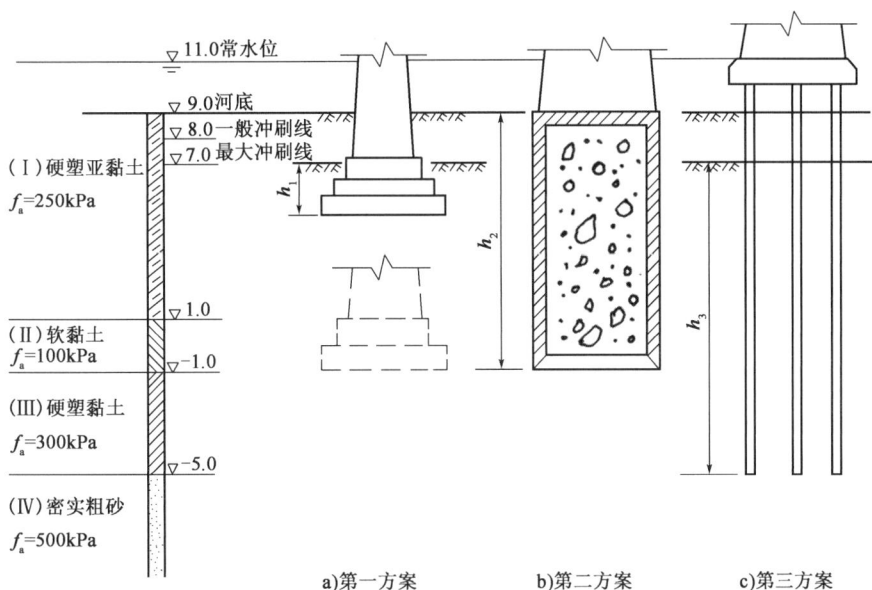

图 2-27　基础埋深的不同方案(高程单位:m)

二、刚性扩大基础尺寸的拟定

拟定基础尺寸也是基础设计的重要内容之一,尺寸拟定恰当,可以减少重复设计工作。刚性扩大基础拟定尺寸时,主要根据基础埋置深度确定基础平面尺寸和基础分层厚度。

基础厚度:应根据墩、台身结构形式,荷载大小,选用的基础材料等因素来确定。基底高程应按基础埋深的要求确定。水中基础顶面一般不高于最低水位,在季节性流水的河流或旱地上的桥梁墩、台基础,则不宜高出地面,以防碰损。这样,基础厚度可按上述要求所确定的基础底面和顶面高程求得。在一般情况下,大、中桥墩、台混凝土基础厚度在 1.0~2.0m。

基础平面尺寸:基础平面形式一般应考虑根据墩、台身底面的形状而确定,基础平面形状常用矩形。基础底面长宽尺寸与高度有如下的关系式(图 2-28):

$$\left.\begin{aligned}
\text{长度(横桥向)} \qquad a = l + 2H\tan\alpha \\
\text{宽度(顺桥向)} \qquad b = d + 2H\tan\alpha
\end{aligned}\right\} \tag{2-10}$$

式中:l——墩、台身底截面长度(m);

d——墩、台身底截面宽度(m);

H——基础高度(m);

α——墩、台身底截面边缘至基础边缘线与垂线间的夹角。

基础剖面尺寸:刚性扩大基础的剖面形式一般做成矩形或台阶形,如图 2-28 所示。自墩、台身底边缘至基顶边缘距离 c_1 称襟边,其作用一方面是扩大基底面积增加基础承载力,同时也便于调整基础施工时在平面尺寸上可能发生的误差,也为了支立墩、台身模板的需要。其值应视基底面积的要求、基础厚度及施工方法而定。桥梁墩台基础襟边最小值为 20~30cm。

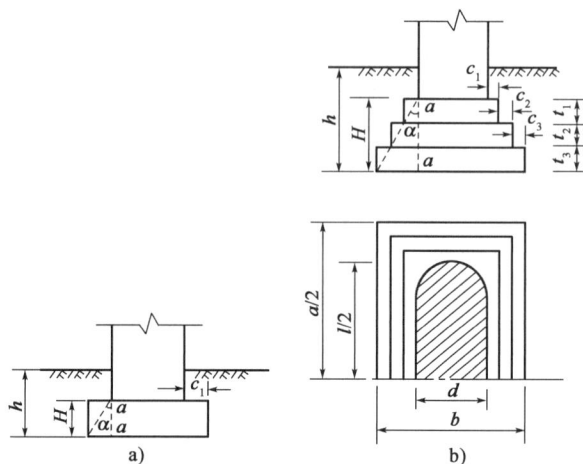

图 2-28　刚性扩大基础剖面、平面图

基础较厚(超过 1m 以上)时,可将基础的剖面浇砌成台阶形,如图 2-28 所示。

基础悬出总长度(包括襟边与台阶宽度之和)按前面刚性基础的定义,应使悬出部分在基底反力作用下,在 $a-a$ 截面[图 2-28b)]所产生的弯曲拉力和剪应力不超过基础圬工的强度限值。所以满足上述要求时,就可得到自墩、台身边缘处的垂线与基底边缘的连线间的最大夹角 α_{max},称为刚性角。在设计时,应使每个台阶宽度 c_i 与厚度 t_i 保持在一定比例内,若其夹角 $\alpha_i \leq \alpha_{max}$ 时,则为刚性基础,不必对基础进行弯曲拉应力和剪应力的强度验算,在基础中也可不设置受力钢筋。刚性角 α_{max} 的数值是与基础所用的圬工材料强度有关。根据试验,常用的基础材料的刚性角 α_{max} 值可按下面提供的数值取用:

砖、片石、块石、粗料石砌体,当用 M5 以下砂浆砌筑时,$\alpha_{max} \leq 30°$;

砖、片石、块石、粗料石砌体,当用 M5 以上砂浆砌筑时,$\alpha_{max} \leq 35°$;

混凝土浇筑时,$\alpha_{max} \leq 40°$。

基础每层台阶高度 t_i,通常为 0.50~1.00m,在一般情况下各层台阶宜采用相同厚度。

所拟定的基础尺寸,应是在可能的最不利荷载组合的条件下,能保证基础本身有足够的结构强度,并能使地基与基础的承载力和稳定性均能满足规定要求,并且是经济合理的。

三、地基承载力验算

地基承载力验算包括持力层承载力验算和软弱下卧层承载力验算。

（一）持力层承载力验算

持力层是指直接与基底相接触的土层,持力层承载力验算要求荷载在基底产生的地基应力不超过持力层的地基承载力特征值。基底应力分布(图 2-29)在土力学课程中已有介绍,实践中多采用简化方法,即按材料力学偏心受压公式进行计算。由于浅基础埋置深度小,在计算中可不计基础四周土的摩阻力和弹性抗力的作用,其计算式为

$$p_{\min}^{\max} = \frac{N}{A} \pm \frac{M}{W} \leqslant \gamma_R f_a \qquad (2\text{-}11)$$

式中：γ_R——地基承载力抗力系数；

p——基底应力（kPa）；

N——基底以上竖向荷载（kN）；

A——基底面积（m^2）；

M——作用于墩、台上各外力对基底形心轴之力矩（kN·m），$M = \sum H_i h_i + \sum P_i e_i = N \cdot e_0$，其中 H_i 为水平力，h_i 为水平作用点至基底的距离，P_i 为竖向分力，e_i 为竖向分力 P_i 作用点至基底形心的偏心距，e_0 为合力偏心距，其计算见式（2-17）；

W——基底偏心方向的面积抵抗矩（m^3），对如图 2-29 所示矩形基础，$W = \frac{1}{6}ab^2 = \rho A$，$\rho$ 为基底核心半径，其计算见式（2-18）a、b：计算见式（2-10）；

f_a——修正后的基底处持力层地基承载力特征值（kPa）。

式（2-11）也可改写为

$$p_{\min}^{\max} = \frac{N}{A} \pm \frac{N \cdot e_0}{\rho A} = \frac{N}{A}\left(1 \pm \frac{e_0}{\rho}\right) \leqslant f_a \qquad (2\text{-}12)$$

从式（2-12）分析可知：

当 $e_0 = 0$ 时，基底压力均匀分布，压应力分布图为矩形[图 2-29a)]。

当 $e_0 < \rho$ 时，$1 - \frac{e_0}{\rho} > 0$，基底压应力分布图为梯形[图 2-29b)]。

当 $e_0 = \rho$ 时，$1 - \frac{e_0}{\rho} = 0$，这时 $p_{\min} = 0$，基底压应力分布图为三角形[图 2-29c)]。

当 $e_0 > \rho$ 时，$1 - \frac{e_0}{\rho} < 0$，则 $p_{\min} < 0$，说明基底一侧出现了拉应力，整个基底面积上部分受拉。此时若持力层为非岩石地基，则基底与土之间不能承受拉应力；若持力层为岩石地基，除非基础混凝土浇筑在岩石地基上，基底也不能承受拉应力。因此，需考虑基底应力重分布，并假定全部荷载由受压部分承担及基底压应力仍按三角形分布[图 2-29d)]。对矩形基础，其受压分布宽度为 b'，则从三角形分布压力合力作用点及静力平衡条件可得

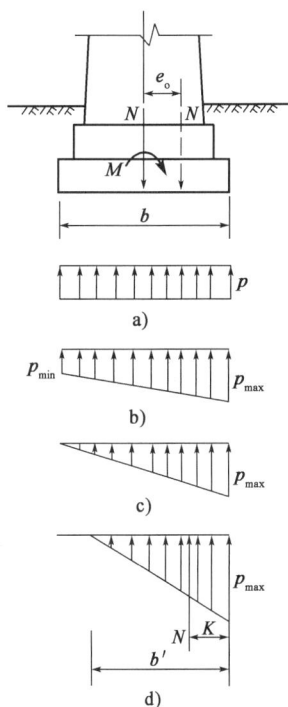

图 2-29 基底应力分布图

$$\left. \begin{array}{c} K = \frac{1}{3}b', \quad K = \frac{b}{2} - e_0 \\ b' = 3 \times \left(\frac{b}{2} - e_0\right) \end{array} \right\} \qquad (2\text{-}13)$$

$$\left. \begin{array}{c} N = \frac{1}{2}ab'p_{\max} = \frac{1}{2}a \times 3 \times \left(\frac{b}{2} - e_0\right)p_{\max} \\ p_{\max} = \frac{2N}{3a\left(\frac{b}{2} - e_0\right)} \end{array} \right\} \qquad (2\text{-}14)$$

式中：K、b'——见图 2-29；

其余符号意义同式（2-11）。

对公路桥梁，通常基础横向长度比顺桥向宽度大得多，同时上部结构在横桥向布置常是对称的，故一般由顺桥向控制基底应力计算。但对通航河流或河流中有漂流物时，应计算船舶撞击力或漂流物撞击力在横桥向产生的基底应力，并与顺桥向基底应力比较，取其大者控制设计。

在曲线上的桥梁，除顺桥向引起的力矩 M_x 外，尚有离心力（横桥向水平力）在横桥向产生的力矩 M_y；若桥面上活载考虑横向分布的偏心作用时，则偏心竖向力对基底两个方向中心轴均有偏心距（图 2-30），并产生偏心力矩 $M_x = N \cdot e_x$，$M_y = N \cdot e_y$。故对于曲线桥，计算基底应力时，应按下式计算：

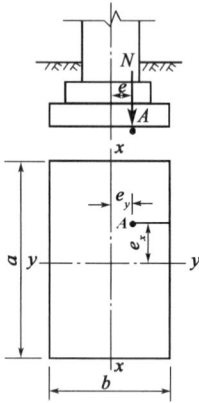

图 2-30 偏心竖直力作用在任意点

$$p_{\substack{\max \\ \min}} = \frac{N}{A} \pm \frac{M_x}{W_x} \pm \frac{M_y}{W_y} \leqslant \gamma_R f_a \qquad (2\text{-}15)$$

式中：M_x、M_y——分别为外力对基底顺桥向中心轴（y 轴）和横桥向中心轴（x 轴）之力矩；

W_x、W_y——分别为基底偏心方向边缘对 x、y 轴的面积抵抗矩；

其他变量意义同式（2-12）。

对式（2-11）和式（2-15）中的 N 值及 M（或 M_x、M_y）值，应按能产生最大竖向力 $N_{\max}$ 的最不利作用效应组合与此相对应的 M 值，和能产生最大力矩 $M_{\max}$ 时的最不利作用效应组合与此相对应的 N 值，分别进行基底应力计算，取其大者控制设计。

（二）软弱下卧层承载力验算

当受压层范围内地基为多层土（主要指地基承载力有差异而言）组成，且持力层以下有软弱下卧层（指承载力特征值小于持力层承载力特征值的土层），这时还应验算软弱下卧层的承载力，验算时先计算软弱下卧层顶面 A（在基底形心轴下）处的应力（包括自重应力及附加力）不得大于该处地基土的承载力（图 2-31），即

$$p_z = \gamma_1(h + z) + \alpha(p - \gamma_2 h) \leqslant \gamma_R f_a \qquad (2\text{-}16)$$

式中：p_z——软弱地基或软土层的压应力（kPa）；

γ_1——相应于深度 $h + z$ 以内土的换算重度（kN/m^3）；

γ_2——深度 h 范围内土层的换算重度（kN/m^3）；

h——基底埋置深度（m）；

z——从基底到软弱土层顶面的距离（m）；

α——基底中心下土中附加压应力系数，可按土力学教材或规范提供系数表查用；

p——基底压应力（kPa），当 $z/b > 1$ 时，p 采用基底平均压应力；当 $z/b \leqslant 1$ 时，p 按基底压应力图形采用距最大压应力点 $b/3 \sim b/4$ 处的压应力（对于梯形图形前后端压应力差值较大时，可采用上述

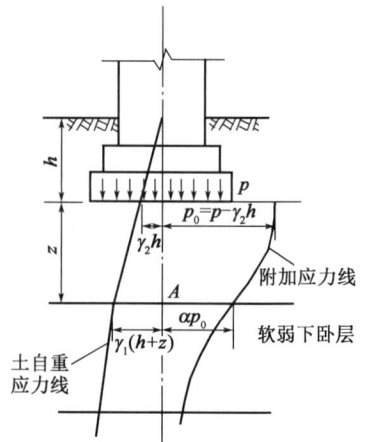

图 2-31 软弱下卧层承载力验算

$b/4$ 点处的压应力值；反之，则采用上述 $b/3$ 处压应力值），以上 b 为矩形基底的宽度；

f_a——修正后的软弱下卧层顶面处的地基承载力特征值（kPa）。

当软弱下卧层为压缩性高而且较厚的软黏土，或当上部结构对基础沉降有一定要求时，除承载力应满足上述要求外，还应验算包括软弱下卧层的基础沉降量。

四、基底合力偏心距验算

墩、台基础的设计计算，必须控制基底合力偏心距，其目的是尽可能使基底应力分布比较均匀，以免基底两侧应力相差过大，使基础产生较大的不均匀沉降，墩、台发生倾斜，影响正常使用。若使合力通过基底中心，虽然可得均匀的应力，但这样做非但不经济，往往也是不可能的，所以在设计时，根据《公路桥涵地基与基础设计规范》（JTG 3363—2019），按以下原则掌握。

对于非岩石地基，以不出现拉应力为原则：当墩、台仅承受永久作用标准值效应组合时，基底合力偏心距 e_0 应分别不大于基底核心半径 ρ 的 0.1 倍（桥墩）和 0.75 倍（桥台）；当墩、台承受作用标准效应组合或偶然作用（地震作用除外）标准效应组合时，一般只要求基底偏心距 e_0 不超过核心半径 ρ 即可。

对于修建在岩石地基上的基础，可以允许出现拉应力，根据岩石的强度，合力偏心距 e_0 最大可为基底核心半径的 1.2 ~ 1.5 倍，以保证必要的安全储备［具体规定可参阅《公路桥涵地基与基础设计规范》（JTG 3363—2019）］。

其中，基底以上外力合力作用点对基底重心轴的偏心距 e_0 按下式计算：

$$e_0 = \frac{\sum M}{N} \tag{2-17}$$

式中：$\sum M$——作用于墩台的水平力和竖向力对基底重心轴的弯矩（kN·m）；

N——作用在基底的合力的竖向分力（kN）。

墩、台基础基底截面核心半径 ρ 按下式计算：

$$\rho = \frac{W}{A} \tag{2-18}$$

式中：W——相应于应力较小基底边缘截面模量；

A——基底截面积。

当外力合力作用点不在基底二个对称轴中任一对称轴上，或当基底截面为不对称时，可直接按下式求 e_0 与 ρ 的比值，使其满足规定的要求：

$$\frac{e_0}{\rho} = 1 - \frac{p_{\min}A}{N} \tag{2-19}$$

式中符号意义同前，但要注意 N 和 $p_{\min}$ 应在同一种荷载组合情况下求得。

五、基础稳定性和地基稳定性验算

在基础设计计算时，必须保证基础本身具有足够的稳定性。基础稳定性验算包括基础倾覆稳定性验算和基础滑动稳定性验算。此外，对某些土质条件下的桥台、挡土墙还要验算地基的稳定性,以防桥台、挡土墙下地基的滑动。

(一)基础稳定性验算

1.基础倾覆稳定性验算

基础倾覆或倾斜除了地基的强度和变形原因外,往往发生在承受较大的单向水平推力而其合力作用点又离基础底面的距离较高的结构物上,如挡土墙或高桥台受侧向土压力作用,大跨度拱桥在施工中墩、台受到不平衡的推力,以及在多孔拱桥中一孔被毁等,此时在单向恒载推力作用下,均可能引起墩、台连同基础的倾覆和倾斜。

理论和实践证明,基础倾覆稳定性与合力的偏心距有关。合力偏心距越大,则基础抗倾覆的安全储备越小,如图2-32所示。因此,在设计时,可以用限制合力偏心距 e_0 来保证基础的倾覆稳定性。

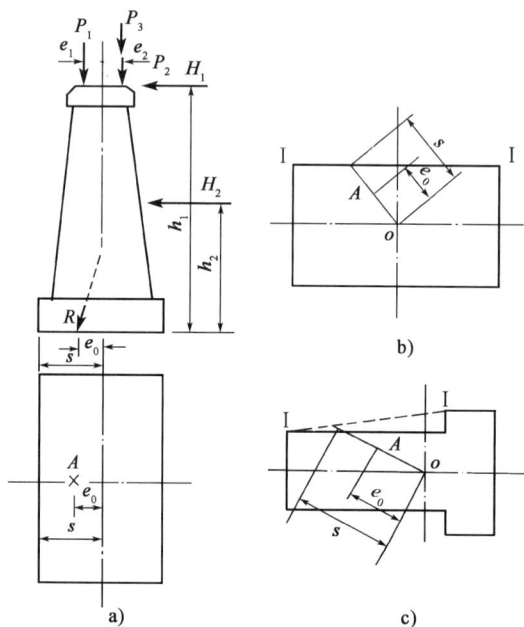

图2-32 基础倾覆稳定性计算

设基底截面重心至压力最大一边边缘的距离为 s (荷载作用在重心轴上的矩形基础 $s = b/2$),如图2-32所示,外力合力偏心距为 e_0,则两者的比值 k_0 可反映基础倾覆稳定性的安全度,k_0 称为墩台基础抗倾覆稳定性系数,即

$$k_0 = \frac{s}{e_0} \tag{2-20}$$

$$e_0 = \frac{\sum P_i e_i + \sum H_i h_i}{\sum P_i}$$

式中:P_i——不考虑其分项系数和组合系数的作用标准值组合或偶然作用标准值引起的竖向力;

e_i——外力 P_i 在验算截面的作用点对基底重心轴的偏心距(m);

H_i——不考虑其分项系数和组合系数的作用标准值组合或偶然作用标准值引起的水平力；

h_i——水平力对验算截面的力臂(m)。

如外力合力不作用在重心轴上[图 2-32b)]或基底截面有一个方向为不对称,而合力又不作用在重心轴上[图 2-32c)],基底压力最大一边的边缘线应是外包线,如图 2-32b)、c)中的 I-I 线,s 值应是通过重心与合力作用点的连线并延长与外包线相交点至形心的距离。

2. 基础滑动稳定性验算

基础在水平推力作用下沿基础底面滑动的可能性即基础抗滑动安全度的大小,可用基底与土之间的摩擦阻力和水平推力的比值 k_c 来表示,k_c 称为墩台基础抗滑动稳定性系数,即

$$k_c = \frac{\mu \sum P_i + \sum H_{iP}}{\sum H_{ia}} \tag{2-21}$$

式中：$\sum P_i$——竖向力总和(kN),$\mu \sum P_i$ 为抗滑动稳定力；

$\sum H_{iP}$——抗滑稳定水平力总和(kN)；

$\sum H_{ia}$——滑动水平力总和(kN)；

μ——基础底面(圬工材料)与地基之间的摩擦系数,在无实测资料时,可参照表 2-27 采用。

注：$\sum H_{iP}$ 和 $\sum H_{ia}$ 分别为两个相对方向的各自水平力总和,绝对值较大者为滑动水平力 $\sum H_{ia}$,另一为抗滑稳定力 $\sum H_{iP}$；

基底与地基土之间的摩擦系数 μ　　　　表 2-27

地基土分类	μ	地基土分类	μ
黏土(流塑—坚硬)、粉土	0.25～0.35	软岩(极软岩—较软岩)	0.40～0.60
砂土(粉砂—砾砂)	0.30～0.40	硬岩(较硬岩、坚硬岩)	0.60、0.70
碎石土(松散—密实)	0.40～0.50		

验算桥台基础的滑动稳定性时,如台前填土保证不受冲刷,可同时考虑计入与台后土压力方向相反的台前土压力,其数值可按主动或静止土压力进行计算。

不同的作用组合,对墩台基础抗倾覆稳定性系数 k_0 或抗滑动稳定性系数 k_c 限值均有不同要求。验算墩台抗倾覆和抗滑动稳定性时,稳定性系数不应小于表 2-28 规定的限值。

抗倾覆和滑动稳定性系数限值　　　　表 2-28

作用组合		验算项目	稳定性系数限值
使用阶段	永久作用(不计混凝土收缩及徐变、浮力)和汽车、人群的标准值效应组合	抗倾覆	1.5
		抗滑动	1.3
	各种作用(不包括地震作用)的标准值效应组合	抗倾覆	1.3
		抗滑动	1.2
施工阶段作用的标准值效应组合		抗倾覆	1.2
		抗滑动	1.2

修建在非岩石地基上的拱桥桥台基础,在拱的水平推力和力矩作用下,基础可能向路堤方

向滑移或转动,此项水平位移和转动还与台后土抗力的大小有关。

(二)地基稳定性验算

位于软土地基上较高的桥台需验算桥台沿滑裂曲面滑动的稳定性,基底下地基如在不深处有软弱夹层时,在台后土推力作用下,基础也有可能沿土层Ⅱ(软夹层)的层面滑动[图2-33a)];在较陡的土质斜坡上的桥台、挡土墙也有滑动的可能[图2-33b)]。

这种地基稳定性验算方法可按土坡稳定分析方法,即用圆弧滑动面法来进行验算。在验算时一般假定滑动面通过填土一侧基础剖面角点A(图2-33),但在计算滑动力矩时,应计入桥台上作用的外荷载(包括上部结构自重和活载等)以及桥台和基础的自重影响,然后求出稳定系数满足规定的要求值。

以上对地基与基础的验算,均应满足设计规定的要求,达不到要求时,必须采取设计措施,如梁桥桥台后土压力引起的倾覆力矩比较大,基础的抗倾覆稳定性不能满足要求时,可将台身做成不对称的形式,如图2-34所示的后倾形式,这样可以增加台身自重所产生的抗倾覆力矩,达到提高抗倾覆的安全度。如采用这种外形,则在砌筑台身时,应及时在台后填土并夯实,以防台身向后倾覆和转动;也可在台后一定长度范围内填碎石、干砌片石或填石灰土,以增大填料的内摩擦角,减小土压力,达到减小倾覆力矩、提高抗倾覆安全度的目的。

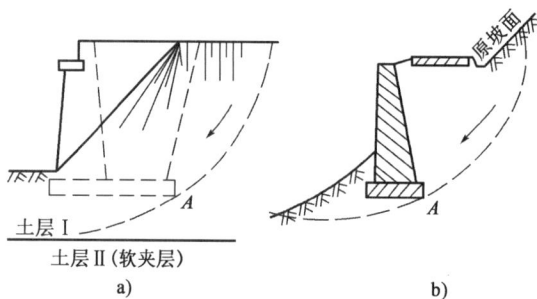

图 2-33　地基稳定性验算

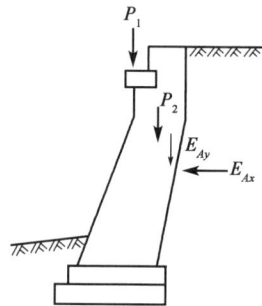

图 2-34　基础抗倾覆措施

拱桥桥台在拱脚水平推力作用下,基础的滑动稳定性不能满足要求时,可以在基底四周做成如图2-35a)的齿槛,这样,由基底与土间的摩擦滑动破坏就转变为了土的剪切破坏,从而提高了基础的抗滑力。如仅受单向水平推力时,也可将基底设计成如图2-35b)的倾斜形,以减小滑动力,同时增加在斜面上的压力。由图2-35b)可见,滑动力随 α 角的增大而减小,从安全考虑,α 角不宜大于10°,同时要保持基底以下土层在施工时不受扰动。

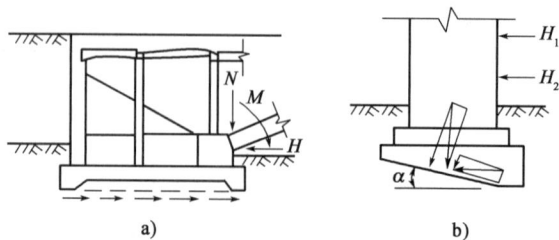

图 2-35　基础抗滑动措施

当高填土的桥台基础或土坡上的挡墙地基可能出现滑动或在土坡上出现裂缝时,可以增加基础的埋置深度或改用桩基础,提高墩台基础下地基的稳定性;或者在土坡上设置地面排水系统,拦截和引走滑坡体以外的地表水,以减少因渗水而引起土坡滑动的不稳定因素。

六、基础沉降验算

基础沉降验算包括沉降量,相邻基础沉降差,基础由于地基不均匀沉降而发生的倾斜等。

基础沉降主要由竖向荷载作用下土层的压缩变形引起。沉降量过大将影响结构物的正常使用和安全,应加以限制。在确定一般土质的地基承载力特征值时,已考虑这一变形的因素,所以修建在一般土质条件下的中、小型桥梁的基础,只要满足了地基的强度要求,地基(基础)的沉降也就满足要求。但对于下列情况,则必须验算基础的沉降,使其不大于规定的容许值:

(1)修建在地质情况复杂、地层分布不均或强度较小的软黏土地基及湿陷性黄土上的基础;

(2)修建在非岩石地基上的拱桥、连续梁桥等超静定结构的基础;

(3)当相邻基础下地基土强度有显著不同或相邻跨度相差悬殊而必须考虑其沉降差时;

(4)对于跨线桥、跨线渡槽要保证桥(或槽)下净空高度时。

地基土的沉降可根据土的压缩特性指标按式(2-22)计算。对软土、冻土、湿陷性黄土的沉降计算可参阅本教材第六章和第七章的相关内容。

墩台基础的最终沉降量,可按下式计算:

$$s = \psi_s s_0 = \psi_s \sum_{i=1}^{n} \frac{p_0}{E_{si}} (z_i \, \overline{\alpha}_i - z_{i-1} \, \overline{\alpha}_{i-1}) \qquad (2-22)$$

$$p_0 = p - \gamma h \qquad (2-23)$$

式中：　　s——地基最终沉降量(mm);

s_0——按分层总和法计算的地基沉降量(mm);

ψ_s——沉降计算经验系数,根据地区沉降观测资料及经验确定,缺少沉降观测资料及经验数据时,可参照《公路桥涵地基与基础设计规范》(JTG 3363—2019)第5.3.5条确定;

n——地基沉降计算深度范围内所划分的土层数(图2-36);

p_0——对应于作用准永久组合的基础底面处附加压应力(kPa);

E_{si}——基础底面下第 i 层土的压缩模量(MPa),应取土的"自重压应力"至"土的自重压应力与附加压应力之和"的压应力段计算;

z_i、z_{i-1}——基础底面至第 i 层土、第 $i-1$ 层土底面的距离(m);

$\overline{\alpha}_i$、$\overline{\alpha}_{i-1}$——基础底面计算点至第 i 层土、第 $i-1$ 层土底面范围内平均附加压应力系数;

p——基底压应力(kPa),当 $z/b > 1$ 时,p 采用基底平均压应力;$z/b \leq 1$ 时,p 按压应力图形采用距最大压应力点 $b/3 \sim b/4$ 处的压应力(对梯形图形前后端压应力差值较大时,可采用上述 $b/4$ 处的压应力值;反之,则采用上述 $b/3$ 处压应力值），以上 b 为矩形基底宽度；

h——基底埋置深度(m)，当基础受水流冲刷时，从一般冲刷线算起；当不受水流冲刷时，从天然地面算起；如位于挖方内，则由开挖后地面算起；

γ——高度 h 内土的重度(kN/m³)，基底为透水地基时水位以下取浮重度。

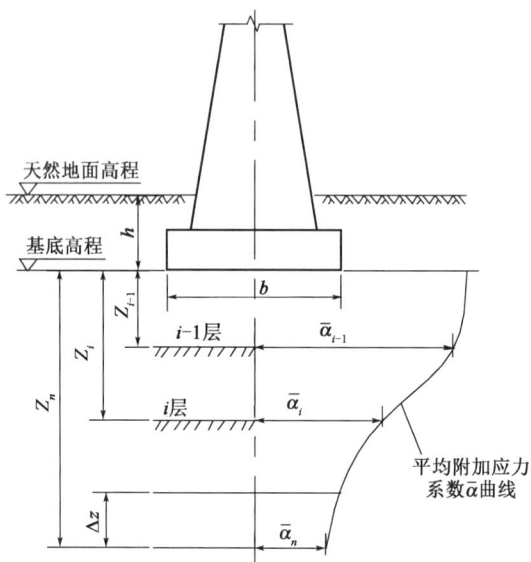

图 2-36　基底沉降计算分层示意图

七、钢筋混凝土扩展基础计算要点

钢筋混凝土的柱下条形基础、筏板基础及箱形基础多数修建在高层房屋下面，公路结构物很少采用。钢筋混凝土扩展基础在外荷载作用下的内力分析与计算涉及上部结构和地基的共同工作，目前尚无统一的设计与计算方法。现仅介绍在实践中某些简化计算方法的要点。

(1)在分析内力以前，先要确定基底压力分布。这在梁板式基础计算理论中是尚待进一步解决的问题。柱下条形基础基底反力的分布，较精确的解为弹性地基梁法，即将该条形基础视为梁，其全长由一连续的弹性基础所承担，并采用文克尔假定，认为地基梁发生挠曲时，每一点处连续分布反力强度与该点的沉降成正比，以地基系数表示其间的关系，梁在各柱之间的各部分仅承受弹性地基的连续分布反力。由材料力学中梁的挠曲变形与外荷载的微分关系，建立弹性地基梁的微分方程，由梁的某些点的已知条件可以解出梁的弹性挠曲方程，从而求得梁在任意截面处的挠度、斜率、弯矩和剪力(详见弹性地基梁专著)。由于计算理论本身有一定的局限性和解题的繁琐复杂，国内外学者虽提出了许多改进方法，但计算工作量仍很大，而且计算中需用的土的力学指标也不够准确，影响计算结果，因此，中小型工程常采用简化计算方法。在简化计算中，一般假定基底反力分布是按直线变化，当基础上作用着偏心荷载时，仍可按式(2-11)求基底两侧的最大和最小应力。

(2)在基础内力分析中，柱下条形基础常用的简化方法之一是倒梁法。这种方法将地基反力视为作用在基础梁(条形基础)上的荷载,将柱子视为基础梁的支座,将基础梁视为一倒置的连续梁进行计算,求得基础控制截面的弯矩和剪力,以此验算截面强度和配置受力钢筋,如图2-37所示。

(3)进行反力调整时,由于未考虑基础梁挠度与地基变形协调条件,且采用了地基反力直线分布假定,所以,求得的支座反力往往不等于柱子传来的压力,即反力不平衡。为此,需要进行反力调整,即将柱荷载F_i和相应支座反力R_i的差值均匀地分配在该支座两侧各三分之一跨度范围内,再解此连续梁的内力,并将计算结果进行叠加。重复上述步骤,直至满意为止。一般经过一次调整就能满足设计精度的要求(不平衡力不超过荷载的20%)。

如图2-37,倒梁法把柱子看作基础梁的不动支座,即认为上部结构是绝对刚性的。由于计算中不涉及变形,不能满足变形协调条件,计算结果存在一定的误差。经验表明,倒梁法较适合于地基比较均匀,上部结构刚度较好,荷载分布较均匀,且条形基础梁的高度大于1/6柱距的情况。

筏形基础简化计算是将筏形基础看作一倒置的平面楼盖,将基础形下地基反力作为作用在筏形基础上的荷载,然后如同平面楼盖那样,分别进行板、次梁及主梁的内力计算。

箱形基础的内力分析,应根据上部结构的刚度大小采用不同的计算方法。顶板与底板在土反力、水压力、上部结构传来的荷载等的作用下,整个箱形基础将发生弯曲,称为整体弯曲;与此同时,顶板受到直接作用在它上面的荷载后,也将产生弯曲,称为局部弯曲;同样,底板受到土压力与水压力后,也将产生局部弯曲。将上述两种局部弯曲计算的内力叠加,即可进行顶板、底板配筋设计。

例题2-5 某条形基础,其长度尺寸及立柱荷载如图2-38所示,设置在粉质黏土层上,基础埋深$h = 1.5$m,土的天然重度$\gamma = 20.0$kN/m³,地基承载力特征值$f_{a0} = 150$kPa,试确定条形基础宽度并计算其内力。

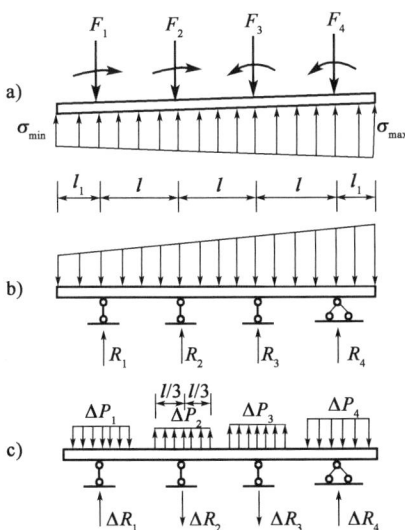

图2-37 倒梁法计算简图　　图2-38 条形基础算例图(尺寸单位:cm)

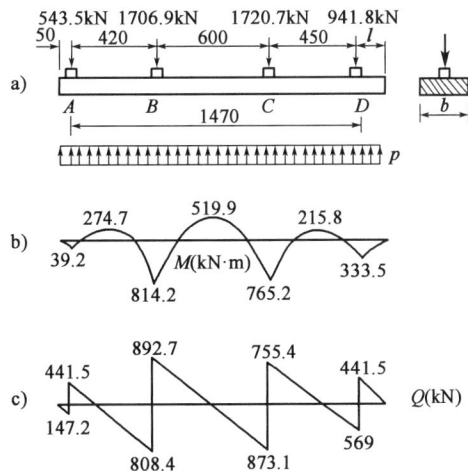

解:(1)确定基底宽度 b。

从图 2-38 求各柱压力的合力作用点离柱 A 形心的距离 x 为

$$x = \frac{941.8 \times 14.7 + 1720.7 \times 10.2 + 1706.9 \times 4.2}{941.8 + 1720.7 + 1706.9 + 543.5} = \frac{38564.58}{4912.9} = 7.85(\text{m})$$

根据构造需要基础伸出 A 点 0.5m。假定要求荷载的合力通过基础的核心,则基础伸出 D 点以外的距离 l 为

$$l = 2(x + 0.5) - (14.7 + 0.5) = 16.7 - 15.2 = 1.5(\text{m})$$

基础的总长度 L 为 $\qquad L = 14.7 + 0.5 + 1.5 = 16.7(\text{m})$

根据地基承载力特征值需要的基底面积 A 为

$$A = \frac{941.8 + 1720.7 + 1706.9 + 543.5}{150 - 1.5 \times 20} = \frac{4912.9}{120} = 40.94(\text{m}^2)$$

需要的基础宽度 b 为 $\qquad b = \frac{40.94}{16.7} = 2.45 \approx 2.5(\text{m})$

按《公路桥涵地基与基础设计规范》(JTG 3363—2019)规定,基础宽度 $b > 2\text{m}$,粉质黏土地基承载力宽度修正系数 $K_1 = 0$,承载力特征值不予修正提高。

(2)内力计算。

由于荷载的合力通过基础的形心,故地基反力为均布,则沿基础每米长度上的净反力为

$$p \times b = \frac{4912.9}{16.7} = 294.2(\text{kN/m})$$

这样,条形基础相当于作用着分布荷载为 294.2kN/m 的三跨连续梁,算得的正、负弯矩及剪力值如图 2-38b)、c)所示。

第六节　埋置式桥台刚性扩大基础计算算例

一、设计资料

某桥上部构造采用装配式钢筋混凝土 T 形梁。标准跨径 20.00m,计算跨径 19.60m。板式橡胶支座,桥面宽度为 7m + 2 × 1.0m,双车道,参照《公路桥涵地基与基础设计规范》(JTG 3363—2019)进行设计计算。

设计荷载为公路—Ⅱ级,人群荷载为 3.0kN/m²。

材料:台帽、耳墙及截面 a-a 以上均用 C20 混凝土,$\gamma_1 = 25.00\text{kN/m}^3$;台身(自截面 a-a 以下)用 M7.5 浆砌片、块石(面墙用块石,其他用片石,石料强度不小于 MU30),$\gamma_2 = 23.00\text{kN/m}^3$;基础用 C15 素混凝土浇筑,$\gamma_3 = 24.00\text{kN/m}^3$;台后及溜坡填土 $\gamma_4 = 17.00\text{kN/m}^3$;填土的内摩擦角 $\varphi = 35°$,黏聚力 $c = 0$。

水文、地质资料:设计洪水位高程离基底的距离为 6.5m(a-a 截面处)。地基土的物理、力学性质指标见表 2-29。

土工试验成果表 表 2-29

取土深度 （自地面算起） （m）	天然状态下土的物理指标			土粒密度 ρ_s （t/m³）	塑 性 界 限			液性 指数 I_L	压缩 系数 a_{1-2} （MPa⁻¹）	直 剪 试 验	
	含水率 w（%）	天然 重度 γ （kN/m³）	孔隙比 e		液限 w_L	塑限 w_P	塑性 指数 I_P			黏聚力 c（kPa）	内摩 擦角 φ （°）
3.2~3.6	26	19.70	0.74	2.72	44	24	20	0.10	0.15	55	20
6.4~6.8	28	19.10	0.82	2.71	34	19	15	0.6	0.26	20	16

二、桥台及基础构造和拟定的尺寸

桥台及基础和拟定的尺寸如图 2-39 所示,基础分两层,每层厚度为 0.50m,襟边和台阶宽度相等,取 0.4m。基础用 C15 混凝土,混凝土的刚性角 $\alpha_{max} = 40°$。现基础扩散角 α 为

$$\alpha = \tan^{-1}\frac{0.8}{1.0} = 38.66° < \alpha_{max} = 40°$$

满足要求。

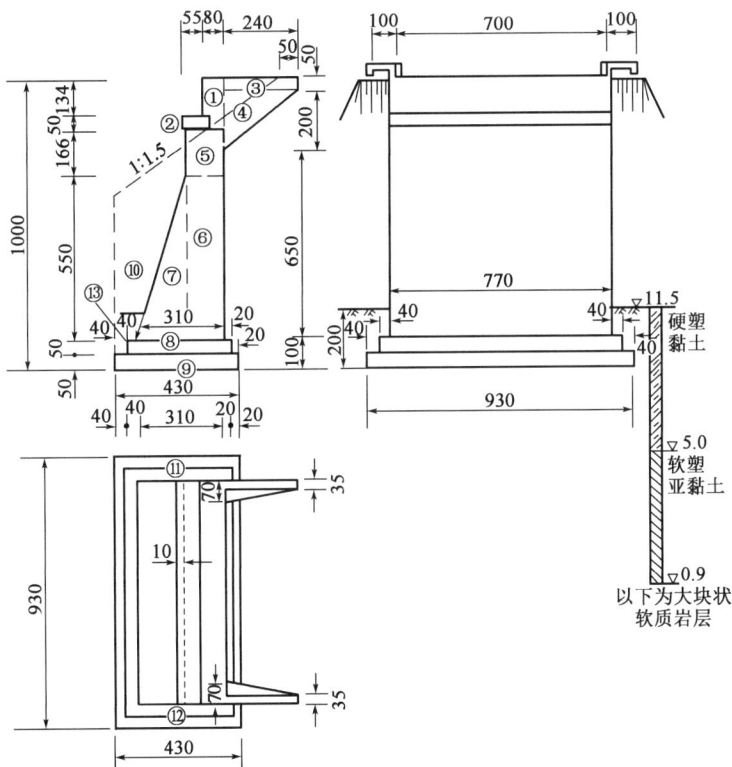

图 2-39 桥台及基础构造和拟定的尺寸(尺寸单位:cm;高程单位:m)

三、荷载计算

（一）上部构造恒载反力及桥台台身、基础上土重计算

计算值列于表 2-30。

恒 载 计 算 表

表 2-30

序 号	计 算 式	竖直力 P (kN)	对基底中心轴偏心距 e (m)	弯矩 M (kN·m)	备 注
1	$0.8 \times 1.34 \times 7.7 \times 25.00$	206.36	1.36	280.65	
2	$0.5 \times 1.35 \times 7.7 \times 25.00$	129.94	1.075	139.69	
3	$0.5 \times 2.4 \times 0.35 \times 25.00$	21.00	2.95	61.95	
4	$\frac{1}{2} \times 2.0 \times 2.4 \times \frac{1}{2} \times (0.35+0.7) \times 2 \times 25.00$	63.00	2.55	160.65	
5	$1.66 \times 1.25 \times 7.7 \times 25.00$	399.44	1.125	449.37	
6	$1.25 \times 5.5 \times 7.7 \times 23.00$	1 217.56	1.125	1 369.76	弯矩正负值规定如下：逆时针方向取"－"号；顺时针方向取"＋"号
7	$\frac{1}{2} \times 1.85 \times 5.5 \times 7.7 \times 23.00$	901.00	−0.12	−108.12	
8	$0.5 \times 3.7 \times 8.5 \times 24.00$	377.40	0.1	37.74	
9	$0.5 \times 4.3 \times 9.3 \times 24.00$	479.88	0	0	
10	$\left[\frac{1}{2} \times (5.13+6.9) \times 2.65 - \frac{1}{2} \times 1.85 \times 5.5\right] \times$ 7.7×17.00	1 420.56	−1.055	−1 498.70	
11	$\frac{1}{2}(5.13+7.73) \times 0.8 \times 3.9 \times 2 \times 17.00$	682.09	−0.07	−47.75	
12	$0.5 \times 0.4 \times 4.3 \times 2 \times 17.00$	29.24	0	0	
13	$0.5 \times 0.4 \times 8.5 \times 17.00$	28.90	−1.95	−56.36	
14	上部构造恒载	848.05	0.65	551.23	
15	$\sum P = 6804.42\text{kN}, \sum M = 1340.11\text{kN} \cdot \text{m}$				

注：表中序号 1~13 与图 2-39 中序号①~⑬对应。

（二）土压力计算

土压力按台背竖直，$\varepsilon = 0$；台后填土为水平，$\beta = 0$；填土内摩擦角 $\varphi = 35°$，台背（圬工）与填土间外摩擦角按 $\delta = \frac{1}{2}\varphi = 17.5°$ 计算。

1. 台后填土表面无活载时土压力计算

台后填土自重所引起的主动土压力按库仑土压力公式计算：

$$E_a = \frac{1}{2}\gamma_4 H^2 B K_a$$

式中，$\gamma_4 = 17.00\text{kN/m}^3$；$B$ 取桥台宽度 7.70m；自基底至填土表面的距离 $H = 10.00\text{m}$；

$$K_a = \frac{\cos^2(\varphi - \varepsilon)}{\cos^2\varepsilon\cos(\delta+\varepsilon)\left[1 + \sqrt{\dfrac{\sin(\varphi+\delta)\sin(\varphi-\beta)}{\cos(\delta+\varepsilon)\cos(\varepsilon-\beta)}}\right]^2}$$

$$= \frac{\cos^2 35°}{\cos 17.5°\left(1 + \sqrt{\dfrac{\sin 52.5°\sin 35°}{\cos 17.5°}}\right)^2} = 0.246$$

故 $E_a = \dfrac{1}{2} \times 17.00 \times 10^2 \times 7.7 \times 0.246 = 1610.07(kN)$

其水平方向的分力

$$E_{ax} = E_a\cos(\delta+\varepsilon) = 1610.07 \times \cos 17.5° = 1535.55(kN)$$

离基础底面的距离 $\quad e_y = \dfrac{1}{3} \times 10 = 3.33(m)$

对基底形心轴的弯矩为

$$M_{ex} = -1535.55 \times 3.33 = -5113.38(kN\cdot m)$$

在竖直方向的分力

$$E_{ay} = E_a\sin(\delta+\varepsilon) = 1610.07 \times \sin 17.5° = 484.16(kN)$$

作用点离基底的距离 $\quad e_x = 2.15 - 0.4 = 1.75(m)$

对基底形心轴的弯矩为

$$M_{ey} = 484.16 \times 1.75 - 847.28(kN\cdot m)$$

2. 台后填土表面有汽车荷载时

桥台土压力计算采用车辆荷载,车辆荷载换算的等代均布土层厚度为

$$h = \frac{\sum G}{Bl_0\gamma_4}$$

式中:l_0——破坏棱体长度,$l_0 = H(\tan\varepsilon + \cot\alpha)$;

H——桥台高度;

ε——台背与竖直线夹角,对于台背为竖直时,$\varepsilon = 0$;

α——破坏棱体滑动面与水平面夹角。

$l_0 = H\cot\alpha$,本例中 $H = 10m$。

$$\cot\alpha = -\tan(\varepsilon+\varphi+\delta) + \sqrt{\tan(\varphi+\delta)\left[\cot\varphi + \tan(\varphi+\delta)\right]}$$
$$= -1.303 + \sqrt{(1.428+1.303)\times 1.303} = -1.303 + 1.886 = 0.583$$
$$l_0 = 10 \times 0.583 = 5.83(m)$$

按车辆荷载的平、立面尺寸,考虑最不利情况,在破坏棱体长度范围内布置车辆荷载后轴,因是双车道,故 $B \times l_0$ 面积内的车轮总重力为

$$\sum G = 2 \times 140 \times 2 = 560(kN)$$

由车辆荷载换算的等代均布土层厚度为

$$h = \frac{560}{7.7 \times 5.83 \times 17} = 0.734(m)$$

则台背在填土连同破坏棱体上车辆荷载作用下所引起的土压力为

$$E_a = \frac{1}{2}\gamma_4 H(2h+H)BK_a = \frac{1}{2} \times 17.00 \times 10 \times (2 \times 0.734 + 10) \times 7.7 \times 0.246 = 1846.43(kN)$$

在水平方向的分力

$$E_{ax} = E_a\cos(\delta+\varepsilon) = 1846.43 \times \cos 17.5° = 1760.97(kN)$$

作用点离基础底面的距离

$$e_y = \frac{10}{3} \times \frac{10 + 3 \times 0.734}{10 + 2 \times 0.734} = \frac{10}{3} \times \frac{12.202}{11.468} = 3.55(\text{m})$$

对基底形心轴的弯矩为

$$M_{ex} = -1760.97 \times 3.55 = -6251.44(\text{kN} \cdot \text{m})$$

竖直方向的分力

$$E_{ay} = E_a \sin(\delta + \varepsilon) = 1846.43 \times \sin 17.5° = 555.23(\text{kN})$$

作用点离基底形心轴的距离

$$e_x = 2.15 - 0.4 = 1.75(\text{m})$$

对基底形心轴的弯矩为

$$M_{ey} = 555.23 \times 1.75 = 971.65(\text{kN} \cdot \text{m})$$

3. 台前溜坡填土自重对桥台前侧面上的主动土压力

在计算时，以基础前侧边缘垂线作为假想台背，土表面的倾斜度以溜坡坡度为 1:1.5 算得 $\beta = -33.69°$，则基础边缘至坡面的垂直距离为 $H' = 10 - \frac{3.9 + 1.9}{1.5} = 6.13(\text{m})$，则主动土压力系数 K_a 为

$$K_a = \frac{\cos^2 35°}{\cos 17.5° \left(1 + \sqrt{\dfrac{\sin 52.5° \times \sin 68.69°}{\cos 17.5° \times \cos 33.69°}}\right)^2} = 0.18$$

即主动土压力为

$$E'_a = \frac{1}{2} \gamma_4 H^2 B K_a = \frac{1}{2} \times 17.00 \times 6.13^2 \times 7.7 \times 0.18 = 442.69(\text{kN})$$

在水平方向的分力

$$E'_{ax} = E'_a \cos(\delta + \varepsilon) = 442.69 \times \cos 17.5° = 422.20(\text{kN})$$

作用点离基础底面的距离

$$e'_y = \frac{1}{3} \times 6.13 = 2.04(\text{m})$$

对基底形心轴的弯矩为

$$M'_{ex} = 422.20 \times 2.04 = 861.29(\text{kN} \cdot \text{m})$$

竖直方向的分力

$$E'_{ay} = E'_a \sin(\delta + \varepsilon) = 442.69 \times \sin 17.5° = 133.12(\text{kN})$$

作用点离基底形心轴的距离

$$e'_x = -2.15\text{m}$$

对基底形心轴的弯矩为

$$M'_{ey} = -133.12 \times 2.15 = -286.21(\text{kN} \cdot \text{m})$$

（三）支座活载反力计算

按下列情况计算支座反力：第一，桥上有汽车及人群荷载，台后无活载；第二，桥上有汽车及人群荷载，台后也有汽车荷载。下面予以分别计算。

1. 桥上有汽车及人群荷载,台后无活载

(1)汽车及人群荷载反力。

《公路桥涵通用设计规范》(JTG D60—2015)中规定,桥梁结构的整体计算采用车道荷载。

公路—Ⅱ级车道荷载均布标准值为

$$q_k = 0.75 \times 10.5 = 7.875 (kN/m)$$

集中荷载标准值为

$$P_k = 0.75 \times [2 \times (19.60 + 130)] = 224.4 (kN)$$

在桥跨上的车道荷载布置如图 2-40 排列,均布荷载 $q_k = 7.875 kN/m$ 满跨布置,集中荷载 $P_k = 224.4 kN$ 布置在最大影响线峰值处。反力影响线的纵距分别为

$$h_1 = 1.0, h_2 = 0.0$$

图右侧:

$P_k = 224.4kN$

$q_k = 7.875kN/m$

19.6m

h_2 h_1

图 2-40 汽车荷载布置图(一)

支座反力为

$$R_1 = \left(224.4 \times 1 + \frac{1}{2} \times 1 \times 19.6 \times 7.875\right) \times 2 = 603.15 (kN) \quad (按两车道数计算,不予折减)$$

人群荷载支座反力

$$R_1' = \frac{1}{2} \times 1 \times 19.6 \times 3 \times 2 = 58.8 (kN)$$

支座反力作用点离基底形心轴的距离

$$e_{R_1} = 2.15 - 1.4 = 0.75 (m)$$

对基底形心轴的弯矩为

$$M_{R_1} = 603.15 \times 0.75 = 452.36 (kN \cdot m)$$

$$M_{R_1}' = 58.8 \times 0.75 = 44.10 (kN \cdot m)$$

(2)汽车荷载制动力。

由汽车荷载产生的制动力按车道荷载标准值在加载长度上计算的总重力的 10% 计算,但公路—Ⅱ级汽车制动力不小于 90kN。

$$H_1 = (7.875 \times 19.6 + 224.4) \times 10\% = 37.875 (kN) < 90kN$$

因此,简支梁板式橡胶支座的汽车荷载产生的制动力为

$$H = 0.3H_1 = 0.3 \times 90 = 30 (kN)$$

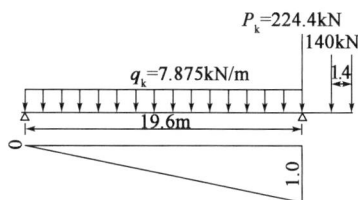

左下图:

$P_k = 224.4kN$

140kN

1.4

$q_k = 7.875kN/m$

19.6m

0

1.0

图 2-41 汽车荷载布置图(二)

2. 桥上、台后均有汽车荷载

(1)汽车及人群荷载反力。

为了得到在活载作用下最大的竖直力,将均布荷载 $q_k = 7.875 kN/m$ 满跨布置,集中荷载 $P_k = 224.4 kN$ 布置在最大影响线峰值处,车辆荷载后轴布置在台后(图 2-41)。

则支座反力为:

$$R_1 = \left(224.4 \times 1 + \frac{1}{2} \times 1 \times 19.6 \times 7.875\right) \times 2 = 603.15(\text{kN}) \quad (\text{按两车道数计算,不予折减})$$

人群荷载引起的支座反力

$$R_1' = \frac{1}{2} \times 1 \times 19.6 \times 3 \times 2 = 58.8(\text{kN})$$

对基底形心轴的弯矩为

$$M_{R_1} = 603.15 \times 0.75 = 452.36(\text{kN} \cdot \text{m})$$
$$M_{R_1}' = 58.8 \times 0.65 = 38.22(\text{kN} \cdot \text{m})$$

(2)汽车荷载制动力。

$$H = 0.3H_1 = 0.3 \times 90 = 30(\text{kN})$$

(四)支座摩阻力计算

板式橡胶支座摩阻系数取 $f = 0.05$,则支座摩阻力 F 为

$$F = P_{恒} \cdot f = 848.05 \times 0.05 = 42.40(\text{kN})$$

对基底形心轴弯矩为

$$M_F = 42.40 \times 8.7 = 368.88(\text{kN}) \quad (\text{方向按作用效应组合需要来确定})$$

对实体式埋置式桥台不计汽车荷载的冲击力。同时以上对制动力和摩阻力的计算结果表明,支座摩阻力大于制动力。因此,在以后的组合中,以支座摩阻力作为控制设计。

四、工况分析

根据实际可能发生的情况,分为下列 5 种工况分别进行计算。同时,还应对施工期间桥台仅受台身自重及土压力作用下的情况进行验算。

工况(一):桥上有汽车及人群荷载,台后无活载。

恒载 + 桥上车道荷载 + 人群荷载 + 台前土压力 + 台后土压力 + 支座摩阻力。

工况(二):桥上有汽车及人群荷载,台后有汽车荷载。

恒载 + 桥上车道荷载 + 人群荷载 + 台前土压力 + 台后有车辆荷载作用时的土压力 + 支座摩阻力。

工况(三):桥上无活载,台后无活载。

恒载 + 台前土压力 + 台后土压力。

工况(四):桥上无活载,台后有汽车荷载。

恒载 + 台前土压力 + 台后有车辆荷载作用时的土压力。

工况(五):无上部构造时。

桥台及基础自重 + 台前土压力 + 台后土压力。

五、地基承载力验算

(一)台前、台后填土对基底产生的附加应力计算

考虑到台后填土较高,须计算由于填土自重在基底下地基土所产生的附加压应力 p_i,按

《公路桥涵地基与基础设计规范》(JTG 3363—2019)中的公式计算:

$$p_i = \alpha_i \gamma h_i$$

式中: α_i——附加竖向压应力系数,按基础埋置深度及填土高度可从《公路桥涵地基与基础设计规范》(JTG 3363—2019)第 J.0.1 条查用;

γ——路堤填土重度;

h_i——原地面至路堤表面(或溜坡表面)的距离。

根据桥台情况,台后填土高度 $h_1 = 8$m,当基础埋深为 2.0m,在计算基础后边缘附加应力时,取 $\alpha_1 = 0.46$,计算基础前边缘附加应力时,取 $\alpha_1 = 0.069$,则

后边缘处 $p'_1 = 0.46 \times 17.00 \times 8 = 62.56$(kPa)

前边缘处 $p''_1 = 0.069 \times 17.00 \times 8 = 9.38$(kPa)

另外,计算台前溜坡锥体对基础前边缘底面处引起的附加应力时,其填土高度可近似取基础边缘作垂线与坡面交点的距离($h_2 = 4.13$m),并取系数 $\alpha_2 = 0.25$,则

$$p''_2 = 0.25 \times 17.00 \times 4.13 - 17.55 \text{(kPa)}$$

这样,基础边缘总的竖向附加应力为

基础后边缘 $p_1 = p'_1 = 62.56$(kPa)

基础前边缘 $p_2 = p''_1 + p''_2 = 9.38 + 17.55 = 26.93$(kPa)

(二)基底压应力计算

根据《公路桥涵地基与基础设计规范》(JTG 3363—2019)及《公路桥涵通用设计规范》(JTG D60—2015),进行地基承载力验算时,传至基底的作用效应应按正常使用极限状态的频遇组合采用,各项作用效应的分项系数分别为:上部构造恒载、桥台及基础自重、台前及台后土压力、支座摩阻力、人群荷载均为 1.0,汽车荷载为 0.7。

1. 建成后使用时

建成后使用共有 4 种工况,分别为工况(一)~工况(四),将 4 种工况的正常使用极限状态的短期作用效应组合值汇总于表 2-31。

作用效应组合汇总表   表 2-31

工 况	水平力(kN)	竖直力(kN)	弯矩(kN·m)
(一)	1155.75	7902.71	−16621.27
(二)	1381.17	7973.78	−2634.96
(三)	1113.35	7421.7	−2350.9
(四)	1338.77	7492.77	−3364.59

由于工况(二)作用下所产生的竖直力最大,因此以工况(二)来控制设计,下面仅计算工况(二)作用下的基底压应力。

$$\frac{p_{max}}{p_{min}} = \frac{\sum P}{A} \pm \frac{\sum M}{W} = \frac{7973.78}{4.3 \times 9.3} \pm \frac{-2634.96}{\frac{1}{6} \times 9.3 \times 4.3^2} = \begin{cases} 291.33 \text{(kPa)} \\ 107.45 \end{cases}$$

考虑台前台后填土产生的附加应力

台前　　　　　　$p_{max} = 291.33 + 26.93 = 318.26(kPa)$

台后　　　　　　$p_{min} = 107.45 + 62.56 = 170.01(kPa)$

2. 施工时

以工况（五）来控制设计。

$$\sum P = 5956.36 + 484.13 + 133.12 = 6573.61(kN)$$

$$\sum M = 788.89 - 4266.10 + 575.08 = -2902.13(kN)$$

$$\frac{p_{max}}{p_{min}} = \frac{\sum P}{A} \pm \frac{\sum M}{W} = \begin{cases} 265.64 \\ 63.12 \end{cases}(kPa)$$

考虑台前台后填土产生的附加应力

台前　　　　　　$p_{max} = 265.64 + 26.93 = 292.57(kPa)$

台后　　　　　　$p_{min} = 63.12 + 62.56 = 125.68(kPa)$

（三）地基承载力验算

1. 持力层承载力验算

根据土工试验资料，持力层为一般黏性土，按《公路桥涵地基与基础设计规范》（JTG 3363—2019）：当 $e = 0.74$，$I_L = 0.10$ 时，查表得 $f_{a0} = 354kPa$，因基础埋置深度为原地面下 2.0m，故地基承载力不予修正，则

$$f_0 = f_{a0} = 354kPa > p_{max} = 292.57(kPa)$$

2. 下卧层承载力验算

下卧层也是一般黏性土，根据提供的土工试验资料，当 $e = 0.82$，$I_L = 0.6$ 时，查得 $f_{a0} = 222kPa$，小于持力层 $f_{a0} = 354kPa$，故必须予以验算。

基底至土层Ⅱ顶面（高程为 5.0m）处的距离为

$$z = 11.5 - 2.0 - 5.0 = 4.5(m)$$

当 $\dfrac{a}{b} = \dfrac{9.3}{4.3} = 2.16$，$\dfrac{z}{b} = \dfrac{4.5}{4.3} = 1.05$，由《公路桥涵地基与基础设计规范》（JTG 3363—2019）查得附加应力系数 $\alpha = 0.469$，计算下卧层顶面处的压应力 σ_{h+z}，当 $z/b > 1$ 时，基底压应力应取平均值

$$p_{平均} = \frac{p_{max} + p_{min}}{2} = \frac{282.95 + 205.32}{2} = 244.14(kPa)$$

$$p_{h+z} = 19.70 \times (2 + 4.5) + 0.469 \times (244.14 - 19.70 \times 2)$$

$$= 128.05 + 96.02 = 224.07(kPa)$$

而下卧层顶面处的承载力特征值可按式（2-16）计算，其中：$k_1 = 0$，而 $I_L = 0.6 > 0.5$，故 $k_2 = 1.5$，则

$$f_a = 222.00 + 1.5 \times 19.70 \times (6.5 - 3)$$

$$= 222.00 + 103.43 = 325.43(kPa) > p_{h+z} = 224.07kPa$$

满足要求。

六、基底偏心距验算

(一)仅受永久作用标准值效应组合时,应满足 $e_0 \leqslant 0.75\rho$

以工况(三)来控制设计,即桥上、台后均无活载,仅承受恒载作用,则

$$\rho = \frac{W}{A} = \frac{1}{6}b = \frac{1}{6} \times 4.3 = 0.72\,(\mathrm{m})$$

$$\sum M = 1340.12 + (847.28 - 5113.38) + (861.29 - 286.21) = -2350.90\,(\mathrm{kN})$$

$$\sum P = 6804.42 + 484.16 + 133.12 = 7421.70\,(\mathrm{kN})$$

$$e_0 = \frac{\sum M}{\sum P} = \frac{2350.9}{7421.7} = 0.32\,(\mathrm{m}) < 0.75 \times 0.72 = 0.54\,(\mathrm{m})$$

满足要求。

(二)承受作用标准值效应组合时,应满足 $e_0 \leqslant \rho$

以工况(四)来控制设计,即桥上无活载,台后有车辆荷载作用,则

$$\sum M = 1388.05 + (971.65 - 6251.44) + (861.29 - 286.21) = -3316.66\,(\mathrm{kN})$$

$$\sum P = 6804.41 + 555.23 + 133.12 = 7492.77\,(\mathrm{kN})$$

$$e_0 = \frac{\sum M}{\sum P} = \frac{3316.66}{7492.77} = 0.44\,(\mathrm{m}) < \rho = 0.72\mathrm{m}$$

满足要求。

七、基础稳定性验算

(一)倾覆稳定性验算

1. 使用阶段

(1)永久作用和汽车、人群的标准值效应组合。

以工况(二)来控制设计,即桥上、台后均有活载,车道荷载在桥上,车辆荷载在台后,则

$$s = \frac{b}{2} = \frac{4.3}{2} = 2.15\,(\mathrm{m})$$

$$e_0 = \frac{2636.66}{7973.78} = 0.33\,(\mathrm{m})$$

$$k_0 = \frac{2.15}{0.33} = 6.52 > 1.5$$

满足要求。

(2)各种作用的标准值效应组合。

以工况(四)来控制设计,即桥上无活载,台后有车辆荷载作用,则

$$e_0 = \frac{3316.66}{7492.77} = 0.44\,(\mathrm{m})$$

$$k_0 = \frac{2.15}{0.45} = 4.78 > 1.3$$

满足要求。

2. 施工阶段作用的标准值效应组合

以工况（五）来控制设计，则

$$e_0 = \frac{2902.13}{6573.61} = 0.44(\text{m})$$

$$k_0 = \frac{2.15}{0.44} = 4.89 > 1.2$$

满足要求。

（二）滑动稳定性验算

因基底处地基土为硬塑黏土，查得 $\mu = 0.30$。

1. 使用阶段

（1）永久作用和汽车、人群的标准值效应组合。

以工况（二）来控制设计，即桥上、台后均有活载，车道荷载在桥上，车辆荷载在台后，则

$$k_c = \frac{0.3 \times 7973.78 + 422.2}{1760.97 + 42.4} = 1.56 > 1.3$$

满足要求。

（2）各种作用的标准值效应组合。

以工况（四）来控制设计，即桥上无活载，台后有车辆荷载作用，则

$$k_c = \frac{0.3 \times 7492.77 + 422.2}{1760.97} = 1.52 > 1.2$$

满足要求。

2. 施工阶段作用的标准值效应组合

以工况（五）来控制设计，则

$$k_c = \frac{0.3 \times 6573.61 + 422.2}{1541.8} = 1.55 > 1.2$$

满足要求。

八、沉降计算

由于持力层以下的土层Ⅱ为软弱下卧层（软塑亚黏土），按其压缩系数为中压缩性土，对基础沉降影响较大，故应计算基础沉降。

（一）确定地基变形的计算深度

$$z_n = b(2.5 - 0.4 \times \ln b) = 4.3 \times (2.5 - 0.4 \times \ln 4.3) = 8.2(\text{m})$$

（二）确定分层厚度

第一层：从基础底部向下 4.5m。
第二层：从第一层底部向下 3.7m。

（三）确定各层土的压缩模量。

第一层 $E_{s1} = \dfrac{1}{a_{1-2}} = \dfrac{1}{0.15} = 6.67\,(\text{MPa})$

第二层 $E_{s2} = \dfrac{1}{a_{1-2}} = \dfrac{1}{0.26} = 3.85\,(\text{MPa})$

（四）求基础底面处附加压应力

以工况（二）来控制设计，传至基础底面的作用效应应按正常使用极限状态的长期效应组合采用，各项作用效应的分项系数分别为：上部构造恒载、桥台及基础自重、台前及台后土压力、支座摩阻力均为1.0,汽车荷载和人群荷载均为0.4。

$$N = 6804.42 + 555.23 + 133.12 + 0.4 \times (603.15 + 58.8) = 7757.55\,(\text{kN})$$

基础底面处附加压应力

$$p_0 = \frac{N}{A} = \frac{7757.55}{4.3 \times 9.3} = 193.99\,(\text{kPa})$$

（五）计算地基沉降

计算深度范围内各土层的压缩变形量，见表2-32。

计算深度范围内各土层的压缩变形量   表2-32

$z(m)$	l/b	z/b	$\bar{\alpha}_i$	$z_i\bar{\alpha}_i$	$z_i\bar{\alpha}_i - z_{i-1}\bar{\alpha}_{i-1}$	E_{si}	$\Delta s'$	$s' = \sum \Delta s_i'$
0	2.2	0	—	—	—	—	—	—
4.5	2.2	1.5	0.308	1.386	1.386	6.67	40.32	40.32
8.2	2.2	1.9	0.220	1.804	0.418	3.85	21.07	61.39

（六）确定沉降计算经验系数

沉降计算深度范围内压缩模量的当量值。

$$\bar{E}_s = \frac{\sum A_i}{\sum \dfrac{A_i}{E_{si}}} = \frac{1.386 + 0.418}{\dfrac{1.386}{6.67} + \dfrac{0.418}{3.85}} = \frac{1.804}{0.316} = 5.71\,(\text{MPa})$$

$$\psi_s = 1 + \frac{7 - 5.71}{7 - 4} \times (1.3 - 1) = 1.13$$

（七）计算地基的最终沉降量

$$s = \psi_s s' = 1.13 \times 61.39 = 69.37\,(\text{mm})$$

根据《公路桥涵地基与基础设计规范》（JTG 3363—2019）规定：相邻墩台间不均匀沉降差值（不包括施工中的沉降），不应使桥面形成大于0.2%的附加纵坡（折角）。因此，该桥的沉降量是否满足要求，还应知道相邻墩台的沉降量。

思考题与习题

2-1　浅基础与深基础有哪些区别？

2-2　何谓刚性基础？刚性基础有什么特点？

2-3　确定基础埋置深度应考虑哪些因素？基础埋置深度对地基承载力、沉降有什么影响？

2-4　何谓刚性角，它与什么因素有关？

2-5　刚性扩大基础为什么要验算基底合力偏心距？

2-6　地基(基础)沉降计算包括哪些步骤？在什么情况下应验算桥梁基础的沉降？

2-7　水中基坑开挖的围堰形式有哪几种？它们各自的适用条件和特点是什么？

2-8　某桥墩为混凝土实体墩刚性扩大基础，控制设计的荷载组合为：支座反力 840kN 及 930kN；桥墩及基础自重 5480kN；设计水位以下墩身及基础浮力 1200kN；制动力 84kN；墩帽与墩身风荷载分别为 2.1kN 和 16.8kN。结构尺寸及地质、水文资料见图 2-42（基底宽 3.1m，长 9.9m）。要求验算：①地基承载力；②基底合力偏心距；③基础稳定性。

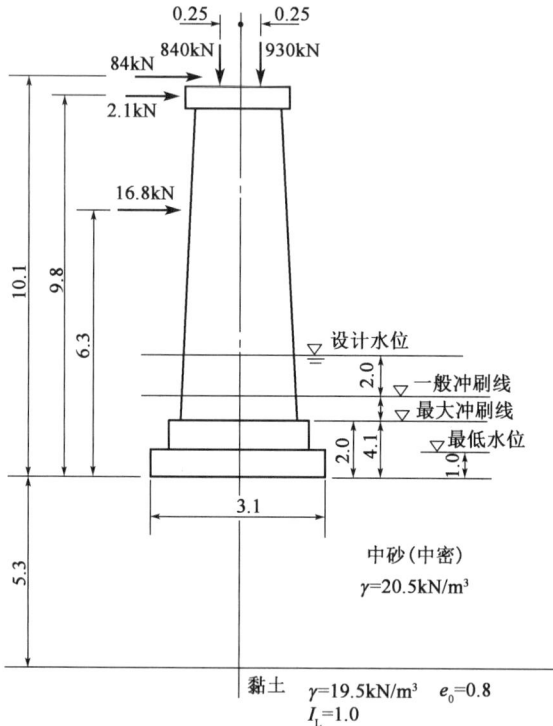

图 2-42　题 2-8 图（尺寸单位：m）

2-9　有一桥墩墩底为矩形 2m×8m，刚性扩大基础（C20 混凝土）顶面设在河床下 1m，作用于基础顶面荷载：轴心垂直力 $N=5200$kN，弯矩 $M=840$kN·m，水平力 $H=96$kN。地基土为一般黏性土，第一层厚 2m（自河床算起）$\gamma=19.0$kN/m³，$e=0.9$，$I_L=0.8$；第二层厚 5m，$\gamma=19.5$kN/m³，$e=0.45$，$I_L=0.35$。低水位在河床下 1m（第二层下为泥质页岩），请确定基础埋置深度及尺寸，并经过验算说明其合理性。

2-10　某一基础施工时，水深 3m，河床以下挖基坑深 10.8m。土质条件为亚砂土 $\gamma=$

19.5kN/m^3, $\varphi = 15°$, $c = 6.3\text{kPa}$, 透水性良好。拟采用三层支撑钢板桩围堰, 钢板桩为拉森 IV 型, 其截面模量 $W = 2200\text{cm}^3$, 钢板桩容许弯应力 $[\sigma_w] = 240\text{MPa}$。要求计算和验算项为: ①确定支撑间距; ②计算板桩入土深度; ③计算支撑轴向荷载; ④验算钢板桩强度; ⑤计算封底混凝土厚度。

第三章
桩基础的基本知识及施工

第一节 概　　述

当地基浅层土质不良,采用浅基础无法满足建筑物对地基强度、变形和稳定性方面的要求时,往往需要采用深基础。桩基础是一种历史悠久而应用广泛的深基础形式。近年来,随着工程建设和现代科学技术的发展,桩的类型和成桩工艺、桩的承载力与桩体结构完整性的检测、桩基础的设计理论和计算方法等各方面均有较大的发展或提高,使桩与桩基础的应用更为广泛,更具有生命力。它不仅可作为建筑物的基础,而且还广泛用于软弱地基的加固和地下支挡结构物。

一、桩基础的组成与特点

桩基础可以是单根桩(如一柱一桩的情况),也可以是单排桩或多排桩。对于单排桩基础,当桩外露在地面上较高时,桩间以横系梁相连,以加强各桩之间的横向联系。多数情况下桩基础是由多根桩组成的群桩基础,基桩可全部或部分埋入地基土中。群桩基础中所有桩的顶部由承台联成一整体,在承台上再修筑墩身或台身及上部结构,如图 3-1 所示。承台的作用是将外力传递给各桩并将各桩联成一整体共同承受外荷载。基桩的作用在于穿过软弱的压缩性土层或水,使桩底坐落在更密实的地基持力层上。各桩所承受的荷载由桩通过桩侧土的摩阻力及桩端土的抵抗力传递到桩周土及持力层中,如图 3-1b)所示。

桩基础如设计正确,施工得当,它具有承载力高、稳定性好、沉降量小而均匀,在深基础中具有耗用材料少、施工简便等特点。在深水河道中,可避免(或减少)水下工程,简化施工设备和技术要求,加快施工速度并改善工作条件。近代以来,桩基础的类型、沉桩机具和施工工艺以及桩基础理论等方面都有了很大发展,不仅便于机械化施工和工厂化生产,而且能以不同类型桩基础的施工方法适应不同的水文地质条件、荷载性质和上部结构特征,因此,桩基础具有较好的适应性。

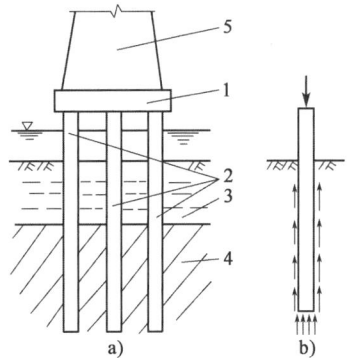

图 3-1 桩基础

1-承台;2-基桩;3-松软土层;4-持力层;5-墩身

二、桩基础的适用条件

在下列情况下可采用桩基础:

(1)荷载较大,地基上部土层软弱,适宜的地基持力层位置较深,采用浅基础或人工地基在技术上、经济上不合理时;

(2)河床冲刷较大,河道不稳定或冲刷深度不易正确计算,位于基础或结构物下面的土层有可能被侵蚀、冲刷,如采用浅基础不能保证基础安全时;

(3)当地基计算沉降过大或建筑物对不均匀沉降敏感时,采用桩基础穿过松软(高压缩)土层,将荷载传到较坚实(低压缩性)土层,以减少建筑物沉降并使沉降较均匀;

(4)当建筑物承受较大的水平荷载,需要减少建筑物的水平位移和倾斜时;

(5)当施工水位或地下水位较高,采用其他深基础施工不便或经济上不合理时;

(6)地震区,在可液化地基中,采用桩基础可增加建筑物抗震能力,桩基础穿越可液化土层并伸入下部密实稳定土层,可消除或减轻地震对建筑物的危害。

以上情况也可以采用其他形式的深基础,但桩基础由于耗材少、施工快速简便,往往是优先考虑的深基础方案。

当上层软弱土层很厚,桩较长,桩底没有达到坚实土层时,桩基础稳定性稍差,沉降量也较大;而当覆盖层很薄,桩的入土深度不能满足稳定性要求时,不宜采用桩基础。设计时应综合分析上部结构特征、使用要求、场地水文地质条件、施工环境及技术力量等,经多方面比较,以确定适宜的基础方案。

第二节 桩与桩基础的分类

为满足建筑物的要求,适应地基特点,随着科学技术的发展,在工程实践中已形成了各种类型的桩基础,它们在本身构造上和桩土相互作用性能上具有各自的特点。学习桩和桩基础的分类,目的是掌握其特点以便设计和施工时更好地发挥桩基础的特长。

下面按承台位置、沉入土中的施工方法、桩土相互作用特点、桩的设置效应及桩身材料等分类介绍,借以了解桩和桩基础的基本特征。

一、按承台位置分类

桩基础按承台位置可分为高桩承台基础（简称高桩承台）和低桩承台基础（简称低桩承台），如图3-2所示。

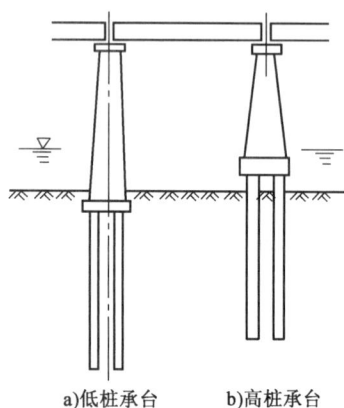

图3-2　高桩承台基础和低桩承台基础

高桩承台的承台底面位于地面（或冲刷线）以上，低桩承台的承台底面位于地面（或冲刷线）以下。高桩承台的结构特点是基桩部分桩身沉入土中，部分桩身外露在地面以上（称为桩的自由长度），而低桩承台则基桩全部沉入土中（桩的自由长度为零）。

高桩承台由于承台位置较高或设在施工水位以上，可减少墩台的圬工数量，避免或减少水下作业，施工较为方便。然而，在水平力的作用下，由于承台及基桩露出地面的一段自由长度周围无土来共同承受水平外力，基桩的受力情况较为不利，桩身内力和位移都比受到同样水平外力作用下的低桩承台要大，其稳定性也比低桩承台差。

近年来由于大直径钻孔灌注桩的采用，桩的刚度、强度都较大，因而高桩承台在桥梁基础工程中已得到广泛采用。

二、按施工方法分类

基桩的施工方法不同，不仅在于采用的机具设备和工艺过程的不同，而且将影响桩与桩周土接触边界处的状态，也影响桩土间的共同作用性能。桩的施工方法种类较多，但基本形式为沉桩（预制桩）和灌注桩。

（一）沉桩（预制桩）

沉桩是按设计要求在地面良好条件下制作（长桩可在桩端设置钢板、法兰盘等接桩构造，分节制作），桩体质量高，可大量工厂化生产，加速施工进度。《公路桥涵地基与基础设计规范》（JTG 3363—2019）将打入桩、振动下沉桩及静力压桩均称为沉桩。

1. 打入桩（锤击桩）

打入桩是通过锤击（或以高压射水辅助）将各种预先制好的桩（主要是钢筋混凝土实心桩或管桩，也有木桩或钢桩）打入地基内达到所需要的深度。这种施工方法适用于桩径较小（一般直径在0.60m以下），地基土质为砂性土、塑性土、粉土、细砂以及松散的不含大卵石或漂石的碎卵石类土的情况。

2. 振动下沉桩

振动法沉桩是将大功率的振动打桩机安装在桩顶（预制的钢筋混凝土桩或钢管桩），利用振动力以减少土对桩的阻力，使桩沉入土中。它对于较大桩径，土的抗剪强度受振动时有较大降低的砂土等地基效果更为明显。

3. 静力压桩

在软塑黏性土中也可以用重力将桩压入土中，称为静力压桩。这种压桩施工方法免除了锤击的振动影响,是在软土地区,特别是在不允许有强烈振动的条件下桩基础的一种有效施工方法。

沉桩(预制桩)有如下特点:

(1)不易穿透较厚的砂土等硬夹层(除非采用预钻孔、射水等辅助沉桩措施),只能进入砂、砾、硬黏土、强风化岩层等深度不大的坚实持力层。

(2)沉桩方法一般采用锤击,由此产生的振动、噪声污染必须加以考虑。

(3)沉桩过程产生挤土效应,特别是在饱和软黏土地区沉桩可能导致周围建筑物、道路、管线等的损伤。

(4)一般说来预制桩在预制过程中的施工质量较稳定。

(5)预制桩打入松散的粉土、砂砾层中,由于桩周和桩端土受到挤密,使桩侧表面法向应力提高,桩侧摩阻力和桩端阻力也相应提高。

(6)由于桩的贯入能力受多种因素制约,因而常常出现因桩打不到设计高程而截桩,造成浪费。

(7)预制桩由于承受运输、起吊、打击应力,需要配置较多钢筋,混凝土强度等级也要相应提高,因此其造价往往高于灌注桩。

(二)灌注桩

灌注桩是在现场地基中钻挖桩孔,然后在孔内放入钢筋骨架,再灌注桩身混凝土而成的桩。灌注桩在成孔过程中需采取相应的措施和方法来保证孔壁稳定和提高桩体质量。针对不同类型的地基土可选择适当的钻具设备和施工方法。

1. 钻(挖)孔灌注桩

钻孔灌注桩系指用钻(冲)孔机具在土中钻进,边破碎土体边出土渣而成孔,然后在孔内放入钢筋骨架,灌注混凝土而形成的桩。为了顺利成孔、成桩,需采用包括制备有一定要求的泥浆护壁、提高孔内泥浆水位、灌注水下混凝土等相应的施工工艺和方法。钻孔灌注桩的特点是施工设备简单、操作方便,适用于各种砂性土、黏性土,也适用于碎、卵石类土层和岩层。但对淤泥及可能发生流砂或承压水的地基,施工较困难,施工前应做试桩以取得经验。我国已施工的钻孔灌注桩的最大入土深度已达百余米。

依靠人工(用部分机械配合)在地基中挖出桩孔,然后与钻孔桩一样灌注混凝土而成的桩称为挖孔灌注桩。其特点是不受设备限制,施工简单;桩径较大,一般大于1.4m。它适用于无水或渗水量小的地层;对可能发生流砂或含较厚的软黏土层地基施工较困难(需要加强孔壁支撑);在地形狭窄、山坡陡峻处可以代替钻孔桩或较深的刚性扩大基础。因能直接检验孔壁和孔底土质,所以,能保证桩的质量。还可采用开挖办法扩大桩底,以增大桩底的支承力。

2. 沉管灌注桩

沉管灌注桩系指采用锤击或振动的方法把带有钢筋混凝土桩尖或带有活瓣式桩尖(沉桩时桩尖闭合,拔管时活瓣张开)的钢套管沉入土层中成孔,然后在套管内放置钢筋笼,并边灌混凝土边拔套管而形成的灌注桩,也可将钢套管打入土中挤土成孔后向套管中灌注混凝土并拔出套管成桩。它适用于黏性土、砂性土、砂土地基。由于采用了套管,可以避免钻孔灌注桩施工中可能产生的流砂、塌孔的危害和由泥浆护壁所带来的排渣等弊病。但桩的直径较小,常用的尺寸在0.6m以下,桩长常在20m以内。在软黏土中由于沉管的挤压作用对邻桩有挤压影响,且挤压时产生的孔隙水压力易使拔管时出现混凝土桩缩颈现象。

各类灌注桩有如下共同优点:

(1)施工过程无大的噪声和振动(沉管灌注桩除外)。

(2)可根据土层分布情况任意变化桩长;根据同一建筑物的荷载分布与土层情况可采用不同桩径;对于承受侧向荷载的桩,可设计成有利于提高横向承载力的异形桩,还可设计成变截面桩,即在受弯矩较大的上部采用较大的断面。

(3)可穿过各种软、硬夹层,将桩端置于坚实土层和嵌入基岩,还可扩大桩底,以充分发挥桩身强度和持力层的承载力。

(4)桩身钢筋可根据荷载与性质及荷载沿深度的传递特征,以及土层的变化配置。无须像预制桩那样配置起吊筋、运输筋、打击应力筋。其配筋率远低于预制桩,造价为预制桩的40% ~ 70%。

（三）钻埋空心桩

将预制桩壳预拼连接后,吊放沉入已成的桩孔内,然后进行桩侧填石压浆和桩底填石压浆而形成的预应力钢筋混凝土空心桩称为钻埋空心桩。

它适用于大跨径桥梁大直径($D \geqslant 1.5$m)桩基础,通常与空心墩相配合,形成无承台大直径空心桩墩。

钻埋空心桩具有如下优点:

(1)直径可达4 ~ 5m,采用旋转钻机或冲击钻进成孔,施工难度相对较小。

(2)水下混凝土的用量可减少40%,同时又可以减轻自重。

(3)通过桩周和桩底二次压注水泥浆来加固地基,使它与钻孔桩相比承载力可提高30% ~ 40%。

(4)工程一开工后便可开始预制空心桩节,增加工程作业面,实现了基础工程部分工厂化,不但保证质量,还加快了工程进度。

(5)一般碎石压浆易于确保质量,不会有断桩的情况发生,即使个别桩节有缺陷,还可以在桩中空心部分重新处理,省去了水下灌注桩必不可少的"质检"环节。

(6)由于质量得到保证,在设计中就可以放心地采用大直径空心桩结构,取消承台,省去小直径群桩基础所需要的昂贵的围堰,达到较大幅度地降低工程造价的目的。

三、按桩的设置效应分类

大量工程实践表明,成桩挤土效应对桩的承载力、成桩质量控制及环境等有很大影响,因此,根据成桩方法和成桩过程的挤土效应,将桩分为挤土型桩、部分挤土型桩和非挤土型桩3类。

（一）挤土型桩

实心的预制桩、下端封闭的管桩、木桩以及沉管灌注桩在锤击或振入过程中都要将桩位处的土大量排挤开(一般把用这类方法设置的桩称为打入桩),因而使土的结构受到严重扰动(重塑)。黏性土由于重塑作用使抗剪强度降低(一段时间后部分强度可以恢复),而原来处于疏松和稍密状态的无黏性土的抗剪强度则可提高。

（二）部分挤土型桩

底端开口的钢管桩、型钢桩和薄壁开口预应力钢筋混凝土桩等,打桩时对桩周土稍有排挤作用,但对土的强度及变形性质影响不大。由原状土测得的土的物理、力学性质指标一般仍可用于估算桩基承载力和沉降。

（三）非挤土型桩

先钻孔后打入的预制桩以及钻(冲、挖)孔灌注桩,在成孔过程中将孔中土体清除掉,不会产生成桩时的挤土作用。但桩周土可能向桩孔内移动,使得非挤土桩的承载力常有所减小。

在饱和软土中设置挤土桩,如果设计和施工不当,就会产生明显的挤土效应,导致未初凝的灌注桩桩身缩小乃至断裂,桩上涌和移位,地面隆起,从而降低桩的承载力,有时还会损坏邻近建筑物;桩基施工后,还可能因饱和软土中孔隙水压力消散,土层产生再固结沉降,使桩产生负摩阻力,降低桩基承载力,增大桩基沉降。挤土桩若设计和施工得当,又可收到良好的技术经济效果。

在不同的地质条件下,按不同方法设置的桩所表现的工程性状是复杂的,因此,目前在设计中还只能大致考虑桩的设置效应。

四、按承载性状分类

建筑物荷载通过桩基础传递给地基。竖向荷载一般由桩底土层抵抗力和桩侧与土产生的摩阻力来支承。由于地基土的分层和其物理力学性质不同,桩的尺寸和设置效应的不同,都会影响桩的受力状态。水平荷载一般由桩和桩侧土水平抗力来支承,而桩承受水平荷载的能力与桩轴线方向及斜度有关,因此,根据桩土相互作用特点,基桩可分为以下几类。

（一）竖向受荷桩

1. 摩擦型桩

摩擦型桩穿过并支承在各种压缩性土层中,在竖向荷载作用下,基桩所发挥的承载力以侧摩阻力为主时,统称为摩擦型桩,如图 3-3a) 所示。以下几种情况均可视为摩擦型桩。

（1）当桩端无坚实持力层且不扩底时。

（2）当桩的长径比很大,即使桩端置于坚实持力层上,由于桩身直接压缩量过大,传递到桩端的荷载较小时。

（3）当预制桩沉桩过程由于桩距小、桩数多、沉桩速度快,使已沉桩上涌,桩端阻力明显降低时。

2. 端承型桩

端承型桩穿过较松软土层,桩底支承在坚实土层(砂、砾石、卵石、坚硬老黏土等)或岩层中,且桩的长径比不太大,在竖向荷载作用下,基桩所发挥的承载力以桩底土层的抵抗力为主时,称为端承型桩或柱桩,如图 3-3b) 所示。按照我国习惯,端承型桩专指桩底支承在基岩上的桩。

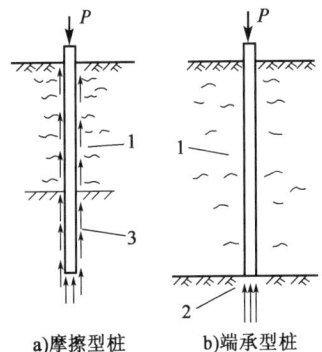

图 3-3 摩擦型桩和端承型桩
1-软弱土层;2-岩层或硬土层;3-中等土层

端承型桩承载力较大,较安全可靠,基础沉降也小,但如岩层埋置很深,就需采用摩擦型桩。端承型桩和摩擦型桩由于它们在土中的工作条件不同,其与土的共同作用特点也就不同,因此,在设计计算时所采用的方法和有关参数也不一样。

(二)横向受荷桩

1. 主动桩

桩顶受横向荷载,桩身轴线偏离初始位置,桩身所受土压力因桩主动变位而产生。风力、地震力、车辆制动力等作用下的建筑物桩基属于主动桩。

2. 被动桩

沿桩身一定范围内承受侧向压力,桩身轴线被该土压力作用而偏离初始位置。深基坑支挡桩、坡体抗滑桩、堤岸护桩等均属于被动桩。

3. 竖直桩与斜桩

按桩轴方向可分为竖直桩、单向斜桩和多向斜桩等, 如图 3-4 所示。在桩基础中是否需要设置斜桩,斜度如何确定,应根据荷载的具体情况而定。一般结构物基础承受的水平力常较竖直力小得多,且现已广泛采用的大直径钻、挖孔灌注桩具有一定的抗剪强度,因此,桩基础常全部采用竖直桩。拱桥墩台等结构物桩基础往往需设斜桩,以承受上部结构传来的较大水平推力,减小桩身弯矩、剪力和整个基础的侧向位移。

斜桩的桩轴线与竖直线所成倾斜角的正切不宜小于 1/8,否则,斜桩施工斜度误差将显著影响桩的受力情况。目前为了适应拱台推力,有些拱台基础已采用倾斜角大于 45° 的斜桩。

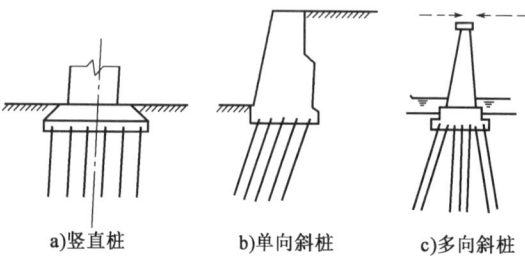

图 3-4　竖直桩和斜桩

(三)桩墩

桩墩是通过在地基中成孔后灌注混凝土形成的大口径断面柱形深基础,即以单个桩墩代替群桩及承台。桩墩基础底端可支承于基岩之上,也可嵌入基岩或较坚硬土层之中,分为端承型桩墩和摩擦型桩墩两种,如图 3-5 所示。

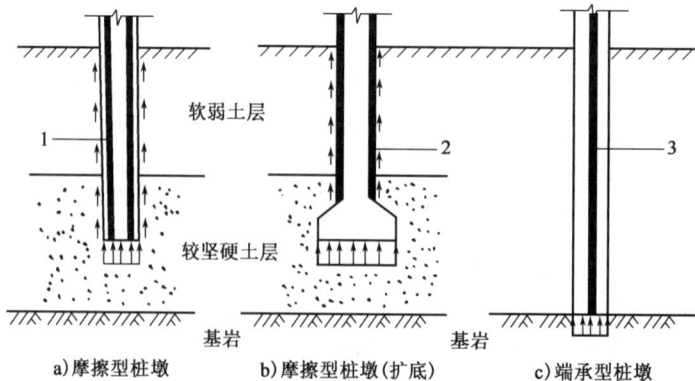

图 3-5　桩墩类型
1-钢筋;2-钢套筒;3-钢核

桩墩一般为直柱形,在桩墩底土较坚硬的情况下,为使桩墩底承受较大的荷载,也可将桩墩底端尺寸扩大,做成扩底桩墩[图 3-5b)]。桩墩断面形状常为圆形,其直径不小于 0.8m。桩墩一般为钢筋混凝土结构,当桩墩受力很大时,也可用钢套筒或钢核桩墩[图 3-5b)、c)]。

桩墩的受力分析与基桩相类似,但桩墩的断面尺寸较大而且有较高的竖向承载力和可承受较大的水平荷载。对于扩底桩墩还具有抵抗较大上拔力的能力。

桩墩的优点在于墩身面积小、美观、施工方便、经济。对于上部结构传递的荷载较大且要求基础墩身面积较小时的情况,可考虑桩墩深基础方案。但外力太大时,纵向稳定性较差,对地基要求也高,所以,尤其受较大船撞力的河流中在选定方案时,若应用此类型桥墩更应注意这些。

五、按桩身材料分类

(一)钢桩

钢桩可根据荷载特征制作成各种有利于提高承载力的断面。其抗冲击性能好、节头易于处理、运输方便、施工质量稳定,还可根据弯矩沿桩身的变化情况局部加强其断面刚度和强度。钢桩的特点主要包括:

(1)质量轻、刚性好,装卸、运输、堆放方便,不易损坏。

(2)承载力高。由于钢材强度高,能够有效地打入坚硬土层,桩身不易损坏,并能获得极大的单桩承载力。

(3)桩长易于调节。可根据需要采用接长或切割的办法调节桩长。

(4)排土量小,对邻近建筑物影响小。桩下端为开口,随着桩打入,泥土挤入桩管内与实桩相比挤土量大为减少,对周围地基的扰动也较小,可避免土体隆起;对先打桩的垂直变位、桩顶水平变位,也可大大减少。

(5)接头连接简单。采用电焊焊接,操作简便,强度高,使用安全。

(6)工程质量可靠,施工速度快。但钢桩也存在钢材用量大,工程造价较高;打桩机具设备较复杂,振动和噪声较大;桩材保护不善、易腐蚀等问题,在选用时应有充分的技术经济分析比较。

(二)钢筋混凝土桩

钢筋混凝土桩的配筋率较低(一般为 0.3% ~ 1.0%),而混凝土取材方便、价格便宜、耐久性好。钢筋混凝土桩既可预制又可现浇(灌注桩),还可采用预制与现浇组合,适用于各种地层,成桩直径和长度可变范围大。因此,桩基工程的绝大部分是钢筋混凝土桩,桩基工程的主要研究对象和主要发展方向也是钢筋混凝土桩。

第三节 桩与桩基础的构造

不同材料、不同类型的桩基础具有不同的构造特点,为了保证桩的质量和桩基础的正常工作能力,在设计桩基础时应满足其构造的基本要求。现仅以目前国内公路桥涵工程中最常用的桩与桩基础的构造特点及要求简述如下。

一、各种基桩的构造

（一）钢筋混凝土钻（挖）孔灌注桩

采用就地灌注的钻（挖）孔钢筋混凝土桩，桩身常为实心断面。钻孔桩设计直径不宜小于0.8m；挖孔桩直径或最小边宽不宜小于1.2m。桩身混凝土强度等级不应低于C25，对仅承受竖直力的基桩可用C20（但水下混凝土仍不应低于C25）。

桩内钢筋应按照桩身内力和抗裂性的要求布设，长摩擦型桩应根据桩身弯矩分布情况分段配筋，短摩擦型桩和柱桩也可按桩身最大弯矩通长均匀配筋。当按内力计算桩身不需要配筋时，应在桩顶3.0~5.0m内设置构造钢筋。

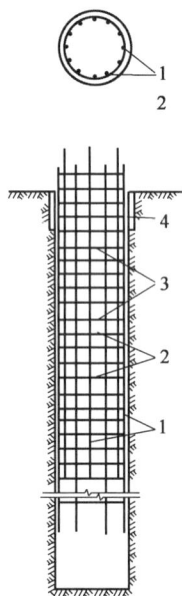

图 3-6　钢筋混凝土灌注桩
1-主筋；2-箍筋；3-加强箍；
4-护筒

为了保证钢筋骨架有一定的刚性，便于吊装及保证主筋受力后的纵向稳定，桩内主筋不宜过细过少。主筋直径不宜小于16mm，每根桩主筋数量不宜少于8根，其净距不宜小于80mm且不应大于350mm。如配筋较多，可采用束筋。组成束筋的单根钢筋直径不应大于36mm，组成束筋的钢筋根数，当其直径不大于28mm时不应多于3根；当其直径大于28mm时应为2根。束筋成束后等代直径为 $d_e = \sqrt{n}\,d$，式中 n 为单束钢筋根数，d 为单根钢筋直径。钢筋笼底部的主筋宜稍向内弯曲，作为导向。

箍筋应适当加强，闭合式箍筋或螺旋筋直径不应小于主筋直径的1/4，且不应小于8mm，其中距不应大于主筋直径的15倍且不应大于为300mm。对于直径较大的桩或较长的钢筋骨架，可在钢筋骨架上每隔2.0~2.5m设置一道加劲箍筋（直径为16~32mm），称为加强箍，如图3-6所示。钢筋笼四周应设置突出的定位钢筋、定位混凝土块，或采用其他定位措施。主筋保护层厚度一般不应小于60mm。

钻（挖）孔桩的柱桩根据桩底受力情况如需嵌入岩层时，嵌入深度应根据计算确定，并不得小于0.5m。

钻孔灌注桩常用的含筋率为0.2%~0.6%，较一般预制钢筋混凝土实心桩、管桩与管柱均低。

也有工程采用大直径的空心钢筋混凝土就地灌注桩，是进一步发挥材料潜力、节约水泥的措施。

（二）钢筋混凝土预制桩

沉桩（打入桩和振动沉桩）采用钢筋混凝土预制桩，有实心的圆桩和方桩（少数为矩形桩），还有空心的管桩。

普通钢筋混凝土方桩可以就地灌注预制。通常当桩长在10m以内时，横断面为0.30m×0.30m，桩身混凝土强度等级不低于C25，桩身配筋应按制造、运输、施工和使用各阶段的内力要求通长配筋。主筋直径一般为19~25mm；箍筋直径为6~8mm，间距为10~20mm，桩的两端和接桩区箍筋或螺旋筋的间距须加密，其值可取40~50mm。由于桩尖穿过土层时直接受到正面阻力，应在桩尖处把所有的主筋弯在一起并焊在一根芯棒上。桩头直接受到锤击，故在桩顶需设方格网片三层以加增桩头强度。钢筋保护层厚度不小于 35mm。桩内需预埋直径为 20～25mm 的钢筋吊环,吊点位置通过计算确定。如图 3-7 所示。

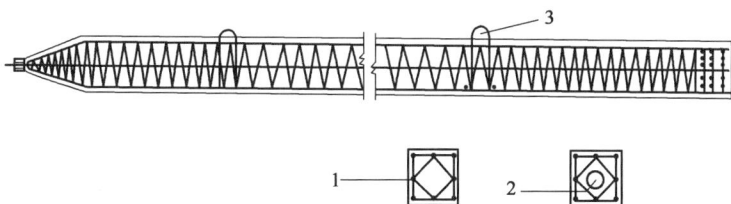

图 3-7 预制钢筋混凝土方桩
1-实心方桩;2-空心方桩;3-吊环

钢筋混凝土管桩由工厂以离心旋转机生产,有普通钢筋混凝土管桩或预应力钢筋混凝土管桩两种,直径可采用 0.4～1.2m,管壁最小厚度不宜小于 80mm,桩身混凝土强度等级为 C25～C40,填芯混凝土不应低于 C20。每节管桩两端装有连接钢盘(法兰盘)以供接长。

钢筋混凝土预制桩的分节长度,应根据施工条件决定,并应尽量减少接头数量。接头强度不应低于桩身强度,并有一定的刚度以减少锤振能量的损失。接头法兰盘的平面尺寸不得突出管壁之外,在沉桩时和使用过程中接头不应松动和开裂。

(三)钢桩

钢桩的形式很多,主要的有钢管型和 H 型钢桩,其材质应符合国家现行有关规范、标准规定。钢桩具有强度高,能承受强大的冲击力和获得较高的承载力;其设计的灵活性大,壁厚、桩径的选择范围大,便于割接,桩长容易调节;轻便,易于搬运,沉桩时贯入能力强、速度较快,可缩短工期,且排挤土量小,对邻近建筑影响小,也便于小面积内密集的打桩施工。其主要缺点是用钢量大,成本昂贵,在大气和水土中钢材具有腐蚀性。目前,我国只在一些重要工程中使用钢桩。

分节钢桩应采用上下节桩对焊连接。若按需要为了提高钢管型钢桩承受桩锤冲击力和穿透或进入坚硬地层的能力,可在桩顶和桩底端管壁设置加强箍。钢桩焊接接头应采用等强度连接,使用的焊条、焊丝和焊剂应符合国家现行有关规范、标准规定。

钢桩的端部形式,应综合考虑桩所穿越的土层、桩端持力层性质、桩的尺寸、挤土效应等因素确定。

H 型钢桩桩端形式有带端板的和不带端板(平底、锥底)的。

钢管型钢桩(简称钢管桩)按桩端构造可分为开口桩(带加强箍、不带加强箍)、闭口桩(平底、锥底)和半闭口桩,如图 3-8 所示。

开口钢管桩穿透土层的能力较强,但沉桩过程中桩底端的土将涌入钢管内腔形成土芯。当土芯的自重和惯性力及其与管内壁间的摩阻力之和超过底面土反力时,将阻止进一步涌入而形成"土塞",此时开口桩就像闭口桩一样贯入土中,土芯长度也不再增长。"土塞"形成和土芯长度与地基土性质和桩径密切有关,它对桩端承载能力和桩侧挤

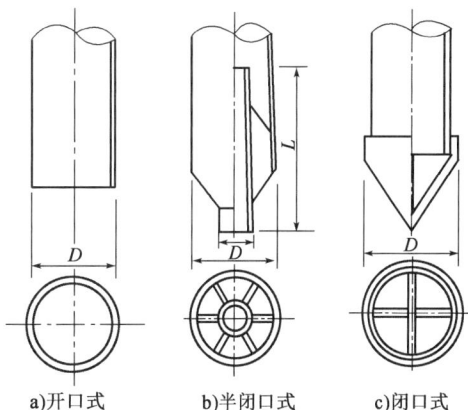

图 3-8 钢管桩的端部构造形式
a)开口式 b)半闭口式 c)闭口式

土程度均会有影响,在确定钢管桩承载力时应考虑这种影响,详见本章第五节。开口桩进入砂层时的闭塞效应较明显,宜选择砂层作为开口桩的持力层,并使桩底端进入砂层一定深度。

钢管桩的分段长度按施工条件确定,一般不宜超过 12~15m,常用直径为 400~1000mm。钢管桩的设计厚度由有效厚度和腐蚀厚度两部分组成。有效厚度为管壁在外力作用下所需要的厚度,可按使用阶段的应力计算确定。腐蚀厚度为建筑物在使用年限内管壁腐蚀所需要的厚度,可通过钢桩的腐蚀情况实测或调查确定,无实测资料时,海水环境中钢桩的单面年平均腐蚀速率可参考表 3-1 确定。其他条件下,在平均低水位以上,年平均腐蚀速率可取 0.06mm/年;平均低水位以下,年平均腐蚀速率可取 0.03mm/年。

海水环境中钢桩单面年平均腐蚀速率

表 3-1

部　　位	平均腐蚀速率（mm/年）	部　　位	平均腐蚀速率（mm/年）
大气区	0.05~0.1	水位变动区,水下区	0.12~0.20
浪溅区	0.20~0.50	泥下区	0.05

　　注:1.表中年平均腐蚀速率适用于 pH=4~10 的环境条件,对有严重污染的环境,应适当加大。
　　　　2.对水质含盐量层次分明的河口或年平均气温高、波浪大和流速大的环境,其对应部位的年平均腐蚀速率应适当加大。

钢桩防腐处理可采用外表涂防腐层、增加腐蚀余量及阴极保护等方法。当钢管桩内壁同外界隔绝时,可不考虑内壁防腐。

二、桩的布置和中心距

为了避免桩基础施工可能引起土的松弛效应和挤土效应对相邻基桩的不利影响,以及桩群效应对基桩承载力的不利影响,布设桩时,应该根据桩的类型及施工工艺和排列方式确定桩的最小中心距。群桩的布置可采用对称形、梅花形或环形。桩的中心距应符合以下要求。

摩擦型桩:钻(挖)孔灌注桩的中心距不应小于桩径的 2.5 倍;锤击、静压沉桩,桩端处的中心距不应小于桩径(或边长)的 3 倍,在软土地区宜适当增加;振动沉入砂土内的桩,在桩端处的中心距不应小于桩径(或边长)的 4 倍。桩在承台底面处的中心距不小于桩径(或边长)的 1.5 倍。

端承型桩:支承或嵌固在基岩中的钻(挖)孔灌注桩中心距不得小于 2 倍的桩径。

扩底灌注桩:钻(挖)孔扩底灌注桩中心距不得小于 1.5 倍扩底直径或扩底直径加 1.0m,取较大者。

为了避免承台边缘距桩身过近而发生破裂,并考虑桩顶位置允许的偏差,边桩(或角桩)外侧到承台边缘的距离,对于桩径(或边长)小于或等于 1.0m 的桩不应小于 0.5 倍的桩径(或边长),且不小于 250mm;对于桩径大于 1.0m 的桩不应小于 0.3 倍桩径(或边长)并不小于 500mm(盖梁不受此限)。

三、承台和横系梁的构造

对于多排桩基础,桩顶由承台连接成为一个整体。承台的平面尺寸和形状应根据上部结构(墩、台身)底截面尺寸和形状以及基桩的平面布置而定,一般采用矩形和圆端形。

承台厚度应保证承台有足够的强度和刚度,公路桥梁墩台多采用钢筋混凝土或混凝土刚性承台(承台本身材料的变形远小于其位移),其厚度宜为桩径的 1.5 倍及以上,且不宜小于

1.5m。混凝土强度等级不宜低于C25。对于空心墩台的承台,应验算承台强度并设置必要的钢筋,承台厚度可不受上述限制。

承台的受力情况比较复杂,为了使承台受力较为均匀并防止承台因桩顶荷载作用发生破碎和断裂,当桩顶直接埋入承台连接时,应在每根桩的顶面上设1～2层钢筋网[图3-9b)]。当桩顶主筋伸入承台时,承台在桩身混凝土顶端平面内设置一层钢筋网[图3-9a)],钢筋纵桥向和横桥向每1m宽度内可采用钢筋截面积1200～1500mm²(此项钢筋直径为12～16mm),钢筋网在越过桩顶钢筋处不应截断,并应与桩顶主筋连接,如图3-9所示。承台的顶面和侧面应设置表层钢筋网,每个面在两个方向的钢筋截面面积均不宜小于400mm²/m,钢筋间距不应大于400mm。

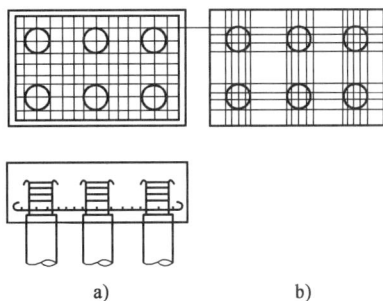

图3-9 承台底钢筋网

对于单排桩基础,在桩之间为加强横向联系而设有横系梁时,一般认为横系梁不直接承受外力,可不作内力计算,横系梁的高度可取为0.8～1.0倍的桩径,宽度可取为0.6～1.0倍的桩径。混凝土强度等级不宜低于C25。纵向钢筋不应少于横系梁截面面积的0.15%;箍筋直径不应小于8mm,其间距不应大于400mm。

四、桩与承台、横系梁的连接

桩与承台的连接,钻(挖)孔灌注桩桩顶主筋宜伸入承台,桩身嵌入承台内的深度可采用100mm(盖梁式承台,桩身可不嵌入);伸入承台的桩顶主筋可做成喇叭形(约与竖直线倾斜15°;若受构造限制,主筋也可不做成喇叭形),如图3-10a)、b)所示。伸入承台的钢筋锚固长度应符合结构规范,光圆钢筋不应小于40倍钢筋直径(设弯钩),带肋钢筋不应小于35倍钢筋直径(不设弯钩),并设箍筋。

对于不受轴向拉力的打入桩可不破桩头,将桩直接埋入承台内,如图3-10c)所示。桩顶直接埋入承台的长度,对于普通钢筋混凝土桩及预应力混凝土桩,当桩径(或边长)小于0.6m时不应小于2倍桩径或边长,当桩径(或边长)为0.6～1.2m时不应小于1.2m;当桩径(或边长)大于1.2m时,埋入长度不应小于桩径(或边长)。

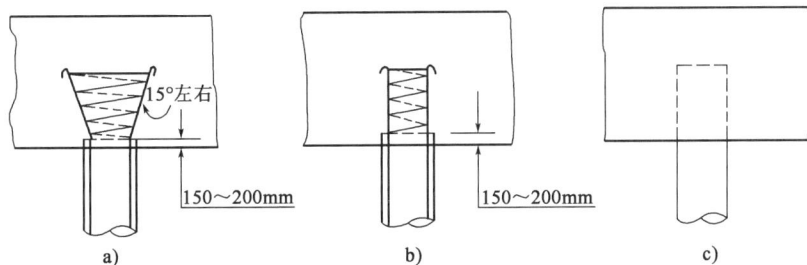

图3-10 桩和承台的连接

对于大直径灌注桩,当采用一柱一桩时,可设置横系梁或将桩与柱直接连接。横系梁的主钢筋应伸入桩内,其长度不小于35倍主筋直径。

管桩与承台连接时,伸入承台内的纵向钢筋如采用插筋,插筋数量不应少于4根,直径不应小于16mm,锚入承台长度不宜小于35倍钢筋直径,插入管桩顶填芯混凝土长度不宜小于1.0m。

第四节　桩基础的施工

我国目前常用的桩基础施工方法有灌注法和沉入法。本节主要介绍旱地上钻孔灌注桩的施工方法和设备,对挖孔灌注桩、沉管灌注桩和各种沉入桩的施工方法仅做简要说明。

桩基础施工前应根据已定出的墩台纵横中心轴线直接定出桩基础轴线和各基桩桩位,并设置好固定桩位或控制桩,以便施工时随时校核。

一、钻孔灌注桩的施工

钻孔灌注桩施工应根据土质、桩径大小、入土深度和机具设备等条件选用适当的钻具(目前我国常使用的钻具有旋转钻、冲击钻和冲抓钻3种类型)和钻孔方法,以保证能顺利达到预计孔深,然后,清孔、吊放钢筋笼架、灌注水下混凝土。

现按施工顺序介绍其主要工序如下。

(一)准备工作

1.准备场地

施工前应将场地平整好,以便安装钻架进行钻孔。当墩台位于无水岸滩时,应将钻架安置处整平夯实,清除杂物,挖换软土;场地有浅水时,宜采用土或草袋围堰筑岛[图3-11c)]。当场地为深水或陡坡时,可用木桩或钢筋混凝土桩搭设支架,安装施工平台支承钻机(架)。深水中在水流较平稳时,也可将施工平台架设在浮船上,就位锚固稳定后在水上钻孔。

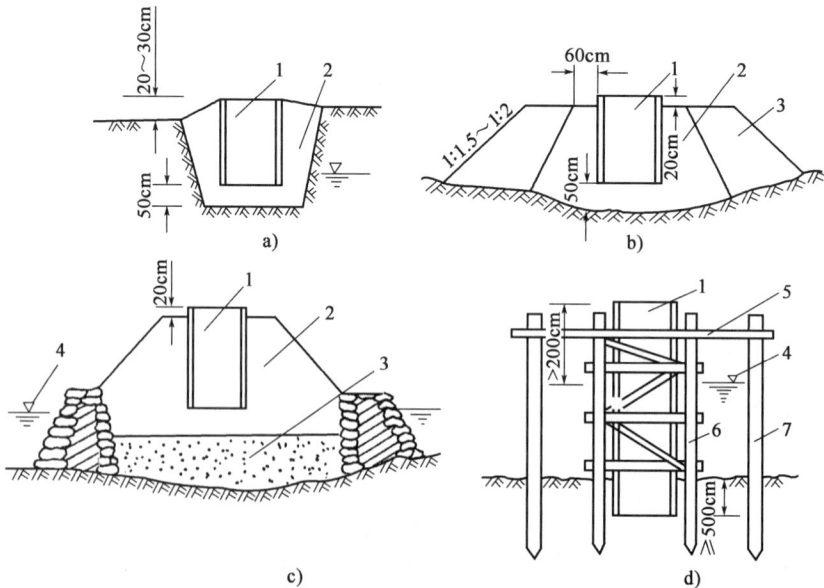

图3-11　护筒的埋置

1-护筒;2-夯实黏土;3-砂土;4-施工水位;5-工作平台;6-导向架;7-脚手架

2. 埋置护筒

护筒的作用是：

(1)固定桩位,并作钻孔导向;

(2)保护孔口防止孔口土层坍塌;

(3)隔离孔内孔外表层水,并保持钻孔内水位高出施工水位,以稳固孔壁。

因此,埋置护筒要求稳固、准确。

护筒制作要求坚固、耐用、不易变形、不漏水、装卸方便和能重复使用。一般用木材、薄钢板或钢筋混凝土制成(图3-12)。护筒内径应比钻头直径稍大,旋转钻须增大0.1~0.2m,冲击钻或冲抓钻增大0.2~0.3m。

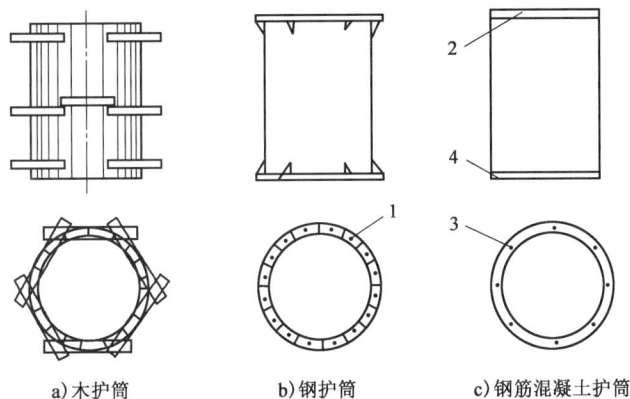

图3-12 护筒

1-连接螺栓孔;2-连接钢板;3-纵向钢筋;4-连接钢板或刃脚

护筒埋设可采用下埋式[适于旱地埋置,图3-11a)]、上埋式[适于旱地或浅水筑岛埋置,图3-11b)、c)]和下沉埋设[适于深水埋置,图3-11d)]。埋置护筒时应注意下列几点:

(1)护筒平面位置应埋设正确,偏差不宜大于50mm。

(2)护筒顶高程应高出地下水位和施工最高水位1.5~2.0m。无水地层钻孔因护筒顶部设有溢浆口,筒顶也应高出地面0.2~0.3m。

(3)护筒底应低于施工最低水位(一般低0.1~0.3m即可)。深水下沉埋设的护筒应沿导向架借自重、射水、振动或锤击等方法将护筒下沉至稳定深度,黏性土入土深度应达到0.5~1m,砂性土则为3~4m。

(4)下埋式及上埋式护筒挖坑不宜太大(一般比护筒直径大1.0~0.6m),护筒四周应夯填密实的黏土,护筒底应埋置在稳固的黏土层中,否则,也应换填黏土并夯密实,其厚度一般为0.50m。

3. 制备泥浆

泥浆在钻孔中的作用是:

(1)在孔内产生较大的静水压力,可防止塌孔;

(2)泥浆向孔外土层渗漏,在钻进过程中,由于钻头的活动,孔壁表面形成一层胶泥,具有护壁作用,同时将孔内外水流切断,能稳定孔内水位;

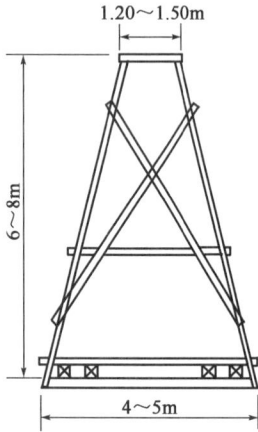

图 3-13　四脚钻架

（3）泥浆比重大，具有挟带钻渣的作用，利于钻渣的排出；

（4）具有冷却机具和切土润滑作用，降低钻具磨损和发热程度。

因此，在钻孔过程中孔内应保持一定稠度的泥浆，一般相对密度以 1.1～1.3 为宜，在冲击钻进大卵石层时可用 1.4 以上，相对黏度为 20s，含砂率小于 6%。在较好的黏性土层中钻孔，也可灌入清水，使钻孔内自造泥浆，达到固壁效果。调制泥浆的黏土塑性指数不宜小于 15。

4. 安装钻机或钻架

钻架是钻孔、吊放钢筋笼、灌注混凝土的支架。我国生产的定型旋转钻机和冲击钻机都附有定型钻架，其他常用的还有木制和钢制的四脚架（图 3-13）、三脚架或人字扒杆。

在钻孔过程中，成孔中心必须对准桩位中心，钻机（架）必须保持平稳，不发生位移、倾斜和沉陷。钻机（架）安装就位时，应详细测量，底座应用枕木垫实塞紧，顶端应用缆风绳固定平稳，并在钻进过程中经常检查。

（二）钻孔

1. 钻孔方法和钻具

1）旋转钻进成孔

利用钻具的旋转切削土体钻进，并同时采用循环泥浆的方法护壁排渣。我国现用旋转钻机按泥浆循环的程序不同分为正循环和反循环两种。

（1）正循环成孔工艺及钻头

正循环即在钻进的同时，泥浆泵将泥浆压进泥浆笼头，通过钻杆中心从钻头喷入钻孔内，泥浆挟带钻渣沿钻孔上升，从护筒顶部排浆孔排出至沉淀池，钻渣在此沉淀而泥浆仍进入泥浆池循环使用，如图 3-14 所示。

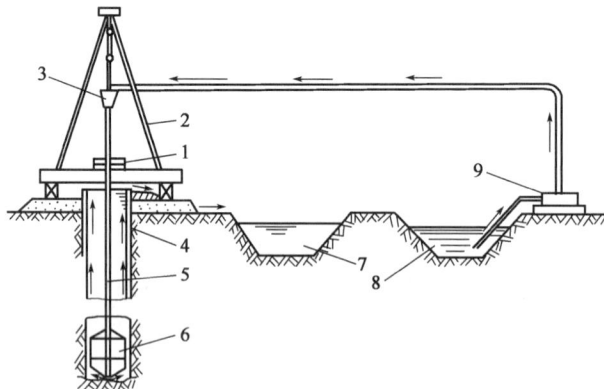

图 3-14　正循环旋转钻孔

1-钻机；2-钻架；3-泥浆笼头；4-护筒；5-钻杆；6-钻头；7-沉淀池；8-泥浆池；9-泥浆泵

正循环成孔设备简单，操作方便，工艺成熟，当孔深不太深，孔径小于 800mm 时钻进效率高。当桩径较大时，钻杆与孔壁间的环形断面较大，泥浆循环时返流速度低，排渣能力弱。如使泥浆返流速度增大到0.20~0.35m/s,则泥浆泵的排出量需很大,有时难以达到,此时不得不提高泥浆的相对密度和相对黏度。但如果泥浆密度过大,稠度大,则难以排出钻渣,孔壁泥皮厚度大,影响成桩和清孔。

我国定型生产的旋转钻机的转盘、钻架、动力设备等均配套定型,钻头的构造根据土质采用各种形式,常用的正循环旋转钻机所用钻头如下。

①两翼刮刀钻头:两翼刮刀钻头也叫鱼尾钻头,采用厚50mm钢板制成,钢板中部切割成宽度同圆杆相等的缺口,将钻杆接头嵌进缺口并连接在一起。鱼尾两道侧棱镶焊合金钢刀齿,如图3-15a)所示。此种钻头在砂卵石或风化岩石中有较高钻进效果,但在黏土层中容易包钻,不宜使用,且导向性能差。

②笼式钻头:笼式钻头是由导向框、刀架、中心管及小鱼尾式超前钻头等部分组成,如图3-15b)所示。上下部各有一道导向圈,钻进平稳,导向性能良好,扩孔率小。适用于在黏土、砂土和砂黏土土层钻进。

③刺猬钻头:钻头外形为圆锥体,周围用钢管、钢板焊成,外形像刺猬,如图3-15c)所示。锥顶直径等于设计所要求的钻孔直径,锥尖夹角约40°。锥头高度为直径的1.2倍。该钻头阻力较大,只适于孔深50m以内黏性土、砂类土和夹有粒径在25mm以下砾石的土层。

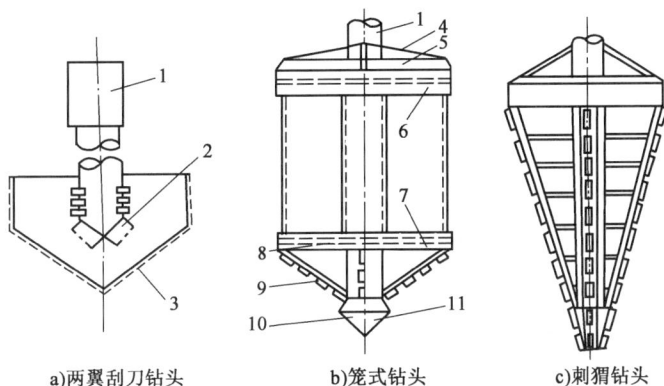

a)两翼刮刀钻头　　　　b)笼式钻头　　　　c)刺猬钻头

图3-15　正循环旋转钻机所用钻头

1-钻杆;2-出浆口;3-刀刃;4-斜撑;5-斜挡板;6-上腰围;7-下腰围;8-耐磨合金钢;9-刮板;10-超前钻;11-出浆口

(2)反循环成孔工艺及钻头

反循环成孔是泥浆从钻杆与孔壁间的环状间隙流入孔内,来冷却钻头并携带沉渣由钻杆内腔返回地面的一种钻进工艺。由于钻杆内腔断面积比钻杆与孔壁间的环状断面积小得多,因此,泥浆的上返速度大,一般为2~3m/s,是正循环工艺泥浆上返速度的数十倍,因而可以提高排渣能力,减少钻渣在孔底重复破碎的机会,能大大提高成孔效率。但在接长钻杆时装卸较麻烦,如钻渣粒径超过钻杆内径(一般为120mm)易堵塞管路,则不宜采用。

常用的反循环旋转钻机所用的钻头如下。

①三翼空心单尖钻锥:该钻锥简称三翼钻锥,适用于较松黏土、砂土及中粗砂地层。采用钢管和30mm厚的钢板焊制,上端有法兰同钻杆连接,下端成剑尖形的中心角约110°,并有若干齿刀,中间挖空作为吸渣口,带齿的3个翼板是回转切土的主要部分,刀片与水平线夹角以30°为宜。齿片上均镶焊合金钢,提高耐磨性,如图3-16a)所示。

②牙轮钻头：牙轮钻头适用于砂卵石和风化页岩地层。在直径为127mm的无缝钢管上焊设牙轮架，然后把直径为160mm的9个锥形牙轮分3层安装于牙轮架上，每层3个牙轮的平面方位均相隔120°，如图3-16b)所示。

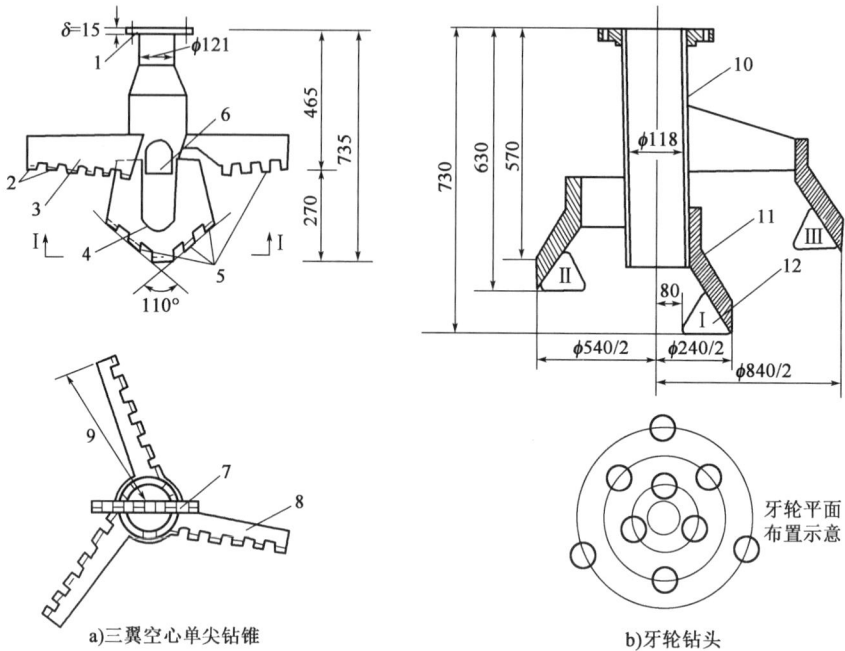

a)三翼空心单尖钻锥   b)牙轮钻头

图3-16 反循环旋转钻机所用钻头(尺寸单位:mm)

1-法兰接头;2-合金钢刀头;3-翼板(δ = 30mm);4-剑尖(δ = 30mm);5-合金钢刀头尖;6-排渣孔;7-剑尖;8-翼板;9-孔径;10-无缝钢管;11-牙轮架;12-牙轮

（3）潜水电钻

旋转钻孔现也可采用更轻便、高效的潜水电钻,钻头的旋转电动机及变速装置均经密封后安装在钻头与钻杆之间,如图3-17所示。钻孔时钻头旋转刀刃切土,并在端部喷出高速水流冲刷土体,以水力排渣。

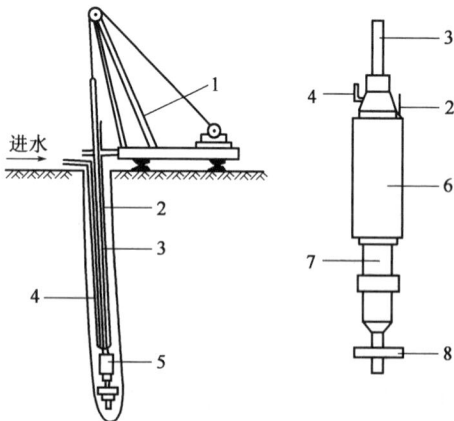

图3-17 潜水电钻

1-钻机架;2-电缆;3-钻杆;4-进水高压水管;5-潜水电钻砂;6-密封电动机;7-密封变速箱;8-钻头母体

由于旋转钻进成孔的施工方法受到机具和动力的限制,适用于较细、软的土层,如各种塑性状态的黏性土、砂土、夹少量粒径小于100 ~ 200mm的砂卵石土层,在软岩中也曾使用。我国采用这种钻孔方法深度曾达100m以上。

2）冲击钻进成孔

利用钻锥(重为10 ~ 35kN)不断地提锥、落锥反复冲击孔底土层,把土层中泥砂、石块挤向四壁或打成碎渣,钻渣悬浮于泥浆中,利用掏渣筒取出,重复上述过程冲击钻进成孔。

主要采用的机具有定型的冲击式钻机(包括钻架、动力、起重装置等)、冲击钻头、转向装置和掏渣筒等,也可用 30～50kN 带离合器的卷扬机配合钢、木钻架及动力组成简易冲击机。

钻头一般是整体铸钢做成的实体钻锥;钻刃为十字架形,采用高强度耐磨钢材做成,底刃最好不完全平直以加大单位长度上的压重,如图 3-18 所示。冲击时钻头应有足够的质量、适当的冲程和冲击频率,以使它有足够的能量将岩块打碎。

冲锥每冲击一次旋转一个角度,才能得到圆形的钻孔,因此,在锥头和提升钢丝绳连接处应有转向装置,常用的有合金套或转向环,以保证冲锥的转动,也避免了钢丝绳打结扭断。

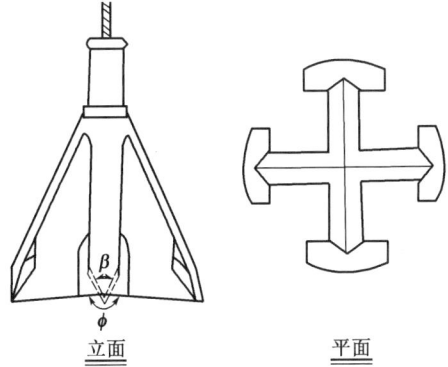

图 3-18 冲击钻锥

掏渣筒是用以掏取孔内钻渣的工具,如图 3-19 所示。用约 30mm 厚的钢板制作,下面碗形阀门应与渣筒密合,以防止漏水漏浆。

冲击钻孔适用于含有漂卵石、大块石的土层及岩层,也能用于其他土层。成孔深度一般不宜大于 50m。

3）冲抓钻进成孔

用兼有冲击和抓土作用的抓土瓣,通过钻架,由带离合器的卷扬机操纵,靠冲锥自重(重为 10～20kN)冲下,使土瓣锥尖张开插入土层,然后由卷扬机提升锥头,同时收拢抓土瓣将土抓出,弃土后继续冲抓钻进而成孔。

钻锥常采用四瓣或六瓣冲抓锥,其构造如图 3-20 所示。当收紧外套钢丝绳松内套钢丝绳时,内套在自重作用下相对外套下坠,便使锥瓣张开插入土中。

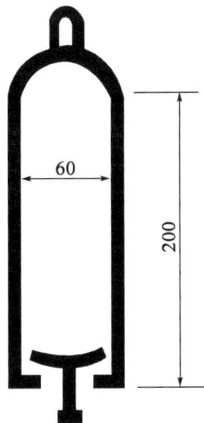

图 3-19 掏渣筒(尺寸单位:cm)

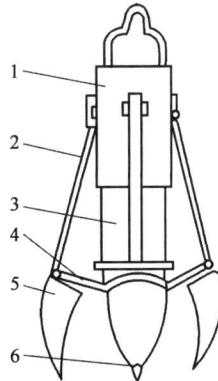

图 3-20 冲抓锥
1-外套;2-连杆;3-内套;4-支撑杆;5-叶瓣;6-锥头

冲抓成孔适用于黏性土、砂性土及夹有碎卵石的砂砾土层,成孔深度宜小于 30m。

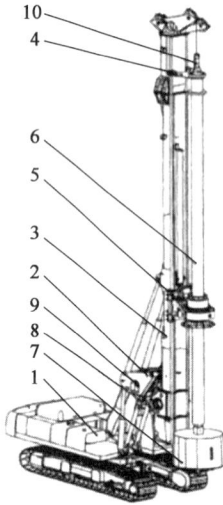

图 3-21　旋挖钻机

1-底盘；2-变幅机构；3-桅杆总成；4-随动架；5-动力头；6-桅杆；7-钻具；8-主卷扬机；9-辅卷扬机；10-提引器

4）旋挖钻进成孔

用旋挖钻机的回转斗、短螺旋钻头或其他作业装置进行钻进，并采用旋挖逐次取土、反复循环作业成孔。对黏结性好的土层，可采用干式或清水钻进工艺；而在松散易坍塌地层，则必须采用静态泥浆护壁钻进工艺。旋挖钻机还可以配置长螺旋钻具、套管及其驱动装置、扩底钻头及其附属装置。图 3-21 为旋挖钻机机械构造图，旋挖钻机主要部件由底盘（行走机构、底架、上车回转）和工作装置（变幅机构、桅杆总成、主卷扬机、副卷扬机、动力头、随动架、提引器等）组成。

（1）旋挖钻进成孔的作业程序如下：

①通过钻机自有的行走功能使旋挖钻机到达现场；

②根据施工要求选取钻杆，并选取转速、加压力等相关参数；

③利用桅杆导向下放钻杆，将底部带有活门的桶式钻头置放到孔位；

④钻机动力头装置为钻杆提供扭矩，加压装置通过加压动力头的方式将加压力传递给钻杆、钻头，使钻头回转破碎土层；

⑤在钻进时将破碎岩土装入钻斗内，然后再由钻机提升装置和伸缩式钻杆将钻头提出孔外卸土；

⑥如此循环往复，不断取土、卸土，直至钻至设计深度。

（2）旋挖钻进成孔的优点。

与传统的旋转钻进或冲击钻进、泥浆循环护壁成孔技术相比，旋挖钻进成孔从技术、设备及成孔工艺上具有如下优点：

①孔径和孔深可满足设计要求；

②施工速度快，在土层施工速度可以达到其他钻机的 3～5 倍；

③地层适应性广；

④泥浆用量少，噪声小，可满足环保要求；

⑤智能化程度高，成桩质量可靠；

⑥不需设置大型泥浆池，适合狭小场地施工；

⑦可以配置扩底钻头以提高桩基承载力。

（3）旋挖钻进成孔的缺点。

①旋挖钻机不能在淤泥层、大漂石层、大碎石层、单轴抗压强度大于 60MPa 的岩层、穿越地下河的地区、富存自由水的且厚度较大松散地层等施工；

②在黏土层小直径桩孔钻进时易糊钻，难卸渣；

③提钻、放钻时钻杆和钻头排水体积过大，导致孔内泥浆液面变化波动大，容易引起塌孔。

2. 钻孔过程中容易发生的质量问题及处理方法

在钻孔过程中应防止塌孔、孔形扭歪或孔偏斜,甚至把钻头埋住或掉进孔内等事故。

(1)塌孔。在成孔过程或成孔后,有时在排出的泥中不断出现气泡,有时护筒内的水位突然下降,这是塌孔的迹象。其形成原因主要是土质松散、泥浆护壁不好、护筒水位不高等。如发生塌孔,应探明塌孔位置,将砂和黏土的混合物回填到塌孔位置以上 1～2m 处,如塌孔严重,应全部回填,等回填物沉积密实再重新钻孔。

(2)缩孔。缩孔是指孔径小于设计孔径的现象,是由于塑性土膨胀造成的,处理时可反复扫孔,以扩大孔径。

(3)斜孔。桩孔成孔后发现存在较大垂直偏差,是由于护筒倾斜和位移、钻杆不垂直、钻头导向部分太短、导向性差、土质软硬不一或遇上孤石等原因造成。斜孔会影响桩基质量,并会造成施工困难。处理时可在偏斜处吊放钻头,上下反复扫孔,直至把孔位校直;或在偏斜处回填砂黏土,待沉积密实后再钻。

3. 钻孔注意事项

(1)在钻孔过程中,始终要保证钻孔护筒内外有 1～1.5m 的水位差;护壁泥浆的要求包括:泥浆相对密度为 1.1～1.3、相对黏度为 10～25s、含砂率≤6% 等。达到这些参数要求后可以起到护壁固壁作用,防止塌孔。若发现漏水(漏浆)现象,应找出原因及时处理。

(2)在钻孔过程中,应根据土质等情况控制钻进速度、调整泥浆稠度,以防止塌孔及钻孔偏斜、卡钻和旋转钻机负荷超载等情况发生。

(3)钻孔宜一气呵成,不宜中途停钻以避免塌孔。

(4)钻孔过程中应加强对桩位、成孔情况的检查工作。终孔时应对桩位、孔径、形状、深度、倾斜度及孔底土质等情况进行检验,合格后立即清孔、吊放钢筋笼,灌注混凝土。

(三)清孔及装吊钢筋骨架

清孔目的是除去孔底沉淀的钻渣和泥浆,以保证灌注的钢筋混凝土质量,确保桩的承载力。

清孔的方法如下。

(1)抽浆清孔。用空气吸泥机吸出含钻渣的泥浆而达到清孔。由风管将压缩空气输进排泥管,使泥浆形成密度较小的泥浆空气混合物,在水柱压力下沿排泥管向外排出泥浆和孔底沉渣,同时用水泵向孔内注水,保持水位不变直至喷出清水或沉渣厚度达设计要求为止。这种方法适用于孔壁不易坍塌,使用各种钻进方法成孔的端承型桩和摩擦型桩,如图 3-22 所示。

(2)掏渣清孔。用掏渣筒掏清孔内粗粒钻渣,适用于冲抓、冲击成孔的摩擦型桩。

(3)换浆清孔。正、反循环旋转机可在钻孔完成后不停钻、不进尺,继续循环换浆清渣,直至达到清理泥浆的要

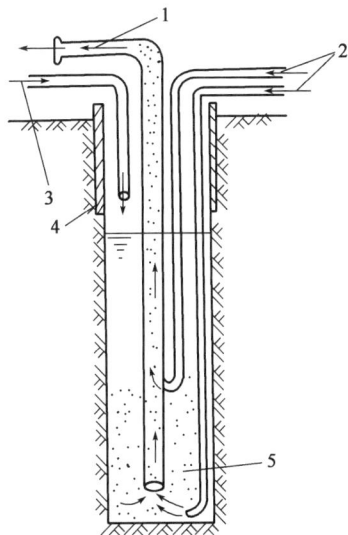

图 3-22 抽浆清孔

1-泥浆砂石渣喷出;2-通入压缩空气;
3-注入清水;4-护筒;5-孔底沉积物

求。它适用于各类土层的摩擦型桩。

清孔应满足《公路桥涵地基与基础设计规范》（JTG 3363—2019）对沉渣厚度的要求：摩擦型桩 d（桩的直径）≤1.5m 时，t（桩端沉渣厚度）≤300mm；$d > 1.5$m 时，$t ≤ 500$mm，且 $0.1 < t/d < 0.3$。端承型桩 $d ≤ 1.5$m 时，$t ≤ 50$mm；$d > 1.5$m 时，$t ≤ 100$mm。

钢筋笼骨架吊放前应检查孔底深度是否符合要求，孔壁有无妨碍骨架吊放和正确就位的情况。钢筋骨架吊装可利用钻架或另立扒杆进行。吊放时应避免骨架碰撞孔壁，并保证骨架外混凝土保护层厚度，应随时校正骨架位置。钢筋骨架达到设计高程后，牢固定位于孔口。钢筋骨架安装完毕后，须再次进行孔底检查，有时须进行二次清孔，达到要求后即可灌注水下混凝土。

（四）灌注水下混凝土

目前，我国多采用直升导管法灌注水下混凝土。

1.灌注方法及有关设备

导管法的施工过程如图 3-23 所示。将导管居中插入到离孔底 $0.30 \sim 0.40$m（不能插入孔底沉积的泥浆中），导管上口接漏斗，在接口处设隔水栓，以隔绝混凝土与导管内水的接触。在漏斗中存备足够数量的混凝土后，放开隔水栓使漏斗中存备的混凝土连同隔水栓向孔底猛落，将导管内水挤出，混凝土沿导管下落至孔底堆积，并使导管埋在混凝土内，此后向导管连续灌注混凝土。导管下口埋入孔内混凝土内 $1 \sim 1.5$m 深，以保证钻孔内的水不可能重新流入导管。随着混凝土不断由漏斗、导管灌入孔内，钻孔内初期灌注的混凝土及其上面的水或泥浆不断被顶托升高，相应地不断提升导管和拆除导管，直至灌注混凝土完毕。

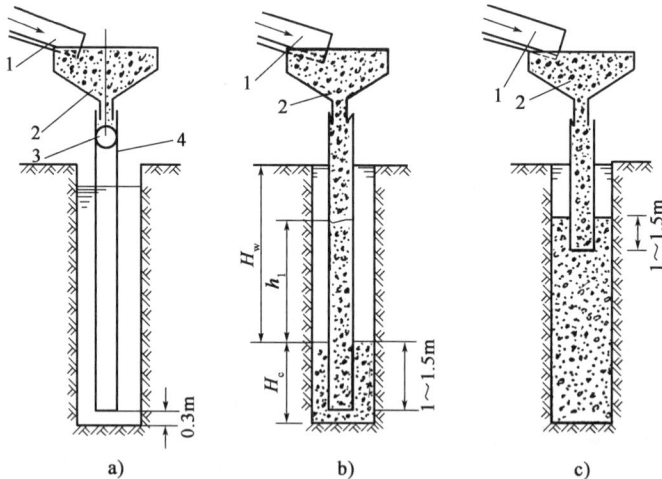

图 3-23　灌注水下混凝土
1-通混凝土储料槽；2-漏斗；3-隔水栓；4-导管

导管是内径 $0.20 \sim 0.40$m 的钢管，壁厚 $3 \sim 4$mm，每节长度 $1 \sim 2$m，最下面一节导管应较长，一般为 $3 \sim 4$m。导管两端用法兰盘及螺栓连接，并垫橡皮圈以保证接头不漏水，如图 3-24 所示。导管内壁应光滑，内径大小一致，连接牢固，保证在压力下不漏水。

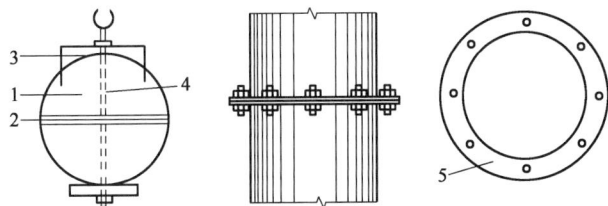

图 3-24 导管接头及木球
1-木球;2-橡皮垫;3-导向架;4-螺栓;5-法兰盘

隔水栓常用直径较导管内径小 20 ~ 30mm 的木球,或混凝土球、砂袋等,以粗铁丝悬挂在导管上口或近导管内水面处,要求隔水球能在导管内滑动自如不致卡管。木球隔水栓构造如图 3-24 所示。目前,也有采用在漏斗与导管接斗处设置活门来代替隔水球,它是利用混凝土下落排出导管内的水,施工较简单但需要有丰富的操作经验。

首批灌注的混凝土数量,要保证将导管内水全部压出,并能将导管初次埋入 1 ~ 1.5m 深,此时孔内混凝土顶面距孔底的高度为 H_c。按照这个要求计算第一斗连续浇灌混凝土的最小用量,从而确定漏斗的尺寸大小及储料槽的大小。漏斗和储料槽的最小容量 $V(\mathrm{m}^3)$ [参看图 3-23b)] 为:

$$V = h_1 \times \frac{\pi d^2}{4} + H_c \times \frac{\pi D^2}{4} \tag{3-1}$$

式中:H_c——达到导管初次埋深时对应的孔内混凝土高度(m);

d、D——导管及桩孔直径(m);

h_1——孔内混凝土高度为 H_c 时,导管内混凝土柱与导管外水压平衡所需的管内混凝土高度(m),$h_1 = H_w \gamma_w / \gamma_c$;

H_w——孔内水面到混凝土面的水柱高(m);

γ_w、γ_c——孔内水(或泥浆)及混凝土的重度;

其余符号意义如图 3-23 所示。

漏斗顶端应比桩顶(桩顶在水面以下时应比水面)高出至少 3m,以保证在灌注最后部分混凝土时,管内混凝土能满足顶托管外混凝土及其上面的水或泥浆重力的需要。

2. 对混凝土材料的要求

为保证水下混凝土的质量,设计混凝土配合比时,要将混凝土强度等级提高 20%;混凝土应有必要的流动性,坍落度宜在 180 ~ 220mm 范围内,水灰比宜用 0.5 ~ 0.6;为了改善混凝土的和易性,可在其中掺入减水剂和粉煤灰掺和物。为防卡管,石料尽可能用卵石,适宜直径为 5 ~ 30mm,最大粒径不应超过 40mm。所用水泥标号不宜低于 42.5 级,每立方米混凝土的水泥用量不小于 350kg。

3. 灌注水下混凝土注意事项

灌注水下混凝土是钻孔灌注桩施工最后一道关键性的工序,其施工质量将严重影响到成桩质量,施工中应注意以下几点。

(1)混凝土拌和必须均匀,尽可能缩短运输距离和减小颠簸,防止混凝土离析而发生卡管事故。

（2）灌注混凝土必须连续作业，一气呵成，避免任何原因的中断，因此，混凝土的搅拌和运输设备应满足连续作业的要求，孔内混凝土上升到接近钢筋笼架底处时应防止钢筋笼架被混凝土顶起。

（3）在灌注过程中，要随时测量和记录孔内混凝土灌注高程和导管入孔长度，提管时控制和保证导管埋入混凝土面内有 3～5m 深度。防止导管提升过猛，管底提离混凝土面或埋入过浅，而使导管内进水造成断桩夹泥。但也要防止导管埋入过深，而造成导管内混凝土压不出或导管为混凝土埋住凝结，不能提升，导致中止浇灌而成断桩。

（4）灌注的桩顶高程应比设计值预加一定高度，此范围的浮浆和混凝土应凿除，以确保桩顶混凝土的质量。预加高度一般为 0.5m，深桩应酌量增加。

待桩身混凝土达到设计强度，按规定检验后方可灌注系梁、盖梁或承台。

二、挖孔灌注桩和沉管灌注桩的施工

（一）挖孔灌注桩的施工

挖孔灌注桩适用于无水或少水的较密实的各类土层中，或缺乏钻孔设备，或不用钻机以节省造价。桩的直径（或边长）不宜小于 1.2m，孔深一般不宜超过 20m。

在适合挖孔灌注桩施工的条件下，挖孔灌注桩比钻孔灌注桩有更多的优点。

（1）施工工艺和设备比较简单：只有护筒、套筒或简单模板，简单起吊设备如卷扬机，必要时设潜水泵等备用，自上而下，人工或机械开挖。

（2）质量好：不易塌孔、断桩、不存在卡钻问题，绝大多数情况下无须浇筑水下混凝土，桩底无沉淀浮泥；易于扩大桩尖，提高桩身支承力。

（3）速度快：进尺比钻孔为快，而且不需要如钻机等重型设备，容易实现多孔平行施工，加快施工进度。

（4）成本低：成本比钻孔灌注桩可降低 30%～40%。

挖孔灌注桩施工，必须在保证安全的基础上不间断地快速进行。每一桩孔开挖、提升出土、排水、支撑、立模板、吊装钢筋骨架、灌注混凝土等作业都应事先准备好，紧密配合。

1. 施工准备

平整场地，清除坡面危石浮土；坡面有裂缝或坍塌迹象者应加设必要的保护，铲除松软的土层并夯实。孔口四周挖排水沟，做好排水系统；及时排除地表水，搭好孔口雨篷。安装提升设备，布置好出渣道路，合理堆放材料和机具，以免增加孔壁压力，影响施工。

孔口周围须用木料、型钢或混凝土制成框架或围圈予以围护，其高度应高出地面 20～30cm，防止土、石、杂物流入孔内伤人。若孔口地层松软，为防止孔口坍塌，应在孔口用混凝土护壁，高约 2m。

2. 开挖桩孔

一般采用人工开挖。挖掘时，不必将孔壁修成光面，要使孔壁稍有凸凹不平，以增加桩的摩阻力。挖土过程中要随时检查桩孔尺寸和平面位置，防止误差。

1）人工挖孔安全技术措施

（1）应经常检查孔壁的稳定及吊具设备等。孔顶出土机具应有专人管理，并设置高出地面的围栏;孔口不得堆积土渣及沉重机具;作业人员的出入,应设常备的梯子;夜间作业应悬挂示警红灯;挖孔暂停时,孔口应设置罩盖及标志。

(2)孔内挖土人员的头顶部位应设置护盖。取土吊斗升降时,挖土人员应在护盖下面工作。

(3)相邻两孔中,一孔浇筑混凝土时,另一孔的挖孔人员应停止作业,并暂时撤离该井孔。

(4)挖孔时,除应经常检查孔内的气体情况外,应遵守下列规定:

①挖孔人员下孔作业前,应先用鼓风机将孔内空气排出更换;

②二氧化碳含量超过0.3%时,应采取通风措施,对含量不超过规定,但作业人员有呼吸不适感觉时,亦应采取通风或换班作业等措施;

③空气污染超过现行的《环境空气质量标准》(GB 3095—2012)中规定的空气污染三级标准浓度值时,如没有安全可靠的措施不得采取人工挖孔作业。

④人工挖孔深度超过10m时,应采用机械通风,当使用风镐凿岩时,应加大送风量,吹排凿岩产生的石粉。

⑤孔内岩石需要爆破时,应采取浅眼爆石法,严格控制炸药用量,并按国家现行的《爆破安全规程》(GB 6722—2014)中的有关规定办理。

2)排水措施

除在地表墩台位置四周挖截水沟外,应对从孔内排出孔外的水妥善引流远离桩孔。

应根据孔内渗水情况,做好孔内排水工作。若土层密实、地下水不多者,一个墩台基础的所有桩孔可同时开挖,但渗水量大的一孔应超前开挖,集中排水(如用井点法排水或小水泵排水),以降低其他桩孔水位。若土层松软、地下水较大者,宜对角开挖,避免孔间内隔层太薄造成塌孔。若为梅花式布置,则先挖中心孔,待混凝土灌注后再对角开挖其他孔。

挖孔如遇到涌水量较大的潜水层承压水,可采用水泥砂浆压灌卵石环圈对潜水层进行封闭处理。

3)终孔检查

挖孔达到设计高程后,应进行孔底处理。必须做到平整、无松渣、污泥及沉淀等软层。嵌入岩层深度应符合设计要求。

孔径、孔深必须符合设计要求。直桩倾斜度不超过1%,斜桩倾斜度不超过±2.5%。

开挖过程中应经常检查了解地质情况,倘与设计资料不符,应提出设计变更。

若孔底地质复杂或开挖中发现不良地质现象(如溶洞、薄层泥岩、不规则的淤泥分布等)时,应钎探查明孔底以下地质情况。

3.护壁和支撑

挖孔灌注桩开挖过程中,开挖和护壁两个工序,必须连续作业,以确保孔壁不塌。应根据地质、水文条件、材料来源等情况因地制宜选择支撑和护壁方法。

常用的孔壁支护方法有下列几种。

1)现浇混凝土支护

当桩孔较深,土质相对较差,出水量较大或遇流砂等情况时,宜采用就地灌注混凝土围圈护壁,每下挖1~2m灌注一次,随挖随支。护圈的结构形式为斜阶型(也可以等厚度),每阶高为1m,上端口护圈厚约170mm,下端口厚约100mm,必要时可配置少量钢筋,混凝土强度等级为C15~C20,采用拼装式弧形模板,如图3-25所示。有时也可在架立钢筋网后直接锚喷砂浆形成护圈来代替现浇混凝土护圈,这样可以节省模板。

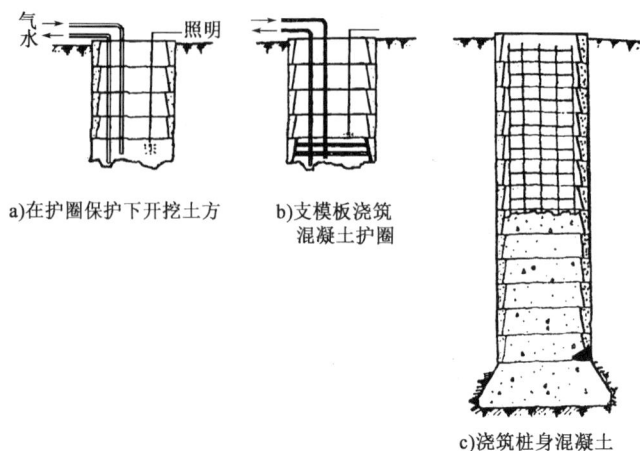

a)在护圈保护下开挖土方　　b)支模板浇筑
　　　　　　　　　　　　　　　混凝土护圈

c)浇筑桩身混凝土

图 3-25　混凝土护圈

2)沉井护圈

先在桩位上制作钢筋混凝土井筒,然后在井筒内挖土,井筒靠自重或附加荷载克服井壁与土之间的摩阻力,下沉至设计高程,再在井内吊装钢筋骨架及灌注桩身混凝土。

3)钢套管支护

在桩位处采用打入式、振动式或压入式方法将钢套管沉入土层中,再在钢套管的保护下,将管内土挖出,吊放钢筋笼,浇筑桩内混凝土。待浇筑混凝土完毕,用振动锤和人字拔杆将钢管立即强行拔出移至下一桩位使用。这种方法适用于地下水丰富的强透水地层或承压水地层,可避免产生流砂和管涌现象,能确保施工安全。

孔壁的支护方式多种多样,除了以上常用方法外,在土质较松散而渗水量不大时,可考虑用木料作框架式支撑或在木框后面铺木板作支撑。木框架之间或木框架与木板间应用扒钉钉牢,木板后面也应与土面塞紧。如土质尚好,渗水不大时也可用荆条、竹笆作护壁,随挖随护。对透水土层,还可采用高压注浆的方式形成止水层或弱透水层后再开挖。

4.吊装钢筋骨架及灌注桩身混凝土

挖孔到达设计深度后,应检查和处理孔底和孔壁情况,清除孔壁、孔底浮土,孔底必须平整,土质及桩孔尺寸应符合设计要求,以保证基桩质量。吊装钢筋笼架及需要时灌注水下混凝土有关事项可参阅钻孔灌注桩有关部分。

(二)沉管灌注桩的施工

沉管灌注桩又称为打拔管灌注桩,是采用锤击或振动的方法将一根与桩的设计尺寸相适应的钢管(下端带有桩尖)沉入土中,然后将钢筋笼放入钢管内,再灌注混凝土,并边灌边将钢管拔出,利用拔管时的振动力将混凝土捣实。其施工过程如图 3-26 所示。

钢管下端有两种构造:一种是开口,在沉管时套以钢筋混凝土预制桩尖,拔管时,桩尖留在桩底土中;另一种是管端带有活瓣桩尖,沉管时,桩尖活瓣合拢,灌注混凝土后拔管时活瓣打开。

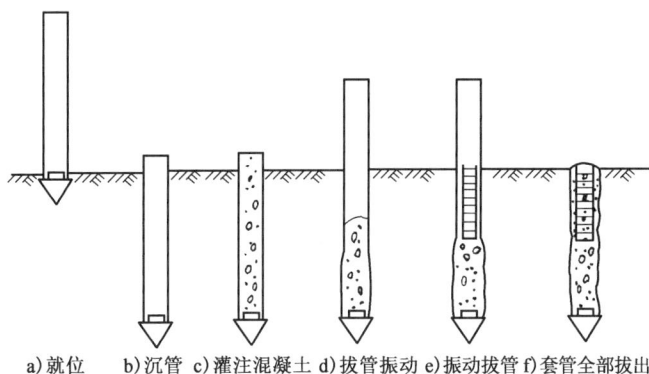

a) 就位　b) 沉管　c) 灌注混凝土　d) 拔管振动　e) 振动拔管　f) 套管全部拔出

图 3-26 沉管灌注桩施工过程

施工中应注意下列事项：

(1) 套管开始沉入土中，应保持位置正确，如有偏斜或倾斜应及时纠正。

(2) 拔管时应先振后拔，满灌慢拔，边振边拔。在开始拔管时应测得桩靴活瓣确已张开，或钢筋混凝土预制桩尖确已脱离，灌入混凝土已从套管中流出，方可继续拔管。拔管速度宜控制在 1.5m/min 之内，在软土中不宜大于 0.8m/min。边振边拔以防管内混凝土被吸住上拉而缩颈，每拔起 0.5m，宜停拔，再振动片刻，如此反复进行，直至将套管全部拔出。

(3) 在软土中沉管时，由于排土挤压作用会使周围土体侧移及隆起，有可能挤断邻近已完成但混凝土强度还不高的灌注桩，因此，桩距不宜小于 3 ~ 3.5 倍桩径，宜采用间断跳打的施工方法，避免对邻桩挤压过大。

(4) 由于沉管的挤压作用，在软黏土中或软、硬土层交界处所产生的孔隙水压力较大或侧压力大小不一而易产生混凝土桩缩径。为了弥补这种现象可采取扩大桩径的"复打"措施，即在灌注混凝土并拔出套管后，立即在原位重新沉管再灌注混凝土。复打后的桩，其横截面增大，承载力提高，但其造价也相应增加，对邻近桩的挤压也大。

三、沉桩(预制桩)的施工

沉桩施工包括桩的制作、桩的吊装及运输和桩的沉入。常用的沉桩方法有打入(锤击)法、振动法和静力压入法。沉桩的类型有实心的钢筋混凝土桩、空心的钢筋混凝土管桩或预应力钢筋混凝土管桩及钢桩。

正式施工前，应进行试验，以便检验沉桩设备和工艺是否符合要求。按照规范的规定，试桩不得少于 2 根。

现就沉桩施工的主要设备和施工中应注意的主要问题做以下介绍，并对在水中大直径钢管桩的施工也做简要介绍。

(一)打桩机桩锤

打入法沉桩常用的桩锤有坠锤、单动汽锤、双动汽锤及柴油锤等几种。

坠锤是最简单的桩锤，它是由铸铁或其他材料做成的锥形或柱形重块，锤重 2 ~ 20kN，用绳索或钢丝绳通过吊钩由人力或卷扬机沿桩架杆提升，然后使锤自由落下锤击桩顶，如图 3-27 所示。坠锤打桩效率低，每分钟仅能打数次，但设备简单，且能调整落距，冲击力可大可小，适用于小型工程中打木桩或小直径的钢筋混凝土桩。

单动汽锤是利用蒸汽或压缩空气将桩锤沿桩架顶起提升,而下落则靠锤自由落下锤击桩顶,如图 3-28a)所示。单动汽锤的重力为 10～100kN,每分钟冲击 20～40 次,冲程约为 1.5m。单动汽锤是一种常用的桩锤,适用于打钢筋混凝土桩等桩。

双动汽锤也是利用蒸汽或压缩空气的作用使桩锤(冲击部分)在双动汽锤的外壳即汽缸(固定在桩头上)内上下运动,锤击桩顶。锤重 3～10kN,冲击频率高,每分钟可冲击百次以上,冲程数百毫米,打桩频率高,但一次冲击动能较小。它适用于打较轻的钢筋混凝土桩、钢板桩等,还可用于拔桩,在施工中得到广泛使用。

柴油锤实际上是一个柴油汽缸,工作原理同柴油机,利用柴油在汽缸内压缩发热点燃而爆炸后将汽缸沿导向杆顶起,下落时锤击桩顶,如图 3-28b)所示。柴油锤除杆式柴油锤除外,还有筒式柴油锤,其机架设备较轻,移动方便,燃料消耗少,效率也较高。

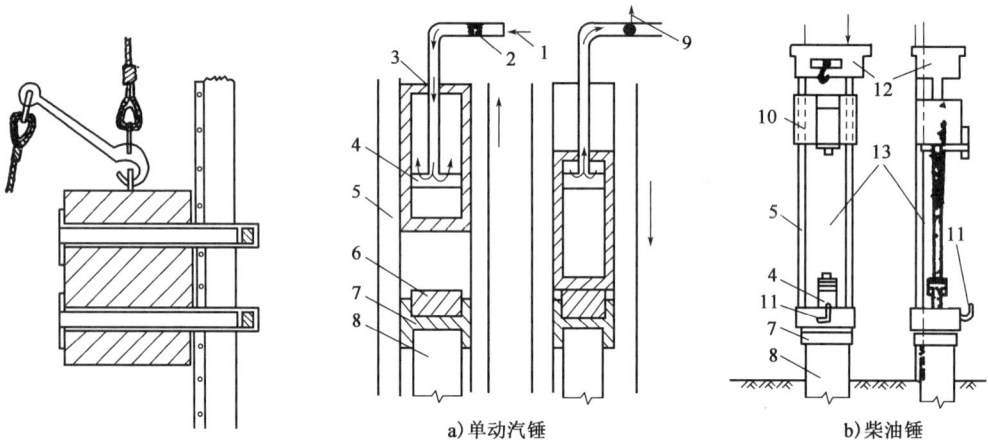

图 3-27　坠锤

a)单动汽锤　　　　b)柴油锤

图 3-28　单动汽锤及柴油锤

1-输入高压蒸汽;2-蒸汽阀;3-外壳;4-活塞;5-导向杆;6-垫木;7-桩帽;8-桩;9-排气;
10-汽缸体;11-油泵;12-顶帽;13-导杆

打入桩施工时,应适当选择桩锤重量,桩锤过轻,桩难以打下,频率较低,还可能将桩头打坏。但桩锤过重,则各种机具、动力设备都需加大,不经济。锤重与桩重的比值一般不宜小于表 3-2 的参考数值。

锤重与桩重比值　　　　　　　　　　　　表 3-2

桩　类　别	锤　　类							
	单动汽锤		双动汽锤		柴油锤		坠锤	
	硬土	软土	硬土	软土	硬土	软土	硬土	软土
钢筋混凝土桩	1.4	0.4	1.8	0.6	1.5	1.0	1.5	0.35
木桩	3.0	2.0	2.5	1.5	3.5	2.5	4.0	2.0
钢桩	2.0	0.7	2.5	1.5	2.5	2.0	2.0	1.0

（二）振动沉桩机

振动沉桩机的分类较多,按其振动次数分为低频率和高频率两种。按其振动力变化,分为单频率和双频率两种。

低频率振动沉桩机每分钟振动次数在 400～1000 次,振动力为 200～2000kN,适用于下沉重型钢筋混凝土桩。高频率振动沉桩机每分钟振动次数在 1000 次以上,振动力较小。适用于下沉轻型钢筋混凝土桩、木桩及钢板桩。

单频率振动沉桩机上下负荷轴偏心轴重量、回转半径及转速均相等,振动力的变化为正弦曲线。

双频率振动沉桩机上下负荷轴偏心轴重量、回转半径及转速均不相等,振动力的变化形成复杂的曲线,因而沉桩较快。振动力的方向还可改变,故可拔桩。

(三)静力压桩机

静力压桩机是利用油(液)压、桩机自重和附属设备(卷扬机及配重等)将预制钢筋混凝土桩分段压入土中。

(四)射水沉桩设备

射水沉桩设备必须配合锤击或振动沉桩使用。可以射水为主,也可以射水和锤击或射水和振动同时进行,或以射水与锤击、振动交替使用。

(五)桩架

桩架的作用是装吊桩锤、插桩、打桩、控制桩锤的上下方向。它由导杆(又称龙门,控制桩和锤的插打方向)、起吊设备(滑轮组、绞车、动力设备等)、撑架(支撑导杆)及底盘(承托以上设备)、移位行走部件等组成。桩架在结构上必须有足够的强度、刚度和稳定性,保证在打桩过程中桩架不会发生移位和变位。桩架的高度应保证桩吊立就位的需要和锤击的必要冲程。

桩架的类型很多,根据其采用材料的不同,有木桩架和钢桩架,常用的是钢桩架。

根据作业性的差异,桩架有简易桩架和多功能桩架(或称万能桩架)。简易桩架仅具有桩锤或钻具提升设备,一般只能打直桩,有些经调整可打斜度不大的桩;钢制万能桩架(图 3-29)的底盘带有转台和车轮(下面铺设钢轨),撑架可以调整导向杆的斜度,因此,它能沿轨道移动,能在水平面做 360°旋转,能打斜桩,施工方便,但桩架本身笨重,拆装运输较困难。

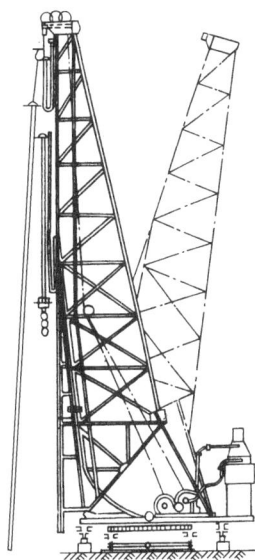

图 3-29 万能桩架

(六)桩的吊运

预制的钢筋混凝土桩由预制场地吊运到桩架内,在起吊、运输、堆放时,都应该按照设计计算的吊点位置起吊(一般吊点在桩内预埋直径为 20～25mm 的钢筋吊环,或以油漆在桩身标明),否则,桩身受力情况与计算不符,可能引起桩身混凝土开裂。

预制的钢筋混凝土桩主筋一般是沿桩长按设计内力均匀配置的。桩吊运(或堆放)时的吊点（或支点）位置，是根据吊运或堆放时桩身产生的正负弯矩相等的原则确定的，这样较为经济。

一般长度的桩，水平起吊采用两个吊点，按上述原则吊点的位置应位于 $0.207l$ 处，如图 3-30a）所示。这时

$$M_A = M_B = M_{AB} = 0.0214ql^2 \qquad (3-2)$$

式中：l——桩长（m）；

q——桩身单位长自重（kN/m）。

插桩吊立时，常为单点起点，根据同样原则，单吊点位置应位于 $0.293l$，如图 3-30b）所示，这时

$$M_C = M_{CD} = 0.0429ql^2 \qquad (3-3)$$

式中符号同式(3-2)。

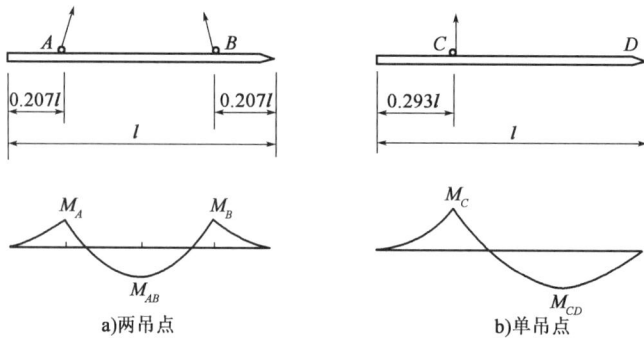

图 3-30　吊点位置及桩身弯矩图

对于较长的桩，为了减小内力、节省钢材，有时采用多点起吊。此时应根据施工的实际情况，考虑桩受力的全过程，合理布置吊点位置，并确定吊点上作用力的大小与方向，然后计算桩身内力与配筋，或验算其吊运时的强度。

（七）沉桩过程中常遇到的问题

由于桩要穿过构造复杂的土层，所以，在沉桩过程中要随时注意观察，凡发生贯入度突变、桩身突然倾斜、锤击时桩锤产生严重回弹、桩顶或桩身出现严重裂缝或破碎等情况时应暂停施工，及时研究处理。

施工中常遇到的问题如下。

（1）桩顶、桩身被打坏。当桩头钢筋设置不合理、桩顶与桩轴线不垂直、混凝土强度不足、桩尖通过坚硬土层、锤的落距过大、桩锤过轻时容易出现此类问题。

（2）桩位偏斜。当桩顶不平、桩尖偏心、接桩不正、土中有障碍物时都容易发生桩位偏斜。

（3）桩打不下。施工时，桩锤严重回弹，贯入度突然变小，则可能与土层中夹有较厚砂层或其他硬土层以及钢渣、孤石等障碍物有关。当桩顶或桩身已被打坏，锤的冲击能不能有效传给桩时，也会发生桩打不下的现象。有时因特殊原因，停歇一段时间后再打，则由于土的固结作用，桩也往往不能顺利地被打入土中。

（八）沉桩施工注意事项

（1）为了避免或减轻打桩时由于土体挤压，使后打入的桩打入困难或先打入的桩被推挤移动，打桩顺序应视桩数、土质情况及周围环境而定，可由基础的一端向另一端进，或由中央向两端施打。

（2）在沉桩前，应检查锤与桩的中心线是否一致，桩位是否正确，桩的垂直度或倾斜度是否符合设计要求，桩架是否安置牢固平稳。桩顶应采用桩帽、桩垫保护，以免打裂桩头。

（3）桩开始打入时，应轻击慢打，每次的冲击能不宜过大，随着桩的打入，逐渐增大锤击的冲击能量。

（4）沉桩时应记录好桩的贯入度，作为桩承载力是否达到设计要求的一个参考数据。

（5）沉桩过程中应随时注意观测沉桩情况，防止基桩的偏移，并填写好沉桩记录。

（6）每打一根桩应一次连续完成，避免中途停顿过久，否则，因桩周摩阻力的恢复而增加沉桩的困难。

（7）接桩要使上下两节桩对准接准；在接桩过程中及接好打桩前，均须注意检查上下两节桩的纵轴线是否在一条直线上。接头必须牢固，焊接时要注意焊接质量，宜用两人双向对称同时电焊，以免产生不对称的收缩，焊完待冷却后再打桩，以免热的焊缝遇到地下水而开裂。

（8）在建筑物靠近打桩场地或建筑物密集地区打桩时，需观测地面变化情况，注意打桩对周围建筑物的影响。

沉桩完毕基坑开挖后，应对桩位、桩顶高程进行检查，方得浇筑承台。

四、大直径空心桩的施工

当前世界桥梁桩基础工程的发展趋势是大直径和预拼工艺。显然在大直径中唯有采用空心结构才有实际经济价值。

（一）施工方法

目前空心桩的施工有以下两种方法。

（1）埋设普通内模，在内模与孔壁之间沉放钢筋笼，灌注水下混凝土，这种做法在性质上相当于将一般的灌注桩中心挖空。由于水下混凝土导管直径最少需要 25cm（过细易卡管），又要下钢筋笼，因此，桩壁厚度最少要 60cm 以上，上段护筒加粗部分壁厚最少 75cm 以上，如图 3-31a）所示，因此桩身直径较大，例如 $\phi 300cm$ 以上时采用为适宜。

（2）埋设预应力桩壳，同时充当内模，在桩壳与孔壁之间不放钢筋笼，只埋压浆管，填石压浆。桩尖也压浆。由于压浆管直径一般只有 5~7cm，故填石压浆层壁厚 15~20cm 即可，这是一种全新的工艺。由这种方法形成的桩也叫钻埋空心桩，如图 3-31b）所示。

（二）施工工序

钻埋空心桩的施工工序简介如下。

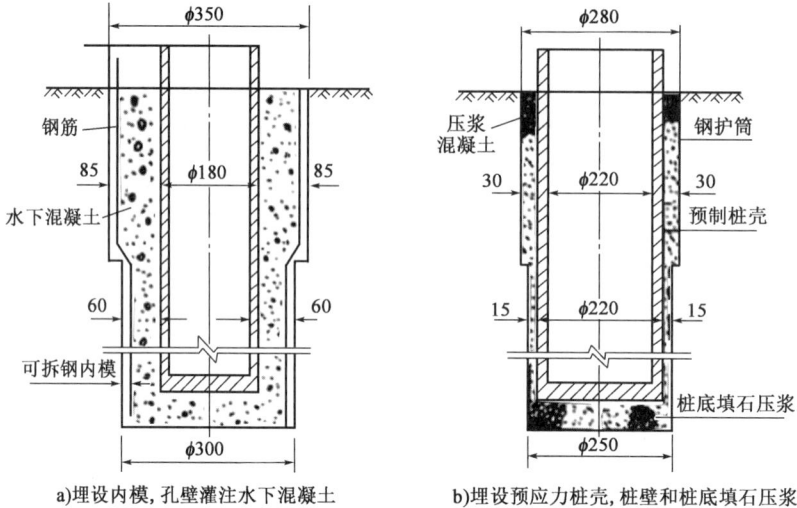

图 3-31 大直径空心桩成桩的两种基本方法(尺寸单位:cm)

（1）桩节的制作。一般在工厂离心式浇筑或立式振捣式浇筑制作,也可在桥梁工地现场预制(一般以振捣式浇筑为宜),桩壁内均匀预留预应力钢筋孔道,桩节的上端预留张拉螺母及套筒的位置,桩节内外设置双层构造筋及螺旋筋。桩节直径可取为 1.5m、2.0m、2.5m……7.0m,桩节长度可根据桩径的大小及吊装能力分别取 1.5m、2.0m……6.0m 等长度,壁厚取14~20cm。在现场振捣浇筑时,应注意内外模的部位情况、垂直度及钢筋保护层误差是否在容许范围内。

（2）成孔技术。钻孔时可根据设计直径的大小选用一次成孔工艺或分级扩孔工艺。成孔后需清孔,再注入新鲜呈碱性的泥浆,防止施工过程中桩底沉淀太多。

（3）空心桩吊、拼装及沉埋。一般预制空心桩节壁厚为 14~20cm,每节质量 5~20t,在已成孔的孔内逐节拼装。沉放预制桩节是空心桩技术的关键。由于桩底封闭,水的浮力大大减轻吊放桩节的重量,这样即使桩节直径很大,往往须内部注水才能使其下沉。

（4）压浆。桩周压浆。在桩周分层均匀设置 4 根压浆管(每层高度 8~10m),人工或机械在桩周投放直径大于 4cm 的碎石到地面,准备压浆机具设备、调机、拌浆;用水泵直接向压浆管内注水洗孔,待翻出泥浆水完全变清时停止;用压浆泵压浆,边压边提压浆管,净浆完全翻出后停止。

桩底压浆。接通中心压浆管、排气管,由高压压浆泵压水冲洗,待排气管出水变清后,换压灰浆到排气管出净浆后封闭排气管,加大压浆泵压力到桩身上抬 2mm 后停止加压,稳定 5min后关闭压浆泵,关闭压浆管球阀。

第五节　水中桩基础施工

水中修筑桩基础显然比旱地上施工要复杂困难得多,尤其是在深水急流的大河中修筑桩基础。为了适应水中施工的环境,需要增添相关设备并采用水中施工的特殊方法。与旱地施工相比较,水中桩基础施工有如下特点。

(1)地基地质条件比较复杂,江河床底一般以松散砂、砾、卵石为主,很少有泥质胶结物,在近堤岸处大多有护堤抛石,而港湾或湖浜静水地带又多为流塑状淤泥。

(2)护筒埋设难度大,技术要求高。尤其是水深流急时,必须采取专门措施,以保证施工质量。

(3)水面作业自然条件恶劣,施工具有明显的季节性。

(4)在重要的航运水道上,必须兼顾航运和施工两者安全。

(5)考虑到上部结构荷载重及基桩自由长度大,为保证基桩有足够的承载力及其安全稳定性,桩的直径较大、入土也深。

基于上述特点,对水中桩基础施工设备的各项技术指标要求就相对较高,还必须精心准备施工场地,用以安装钻孔机械、混凝土灌注设备以及其他设备。准备施工场地是水中桩基础施工组织设计的最重要一环,也是水中施工的关键技术和主要难点之一。

一、钻孔灌注桩水中施工

钻孔灌注桩水中施工的第一步是准备施工场地,根据水中桩基础施工方法的不同,施工场地分两种类型:一类是用围堰筑岛法修筑的水域岛或长堤,称为围堰筑岛施工场地;另一类是用船或支架拼装建造的施工平台,称为水域工作平台。水域工作平台依据其建造材料和定位的不同可分为船式、支架式和沉浮式等多种类型。水中支架的结构强度、刚度和船只的浮力、稳定都应事前进行验算。

因地制宜的水中桩基础施工方法有多种,就常用的基本方法分浅水和深水施工简要介绍如下。

(一)浅水中桩基础施工

对位于浅水或临近河岸的桩基,其施工方法类同于浅水浅基础常采用的围堰修筑法,即先筑围堰施工场地,后沉基桩。对围堰所用的材料和形式,以及各种围堰应注意的要求,与本书第二章第二节中相关内容所述相同,在此不作赘述。围堰筑好后,便可抽水挖基坑或水中吸泥挖坑再抽水,然后作基桩施工。

在浅水中建桥,常在桥位旁设置施工临时便桥。在这种情况下,可利用便桥和相应的脚手架搭设水域工作平台进行围堰和基桩施工,这样在整个桩基础施工中可不必动用浮运打桩设备,同时也是解决料具、人员运输的好办法。设置临时施工便桥应在整个建桥施工方案中考虑,根据施工场地的水文地质、工程地质、施工条件和经济效益来确定。一般在水深不大(3~4m)、流速不大、不通航(或保留部分河道通航),便桥临时桩施工不困难的河道上,可考虑采用建横跨全河的便桥,或靠两岸的便桥方案。

(二)深水中桩基础施工

在宽大的江河深水中施工桩基础时,常采用围堰和搭设水域工作平台法施工。

1. 钢板桩围堰法

当水较深时,可采用钢板桩围堰。修建水中桥梁基础可使用单层钢板桩围堰,其支撑(一

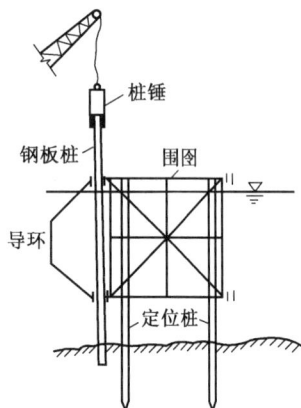

图3-32 围图法打钢板桩

一般为万能杆件构架,也采用浮箱拼装)和导向(由槽钢组成内外导环)系统的框架结构称"围图"或"围笼"(图3-32)。

钢板桩围堰一般适用于河床为砂土、碎石土和半干硬性黏土,并可嵌入风化岩层。围堰内抽水深度最大可达约20cm。

在深水中进行钢板桩围堰施工时,先在岸边驳船上拼装围图,然后运到墩位抛锚定位,在围图中打定位桩,将围图挂在定位桩上作为施工平台,撤除驳船,沿导环插打钢板桩。插桩顺序应能保证钢板桩在流水压力作用下紧贴围图,一般自上游靠主流一角开始,分两侧插向下游合龙,并使靠主流侧所插桩数多于另一侧。插打能否顺利合龙在于桩身是否垂直和围堰周边能否为钢板桩数所均分。插打合龙后再将钢板桩打至设计高程。打桩顺序应由合龙桩开始分两边依次进行。如钢板桩垂直度较好,可一次打桩至要求的深度,若垂直度较差,宜分两次施打,即先将所有桩打入约一半深度后,再第二次打到要求深度。

打钢板桩所用桩锤一般使用复打汽锤,下配桩帽,用吊机吊置于桩上锤击。为加速打桩进度并减少锁口渗漏,宜事先将2~3块钢板桩拼成一组。组拼时,在锁口内填充防水混合料,其配合比可为:黄油:沥青:干锯末:干黏土 = 2:2:2:1,咬合的锁口再用棉絮、油灰嵌缝严密,与封底混凝土接触的钢板桩面涂防水混合料作为隔离层,以减小后来拔桩时的阻力。组拼时每隔3~6m,以与围堰弧度相同的夹具关紧,要求组拼后的钢板桩两端平齐,误差不大于3mm,每组上下宽度一致,误差不大于30mm。

钢板桩围堰在使用过程中应防止围堰内水位高于围堰外水位,一般可在低于低水位处设置连通管,到围堰内抽水时,再予以封闭。

围堰内抽水到各层支撑导梁处,应逐层将导梁与钢板桩之间的缝隙用木楔楔紧,使导梁受力均匀。

围堰内除土一般采用 ϕ150~250mm 空气吸泥机进行,吸泥达到预计高程就可清底灌注水下混凝土封底,然后在围堰内抽水,水抽干后在封底混凝土顶面清除浮浆和污泥后修筑基础及墩身,墩身出水后再拆除钢板桩围堰,继续周转使用。

围堰使用完毕,拔出板桩时,应先将钢板桩与导梁间焊接物切除,再在围堰内灌水至高出围堰外水位1~1.5m,使钢板桩较易与水下混凝土脱离。再在下游选择一组或一块较易拔除的钢板桩,先略锤击振动后拔高1~2m,然后依次将所有钢板桩均拔高1~2m,使其都松动后,再从下游开始分两侧向上游依次拔除。

钢板桩围堰桩基础施工的方法与步骤如下:

(1)在导向船上拼制围图,拖运至墩位,将围图下沉、接高、沉至设计高程,用锚船(定位船)抛锚定位(图3-33);

(2)在围图内插打定位桩(可以是基础的基桩,也可以是临时桩或护筒),并将围图固定在定位桩上,退出导向船;

(3)在围图上搭设工作平台,安置钻机或打桩设备;沿围图插打钢板桩,组成防水围堰;

(4)完成全部基桩的施工(钻孔灌注桩或打入桩);

(5)用吸泥机吸泥,开挖基坑;

（6）基坑经检验后，灌注水下混凝土封底；

（7）待封底混凝土达到规定强度后，抽水，修筑承台和墩身直至出水面；

（8）拆除围囹，拔除钢板桩。

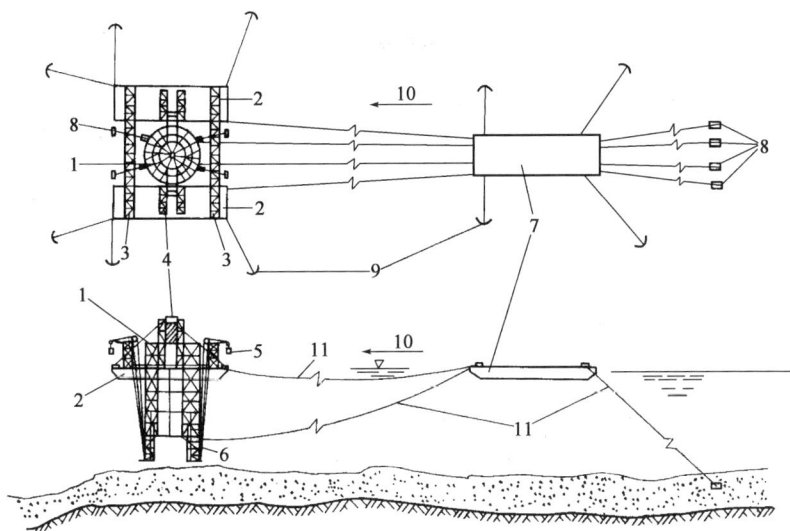

图 3-33 围囹定位示意图

1-围囹；2-导向船；3-连接梁；4-起重塔架；5-平衡重；6-围囹将军柱；7-定位船；8-混凝土锚；9-铁锚；10-水流方向；11-钢丝绳

在施工中也有采用先完成全部基桩施工后，再进行钢板桩围堰的施工步骤。是先筑围堰还是先打基桩，应根据现场水文、地质条件、施工条件，航运情况和所选择的基桩类型等情况而确定。

2. 双壁钢围堰法

在深水中修建低桩承台桩基础还可以采用双壁钢围堰。双壁钢围堰一般做成圆形结构，它本身实际上是个浮式钢沉井。井壁钢壳是由有加劲肋的内外壁板和若干层水平钢桁架组成，中空的井壁提供的浮力可使围堰在水中自浮，使双壁钢围堰在漂浮状态下分层接高下沉。在两壁之间设数道竖向隔舱板将圆形井壁等分为若干个互不连通的密封隔舱，利用向隔舱不等高灌水来控制双壁围堰下沉及调整下沉时的倾斜。井壁底部设置刃脚以利切土下沉。如需将围堰穿过覆盖层下沉到岩层而岩面高差又较大时，可做成如图 3-34 所示高低刃脚密贴岩面。

双壁围堰内外壁板间距一般为 1.2～1.4m，这就使围堰刚度很大，强度较高，所以，能承受很大的水头差（30m 以上），既能承受向内的压力也能承受向外的压力，故能渡洪（不怕洪水淹没围堰）。围堰内无须设支撑系统，工作面开阔，吸泥下沉、清基钻孔、灌注水下混凝土均很方便。由于双壁钢壳在施工中仅起围堰作用，因而部分钢壳可以水下割除回收重复使用。

图 3-34 为长江某大桥所用双壁钢围堰的结构与构造。双壁围堰根据起重运输条件，可以分节整体制造，也可以分层分块制造。

双壁钢围堰钻孔桩基础施工程序为：

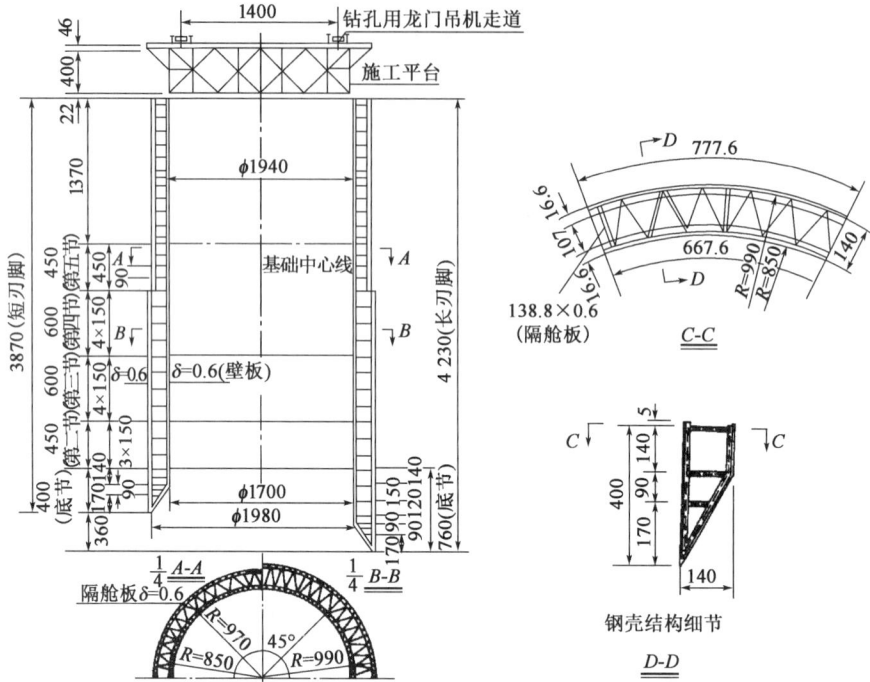

图 3-34　双壁钢围堰的结构与构造(尺寸单位:cm)

（1）在拼装船上拼装底节钢壳;

（2）将拼装船及导向船拖拽到墩位抛锚定位;

（3）吊起底节钢壳撤除拼装船,将底节钢壳吊放下水,漂浮在水中;

（4）逐层接高(焊接)钢壳,并向中空的钢壳双壁内灌水,使它下沉到河床定位;

（5）在围堰内吸泥使它下沉,围堰重量不足时,可在双壁腔内填充水下混凝土加重,直到刃脚下沉到设计高程;

（6）潜水工下水将刃脚底空隙用垫块填塞,并清理地基表面;

（7）在围堰顶部搭设施工平台,安装钻机并下沉埋设钢护筒;

（8）灌注水下封底混凝土;

（9）钻孔灌注桩施工;

（10）围堰内抽水后进行承台及墩身施工;

（11）墩身出水后,在水下切割河床以上部分的钢壳围堰并吊走,在修建下一个桥墩基础时重复使用。

　　双壁围堰钻孔基础是在钢板桩围堰、浮式钢沉井和管柱基础等多种深水基础施工技术上发展起来的。九江长江大桥,其正桥 5～7 号墩均为双壁围堰钻孔基础,围堰外径为 19.4～19.8m,内径为 17m,井壁厚 1.2～1.4m,围堰高度为 29.2～42.3m,双壁钢围堰钢壳分为 8 个隔舱,围堰内设 8～9 个 $\phi2.5m$ 的钻孔基础。双壁围堰通过若干个大直径钻孔基础与岩盘牢固结合,从而避免了沉井基础水下大面积清基和穿过风化岩层的缺点。它的这些优点给修建深水基础带来很大方便,因而常为一些大型桥梁深水墩基础所采用。图 3-35 为长江某桥水中桥墩和另一斜拉桥塔墩采用的双壁围堰钻孔基础。

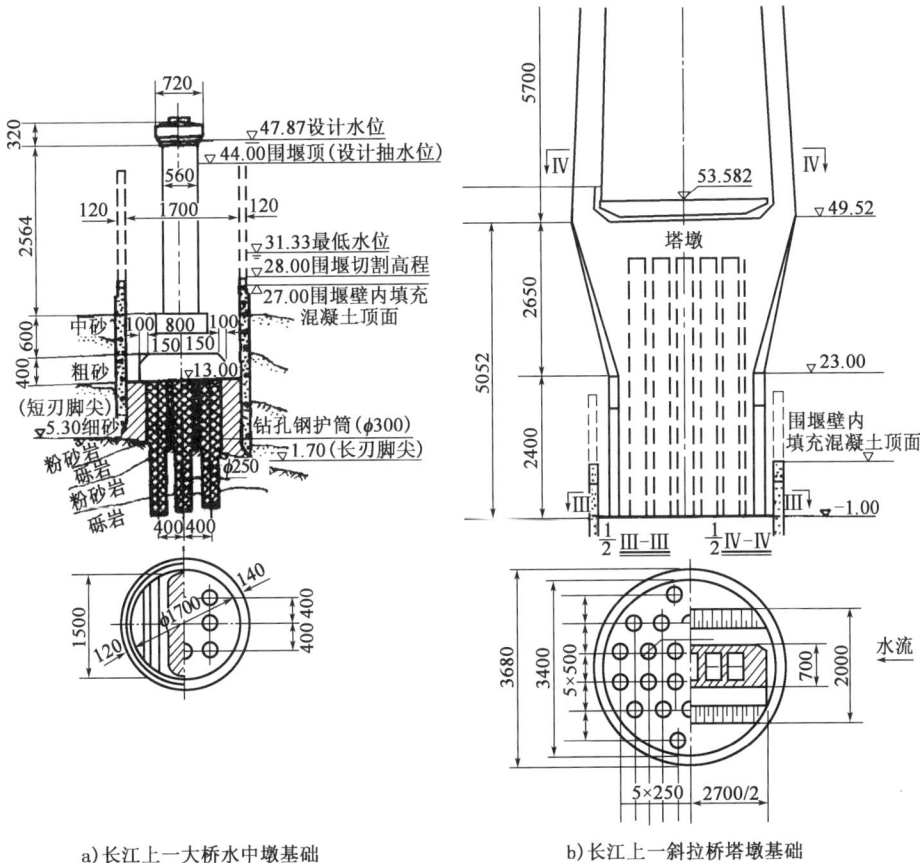

a) 长江上一大桥水中墩基础　　　　b) 长江上一斜拉桥塔墩基础

图 3-35　用双壁钢围堰法建成的水中桥墩基础(尺寸单位:cm;高程单位:m)

3. 水域工作平台法

(1)浮动施工平台。

浮动施工平台,用船只拼成,常在流速不大、风浪较小的河流中使用。一般是在间隔一定距离的两只平行船上横置工字钢,用钢丝绳将其捆扎连成整体,并在其前后左右4个方向抛锚定位。两船间距大小及船舶载重,按钻架和钻孔的操作要求确定。

(2)支架施工平台。

支架施工平台为梁柱组合结构,由下部钢管桩、上部钢管桩平联(剪刀撑)、钢管桩顶部纵横梁以及平台面板组成。按组成平台梁系的构造可分为型钢平台、桁架平台和型钢与桁架组合平台。常用桁架有万能杆件、贝雷架或六四军用桁架,可根据钻机设备大小和已有设备情况选用。

对水中特大型群桩基础施工,可采用钢管桩和基桩钢护筒共同承受施工荷载的施工平台。平台施工完毕,就可安装钻孔设备,下沉钢护筒,进行钻孔灌注桩施工。

4. 沉井结合法

在深水中施工桩基础,当水底河床基岩裸露或为卵石、漂石土层,钢板围堰无法插打时,或在水深流急的河道上为使钻孔灌注桩在静水中施工时,还可以采用浮运钢筋混凝土沉井或薄壁沉井(有关沉井的内容见第五章)作桩基施工时的挡水挡土结构(相当于围堰),将沉井顶作为工作平台。沉井既可作为桩基础的施工设施，又可作为桩基础的一部分即承台。薄壁沉井多用于钻孔灌注桩的施工，除能保持在静水状态施工外，还可将几个桩孔一起圈在沉井内代替单个安设护筒并可周转重复使用。

绪论及第五章中所介绍的组合式沉井均包括了在深水基础中采用的沉井和桩基础的综合形式。

（三）钻孔灌注桩水中施工的注意事项

1.护筒的埋设

围堰筑岛施工场地的护筒埋设方法与旱地施工时基本相同。

施工场地是工作平台的可采用钢制或钢筋混凝土护筒。为防止水流将护筒冲歪，应在工作平台的孔口部位，架设护筒导向架；下沉好的护筒，应固定在工作平台上或护筒导向架上，以防发生塌孔时，护筒下沉或倾斜。在风浪流速较大的深水中，可在护筒或导向架四周抛锚加固定位。

护筒依靠自重入土下沉困难时，可在护筒底部用高压水冲射，掏空护筒内的土；或在护筒上口堆加重物或安装千斤顶，迫使护筒下沉；还可在护筒顶部安装振动器激振下沉护筒。护筒下沉过程中，要经常用水准仪或垂直吊放重锤监测护筒母线的垂直度和护筒口平面的倾斜度，以便随时调整护筒位置。

2.配备安全设施，抓好安全作业

（1）严格保持船体和平台不致有任何位移。船体和平台的位移，将导致孔口护筒偏斜、倾倒等一系列恶性事故，因此，每一桩孔从开孔到灌注成桩都要严格控制。

（2）在工作平台四周设坚固的防护栏，配备足够的救生设备和防火器材，还要按规定悬挂信号灯等。

二、高桩承台施工

在深水中修筑高桩承台时，由于承台位置较高，不需坐落到河底，一般采用吊箱围堰法修筑承台，或采用在已完成的基桩上安置套箱的方法修筑高桩承台。吊箱或套箱作为承台的施工模板。

钢吊（套）箱一般由底盘、侧面围堰板、内支撑、悬吊及定位系统组成。底盘用槽钢作纵、横梁，梁上铺以钢板或木板作封底混凝土的底板，并留有导向孔（大于桩径50mm）以控制桩位。侧面围堰板由钢板形成，整块吊装，有单壁和双壁两种形式。单壁钢吊箱结构简单，方便加工；双壁钢吊箱可充分利用水的浮力进行吊箱的拼装与下沉。吊箱顶部设有内支撑，内支撑由纵横梁形成，或者是由上下弦杆以及上下弦杆之间的竖撑和斜撑形成的空间桁架结构。吊（套）箱既是围堰又是承台施工模板，其最下一节将埋入封底混凝土内，以上部分可割除周转使用。

（一）钢吊（套）箱围堰施工技术

（1）工厂制作，现场吊放；

（2）水上散拼，分节吊放；

（3）现场制作,浮运到位后吊放;

（4）现场原位制作,整体或逐节吊放;

（5）门架浮体运输并吊放。

（二）套箱法施工步骤

这种方法是在施工平台上完成了全部基桩施工后,修筑水中高桩承台的一种方法。

（1）整体制作或分块拼装钢套箱;

（2）利用低水（潮）位在钢护筒上焊接搁置牛腿;

（3）拆除护筒区的施工平台;

（4）用固定式扒杆浮式起重机起吊套箱,将套箱搁置在护筒牛腿上,吊船撤出;

（5）焊接钢护筒与套箱底板之间的反压牛腿,使套箱固定;

（6）封堵底板缝隙,浇筑封底混凝土;

（7）抽水后找平封底混凝土;

（8）割除护筒并凿桩头,露出桩顶钢筋,绑扎承台钢筋,浇筑承台混凝土。

（三）吊箱法施工步骤

（1）在驳船1上拼制吊箱围堰,浮运至墩位,将吊箱2下沉至设计高程[图3-36a)];

（2）插打围堰外定位桩3,并固定吊箱围堰于定位桩上[图3-36c)];

（3）在钢吊箱底板导向孔内插打钢护筒,进行灌注桩5施工[图3-36b)、c)];

（4）填塞底板缝隙,灌注水下混凝土封底;

（5）抽水,将桩顶钢筋伸入承台,铺设承台钢筋,灌注承台及墩身混凝土;

（6）拆除吊箱围堰连接螺栓外框,吊出围堰板。

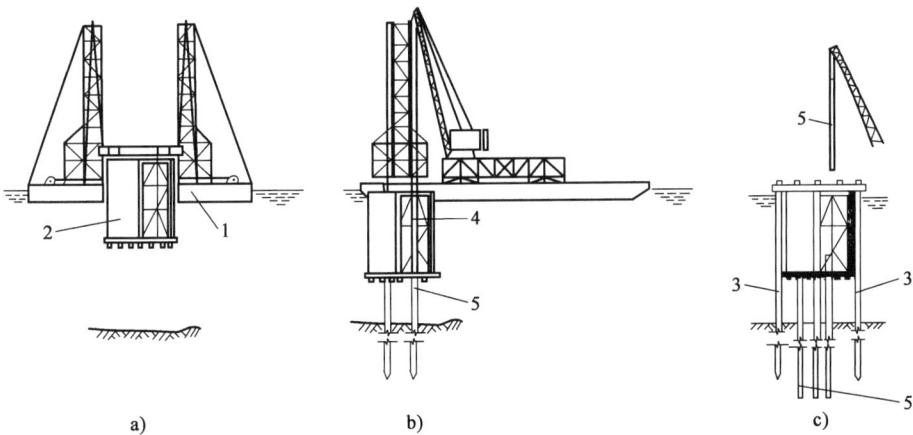

图3-36 吊箱围堰修建水中桩基
1-驳船;2-吊箱;3-定位桩;4-送桩;5-基桩

三、水中大直径钢管桩施工关键技术

钢管桩自重轻、抗弯能力强、施工期稳定性好;直径可根据设计需要确定,在国内现有施工条件下直径可达1.6m;还可设计成斜桩,有利于抵抗水平荷载;抗锤击能力强,施工速度快,适用面广。但大直径超长钢管桩不仅对沉桩设备和工艺要求较高,也对钢管桩的制造和防腐技术提出了新的课题,尤其是水中钢管桩基础。

(一)钢管桩制造

深水中的钢管桩一般采用变壁厚(大于20mm)结构,上段桩壁厚可比下段桩壁厚增大2mm。钢管桩采用整桩制造工艺,从钢卷到制作成管坯,所有的工艺过程均在螺旋焊管机上连续自动实现。焊缝采用大功率交直流双电源双丝自动埋弧焊工艺,质量需达到一级焊缝标准。

(二)钢管桩防腐

钢管桩防腐设计可采用以高性能熔结环氧涂层为主,辅以牺牲阳极的阴极保护,并预留一定腐蚀余量的联合防腐蚀方案。由于水下钢管桩的不同部位处于不同的腐蚀环境中,因此,对钢管桩的不同部位可进行有针对性的涂层设计。钢管桩基础阴极保护设计,可以每个承台为单位,而不必在每根钢管桩上设保护点。

(三)钢管桩沉入

水中大直径钢管桩沉入施工的关键问题包括:打桩船在恶劣气象水文条件下的适应性和稳定性;海上沉桩的定位方法;超长桩的吊高、吊重;锤型选择;安全可靠的操作工艺等。

1.选择打桩船

首先要合理设计锚碇系统,确定锚的质量、个数及分布形式;其次,根据钢管桩的长度选定桩架高度及吊装质量。目前,国内最先进的多功能全旋转式起重打桩船有海力801号和天威号,其锚碇系统配备有7个10t的锚和4根液压锚碇桩,在恶劣的工况条件下,驻位和沉桩稳定性均好。中交第三航务工程局有限公司的"三航桩20"是目前世界上最大的打桩船,其桩架高度为130m,海力801号的桩架高度为104m,天威号的桩架高度为90m(目前国内在桥梁工程中使用的最长钢管桩为120m)。

2.选择打桩锤

桩的入土深度大,承载力高,必须采用大能量打桩锤。目前国内最大能量的柴油锤是D-180柴油锤,其锤芯质量为37.5t,最大打击能量590kJ;我国首次使用的世界上最先进的液压打桩锤,是荷兰IHC液压锤公司生产的S-280双作用液压锤,其锤芯质量为13.6t,最大打击能量280kJ;目前国内最大的液压打桩锤为MENCK 3500S双作用液压锤,原产德国,采用闭环控制系统,模块化设计,在锤壳上配置多个传感器,打击能量可精确控制并分析,且具备水下30m以内打桩的能力。该锤最大打击能量3500kJ,整体质量为575t,锤芯质量为175t,替打直径6.5m。

3.钢管桩定位

在辽阔的水(海)域中沉桩,无法用常规的方法进行打桩定位,需采用GPS-RTK实时相位差分技术。该定位测量仪的系统工作环境不受通视、雨、雾等条件的限制,可全天候工作,打桩定位全过程均可由电脑控制。

第六节 桩基础质量检验

为确保桩基工程质量,应对桩基进行必要的检测,验证能否满足设计要求,保证桩基的正常使用。桩基工程为地下隐蔽工程,建成后在某些方面难以检测。为控制和检验桩基质量,施工一开始就应按工序严格监测,推行全面的质量管理(TQC),每道工序均应检验,及时发现和解决问题,并认真做好施工和检测记录,以备最后综合对桩基质量作出评价。

桩的类型和施工方法不同,所需检验的内容和侧重点也有不同,但纵观桩基质量检验,通常均涉及下述 3 方面内容。

一、桩的几何受力条件检验

桩的几何受力条件主要是指有关桩位的平面布置、桩身倾斜度、桩顶和桩底高程等,要求这些指标在容许误差的范围之内。例如桩的中心位置误差不宜超过 50mm,桩身的倾斜度应不大于 1/100 等,以确保桩在符合设计要求的受力条件下工作。

二、桩身质量检验

桩身质量检验是指对桩的尺寸、构造及其完整性进行检测,验证桩的制作或成桩的质量。

(一)预制桩

预制桩制作时应对桩的钢筋骨架、尺寸量度、混凝土强度等级和浇筑方面进行检测,验证是否符合选用的桩标准图或设计图的要求。检测的项目有主筋间距、箍筋间距、吊环位置与露出桩表面的高度、桩顶钢筋网片位置、桩尖中心线、桩的横截面尺寸和桩长、桩顶平整度及其与桩轴线的垂直度、钢筋保护层厚度等。关于钢筋骨架和桩外形尺度在制作时的允许偏差可参阅《建筑桩基技术规范》(JGJ 94—2008)中所作的具体规定。

对混凝土质量应检查其原材料质量与计量、配合比和坍落度、桩身混凝土试块强度及成桩后表面有否产生蜂窝麻面及收缩裂缝的情况。一般桩顶与桩尖不容许有蜂窝和损伤,表面蜂窝面积不应超过桩表面积的 0.5%,收缩裂缝宽度不应大于 0.2mm。长桩分节施工时需检验接桩质量,接头平面尺寸不允许超出桩的平面尺寸,注意检查电焊质量。

(二)钻孔灌注桩

钻孔灌注桩的尺寸取决于钻孔的大小、桩身质量与施工工艺,因此,桩身质量检验应对钻孔、成孔与清孔、钢筋笼制作与安放、水下混凝土配制与灌注 3 个主要过程进行质量监测与检查。

检验孔径应不小于设计桩径;成孔是否有扩孔、颈缩现象。

孔深应比设计深度稍深;摩擦型桩不小于设计规定,端承型桩比设计深度深不小于 5cm。

钻孔过程中泥浆各项指标应满足:相对密度 1.06 ~ 1.20;相对黏度 19 ~ 25s;失水率≤18mL/30min;泥皮厚≤2.0mm;含砂率≤4%。

清孔后的泥浆各项指标应满足:相对密度 1.06 ~ 1.1;相对黏度 18 ~ 22s;失水率≤10mL/

30min；泥皮厚≤1.0mm；含砂率≤0.5%。

孔内沉淀土厚度 t 应不大于设计规定。对于摩擦型桩，当设计无要求时，对桩径≤1.5m 的桩，t≤30cm；对桩径 >1.5m 或桩长 >40m 或土质较差的桩，t≤50cm，且 $0.1 < t/d < 0.3$。

钢筋笼顶面、底面高程与设计规定值误差应在±50mm 范围内。

成孔后的钻孔灌注桩桩身结构完整性检验方法很多，常用的有以下几种方法（其具体测试方法和原理详见有关参考书）。

1. 低应变动测法

（1）反射波法。它是用力锤敲击桩顶，给桩一定的能量，使桩中产生应力波，检测和分析应力波在桩体中的传播历程，便可分析出基桩的完整性。

（2）水电效应法。在桩顶安装一高约 1m 的水泥圆筒，筒内充水，在水中安放电极和水听器，电极高压放电，瞬时释放大电流产生声学效应，给桩顶一冲击能量，由水听器接收桩-土体系的响应信号，对信号进行频谱分析，根据频谱曲线所含有的桩基质量信息，判断桩的质量和承载力。

（3）机械阻抗法。它是把桩-土体系看成一线性不变振动系统，在桩头施加一激励力，就可在桩头同时观测到系统的振动响应信号，如位移、速度、加速度等，并可获得速度导纳曲线（导纳即响应与激励之比）。分析导纳曲线，即可判定桩身混凝土的完整性，确定缺陷类型。

（4）动力参数法。该方法是通过简便地敲击桩头，激起桩-土体系的竖向自由振动，按实测的频率及桩头振动初速度或单独按实测频率，根据质量弹簧振动理论推算出单桩动刚度，再进行适当的动静对比修正，换算成单桩的竖向承载力。

（5）声波透射法。它是将置于被测桩的声测管中的发射换能器发出的电信号，经转换、接收、放大处理后存储，并把它显示在显示器上加以观察、判读，即可作出被测桩混凝土的质量判定。

对灌注桩的桩身质量判定，可分为以下 4 类：

优质桩：动测波形规则衰减，无异常杂波，桩身完好，达到设计桩长，波速正常，混凝土强度等级高于设计要求。

合格桩：动测波形有小畸变，桩底反射清晰，桩身有小畸变，如轻微缩径、混凝土局部轻度离析等，对单桩承载力没有影响。桩身混凝土波速正常，达到混凝土设计强度等级。

严重缺陷桩：动测波形出现较明显的不规则反射，对应桩身缺陷如裂纹、混凝土离析、缩径 1/3 桩截面以上，桩身混凝土波速偏低，达不到设计强度等级，对单桩承载力有一定的影响。该类桩要求设计单位复核单桩承载力后提出是否处理的意见。

不合格桩：动测波形严重畸变，对应桩身缺陷如裂缝、混凝土严重离析、夹泥、严重缩径、断裂等。这类桩一般不能使用，需进行工程处理。

工程上还习惯于将上述 4 种判定类别依次按Ⅰ类桩、Ⅱ类桩、Ⅲ类桩、Ⅳ类桩表示。但不管怎样划分，其划分标准基本上是一致的。

2. 钻芯检验法

钻芯检验法就是利用专用钻机，从混凝土结构中钻取芯样以检测混凝土强度的方法。它是大直径基桩工程质量检测的一种手段，是一种既简便又直观的必不可少的验桩方法，它具有以下特点：

（1）可检查基桩混凝土胶结、密实程度及其实际强度，直观发现断桩、夹泥及混凝土稀释层等不良状况，检查桩身混凝土灌注质量；

（2）可测出桩底沉渣厚度并检验桩长，同时直观认定桩端持力层岩性；

（3）用钻芯桩孔对出现断桩、夹泥或稀释层等缺陷桩进行压浆补强处理。

该方法由于具有以上特点，被广泛应用于大直径基桩质量检测工作中，它特别适用于大直径大载荷端承型桩的质量检测。对于长径比比较大的摩擦型桩，则易因孔斜使钻具中途穿出桩外而受限制。

三、桩身强度与单桩承载力检验

桩的承载力取决于桩身强度和地基强度。桩身强度检验除了保证上述桩的完整性外，还要检测桩身混凝土的抗压强度，预留试块的抗压强度应不低于设计采用混凝土相应的抗压强度，对于水下混凝土应高出20%。钻孔桩在凿平桩头后应抽查桩头混凝土质量，检验抗压强度。对于大桥的钻孔灌注桩有必要时常抽查，钻取桩身混凝土芯样检验其抗压强度。

单桩承载力的检测，在施工过程中，对于打入桩惯用最终贯入度和桩底高程进行控制。而钻孔灌注桩还缺少在施工过程中监测承载力的直接手段，其成桩可做单桩承载力的检验，常采用单桩静载试验或高应变动力试验确定单桩承载力。单桩静载试验包括垂直静载试验和水平静载试验两项。

垂直静载试验法之一：在桩顶逐级施加轴向荷载，直至桩达到破坏状态为止，并在试验过程中查明桩的沉降情况，测定各土层的桩侧摩阻力和桩端反力，测量并记录每级荷载下不同时间的桩顶沉降，根据沉降与荷载及时间的关系，分析确定单桩的轴向承载力。

垂直静载试验法之二：桩承载力自平衡测试法，在桩身指定位置安放荷载箱，荷载箱内布置大吨位千斤顶，通过测试直观地反映荷载箱上下两段各自的承载力。将荷载箱上段的侧摩阻力经处理后与下段桩端反力相加，即为桩的极限承载力。

水平静载试验：在桩顶施加水平荷载（单向多循环加卸载法或慢速连续法），直至桩达到破坏标准为止。测量并记录每级荷载下不同时间的桩顶水平位移，根据水平位移与水平荷载及时间的关系，分析确定单桩的横向水平承载力。

通过桩的静载试验，可验证基桩的设计参数并检查选用的钻孔施工工艺是否合理和完善，以便对设计文件规定的桩长、桩径和承载能力进行复核，对钻孔施工工艺和机具进行改善和调整。一些新工艺一般都是通过荷载试验的检验鉴定才能获得推广应用。对特大桥和地质复杂的钻孔灌注桩必须进行桩的承载力试验。

国内外工程实践证明，用静力检验法测试单桩竖向承载力，尽管检验仪器、设备笨重、造价高、劳动强度大、试验时间长，但迄今为止还是其他任何动力检验法无法替代的基桩承载力检测方法，其试验结果的可靠性也是毋庸置疑的。而对于动力检验法确定单桩竖向承载力，无论是高应变法还是低应变法，均是近几十年来国内外发展起来的新的测试手段，目前，仍处于发展和继续完善阶段。大桥与重要工程、地质条件复杂或成桩质量可靠性较低的桩基工程，均需做单桩承载力的检验。

思考题与习题

3-1　桩基础有何特点，它适用什么情况？

3-2　端承型桩和摩擦型桩受力情况有什么不同？你认为各种条件具备时，哪种桩应优先考虑采用？

3-3　沉桩和灌注桩各有哪些优缺点？各自适用于什么情况？

3-4　高桩承台和低桩承台基础各有何特点？各自适用于什么情况？

3-5　钢筋混凝土桩在钢筋配置上有何要求？

3-6　钢桩有何特点？

3-7　钻孔灌注桩有哪些成孔方法？各适用什么条件？

3-8　挖孔灌注桩与钻孔灌注桩各有哪些优缺点？各自适用于什么情况？

3-9　如何保证钻孔灌注桩的施工质量？

3-10　钻孔灌注桩成孔时，泥浆起什么作用？制备泥浆应控制哪些指标？

3-11　打入桩的施工应注意哪些问题？

3-12　水中钻孔灌注桩的施工有何特点？

3-13　从哪些方面来检测桩基础的质量？各有何要求？

第四章

桩基础的设计计算

第一节　单桩承载力的确定

桩基础由若干根基桩组成,在设计桩基础时,应从分析单桩入手,确定单桩承载力特征值,然后结合桩基础的结构和构造形式进行基桩受力分析计算。

单桩承载力特征值是指单桩在荷载作用下,地基土和桩本身的强度和稳定性均能得到保证,变形也在容许范围内,以保证结构物的正常使用所能承受的最大荷载。一般情况下,桩受到轴向力、横轴向力及弯矩作用,因此,重要分别研究和确定单桩轴向承载力和横轴向承载力。

一、单桩轴向荷载传递机理和特点

桩的承载力是桩与土共同作用的结果,了解单桩在轴向荷载作用下桩土间的传力途径、单桩承载力的构成特点及其发展过程和单桩破坏机理等基本概念,对正确确定单桩轴向承载力有指导意义。

(一)荷载传递过程与土对桩的支承力

当轴向荷载逐步施加于单桩桩顶,桩身上部受到压缩而产生相对于土的向下位移,与此同时桩侧表面就会受到土的向上摩阻力。桩顶荷载通过所发挥出来的桩侧摩阻力传递到桩周土层中去,致使桩身轴力和桩身压缩变形随深度递减。在桩土相对位移等于零处,其摩阻力尚未开始发挥作用而等于零。随着荷载增加,桩身压缩量和位移量增大,桩身下部的侧摩阻力随之逐步调动起来,桩底土层也因受到压缩而产生桩端阻力。因此,可以认为土对桩的支承力是由桩侧摩阻力和桩端阻力两部分组成。桩底土层的压缩加大了桩土相对位移,从而使桩侧摩阻力进一步发挥到极限值,而桩端极限阻力的发挥则需要比发生桩侧极限摩阻力大得多的位移值,这时总是桩侧摩阻力先充分发挥出来。当桩侧摩阻力全部发挥出来达到极限后,若继续增加荷载,其荷载增量将全部由桩端阻力承担。由于桩底持力层的大量压缩和塑性挤出,位移增长速度显著加大,直至桩端阻力达到极限,位移迅速增大而破坏。此时桩所受的荷载就是桩的极限承载力。

桩侧摩阻力和桩端阻力的发挥程度与桩土间的变形性状有关,并各自达到极限值时所需要的位移量是不相同的。试验表明:桩端阻力的充分发挥需要有较大的位移值,在黏性土中约为桩底直径的25%,在砂性土中为8%～10%;而桩侧摩阻力只要桩土间有不太大的位移就能得到充分的发挥,具体数值目前认识尚不能有一致意见,但一般认为黏性土为4～6mm,砂性土为6～10mm。因此,在确定桩的承载力时,应考虑这一特点。对于端承型桩,由于桩底位移很小,桩侧摩阻力不易得到充分发挥,桩端阻力占桩支承力的绝大部分,桩侧摩阻力很小常忽略不计。但对较长的端承型桩且覆盖层较厚时,由于桩身的弹性压缩较大,也足以使桩侧摩阻力得以发挥,因此,国内已有规范(例如《建筑桩基础技术规范》《公路桥涵地基与基础设计规范》)建议可计算桩侧摩阻力。对于很长的摩擦型桩,也因桩身压缩变形大,桩底反力尚未达到极限值,桩顶位移已超过使用要求所容许的范围,且传递到桩底的荷载也很微小,此时,确定桩的承载力时桩端极限阻力不宜取值过大。

(二)桩侧摩阻力的影响因素及其分布

桩侧摩阻力除与桩土间的相对位移有关,还与土的性质、桩的刚度、时间因素和土中应力状态以及桩的施工方法等因素有关。

桩侧摩阻力实质上是桩侧土的剪切问题。桩侧土极限摩阻力值与桩侧土的剪切强度有关,随着土的抗剪强度的增大而增加。而土的抗剪强度又取决于其类别、性质、状态和剪切面上的法向应力。不同类别、性质、状态和深度处的桩侧土具有不同的桩侧摩阻力。

从位移角度分析,桩的刚度对桩侧土摩阻力也有影响。桩的刚度较小时,桩顶截面的位移较大而桩底较小,桩顶处桩侧摩阻力常较大;当桩刚度较大时,桩身各截面位移较接近,由于桩下部桩侧土的初始法向应力较大,土的抗剪强度也较大,以致桩下部桩侧摩阻力大于桩上部。

在桩基施工过程中及完成后,桩侧土的性质、状态在一定范围内会有变化,从而影响桩侧摩阻力。并且桩底地基土的压缩是逐渐完成的,因此,桩侧摩阻力所承担荷载将随时间由桩身上部向桩下部转移,往往会有时间效应。

在分析基桩承载力时,各因素对桩侧摩阻力大小与分布的影响,应分别情况予以注意。而在影响桩侧摩阻力的诸因素中,土的类别、性状是主要因素。例如,在塑性状态黏性土中打桩,在桩孔侧面已造成对土的扰动,再加上打桩的挤压影响会在打桩过程中使桩周围土的孔隙水压力上升(形成超孔隙水压力),土的抗剪强度减低,桩侧摩阻力变小。待打桩完成经过一段时间后,超孔隙水压力逐渐消散,再加上黏土的触变性质,使桩周围一定范围内的抗剪强度不但能得到恢复,而且往往还可能超过其原来强度,桩侧摩阻力得到提高。在砂性土中打桩时,桩侧摩阻力的变化与砂土的初始密度有关,如密实砂性土有剪胀性会使桩侧摩阻力出现峰值后有所下降。

桩侧摩阻力的大小及其分布决定着桩身轴向力的大小及其随深度的变化情况,因此,掌握、了解桩侧摩阻力的分布规律,对研究和分析桩的工作状态有重要作用。由于影响桩侧摩阻力的因素即桩土间的相对位移、土中的侧向应力及土质分布及性状均随深度而变化,要精确地用物理力学方程描述桩侧摩阻力沿深度的分布规律较复杂,因此,只能用试验研究方法,即桩在承受竖向荷载过程中,量测桩身内力或应变,计算各截面轴力,求得桩侧摩阻力分布。现以图 4-1 来说明桩侧摩阻力分布变化情况,其曲线上的数字为相应桩顶荷载。在黏性土中沉桩(预制桩)的桩侧摩阻力沿深度分布的形状近乎抛物线,在桩顶处的摩阻力等于零,桩身中段处的桩侧摩阻力比桩的下段大;而钻孔灌注桩的施工方法与沉桩不同,其桩侧摩阻力将具有某些不同于沉桩的特点,从图中 4-1b)可见,从地面起的桩侧摩阻力呈线性增加,其深度仅为桩径的 5~10 倍,而沿桩长的桩侧摩阻力分布则比较均匀。为简化起见,现常近似假设沉桩桩侧摩阻力在地面处为零,沿桩入土深度呈线性分布,而对钻孔灌注桩则近似假设桩侧摩阻力沿桩身均匀分布。

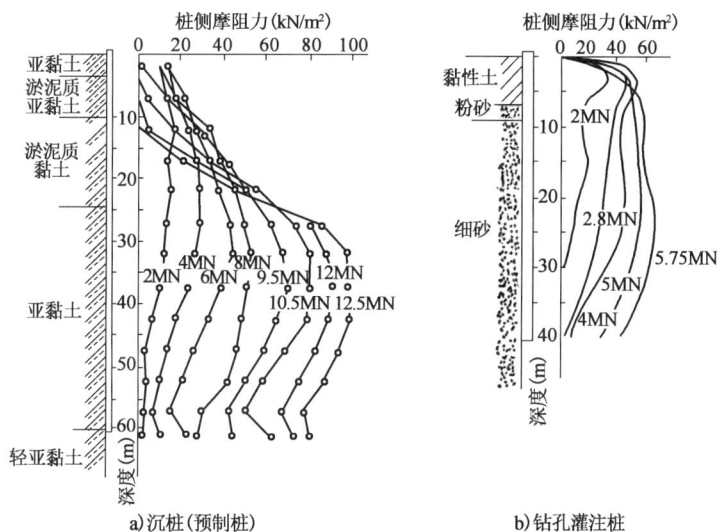

图 4-1 桩侧摩阻力分布曲线

(三)桩端阻力的影响因素及其深度效应

桩端阻力与土的性质、持力层上覆荷载(覆盖土层厚度)、桩径、桩底作用力、时间及桩底进入持力层深度等因素有关,其主要影响因素仍为桩底地基土的性质。桩底地基土的受压刚度和抗剪强度大,则桩端阻力也大,桩端极限阻力取决于持力层土的抗剪强度、上覆荷载及桩径大小。由于桩底地基土层的受压固结作用是逐渐完成的,因此,随着时间的增长,桩底土层的固结强度和桩端阻力也相应增长。

模型和现场的试验研究表明,桩的承载力(主要是桩端阻力)随着桩的入土深度,特别是进入持力层的深度而变化,这种特性称为深度效应。

桩底端进入持力砂土层或硬黏土层时,桩端极限阻力随着进入持力层的深度线性增加。

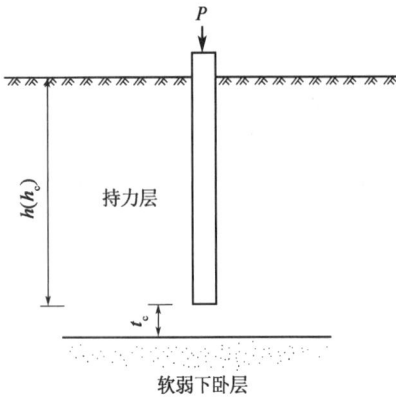

4-2 临界深度 h_c 和桩底硬层临界厚度 t_c 示意图

达到一定深度后,桩端阻力的极限值保持稳值。这一深度称为临界深度 h_c(图 4-2),它与持力层的上覆荷载和持力层土的密度有关。上覆荷载越小、持力层土密度越大,则 h_c 越大。当持力层下存在软弱土层时,桩底距下卧软弱层顶面的距离 t 小于桩底硬层临界厚度 t_c 时,桩端阻力将随着 t 的减小而下降。持力层土密度越高、桩径越大,则 t_c 越大。

由此可见,对于以夹于软层中的硬层作桩底持力层时,要根据夹层厚度,综合考虑基桩进入持力层的深度和桩底硬层的厚度。

(四)单桩在轴向受压荷载作用下的破坏模式

轴向受压荷载作用下,单桩的破坏是由地基土强度破坏或桩身材料强度破坏所引起,而以地基土强度破坏居多,以下介绍工程实践中常见的几种典型破坏模式(图 4-3)。

(1)桩身挠曲破坏。当桩底支承在很坚硬的地层,桩侧土为抗剪强度很低的软土层,桩在轴向受压荷载作用下,如同一受压杆件呈现纵向挠曲破坏,如图 4-3a)所示。在荷载-沉降(P-S)曲线上呈现出明确的破坏荷载。桩的承载力取决于桩身的材料强度。

(2)桩底土剪切破坏。当桩身具有足够强度,桩底持力土层强度较高,持力层上部桩侧土层抗剪强度较低时,桩在轴向受压荷载作用下,由于桩底持力层以上的软弱土层不能阻止滑动土楔的形成,桩底土体将形成滑动面而出现整体剪切破坏,如图 4-3b)所示。在 P-S 曲线上可见明确的破坏荷载。桩的承载力主要取决于桩底土的支承力,桩侧摩阻力也起一部分作用。

(3)刺入式破坏。当具有足够强度的桩入土深度较大或桩周土层抗剪强度较均匀时,桩在轴向受压荷载作用下,将出现刺入式破坏,如图 4-3c)所示。根据荷载大小和土质不同,其 P-S 曲线通常无明显的转折点。桩所受荷载由桩侧摩阻力和桩端阻力共同承担,一般摩擦型桩或纯摩擦型桩多为此类破坏,且基桩承载力往往由桩顶所允许的沉降量控制。

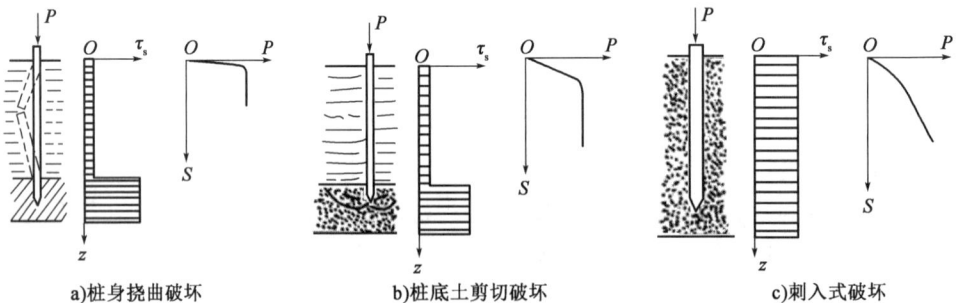

a)桩身挠曲破坏　　　　b)桩底土剪切破坏　　　　c)刺入式破坏

图 4-3　土强度对桩破坏模式的影响

因此,桩的轴向受压承载力,取决于桩周土的强度或桩本身的材料强度。一般情况下桩的轴向受压承载力由土的支承能力控制,但对于柱桩和穿过土层土质较差的长摩擦型桩,则两种因素均有可能是决定因素。

二、按土的支承力确定单桩轴向承载力特征值

在工程设计中,单桩轴向承载力特征值,指单桩在轴向荷载作用下,地基土和桩本身的强度和稳定性均能得到保证,变形也在容许范围之内所能承受的最大荷载,它是以单桩轴向极限承载力(极限桩侧摩阻力与极限桩端阻力之和)考虑必要的安全度后求得。

单桩轴向承载力特征值的确定方法较多,考虑到地基土具有多变性、复杂性和地域性等特点,往往需选用几种方法做综合考虑和分析,以合理确定单桩轴向承载力特征值。

(一)静载(锚桩或堆载)试验法

静载试验法即在桩顶逐级施加竖直轴向荷载,直至桩达到破坏状态为止,并在试验过程中测量每级荷载下不同时间的桩顶沉降,根据沉降与荷载及时间的关系,分析确定单桩轴向承载力特征值。

试桩可在已打好的工程桩中选定,也可专门设置与工程桩相同的试验桩。考虑到试验场地的差异及试验的离散性,试桩数目应不小于基桩总数的2%,且不应少于2根;试桩的施工方法以及试桩的材料和尺寸、入土深度均应与设计桩相同。

1.试验装置

试验装置主要有加载系统和观测系统两部分。加载主要有堆载法与锚桩法两种。堆载法是在荷载平台上堆放重物,一般为钢锭或砂包,也有在荷载平台上置放水箱,向水箱中充水作为荷载。堆载法适用于极限承载力较小的桩。锚桩法(图4-4)是在试桩周围布置4~6根锚桩,常利用工程桩群。锚桩深度不宜小于试桩深度,且与试桩有一定距离,一般应大于3d且不小于1.5m(d为试桩直径或边长),以减少锚桩对试桩承载力的影响。观测系统主要有桩顶位移和加载数值的观测。位移通过安装在基准梁上的位移计或百分表量测。加载数值通过油压表或压力传感器观测。每根基准梁固定在两个无位移影响的支点或基准点上,支点或基准桩与试桩中心距应大于4d且不小于2m(d为试桩直径或边长)。锚桩法的优点是适应桩的承载力的范围广,当试桩极限承载力较大时,加荷系统相对简单。但锚桩一般需要事先确定且要通长配筋,其配筋总抗拉强度要大于所负担的上拔力的1.4倍。

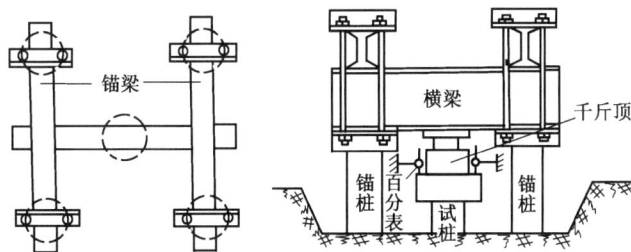

图4-4 锚桩法试验装置

2.试验方法

试桩加载应分级进行,每级荷载为预估破坏荷载的1/10~1/15;有时也采用递变加载方式,开始阶段每级荷载取预估破坏荷载的1/2.5~1/5,终了阶段取1/10~1/15。

测读沉降时间,在每级加荷后的第1小时内,按2min、5min、15min、30min、45min、60min测读一次,以后每隔30min测读一次,直至沉降稳定为止。沉降稳定的标准通常规定为:对砂性土,30min内不超过0.1mm;对黏性土,1h内不超过0.1mm。待沉降稳定后,方可施加下一级荷载。循此加载观测,直到桩达到破坏状态,终止试验。

当出现下列情况之一时,一般认为桩已达破坏状态,所相应施加的荷载即为破坏荷载:

(1)桩的沉降量突然增大,总沉量大于40mm,且本级荷载下的沉降量为前一级荷载下沉降量的5倍。

(2)本级荷载下桩的沉降量为前一级荷载下沉降量的2倍,且24h桩的沉降未趋稳定。

3. 极限荷载和轴向承载力特征值的确定

破坏荷载求得以后,可将其前一级荷载作为极限荷载,从而确定单桩轴向受压承载力特征值:

$$R_a = \frac{P_j}{K} \tag{4-1}$$

式中:R_a——单桩轴向受压承载力特征值(kN);

$\quad P_j$——试桩的极限荷载(kN);

$\quad K$——安全系数,一般为2。

实际上,在破坏荷载下,处于不同土层中的桩,其沉降量及沉降速率是不同的,人为地统一规定某一沉降值或沉降速率作为破坏标准,难以正确评价基桩的极限承载力,因此,宜根据试验曲线采用多种方法分析,以综合评定基桩的极限承载力。

(1)P-S曲线明显转折点法。

在P-S曲线上,以曲线出现明显下弯转折点所对应的荷载作为极限荷载,如图4-5所示。因为当荷载超过该荷载后,桩底下土体达到破坏阶段发生大量塑性变形,引起桩发生较大或较长时间仍不停滞的沉降,所以,在P-S曲线上呈现出明显的下弯转折点。然而,若P-S曲线转折点不明显,则极限荷载难以确定,需借助其他方法辅助判定,例如,用对数坐标绘制$\lg P$-$\lg S$曲线,可能会使转折点显得明确些。

(2)S-$\lg t$法(沉降速率法)。

该方法是根据沉降随时间的变化特征来确定极限荷载,大量试桩资料分析表明,桩在破坏荷载以前的每级下沉量(S)与时间(t)的对数成线性关系(图4-6),可用公式表示为

$$S = m\lg t \tag{4-2}$$

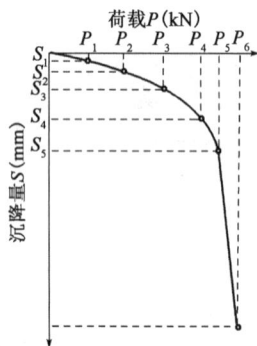

图4-5 单桩荷载-沉降(P-S)曲线   图4-6 单桩S-$\lg t$曲线

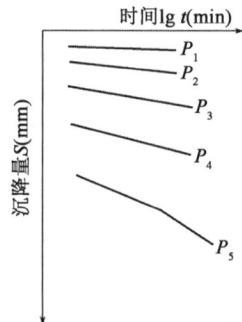

直线的斜率 m 在某种程度上反映了桩的沉降速率。m 值不是常数,它随着桩顶荷载的增加而增大,m 越大则桩的沉降速率越大。当桩顶荷载继续增大时,如发现绘得的 S-lg t 线不是直线而是折线时,则说明在该级荷载作用下桩沉降骤增,即地基土塑性变形骤增,桩呈现破坏。因此,可将相应于 S-lg t 线型由直线变为折线的那一级荷载定为该桩的破坏荷载,其前一级荷载即为桩的极限荷载。

采用静载试验法确定单桩特征承载力直观可靠,配合其他测试设备,还能较直接了解桩的荷载传递特征,提供有关资料,因此,也是桩基础研究分析常用的试验方法。

(二)自平衡法

自平衡法是在桩身安设荷载箱,沿竖直方向加载,即可同时测得荷载箱上、下部各自承载力,由此便可得到桩的极限承载力。自平衡法适用于黏性土、粉土、砂土、岩层中的钻孔灌注桩、人工挖孔桩、沉管灌注桩等,特别适用于采用桩顶加载法相当困难的水上试桩、坡地试桩、基坑底试桩、狭窄场地试桩等情况,它是接近于竖向抗压(拔)桩的实际工作条件的一种试验方法,可确定单桩竖向抗压(拔)极限承载力、桩周土层的极限侧摩阻力和桩端土极限端阻力。

用于工程桩承载力评价时,在同一条件下的试桩数量不宜少于总桩数的 1%,工程总桩数在 50 根以内时不应少于 2 根,其他条件下不应少于 3 根。对桩径 $D \geq 1.5$m 的试桩,可采用小直径模拟桩测试所得的极限承载力计算出单位面积的桩侧摩阻力、桩端阻力极限值,再根据实际尺寸通过换算确定单桩极限承载力,模拟桩的直径不应小于 800mm。当埋设有桩身应力、应变测量元件时,尚可直接测定桩周各土层的极限侧摩阻力。

1. 试验装置

自平衡法的主要装置是一种经特别设计可用于加载的荷载箱。它主要由活塞、顶盖、底盖及箱壁 4 部分组成。顶、底盖的外径略小于桩的外径,在顶、底盖上布置位移棒。将荷载箱与钢筋笼焊接成一体放入桩体后(图 4-7),即可灌注混凝土成桩。

图 4-7 自平衡法试验装置

荷载箱放置于桩身平衡点(基桩上段桩桩身自重及极限桩侧摩阻力之和与下段桩极限桩侧摩阻力及极限桩端阻力之和基本相等的位置)处,荷载箱位移方向与桩身轴线夹角 $\leq 5°$,荷载箱极限加载能力应大于预估极限承载力的 1.2 倍。荷载箱宜在成孔以后,混凝土浇捣前设置。护管与钢筋笼焊接成整体,荷载箱与钢筋笼焊接在一起,护管还应与荷载箱顶盖焊接,焊缝应满足强度要求,并确保护管不渗漏水和泥浆。荷载箱摆放处一般宜有加强措施,可配置加密钢筋网 2 层,在人工挖孔桩底用高强度等级的砂浆或高强度等级混凝土将桩底抹平。

2.试验方法

试验时,在地面上通过油泵加压,随着压力增加,荷载箱将同时向上、向下发生变位,促使桩侧摩阻力及桩端阻力的发挥,图 4-8 为自平衡法示意图。由于加载装置简单,多根桩可同时进行测试。

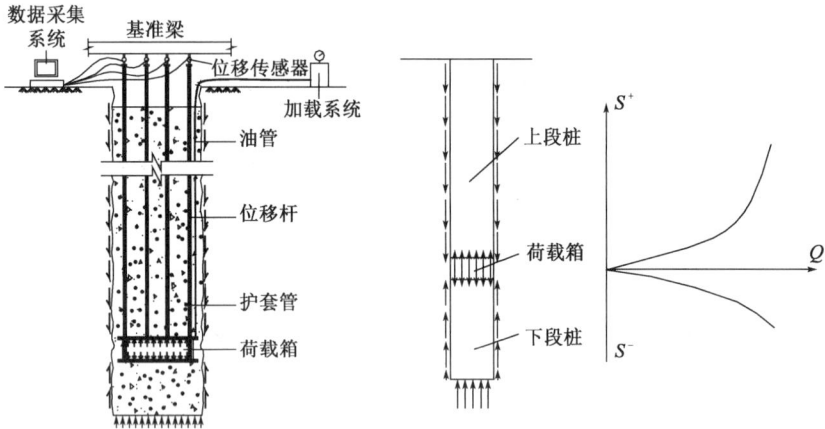

图 4-8 自平衡法示意图

试验加载方式:采用慢速维持荷载法,即逐级加载,每级荷载达到相对稳定后方可加下一级荷载,直到试桩破坏,然后分级卸载到零。当考虑结合实际工程桩的荷载特征,可采用多循环加、卸载法(每级荷载达到相对稳定后卸载到零)。当考虑缩短试验时间,对于工程桩作检验性试验,可采用快速维持荷载法,即一般每隔一小时加一级荷载。每级加载为预估极限荷载的 1/10～1/15,第 1 级可按 2 倍分级荷载加荷。每级加载后在第 1 小时内应在 5min、15min、30min、45min、60min 测读一次,以后每隔 30min 测读一次,每次测读值记入试验记录表。每一小时的位移不超过 0.1mm 并连续出现两次(由 1.5h 内连续 3 次观测值计算),认为已达到相对稳定,可加下一级荷载。

当出现下列情况之一时,即可终止加载:

(1)已达到极限加载值;

(2)某级荷载作用下,桩的位移量为前一级荷载作用下位移量的 5 倍;

(3)某级荷载作用下,桩的位移量大于前一级荷载作用下位移量的 2 倍,且经 24h 尚未达到相对稳定;

(4)累计上拔量超过 100mm。

3.单桩竖向极限承载力的确定

荷载箱中的压力 Q 可用压力表测得,荷载箱向上、向下的位移 s 可用位移传感器测得。因此,可根据读数绘出相应的"向上的力与位移图"及"向下的力与位移图",根据两条 $Q\text{-}s$ 曲线及相应的 $S\text{-}\lg t$、$S\text{-}\lg Q$ 曲线,可分别求得荷载箱上段桩及下段桩的极限承载力 $Q_{u\text{上}}$、$Q_{u\text{下}}$,单桩抗压极限承载力 Q_u 取值为

$$Q_u = \frac{Q_{u上} - G_p}{\gamma} + Q_{u下} \tag{4-3}$$

式中：G_p——荷载箱上部桩自重；

$Q_{u上}$、$Q_{u下}$——荷载箱上、下段桩极限承载力；

　　γ——系数，对于黏土、粉土，$\gamma = 0.8$；对于砂土，$\gamma = 0.7$；对于岩石，取 $\gamma = 1.0$。

自平衡法与桩顶加载法相比具有明显的优势：

(1)装置简单，不占用场地、不需运入数百吨或数千吨物料，不需构筑笨重的反力架；试验时十分安全，无污染；

(2)利用上段桩、下段桩相互提供反力，直接测得桩侧摩阻力与桩端阻力；

(3)试桩准备工作省时省力；

(4)试验费用较省，与传统方法相比可节省试验费 30% ~ 40%，具体比例视桩与地质条件而定；

(5)试验后试桩仍可作为工程桩使用，必要时可利用输压管对桩底进行压力灌浆。

(三)经验公式法

《公路桥涵地基与基础设计规范》(JTG 3363—2019)规定了以经验公式计算单桩轴向承载力特征值的方法，这是一种简化计算方法，在没有条件进行原位试验时采用。规范根据全国各地大量的静载试验资料，经过理论分析和统计整理，对于不同类型的桩，按土的类别、密实度、稠度、埋置深度等条件下给出了有关桩侧摩阻力及桩端阻力的经验系数、数据及相应公式。以下各经验公式除特殊说明外，均适用于钢筋混凝土桩、混凝土桩及预应力混凝土桩。

1. 摩擦型桩单桩轴向受压承载力特征值计算

钻(挖)孔灌注桩与沉桩，由于施工方法不同，根据试验资料所得桩侧摩阻力和桩端阻力数据不同，所给出的计算式和有关数据也不同。现分述如下。

(1)钻(挖)孔灌注桩的轴向受压承载力特征值计算。

$$R_a = \frac{1}{2}u\sum_{i=1}^{n}q_{ik}l_i + A_p q_r \tag{4-4}$$

$$q_r = m_0 \lambda \left[f_{a0} + k_2 \gamma_2 (h-3) \right] \tag{4-5}$$

式中：R_a——单桩轴向受压承载力特征值(kN)，桩身自重与置换土重(当自重计入浮力时，置换土重也计入浮力)的差值计入作用效应；

　　u——桩身周长(m)；

　　A_p——桩端截面面积(m^2)，对于扩底桩，取扩底截面面积；

　　n——土的层数；

　　l_i——承台底面或局部冲刷线以下各土层的厚度(m)，扩孔部分及变截面以上 $2d$ 长度范围内不计；

　　q_{ik}——与 l_i 对应的各土层桩侧摩阻力标准值(kPa)，宜采用单桩桩侧摩阻力试验确定，当无试验条件时按表4-1选用，扩孔部分及变截面以上 $2d$ 长度范围内不计摩阻力；

　　q_r——修正后的桩端处土的承载力特征值(kPa)，当持力层为砂土、碎石土时，若计算值超过下列值，宜按下列值采用：粉砂 1000kPa，细砂 1150kPa，中砂、粗砂、砾砂 1450kPa，碎石土 2750kPa；

f_{a0}——桩端处土的承载力特征值(kPa)，参照第二章第四节内容；

h——桩端的埋置深度(m)，对于有冲刷的桩基础，埋深由局部冲刷线起算；对无冲刷的桩基础，埋深由天然地面线或实际开挖后的地面线起算；h 的计算值不大于 40m，当大于 40m 时，取 40m；

k_2——承载力特征值的深度修正系数，根据桩端处持力层土类按表2-24 选用；

γ_2——桩端以上各土层的加权平均重度(kN/m^3)，若持力层在水位以下且不透水时，均应取饱和重度；当持力层透水时，水中部分土层应取浮重度；

λ——修正系数，按表4-2 选用；

m_0——清底系数，按表4-3 选用。

钻孔灌注桩各土层的桩侧摩阻力标准值 q_{ik}

表 4-1

土　类	状　态	q_{ik}(kPa)
中密炉渣、粉煤灰		40～60
黏性土	流塑 $I_L > 1$	20～30
	软塑 $0.75 < I_L \leqslant 1$	30～50
	可塑、硬塑 $0 < I_L \leqslant 0.75$	50～80
	坚硬 $I_L \leqslant 0$	80～120
粉土	中密	30～55
	密实	55～80
粉砂、细砂	中密	35～55
	密实	55～70
中砂	中密	45～60
	密实	60～80
粗砂、砾砂	中密	60～90
	密实	90～140
圆砾、角砾	中密	120～150
	密实	150～180
碎石、卵石	中密	160～220
	密实	220～400
漂石、块石	—	400～600

注：挖孔灌注桩的桩侧摩阻力标准值可参照本表采用。

修 正 系 数 λ 值

表 4-2

桩端土情况	h/d		
	4～20	20～25	>25
透水性土	0.70	0.70～0.85	0.85
不透水性土	0.65	0.65～0.72	0.72

注：h 为桩的埋置深度，取值同式(4-5)；d 为桩的设计直径。

清 底 系 数 m_0 值

表 4-3

t/d	$0.3 \sim 0.1$
m_0	$0.7 \sim 1.0$

注:1. t、d 为桩端沉渣厚度和桩的直径。

2. $d \leqslant 1.5\text{m}$ 时,$t \leqslant 300\text{mm}$;$d > 1.5\text{m}$ 时,$t \leqslant 500\text{mm}$,且 $0.1 < t/d < 0.3$。

(2)沉桩的轴向受压承载力特征值计算。

$$R_a = \frac{1}{2} \left(u \sum_{i=1}^{n} \alpha_i l_i q_{ik} + \alpha_r \lambda_p A_p q_{rk} \right) \tag{4-6}$$

式中:R_a——单桩轴向受压承载力特征值(kN),桩身自重与置换土重(当自重计入浮力时,置换土重也计入浮力)的差值计入作用效应;

u——桩身周长(m);

n——土的层数;

l_i——承台底面或局部冲刷线以下各土层的厚度(m);

q_{ik}——与 l_i 对应的各土层桩侧摩阻力标准值(kPa),宜采用单桩桩侧摩阻力试验或静力触探试验测定,当无试验条件时按表 4-4 选用;

q_{rk}——桩端处土的承载力标准值(kPa),宜采用单桩试验确定或通过静力触探试验测定,当无试验条件时按表 4-5 选用;

α_i、α_r——分别为振动沉桩对各土层桩侧摩阻力和桩端承载力的影响系数,按表 4-6 采用;对于锤击、静压沉桩其值均取为 1.0;

λ_p——桩端土塞效应系数,对闭口桩取 1.0;对开口桩,$1.2\text{m} < d \leqslant 1.5\text{m}$ 时取 $0.3 \sim 0.4$,$d > 1.5\text{m}$ 时取 $0.2 \sim 0.3$;

其余符号意义同式(4-5)。

沉桩各土层的桩侧摩阻力标准值 q_{ik}

表 4-4

土　类	状　态	q_{ik}(kPa)
黏性土	$1.5 \geqslant I_L \geqslant 1$	$15 \sim 30$
	$1 > I_L \geqslant 0.75$	$30 \sim 45$
	$0.75 > I_L \geqslant 0.5$	$45 \sim 60$
	$0.5 > I_L \geqslant 0.25$	$60 \sim 75$
	$0.25 > I_L \geqslant 0$	$75 \sim 85$
	$0 > I_L$	$85 \sim 95$
粉土	稍密	$20 \sim 35$
	中密	$35 \sim 65$
	密实	$65 \sim 80$
粉、细砂	稍密	$20 \sim 35$
	中密	$35 \sim 65$
	密实	$65 \sim 80$

土　类	状　态	q_{ik}(kPa)
中砂	中密	55～75
	密实	75～90
粗砂	中密	70～90
	密实	90～105

注:1. 表中土的液性指数 I_L,系按76g平衡锥测定的数值。

2. 对钢管桩宜取小值。

沉桩桩端处土的承载力标准值 q_{rk}　　　　表4-5

土　类	状　态	桩端承载力标准值 q_{rk}(kPa)		
黏性土	$I_L \geqslant 1$	1000		
	$1 > I_L \geqslant 0.65$	1600		
	$0.65 > I_L \geqslant 0.35$	2200		
	$0.35 > I_L$	3000		
—		桩尖进入持力层的相对深度		
		$1 > \dfrac{h_c}{d}$	$4 > \dfrac{h_c}{d} \geqslant 1$	$\dfrac{h_c}{d} \geqslant 4$
粉土	中密	1700	2000	2300
	密实	2500	3000	3500
粉砂	中密	2500	3000	3500
	密实	5000	6000	7000
细砂	中密	3000	3500	4000
	密实	5500	6500	7500
中、粗砂	中密	3500	4000	4500
	密实	6000	7000	8000
圆砾石	中密	4000	4500	5000
	密实	7000	8000	9000

注:表中 h_c 为桩端进入持力层的深度(不包括桩靴); d 为桩的直径或边长。

系　数 α_i、α_r 值　　　　表4-6

桩径或边长 d(m)	系数 α_i、α_r			
	黏土	粉质黏土	粉土	砂土
$0.8 \geqslant d$	0.6	0.7	0.9	1.1
$2.0 \geqslant d > 0.8$	0.6	0.7	0.9	1.0
$d > 2.0$	0.5	0.6	0.7	0.9

当采用静力触探试验测定时,沉桩承载力特征值计算中的 q_{ik} 和 q_{rk} 取为

$$q_{ik} = \beta_i \overline{q}_i \atop q_{rk} = \beta_r \overline{q}_r \Big\} \tag{4-7}$$

式中：$\overline{q}_i$——静力触探测得的第 i 层土的局部桩侧摩阻力的平均值(kPa)，当 $\overline{q}_i$ 小于5kPa时，采用5kPa；

$\overline{q}_r$——桩端(不包括桩靴)高程±4d(d 为桩身直径或边长)范围内静力触探端阻的平均值(kPa)。桩端高程以上 4d 范围内端阻的平均值大于桩端高程以下 4d 的端阻平均值时，取桩端以下 4d 范围内端阻的平均值；

β_i、β_r——分别为桩侧摩阻力和桩端阻力的综合修正系数，其值按下面判别标准选用相应的计算公式。

当土层的 $\overline{q}_r$ 大于 2000kPa，且 $\overline{q}_i / \overline{q}_r \leqslant 0.014$ 时

$$\beta_i = 5.067 \, (\overline{q}_i)^{-0.45}$$

$$\beta_r = 3.975 \, (\overline{q}_r)^{-0.25}$$

如不满足上述 $\overline{q}_r$ 和 $\overline{q}_i / \overline{q}_r$ 条件时

$$\beta_i = 10.045 \, (\overline{q}_i)^{-0.55}$$

$$\beta_r = 12.064 \, (\overline{q}_r)^{-0.35}$$

上列综合修正系数计算公式不适合城市杂填土条件下的短桩；综合修正系数用于黄土地区时，应做试桩校核。

由于土的类别和性状以及桩土共同作用过程都较复杂，有些土的试桩资料也较少，因此对重要工程的桩基础在运用规范法确定单桩轴向承载力特征值的同时，应以静载试验或其他方法验证其承载力；经验公式中有些问题也有待进一步探讨研究，例如公式(4-6)是根据土的桩侧极限摩阻力和桩端极限阻力的经验值计算出单桩轴向极限承载力，然后除以安全系数 K(我国一般取 $K=2$)来确定单桩轴向承载力特征值的，即对桩侧摩阻力和桩端阻力引用了单一的安全系数。而实际上由于桩侧摩阻力和桩端阻力不是同步发挥作用，且其发生极限状态的时效也不同，因此各自的安全度是不同的，因此，单桩轴向承载力特征值宜用分项安全系数表示为

$$R_a = \frac{P_{su}}{K_s} + \frac{P_{pu}}{K_p} \tag{4-8}$$

式中：R_a——单桩轴向承载力特征值(kN)；

P_{su}——桩侧极限摩阻力(kN)；

P_{pu}——桩端极限阻力(kN)；

K_s——桩侧摩阻力安全系数；

K_p——桩端阻力安全系数。

一般情况下，$K_s < K_p$；但对于短粗的柱桩，$K_s > K_p$。

采用分项安全系数确定单桩承载力特征值要比单一安全系数更符合桩的实际工作状态。但要付诸应用，还有待积累更多的经验和资料。

钢管桩因需考虑桩底端闭塞效应及其挤土效应特点，钢管桩单桩轴向极限承载力 P_j，可

按下式计算：

$$P_j = \lambda_s u \sum q_{ik} l_i + \lambda_p A_p q_{rk} \tag{4-9}$$

当 $h_b/d_s < 5$ 时

$$\lambda_p = 0.16 \frac{h_b}{d_s} \cdot \lambda_s \tag{4-10}$$

当 $h_b/d_s \geqslant 5$ 时

$$\lambda_p = 0.8\lambda_s \tag{4-11}$$

式中：λ_p——桩底端闭塞效应系数，对于闭口钢管桩 $\lambda_p = 1$，对于敞口钢管桩宜按式（4-10）、式（4-11）取值；

λ_s——桩侧摩阻力挤土效应系数，对于闭口钢管桩 $\lambda_s = 1$，敞口钢管桩 λ_s 宜按表 4-7 确定；

h_b——桩底端进入持力层深度（m）；

d_s——钢管桩内直径（m）；

其他变量意义同式（4-5）。

敞口钢管柱桩侧摩阻力挤土效应系数 λ_s　　　　表 4-7

钢管桩内径（mm）	<600	700	800	900	1000
λ_s	1.00	0.93	0.87	0.82	0.77

（3）桩端后压浆灌注桩单桩轴向受压承载力特征值确定。

桩端后压浆灌注桩单桩轴向受压承载力特征值，应通过静载试验确定。在符合《公路桥涵地基与基础设计规范》（JTG 3363—2019）附录 K 后压浆技术规定的条件下，后压浆单桩轴向受压承载力特征值可按下式计算：

$$R_a = \frac{1}{2} u \sum_{i=1}^{n} \beta_{si} q_{ik} l_i + \beta_p A_p q_r \tag{4-12}$$

式中：R_a——后压浆灌注桩的单桩轴向受压承载力特征值（kN），桩身自重与置换土重（当自重计入浮力时，置换土重也计入浮力）的差值计入作用效应；

β_{si}——第 i 层土的桩侧摩阻力增强系数，可按表 4-8 取值，当在饱和土层中桩端压浆时，仅对桩端以上 10.0 ~ 12.0m 范围的桩侧摩阻力进行增强修正；当在非饱和土层中桩端压浆时，仅对桩端以上 5.0 ~ 6.0m 的桩侧摩阻力进行增强修正；饱和土层中桩侧压浆时，仅对压浆断面以上 10.0 ~ 12.0m 范围内的桩侧摩阻力进行增强修正；在非饱和土层中桩侧压浆时，仅对压浆断面上下各 5.0 ~ 6.0m 范围内的桩侧摩阻力进行增强修正；对于非增强影响范围，$\beta_{si} = 1$；

β_p——桩端阻力增强系数，可按表 4-8 取值；

其他变量意义同式（4-5）。

桩端后压浆桩侧摩阻力增强系数 β_s、桩端阻力增强系数 β_p　　　　表 4-8

土层名称	淤泥质土	黏土粉质黏土	粉土	粉砂	细砂	中砂	粗砂砾砂	角砾圆砾	碎石卵石	全风化岩强风化岩
β_s	1.2~1.3	1.3~1.4	1.4~1.5	1.5~1.6	1.6~1.7	1.7~1.9	1.8~2.0	1.6~1.8	1.8~2.0	1.2~1.4
β_p	—	1.6~1.8	1.8~2.1	1.9~2.2	2.0~2.3	2.0~2.3	2.2~2.4	2.2~2.5	2.3~2.5	1.3~1.6

（4）管柱轴向受压承载力特征值计算。

管柱轴向受压承载力特征值可按沉桩的计算公式（4-6）确定，也可由专门试验确定。

（5）单桩轴向受拉承载力特征值计算。

由于对桩的受拉机理的研究尚不够充分，所以，对于重要的建筑物和在没有经验的情况下，最有效的单桩受拉承载力特征值的确定方法是进行现场拔桩静载试验。对于非重要的建筑物，无当地经验时按《公路桥涵地基与基础设计规范》（JTG 3363—2019）规定，当桩的轴向力由结构自重、预加力、土重、土侧压力、汽车荷载和人群荷载频遇组合所引起时，桩不允许受拉；当桩的轴向力由上述荷载并与其他作用组成的频遇组合或荷载效应的偶然组合（地震作用除外）所引起时，桩允许受拉。摩擦型桩单桩轴向受拉承载力特征值按下式计算：

$$R_t = 0.3u \sum_{i=1}^{n} \alpha_i l_i q_{ik} \tag{4-13}$$

式中：R_t——单桩轴向受拉承载力特征值（kN）；

u——桩身周长（m），对于等直径桩，$u = \pi d$；对于扩底桩，自桩端起算的长度 $\sum l_i \le 5d$ 时，取 $u = \pi D$；其余长度均取 $u = \pi D$（其中 D 为桩的扩底直径，d 为桩身直径）；

α_i——振动沉桩对各土层桩侧摩阻力的影响系数，按表4-6采用；对于锤击、静压沉桩和钻孔桩，$\alpha_i = 1$；

其他变量意义同式（4-5）。

计算作用于承台底面由外荷载引起的轴向力时，应扣除桩身自重值。

2. 端承型桩轴向受压承载力特征值计算

支承在基岩上或嵌入基岩内的钻（挖）孔灌注桩、沉桩的单桩轴向受压承载力特征值 R_a，可按下式计算：

$$R_a = c_1 A_p f_{rk} + u \sum_{i=1}^{m} c_{2i} h_i f_{rki} + \frac{1}{2} \zeta_s u \sum_{i=1}^{n} l_i q_{ik} \tag{4-14}$$

式中：R_a——单桩轴向受压承载力特征值（kN），桩身自重与置换土重（当自重计入浮力时，置换土重也计入浮力）的差值计入作用效应；

c_1——根据岩石强度、岩石破碎程度等因素而定的桩端阻力发挥系数，按表4-9采用；

A_p——桩端截面面积（m^2），对于扩底桩，取扩底截面面积；

f_{rk}——桩端岩石饱和单轴抗压强度标准值（kPa），黏土质岩取天然湿度单轴抗压强度标准值，当 f_{rk} 小于 2MPa 时按摩擦型桩计算，f_{rki} 为第 i 层的 f_{rk} 值；

c_{2i}——根据岩石强度、岩石破碎程度等因素而定的第 i 层岩层的桩侧摩阻力发挥系数，按表4-9采用；

u——各土层或各岩层部分的桩身周长（m）；

h_i——桩嵌入各岩层部分的厚度（m），不包括强风化层、全风化层及局部冲刷线以上基岩；

m——岩层的层数，不包括强风化层和全风化层；

ζ_s——覆盖层土的桩侧摩阻力发挥系数，根据桩端 f_{rk} 确定：当 $f_{rk} = 2MPa$ 时，$\zeta_s = 1.0$；当 $f_{rk} = 15MPa$ 时，$\zeta_s = 0.8$；当 $f_{rk} = 30MPa$ 时，$\zeta_s = 0.5$；当 $f_{rk} = 60MPa$ 时，$\zeta_s = 0.2$；当 $f_{rk} > 60MPa$ 时，ζ_s 可按 $f_{rk} = 60MPa$ 取值；ζ_s 值可内插计算。

l_i——承台底面或局部冲刷线以下各土层的厚度（m）；

q_{ik}——桩侧第 i 层土的桩侧摩阻力标准值（kPa），宜采用单桩桩侧摩阻力试验值，当无试

验条件时,对于钻(挖)孔灌注桩按表 4-1 选用,对于沉桩按表 4-4 选用,扩孔部分不计桩侧摩阻力;

n——土层的层数,强风化和全风化岩层按土层考虑。

发挥系数 c_1、c_2 值

表 4-9

岩石层情况	c_1	c_2
完整、较完整	0.6	0.05
较破碎	0.5	0.04
破碎、极破碎	0.4	0.03

注:1. 当入岩深度小于或等于 0.5m 时,c_1 乘以 0.75 的折减系数,$c_2=0$。

2. 对于钻孔灌注桩,系数 c_1、c_2 值应降低 20% 采用;桩端沉渣厚度 t 应满足以下要求:$d \leqslant 1.5m$ 时,$t \leqslant 50mm$;$d > 1.5m$ 时,$t \leqslant 100mm$。

3. 对于中风化层作为持力层的情况,c_1、c_2 应分别乘以 0.75 的折减系数。

(四)动测试桩法

动测试桩法(简称动测法)是指给桩顶施加一动荷载(用冲击、振动等方式施加),量测桩土系统的响应信号,然后分析计算桩的性能和承载力,可分为高应变动测法与低应变动测法两种。低应变动测法由于施加桩顶的荷载远小于桩的使用荷载,不足使桩土间发生相对位移,而只通过应力波沿桩身的传播和反射的原理做分析,可用来检验桩身质量,不宜作桩承载力测定,但可估算和校核基桩的承载力。高应变动测法一般是以重锤敲击桩顶,使桩贯入土中,桩土间产生相对位移,从而可以分析土体对桩的外来抗力和测定桩的承载力,也可检验桩体质量。高应变动测法适用于打入式预制桩的承载力检测,同时可以用于试打桩的打桩过程监测;但对于大直径扩底桩和 Q-S 曲线具有缓变形特征的大直径灌注桩,不宜采用这种方法进行竖向抗压承载力检测。

高应变动测法测定单桩承载力的方法主要有锤击贯入法和波动方程法。

1. 锤击贯入法(简称锤贯法)

桩在锤击下入土的难易,在一定程度上能反映出土对桩的抵抗力。因此,桩的贯入度(桩在一次锤击下的入土深度)与土对桩的支承能力间存在有一定的关系,即贯入度大表现为承载力低,贯入度小表现为承载力高;且当桩周土达到极限状态而破坏后,则贯入度将有较大增加。根据这一原理,通过不同落距的锤击试验来分析确定单桩的承载力。

试验时,桩锤落距由低到高(动荷载由小到大,相当于静载试验中的分级荷载),锤击 8 ～ 12 击,量测每锤的动荷载(可通过动态电阻应变仪和光线示波器测定)和相应的贯入度(可采用大量程百分表或位移传感器或位移遥测仪量测),然后绘制动荷载 P_d 和累计贯入度 $\sum e_d$ 曲线,即 P_d-$\sum e_d$ 曲线或 $\lg P_d$-$\sum e_d$ 曲线,便可用类似静载试验的分析方法(如明显拐点法)确定单桩轴向受压极限承载力或承载力特征值。

《建筑桩基检测技术规范》(JGJ 106—2014)要求:重锤应材质均匀、形状对称、锤底平整。高径(宽)比不得小于 1,并采用铸铁或铸钢制作。当采取自由落锤安装加速度传感器的方式实测锤击力时,重锤应整体铸造,且高径(宽)比应在 1.0～1.5 范围内。进行承载力检测时,锤的重力应大于预估单桩极限承载力的 1.0%～1.5%,混凝土桩的桩径大于 600mm 或桩长大于 30m 时取高值。

2. 波动方程法

波动方程法是将打桩锤击看成是杆件的撞击波传递问题,运用波动方程的方法分析打桩时的整个力学过程,可预测打桩应力及单桩承载力。

波动方程法的研究和应用,在国内外均有很大发展,已有多种分析方法和计算程序,同时也出现了多种应用波动方程理论和实用计算程序的动测设备。普遍认为,以波动方程理论为基础的高应变动测法(特别是其中的实测波形拟合法),是较先进地确定桩承载力的动测方法,但在分析计算中还有不少桩土参数仍靠经验确定,尚待进一步深入研究来完善。

(五)静力分析法

静力分析法是根据土的极限平衡理论和土的强度理论,计算桩端极限阻力和桩侧极限摩阻力,也即利用土的强度指标计算桩的极限承载力,然后将其除以安全系数从而确定单桩承载力特征值。

1. 桩端极限阻力的确定

把桩作为深埋基础,并假定地基的破坏滑动面模式(图 4-9 是假定地基为刚-塑性体的几种破坏滑动面形式,除此,还有多种其他有关地基破坏滑动面的假定),运用塑性力学中的极限平衡理论,导出地基极限荷载(桩端极限阻力)的理论公式。各种假定所导的桩底地基的极限荷载公式均可归纳为式(4-15)所列一般形式,只是所求得有关系数不同。关于各理论公式的推导和有关系数的表达式可参考有关土力学书籍。

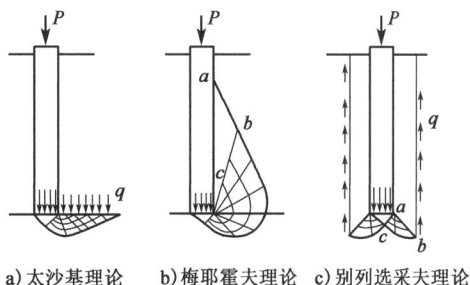

a) 太沙基理论　　b) 梅耶霍夫理论　　c) 别列选采夫理论

图 4-9　桩底地基破坏滑动面图形

$$q_R = a_c N_c c + a_q N_q \gamma h \tag{4-15}$$

式中:q_R——桩底地基单位面积的极限荷载(kPa);

a_c、a_q——与桩底形状有关的系数;

N_c、N_q——承载力系数,均与土的内摩擦角 φ 有关;

　　c——地基土的黏聚力(kPa);

　　γ——桩底平面以上土的平均重度(kN/m³);

　　h——桩的入土深度(m)。

在确定计算参数土的抗剪强度指标 c、φ 时,应区分总应力法及有效应力法两种情况。

若桩底土层为饱和黏土,排水条件较差,常采用总应力法分析。这时取 $\varphi = 0$,c 采用土的不排水抗剪强度 c_u,$N_q = 1$,代入式(4-15)计算。

对于砂性土有较好的排水条件,可采用有效应力法分析。此时,$c = 0$,$q = \gamma h$,取桩底处有效竖向应力 $\bar{p}_{t0}$,代入式(4-15)计算。

2. 桩侧极限摩阻力的确定

桩侧单位面积的极限摩阻力取决于桩侧土间的剪切强度。按库仑强度理论得知:

$$q = p_h \tan\delta + c_a = K p_v \tan\delta + c_a \tag{4-16}$$

式中:q——桩侧单位面积的极限摩阻力(桩土间剪切面上的抗剪强度)(kPa);

p_h、p_v——土的水平应力及竖向应力(kPa)；

c_a、δ——桩、土间的黏聚力(kPa)及摩擦角；

K——土的侧压力系数。

式(4-16)的计算仍有总应力法和有效应力法两类。在具体确定桩侧极限摩阻力时，根据各计算表达式所用系数不同，人们将其归纳为 α 法、β 法和 λ 法，下面简要介绍前两种方法。

(1)α 法——总应力法。对于黏性土，根据桩的试验结果，认为桩侧极限摩阻力 q 与土的不排水抗剪强度 c_u 有关，可寻求其相关关系，即

$$q = \alpha c_u \tag{4-17}$$

式中：α——黏聚力系数，它与土的类别、桩的类别、设置方法及时间效应等因素有关。各个文献提供的 α 值大小不一致，一般取 $0.3 \sim 1.0$，软土取低值，硬土取高值。

(2)β 法——有效应力法。该法认为，由于打桩后桩周土扰动，土的内聚力很小，故 c_a 与 $\bar{p}_h \tan\delta$ 相比也很小可以略去，则式(4-16)可改写为：

$$q = \bar{p}_h \tan\delta = K\bar{p}_v \tan\delta \quad \text{或} \quad q = \beta\bar{p}_v \tag{4-18}$$

式中：$\bar{p}_h$、$\bar{p}_v$——土的水平向有效应力及竖向有效应力(kPa)；

β——土的竖向有效应力系数。

对正常固结黏性土的钻孔灌注桩及打入桩，由于桩侧土的径向位移较小，可认为土的侧压力系数 $K = K_0$ 及 $\delta \approx \varphi'$，即：

$$K_0 = 1 - \sin\varphi' \tag{4-19}$$

式中：K_0——静止土压力系数；

φ'——桩侧土的有效内摩擦角。

对正常固结黏性土，若取 $\varphi' = 15° \sim 30°$，得 $\beta = 0.2 \sim 0.3$，其平均值为 0.25；软黏土的桩试验得到 $\beta = 0.25 \sim 0.4$，平均取 $\beta = 0.32$。

3. 单桩轴向承载力特征值的确定

桩的极限阻力等于桩端极限阻力与桩侧极限摩阻力之和，单桩轴向承载力特征值计算表达式为

$$R_a = \frac{P_{su} + P_{pu}}{K} \tag{4-20}$$

式中：R_a——单桩轴向承载力特征值；

P_{su}——桩侧极限摩阻力；

P_{pu}——桩端极限阻力；

K——安全系数。

三、按桩身材料强度确定单桩承载力

一般说来，桩的竖向承载力往往由土对桩的支承能力控制。但当桩穿过极软弱土层，支承(或嵌固)于岩层或坚硬的土层上时，单桩竖向承载力往往由桩身材料强度控制。此时，竖向荷载作用下的基桩就像一根受压杆件，将发生纵向挠曲破坏而丧失稳定性，而且这种破坏往往发生于截面承压强度破坏以前，因此，验算时尚需考虑纵向挠曲影响，即截面强度应乘以稳定系数 φ。根据《公路钢筋混凝土及预应力混凝土桥涵设计规范》(JTG 3362—2018)，对于钢筋

混凝土桩,当配有普通箍筋时,可按下式进行基桩竖向承载力的验算:

$$\gamma_0 P \leqslant 0.90\varphi(f_{cd}A + f'_{sd}A'_s) \tag{4-21}$$

式中:P——单桩轴向压力设计值;

    φ——规范 JTG 3362—2018 中叫作轴压稳定系数,对低承台桩基可取 $\varphi=1$;高承台桩基可由表 4-10 查取;

    f_{cd}——混凝土轴心抗压强度设计值;

    A——验算截面处桩的毛截面面积,当纵向钢筋配筋率大于 3% 时,应采用桩身截面混凝土面积 A_h,即扣除纵向钢筋面积 A'_s,故 $A_h = A - A'_s$;

    f'_{sd}——纵向钢筋抗压强度设计值;

    A'_s——纵向钢筋截面面积;

    γ_0——桥梁结构的重要性系数。

钢筋混凝土桩的纵向挠曲系数 φ   表 4-10

l_p/b	≤8	10	12	14	16	18	20	22	24	26	28
l_p/d	≤7	8.5	10.5	12	14	15.5	17	19	21	22.5	24
l_p/r	≤28	35	42	48	55	62	69	76	83	90	97
φ	1.00	0.98	0.95	0.92	0.87	0.81	0.75	0.70	0.65	0.60	0.56
l_p/b	30	32	34	36	38	40	42	44	46	48	50
l_p/d	26	28	29.5	31	33	34.5	36.5	38	40	41.5	43
l_p/r	104	111	118	125	132	139	146	153	160	167	174
φ	0.52	0.48	0.44	0.40	0.36	0.32	0.29	0.26	0.23	0.21	0.19

注:l_p-考虑纵向挠曲时桩的稳定计算长度,应结合桩在土中支承情况,根据两端支承条件确定,近似计算可参照表 4-11;

    r-截面的回转半径,$r = \sqrt{I/A}$,I 为截面的惯性矩,A 为截面面积;d-桩的直径;b-矩形截面桩的短边长。

桩受弯时的计算长度 l_p   表 4-11

单桩或单排桩桩顶铰接				多排桩桩顶固定			
桩底支承于非岩石土中		桩底嵌固于岩石内		桩底支承于非岩石土中		桩底嵌固于岩石内	
$h < \dfrac{4.0}{\alpha}$	$h \geqslant \dfrac{4.0}{\alpha}$	$h < \dfrac{4.0}{\alpha}$	$h \geqslant \dfrac{4.0}{\alpha}$	$h < \dfrac{4.0}{\alpha}$	$h \geqslant \dfrac{4.0}{\alpha}$	$h < \dfrac{4.0}{\alpha}$	$h \geqslant \dfrac{4.0}{\alpha}$
$l_p = l_0 + h$	$l_p = 0.7 \times \left(l_0 + \dfrac{4.0}{\alpha}\right)$	$l_p = 0.7 \times (l_0 + h)$	$l_p = 0.7 \times \left(l_0 + \dfrac{4.0}{\alpha}\right)$	$l_p = 0.7 \times (l_0 + h)$	$l_p = 0.5 \times \left(l_0 + \dfrac{4.0}{\alpha}\right)$	$l_p = 0.5 \times (l_0 + h)$	$l_p = 0.5 \times \left(l_0 + \dfrac{4.0}{\alpha}\right)$

注:α-桩的变形系数。

四、桩侧负摩阻力

（一）桩侧负摩阻力的定义及其产生原因

一般情况下，桩受轴向荷载作用后，桩相对于桩侧土体作向下位移，土对桩产生向上作用的摩阻力，称为桩侧正摩阻力[图4-10a)]。但当桩周土体因某种原因发生下沉，其沉降变形大于桩身的沉降变形时，在桩侧表面将出现向下作用的摩阻力，称其为桩侧负摩阻力[图4-10b)]。

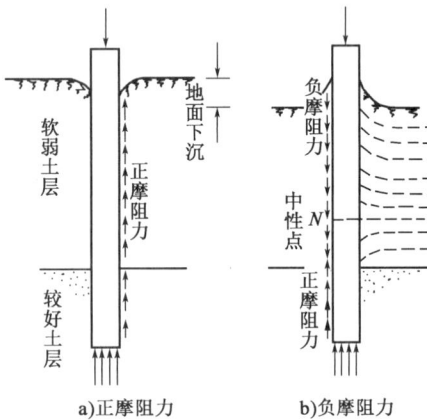

桩侧负摩阻力的发生将使桩侧土的部分重力传递给桩，因此，它不但不能成为桩承载力的一部分，反而变成施加在桩上的外荷载。对入土深度相同的桩来说，若有桩侧负摩阻力发生，则桩的外荷载增大，桩的承载力相对降低，桩基沉降加大，在确定桩的承载力和桩基设计中应予以注意。对于桥梁工程特别要注意桥头路堤高填土桥台桩基础的桩侧负摩阻力问题，因路堤高填土是一个很大的地面荷载且位于桥台的一侧，若产生桩侧负摩阻力，还会出现桥台台背与路堤填土间的摩阻问题和桩基础的不均匀沉降问题。

桩侧负摩阻力能否产生，主要是看桩与桩周土的相对位移发展情况。桩侧负摩阻力产生的原因有：

图4-10 桩侧正、负摩阻力示意图

（1）在桩附近地面大量堆载，引起地面沉降；

（2）土层中抽取地下水或其他原因引起的地下水位下降，使土层产生自重固结下沉；

（3）桩穿过欠压密土层（如填土）进入硬持力层，土层产生自重固结下沉；

（4）桩数很多的密集群桩打桩时，使桩周土中产生很大的超孔隙水压力，打桩停止后桩周土的再固结作用引起的下沉；

（5）在黄土、冻土中的桩，因黄土湿陷、冻土融化产生的地面下沉。

从上述可见，当桩穿过软弱高压缩性土层而支承在坚硬持力层上时，最易发生桩侧负摩阻力问题。

要确定桩侧负摩阻力的大小，就要先确定桩侧负摩阻力的范围和强度的大小。

（二）中性点的概念

桩侧负摩阻力的范围就是桩侧土层对桩产生相对下沉的范围。它与桩侧土层的压缩、桩身弹性压缩变形和桩底下沉有关。桩侧土层的压缩决定于地表作用荷载（或土的自重）和土的压缩性质，并随深度而逐渐减小；而桩在荷载作用下，桩身压缩多处于弹性阶段，其压缩变形基本上随深度呈线性减少，桩身变形曲线如图4-11a)中的线c所示。因此，桩侧下沉量有可能在某一深度与桩身的位移量相等，此处桩侧摩阻力为零，而在此深度以上桩侧土下沉大于桩的位移，桩侧摩阻力为负；在此深度以下，桩的位移大于桩侧土的下沉，桩侧摩阻力为正。正、负摩阻力变换处的位置称为中性点，如图4-11中O_1点所示。

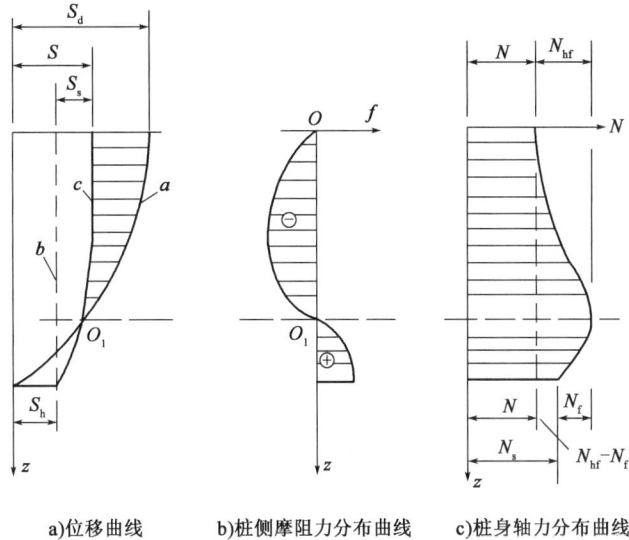

a)位移曲线　　　　b)桩侧摩阻力分布曲线　　　　c)桩身轴力分布曲线

图 4-11　中性点位置及荷载传递

S_d-地面沉降;S-桩的沉降;S_s-桩身压缩;S_h-桩底下沉;N_{hf}-由负摩阻力引起的桩身最大轴力;N_f-总的正摩阻力

(三)单桩桩侧负摩阻力的计算

目前,国内外对桩侧负摩阻力的计算方法研究尚不够完善,计算方法较多,且差异较大,而现场试验则投入大、周期长。因此,多根据有关资料按经验公式进行估算。建议按以下方法计算单桩桩侧负摩阻力:

$$N_n = u \sum_{i=1}^{n} q_{ni} l_i \qquad (4-22)$$

$$q_{ni} = \beta \sigma'_{vi} \qquad (4-23)$$

式中:N_n——单桩桩侧负摩阻力(kN);

　　　u——桩身周长(m);

　　　l_i——中性点以上各土层的厚度(m),中性点深度 l_n 应按桩周土层沉降与桩沉降相等的条件计算确定;无法按计算确定的,也可参照表 4-12 确定;

　　　q_{ni}——与 l_i 对应的各土层与桩侧负摩阻力计算值(kPa),当计算值大于零时,即为桩侧正摩阻力;

　　　β——桩侧负摩阻力系数,可按表 4-13 取值;

　　　σ'_{vi}——桩侧第 i 层土平均竖向有效应力(kPa),$\sigma'_{vi} = p + \gamma'_i \cdot z_i$;

　　　γ'_i——第 i 层土层底以上桩周土按厚度计算的加权平均浮重度(kN/m^3);

　　　z_i——自地面起算的第 i 层土中点深度(m);

　　　p——地面均布荷载。

中 性 点 深 度 l_n　　　　　　　　　　　　　　　表 4-12

持力层性质	黏性土、粉土	中密以上砂	砾石、卵石	基岩
中性点深度比 l_n/l_0	0.5 ~ 0.6	0.7 ~ 0.8	0.9	1.0

注:1. l_n、l_0 分别为中性点深度和桩周沉降变形土层下限深度。

　　2. 桩穿越自重湿陷性黄土层时,按表列值增大 10%(持力层为基岩除外)。

桩侧负摩阻力系数 β 表 4-13

土 类	β	土 类	β
饱和软土	0.15 ~ 0.25	砂土	0.35 ~ 0.50
黏性土、粉土	0.25 ~ 0.40	自重湿陷性黄土	0.20 ~ 0.35

注:1. 在同类土中,对于打入桩或沉管灌注桩,取表中较大值,对于钻(冲)挖孔灌注桩,取表中较小值。

2. 填土按其组成取表中同类土的较大值。

注意,按式(4-23)计算得单桩桩侧负摩阻力值不应大于单桩所分配承受的桩周下沉土重(以桩为中心,水平方向 1/2 桩间距、竖向 l_n 深度范围内土体的重力)。而对于群桩的负摩阻力问题,建议按照单桩桩侧负摩阻力计算方法进行群桩中任一单桩的下拉荷载计算。

在桩基设计中,可采用某些措施(如预制桩表面涂沥青层等)来降低桩侧负摩阻力。

五、单桩横轴向承载力特征值的确定

桩的横轴向承载力,是指桩在与桩轴线垂直方向受力时的承载力。桩在横向力(包括弯矩)作用下的工作情况较轴向受力时要复杂些,但仍然是从保证桩身材料、地基强度与稳定性以及桩顶水平位移满足使用要求来分析和确定桩的横轴向承载力。

(一)在横向荷载作用下,桩的破坏机理和特点

桩在横向荷载作用下,桩身产生横向位移或挠曲,并与桩侧土协调变形。桩身对土产生侧向压应力,同时桩侧土反作用于桩,产生侧向土抗力。桩土共同作用,互相影响。

为了确定桩的横轴向承载力,应对桩在横向荷载作用下的工作性状和破坏机理进行分析。通常有下列两种情况。

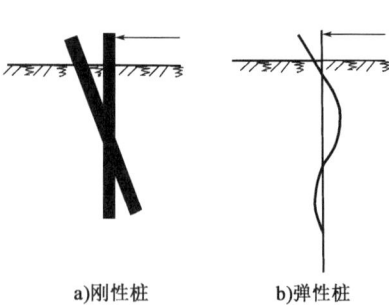

a)刚性桩   b)弹性桩

图 4-12 桩在横向力作用下变形示意图

第一种情况,当桩径较大,入土深度较小或周围土层较松软,即桩的刚度远大于土层刚度,桩的相对刚度较大时,受横向力作用时桩身挠曲变形不明显,如同刚体一样围绕桩轴某一点转动,如图 4-12a)所示。如果不断增大横向荷载,则可能由于桩侧土强度不够而失稳,使桩丧失承载能力或破坏。因此,基桩的横轴向承载力特征值可能由桩侧土的强度及稳定性决定。

第二种情况,当桩径较小,入土深度较大或周围土层较坚实,即桩的相对刚度较小时,由于桩侧土有足够大的抗力,桩身发生挠曲变形,其侧向位移随着入土深度增大而逐渐减小,以至达到一定深度后,侧向位移几乎不受横向荷载影响。形成一端嵌固的地基梁,桩的变形呈图 4-12b)所示的波状曲线。如果不断增大横向荷载,可使桩身在较大弯矩处发生断裂或使桩发生过大的侧向位移超过了桩或结构物的容许变形值。因此,基桩的横轴向承载力特征值将由桩身材料的抗剪强度或侧向变形条件决定。

以上是桩顶自由的情况,当桩顶受约束而呈嵌固条件时,桩的内力和位移情况以及桩的横

轴向承载力仍可由上述两种条件确定。

(二)单桩横轴向承载力特征值的确定方法

确定单桩横轴向承载力特征值有水平静载试验和分析计算法两种途径。

1. 单桩水平静载试验

桩的水平静载试验是确定桩的横轴向承载力较可靠的方法,也是常用的研究分析试验方法。试验是在现场进行,所确定的单桩横轴向承载力和地基土的水平抗力系数最符合实际情况。如果预先已在桩身埋有量测元件,则可测定出桩身应力变化,并由此求得桩身弯矩分布。

1)试验装置

试验装置如图 4-13 所示。

采用千斤顶施加水平荷载,其施力点位置宜放在实际受力点位置。在千斤顶与试桩接触处宜安置一球形铰支座,以保证千斤顶作用力能水平通过桩身轴线。桩的水平位移宜采用大量程百分表测量。固定百分表的基准桩宜打设在试桩侧面靠位移的反方向,与试桩的净距不小于 1 倍试桩直径。

2)试验方法

试验方法主要有两种:单向多循环加卸载法和慢速连续加载法。一般采用前者,对于个别受长期横向荷载的桩也可采用后者。

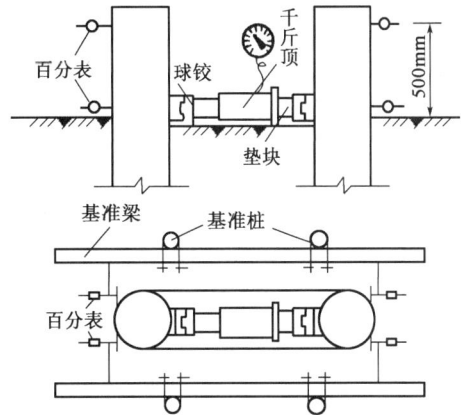

图 4-13 单桩水平静载试验装置示意

(1)单向多循环加卸载法。

这种方法可模拟基础承受反复水平荷载(风载、地震荷载、制动力和波浪冲击力等循环性荷载)。

①试验加载方法。试验加载分级,一般取预估横向极限荷载的 1/10 ~ 1/15 作为每级荷载的加载增量。根据桩径大小并适当考虑土层软硬,对于直径 300 ~ 1000mm 的桩,每级荷载增量可取 2.5 ~ 20kN。每级荷载施加后,恒载 4min 测读横向位移,然后卸载至零,待 2min 后测读残余横向位移,至此完成一个加卸循环。5 次循环后,开始加下一级荷载。当桩身折断或水平位移超过 30 ~ 40mm(软土取 40mm)时,终止试验。

②单桩横向临界荷载与极限荷载的确定。

根据试验数据可绘制荷载-时间-位移($H_0\text{-}T\text{-}U_0$)曲线(图 4-14)和荷载-位移梯度 $\left(H_0\text{-}\dfrac{\Delta U_0}{\Delta H_0}\right)$曲线(图 4-15)。据此可综合确定单桩横向临界荷载 H_{cr} 与横向极限荷载 H_u。

横向临界荷载 H_{cr} 系指桩身受拉区混凝土开裂退出工作前的荷载,会使桩的横向位移增大。相应地可取 $H_0\text{-}T\text{-}U_0$ 曲线出现突变点的前一级荷载为横向临界荷载(图 4-14),或取 $H_0\text{-}$

$\dfrac{\Delta U_0}{\Delta H_0}$ 曲线（图 4-15）第一直线段终点相对应的荷载为横向临界荷载。

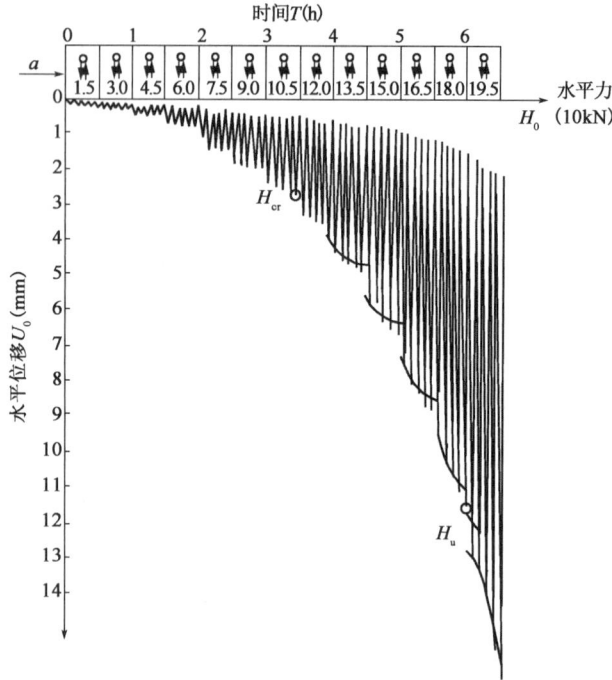

图 4-14 荷载-时间-位移（H_0-T-U_0）曲线

a-加卸荷循环（5 次）

横向极限荷载可取 H_0-T-U_0 曲线明显陡降（即图中位移包络线下凹）的前一级荷载作为横向极限荷载，或取 H_0-$\dfrac{\Delta U_0}{\Delta H_0}$ 曲线的第二直线段终点相对应的荷载作为横向极限荷载。

（2）慢速连续加载法（此法类似于垂直静载试验）。

①试验加载方法。试验荷载分级同水平静载方法。每级荷载施加后维持其恒定值，并按 5min、10min、15min、30min…测读位移值，直至每小时位移小于 0.1mm，开始加下一级荷载。当加载至桩身折断或位移超过 30～40mm 便终止加载。卸载时按加载量的 2 倍逐渐进行，每 30min 卸载一级，并于每次卸载前测读一次位移。

②横向临界荷载和横向极限荷载的确定。根据试验数据绘制 H_0-$\dfrac{\Delta U_0}{\Delta H_0}$ 及 H_0-U_0 曲线，如图 4-15 和图 4-16 所示。

可取曲线 H_0-$\dfrac{\Delta U_0}{\Delta H_0}$ 及 H_0-U_0 上第一拐点的前一级荷载为横向临界荷载，取 H_0-U_0 曲线陡降点的前一级荷载和 H_0-$\dfrac{\Delta U_0}{\Delta H_0}$ 曲线的第二拐点相对应的荷载为横向极限荷载。

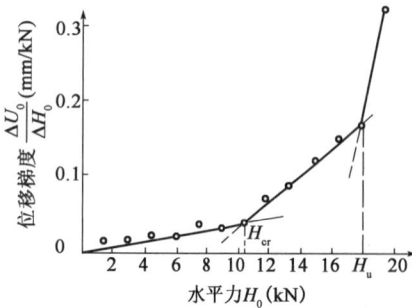

图 4-15 荷载-位移梯度 $\left(H_0 \text{-} \dfrac{\Delta U_0}{\Delta H_0} \right)$

（3）单向循环恒速水平加载法。

此外，国内还采用一种称为单向单循环恒速水平加载法。此方法是每级加载维持 20min，第 0min、5min、10min、15min、20min 测读位移。每级卸载维持 10min，第 0min、5min、10min 测读位移。零荷载维持 30min，第 0min、10min、20min、30min 测读位移。

在恒定荷载下，横向位移急剧增加、位移速率逐渐加快；或已达到试验要求的最大荷载或最大位移时即可终止加载。

此法确定横向临界荷载及横向极限荷载的方法同慢速连续加载法。

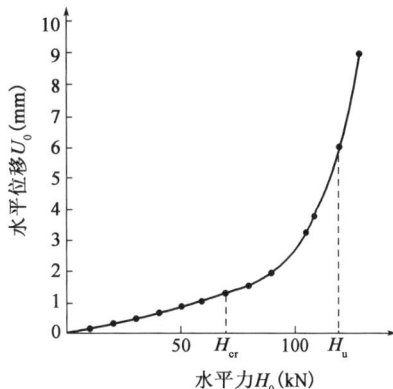

图 4-16 荷载-位移（H_0-U_0）曲线

用上述方法求得的横向极限荷载除以安全系数，即得桩的横轴向承载力特征值，安全系数一般取 2。

用水平静载试验确定单桩横轴向承载力特征值时，还应注意到按上述强度条件确定的极限荷载时的位移，是否超过结构使用要求的水平位移，否则应按变形条件来控制。水平位移特征值可根据桩身材料强度、土发生横向抗力的要求以及墩台顶水平位移和使用要求来确定，目前在水平静载试验中根据《公路桥涵地基与基础设计规范》（JTG 3363—2019）有关的内容可取试桩在地面处水平位移不超过 6mm，定为确定单桩横轴向承载力的判断标准，以满足结构物和桩、土变形安全度要求，这是一种较概略的标准。

2. 分析计算法

此法是根据某些假定而建立的理论（如弹性地基梁理论），计算桩在横向荷载作用下，桩身内力与位移及桩对土的作用力，验算桩身材料和桩侧土的强度与稳定以及桩顶或墩台顶位移等，从而可评定桩的横轴向承载力特征值。

关于桩身的内力与位移计算以及有关验算的内容将在本章第二节中介绍。

第二节　单排桩基桩内力与位移计算

前面已经介绍了单桩的轴向和横轴向承载力特征值的计算方法，本节主要介绍考虑桩与桩侧土体共同承受轴向及横轴向力和弯矩时，桩身内力的计算，从而解决桩的强度问题，并包括桩底端在不同支撑条件下桩顶的位移计算，着重讲述桩在横轴向力作用下内力计算问题。

一、基本概念

（一）文克尔地基模型与弹性地基梁

文克尔地基模型是由文克尔（E. Winkler）于 1867 年提出的。该模型假定地基土表面上任

一点处的变形 s_i 与该点所承受的压力强度 p_i 成正比,而与其他点上的压力无关,即

$$p_i = Cs_i \tag{4-24}$$

式中:C——地基抗力系数,也称地基系数(kN/m^3)。

文克尔地基模型是把地基视为在刚性基座上由一系列侧面无摩擦的土柱组成,并可以用一系列独立的弹簧来模拟,如图4-17a)所示。其特征是地基仅在荷载作用区域下发生与压力成正比例的变形,在区域外的变形为零。基底反力分布图形与地基表面的竖向位移图形相似[图4-17b)、c)]。显然当基础的刚度很大,受力后不发生挠曲,则按照文克尔地基的假定,基底反力成直线分布[图4-17c)]。受中心荷载时,则为均匀分布。将设置在文克尔地基上的梁称为弹性地基梁。

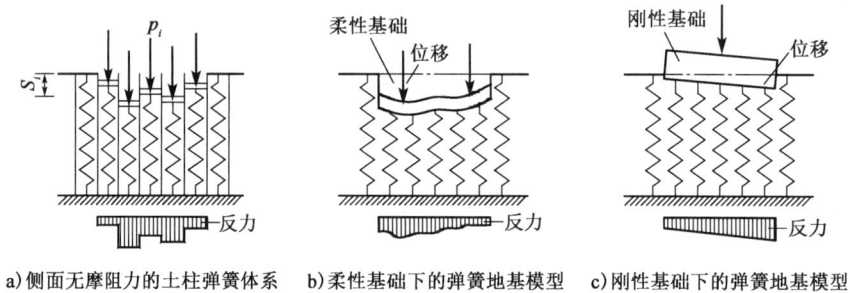

a)侧面无摩阻力的土柱弹簧体系　　b)柔性基础下的弹簧地基模型　　c)刚性基础下的弹簧地基模型

图4-17　文克尔地基模型示意

(二)桩的弹性地基梁解法

关于桩在横轴向荷载作用下,桩身内力和位移的计算,国内外学者曾提出了许多方法,现在较普遍采用的是将桩视为弹性地基上的梁。这是因为在桩顶受到轴向力、横轴向力和弯矩作用时,如果略去轴向力的影响,桩就可以看作一个设置在弹性地基中的竖梁(若作用于杆的力或弯矩均与杆的轴线相垂直,并使该杆发生弯曲,这杆就称为梁)。求解其内力的方法有3种:

(1)直接用数学方法解桩在受荷后的弹性挠曲微分方程,再从力的平衡条件求出桩各部分的内力和位移(这是当前广泛采用的弹性地基梁解法);

(2)是将桩分成有限段,用差分式近似代替桩的弹性挠曲微分方程中的各阶导数式而求解的有限差分法;

(3)将桩划分为有限单元的离散体,然后根据力的平衡和位移协调条件,解得桩的各部分内力和位移的有限元法。本节主要介绍当前较普遍采用的第一种方法。以文克尔假定为基础的弹性地基梁解法从土力学的观点认为是不严密的,但由于其概念明确,方法较简单,所得的结果一般较安全,故国内外使用得较为普遍,我国铁路、水利、公路在桩的设计中常用的"m"法、"K"法、"C 值"法和"常数"法等都属于此种方法。

(三)土的弹性抗力及地基系数分布规律

1. 土的弹性抗力

在桩基础计算中,首先应确定桥梁上部荷载通过承台传递给每根基桩桩顶(或地面处,或

局部冲刷线处)的外力(包括轴向力 N、横轴向力 H 和力矩 M),如图 4-18 所示,然后再计算各桩的内力及其分布规律。由于桩基础在荷载作用下要产生位移(包括竖向位移、水平位移及转角),桩的竖向位移已如前述,引起桩侧摩阻力和桩端阻力;桩身的水平位移及转动挤压桩身侧向土体,侧向土体必然对桩产生一横向土抗力 p_{zx}(图 4-19),它起抵抗外力和稳定桩基础的作用,土的这种作用力称为土的弹性抗力。p_{zx} 即指深度为 z 处的横向(x 轴向)土抗力,其大小取决于:土体的性质、桩身的刚度大小、桩的截面形状、桩与桩的间距、桩的入土深度及荷载大小等因素。因此它的分布规律也是较为复杂的。为了便于分析,将地基土视作弹性变形介质,而把桩视为置于这种弹性变形介质中的梁,并认为土的横向抗力 p_{zx} 与土的横向变形成正比,如图 4-19 所示。桩基中第 i 根桩在荷载 P_i、Q_i、M_i 作用下产生弹性挠曲,若已知深度 z 处桩的横向位移为 x_z(也等于该点土的横向变形值),按上述假定该点土的弹性抗力 p_{zx} 即为

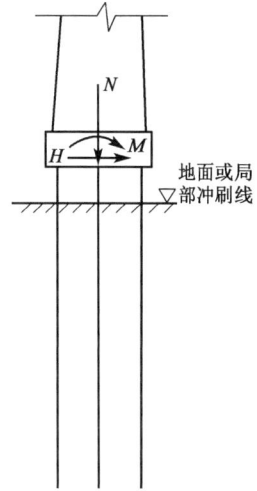

图 4-18 基桩桩顶所受外力
N-轴向力;H-横轴向力;M-力矩

$$p_{zx} = Cx_z \tag{4-25}$$

式中:p_{zx}——土的横轴向弹性抗力(kN/m^2);

　　C——横轴向地基系数(kN/m^3),表示单位面积土在弹性限度内产生单位变形时所需施加的力,它的大小与地基土的类别、物理力学性质有关,因此如能测得 x_z 并知道 C 值,p_{zx} 值即可解得;

　　x_z——深度 z 处桩的横向位移(m)。

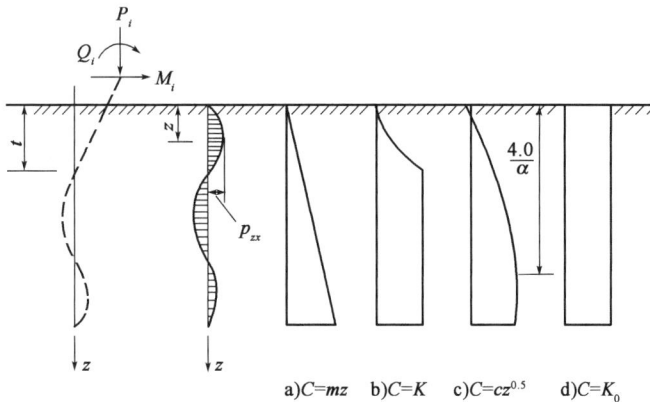

a)$C=mz$　　b)$C=K$　　c)$C=cz^{0.5}$　　d)$C=K_0$

图 4-19 地基系数变化规律

2. 地基系数的分布规律

地基系数 C 值可通过各种试验方法取得,如可以对试桩在不同类别土质及不同深度进行实测 x_z 及 p_{zx} 后反算得到。大量试验表明,地基系数 C 值的大小不仅与土的类别及其性质有关,而且也随深度而变化。由于实测的客观条件和分析方法不尽相同等原因,所采用的 C 值随深度的分布规律也各有不同。目前国内采用的地基系数分布规律的几种不同图式如图 4-19

所示。它们对地基系数 C 分别作如下分析。

（1）认为地基系数 C 随深度呈正比例增加。

如图 4-19a）所示，即

$$C = mz \tag{4-26}$$

式中：m——非岩石地基水平抗力系数的比例系数（kN/m^4），其值可根据试验实测确定，无实
测数据时，可参考表 4-14 中的数值选用；对于岩石地基抗力系数 C_0，认为不随岩
层面的埋藏深度而变，可参考表 4-15 采用。

按此图式计算得到的地基系数 C 应用在计算桩各截面内力的方法通常简称为"m"法。

非岩石类土的 m 值 表 4-14

土 的 名 称	m（kN/m^4）
流塑性黏土 $I_L > 1.0$，软塑黏性土 $1.0 \geq I_L > 0.75$，淤泥	3000 ~ 5000
可塑黏性土 $0.75 \geq I_L > 0.25$，粉砂，稍密粉土	5000 ~ 10000
硬塑黏性土 $0.25 \geq I_L \geq 0$，细砂，中砂，中密粉土	10000 ~ 20000
坚硬，半坚硬黏性土 $I_L \leq 0$，粗砂，密实粉土	20000 ~ 30000
砾砂，角砾，圆砾，碎石，卵石	30000 ~ 80000
密实卵石夹粗砂，密实漂、卵石	80000 ~ 120000

注：1. 本表用于基础在地面处位移最大值不应超过 6mm 的情况，当位移较大时，应适当降低。

　　2. 当基础侧面设有斜坡或台阶，且其坡度（横：竖）或台阶总宽与深度之比大于 1:20 时，表中 m 值应减小 50%
取用。

岩石地基抗力系数 C₀ 表 4-15

编　号	f_{rk}（kPa）	C_0（kN/m^4）
1	1000	300000
2	≥ 25000	15000000

注：f_{rk} 为岩石的单轴饱和抗压强度标准值，对于无法进行饱和的试样，可采用天然含水率单轴抗压强度标准值，当
1000kPa $< f_{rk} < 25000$kPa 时，可用直线内插法确定 C_0。

（2）认为地基系数 C 自地面沿深度成曲线增加。

当深度达到桩挠曲曲线第一个零点[图 4-19b）]后，地基系数不再增加而为常数。在深度
t 以下时

$$C = K \tag{4-27}$$

式中：K——可按实测确定的常数（kN/m^3）。

按此假定计算桩在外荷载作用下各截面内力的方法，通常简称为"K"法。

（3）认为地基系数 C 随深度呈抛物线规律增加。

当无量纲入土深度达到 40 后 C 为常数，如图 4-19c）所示，即

$$C = cz^{0.5} \tag{4-28}$$

式中：c——地基系数的比例系数（$kN/m^{3.5}$），其值可根据试验实测确定。

按此假定计算桩在外荷载作用下各截面内力的方法，通常简称为"C 值"法。

（4）认为地基系数 C 随深度为均匀分布，不随深度变化。

如图 4-19d)所示，即

$$C = K_0 \tag{4-29}$$

式中：K_0——常数（kN/m^3）。

按此假定计算桩在外荷载作用下各截面内力的方法，通常简称为"常数"法。

上述 4 种方法各自假定的地基系数随深度分布规律不同，其计算结果有所差异。实测资料分析表明，对桩的变位和内力有主要影响的为上部土层，故宜根据土质特性来选择恰当的计算方法。对于超固结黏土和地面为硬壳层的情况，可考虑选用"常数"法；对于其他土质一般可选用"m"法或"C 值"法；当桩径大、容许位移小时宜选用"C 值"法。由于"K"法误差较大，现较少采用。

本节着重介绍的是"m"法。"m"法是当前我国使用较广并列入《公路桥涵地基与基础设计规范》（JTG 3363—2019）中的方法。它是考虑土的弹性抗力在地面或最大冲刷线处为零，随深度成直线比例增长的计算法。

3. 关于"m"值

（1）由于桩的水平荷载与位移关系是非线性的，即 m 值随荷载与位移增大而有所减少，因此，m 值的确定要与桩的实际荷载相适应。一般结构在地面处最大位移不超过 10mm，对位移敏感的结构及桥梁结构为 6mm。位移较大时，应适当降低表列 m 值。

（2）当基础侧面为数种不同土层时，将地面或局部冲刷线以下 h_m 深度内各土层的 m_i，换算为一个当量 m 值，作为整个深度的 m 值。

事实上，桩周土对抵抗水平力所起的作用与其本身的变形有关：土体压缩得越厉害，其抗力发挥的程度越大，而自桩顶向下，桩的水平方向变形是越来越小的，土体埋深越大，土体对抵抗水平荷载的贡献应该是越低，其 m 值的大小也越不重要。在当量 m 值的换算中，埋深越大的土体在换算中所应分配的权重应越低。

当 h_m 深度内存在两层不同土时（图 4-20），《公路桥涵地基与基础设计规范》（JTG 3363—2019）根据桩身位移挠曲线的形状[图 4-21a)]，并考虑深度影响建立综合权函数进行 m 值的换算。尽管该方法大大提高了计算精度，但是采用该换算方法需要进行迭代计算，其过程复杂，不适用于手工计算。因此将权函数简化为一个三角形，如图 4-21b)所示，换算深度为：

$$h_m = 2(d+1)，且 h_m \leqslant h \tag{4-30}$$

式中：d——桩直径。

权值最大点深度 h' 为：

$$h' = 0.2h_m \tag{4-31}$$

故双层地基当量 m 值为：

$$m = \frac{m_1 A_1 + m_2 A_2}{A_1 + A_2} \tag{4-32}$$

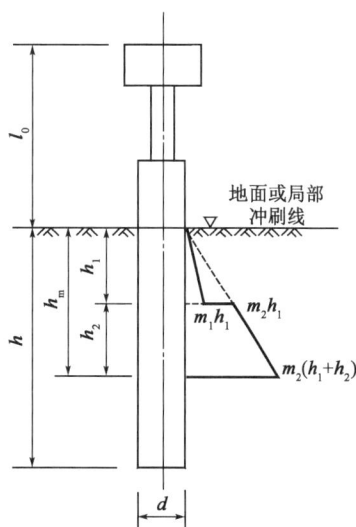

图 4-20 两层土 m 值换算示意图

进一步简化可得 m 值的计算式为：

$$m = \gamma m_1 + (1 - \gamma) m_2 \tag{4-33}$$

$$\gamma = \begin{cases} 5(h_1/h_m)^2 & (h_1/h_m \leqslant 0.2) \\ 1 - 1.25(1 - h_1/h_m)^2 & (h_1/h_m > 0.2) \end{cases} \tag{4-34}$$

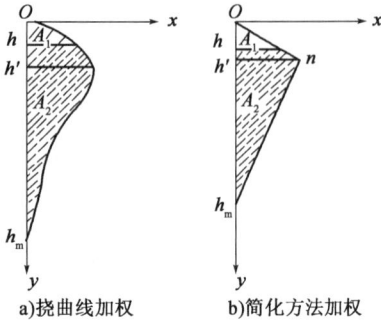

a）挠曲线加权   b）简化方法加权

图 4-21　权函数比较

式中：γ——深度影响系数。

（3）桩端地基竖向抗力系数 C_0 按下式计算：

$$C_0 = m_0 h \tag{4-35}$$

式中：m_0——桩端处的地基竖向抗力系数的比例系数，近似取 $m_0 = m$；

h——桩的入土深度，当 $h \leqslant 10\text{m}$ 时，按 10m 计算。

（四）单桩、单排桩与多排桩

计算基桩内力先应根据作用在承台底面的外力轴向力 N、横轴向力 H 及力矩 M 计算出作用在每根桩顶的荷载 P_i、Q_i、M_i 值，然后才能计算各桩在荷载作用下的各截面的内力与位移。桩基础按其横轴向力 H（又称水平外力）与基桩的布置方式之间的关系可归纳为单桩、单排桩与多排桩两类来计算各桩顶的受力，如图 4-22 所示。

所谓单桩、单排桩是指在与水平外力 H 作用方向相垂直的平面上，由单根或多根桩组成的单根（排）桩的桩基础，如图 4-22a）、b）所示。对于单桩来说，上部荷载全由它承担。对于单排桩（如图 4-23 所示桥墩作纵向验算时），若作用于承台底面中心的荷载为 N、H、M_y，当竖向力 N 在承台横桥向无偏心时，则可以假定它们是平均分布在各桩上的，即

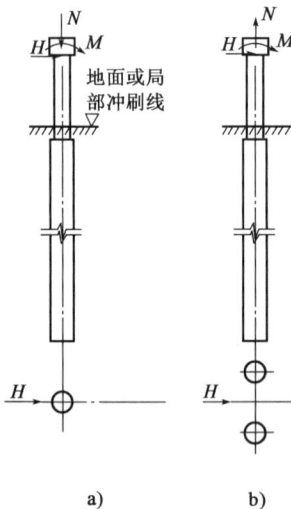

图 4-22　单桩、单排桩及多排桩

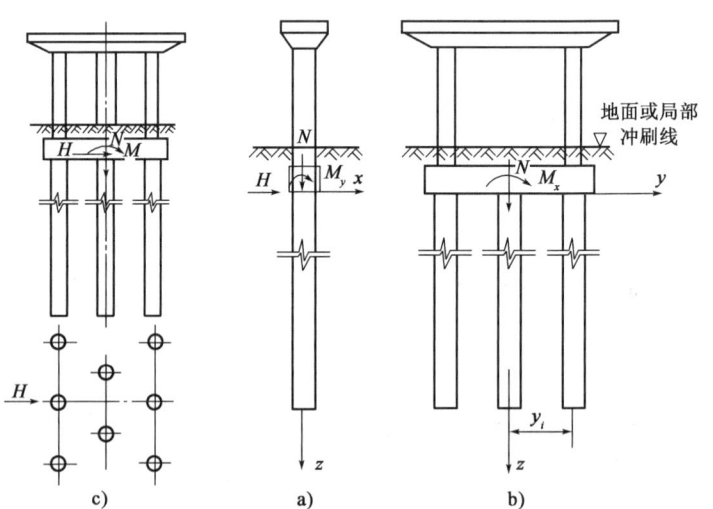

图 4-23　单排桩的计算

$$P_i = \frac{N}{n} ; Q_i = \frac{H}{n} ; M_i = \frac{M_y}{n} \tag{4-36}$$

式中：n——桩的根数。

当竖向力 N 在承台横桥向有偏心距 e 时，如图 4-23b)所示，即 $M_x = Ne$，因此，每根桩上的竖向作用力 p_i 可按偏心受压计算，即

$$p_i = \frac{N}{n} \pm \frac{M_x \cdot y_i}{\sum y_i^2} \tag{4-37}$$

当按上述公式求得单排桩中每根桩桩顶作用力后，即可以单桩形式计算桩的内力。

多排桩如图 4-22c)所示，指在水平外力作用平面内有一根以上桩的桩基础（对单排桩作横桥向验算时也属此情况），不能直接应用上述公式计算各桩顶作用力，须应用结构力学方法另行计算，详见本章第三节。

(五)桩的计算宽度

试验研究分析可得，桩在水平外力作用下，除了桩身宽度范围内桩侧土受挤压外，在桩身宽度以外一定范围内的土体都受到一定程度的影响（空间受力），且对于不同截面形状的桩，土受到的影响范围大小也不同。为了将空间受力简化为平面受力，并综合考虑桩的截面形状及多排桩桩间的相互遮蔽作用，将桩的设计宽度（直径）换算成相当实际工作条件下，矩形截面桩的宽度 b_1，称为桩的计算宽度。根据已有的试验资料分析，《公路桥涵地基与基础设计规范》(JTG 3363—2019)认为计算宽度 b_1 的换算方法可用下式表示：

当 $d \geqslant 1.0$m 时

$$b_1 = k k_f (d + 1) \tag{4-38}$$

当 $d < 1.0$m 时

$$b_1 = k k_f (1.5d + 0.5) \tag{4-39}$$

对单排桩或 $L_1 \geqslant 0.6 h_1$ 的多排桩

$$k = 1.0 \tag{4-40}$$

对 $L_1 < 0.6 h_1$ 的多排桩

$$k = b_2 + \frac{1 - b_2}{0.6} \cdot \frac{L_1}{h_1} \tag{4-41}$$

式中：b_1——桩的计算宽度(m)，$b_1 \leqslant 2d$；

$\quad d$——桩径或垂直于水平外力方向桩的宽度(m)；

$\quad k_f$——桩形状换算系数，视水平力作用面(垂直于水平力作用方向)的形状而定，圆形或圆端截面 $k_f = 0.9$；矩形截面 $k_f = 1.0$；对圆端形与矩形组合截面 $k_f = \left(1 - 0.1\dfrac{a}{d}\right)$ (图 4-24)；

$\quad k$——平行于水平力作用方向的桩间相互影响系数；

$\quad L_1$——平行于水平力作用方向的桩间净距(图 4-25)；梅花形布桩时，若相邻两排桩中心距 c 小于 $(d+1)$m 时，可按水平力作用面各桩间的投影距离计算(图 4-26)；

$\quad h_1$——地面或局部冲刷线以下桩的计算埋入深度，可取 $h_1 = 3(d+1)$，但不得大于地面或局部冲刷线以下桩入土深度 h(图 4-25)；

b_2——与平行于水平力作用方向的一排桩的桩数 n 有关的系数,当 $n=1$ 时,$b_2=1.0$;

　　　　$n=2$ 时,$b_2=0.6$;$n=3$ 时,$b_2=0.5$;$n\geqslant 4$ 时,$b_2=0.45$。

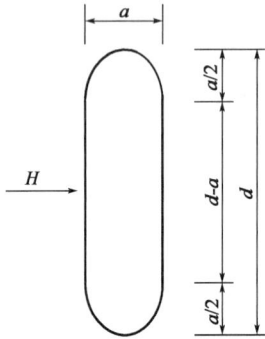

图 4-24　计算圆端形与矩形组合截面 k_f 值示意

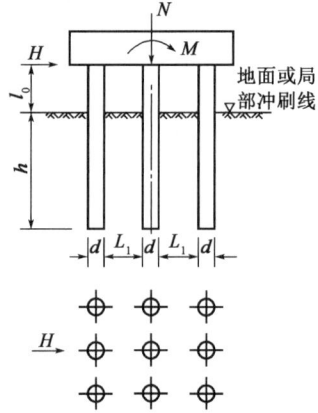

图 4-25　计算 k 值时桩基示意

在桩平面布置中,若平行于水平力作用方向的各排桩数量不等,且相邻(任何方向)桩间中心距等于或大于 $d+1$,则所验算各桩可取同一个桩间影响系数 k,其值按桩数量最多的一排选取。此外,若垂直于水平力作用方向上有 n 根桩时,计算宽度取 nb_1,但须满足 $nb_1\leqslant B+1$(B 为 n 根桩垂直于水平力作用方向的外边缘距离,以 m 计,图 4-27)。为了不使计算宽度重叠,要求以上综合计算得出的 $b_1\leqslant 2d$。

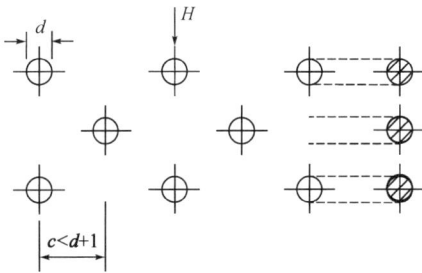

图 4-26　梅花形示意

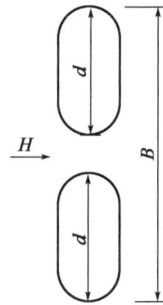

图 4-27　单桩宽度计算示意

(六)刚性桩与弹性桩

为了计算方便,可根据桩与土的相对刚度将桩划分为刚性桩和弹性桩。当桩的入土深度 $h>\dfrac{2.5}{\alpha}$(α 称为桩的变形系数)时,桩的相对刚度小,必须考虑桩的实际刚度,按弹性桩来计算。其中,$\alpha=\sqrt[5]{\dfrac{mb_1}{EI}}$[详见式(4-43)]。一般情况下,桥梁桩基础的桩多属弹性桩。当桩的入土深度 $h\leqslant\dfrac{2.5}{\alpha}$ 时,则桩的相对刚度较大,可按刚性桩计算,如沉井基础可看作刚性桩构件,其内力位移计算方法详见第五章。

二、"*m*"法弹性单排桩基桩内力和位移计算

考虑到桩与土共同承受外荷载的作用,为便于计算,在基本理论中做了一些必要的假定,如下:

(1)将土视作弹性变形介质,它具有随深度成比例增长的地基系数($C = mz$);

(2)土的应力应变关系符合文克尔假定;

(3)计算公式推导时,不考虑桩与土之间的摩擦力和黏结力;

(4)桩与桩侧土在受力前后始终密贴;

(5)桩为弹性构件。

下面先讨论单桩在地面或局部冲刷线处受水平外力 Q_0 及弯矩 M_0 作用下桩的内力计算方法。

(一)桩的挠曲微分方程的建立及其解

如图 4-28 所示,桩的入土深度为 h,桩的宽度为 b(或直径),桩的计算宽度为 b_1。桩顶若与地面(或局部冲刷线)平齐,且已知桩顶在荷载为水平力 Q_0 及弯矩 M_0 作用下,产生横向位移 x_0、转角 φ_0。我们对桩因 Q_0、M_0 作用,在不同深度 z 处产生的 φ_z、M_z、Q_z、x_z 的符号规定为:横向位移 x_z(挠度)顺 x 轴正方向为正值;转角 φ_z 逆时针方向为正值;弯矩 M_z 左侧受拉为正值;横向力 Q_z 顺 x 轴正方向为正值,如图 4-29 所示。

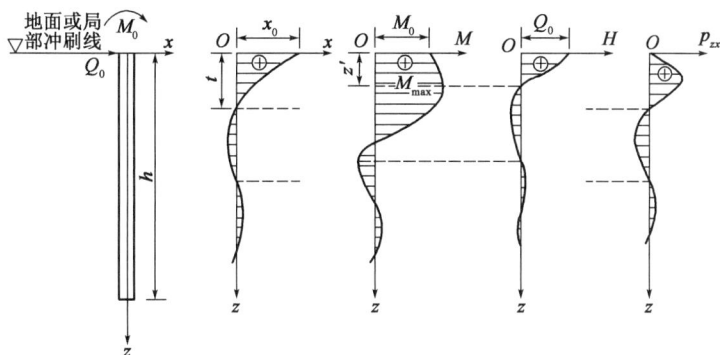

图 4-28　桩身受力示意图

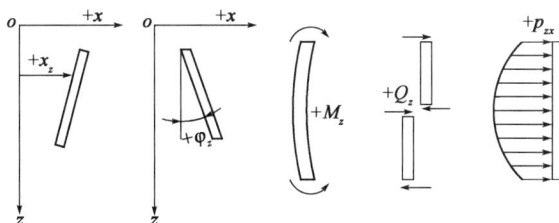

图 4-29　力与位移的符号规定

在此情况下,将桩视为产生弹性挠曲的梁,由材料力学可知,梁轴的挠曲与梁上分布荷载

q 之间的关系式,即梁的挠曲微分方程为

$$EI \frac{\mathrm{d}^4 x}{\mathrm{d}z^4} = -q \tag{4-42}$$

由图 4-28 可知,在深度 z 处 $q = p_{zx} \cdot b_1$,而 $p_{zx} = Cx_z$[式(4-25)],且假定地基系数 $C = mz$[式(4-26)],代入式(4-42)则得

$$EI \frac{\mathrm{d}^4 x_z}{\mathrm{d}z^4} = -q = -p_{zx} \cdot b_1 = -Cx_z b_1 = -mzx_z b_1 \tag{4-43}$$

式中:EI——桩身抗弯刚度;

$\qquad b_1$——桩的计算宽度;

$\qquad m$——地基系数的比例系数;

$\qquad x_z$——桩在深度 z 处的横向位移。

将式(4-43)整理可得

$$\frac{\mathrm{d}^4 x_z}{\mathrm{d}z^4} + \frac{mb_1}{EI} z x_z = 0 \tag{4-44}$$

如设 $\alpha = \sqrt[5]{\dfrac{mb_1}{EI}}$,$\alpha$ 为桩的变形系数(m^{-1})。代入式(4-43)则得

$$\frac{\mathrm{d}^4 x_z}{\mathrm{d}z^4} = -\alpha^5 z x_z \tag{4-45}$$

并知道当 $z = 0$,即地面(或局部冲刷线)处桩的变形和内力分别为

$$\left. \begin{array}{r} x_{(z=0)} = x_0 \\ \dfrac{\mathrm{d}x}{\mathrm{d}z}_{(z=0)} = \varphi_0 \\ EI \dfrac{\mathrm{d}^2 x}{\mathrm{d}z^2}_{(z=0)} = M_0 \\ EI \dfrac{\mathrm{d}^3 x}{\mathrm{d}z^3}_{(z=0)} = Q_0 \end{array} \right\} \tag{4-46}$$

式(4-45)为 4 阶线性变系数常微分方程,可以利用高等数学幂级数展开的方法求解。

设

$$x = \sum_{i=0}^{\infty} a_i z^i = a_0 + a_1 z + a_2 z^2 + \cdots + a_i z^i \tag{4-47}$$

式中:a_i——待定系数。

对式(4-47)求 1 阶导数,得

$$\frac{\mathrm{d}x}{\mathrm{d}z} = \sum_{i=1}^{\infty} a_i \cdot i \cdot z^{i-1} \tag{4-48}$$

对式(4-47)求 2 阶导数,得

$$\frac{\mathrm{d}^2 x}{\mathrm{d}z^2} = \sum_{i=2}^{\infty} a_i \cdot i \cdot (i-1) z^{i-2} \tag{4-49}$$

对式(4-47)求 3 阶导数,得

$$\frac{\mathrm{d}^3 x}{\mathrm{d}z^3} = \sum_{i=3}^{\infty} a_i \cdot i \cdot (i-1)(i-2) z^{i-3} \tag{4-50}$$

对式(4-47)求 4 阶导数,得

$$\frac{\mathrm{d}^4 x}{\mathrm{d}z^4} = \sum_{i=4}^{\infty} a_i \cdot i \cdot (i-1)(i-2)(i-3) z^{i-4} \tag{4-51}$$

因为假定式(4-45)之解为一幂级数,因此可将式(4-51)及式(4-47)代入式(4-45),得恒等式如下:

$$\sum_{i=4}^{\infty} (i-3)(i-2)(i-1) i \cdot a_i z^{i-4} \equiv -\alpha^5 z \sum_{i=0}^{\infty} a_i z^i \equiv -\alpha^5 \sum_{i=0}^{\infty} a_i z^{i+1} \tag{4-52}$$

展开式(4-52)得

$$1 \times 2 \times 3 \times 4 a_4 z^0 + 2 \times 3 \times 4 \times 5 a_5 z + 3 \times 4 \times 5 \times 6 a_6 z^2 + 4 \times 5 \times 6 \times 7 a_7 z^3 + \cdots +$$

$$(n+1)(n+2)(n+3)(n+4) a_{n+4} z^n + \cdots$$

$$\equiv -\alpha^5 (a_0 z + a_1 z^2 + a_2 z^3 + a_3 z^4 + \cdots + a_n z^{n+1} + \cdots)$$

此恒等式两边 z 之幂相同的项,其系数应该相等。因此,比较两边系数可得

$$\left.\begin{aligned}
a_4 &= 0 \\
a_5 &= -\alpha^5 \frac{1}{5!} a_0 \\
a_6 &= -\alpha^5 \frac{2!}{6!} a_1 \\
a_7 &= -\alpha^5 \frac{3!}{7!} a_2 \\
a_8 &= -\alpha^5 \frac{4!}{8!} a_3 \\
a_9 &= -\alpha^5 \frac{5!}{9!} a_4 \\
&\cdots
\end{aligned}\right\} \tag{4-53}$$

由此可见除 $a_4 = 0$ 外,其他各系数的通式为

$$a_{n+4} = -\alpha^5 \frac{a_{n-1}}{(n+4)(n+3)(n+2)(n+1)} \tag{4-54}$$

式中:$n = 1, 2, 3, 4 \cdots$。

根据式(4-53)及式(4-54),各系数可改写为

$a_{5k-1} = 0$,因为,a_{5k-1} 是 a_4 的倍数,而 $a_4 = 0$,故 a_{5k-1} 亦等于零。

a_{5k} 是 a_0 的倍数,例如 $a_5 = -\alpha^5 \frac{a_0}{5!}$,故当 $k = 2$ 时,则 $a_{10} = -\alpha^5 \frac{a_5}{7 \times 8 \times 9 \times 10}$,将 a_5 代入则

得:$a_{10} = -\alpha^5 \frac{6}{6 \times 7 \times 8 \times 9 \times 10} a_5 = (-1)^2 (\alpha^5)^2 \frac{6}{10!} a_0$;又如当 $k = 3$ 时,$a_{15} = -\alpha^5 \cdot$

$\frac{1}{15 \times 14 \times 13 \times 12} a_{10}$,将 a_{10} 代入则得:$a_{15} = (-1)^3 (\alpha^5)^3 \left(\frac{6 \times 11}{15!} a_0\right)$。

同理 a_{5k+1} 是 a_1 的倍数;a_{5k+2} 是 a_2 的倍数;a_{5k+3} 是 a_3 的倍数……若用通式来表示,则各系数可写为

$$a_{5k-1} = 0$$

$$a_{5k} = (-1)^k (\alpha^5)^k \frac{(5k-4)!!}{(5k)!} a_0$$

$$a_{5k+1} = (-1)^k (\alpha^5)^k \frac{(5k-3)!!}{(5k+1)!} a_1$$

$$a_{5k+2} = (-1)^k (\alpha^5)^k \frac{2(5k-2)!!}{(5k+2)!} a_2$$

$$a_{5k+3} = (-1)^k (\alpha^5)^k \frac{6(5k-1)!!}{(5k+3)!} a_3$$

(4-55)

式中：$k = 1,2,3,4,5\cdots$。

式(4-55)中的 $(5k-4)!!$、$(5k-3)!!$、$(5k-2)!!$ 及 $(5k-1)!!$ 等均作为一种符号，它所表示的意义如下：

$$(5k-4)!! = (5k-4)[5(k-1)-4][5(k-2)-4]\cdots(5\times3-4)(5\times2-4)(5\times1-4)$$

例如假定 $k=4$，则

$$(5k-4)!! = (5\times4-4)(5\times3-4)(5\times2-4)(5\times1-4) = 16\times11\times6\times1$$

由式(4-47)及式(4-55)可得

$$x = \sum_{i=0}^{\infty} a_i z^i = a_0 + a_1 z + a_2 z^2 + a_3 z^3 + a_4 z^4 + \cdots$$

$$= a_0 + a_1 z + a_2 z^2 + a_3 z^3 + \sum_{k=1}^{\infty} a_{5k-1} \cdot z^{5k-1} + \sum_{k=1}^{\infty} a_{5k} \cdot z^{5k} +$$

$$\sum_{k=1}^{\infty} a_{5k+1} \cdot z^{5k+1} + \sum_{k=1}^{\infty} a_{5k+2} \cdot z^{5k+2} + \sum_{k=1}^{\infty} a_{5k+3} \cdot z^{5k+3}$$

$$= a_0 + a_1 z + a_2 z^2 + a_3 z^3 + 0 + \sum_{k=1}^{\infty} (-1)^k (\alpha^5)^k \times \frac{(5k-4)!!}{(5k)!} a_0 z^{5k} +$$

$$\sum_{k=1}^{\infty} (-1)^k (\alpha^5)^k \cdot \frac{(5k-3)!!}{(5k+1)!} a_1 z^{5k+1} + \sum_{k=1}^{\infty} (-1)^k (\alpha^5)^k \cdot \frac{2(5k-2)!!}{(5k+2)!} a_2 z^{5k+2} +$$

$$\sum_{k=1}^{\infty} (-1)^k (\alpha^5)^k \cdot \frac{6(5k-1)!!}{(5k+3)!} a_3 z^{5k+3}$$

$$= a_0 \left[1 + \sum_{k=1}^{\infty} (-1)^k (\alpha^5)^k \cdot \frac{(5k-4)!!}{(5k)!} z^{5k} \right] + a_1 \left[z + \sum_{k=1}^{\infty} (-1)^k (\alpha^5)^k \cdot \frac{(5k-3)!!}{(5k+1)!} z^{5k+1} \right] +$$

$$a_2 \left[z^2 + \sum_{k=1}^{\infty} (-1)^k (\alpha^5)^k \cdot \frac{2(5k-2)!!}{(5k+2)!} z^{5k+2} \right] + a_3 \left[z^3 + \sum_{k=1}^{\infty} (-1)^k (\alpha^5)^k \cdot \frac{6(5k-1)!!}{(5k+3)!} z^{5k+3} \right]$$

$$= a_0 X_0(z) + a_1 X_1(z) + a_2 X_2(z) + a_3 X_3(z)$$

(4-56)

将初始条件代入式(4-56)便可得到系数 a_0、a_1、a_2 和 a_3。

当 $z=0$ 时，由式(4-56)得

$$x_0 = a_0 X_0(0) + a_1 X_1(0) + a_2 X_2(0) + a_3 X_3(0)$$

式中：

$$X_0(z) = 1 + \sum_{k=1}^{\infty} (-1)^k (\alpha^5)^k \cdot \frac{(5k-4)!!}{(5k)!} z^{5k}$$

$$= 1 + \sum_{k=1}^{\infty} (-1)^k \cdot \frac{(5k-4)!!}{(5k)!} (\alpha z)^{5k}$$

$$X_1(z) = z + \sum_{k=1}^{\infty} (-1)^k (\alpha^5)^k \cdot \frac{(5k-3)!!}{(5k+1)!} z^{5k+1}$$

$$= z + \sum_{k=1}^{\infty} (-1)^k \cdot \frac{(5k-3)!!}{(5k+1)!} \cdot \frac{1}{\alpha} (\alpha z)^{5k+1} \tag{4-57}$$

$$X_2(z) = z^2 + \sum_{k=1}^{\infty} (-1)^k (\alpha^5)^k \cdot \frac{2(5k-2)!!}{(5k+2)!} z^{5k+2}$$

$$= z^2 + \sum_{k=1}^{\infty} (-1)^k \cdot \frac{2(5k-2)!!}{(5k+2)!} \cdot \frac{1}{\alpha^2} (\alpha z)^{5k+2}$$

$$X_3(z) = z^3 + \sum_{k=1}^{\infty} (-1)^k (\alpha^5)^k \cdot \frac{6(5k-1)!!}{(5k+3)!} z^{5k+3}$$

$$= z^3 + \sum_{k=1}^{\infty} (-1)^k \cdot \frac{6(5k-1)!!}{(5k+3)!} \cdot \frac{1}{\alpha^3} (\alpha z)^{5k+3}$$

将式(4-57)代入上式可得

$$X_0(0) = 1$$
$$X_1(0) = 0$$
$$X_2(0) = 0$$
$$X_3(0) = 0$$

故
$$a_0 = x_0$$

将式(4-57)中每一式子求 1 阶导数,并将 $z = 0$ 代入,显然除 $X_1(z)$ 导数中第一项不为零外,其余皆等于零,故由式(4-56)可得

$$\frac{\mathrm{d}x}{\mathrm{d}z}_{(z=0)} = a_1$$

根据式(4-46)可知,$\frac{\mathrm{d}x}{\mathrm{d}z}_{(z=0)} = \varphi_0$,所以 $a_1 = \varphi_0$,同理可得

$$\frac{\mathrm{d}^2 x}{\mathrm{d}z^2}_{(z=0)} = \frac{M_0}{EI} = 2a_2$$

$$a_2 = \frac{1}{2} \cdot \frac{M_0}{EI}$$

$$\frac{\mathrm{d}^3 x}{\mathrm{d}z^3}_{(z=0)} = \frac{Q_0}{EI} = 6a_3$$

$$a_3 = \frac{1}{6} \cdot \frac{Q_0}{EI}$$

将 a_0、a_1、a_2、a_3 各值代入式(4-56),则得深度为 z 处桩的横向位移(挠度)值为

$$x_z = x_0 X_0(z) + \varphi_0 X_1(z) + \frac{1}{2} \cdot \frac{M_0}{EI} X_2(z) + \frac{1}{6} \cdot \frac{Q_0}{EI} X_3(z) \tag{4-58}$$

由此即得到桩的轴线挠曲方程为

$$x_z = x_0 A_1 + \frac{\varphi_0}{\alpha} B_1 + \frac{M_0}{\alpha^2 EI} C_1 + \frac{Q_0}{\alpha^3 EI} D_1 \tag{4-59}$$

由基本假定已知 $p_{zx} = Cx_z = mzx_z$，将式（4-59）代入此式，则在深度 z 处的桩侧土的弹性抗力计算式为

$$p_{zx} = mz\left(x_0 A_1 + \frac{\varphi_0}{\alpha}B_1 + \frac{M_0}{\alpha^2 EI}C_1 + \frac{Q_0}{\alpha^3 EI}D_1\right) \tag{4-60}$$

式中：

$$A_1 = X_0(z)$$

$$= 1 + \sum_{k=1}^{\infty}(-1)^k \cdot \frac{(5k-4)!!}{(5k)!}(\alpha z)^{5k}$$

$$= 1 - \frac{(\alpha z)^5}{5!} + \frac{1 \times 6}{10!}(\alpha z)^{10} - \frac{1 \times 6 \times 11}{15!}(\alpha z)^{15} +$$

$$\frac{1 \times 6 \times 11 \times 16}{20!}(\alpha z)^{20} - \frac{1 \times 6 \times 11 \times 16 \times 21}{25!}(\alpha z)^{25} + \cdots$$

$$B_1 = \alpha X_1(z)$$

$$= \alpha\left[z + \sum_{k=1}^{\infty}(-1)^k \frac{(5k-3)!!}{(5k+1)!} \cdot \frac{1}{\alpha}(\alpha z)^{5k+1}\right]$$

$$= \alpha z - \frac{2}{6!}(\alpha z)^6 + \frac{2 \times 7}{11!}(\alpha z)^{11} - \cdots$$

$$C_1 = \frac{\alpha^2}{2}X_2(z)$$

$$= \frac{\alpha^2}{2}\left[z^2 + \sum_{k=1}^{\infty}(-1)^k \frac{(5k-2)!!}{(5k+2)!} \cdot \frac{2}{\alpha^2}(\alpha z)^{5k+2}\right]$$

$$= \frac{1}{2!}(\alpha z)^2 - \frac{3}{7!}(\alpha z)^7 + \frac{3 \times 8}{12!}(\alpha z)^{12} - \cdots$$

$$D_1 = \frac{\alpha^3}{6}X_3(z)$$

$$= \frac{\alpha^3}{6}\left[z^3 + \sum_{k=1}^{\infty}(-1)^k \frac{(5k-1)!!}{(5k+3)!} \cdot \frac{6}{\alpha^3}(\alpha z)^{5k+3}\right]$$

$$= \frac{1}{3!}(\alpha z)^3 - \frac{4}{8!}(\alpha z)^8 + \frac{4 \times 9}{13!}(\alpha z)^{13} - \frac{4 \times 9 \times 14}{18!}(\alpha z)^{18} + \cdots$$

将式（4-59）求 1 阶导数则得

$$\frac{dx_z}{dz} = \varphi_z = x_0 \alpha A_2 + \frac{\varphi_0}{\alpha}\alpha B_2 + \frac{M_0}{\alpha^2 EI}\alpha C_2 + \frac{Q_0}{\alpha^3 EI}\alpha D_2$$

或

$$\frac{\varphi_z}{\alpha} = x_0 A_2 + \frac{\varphi_0}{\alpha}B_2 + \frac{M_0}{\alpha^2 EI}C_2 + \frac{Q_0}{\alpha^3 EI}D_2 \tag{4-61}$$

式中：A_2、B_2、C_2、D_2 分别是将 A_1、B_1、C_1、D_1 求 1 阶导数并除以 α 而得

$$A_2 = -\frac{(\alpha z)^4}{4!} + \frac{6}{9!}(\alpha z)^9 - \frac{6 \times 11}{14!}(\alpha z)^{14} + \frac{6 \times 11 \times 16}{19!}(\alpha z)^{19} - \cdots;$$

$$B_2 = 1 - 2\frac{(\alpha z)^5}{5!} + \frac{2 \times 7}{10!}(\alpha z)^{10} - \frac{2 \times 7 \times 12}{15!}(\alpha z)^{15} + \cdots;$$

$$C_2 = (\alpha z) - \frac{3}{6!}(\alpha z)^6 + \frac{3 \times 8}{11!}(\alpha z)^{11} - \frac{3 \times 8 \times 13}{16!}(\alpha z)^{16} + \cdots;$$

$$D_2 = \frac{1}{2!}(\alpha z)^2 - \frac{4}{7!}(\alpha z)^7 + \frac{4 \times 9}{12!}(\alpha z)^{12} - \frac{4 \times 9 \times 14}{17!}(\alpha z)^{17} + \cdots。$$

将式(4-61)求 1 阶导数则得

$$\frac{\mathrm{d}^2 x_z}{\mathrm{d}z^2} = x_0 \alpha^2 A_3 + \frac{\varphi_0}{\alpha} \alpha^2 B_3 + \frac{M_0}{\alpha^2 EI} \alpha^2 C_3 + \frac{Q_0}{\alpha^3 EI} \alpha^2 D_3 \tag{4-62}$$

由材料力学可知

$$\frac{\mathrm{d}^2 x_z}{\mathrm{d}z^2} = \frac{M_z}{EI}$$

故式(4-62)可改写为

$$\frac{M_z}{\alpha^2 EI} = x_0 A_3 + \frac{\varphi_0}{\alpha} B_3 + \frac{M_0}{\alpha^2 EI} C_3 + \frac{Q_0}{\alpha^3 EI} D_3 \tag{4-63}$$

式中：A_3、B_3、C_3、D_3 分别是将 A_2、B_2、C_2、D_2 求 1 阶导数并除以 α 而得

$$A_3 = -\frac{(\alpha z)^3}{3!} + \frac{6}{8!}(\alpha z)^8 - \frac{6 \times 11}{13!}(\alpha z)^{13} + \frac{6 \times 11 \times 16}{18!}(\alpha z)^{18} - \cdots;$$

$$B_3 = -2\frac{(\alpha z)^4}{4!} + \frac{2 \times 7}{9!}(\alpha z)^9 - \frac{2 \times 7 \times 12}{14!}(\alpha z)^{14} + \cdots;$$

$$C_3 = 1 - \frac{3}{5!}(\alpha z)^5 + \frac{3 \times 8}{10!}(\alpha z)^{10} - \frac{3 \times 8 \times 13}{15!}(\alpha z)^{15} + \cdots;$$

$$D_3 = \alpha z - \frac{4}{6!}(\alpha z)^6 + \frac{4 \times 9}{11!}(\alpha z)^{11} - \frac{4 \times 9 \times 14}{16!}(\alpha z)^{16} + \cdots。$$

再将式(4-63)求 1 阶导数则得

$$\frac{\mathrm{d}^3 x_z}{\mathrm{d}z^3} = x_0 \alpha^3 A_4 + \frac{\varphi_0}{\alpha} \alpha^3 B_4 + \frac{M_0}{\alpha^2 EI} \alpha^3 C_4 + \frac{Q_0}{\alpha^3 EI} \alpha^3 D_4 \tag{4-64}$$

又根据材料力学可知

$$\frac{\mathrm{d}^3 x_z}{\mathrm{d}z^3} = \frac{Q_z}{EI}$$

故式(4-64)可改写为

$$\frac{Q_z}{\alpha^3 EI} = x_0 A_4 + \frac{\varphi_0}{\alpha} B_4 + \frac{M_0}{\alpha^2 EI} C_4 + \frac{Q_0}{\alpha^3 EI} D_4 \tag{4-65}$$

式中：A_4、B_4、C_4、D_4 分别是将 A_3、B_3、C_3、D_3 求 1 阶导数并除以 α 而得

$$A_4 = -\frac{(\alpha z)^2}{2!} + \frac{6}{7!}(\alpha z)^7 - \frac{6 \times 11}{12!}(\alpha z)^{12} + \frac{6 \times 11 \times 16}{17!}(\alpha z)^{17} - \cdots;$$

$$B_4 = -2\frac{(\alpha z)^3}{3!} + \frac{2 \times 7}{8!}(\alpha z)^8 - \frac{2 \times 7 \times 12}{13!}(\alpha z)^{13} + \cdots;$$

$$C_4 = -\frac{3}{4!}(\alpha z)^4 + \frac{3 \times 8}{9!}(\alpha z)^9 - \frac{3 \times 8 \times 13}{14!}(\alpha z)^{14} + \cdots;$$

$$D_4 = 1 - \frac{4}{5!}(\alpha z)^5 + \frac{4 \times 9}{10!}(\alpha z)^{10} - \frac{4 \times 9 \times 14}{15!}(\alpha z)^{15} + \cdots。$$

以上式(4-59)、式(4-60)、式(4-61)、式(4-63)、式(4-65)中 A_1、B_1、C_1、D_1、A_4、B_4、$\cdots$、C_4、D_4 等16 个无量纲系数,也称作影响函数,它们可以根据不同的换算深度 $\alpha z = \bar{z}$ 汇成表格,这

样就便于计算了。计算表明,在 $\alpha z > 4.0$ 处, M_z、Q_z、p_{zx} 可以认为等于零。

分析式(4-59)、式(4-61)、式(4-63)、式(4-65)4 个基本公式可知,当 x_0、φ_0、M_0、Q_0 为已知值时,桩在地面(或局部冲刷线)以下各处的 x_z、φ_z、M_z、Q_z 就有确定的数值。其中 M_0、Q_0 可由已知的桩顶受力情况确定,而 x_0、φ_0 则需根据桩底边界条件确定。由于不同类型桩,其桩底边界条件不同,现根据不同的边界条件求解 x_0、φ_0 如下。

1. 摩擦型桩、柱桩 x_0、φ_0 的计算

摩擦型桩、柱桩在外荷载作用下,桩底将产生位移 x_h、φ_h。当桩底产生转角位移 φ_h 时,桩底的土抗力情况如图 4-30 所示,与之相应的桩底弯矩值 M_h 为

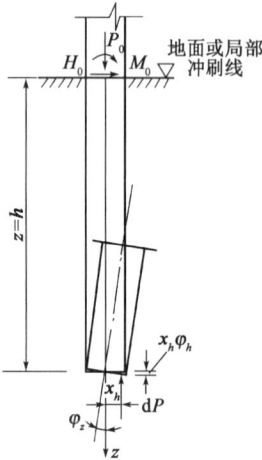

图 4-30　桩底的土抗力

$$M_h = \int_{A_0} x \mathrm{d}P_x = -\int_{A_0} x \cdot x \cdot \varphi_h \cdot C_0 \mathrm{d}A_0$$

$$= -\varphi_h C_0 \int_{A_0} x^2 \mathrm{d}A_0 = -\varphi_h C_0 I_0$$

式中:A_0——桩底面积;

　　　I_0——桩底面积对其重心轴的惯性矩;

　　　C_0——基底土的竖向地基系数, $C_0 = m_0 h$。

这是一个边界条件。此外,由于忽略桩与桩底土之间的摩阻力,所以认为 $Q_h = 0$,这是另一个边界条件。

将 $M_h = -\varphi_h C_0 I_0$ 及 $Q_h = 0$ 分别代入式(4-62)、式(4-64)中得

$$M_h = \alpha^2 EI\left(x_0 A_3 + \frac{\varphi_0}{\alpha}B_3 + \frac{M_0}{\alpha^2 EI}C_3 + \frac{Q_0}{\alpha^3 EI}D_3\right) = -C_0\varphi_h I_0$$

$$Q_h = \alpha^3 EI\left(x_0 A_4 + \frac{\varphi_0}{\alpha}B_4 + \frac{M_0}{\alpha^2 EI}C_4 + \frac{Q_0}{\alpha^3 EI}D_4\right) = 0$$

又

$$\varphi_h = \alpha\left(x_0 A_2 + \frac{\varphi_0}{\alpha}B_2 + \frac{M_0}{\alpha^2 EI}C_2 + \frac{Q_0}{\alpha^3 EI}D_2\right)$$

解以上由 M_h、Q_h、φ_h 组成的联立方程,并令 $\dfrac{C_0 I_0}{\alpha EI} = K_h$,则得

$$\left.\begin{array}{l} x_0 = \dfrac{Q_0}{\alpha^3 EI}A_x^0 + \dfrac{M_0}{\alpha^2 EI}B_x^0 \\[3mm] \varphi_0 = -\left(\dfrac{Q_0}{\alpha^2 EI}A_\varphi^0 + \dfrac{M_0}{\alpha EI}B_\varphi^0\right) \end{array}\right\} \tag{4-66}$$

式中:$A_x^0 = \dfrac{(B_3 D_4 - B_4 D_3) + K_h(B_2 D_4 - B_4 D_2)}{(A_3 B_4 - A_4 B_3) + K_h(A_2 B_4 - A_4 B_2)}$;

　　　$B_x^0 = \dfrac{(B_3 C_4 - B_4 C_3) + K_h(B_2 C_4 - B_4 C_2)}{(A_3 B_4 - A_4 B_3) + K_h(A_2 B_4 - A_4 B_2)}$;

　　　$A_\varphi^0 = \dfrac{(A_3 D_4 - A_4 D_3) + K_h(A_2 D_4 - A_4 D_2)}{(A_3 B_4 - A_4 B_3) + K_h(A_2 B_4 - A_4 B_2)}$;

$$B_\varphi^0 = \frac{(A_3 C_4 - A_4 C_3) + K_h (A_2 C_4 - A_4 C_2)}{(A_3 B_4 - A_4 B_3) + K_h (A_2 B_4 - A_4 B_2)}。$$

根据分析,摩擦桩且 $ah > 2.5$ 或柱桩且 $ah \geq 3.5$ 时,φ_h 甚小,M_h 几乎为零,且此时 K_h 对 A_x^0、B_x^0、A_φ^0、B_φ^0 影响极小,可以认为 $K_h = 0$,则式(4-66)可简化为

$$\left.\begin{array}{l} x_0 = \dfrac{Q_0}{\alpha^3 EI} A_{x_0} + \dfrac{M_0}{\alpha^2 EI} B_{x_0} \\[3mm] \varphi_0 = -\left(\dfrac{Q_0}{\alpha^2 EI} A_{\varphi_0} + \dfrac{M_0}{\alpha EI} B_{\varphi_0} \right) \end{array}\right\} \qquad (4\text{-}67)$$

式中:$A_{x_0} = \dfrac{B_3 D_4 - B_4 D_3}{A_3 B_4 - A_4 B_3}$,$B_{x_0} = \dfrac{B_3 C_4 - B_4 C_3}{A_3 B_4 - A_4 B_3}$;

$A_{\varphi_0} = \dfrac{A_3 D_4 - A_4 D_3}{A_3 B_4 - A_4 B_3}$,$B_{\varphi_0} = \dfrac{A_3 C_4 - A_4 C_3}{A_3 B_4 - A_4 B_3}$;

A_{x_0}、B_{x_0}、A_{φ_0}、A_{φ_0} 均为 αz 的函数。

2. 嵌岩桩 x_0、φ_0 的计算

如果桩底嵌固于未风化岩层内有足够的深度,可根据桩底 x_h、φ_h 等于零这两个边界条件,将式(4-58)、式(4-60)写成:

$$x_h = x_0 A_1 + \frac{\varphi_0}{\alpha} B_1 + \frac{M_0}{\alpha^2 EI} C_1 + \frac{Q_0}{\alpha^3 EI} D_1 = 0$$

$$\varphi_h = \alpha \left(X_0 A_2 + \frac{\varphi_0}{\alpha} B_2 + \frac{M_0}{\alpha^2 EI} C_2 + \frac{Q_0}{\alpha^3 EI} D_2 \right) = 0$$

联解得

$$\left.\begin{array}{l} x_0 = \dfrac{Q_0}{\alpha^3 EI} A_{x_0}^0 + \dfrac{M_0}{\alpha^2 EI} B_{x_0}^0 \\[3mm] \varphi_0 = -\left(\dfrac{Q_0}{\alpha^2 EI} A_{\varphi_0}^0 + \dfrac{M_0}{\alpha EI} B_{\varphi_0}^0 \right) \end{array}\right\} \qquad (4\text{-}68)$$

式中:$A_{x_0}^0 = \dfrac{B_2 D_1 - B_1 D_2}{A_2 B_1 - A_1 B_2}$,$B_{x_0}^0 = \dfrac{B_2 C_1 - B_1 C_2}{A_2 B_1 - A_1 B_2}$;

$A_{\varphi_0}^0 = \dfrac{A_2 D_1 - A_1 D_2}{A_2 B_1 - A_1 B_2}$,$B_{\varphi_0}^0 = \dfrac{A_2 C_1 - A_1 C_2}{A_2 B_1 - A_1 B_2}$;

$A_{x_0}^0$、$B_{x_0}^0$、$A_{\varphi_0}^0$、$B_{\varphi_0}^0$ 也都是 αz 的函数。

大量计算表明,$\alpha h \geq 4.0$ 时,桩身在地面处的位移 x_0、转角 φ_0 与桩底边界条件无关,因此 $\alpha h \geq 4.0$ 时,嵌岩桩与摩擦型桩(或端承型桩)计算公式均可通用。

求得 x_0、φ_0 后,便可连同已知的 M_0、Q_0 一起代入式(4-59)、式(4-60)、式(4-61)、式(4-63)及式(4-65),从而求得桩在地面以下任一深度的位移、内力及桩侧土抗力。

(二)计算桩身内力及位移的无量纲法

按上述方法,用基本公式(4-59)、式(4-61)、式(4-63)、式(4-65)计算 x_z、φ_z、M_z、Q_z 时,计算工作量相当繁重。若桩的支承条件及入土深度符合一定要求,可采用无量纲法进行计算,即

直接由已知的 M_0、Q_0 求解。

1. $\alpha h > 2.5$ 的摩擦型桩及 $\alpha h \geqslant 3.5$ 的端承型桩

将式(4-67)代入式(4-59)得

$$
\begin{aligned}
x_z &= \left(\frac{Q_0}{\alpha^3 EI} A_{x_0} + \frac{M_0}{\alpha^2 EI} B_{x_0} \right) A_1 - \frac{B_1}{\alpha} \left(\frac{Q_0}{\alpha^2 EI} A_{\varphi_0} + \frac{M_0}{\alpha EI} B_{\varphi_0} \right) + \frac{M_0}{\alpha^2 EI} C_1 + \frac{Q_0}{\alpha^3 EI} D_1 \\
&= \frac{Q_0}{\alpha^3 EI} (A_1 A_{x_0} - B_1 A_{\varphi_0} + D_1) + \frac{M_0}{\alpha^2 EI} (A_1 B_{x_0} - B_1 B_{\varphi_0} + C_1) \quad\quad (4\text{-}69\text{a}) \\
&= \frac{Q_0}{\alpha^3 EI} A_x + \frac{M_0}{\alpha^2 EI} B_x
\end{aligned}
$$

式中：$A_x = A_1 A_{x_0} - B_1 A_{\varphi_0} + D_1$，$B_x = A_1 B_{x_0} - B_1 B_{\varphi_0} + C_1$。

同理,将式(4-67)分别代入式(4-61)、式(4-63)、式(4-65)再经整理归纳即可得

$$
\varphi_z = \frac{Q_0}{\alpha^2 EI} A_\varphi + \frac{M_0}{\alpha EI} B_\varphi \quad\quad (4\text{-}69\text{b})
$$

$$
M_z = \frac{Q_0}{\alpha} A_M + M_0 B_M \quad\quad (4\text{-}69\text{c})
$$

$$
Q_z = Q_0 A_Q + \alpha M_0 B_Q \qu\quad (4\text{-}69\text{d})
$$

式中：$A_\varphi = A_2 A_{x_0} - B_2 A_{\varphi_0} + D_2$，$B_\varphi = A_2 B_{x_0} - B_2 B_{\varphi_0} + C_2$；

$A_M = A_3 A_{x_0} - B_3 A_{\varphi_0} + D_3$，$B_M = A_3 B_{x_0} - B_3 B_{\varphi_0} + C_3$；

$A_Q = A_4 A_{x_0} - B_4 A_{\varphi_0} + D_4$，$B_Q = A_4 B_{x_0} - B_4 B_{\varphi_0} + C_4$。

2. $\alpha h > 2.5$ 的嵌岩桩

将式(4-68)分别代入式(4-59)、式(4-61)、式(4-63)、式(4-65)再经整理得

$$
x_z = \frac{Q_0}{\alpha^3 EI} A_x^0 + \frac{M_0}{\alpha^2 EI} B_x^0 \quad\quad (4\text{-}70\text{a})
$$

$$
\varphi_z = \frac{Q_0}{\alpha^2 EI} A_\varphi^0 + \frac{M_0}{\alpha EI} B_\varphi^0 \qu\quad (4\text{-}70\text{b})
$$

$$
M_z = \frac{Q_0}{\alpha} A_M^0 + M_0 B_M^0 \qu\quad (4\text{-}70\text{c})
$$

$$
Q_z = Q_0 A_Q^0 + \alpha M_0 B_Q^0 \qu\quad (4\text{-}70\text{d})
$$

式(4-69)、式(4-70)即为桩在地面下位移及内力的无量纲计算公式,其中 A_x、B_x、A_φ、B_φ、A_M、B_M、A_Q、B_Q 及 A_x^0、B_x^0、A_φ^0、B_φ^0、A_M^0、B_M^0、A_Q^0、B_Q^0 为无量纲系数,均为 αh 和 αz 的函数,已将其制成表格供查用(见附表 1 ~ 附表 12)。使用时,应根据不同的桩底支承条件,选择不同的计算公式,然后按 αh、αz 查出相应的无量纲系数,再将这些系数代入式(4-69)或式(4-70)求出所需的未知量。

当 $\alpha h \geqslant 4$ 时,无论桩底支承情况如何,均可采用式(4-69)或式(4-70)及相应的系数来计算。其计算结果极为接近。

由式(4-69)及式(4-70)可较迅速地求得桩身各截面的水平位移 x、转角 φ、弯矩 M、剪

力 Q，以及桩侧土抗力 P，从而可验算桩身强度、决定配筋量、验算桩侧土抗力及桩上墩台位移等。

（三）桩身最大弯矩位置 $z_{M_{\max}}$ 和最大弯矩 $M_{\max}$ 的确定

计算桩身各截面处弯矩 M_z，主要用于检验桩的截面强度和配筋计算（关于配筋的具体计算方法，见结构设计原理教材内容），为此，需要确定弯矩最大的截面位置 $z_{M_{\max}}$ 及相应的最大弯矩 $M_{\max}$ 值。一般可将各深度 z 处的 M_z 值求出后绘制 z-M_z 图，即可从图中求得，也可用数解法求得 $z_{M_{\max}}$ 及 $M_{\max}$ 值。

在最大弯矩截面处，其剪力 Q 等于零，因此 $Q_z = 0$ 处的截面即为最大弯矩所在的位置 $z_{M_{\max}}$。

由式（4-69d）令 $Q_z = Q_0 A_Q + \alpha M_0 B_Q = 0$，则

$$\frac{\alpha M_0}{Q_0} = -\frac{A_Q}{B_Q} = C_Q \tag{4-71}$$

式中：C_Q——与 αz 有关的系数，可按附表 13 采用。

C_Q 值从式（4-71）求得后，即可从附表 13 中求得相应的 αz 值，因为 $\alpha = \sqrt[5]{\dfrac{mb_1}{EI}}$ 为已知，所以，最大弯矩所在的位置 $z = z_{M_{\max}}$ 值即可求得。

由式（4-71）可得

$$M_0 = \frac{Q_0}{\alpha} C_Q \tag{4-72}$$

将式（4-72）代入式（4-69c）则得

$$M_{\max} = \frac{M_0}{C_Q} A_M + M_0 B_M = M_0 K_M \tag{4-73}$$

式中：$K_M = \dfrac{A_M}{C_Q} + B_M$，亦为无量纲系数，同样可由附表 13 查取。

（四）桩顶位移的计算公式

图 4-31 为桩顶位移计算示意图（非岩石地基）。已知桩露出地面（或局部冲刷线）长 l_0，若桩顶为自由端，其上作用了 Q 及 M，顶端的位移可应用叠加原理计算。设桩顶的水平位移为 x_1，它是由桩在地面（或局部冲刷线）处的水平位移 x_0、地面（或局部冲刷线）处转角 φ_0 所引起在桩顶的位移 $\varphi_0 l_0$、桩露出地面（或局部冲刷线）段作为悬臂梁桩顶在水平力 Q 作用下产生的水平位移 x_Q 以及在 M 作用下产生的水平位移 x_M 组成，即

$$x_1 = x_0 - \varphi_0 l_0 + x_Q + x_M \tag{4-74a}$$

因 φ_0 逆时针为正，故式中用负号。

桩顶转角 φ_1 则由地面（或局部冲刷线）处的转角 φ_0，桩顶在水平力 Q 作用下引起的转角 φ_Q 及弯矩作用下所引起的转角 φ_M 组成，即

$$\varphi_1 = \varphi_0 + \varphi_Q + \varphi_M \tag{4-74b}$$

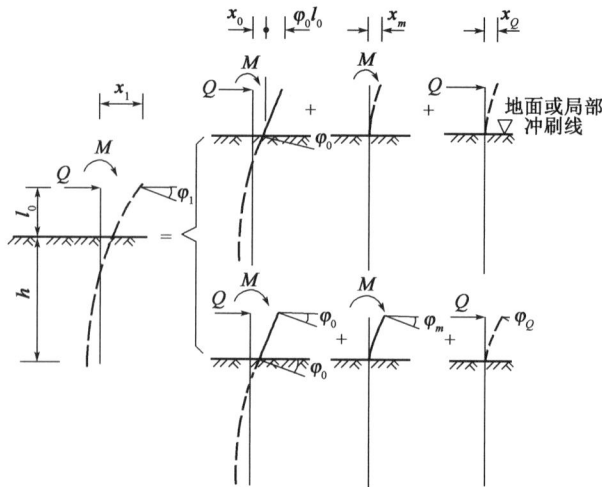

图 4-31 桩顶位移计算示意图（非岩石地基）

上两式中的 x_0 及 φ_0 可按计算所得的 $M_0 = Ql_0 + M$ 及 $Q_0 = Q$ 分别代入式（4-69a）及式（4-69b）（此时式中的无量纲系数均用 $z = 0$ 时的数值）求得，即

$$x_0 = \frac{Q}{\alpha^3 EI}A_x + \frac{M + Ql_0}{\alpha^2 EI}B_x \tag{4-74c}$$

$$\varphi_0 = -\left(\frac{Q}{\alpha^2 EI}A_\varphi + \frac{M + Ql_0}{\alpha EI}B_\varphi\right) \tag{4-74d}$$

式（4-74a）、式（4-74b）中的 x_Q、x_M、φ_Q、φ_M 是把露出段作为下端嵌固、跨度为 l_0 的悬臂梁计算而得，即

$$\left.\begin{array}{l} x_Q = \dfrac{Ql_0^3}{3EI}, x_M = \dfrac{Ml_0^2}{2EI} \\[3mm] \varphi_Q = \dfrac{-Ql_0^2}{2EI}, \varphi_M = \dfrac{-Ml_0}{EI} \end{array}\right\} \tag{4-75}$$

由式（4-74c）、式（4-74d）及式（4-75）算得 x_0、x_M 及 x_Q、x_M、φ_Q、φ_M，代入式（4-74a）、式（4-74b）再经整理归纳，便可写成如下表达式：

$$\left.\begin{array}{l} x_1 = \dfrac{Q}{\alpha^3 EI}A_{x_1} + \dfrac{M}{\alpha^2 EI}B_{x_1} \\[3mm] \varphi_1 = -\left(\dfrac{Q}{\alpha^2 EI}A_{\varphi_1} + \dfrac{M}{\alpha EI}B_{\varphi_1}\right) \end{array}\right\} \tag{4-76}$$

式中：A_{x_1}、$B_{x_1} = A_{\varphi_1}$、B_{φ_1} 均为 $\bar{h} = \alpha h$ 及 $\bar{l}_0 = \alpha l_0$ 的函数，列于附表 14 ~ 附表 16。

对桩底嵌固于岩基中，桩顶为自由端的桩顶位移计算，只要按式（4-70a）、式（4-70b）计算出 $z = 0$ 时的 x_0、φ_0 即可按上述方法求出桩顶水平位移 x_1 及转角 φ_1，其中 x_Q、x_M、φ_Q、φ_M 仍可按式（4-75）计算。

当桩露出地面（或局部冲刷线）部分为变截面，其上部截面抗弯刚度为 $E_1 I_1$（直径为 d_1，高度为 h_1），下部截面抗弯刚度为 EI（直径 d，高度 h_2）。如图 4-32 所示，设 $n = \dfrac{E_1 I_1}{EI}$，则桩顶 x_1 和

φ_1 分别为

$$\left. \begin{array}{l} x_1 = \dfrac{1}{\alpha^2 EI}\left(\dfrac{Q}{\alpha}A'_{x_1} + MB'_{x_1}\right) \\[3mm] \varphi_1 = -\dfrac{1}{\alpha EI}\left(\dfrac{Q}{\alpha}A'_{\varphi_1} + MB'_{\varphi_1}\right) \end{array} \right\} \qquad (4\text{-}77)$$

式中：$A'_{x_1} = A_{x_1} + \dfrac{\bar{h}_2^{\,3}}{3n}(1-n)$ ；

$\qquad B'_{x_1} = A'_{\varphi_1} = A_{\varphi_1} + \dfrac{\bar{h}_2^{\,2}}{2n}(1-n)$ ；

$\qquad B'_{\varphi_1} = B_{\varphi_1} + \dfrac{\bar{h}_2}{n}(1-n)$ ；

$\qquad \bar{h}_2 = ah_2$ 。

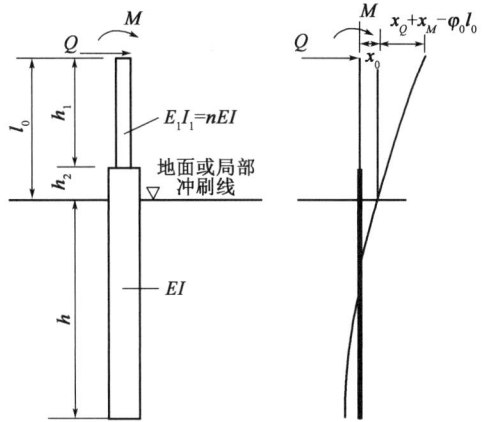

图 4-32　桩顶位移计算示意图（地上部分为变截面）

（五）单桩及单排桩桩顶按弹性嵌固的计算

前述的单桩、单排桩露出地面（或局部冲刷线）段的桩顶点是假定为自由端，但对一些中小跨径的简支梁或板式桥梁其支座采用切线、平板、橡胶支座或油毛毡垫层时，桩顶就不应作为完全自由端考虑，由于梁或板的弹性约束作用，在受水平外力作用时，限制了桩墩盖梁转动，甚至不能产生转动，而仅产生水平位移，形成了所谓弹性嵌固。若采用桩顶弹性嵌固的假定，则可使桩入土部分的桩身弯矩减少，从而可减少桩身钢筋用量。

如所要计算的单桩或单排桩基础桩顶符合上述弹性嵌固条件，在桩顶受水平力 H 作用时，它就只产生水平位移，而不产生转动（图 4-33）则

$$\varphi_A = 0, x_A \neq 0$$

式中：x_A——A 截面的水平位移；

$\qquad \varphi_A$——A 截面的转角。

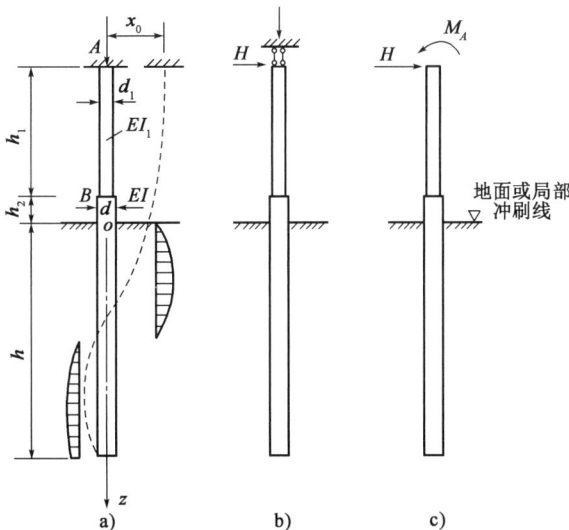

图 4-33　桩顶位移计算示意图（弹性嵌固条件下）

可将弹性嵌固端用双连杆支点表示，并以未知弯矩 M_A（使顶端不产生转动的弯矩）代替连杆的约束转动作用，利用前述的无量纲法，即可求出 M_A 和 x_A。

令式（4-77）中 $\varphi_1 = 0$，其相应的 M 即为 M_A，故

$$M_A = -\frac{HA'_{\varphi_1}}{\alpha B'_{\varphi_1}} \tag{4-78}$$

同理

$$x_A = \frac{H}{\alpha^3 EI}\left(A'_{x_1} - \frac{A'_{\varphi_1} \cdot B'_{x_1}}{B'_{\varphi_1}}\right) \tag{4-79}$$

当桩为等截面时

$$x_A = \frac{H}{\alpha^3 EI}A_{x_A} \tag{4-80}$$

式中：$A_{x_A} = A'_{x_1} - \dfrac{A'_{\varphi_1}B'_{x_1}}{B'_{\varphi_1}}$ 亦为无量纲系数，可由附表20查取。

（六）单桩、单排桩计算步骤及验算要求

综上所述，对单桩及单排桩基础的设计计算，首先应根据上部结构的类型、荷载性质与大小、地质与水文资料、施工条件等情况，初步拟定出桩的直径、承台位置、桩的根数及排列形式等，然后进行如下计算。

（1）计算各桩桩顶所承受的外荷载 P_i、Q_i、M_i。

（2）确定桩在局部冲刷线下的入土深度（桩长的确定），一般情况可根据持力层位置、荷载大小、施工条件等初步确定，通过验算再予以修改；在地基土较单一、桩底端位置不易根据土质判断时，也可根据已知条件，用单桩轴向受压承载力特征值计算公式初步反算桩长。

（3）验算单桩轴向受压承载力特征值。

（4）确定桩的计算宽度 b_1。

（5）计算桩的变形系数 α 值。

（6）计算地面处桩截面的作用力 Q_0、M_0，并验算桩在地面或最大冲刷线处的横向位移 x_0（不大于6mm），然后求算桩身各截面的内力，进行桩身配筋及桩身截面强度和稳定性验算。

（7）计算桩顶位移和墩台顶位移。

（8）弹性桩桩侧最大土抗力 $p_{zx\max}$ 是否验算，目前无一致意见，现行《公路桥涵地基与基础设计规范》（JTG 3363—2019）对此也未作要求。

三、单排桩基础算例（双柱式桥墩钻孔灌注桩基础）

（一）设计资料（参阅图4-34）

1. 地质与水文资料

地基土为密实细砂夹砾石，地基土比例系数 $m = 10000\text{kN/m}^4$；地基土的桩侧摩阻力标准值 $q_k = 70\text{kPa}$；地基土内摩擦角 $\varphi = 40°$，黏聚力 $c = 0$；地基土承载力特征值 $f_{a0} = 400\text{kPa}$；土重度 $\gamma' = 11.80\text{kN/m}^3$（已考虑浮力）。

一般冲刷线(地面)高程为335.34m,常水位高程339.00m,局部冲刷线高程为330.66m。

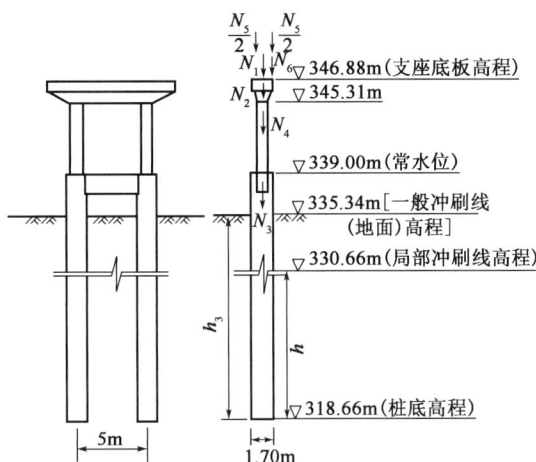

图4-34 双柱式桥墩钻孔灌注桩基础算例示意图

2. 桩、墩尺寸与材料

墩帽顶高程为346.88m,桩顶高程为339.00m,墩柱顶高程为345.31m;墩柱直径1.50m,桩直径1.70m,桩间距5m;桩身混凝土用C30,$\gamma_h = 15kN/m^3$,其受压弹性模量 $E_h = 3.00 \times 10^4 MPa$。

3. 荷载情况

桥墩为单排双柱式,桥面宽7m,设计荷载为公路—Ⅱ级,人群荷载3kN/m²,两侧人行道各宽1.5m。

上部结构为30m预应力钢筋混凝土简支梁,每一根柱承受的荷载为:

两跨恒载反力 $N_1 = 1376.00kN$;盖梁自重反力 $N_2 = 256.50kN$;系梁自重反力 $N_3 = 76.40kN$;一根墩柱(直径1.5m)自重 $N_4 = 279.00kN$。

局部冲刷线以上桩(直径1.70m)自重每延米 $q = \dfrac{\pi \times 1.7^2}{4} \times 15 = 34.05(kN/m)$(已扣除浮力)。局部冲刷线以下的桩重 q' 按桩身自重与置换土重的差值计算,$q' = \dfrac{\pi \times 1.7^2}{4} \times (15 - 11.8)h = 7.06h$。

两跨汽车荷载反力 $N_5 = 800.60kN$(已计入冲击系数的影响);一跨汽车荷载反力 $N_6 = 400.30kN$(已计入冲击系数的影响);车辆荷载反力已按偏心受压原理考虑横向分布的分配影响。

两跨人群荷载反力 $N_7 = 270.00kN$;一跨人群荷载反力 $N_8 = 135.00kN$。

N_6 在顺桥向引起的弯矩 $M = 120.09kN \cdot m$;N_8 在顺桥向引起的弯矩 $M = 40.50kN \cdot m$。

制动力 $H = 30.00kN$(已按墩台及支座刚度进行分配)。

纵向风力:盖梁部分 $W_1 = 3.00kN$,对桩顶力臂7.06m;墩身部分 $W_2 = 2.70kN$,对桩顶力臂3.15m;桩基础采用冲抓锥钻孔灌注桩基础,为摩擦型桩。

（二）计算

1. 桩长的计算

由于地基土层单一，用《公路桥涵地基与基础设计规范》（JTG 3363—2019）确定单桩轴向受压承载力特征值经验公式初步反算桩长，该桩埋入局部冲刷线以下深度为 h，地面（一般冲刷线）以下深度为 h_3，按式（4-4）、式（4-5）计算得

$$N_h = R_a = \frac{1}{2}u\sum_{i=1}^{n}q_{ik}l_i + \lambda m_0 A_p\left[f_{a0} + k_2\gamma_2(h_3 - 3)\right]$$

式中：N_h——单桩受到的全部竖直荷载（kN）；

其他变量意义。

根据《公路桥涵地基与基础设计规范》（JTG 3363—2019）第3.0.8条，地基进行竖向承载力验算时，传至基底的作用效应应按正常使用极限状态的频遇组合采用，且其频遇值系数取1.0。当两跨活载时，桩底所承受的竖向荷载最大，则

$$\begin{aligned}
N_h &= 1.0 \times (N_1 + N_2 + N_3 + N_4 + l_0q + hq') + 1.0 \times N_5 + 1.0 \times N_7\\
&= 1.0 \times [1376 + 256.5 + 76.4 + 279 + (339 - 330.66) \times 34.05 + 7.26h] +\\
&\quad 1.0 \times 800.6 + 1.0 \times 270\\
&= 3342.48 + 7.26h
\end{aligned}$$

计算 R_a 时取以下数据：桩的设计桩径1.70m，桩周长 $u = \pi \times 1.7 = 5.34（m）$，$A_p = \frac{\pi(1.7)^2}{4} = 2.27（m^2）$，$\lambda = 0.7$，$m_0 = 0.8$，$k_2 = 4$，$f_{a0} = 400.00kPa$，$\gamma_2 = \gamma' = 11.8\ kN/m^3$（已扣除浮力），$q_k = 70kPa$。所以得

$$\begin{aligned}
R_a &= \frac{1}{2}(\pi \times 1.7 \times 70h) + 0.7 \times 0.8 \times 2.27 \times [400 + 4 \times 11.8 \times (h + 4.68 - 3)]\\
&= N_h = 3342.48 + 7.26h
\end{aligned}$$

所以 $\qquad\qquad\qquad\qquad h = 11.41（m）$

现取 $h = 12m$，桩底高程为318.66m，桩总长为20.34m；上式计算中4.68为一般冲刷线到局部冲刷线的距离。

由上式计算可知，$h = 12m$ 时，$R_a = 3572.09kN > N_h = 3429.6kN$，桩的轴向受压承载力符合要求。

2. 桩的内力计算

（1）确定桩的计算宽度 b_1。

$$b_1 = kk_f(d + 1) = 1 \times 0.9 \times (1.7 + 1) = 2.43（m）$$

（2）计算桩的变形系数 α。

$$\alpha = \sqrt[5]{\frac{mb_1}{EI}} = \sqrt[5]{\frac{10000 \times 2.43}{0.8 \times 3 \times 10^7 \times 0.41}} = 0.301（m^{-1}）$$

式中：$I = 0.049087 \times 1.7^4 = 0.41m^4$；$EI = 0.8E_cI$。

桩的换算深度 $\bar{h} = \alpha h = 0.301 \times 12 = 3.612 > 2.5$，所以按弹性桩计算。

（3）计算桩顶外荷载 P_i、Q_i、M_i 及局部冲刷线处桩上外荷载 P_0、Q_0、M_0。

桩顶的外力计算按一跨活载计算。根据《公路桥涵地基与基础设计规范》(JTG 3363—2019)第4.1.4条,按承载能力极限状态要求,结构构件自身承载力应采用作用效应基本组合验算。

根据《公路桥涵设计通用规范》(JTG D60—2015)第4.1.5条,恒载分项系数取1.2,汽车荷载、人群荷载及制动力作用的分项系数均取1.4,风荷载分项系数取1.1;在作用组合中除汽车荷载(含汽车冲击力、离心力)外的其他可变作用的组合值系数取0.75。

$$P_i = 1.2(N_1 + N_2) + 1.4 \times (N_6 + 0.75N_8)$$
$$= 1.2 \times (1376.00 + 256.50) + 1.4 \times 400.30 + 0.75 \times 1.4 \times 135.00 = 2661.17(kN)$$

$$Q_i = 0.75 \times (1.4H + 1.1W_1)$$
$$= 0.75 \times (1.4 \times 30 + 1.1 \times 3) = 33.98(kN)$$

$$M_i = 1.4M_{N_6} + 0.75 \times \{1.4H(346.88 - 345.31) + 1.4M_{N_8} + $$
$$1.1[W_1(7.06 - 6.31) - W_2(6.31 - 3.15)]\}$$
$$= 1.4 \times 120.09 + 0.75 \times \{1.4 \times 30.00 \times (346.88 - 345.31) + 1.4 \times 40.50 + $$
$$1.1 \times [3.00 \times (7.06 - 6.31) - 2.70 \times (6.31 - 3.15)]\} = 254.92(kN \cdot m)$$

其中,$6.31 = 345.31 - 339.00$。

换算到局部冲刷线处:

$$P_0 = 2661.17 + 1.2[76.40 + 279.00 + (34.05 \times 8.34)] = 3428.42(kN)$$
$$Q_0 = 0.75 \times [1.4 \times 30 + 1.1 \times (3 + 2.7)] = 36.20(kN)$$
$$M_0 = 1.4 \times 120.09 + 0.75 \times \{1.4 \times 30.00 \times (346.88 - 330.66) + 1.4 \times 40.50 + $$
$$1.1 \times [3.00 \times (7.06 + 8.34) + 2.70 \times (8.34 + 3.15)]\} = 785.29(kN \cdot m)$$

(4)局部冲刷线以下深度 z 处桩截面的弯矩 M_z 及桩身最大弯矩 M_{max} 计算。

①局部冲刷线以下深度 z 处桩截面的弯矩 M_z 计算。

$$M_z = \frac{Q_0}{\alpha}A_M + M_0B_M = \frac{36.2}{0.301}A_M + 785.29B_M = 120.27A_M + 785.29B_M$$

无量纲系数 A_M、B_M 由附表3、附表7分别查得,M_z 计算列表见表4-16,其结果如图4-35a)所示。

M_z 计 算 列 表

表4-16

$\bar{z} = \alpha z$	z	A_M	B_M	Q_0A_M/α	M_0B_M	M_z
0.0	0.00	0.00000	1.00000	0.00	785.29	785.29
0.2	0.66	0.19691	0.99804	23.68	783.75	807.43
0.4	1.33	0.37692	0.98602	45.33	774.31	819.64
0.6	1.99	0.52784	0.95811	63.48	752.39	815.87
0.8	2.66	0.64209	0.91211	77.22	716.27	793.49
1.0	3.32	0.71643	0.84876	86.17	666.52	752.69
1.2	3.99	0.75086	0.77064	90.31	605.18	695.49
1.4	4.65	0.74830	0.68162	90.00	535.27	625.27
1.8	5.98	0.65288	0.48875	78.52	383.81	462.33
2.2	7.31	0.48056	0.30419	57.80	238.88	296.68

$\bar{z} = \alpha z$	z	A_M	B_M	$Q_0 A_M/\alpha$	$M_0 B_M$	M_z
2.6	8.64	0.28553	0.15398	34.34	120.92	155.26
3.0	9.97	0.11723	0.05286	14.10	41.51	55.61
3.5	11.63	0.01146	0.00306	1.38	2.40	3.78

②桩身最大弯矩 M_{max} 及最大弯矩位置计算。

由 $Q_z = 0$ 得：

$$C_Q = \frac{\alpha M_0}{Q_0} = \frac{0.301 \times 785.29}{36.20} = 6.53$$

由 $C_Q = 6.53$ 及 $\bar{h} = 3.612$，查附表 13 得：$\bar{z}_{M_{max}} = 0.466$。故 $z_{M_{max}} = \dfrac{0.466}{0.301} = 1.548\,(\mathrm{m})$。

由 $\bar{z}_{M_{max}} = 0.466$ 及 $\bar{h} = 3.612$，查附表 13 得：$K_M = 1.049$。

$$M_{max} = K_M M_0 = 1.049 \times 785.29 = 823.77\,(\mathrm{kN \cdot m})$$

（5）局部冲刷线以下深度 z 处横向土抗力 p_{zx} 计算。

$$p_{zx} = \frac{\alpha Q_0}{b_1}\bar{z}A_x + \frac{\alpha^2 M_0}{b_1}\bar{z}B_x = \frac{0.301 \times 36.20}{2.43}\bar{z}A_x + \frac{0.301^2 \times 785.29}{2.43}\bar{z}B_x$$

$$= 4.484\,\bar{z}A_x + 29.279\,\bar{z}B_x$$

无量纲系数 A_x、B_x 由附表 1、附表 5 分别查得，p_{zx} 计算列表见表 4-17，其结果见图 4-35b）。

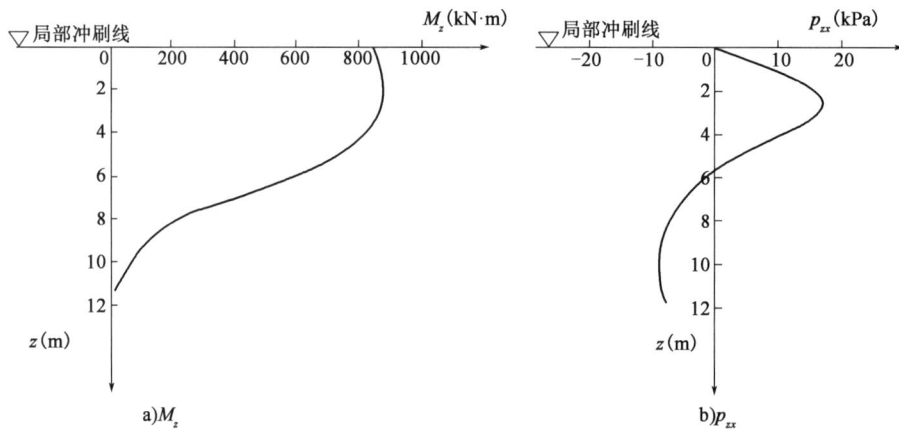

图 4-35　M_z 和 p_{zx} 随深度 z 的变化曲线

p_{zx} 计 算 列 表　　　　　　　　　　　表 4-17

$\bar{z} = \alpha z$	z	A_x	B_x	$\dfrac{\alpha Q_0}{b_1}\bar{z}A_x$	$\dfrac{\alpha^2 M_0}{b_1}\bar{z}B_x$	p_{zx} (kPa)
0.0	0.00	2.48806	1.63633	0.00	0.00	0.00
0.2	0.66	2.16212	1.30517	1.94	7.64	9.58
0.4	1.33	1.84399	1.01389	3.31	11.87	15.18
0.6	1.99	1.54085	0.76201	4.15	13.39	17.54
0.8	2.66	1.25871	0.54841	4.52	12.85	17.37

$\overline{z} = \alpha z$	z	A_x	B_x	$\dfrac{\alpha Q_0}{b_1}\overline{z}\,A_x$	$\dfrac{\alpha^2 M_0}{b_1}\overline{z}\,B_x$	$p_{zx}(\mathrm{kPa})$
1.0	3.32	1.00212	0.37122	4.49	10.87	15.36
1.2	3.99	0.77403	0.22790	4.16	8.01	12.17
1.4	4.65	0.57588	0.11541	3.62	4.73	8.35
1.8	5.98	0.26767	−0.03166	2.16	−1.67	0.49
2.2	7.31	0.06292	−0.10040	0.62	−6.47	−5.85
2.6	8.64	−0.06520	−0.11997	−0.76	−9.13	−9.89
3.0	9.97	−0.14729	−0.11433	−1.98	−10.04	−12.02
3.5	11.63	−0.22423	−0.09527	−3.52	−9.76	−13.28

（6）桩身配筋计算及桩身材料截面强度验算。

由上可知，最大弯矩发生在地面线以下 $z = 1.548\mathrm{m}$ 处，该处 $M_j = 823.77\mathrm{kN \cdot m}$。

计算轴向力 N_j 时，根据《公路桥涵设计通用规范》（JTG D60—2015）第 4.1.5 条，恒载分项系数取 1.2，汽车荷载分项系数取 1.4，人群荷载分项系数取 1.4，人群荷载组合系数取0.75，则

$$N_j = 1.2 \times \Big[1376 + 256.5 + 76.4 + 279 + (339 - 330.66) \times 34.05 + 7.26 \times 1.548 - \frac{1}{2}uq_k z\Big] +$$
$$1.4 \times 400.3 + 0.75 \times 1.4 \times 135$$
$$= 1.2 \times \Big(2283.115 - \frac{1}{2} \times 5.34 \times 70 \times 1.548\Big) = 3094.68(\mathrm{kN})$$

式中：$\frac{1}{2}uq_k z$——局部冲刷线以下 1.548m 段范围内的桩侧摩阻力。

①竖向钢筋面积。

桩内竖向钢筋按最小含筋率 $\rho_{\min} = 0.5\%$ 配置，则计算得到的钢筋面积为

$$A_g = \frac{\pi}{4}d^2\rho_{\min} = \frac{\pi}{4} \times 1.7^2 \times 0.5\% = 113.49 \times 10^{-4}(\mathrm{m}^2)$$

式中：d——桩的直径。

现选用 20 根 $\phi28$ 的 HRB400 级钢筋，则实际的钢筋面积 $A_g = 123.15 \times 10^{-4}\,\mathrm{m}^2$，$f'_{sd} = 330\mathrm{MPa}$。

桩柱采用 C30 混凝土，$f_{cd} = 13.8\mathrm{MPa}$。

②计算偏心距增大系数 η。

因为长细比

$$\frac{l_p}{i} = \frac{l_0 + h}{\sqrt{I/A}} = \frac{8.34 + 12}{0.425} = 47.86 > 17.5$$

所以偏心距增大系数

$$\eta = 1 + \frac{1}{1300 e_0/h_0}\Big(\frac{l_p}{h}\Big)^2 \xi_1 \xi_2$$

式中：e_0——轴向力对截面重心轴的偏心距，其值取 0.02m 和偏压方向截面最大尺寸的 1/30 两者之间的较大值，本算例为 0.057m；$h_0 = r + r_s = 0.85 + 0.765 = 1.615(\text{m})$；$h = 2r = 1.7\text{m}$；$\xi_1 = 0.2 + 2.7\dfrac{e_0}{h_0} = 0.295$；$\xi_2 = 1.15 - 0.01\dfrac{l_p}{h} = 1.03 > 1$，故取 $\xi_2 = 1$。

故

$$\eta = 1 + \frac{1}{1300 \times 0.057/1.615} \times \left(\frac{20.34}{1.7}\right)^2 \times 0.295 \times 1 = 1.92$$

③截面承载力复核。

根据《公路钢筋混凝土及预应力混凝土桥涵设计规范》（JTG 3362—2018），桩的轴向极限承载力为

$$N_u = n_u A f_{cd}$$

式中：n_u——桩相对抗压承载力，可由 $\eta\dfrac{e_0}{r}$、$\rho\dfrac{f_{sd}}{f_{cd}}$ 的值按照《公路钢筋混凝土及预应力混凝土桥涵设计规范》（JTG 3362—2018）表 F.0.1 确定。

已知 $\rho = 0.054\%$，$f_{sd} = 300\text{MPa}$，则 $\eta\dfrac{e_0}{r} = 1.92 \times \dfrac{0.057}{0.85} = 0.12875$，$\rho\dfrac{f_{sd}}{f_{cd}} = 0.054\% \times \dfrac{330}{13.8} = 0.12674$，查表得 $n_u = 0.969$。

故

$$N_u = 0.969 \times 2.27 \times 13.8 \times 10^3 = 30352.23(\text{kN}) > N_j = 3094.29\text{kN}$$

$$M_u = N_u \eta e_0 = 30352.23 \times 1.92 \times 0.057 = 3321.72(\text{kN} \cdot \text{m}) > M_j = 823.77\text{kN} \cdot \text{m}$$

满足要求。

根据弯矩分布，桩基的钢筋骨架宜至桩底，如考虑分段配筋，以 $z = 7.31\text{m}$ 截面处为界。

$$M = 296.68\text{kN} \cdot \text{m}$$

$$N = 1.2 \times \left(2271.88 + 7.26 \times 7.31 - \frac{1}{2} \times 5.34 \times 70 \times 7.31\right) + 1.4 \times 400.3 + 0.75 \times 1.4 \times 135$$
$$= 1852.62(\text{kN})$$

按均质材料验算该截面应力：

截面面积

$$A = \frac{\pi}{4}d^2 = \frac{\pi}{4} \times 1.7^2 = 2.270(\text{m}^2)$$

截面弹性抵抗矩

$$W = \frac{\pi d^3}{32} = \frac{\pi}{32} \times 1.7^3 = 0.482(\text{m}^3)$$

$$\sigma = \frac{N}{A} \pm \frac{M}{W} = \frac{1852.62}{2.27} \pm \frac{296.68}{0.482} = \begin{cases} 1.432 \\ 0.201 \end{cases}(\text{MPa})$$

截面未出现拉应力，且小于 f_{cd}，可在此处（$z = 7.31\text{m}$）截面切除一半主钢筋。

（7）裂缝宽度验算。

根据《公路钢筋混凝土及预应力混凝土桥涵设计规范》（JTG 3362—2018）第 6.4.3 条，圆形截面偏心受压构件满足 $e_0/r \leq 0.55$ 时，可不进行裂缝宽度验算。

r 为构件截面半径，$r = 0.850\text{m}$；

e_0 为轴向力对截面重心轴的偏心距，其值为 0.057m。

$e_0/r = 0.057/0.85 = 0.067 < 0.55$，故可不必验算裂缝宽度。

（8）桩顶纵向水平位移计算。

桩在局部冲刷线处水平位移 x_0 和转角 φ_0 为

$$x_0 = \frac{Q_0}{\alpha^3 EI} A_x + \frac{M_0}{\alpha^2 EI} B_x$$

$$\varphi_0 = \frac{Q_0}{\alpha^2 EI} A_\varphi + \frac{M_0}{\alpha EI} B_\varphi$$

因为 $z = 0$，查附表得：$A_x = 2.48806$，$B_x = 1.63633$，$A_\varphi = -1.63633$，$B_\varphi = -1.75578$，所以，

$$x_0 = \frac{36.20}{0.301^3 \times 9.84 \times 10^6} \times 2.48806 + \frac{785.29}{0.301^2 \times 9.84 \times 10^6} \times 1.63633 = 0.00178(\text{m})$$

$$\varphi_0 = \frac{36.20}{0.301^2 \times 9.84 \times 10^6} \times (-1.63633) + \frac{785.29}{0.301 \times 9.84 \times 10^6} \times (-1.75578) = -0.00053(\text{rad})$$

$$I_1 = \pi \times \frac{1.5^4}{64} = 0.249(\text{m}^4)，E_1 = E，I = \frac{\pi \times 1.7^4}{64} = 0.410(\text{m}^4)$$

得

$$n = \frac{E_1 I_1}{EI} = \frac{(1.5)^4}{(1.7)^4} = 0.606$$

墩顶纵桥向水平位移的计算

$l_0' = 345.31 - 330.66 = 14.65(\text{m})$，$\alpha l_0 = 4.410$，$h_2 = 339.00 - 330.66 = 8.34(\text{m})$，$\alpha h_2 = 2.510$，查附表 14 和附表 15 得 $A_{x_1} = 79.6676$，$A_{\varphi_1} = 19.1043$。

由式(4-77)中计算得 $A_{x_1}' = 83.0947$，$B_{x_1}' = 21.1524$。

故由 $x_1 = \frac{1}{\alpha^2 EI}\left(\frac{Q}{\alpha} A_{x_1}' + M B_{x_1}'\right)$ 得 $x_1 = 0.01657(\text{m}) = 16.57(\text{mm})$。

第三节 多排桩基桩内力与位移计算

如图 4-36 所示多排桩基础的承台具有一个对称面，且外力作用于此对称平面内，在外力作用面内由多根桩组成，并假定承台与桩头的连接为刚性。由于各桩与荷载的相对位置不尽相同，桩顶在外荷载(竖向荷载 N、横向荷载 H、弯矩 M)作用下其变位也就不同，外荷载分配到桩顶上的轴向力 P_i、横轴向力 Q_i、弯矩 M_i 也各异，因此，P_i、Q_i、M_i 的值就不能用简单的单排桩计算方法进行计算。此时，可将外力作用平面内的桩作为一平面框架，用结构位移法解出各桩顶上的作用力 P_i、Q_i、M_i 后，再应用单桩的计算方法来进行桩的承载力与位移验算。

一、桩顶荷载的计算

(一)计算公式及其推导

为计算群桩在外荷载 N、H、M 作用下各桩桩顶的 P_i、Q_i、M_i 的数值，先要求得承台的变位，并确定承台变位与桩顶变位的关系，然后再由桩顶的变位来求得各桩顶受力值。

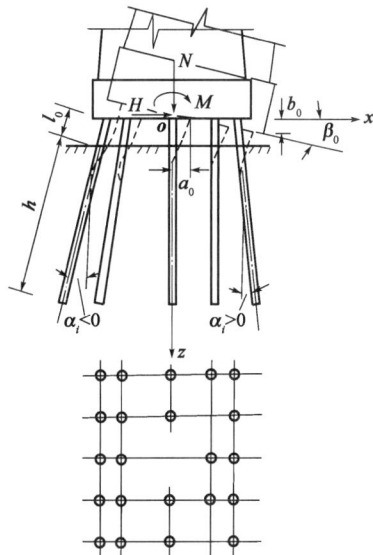

图 4-36 多排桩桩顶位移与承台位移的关系

假设承台为一绝对刚性体,桩头嵌固于承台内,当承台在外荷载作用下产生变位后,各桩桩顶之间的相对位置不变,各桩桩顶的转角与承台的转角相等。现设承台底面中心点 O 在外荷载 N、H、M 作用下,产生横轴向位移 a_0、竖轴向位移 c_0 及转角 β_0(a_0、c_0 以坐标轴正方向为正,β_0 以顺时针转动为正),则可得第 i 排桩桩顶(与承台连接处)沿 x 轴和 z 轴方向的线位移 a_{i0}、c_{i0} 和桩顶的转角 β_{i0} 分别为

$$\left. \begin{array}{l} a_{i0} = a_0 \\ c_{i0} = c_0 + x_i\beta_0 \\ \beta_{i0} = \beta_0 \end{array} \right\} \tag{4-81}$$

式中:x_i——第 i 排桩桩顶的 x 坐标。

若以 c_i、a_i、β_i 分别代表第 i 排桩桩顶处沿桩的轴向位移、横轴向位移及转角,则桩顶轴向位移、转角分别为

$$\left. \begin{array}{l} c_i = a_{i0}\sin\alpha_i + c_{i0}\cos\alpha_i = a_0\sin\alpha_i + (c_0 + x_i\beta_0)\cos\alpha_i \\ a_i = a_{i0}\cos\alpha_i - c_{i0}\sin\alpha_i = a_0\cos\alpha_i - (c_0 + x_i\beta_0)\sin\alpha_i \\ \beta_i = \beta_{i0} = \beta_0 \end{array} \right\} \tag{4-82}$$

式中:α_i——第 i 根桩桩轴线与竖直线夹角,即倾斜角,如图 4-36 所示。

若第 i 根桩桩顶的作用力 P_i、Q_i、M_i,如图 4-37 所示,则可以利用图 4-38 中桩的变位图式计算 P_i、Q_i、M_i 值,若令:

(1)当第 i 根桩桩顶处仅产生单位轴向位移($c_i = 1$)时,在桩顶引起的轴向力为 ρ_{PP};

(2)当第 i 根桩桩顶处仅产生单位横轴向位移($a_i = 1$)时,在桩顶引起的横轴向力为 ρ_{HH};

(3)当第 i 根桩桩顶处仅产生单位横轴向位移($a_i = 1$)时,在桩顶引起的弯矩为 ρ_{MH};

(4)当第 i 根桩桩顶处仅产生单位转角($\beta_i = 1$)时,在桩顶引起的弯矩为 ρ_{MM} 和在桩顶引起的横轴向力为 ρ_{MH}。

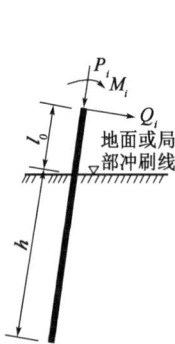

图 4-37 第 i 根桩桩顶的作用力

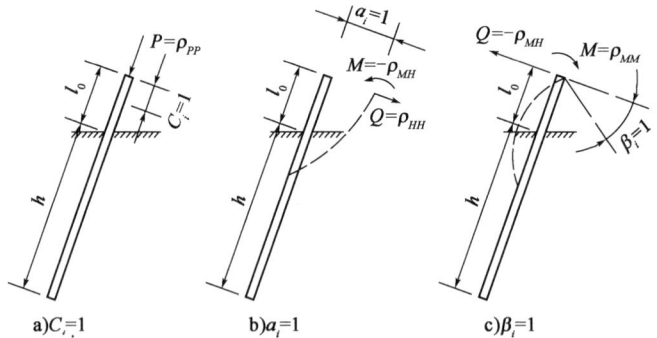

图 4-38 第 i 根桩的变位计算图式

由此,当承台产生变位 a_0、c_0、β_0 时,第 i 根桩桩顶引起的轴向力 P_i、横轴向力 Q_i 及弯矩 M_i 值为

$$\left. \begin{array}{l} P_i = \rho_{PP}c_i = \rho_{PP}[a_0\sin\alpha_i + (c_0 + x_i\beta_0)\cos\alpha_i] \\ Q_i = \rho_{HH}a_i - \rho_{MH}\beta_i = \rho_{HH}[a_0\cos\alpha_i - (c_0 + x_i\beta_0)\sin\alpha_i] - \rho_{MH}\beta_0 \\ M_i = \rho_{MM}\beta_i - \rho_{MH}a_i = \rho_{MM}\beta_0 - \rho_{MH}[a_0\cos\alpha_i - (c_0 + x_i\beta_0)\sin\alpha_i] \end{array} \right\} \tag{4-83}$$

只要解出 a_0、c_0、β_0 及 ρ_{PP}、ρ_{HH}、ρ_{MH}、ρ_{MM}（单桩的桩顶刚度系数）后，即可从式(4-83)求解出任意一根桩桩顶的 P_i、Q_i、M_i 值，然后就可以利用单桩的计算方法求出桩的内力与位移。

1. ρ_{PP} 的求解

桩顶受轴向力 P 而产生的轴向位移包括：桩身材料的弹性压缩变形 δ_C 及桩底地基土的沉降 δ_K 两部分。

计算桩身弹性压缩变形时应考虑桩侧摩阻力影响。对于打入和振动下沉摩擦型桩，考虑到由于打入和振动会使桩侧土越往下越挤密，所以，可近似地假设桩侧摩阻力随深度呈三角形分布，如图4-39a)所示。对于钻(挖)孔桩则假定桩侧土摩阻力在整个入土深度内近似地沿桩身成均匀分布，如图4-39b)所示。对端承型桩则不考虑桩侧摩阻力的作用。

当桩侧摩阻力按三角形分布时，设桩底平面 A_0 处的摩阻力为 q_h，桩身周长为 u，令桩底承受的荷载与总荷载 P 之比值为 γ'，则

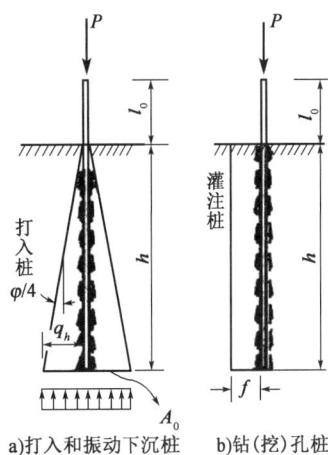

a)打入和振动下沉桩　　b)钻(挖)孔桩

图4-39　桩侧摩阻力分布示意图

$$q_h = \frac{2P(1-\gamma')}{uh}$$

式中：h——桩的入土深度(m)。

作用于地面以下深度 z 处桩身截面上的轴向力 P_z 为

$$P_z = P - \frac{z^2}{h^2}P(1-\gamma')$$

因此桩身的弹性压缩变形 δ_C 为

$$\begin{aligned}
\delta_C &= \frac{Pl_0}{EA} + \frac{1}{EA}\int_0^h P_z \mathrm{d}z = \frac{Pl_0}{EA} + \frac{P}{EA}\cdot h\cdot\frac{2}{3}\left(1+\frac{\gamma'}{2}\right) \\
&= \frac{P}{EA}\left[l_0 + \frac{2}{3}h\left(1+\frac{\gamma'}{2}\right)\right] = \frac{l_0+\xi h}{EA}\cdot P
\end{aligned} \tag{4-84}$$

式中：ξ——系数，$\xi = \frac{2}{3}\left(1+\frac{\gamma'}{2}\right)$，摩阻力均匀分布时 $\xi = \frac{1}{2}(1+\gamma')$；

　　A——桩身的横截面面积(m^2)；

　　E——桩身混凝土受压弹性模量；

　　l_0——桩身在地面以上部分的长度(m)。

式(4-84)中 γ' 一般认为可暂不考虑。由《公路桥涵地基与基础设计规范》(JTG 3363—2019)表 L.0.6 可见，对端承型桩，取 $\xi = 1$；对摩擦型桩(或摩擦支撑管桩)，打入或振动下沉时 $\xi = \frac{2}{3}$；钻(挖)孔时 $\xi = \frac{1}{2}$。

桩底平面处地基沉降的计算，假定外力借桩侧摩阻力沿桩身自地面以 $\frac{\varphi}{4}$ 角扩散至桩底平面处的面积 A_0 上(φ 为土的内摩擦角)，若 A_0 大于以相邻桩底面中心距为直径所得的面积，则 A_0 采用相邻桩底面中心距为直径所得的面积(图4-39)。因此，桩底地基土沉降 δ_K 为

$$\delta_K = \frac{P}{C_0 A_0}$$

式中：C_0——桩底平面的地基土竖向地基系数，$C_0 = m_0 h$，比例系数 m_0 按"m"法规定取用。

因此，桩顶的轴向变形

$$c_i = \delta_0 + \delta_K$$

$$c_i = \frac{P(l_0 + \xi h)}{AE} + \frac{P}{C_0 A_0} \tag{4-85}$$

由式（4-85）知，当 $c_i = 1$ 时，求得的 P 值即为 ρ_{PP}，因此，可得

$$\rho_{PP} = \frac{1}{\dfrac{l_0 + \xi h}{AE} + \dfrac{1}{C_0 A_0}} \tag{4-86}$$

2. ρ_{HH}、ρ_{MH}、ρ_{MM} 的求解

从单桩的计算公式中得知，桩顶的横轴向位移 x_1 及转角 φ_1［式（4-75）］为

$$a_i = x_1 = \frac{Q}{\alpha^3 EI} A_{x_1} + \frac{M}{\alpha^2 EI} B_{x_1}$$

$$\beta_i = \varphi_1 = \frac{Q}{\alpha^2 EI} A_{\varphi_1} + \frac{M}{\alpha EI} B_{\varphi_1}$$

解此两式，得

$$\left. \begin{array}{l} Q = \dfrac{\alpha^3 EI B_{\varphi_1} a_i - \alpha^2 EI B_{x_1} \beta_i}{A_{x_1} B_{\varphi_1} - A_{\varphi_1} B_{x_1}} \\[4mm] M = \dfrac{\alpha EI A_{x_1} \beta_i - \alpha^2 EI A_{\varphi_1} a_i}{A_{x_1} B_{\varphi_1} - A_{\varphi_1} B_{x_1}} \end{array} \right\} \tag{4-87}$$

当桩顶仅产生单位横向位移 $a_i = 1$ 而转角 $\beta_i = 0$ 时，代入式（4-86）得

$$\rho_{HH} = Q = \frac{\alpha^3 EI B_{\varphi_1}}{A_{x_1} B_{\varphi_1} - A_{\varphi_1} B_{x_1}} \tag{4-88a}$$

$$-\rho_{MH} = M = \frac{-\alpha^2 EI A_{\varphi_1}}{A_{x_1} B_{\varphi_1} - A_{\varphi_1} B_{x_1}} \tag{4-88b}$$

又当桩顶仅产生单位转角 $\beta_i = 1$ 而横轴向位移 $a_i = 0$ 时，代入式（4-86）得

$$\rho_{MM} = M = \frac{\alpha EI A_{x_1}}{A_{x_1} B_{\varphi_1} - A_{\varphi_1} B_{x_1}} \tag{4-88c}$$

如令

$$x_Q = \frac{B_{\varphi_1}}{A_{x_1} B_{\varphi_1} - A_{\varphi_1} B_{x_1}}$$

$$x_M = \frac{A_{\varphi_1}}{A_{x_1} B_{\varphi_1} - A_{\varphi_1} B_{x_1}}$$

$$\varphi_M = \frac{A_{x_1}}{A_{x_1} B_{\varphi_1} - A_{\varphi_1} B_{x_1}}$$

则式（4-88a）、式（4-88b）、式（4-88c）为

$$\left. \begin{array}{l} \rho_{HH} = \alpha^3 EI x_Q \\ \rho_{MH} = \alpha^2 EI x_M \\ \rho_{MM} = \alpha EI \varphi_M \end{array} \right\} \tag{4-88d}$$

上列式中 x_Q、x_M、φ_M 均为无量纲系数,均是 $\bar{h} = \alpha h$ 及 $\bar{l}_0 = \alpha l_0$ 的函数,已制成附表 17、附表 18、附表 19,当设计的桩符合下列条件之一时可查用:①$\alpha h > 2.5$ 的摩擦型桩;②$\alpha h \geqslant 3.5$ 的端承型桩;③$\alpha h \geqslant 4$ 的嵌岩桩。对于 $2.5 \leqslant \alpha h \leqslant$ 4 的嵌岩桩另有表格,可在有关设计手册中查用。

3. a_0、c_0、β_0 的计算

a_0、c_0、β_0 可按结构力学的位移法求得。沿承台底面取隔离体(图 4-40)考虑作用力的平衡,即 $\sum P = 0$,$\sum H = 0$,$\sum M = 0$(对 O 点取矩),可列出位移法的典型方程如下:

$$\left.\begin{array}{l} a_0 \gamma_{ca} + c_0 \gamma_{cc} + \beta_0 \gamma_{c\beta} - N = 0 \\ a_0 \gamma_{aa} + c_0 \gamma_{ac} + \beta_0 \gamma_{a\beta} - H = 0 \\ a_0 \gamma_{\beta a} + c_0 \gamma_{\beta c} + \beta_0 \gamma_{\beta\beta} - M = 0 \end{array}\right\} \quad (4\text{-}89)$$

式中:γ_{ca}、γ_{aa}、$\gamma_{\beta\beta}$——桩群刚度系数。

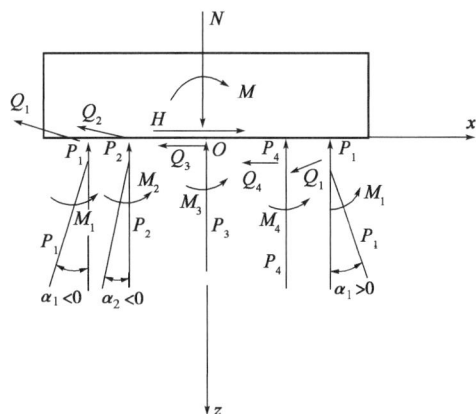
图 4-40 取隔离体显示桩顶内力示意图

当承台产生单位横轴向位移时($a_0 = 1$),所有桩顶对承台作用的竖轴向反力之和、横轴向反力之和及反弯矩之和分别为 γ_{ca}、γ_{aa}、$\gamma_{\beta a}$,则

$$\left.\begin{array}{l} \gamma_{ca} = \sum_{i=1}^{n} (\rho_{PP} - \rho_{HH}) \sin\alpha_i \cos\alpha_i \\ \gamma_{aa} = \sum_{i=1}^{n} (\rho_{PP}\sin^2\alpha_i + \rho_{HH}\cos^2\alpha_i) \\ \gamma_{\beta a} = \sum_{i=1}^{n} \left[(\rho_{PP} - \rho_{HH}) x_i \sin\alpha_i \cos\alpha_i - \rho_{MH}\cos\alpha_i \right] \end{array}\right\} \quad (4\text{-}90)$$

式中:n——桩的根数。

承台产生单位竖向位移时($c_0 = 1$),所有桩顶对承台作用的竖轴向反力之和、横轴向反力之和及反弯矩之和分别为 γ_{cc}、γ_{ac}、$\gamma_{\beta c}$,则

$$\left.\begin{array}{l} \gamma_{cc} = \sum_{i=1}^{n} (\rho_{PP}\cos^2\alpha_i + \rho_{HH}\sin^2\alpha_i) \\ \gamma_{ac} = \gamma_{ca} \\ \gamma_{\beta c} = \sum_{i=1}^{n} \left[(\rho_{PP}\cos^2\alpha_i + \rho_{HH}\sin^2\alpha_i) x_i + \rho_{MH}\sin\alpha_i \right] \end{array}\right\} \quad (4\text{-}91)$$

承台绕坐标原点产生单位转角($\beta_0 = 1$),所有桩顶对承台作用的竖轴向反力之和、横轴向反力之和及反弯矩之和分别为 $\gamma_{c\beta}$、$\gamma_{a\beta}$、$\gamma_{\beta\beta}$,则

$$\left.\begin{array}{l} \gamma_{c\beta} = \gamma_{\beta c} \\ \gamma_{a\beta} = \gamma_{\beta a} \\ \gamma_{\beta\beta} = \sum_{i=1}^{n} \left[(\rho_{PP}\cos^2\alpha_i + \rho_{HH}\sin^2\alpha_i) x_i^2 + 2x_i \rho_{MH}\sin\alpha_i + \rho_{MM} \right] \end{array}\right\} \quad (4\text{-}92)$$

联解式(4-89)则可得承台位移 a_0、c_0、β_0 各值。

求得 a_0、c_0、β_0 及 ρ_{PP}、ρ_{HH}、ρ_{MH}、ρ_{MM} 后,可一并代入式(4-82),即可求出各桩桩顶所受作用力 P_i、Q_i、M_i 值,然后则可按单桩来计算桩身内力与位移进行配筋计算、强度和稳定性验算。

（二）竖直对称多排桩的计算

上面讨论的桩可以是斜的，也可以是直的。目前，钻孔灌注桩常采用全部为竖直桩，且设置成对称型，这样计算就可简化。将坐标原点设于承台底面竖向对称轴上，此时将 $\gamma_{ac} = \gamma_{ca} = \gamma_{c\beta} = \gamma_{\beta c} = 0$ 代入式（4-89）可得

$$c_0 = \frac{N}{\gamma_{cc}} = \frac{N}{\sum_{i=1}^{n} \rho_{PP}} \tag{4-93}$$

$$a_0 = \frac{\gamma_{\beta\beta}H - \gamma_{a\beta}M}{\gamma_{aa}\gamma_{\beta\beta} - \gamma_{a\beta}^2} = \frac{\left(\sum_{i=1}^{n}\rho_{MM} + \sum_{i=1}^{n}x_i^2\rho_{PP}\right)H + \sum_{i=1}^{n}\rho_{MH}M}{\sum_{i=1}^{n}\rho_{HH}\left(\sum_{i=1}^{n}\rho_{MM} + \sum_{i=1}^{n}x_i^2\rho_{PP}\right) - \left(\sum_{i=1}^{n}\rho_{MH}\right)^2} \tag{4-94}$$

$$\beta_0 = \frac{\gamma_{aa}M - \gamma_{a\beta}H}{\gamma_{aa}\gamma_{\beta\beta} - \gamma_{a\beta}^2} = \frac{\sum_{i=1}^{n}\rho_{HH}M + \sum_{i=1}^{n}\rho_{MH}H}{\sum_{i=1}^{n}\rho_{HH}\left(\sum_{i=1}^{n}\rho_{MM} + \sum_{i=1}^{n}x_i^2\rho_{PP}\right) - \left(\sum_{i=1}^{n}\rho_{MH}\right)^2} \tag{4-95}$$

当桩基中各桩直径相同时，则

$$c_0 = \frac{N}{n\rho_{PP}} \tag{4-96}$$

$$a_0 = \frac{\left(n\rho_{MM} + \rho_{PP}\sum_{i=1}^{n}x_i^2\right)H + n\rho_{MH}M}{n\rho_{HH}\left(n\rho_{MM} + \rho_{PP}\sum_{i=1}^{n}x_i^2\right) - n^2\rho_{MH}^2} \tag{4-97}$$

$$\beta_0 = \frac{n\rho_{HH}M + n\rho_{MH}H}{n\rho_{HH}\left(n\rho_{MM} + \rho_{PP}\sum_{i=1}^{n}x_i^2\right) - n^2\rho_{MH}^2} \tag{4-98}$$

因为桩均为竖直且对称，式（4-82）可写成

$$\left.\begin{array}{l} P_i = \rho_{PP}c_i = \rho_{PP}(c_0 + x_i\beta_0) \\ Q_i = \rho_{HH}a_0 - \rho_{MH}\beta_0 \\ M_i = \rho_{MM}\beta_0 - \rho_{MH}a_0 \end{array}\right\} \tag{4-99}$$

求得桩顶作用力后，桩身任一截面内力与位移即可按本章第二节所述的对应计算方法计算。

二、多排桩算例

图 4-41 所示为双排式钢筋混凝土钻孔灌注桩桥墩基础。

（一）设计资料

1. 地质及水文资料

河床土质为卵石，粒径 50 ~ 60mm 约占 60%，20 ~ 30mm 约占 30%，石质坚硬，孔隙大部分由砂密实填充，卵石层深度达 58.6m。

地基土水平向抗力系数的比例系数 $m = 120000\text{kN/m}^4$（密实卵石）；地基土承载力基本特征值 $f_{a0} = 1000\text{kPa}$；桩侧摩阻力标准值 $q_k = 400\text{kPa}$；土的重度 $\gamma = 20.00 \text{ kN/m}^3$（未计浮力）；土内摩擦角 $\varphi = 40°$。

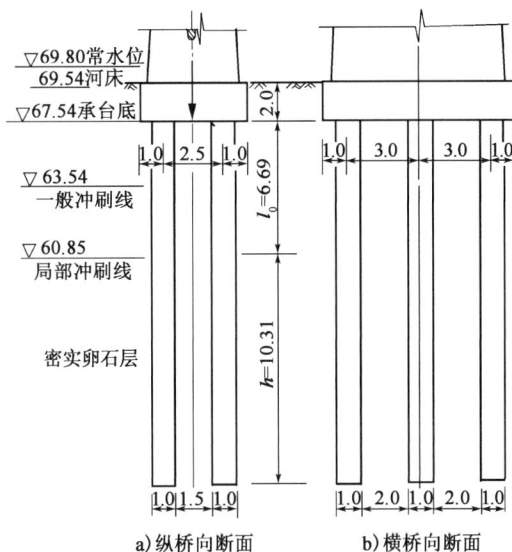

图 4-41 双排桩计算例题图(尺寸单位:m;高程单位:m)

地面(河床)高程 69.54m;一般冲刷线高程 63.54m;局部冲刷线高程 60.85m;承台底高程 67.54m;常水位高程 69.80m。

2. 荷载

上部结构为等跨 30m 的钢筋混凝土预应力简支梁桥,荷载为纵向控制设计,作用于混凝土桥墩承台底面中心纵桥向的荷载为:

恒载加一孔活载[桩截面进行强度作用验算时,作用效应组合采用承载能力极限状态的基本组合,其分项系数及组合系数参照《公路桥涵设计通用规范》(JTG D60—2015)第 4.1.5 条]计算的桩顶的外荷载(竖向力 $\sum N$、横向力 $\sum H$、弯矩 $\sum M$)分别为

$$\sum N = 8591.40 \text{kN}$$

$$\sum H = 358.60 \text{kN}$$

$$\sum M = 5334.5 \text{kN} \cdot \text{m}$$

恒载加两孔活载[桩进行轴向受压承载力验算时,作用效应组合采用正常使用极限状态的频遇组合,其分项系数及组合系数参照《公路桥涵设计通用规范》(JTG D60—2015)第 4.1.6 条]计算的桩顶竖向力 $\sum N$ 为

$$\sum N = 9598.00 \text{kN}$$

桩基础采用高桩承台式摩擦型桩,根据施工条件,桩拟采用直径 $d = 1.0$m,以冲抓锥施工,桩身混凝土采用 C30,其受压弹性模量 $E_c = 3.00 \times 10^4$MPa。

桩群布置经初步计算拟采用 6 根灌注桩,其排列如图 4-41 所示,为对称竖直双排桩基础,经试算桩底高程拟采用 50.54m。

(二)计算

1. 桩的计算宽度 b_1

$$b_1 = k \cdot k_f \cdot (d + 1)$$

式中各变量含义参见式(4-38)。

已知：$k_f = 0.9, d = 1 \text{m}, L_1 = 1.5 \text{m}, h_1 = 3 \times (d+1) = 6 \text{m}, n = 2, b_2 = 0.6$。

$$k = b_2 + \frac{1 - b_2}{0.6} \cdot \frac{L_1}{h_1} = 0.6 + \frac{1 - 0.6}{0.6} \times \frac{1.5}{3 \times (1+1)} = 0.767$$

故
$$b_1 = 0.767 \times 0.9 \times (1+1) = 1.38 (\text{m})$$

2. 桩的变形系数 α

$$\alpha = \sqrt[5]{\frac{mb_1}{EI}}; \quad m = 120000 \text{ kN/m}^4$$

$$E = 0.8 E_c = 0.8 \times 3 \times 10^7 = 2.4 \times 10^7 (\text{kN/m}^2)$$

$$I = \frac{\pi d^4}{64} = 0.0491 (\text{m}^4)$$

故
$$\alpha = \sqrt[5]{\frac{mb_1}{EI}} = \sqrt[5]{\frac{120000 \times 1.38}{0.8 \times 3 \times 10^7 \times 0.0491}} = 0.675 (\text{m}^{-1})$$

桩在局部冲刷线以下深度 $h = 10.31 \text{m}$，其计算长度则为：$\bar{h} = \alpha h = 0.675 \times 10.31 = 6.96 > 2.5$，故按弹性桩计算。

3. 桩顶刚度系数 ρ_{PP}、ρ_{HH}、ρ_{MH}、ρ_{MM} 值计算

$$\rho_{PP} = \frac{1}{\dfrac{l_0 + \xi h}{AE} + \dfrac{1}{C_0 A_0}}$$

式中变量含义参见式(4-84)。

$$l_0 = 6.69 \text{m}, h = 10.31 \text{m}, \xi = \frac{1}{2}, A = \frac{\pi d^2}{4} = 0.785 \text{m}^2$$

$$C_0 = m_0 h = 120000 \times 10.31 = 1.237 \times 10^6 (\text{kN/m}^3)$$

$$A_0 = \begin{cases} \pi \left(\dfrac{d}{2} + h \tan \dfrac{\bar{\varphi}}{4} \right)^2 = \pi \left(\dfrac{1}{2} + 10.31 \times \tan \dfrac{40°}{4} \right)^2 = 16.88 (\text{m}^2) \\ \dfrac{\pi}{4} S^2 = \dfrac{\pi}{4} \times 2.5^2 = 4.91 (\text{m}^2) \end{cases}$$

故取 $A_0 = 4.91 \text{m}^2$。

$$\rho_{PP} = \left(\frac{6.69 + \dfrac{1}{2} \times 10.31}{0.785 \times 0.8 \times 3 \times 10^7} + \frac{1}{1.237 \times 10^6 \times 4.91} \right)^{-1} = 1.26 \times 10^6 = 1.069 EI$$

已知：$\bar{h} = 6.96 (>4)$，取用 4。

$$\bar{l}_0 = \alpha l_0 = 0.675 \times 6.69 = 4.52$$

查附表17、附表18、附表19 得 $x_Q = 0.04670, x_M = 0.14697, \varphi_M = 0.62217$。由式(4-88d)得

$$\rho_{HH} = \alpha^3 EI x_Q = 0.0144 EI$$

$$\rho_{MH} = \alpha^2 EI x_M = 0.067 EI$$

$$\rho_{MM} = \alpha EI \varphi_M = 0.42 EI$$

4. 计算承台底面原点 O 处位移 a_0、c_0、β_0（单孔活载 + 恒载 + 制动力等）

由式(4-93)、式(4-94)、式(4-95)得

$$c_0 = \frac{N}{n\rho_{PP}} = \frac{8591.40}{6 \times 1.069EI} = \frac{1339.41}{EI}$$

$$a_0 = \frac{(n\rho_{MM} + \rho_{PP}\sum\limits_{i=1}^{n} x_i^2)H + n\rho_{MH}M}{n\rho_{HH}(n\rho_{MM} + \rho_{PP}\sum\limits_{i=1}^{n} x_i^2) - n^2\rho_{MH}^2}$$

$$n\rho_{MM} + \rho_{PP}\sum_{i=1}^{n} x_i^2 = 6 \times 0.42EI + 1.069EI \times 6 \times 1.25^2 = 12.54EI$$

$$n\rho_{HH} = 6 \times 0.0144EI = 0.0864EI$$

$$n\rho_{MH} = 6 \times 0.067EI = 0.402EI, \quad n^2\rho_{MH}^2 = 0.1616\,(EI)^2$$

故
$$a_0 = \frac{12.54EI \times 358.60 + 0.402EI \times 5334.50}{0.0864EI \times 12.54EI - 0.1616\,(EI)^2} = \frac{7204.29}{EI}$$

$$\beta_0 = \frac{n\rho_{HH}M + n\rho_{MH}H}{n\rho_{HH}(n\rho_{MM} + \rho_{PP}\sum\limits_{i=1}^{n} x_i^2) - n^2\rho_{MH}^2} = \frac{656.35}{EI}$$

5. 计算作用在每根桩顶上作用力 P_i、Q_i、M_i

按式(4-99)计算：

竖向力 $P_i = \rho_{PP}(c_0 + x_i\beta_0) = 1.069EI\left(\dfrac{1339.41}{EI} \pm 1.25 \times \dfrac{656.35}{EI}\right) = \begin{cases} 2308.88\text{kN} \\ 554.78\text{kN} \end{cases}$

水平力 $Q_i = \rho_{HH}a_0 - \rho_{MH}\beta_0 = 0.0144EI \times \dfrac{7204.29}{EI} - 0.067EI \times \dfrac{656.35}{EI} = 59.77\text{kN}$

弯矩 $M_i = \rho_{MM}\beta_0 - \rho_{MH}a_0 = 0.42EI \times \dfrac{656.35}{EI} - 0.067EI \times \dfrac{7204.29}{EI} = -207.02\text{kN}$

校核

$$nQ_i = 6 \times 59.77 = 358.62 \approx \sum H = 358.60\,(\text{kN})$$

$$\sum_{i=1}^{n} x_i P_i + nM_i = 3 \times (2308.88 - 554.78) \times 1.25 + 6 \times (-207.02) = 5535.76\,(\text{kN} \cdot \text{m})$$

$$\approx \sum M = 5534.50\,(\text{kN} \cdot \text{m})$$

$$\sum_{i=1}^{n} nP_i = 3 \times (2308.88 + 554.78) = 8590.98\,(\text{kN}) \approx \sum N = 8591.40\,(\text{kN})$$

6. 计算局部冲刷线处桩身弯矩 M_0、水平力 Q_0 及轴向力 P_0

$$M_0 = M_i + Q_i l_0 = -207.02 + 59.77 \times 6.69 = 192.84\,(\text{kN} \cdot \text{m})$$

$$Q_0 = 59.77\,(\text{kN}), \quad P_0 = 2308.88 + 0.785 \times 6.69 \times 15 = 2387.66\,(\text{kN})$$

求得 M_0、Q_0、P_0 后就可按单桩进行计算和验算，然后进行群桩基础承载力和沉降验算（方法见本章第四节）。

三、基桩自由长度承受土压力时的计算

如图 4-42 所示，这种桥台桩基形式，应考虑桥头路堤填土直接作用于露出地面（或局部冲刷线）段桩身 l_0 上的土压力影响，除此之外，它基本上与前述形式的高桩承台桩基础的受力情况一样。因此，同样可应用式(4-89)来计算各桩的受力值，而不同之处仅是式中外力这一项

多了路堤填土土压力及其引起的弯矩,式(4-89)可改用下式来表达:

$$a_0\gamma_{ca} + c_0\gamma_{cc} + \beta_0\gamma_{c\beta} - \left(N + \sum_{i=1}^{n'}Q_q\sin\alpha_i\right) = 0$$

$$a_0\gamma_{aa} + c_0\gamma_{ac} + \beta_0\gamma_{a\beta} - \left(H - \sum_{i=1}^{n'}Q_q\cos\alpha_i\right) = 0$$

$$a_0\gamma_{\beta a} + c_0\gamma_{\beta c} + \beta_0\gamma_{\beta\beta} - \left(M - \sum M_q + \sum_{i=1}^{n'}x_i Q_q\sin\alpha_i\right) = 0$$

$$(4\text{-}100)$$

式中:M_q、Q_q——由于土压力作用于桩身露出段 l_0 上而在桩顶(承台与桩连接处)产生的弯矩与剪力,如图4-43所示,图中所示各值均为正值;

n'——第 i 排桩承受侧向土压力的桩数。

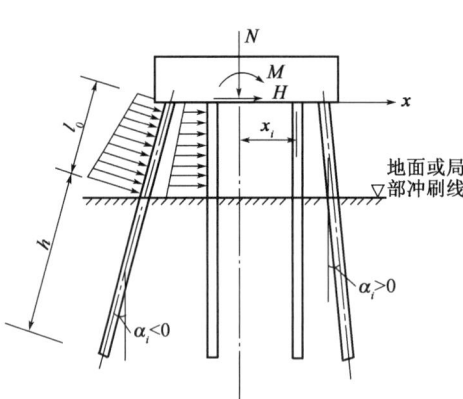

图4-42 桥台桩基承受土压力示意图   4-43 桩受土压力作用时的弯矩和剪力

认为桩顶与承台为刚性连接,下端与土之间为弹性嵌固,如图4-44所示,按力学原理则得 M_q、Q_q 的计算方程为

$$M_{l_0} = M_q + Q_q l_0 + \left(\frac{q_1}{2!} + \frac{q_2 - q_1}{3!}\right)l_0^2$$

$$Q_{l_0} = Q_q + \left(q_1 + \frac{q_2 - q_1}{2!}\right)l_0$$

$$(4\text{-}101)$$

式中:q_1、q_2——桩顶及地面(或局部冲刷线)处作用土压力值。

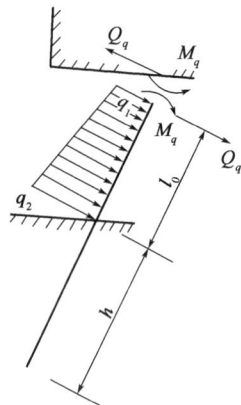

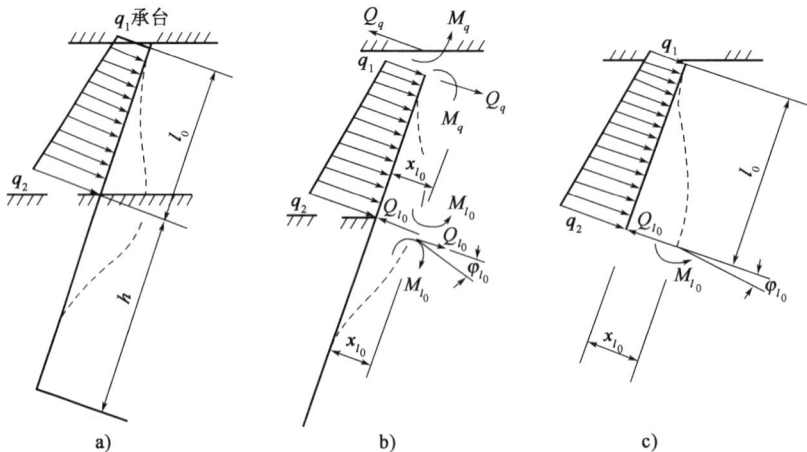

图4-44 桩受土压力作用时的弯矩和剪力计算

由图 4-44c)按材料力学变位计算原理,将式(4-101)代入可得

$$
\left.
\begin{aligned}
x_{l_0} &= \frac{M_{l_0} l_0}{2EI} - \frac{Q_{l_0} l_0^3}{3EI} + \frac{q_1 l_0^4}{8EI} + \frac{11(q_2 - q_1) l_0^4}{120EI} \\
&= \left[\frac{M_q l_0^2}{2!} + \frac{Q_q l_0^3}{3!} + \frac{q_1 l_0^4}{4!} + \frac{(q_2 - q_1) l_0^4}{5!} \right] \times \frac{1}{EI} \\
\varphi_{l_0} &= \frac{M_{l_0} l_0}{EI} - \frac{Q_{l_0} l_0^2}{2EI} + \frac{q_1 l_0^3}{6EI} + \frac{(q_2 - q_1) l_0^3}{8EI} \\
&= \left[M_q l_0 + \frac{Q_q l_0^2}{2!} + \frac{q_1 l_0^3}{3!} + \frac{(q_2 - q_1) l_0^3}{4!} \right] \times \frac{1}{EI}
\end{aligned}
\right\}
\tag{4-102}
$$

桩在地面(或局部冲刷线)以下部分,由于地面(或局部冲刷线)处作用 M_{l_0}、Q_{l_0},则根据式(4-69a)、式(4-69b)计算地面(或局部冲刷线)处桩的位移为

$$
\left.
\begin{aligned}
x_{l_0} &= \frac{M_{l_0}}{\alpha^2 EI} B_x + \frac{Q_{l_0}}{\alpha^3 EI} A_x \\
\varphi_{l_0} &= \frac{M_{l_0}}{\alpha EI} B_\varphi + \frac{Q_{l_0}}{\alpha^2 EI} A_\varphi
\end{aligned}
\right\}
\tag{4-103}
$$

根据变形连续条件,将式(4-102)代入式(4-103)可得

$$
\left.
\begin{aligned}
\frac{M_q l_0^2}{2!} + \frac{Q_q l_0^3}{3!} + \frac{q_1 l_0^4}{4!} + \frac{(q_2 - q_1) l_0^4}{5!} &= \frac{M_{l_0}}{\alpha^2} B_x + \frac{Q_{l_0}}{\alpha^3} A_x \\
M_q l_0 + \frac{Q_q l_0^3}{2!} + \frac{q_1 l_0^3}{3!} + \frac{(q_2 - q_1) l_0^3}{4!} &= \frac{M_{l_0}}{\alpha} B_\varphi + \frac{Q_{l_0}}{\alpha^2} A_\varphi
\end{aligned}
\right\}
\tag{4-104}
$$

联解式(4-101)和式(4-104)即可得 M_{l_0}、Q_{l_0}、M_q、Q_q,将这些数据代入式(4-100),并利用式(4-90)、式(4-91)、式(4-92)便可解出各桩顶(与承台连接处)的轴向力 P_i、横轴向力 Q_i 和弯矩 M_i;对于直接承受土压力的桩,只要再加上求得 Q_q、M_q,即得桩顶的 Q 和 M,即

$$
Q = Q_i + Q_q
\tag{4-105}
$$

$$
M = M_i + M_q
\tag{4-106}
$$

在求得桩顶的 Q 和 M 之后,地面(或局部冲刷线)处的剪力 Q_0 和弯矩 M_0 即为

$$
Q_0 = Q + \left(q_1 + \frac{q_2 - q_1}{2!} \right) l_0 = Q + \left(\frac{q_2 + q_1}{2!} \right) l_0
\tag{4-107}
$$

$$
M_0 = M + Q l_0 + \left(\frac{q_1}{2!} + \frac{q_2 - q_1}{3!} \right) l_0^2 = M + Q l_0 + \frac{(q_2 + 2q_1)}{3!} l_0^2
\tag{4-108}
$$

然后,就可按单桩的计算的方法计算出桩身各截面的剪力、弯矩和侧向土抗力等并进行必要的验算。

四、低桩承台考虑桩-土-承台共同作用的计算

承台埋入地面或局部冲刷线以下时(图 4-45),可考虑承台侧面土的水平抗力与桩和桩侧土共同作用抵抗和平衡水平外荷载的作用。

若承台埋入地面或局部冲刷线的深度为 h_n,承台侧面任一点距底面的距离(取绝对值)为 z,则 z 点的位移为 $a_0 + \beta_0 z$(a_0 为承台底面中心的水平位移,β_0 为转角),承台侧面(宽度为 B)土作用在单位宽度上的水平抗力 E_x,及其对垂直于 xOz 平面 y 轴的弯矩 M_{E_x} 为

$$E_x = \int_0^{h_n}(a_0 + \beta_0 z)C\mathrm{d}z = \int_0^{h_n}(\alpha_0 + \beta_0 z)\frac{C_n}{h_n}(h_n - z)\mathrm{d}z$$

$$= a_0\frac{C_n h_n}{2} + \beta_0\frac{C_n h_n^2}{6} = a_0 F^c_+ \beta_0 S^c$$

$$M_{E_x} = \int_0^{h_n}(a_0 + \beta_0 z)Cz\mathrm{d}z = a_0\frac{C_n h_n^2}{6} + \beta_0\frac{C_n h_n^3}{12}$$

$$= a_0 S^c + \beta_0 I^c$$

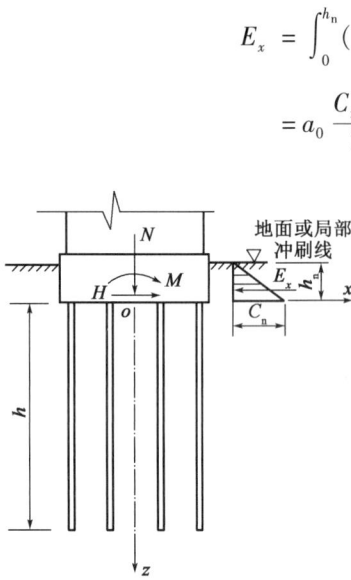

图 4-45　低桩承台侧面土抗力计算图式

式中：C_n——承台底面处侧向土的地基系数；

F^c——承台 B_1 侧面、地基系数 C 图形的面积，$F^c = \dfrac{C_n h_n}{2}$；

S^c——承台 B_1 侧面、地基系数 C 图形面积对其底面的面积矩，$S^c = \dfrac{C_n h_n^2}{6}$；

I^c——承台 B_1 侧面、地基系数 C 图形面积对其底面的惯性矩，$I^c = \dfrac{C_n h_n^3}{12}$。

考虑低承台桩侧面土的水平土抗力参与共同作用时，桩的内力与位移计算仍旧可采用单排桩或多排桩的相关方法，只需在力系平衡[式(4-88)]中考虑承台侧面土的抗力因素。因此，式(4-89)中的相关项需增加承台侧土抗力相应作用项，即

$$\gamma_{aa} = \sum_{i=1}^n(\rho_{PP}\sin^2\alpha_i + \rho_{HH}\cos^2\alpha_i) + B_1 F^c$$

$$\gamma_{\beta a} = \gamma_{a\beta} = \sum_{i=1}^n\left[(\rho_{PP} - \rho_{HH})x_i\sin\alpha_i\cos\alpha_i - \rho_{MH}\cos\alpha_i\right] + B_1 S^c$$

$$\gamma_{\beta\beta} = \sum_{i=1}^n\left[(\rho_{PP}\cos^2\alpha_i + \rho_{HH}\sin\alpha_i)x_i^2 + 2x_i\rho_{MH}\sin\alpha_i + \rho_{MM}\right] + B_1 I^c$$

式中：B——承台侧面的计算宽度，$B_1 = B + 1$。

其余 γ_{ca}、γ_{cc}、$\gamma_{\beta c}$ 仍按式(4-90)、式(4-91)计算，所有各系数在计算 ρ_{PP}、ρ_{HH}、ρ_{MH}、ρ_{MM} 时可用式(4-86)、式(4-88d)，并令 $l_0 = 0$。查无量纲系数时 $\bar{h} = \alpha h$ 中，h 应自承台底面算起。P_i、Q_i、M_i 的计算仍按式(4-83)计算。

如基桩全为竖直且对称布置，则可参照本节"竖直对称多排桩的计算"中介绍的简化计算方式进行相关计算和验算。

第四节　群桩基础的竖向分析及其验算

群桩基础在荷载作用下，由于基桩间的相互影响及其与承台的共同作用，其工作性状显然与单桩不同。前面已讨论了外荷载（包括竖向荷载、横向荷载和弯矩）作用下，基桩间的相互影响和基桩的受力分析与计算，本节主要讨论群桩基础在荷载作用下的竖向分析和群桩基础的竖向承载力与变形验算问题。

一、群桩基础的工作性状及其特点

群桩基础的竖向分析主要取决于荷载的传递特征，不同受力条件下的基桩有着不同的荷

载传递特征,这也就决定了不同类型基桩的群桩基础呈现出不同的工作性状与特点。

1.端承型群桩基础

端承型群桩基础通过承台分配到各基桩桩顶的荷载,绝大部分或全部由桩身直接传递到桩底,由桩底岩层(或坚硬土层)支承。由于端承型群桩基础桩底持力层刚硬,桩的贯入变形小,低桩承台的承台底面地基反力、桩侧摩阻力与桩端反力相比占比都很小,可忽略不计。因此,承台底面对荷载的分担作用和桩侧摩阻力对荷载的扩散作用一般均不予以考虑。各桩桩端压力分布面积较小,压力叠加作用也小(只可能发生在持力层深部),群桩基础中各基桩的工作状态近同于独立单桩,如图 4-46 所示,可以认为端承型群桩基础的承载力等于各基桩承载力之和,其沉降量等于单桩沉降量。

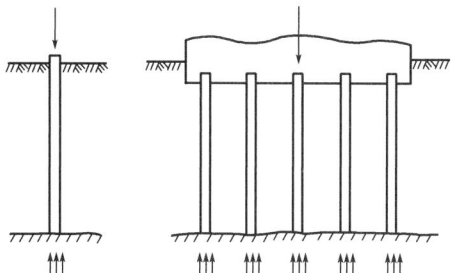

图 4-46 端承型群桩基础桩底平面的应力分布

2.摩擦型群桩基础

由摩擦型桩组成的群桩基础,在竖向荷载作用下,桩顶荷载主要通过桩侧摩阻力传递到桩周和桩端土层中。由于桩侧摩阻力引起的土中附加应力通过桩周土体的扩散作用,使桩端处的压力分布范围要比桩身截面积大得多(图 4-47),以致摩擦型群桩中各基桩传递到桩端处的应力可能叠加,桩端处地基土受到的压力比单桩大。同时,由于群桩基础的尺寸大,荷载传递的影响范围也比单桩深(图 4-48),因此,摩擦型群桩基础桩端土层产生的压缩变形和群桩基础的沉降都比单桩大。在桩的承载力方面,摩擦型群桩基础的承载力不等于各单桩承载力之和。工程实践表明,摩擦型群桩基础的承载力常小于各基桩承载力之和,但有时也可能会大于或等于各基桩承载力之和。这类群桩基础除了受上述桩端应力的叠加和扩散影响外,桩群对桩侧摩阻力也必然会有影响。总之,摩擦型群桩基础受竖向荷载后,由于承台、桩、土的相互作用使其桩侧摩阻力、桩端阻力、沉降等性状发生的变化与单桩明显不同,称这种群桩的工作性状所产生的效应为群桩效应,它主要表现在对桩基承载力和沉降的影响上。

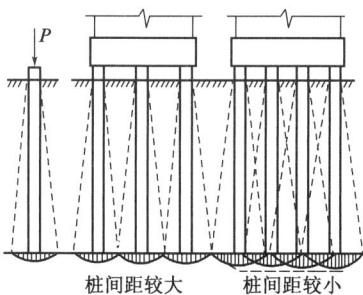

图 4-47 摩擦型桩桩端平面的应力分布

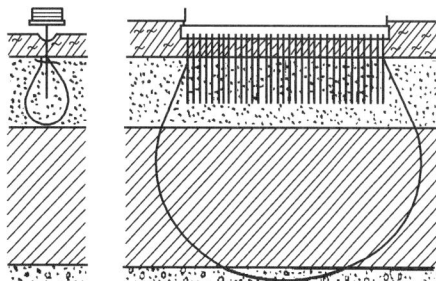

图 4-48 群桩和单桩应力传布深度比较

影响摩擦型群桩基础承载力和沉降的因素很复杂,与土的性质、桩长、桩距、桩数、群桩的平面排列和承台尺寸大小等因素有关。模型试验研究和现场测定结果表明,上述诸因素中,桩距大小的影响是主要的,其次是桩数。同时发现,当桩距较小、土质较坚硬时,在荷载作用下,桩间土与桩群作为一个整体而下沉,桩端土层受压缩,破坏时呈"整体破坏",即指桩、土形成整体,破坏状态类似一个实体深基础。而当桩距足够大、土质较软时,桩与土之间产生剪切变形,桩群呈"刺入破坏"。在一般情况下,群桩基础兼有这两种性状。现通常认为当桩间中心距离$\geqslant 6b_1$(b_1为单桩的计算宽度)时,可不考虑群桩效应。

对于低桩承台群桩基础,承台底面土有可能会参与工作,与桩共同起作用。一般认为承台底面土的反力将会分担部分外荷载,从而影响桩的承载能力。但此问题比较复杂,目前业内对此见解仍未统一。

二、群桩基础承载力验算

由端承型桩组成的群桩基础,群桩承载力等于单桩承载力之和,群桩基础沉降等于单桩沉降,群桩效应可以忽略不计,不需要进行群桩承载力验算。即使由摩擦型桩组成的群桩基础,在一定条件下也不需要验算群桩基础的承载力,例如建筑桩基础规定根数少于 3 根的群桩基础,桥梁工程规定群桩桩距$\geqslant 6$倍桩径时,只要验算单桩的承载力就可以了。但当不满足规范条件要求时,除了验算单桩承载力外,还需要验算桩底持力层的承载力,持力层下有软弱土层时,还应验算软弱下卧层的承载力。

1. 桩底持力层承载力验算

摩擦型群桩基础当桩间中心距小于 6 倍桩径时,如图 4-49 所示,将桩基础视为相当于 $cdea$ 范围内的实体基础,认为桩侧外力以 $\overline{\varphi}/4$ 角向下扩散,可按下式验算桩端平面处土层的承载力。

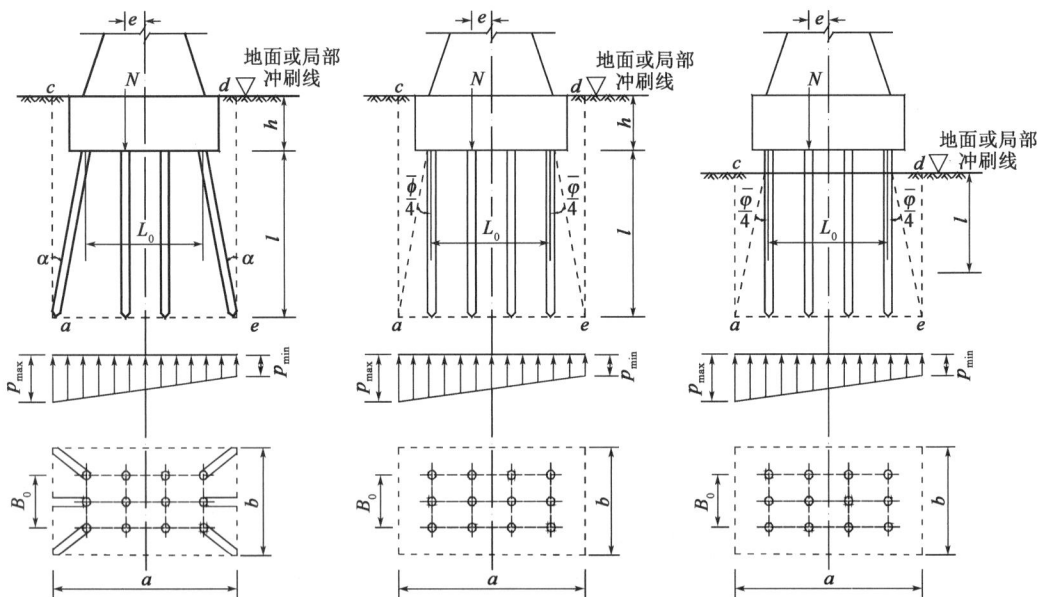

图 4-49　摩擦型群桩作为整体基础计算示意图

(1)当轴心受压时($\gamma_R = 1.0$):

$$p = \overline{\gamma} l + \gamma h - \frac{BL\gamma h}{A} + \frac{N}{A} \leqslant f_a \tag{4-109}$$

(2)当偏心受压时,除满足第(1)条外,尚应满足下列条件:

$$p_{\max} = \overline{\gamma}\, l + \gamma h - \frac{BL\gamma h}{A} + \frac{N}{A}\left(1 + \frac{eA}{W}\right) \leqslant \gamma_R f_a \tag{4-110}$$

$$A = a \times b \tag{4-111}$$

当桩的斜度 $\alpha \leqslant \dfrac{\overline{\varphi}}{4}$ 时

$$a = L_0 + d + 2l\, \tan\frac{\overline{\varphi}}{4} \tag{4-112}$$

$$b = B_0 + d + 2l\, \tan\frac{\overline{\varphi}}{4} \tag{4-113}$$

$$\overline{\varphi} = \frac{\varphi_1 l_1 + \varphi_2 l_2 + \cdots + \varphi_n l_n}{l} \tag{4-114}$$

当桩的斜度 $\alpha \geqslant \dfrac{\overline{\varphi}}{4}$ 时

$$a = L_0 + d + 2l\, \tan\alpha \tag{4-115}$$

$$b = B_0 + d + 2l\, \tan\alpha \tag{4-116}$$

式中: p、$p_{\max}$——桩端平面处的最大压应力(kPa);

$\overline{\gamma}$——承台底面包括桩的重力在内至桩端平面土的平均重度(kN/m³);

l——桩的深度(m);

γ——承台底面以上土的重度(kN/m³);

L、B——承台的长度、宽度(m);

N——作用于承台底面合力的竖向分力(kN);

A——假想的实体基础在桩端平面处的计算面积,即 $a \times b$(图 4-49)(m²);

a、b——假想的实体基础在桩端平面处的计算宽度和长度(m);

L_0、B_0——外围桩中心围成矩形轮廓的长度、宽度(m);

d——桩的直径(m);

W——假想的实体基础在桩端平面处的截面抵抗矩(m³);

e——作用于承台底面合力的竖向分力对桩端平面处计算面积重心轴的偏心距(m);

$\overline{\varphi}$——基桩所穿过土层的平均土内摩擦角;

$\varphi_1 l_1$、$\cdots$、$\varphi_n l_n$——各层土的内摩擦角与相应土层厚度的乘积;

f_a——修正后桩端平面处土的承载力特征值,应经过埋深 $h + l$ 修正;

h——承台的高度(m),对图 4-47 所示的高承台桩基,$h = 0$,埋置深度即为 l;

γ_R——地基承载力抗力系数。

2. 软弱下卧层强度验算

软弱下卧层验算方法是按土力学中的土应力分布规律,计算出软弱土层顶面处的总应力不得大于该处土的承载力特征值,可参见第二章第五节有关内容。

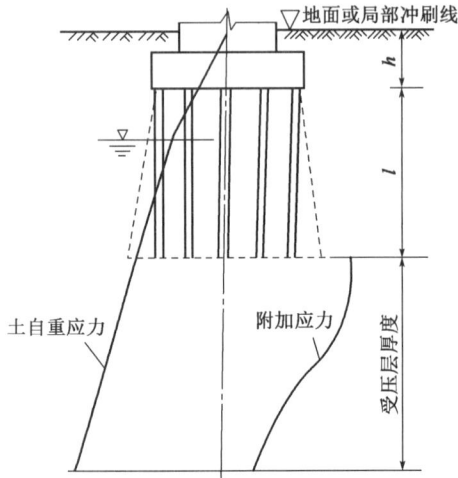

图4-50　摩擦型群桩地基变形计算
（桩的中心距小于6倍桩径）

三、群桩基础沉降验算

超静定结构桥梁墩台群桩基础，建于软土、湿陷性黄土地基或建于沉降较大的其他土层的静定结构桥梁墩台群桩基础均应计算沉降量并进行验算。

当桩的中心距大于6倍桩径的摩擦型群桩基础，可以认为其沉降量等于在同样土层中的单桩沉降量。

对于桩的中心距小于6倍桩径的摩擦型群桩基础，则作为实体基础考虑，如图4-50所示，可采用分层总和法计算沉降量。《公路桥涵地基与基础设计规范》（JTG 3363—2019）第5.3.3条规定墩台的沉降应满足下列要求：

（1）相邻墩台间不均匀沉降差值（不包括施工中的沉降），不应使桥面形成大于0.2‰的附加纵坡（折角）；

（2）超静定结构桥梁墩台间不均匀沉降差值，还应满足结构的受力要求。

第五节　承台的设计计算

承台是桩基础的一个重要组成部分。承台应有足够的强度和刚度，以便把上部结构的荷载传递给各基桩，并将各基桩联结成整体。

承台设计包括承台材料、形状、高度、底面高程和平面尺寸的确定以及强度验算，并要符合构造要求。除强度验算外，其他各项设计均可根据本章前述有关内容初步拟定，经验算后若不能满足有关要求，仍须修改设计，直至满足为止。

承台按极限状态设计，一般应进行局部受压、抗冲切、抗弯和抗剪验算。

一、桩顶处的局部受压验算

桩顶作用于承台混凝土的压力，如不考虑桩身与承台混凝土间的黏结力，局部承压时按下式计算：

$$\gamma_0 N_d \leq 0.9\beta A_1 f_{cd} \tag{4-117}$$

$$\beta = \sqrt{\frac{A_b}{A_1}} \tag{4-118}$$

式中：γ_0——结构重要性系数；

　　　N_d——承台内一根基桩承受的最大轴向力计算值（kN）；

　　　β——局部承压强度提高系数；

　　　A_1——承台内基桩桩顶横截面面积（m²）；

　　　A_b——承台内计算底面积（m²），具体计算方法参见《公路圬工桥涵设计规范》（JTG

D61—2005)第 4.0.11 条；

f_{cd}——混凝土轴心抗压强度设计值（kN/m^2）。

如验算结果不符合式(4-117)要求，应在承台内桩的顶面以上设置 1~2 层钢筋网，钢筋网的边长应大于桩径的 2.5 倍，钢筋直径不宜小于 12mm，网孔为 $100mm \times 100mm$，如图 4-51 所示。

二、承台的冲切承载力验算

1. 柱或墩台向下冲切承台

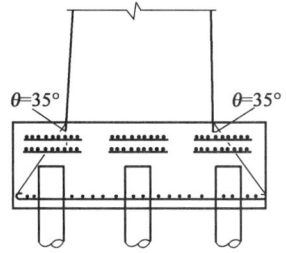

图 4-51　承台桩顶处钢筋网

柱或墩台向下冲切的破坏锥体应采用自柱或墩台边缘至相应桩顶边缘连线构成的锥体；桩顶位于承台顶面以下一倍有效高度 h_0 处。锥体斜面与水平面的夹角，不应小于 45°，当小于 45°时，取用 45°。

柱或墩台向下冲切时承台的冲切承载力按下式计算：

$$\gamma_0 F_{ld} \leqslant 0.6 f_{td} h_0 \left[2\alpha_{px}(b_y + a_y) + 2\alpha_{py}(b_x + a_x) \right] \tag{4-119}$$

$$\alpha_{px} = \frac{1.2}{\lambda_x + 0.2}$$

$$\alpha_{py} = \frac{1.2}{\lambda_y + 0.2}$$

式中：F_{ld}——作用于冲切破坏锥体上的冲切力设计值（kN），可取柱或墩台的竖向力设计值减去锥体范围内桩的反力设计值；

γ_0——桥梁结构的重要性系数；

b_x、b_y——柱或墩台作用面的边长［图 4-52a)］；

a_x、a_y——冲跨，冲切破坏锥体侧面顶边与底边间的水平距离，即柱或墩台边缘到桩边缘的水平距离，其值不应大于 h_0［图 4-52a)］，h_0 为桩顶距承台顶面的距离，即承台的有效高度。

λ_x、λ_y——冲跨比，$\lambda_x = a_x/h_0$，$\lambda_y = a_y/h_0$，当 $a_x < 0.2h_0$ 或 $a_y < 0.2h_0$ 时，取 $a_x = 0.2h_0$ 或 $a_y = 0.2h_0$；

α_{px}、α_{py}——分别与冲跨比 λ_x、λ_y 对应的冲切承载力系数；

f_{td}——混凝土轴心抗拉强度设计值（MPa）。

2. 柱或墩台向下冲切破坏锥体以外的角桩和边桩向上冲切承台

对于柱或墩台向下的冲切破坏锥体以外的角桩和边桩，其向上冲切时承台的冲切承载力按下列规定计算。

(1)角桩向上冲切时，承台的冲切承载力按下式计算：

$$\gamma_0 F_{ld} \leqslant 0.6 f_{td} h_0 \left[2\alpha'_{py}\left(b_y + \frac{a_y}{2}\right) + 2\alpha'_{px}\left(b_x + \frac{a_x}{2}\right) \right] \tag{4-120}$$

$$\alpha'_{px} = \frac{0.8}{\lambda_x + 0.2}$$

$$\alpha'_{py} = \frac{0.8}{\lambda_y + 0.2}$$

式中：F_{ld}——角桩竖向力设计值（kN）；

b_x、b_y——承台边缘至桩内边缘的水平距离[图4-52b)]；

a_x、a_y——冲跨，为桩边缘至相应柱或墩台边缘的水平距离，其值不应大于h_0[图4-52b)]；

λ_x、λ_y——冲跨比，$\lambda_x = a_x/h_0$，$\lambda_y = a_y/h_0$，当$a_x < 0.2h_0$或$a_y < 0.2h_0$时，取$a_x = 0.2h_0$或$a_y = 0.2h_0$；

α'_{px}、α'_{py}——分别与冲跨比λ_x、λ_y对应的冲切承载力系数；

其他变量含义见式(4-121)。

(2)边桩向上冲切时承台的冲切承载力按下式计算：

当$b_p + 2h_0 \leq b$时[b见图4-52b)]：

$$\gamma_0 F_{ld} \leq 0.6f_{td}h_0[2\alpha'_{py}(b_p + h_0) + 0.667 \times (2b_x + a_x)] \tag{4-121}$$

式中：F_{ld}——边桩竖向力设计值(kN)；

　　　b_x——承台边缘至桩内边缘的水平距离；

　　　b_p——方桩的边长；

　　　a_x——冲跨，为桩边缘至相应柱或墩台边缘的水平距离，其值不应大于h_0[图4-52b)]。

其他变量含义见式(4-119)、式(4-120)。

按式(4-119)~式(4-121)计算时，圆形截面桩可换算为边长等于0.8倍圆桩直径的方形截面桩。

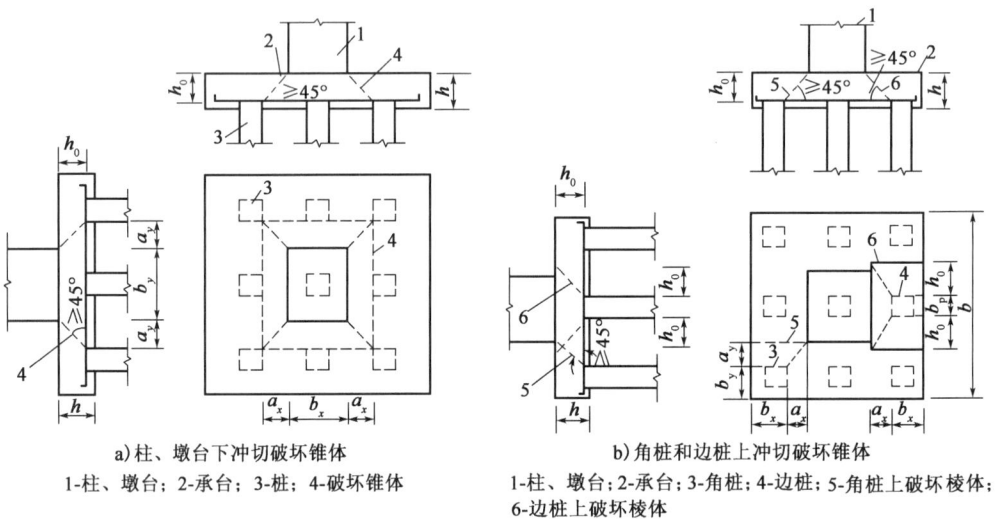

a)柱、墩台下冲切破坏锥体
1-柱、墩台；2-承台；3-桩；4-破坏锥体

b)角桩和边桩上冲切破坏锥体
1-柱、墩台；2-承台；3-角桩；4-边桩；5-角桩上破坏棱体；6-边桩上破坏棱体

图4-52　承台冲切破坏锥体

三、承台抗弯及抗剪强度验算

(一)承台抗弯承载力验算

1. 外排桩中心距墩台边缘大于承台高度

当承台下面外排桩中心距墩台边缘大于承台高度时，其正截面(垂直于x轴和y轴的竖向截面)抗弯承载力可作为悬臂梁按《公路钢筋混凝土及预应力混凝土桥涵设计规范》(JTG 3362—2018)中的8.5.3条进行计算。

（1）承台截面计算宽度。

①当桩中距不大于 3 倍桩边长或桩直径时,取承台全宽;

②当桩中距大于 3 倍桩边长或桩直径时

$$b_s = 2a + 3D(n-1) \tag{4-122}$$

式中:b_s——承台截面计算宽度;

a——平行于计算宽度的边桩中心距承台边缘距离;

D——桩边长或桩直径;

n——平行于计算截面的桩的根数。

（2）承台计算截面弯矩设计值应按下列公式计算（图 4-53）。

$$M_{xcd} = \sum N_{id} y_{ci} \tag{4-123a}$$

$$M_{ycd} = \sum N_{id} x_{ci} \tag{4-123b}$$

$$N_{id} = \frac{F_d}{n} \pm \frac{M_{xd} y_i}{\sum y_i^2} \pm \frac{M_{yd} x_i}{\sum x_i^2} \tag{4-123c}$$

式中:M_{xcd}、M_{ycd}——计算截面外侧各排桩竖向力组合产生的绕 x 轴和 y 轴在计算截面处的弯矩组合设计值（kN·m）;

N_{id}——计算截面外侧第 i 排桩的竖向力设计值,取该排桩根数乘以该排桩中最大单桩竖向力设计值（kN）;

x_{ci}、y_{ci}——垂直于 y 轴和 x 轴方向,自第 i 排桩中心线至计算截面的距离;

F_d——由承台底面以上的作用组合产生的竖向力设计值。

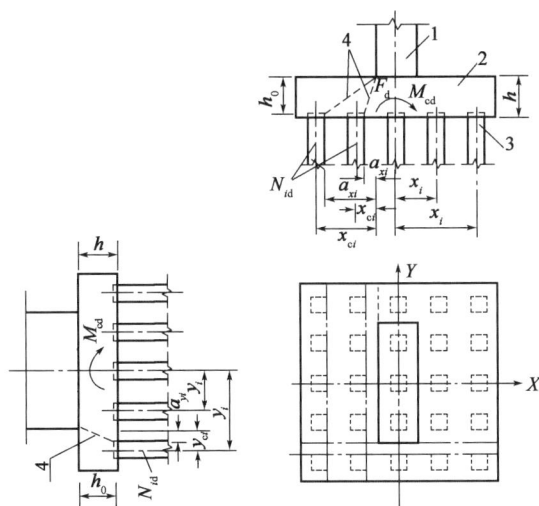

图 4-53　桩基承台计算

1-墩身;2-承台;3-桩;4-剪切破坏斜截面

在确定了承台的计算截面弯矩后,可根据钢筋混凝土矩形截面受弯构件按极限状态设计法进行承台纵桥向及横桥向配筋计算或验算截面抗弯强度。

2.外排桩中心距墩台边缘等于或小于承台高度

当外排桩中心距墩台边缘等于或小于承台高度时,承台的极限承载力可按《公路钢筋混凝土及预应力混凝土桥涵设计规范》（JTG 3362—2018）8.5.4 条中的拉压杆模型方法进行设计,计算压杆的抗压承载力和拉杆的抗拉承载力(图 4-54)。

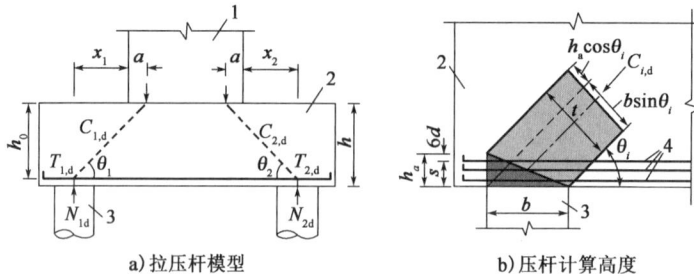

图 4-54　承台按拉压杆模型计算
1-墩台;2-承台;3-桩;4-拉杆钢筋

(1)斜压杆承载力可按下式计算:

$$\gamma_0 C_{i,d} \leqslant t b_s f_{ce,d} \tag{4-124a}$$

$$f_{ce,d} = \frac{\beta_a f_{cd}}{0.8 + 170\varepsilon_1} \leqslant 0.85\beta_a f_{cd} \tag{4-124b}$$

$$\varepsilon_1 = \frac{T_{i,d}}{A_s E_s} + \left(\frac{T_{i,d}}{A_s E_s} + 0.002\right)\cot^2\theta_i \tag{4-124c}$$

$$t = b\sin\theta_i + h_a\cos\theta_i \tag{4-124d}$$

$$h_a = s + 6d \tag{4-124e}$$

式中:$C_{i,d}$——压杆的内力设计值,包括 $C_{1,d} = N_{1d}/\sin\theta_1$,$C_{2,d} = N_{2d}/\sin\theta_2$,其中 N_{1d} 和 N_{2d} 分别为承台悬臂下面"1"排桩和"2"排桩内该排桩的根数乘以该排桩中最大单桩竖向力设计值,竖向力设计值按式(4-123c)计算;按式(4-123c)计算压杆承载力时,式中 $C_{i,d}$ 取 $C_{1,d}$ 和 $C_{2,d}$ 两者较大值;

$f_{ce,d}$——混凝土压杆的等效抗压强度设计值;

β_c——与混凝土强度等级有关参数,对 C25 ~ C50 取 1.30,C55 ~ C80 取 1.35;

t——压杆计算高度;

b_s——压杆计算宽度,按式(4-122)有关正截面抗弯承载力计算时对计算宽度的规定取用;

b——桩的支撑面计算宽度,方形截面取截面边长,圆形截面取直径的 0.8 倍;

$T_{i,d}$——拉杆内力设计值,取 $T_{1,d}$ 与 $T_{2,d}$ 两者中较大者,其中 $T_{1,d} = N_{1d}/\tan\theta_1$,$T_{2,d} = N_{2d}/\tan\theta_2$;

s——拉杆钢筋的顶层钢筋中心至承台底的距离;

d——拉杆钢筋直径,当采用不同直径的钢筋时,d 取加权平均值;

θ_i——斜压杆与拉杆之间的夹角,包括 $\theta_1 = \tan^{-1}\dfrac{h_0}{a+x_1}$,$\theta_2 = \tan^{-1}\dfrac{h_0}{a+x_2}$,其中 h_0 为承台有效高度;a 为压杆中线与承台顶面的交点至墩台边缘的距离,取 $a = 0.15h_0$;x_1 和 x_2 为桩中心至墩台边缘的距离。

(2)拉杆承载力可按下式计算:

$$\gamma_0 T_{i,d} \leqslant f_{sd} A_s \tag{4-125}$$

式中:$T_{i,d}$——拉杆内力设计值,取 $T_{1,d}$ 与 $T_{2,d}$ 两者中较大者,其中 $T_{1,d} = N_{1d}/\tan\theta_1$,$T_{2,d} =$

$N_{2d}/\tan\theta_2$；

f_{sd}——拉杆钢筋抗拉强度设计值；

A_s——在拉杆计算宽度 b_s 范围内拉杆钢筋截面面积。

在垂直与拉杆的承台全宽内,拉杆钢筋应按《公路钢筋混凝土及预应力混凝土桥涵设计规范》(JTG 3362—2018)9.6.10 条第 2 款布置。在拉杆计算宽度 b_s 内的受拉钢筋的配筋率不应小于 0.15% 。

(二)承台斜截面抗剪承载力验算

承台应有足够的厚度,防止沿墩台底面边缘的剪切破坏斜截面处产生剪切破坏(图 4-52)。承台的斜截面抗剪承载力按下式计算:

$$\gamma_d V_d \leqslant \frac{0.9 \times 10^{-4}(2+0.6P)\sqrt{f_{cu,k}}}{m} b_s h_0$$

式中:V_d——由承台下面桩的竖向力设计值产生的计算斜截面以外各排桩最大剪力设计值(kN)的总和;每排桩的竖向力设计值,取其中一根最大值乘以该排桩的根数;

$f_{cu,k}$——边长为 150mm 的混凝土立方体抗压强度标准值(MPa);

P——斜截面内纵向受拉钢筋的配筋百分率,$P = 100\rho$,$\rho = A_s/(bh_0)$,当 $P > 2.5$ 时,取 $P = 2.5$,其中 A_s 为承台截面计算宽度内纵向受拉钢筋截面面积;

m——剪跨比,$m = a_{xi}/h_0$ 或 $m = a_{yi}/h_0$,当 $m < 0.5$ 时,取 $m = 0.5$,其中 a_{xi} 和 a_{yi} 分别为沿 x 轴和 y 轴墩台边缘至计算斜截面外侧第 i 排桩边缘的距离;当为圆形截面桩时,可换算为边长等于 0.8 倍圆桩直径的方形截面桩;

b_s——承台计算宽度(mm);

h_0——承台有效高度(mm)。

当承台的同方向可作出多个斜截面破坏面时,应分别对每个斜截面进行抗剪承载力计算。

第六节 桩基础的设计

设计桩基础时,首先应该搜集必要的资料,包括上部结构形式与使用要求、荷载的性质与大小、地质和水文资料,以及材料供应和施工条件等。据此拟订出设计方案(包括选择桩基类型、桩长、桩径、桩数、桩的布置、承台位置与尺寸等),然后进行基桩和承台以及桩基础整体的强度、稳定、变形验算,经过计算、比较、修改,以保证承台、基桩和地基在强度、变形及稳定性方面满足安全和使用上的要求,并同时考虑技术上的可能性和经济的合理性,最后确定较理想的设计方案。

一、桩基础类型的选择

选择桩基础类型时,应根据设计要求和现场的条件,并考虑各种类型桩基础的不同特点,综合分析选择。

(一)承台底面高程的考虑

承台底面的高程应根据桩的受力情况,桩的刚度和地形、地质、水流、施工等条件进行设计确定。低承台稳定性较好，但在水中施工难度较大，因此，可用于季节性河流、冲刷小的河流或旱地上其他结构物的基础。当承台埋设于冻胀土层中时，为了避免由于土的冻胀引起桩基础损坏，承台底面应位于冻结线以下不少于0.25m；对于常年有流水，冲刷较深，或水位较高，施工排水困难的情况，在受力条件允许时，应尽可能采用高桩承台。承台如在水中或有流冰的河道，承台底面也应适当放低，以保证基桩不会直接受到撞击，否则，应设置防撞装置。当作用在桩基础上的水平力和弯矩较大，或桩侧土质较差时，为减少桩身所受的内力，可适当降低承台底面高程。有时为节省墩台坞工数量，则可适当提高承台底面高程。

（二）端承型桩基和摩擦型桩基的考虑

端承型桩和摩擦型桩的选择主要根据地质和受力情况确定。端承型桩基础承载力大，沉降量小，较为安全可靠，因此当基岩埋深较浅时，应考虑采用端承型桩基。若岩层埋置较深或受施工条件的限制不宜采用端承型桩，则可采用摩擦型桩，但在同一桩基础中不宜同时采用这两种桩型，同时，也不宜采用不同材料、不同直径和长度相差过大的桩，以避免桩基产生不均匀沉降或丧失稳定性。

当采用端承型桩时，除桩底支承在基岩上外，如覆盖层较薄，或水平荷载较大，还需将桩底端嵌入基岩中一定深度成为嵌岩桩，以增加桩基的稳定性和承载能力。为保证嵌岩桩在横向荷载作用下的稳定性，嵌入基岩的有效深度 h 与桩嵌固处的内力和桩周岩石强度有关，应分别考虑弯矩和轴力要求，由要求较高的条件来控制有效深度。圆形和矩形端承型桩基考虑弯矩 M_H 时，基桩嵌入基岩的有效深度 h 可用下述近似方法确定。

1. 圆形桩

（1）桩在嵌固有效深度 h 范围内的应力图形，假定按2个相等三角形变化[图4-55b)]；

（2）桩侧压力的分布，假定最大压力 p_{max} 等于平均压应力 p 的1.27倍[图4-55c)]；

（3）水平力 H 和桩侧摩阻力对桩的影响略而不计。

$$p_{max} = c\beta f_{rk} \tag{4-126}$$

式中：c——安全系数，采用0.5；

β——岩石的竖直抗压强度换算为水平抗压强度的折减系数；

f_{rk}——岩石饱和单轴抗压强度标准值（kPa），黏土质岩取天然湿度单轴抗压强度标准值（$f_{rk} \geqslant 2MPa$）。

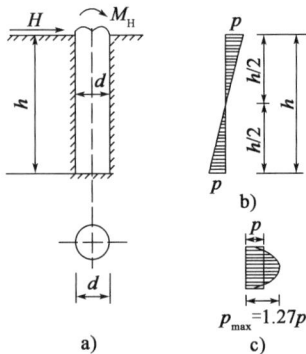

图4-55 嵌入岩层有效深度计算图式

由以上假设，根据静力平衡条件（$\sum M_H = 0$），便可列出下式：

$$M_H = \left(\frac{1}{2}p \times \frac{h}{2} \times d\right) \times \left(2 \times \frac{2}{3} \times \frac{h}{2}\right) = \frac{1}{6}ph^2d = \frac{1}{6} \times \frac{p_{max}}{1.27} \times h^2d \tag{4-127}$$

$$= \frac{1}{7.62}c\beta f_{rk}h^2d = 0.131 \times 0.5\beta f_{rk}h^2d = 0.0655\beta f_{rk}h^2d$$

因此

$$h = \sqrt{\frac{M_H}{0.0655\beta f_{rk}d}} \tag{4-128}$$

式中:h——桩嵌入基岩中(不计强风化层和全风化层)的有效深度(m),不应小于0.5m;

M_H——在基岩顶面处的弯矩(kN·m);

f_{rk}——岩石饱和单轴抗压强度标准值(kPa),黏土质岩取天然湿度单轴抗压强度标准值;

β——岩石的竖直抗压强度换算为水平抗压强度的折减系数,$\beta = 0.5 \sim 1.0$,根据岩层侧面构造而定,节理发育的取小值,节理不发育的取大值;

d——桩身直径(m)。

2. 矩形桩

除$p_{max} = p$以外,其他假定均与圆形桩同。

$$M_H = \left(\frac{1}{2} p \times \frac{h}{2} \times b \right) \times \left(2 \times \frac{2}{3} \times \frac{h}{2} \right) \qquad (4\text{-}129)$$

$$= \frac{1}{6} ph^2 b = \frac{1}{6} \times 0.5\beta f_{rk} h^2 b = 0.0833\beta f_{rk} h^2 b$$

$$h = \sqrt{\frac{M_H}{0.0833\beta f_{rk} b}} \qquad (4\text{-}130)$$

式中:b——垂直于弯矩作用平面桩的边长(m);

其余变量意义与式(4-128)相同。

由于式(4-128)、式(4-130)中做了一些假设,且未考虑钻孔底面承受挠曲力矩的影响,计算的深度偏于安全,因此,可结合具体情况,如考虑桩底轴向力计算嵌岩有效深度时,可按式(4-14)计算。为保证嵌固牢靠,在任何情况下均不计风化层,嵌入岩层最小深度不应小于0.5m。

(三)桩型与施工方法的考虑

桩型与施工方法的选择应按照基础工程的方案选择原则,根据地质情况、上部结构要求、桩的使用功能和施工技术设备等条件来确定。

二、桩径、桩长的拟定

桩径与桩长的设计,应综合考虑荷载的大小、土层性质与桩周土阻力状况、桩基类型与结构特点、桩的长径比以及施工设备与技术条件等因素后确定,力争做到既满足使用要求,又造价经济,最有效地利用和发挥地基土和桩身材料的承载性能。

设计时,首先拟定尺寸,然后通过基桩计算,验算所拟定的尺寸是否经济合理,再作最后确定。

(一)桩径拟定

桩的类型选定后,桩的横截面(桩径)可根据各类桩的特点与常用尺寸选择确定。

(二)桩长拟定

确定桩长的关键在于选择桩端持力层,因为桩端持力层对于桩的承载力和沉降有着重要影响。设计时,可先根据地质条件选择适宜的桩端持力层初步确定桩长,并应考虑施工的可行性(如钻孔灌注桩钻机钻进的最大深度等)。

一般应将桩底置于岩层或坚硬的土层上,以得到较大的承载力和较小的沉降量。如在施工条件容许的深度内没有坚硬土层存在,应尽可能选择压缩性较低、强度较高的土层作为持力层,要避免使桩底坐落在软土层上或离软弱下卧层的距离太近,以免桩基础发生过大的沉降。

对于摩擦型桩,有时桩底持力层可能有多种选择,此时确定桩长与桩数两者相互牵连,遇此情况,可通过试算比较,选择较合理的桩长。摩擦型桩的桩长不应拟定太短,一般不应小于4m。因为桩长过短达不到设置桩基把荷载传递到深层或减小基础下沉量的目的,且必然增加桩数,扩大了承台尺寸,也影响施工的进度。此外,为保证发挥摩擦型桩桩底土层支承力,桩底端部应尽可能达到该土层桩端阻力的临界深度,一般不宜小于1m。

三、确定基桩根数及其平面布置

(一)桩的根数估算

一个基础所需桩的根数可根据承台底面上的竖向荷载和单桩承载力特征值按下式估算:

$$n \geqslant \mu \frac{N}{f_a} \qquad (4\text{-}131)$$

式中:n——桩的根数;

N——作用在承台底面上的竖向荷载(kN);

f_a——单桩承载力特征值(kN);

μ——考虑偏心荷载时各桩受力不均而适当增加桩数的经验系数,可取 $\mu = 1.1 \sim 1.2$。

估算的桩数是否合适,在验算各桩的受力状况后即可确定。

桩数的确定还须考虑满足桩基础水平承载力的要求。若有水平静载试验资料,可用各单桩水平承载力之和作为桩基础的水平承载力(偏安全),来校核按式(4-131)估算的桩数。但一般情况下,桩基水平承载力是由基桩的材料强度所控制,可通过对基桩的结构强度设计(如钢筋混凝土桩的配筋设计与截面强度验算)来满足,所以桩数仍按式(4-131)来估算。

此外,桩数的确定与承台尺寸、桩长及桩间距的确定相关联,确定时应综合考虑。

(二)桩间距的确定

1. 考虑施工和桩群效应的桩间距

为了避免桩基础施工可能引起土的松弛效应和挤土效应对相邻基桩的不利影响,以及桩群效应对基桩承载力的不利影响,布设桩时,应该根据桩的类型及施工工艺和排列方式确定桩的最小中心距。

(1)摩擦型桩。锤击、静压沉桩,在桩端处的中心距不应小于桩径(或边长)的 3 倍,对于软土地基宜适当增大;振动沉入砂土内的桩,在桩端处的中心距不应小于桩径(或边长)的 4 倍。桩在承台底面处的中心距不应小于桩径(或边长)的 1.5 倍。

钻孔灌注桩中心距不应小于桩径的 2.5 倍。

挖孔灌注桩中心距可参照钻孔灌注桩采用。

(2)端承型桩。支承或嵌固在基岩中的钻(挖)孔灌注桩中心距,不应小于桩径的 2.0 倍。

(3)扩底灌注桩。钻(挖)孔扩底灌注桩中心距不应小于 1.5 倍扩底直径或扩底直径加1.0m,取较大者。

为了避免承台边缘距桩身过近而发生破裂,并考虑桩顶位置允许的偏差,边桩外侧到承台边缘的距离,对于桩径小于或等于1.0m的桩不应小于0.5倍的桩径,且不小于0.25m;对于桩径大于1.0m的桩不应小于0.3倍桩径并不小于0.5m(盖梁不受此限)。

2.考虑土拱效应的桩间距

(1)土拱效应作用区域中的应力状态。太沙基通过活动门试验证明了土拱效应的存在,并得出了其存在的2个条件:①土体间产生不均匀位移或相对移动;②作为支撑的拱脚存在。假设图4-56a)中砂层底部水平带条ab向下移动。在带条ab开始移动前,砂层底面上单元面积的垂直压力等于其上部砂层自重。然而,带条ab的下降也使带条以上的砂土随着下降,这个运动受到了移动砂体与不动砂体之间摩擦阻力的阻碍。因此,移动带条上的总压力减少,其减少量为作用在边界面(ca,db)上的摩擦阻力的垂直分量,而相邻的不动土体上的总压力就增加了同一数量。砂层底部上的总垂直压力却保持不变,因为它总是等于砂的重力。因此,移动带条上的垂直压力的减少就必然伴随有相邻砂体垂直压力的增加,同时,还可能使带条边缘上的垂直压力发生骤然增加。这个不连续性必然要引起如图4-56中所示a、b处沿径向剪切区域的存在。在沿径向剪切的同时,移动带条两旁高压力区域内的砂土向着带条以上的低压力区发生侧向膨胀。如果砂层的底部是完全光滑的,那相应的剪切图应当与图4-56a)与图4-56b)上所示的所类似。

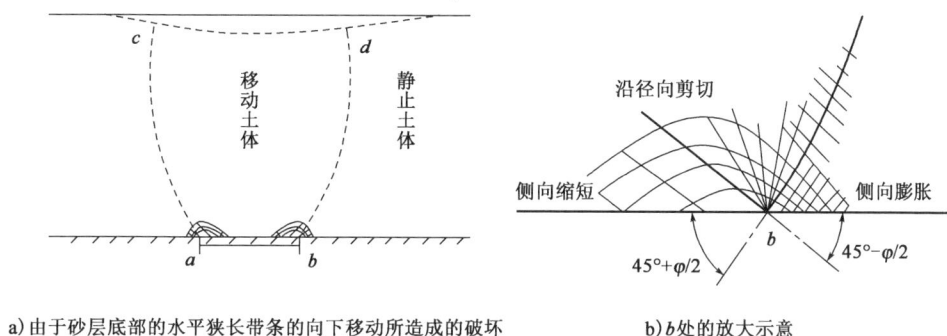

a)由于砂层底部的水平狭长带条的向下移动所造成的破坏

b)b处的放大示意

图4-56 在拱作用形成之前的无凝聚性砂土内的破坏

在滑动面ac和bd之间的底部砂体上的垂直压力,等于上部土体的重力减去作用在邻近滑动面上摩擦阻力的垂直分量,移动带条上面部分砂土重力传给相邻土体的现象,即土拱效应。

(2)桩间距与土拱效应的关系。土拱效应是基础工程中的一种普遍现象,它是由介质的不均匀变形所产生的一种应力转移与重分布的现象,特别是在被动群桩中尤为常见。

被动群桩常见于桥梁、码头、高填方路桥过渡段、存在大量堆载的工业厂房、边坡工程及邻近开挖基坑等建筑物和构筑物,用来抵抗土体在自重应力或外荷载作用下引起附加应力而产生的土体侧向变形。当被动受荷群桩附近的土体发生水平向位移时,桩基础会对其后土体的水平运动有明显约束作用,但桩间土体因缺乏足够约束而产生较大的变形,土体在邻近桩基础附近产生土拱效应。土拱效应使得桩基础附近土体的水平应力转移到桩身处,不至于从桩间滑出,在一定条件下会产生斜向土拱效应,使土体重力重新分布(图4-57);另一方面,桩身处的应力将增大,对桩基产生很大的影响。

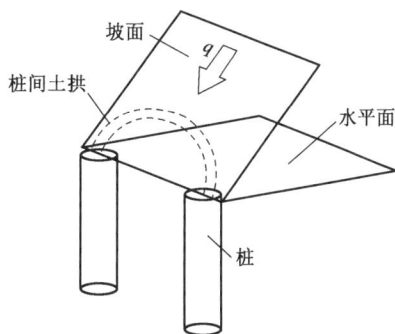

图4-57 桩间斜拱效应示意图

195

桩间距与土拱效应密切相关，在较小的桩间距条件下，土体更易形成土拱效应，使得桩身承受附加应力。因此，确定桩间距时应验算土拱效应引起的桩身附加应力，避免应力过大。

（三）桩的平面布置

桩数确定后，可根据桩基受力情况选用单排桩或多排桩。

多排桩稳定性好，抗弯刚度较大，能承受较大的水平荷载，水平位移小，但多排桩的设置将会增大承台的尺寸，增加施工困难，有时还影响航道。单排桩与此相反，能较好地与柱式墩台结构形式配用，可节省圬工，减小作用在桩基的竖向荷载。因此，当桥跨不大、桥较矮时，或单桩承载力较大，需用桩数不多时常采用单排桩基础。公路桥梁自采用了具有较大刚度的钻孔

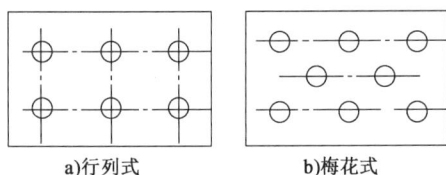

a)行列式   b)梅花式

图4-58　桩的平面布置

灌注桩后，选用盖梁式承台双柱或多柱式单排桩基础也较广泛。对较高的桥台、拱桥桥台、制动墩和单向水平推力墩基础则常用多排桩。

桩的排列形式常采用行列式[图4-58a)]和梅花式[图4-58b)]，在相同的承台底面积下，后者可排列较多的基桩，而前者有利于施工。

桩基础中桩的平面布置，除应满足上述的最小桩距等构造要求外，还应考虑基桩布置对桩基受力有利。为使各桩受力均匀，充分发挥每根桩的承载能力，设计布置时，应尽可能使桩群横截面的重心与荷载合力作用点重合或接近，通常桥墩桩基础中的基桩采取对称布置，而桥台多排桩桩基础视受力情况在纵桥向采用非对称布置。

当作用于桩基的弯矩较大时，宜尽量将桩布置在离承台形心较远处，采用外密内疏的布置方式，以增大基桩对承台形心或合力作用点的惯性矩，提高桩基的抗弯能力。

此外，基桩布置还应考虑使承台受力较为有利，例如桩柱式墩台应尽量使墩柱轴线与基桩轴线重合，盖梁式承台的桩柱布置应使承台发生的正负弯矩接近或相等，以减小承台所承受的弯曲应力。

四、桩基础设计计算与验算内容

根据上述原则所拟订的桩基础设计方案应进行验算，即对桩基础的强度、变形和稳定性进行必要的验算，以验证所拟订的方案是否合理，能否优选成为较佳的设计方案。为此，应计算基桩与承台在与验算项目相应的最不利荷载组合下所受到的作用力及相应产生的内力与位移（计算方法见本章前四节），作下列各项验算。

（一）单桩的验算

1.单桩轴向承载力验算

（1）按地基土的支承力确定和验算单桩轴向承载力。

目前通常采用单一安全系数即承载能力极限状态法进行验算。首先根据地质资料确定单桩轴向承载力特征值，对于一般性桥梁和结构物，或在各种工程的初步设计阶段可按经验（规范）公式计算；而对于大型、重要桥梁或复杂地基条件还应通过静载试验或其他方法，作详细分析比较，较准确合理地确定。检算单桩承载力特征值，应以最不利作用效应组合计算出受轴

向力最大的一根基桩进行验算。

要求：

$$P_{max} + G \leqslant f_a \tag{4-132}$$

式中：P_{max}——作用于桩顶上的最大轴向力(kN)；

G——桩重(kN)，桩身自重与置换土重(当自重计入浮力时,置换土重也计入浮力)的差值；

f_a——单桩轴向承载力特征值(kN)，应取按土的阻力和材料强度算得结果中的较小值。

(2)按桩身材料强度确定和验算单桩承载力。

验算时,把桩作为一根压弯构件,按概率极限状态设计方法以承载能力极限状态验算桩身压屈稳定和截面强度,以正常使用极限状态验算桩身裂缝宽度[参见《公路钢筋混凝土及预应力混凝土桥涵设计规范》(JTG 3362—2018)]。

对单桩轴向承载力的验算,如果不能满足要求,则应增加桩数 n 或调整桩的平面布置,或减少 P_{max} 值,也可加大桩的截面尺寸,重新确定桩数、桩长和平面布置,直到符合验算要求为止。

2. 单桩横向承载力验算

当有水平静载试验资料时,可以直接验算桩的水平承载力特征值是否满足地面处水平力的要求。无水平静载试验资料时,均应验算桩身截面强度。

对于预制桩还应验算桩起吊、运输时的桩身强度(见第三章第四节)。

3. 单桩水平位移及墩台顶水平位移验算

现行规范《公路桥涵地基与基础设计规范》(JTG 3363—2019)未直接提及桩的水平位移验算,但规范规定需作墩台顶水平位移验算(第 L.0.7 条)。在荷载作用下,墩台水平位移值的大小,除了与墩台本身材料受力变位有关外,还取决于桩柱的水平位移及转角,因此,墩台顶水平位移验算包含了对单桩水平位移的检验。墩台顶的水平位移 Δ 按下式计算：

$$\Delta = a_0 + \beta_0 l + \Delta_0 \tag{4-133}$$

式中：a_0——承台底面中心处的水平位移；

β_0——承台底面中心处的转角；

l——墩台顶至承台底的距离；

Δ_0——由承台底到墩台顶面间的弹性挠曲所引起的墩台顶部的水平位移。

4. 弹性桩单桩桩侧土的水平土抗力验算

此项是否需要验算目前尚无一致意见,考虑其验算的目的在于保证桩侧土的稳定而不发生塑性破坏,予以安全储备,并确保桩侧土处于弹性状态,符合弹性地基梁法理论上的假设要求。验算时要求桩侧土产生的最大土抗力不应超过其容许值(验算及容许值的确定方法详见第五章沉井基础有关内容)。

(二)群桩基础承载力和沉降量的验算

当摩擦型群桩基础的基桩中心距小于 6 倍桩径时,需验算群桩基础的地基承载力,包括桩端持力层承载力验算及软弱下卧层的强度验算;必要时还须验算桩基沉降量,包括总沉降量和相邻墩台的沉降差(见本章第三节)。

（三）承台强度验算

承台作为构件,一般应进行局部受压、抗冲切、抗弯和抗剪强度验算(见本章第五节)。

五、桩基础设计计算步骤与程序

综合上述,桩基础设计是一个系统工程,包含着方案设计与施工图设计。为取得良好的技术与经济效果,有时(尤其对大桥或特大桥)应作几种方案比较或对已拟订方案修正,以使施工图设计成为方案设计的实施与保证。为阐明桩基础设计与计算的整个过程,现以框图4-59来说明,也作为本章内容的扼要概括。

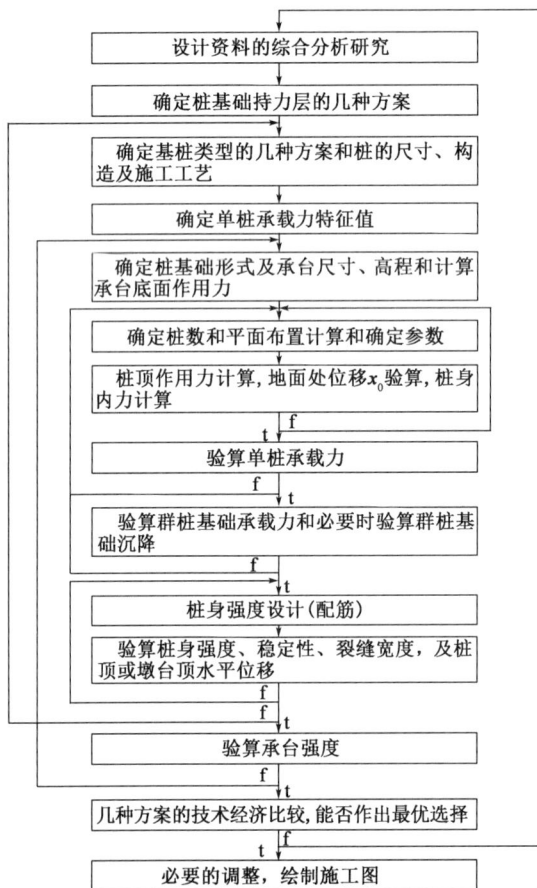

图 4-59　桩基础设计计算步骤与程序示意框图

t-肯定或满足；f-否定或不满足

注:1.框图内"计算和确定参数"是指须参与计算的各常数及单排桩、多排桩计算需用的各种参数；

2. x_0 是指地面或最大冲刷深度处桩的横向位移。

思考题与习题

4-1 什么是"m"法？它的理论根据是什么？该方法有什么优缺点？

4-2 地基土的水平向土抗力大小与哪些因素有关？

4-3 "m"法为什么要分多排桩和单排桩、弹性桩和刚性桩？

4-4 在"m"法中高桩承台与低桩承台的计算有什么异同？

4-5 用"m"法对单排桩基础的设计和计算包括哪些内容？计算步骤是怎样的？

4-6 承台应进行哪些内容的验算？

4-7 什么情况下需要进行桩基础的沉降计算？如何计算？

4-8 桩基础的设计包括哪些内容？通常应验算哪些内容？怎样进行这些验算？

4-9 什么是地基系数？确定地基系数的方法有哪几种？目前我国公路桥梁桩基础设计计算时采用的是哪一种？

4-10 多排桩各桩受力分配计算时，采用的主要计算参数有哪些？说明各参数代表的含义。

4-11 某桥台为多排桩钻孔灌注桩基础，承台及桩基尺寸如图 4-60 所示。纵桥向作用于承台底面中心处的设计荷载为：$N = 6400\text{kN}$；$H = 1365\text{kN}$；$M = 714\text{kN} \cdot \text{m}$。桥台处无冲刷。地基土为砂性土，土的内摩擦角 $\varphi = 36°$；土的重度 $\gamma = 19\text{kN/m}^3$；桩侧土摩阻力标准值 $q = 45\text{kN/m}^2$；地基系数的比例系数 $m = 8200\text{kN/m}^4$；桩底土基本承载力特征值 $f_{a0} = 250\text{kN/m}^2$；计算参数取 $\lambda = 0.7$，$m_0 = 0.6$，$k_2 = 4.0$。试确定桩长并进行配筋设计。

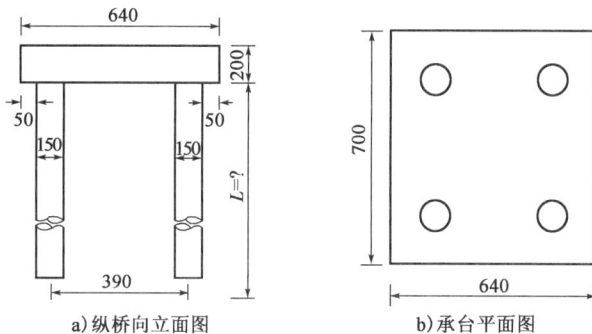

图 4-60 （尺寸单位：cm）

第五章

沉井基础及地下连续墙

第一节　概　　述

　　沉井的应用已有很长的历史,它是由古老的掘井作业发展而成的一种施工方法,用沉井法修筑的建(构)筑物基础称之为沉井基础,如图 5-1 所示。沉井是一种井筒状(多)空腔结构物,是在预制好的井筒内挖土,依靠井筒自身重力或借助外力克服井壁与地层的摩擦阻力逐步沉入地下至设计高程,结合封底结构等形成的一种深基础形式。

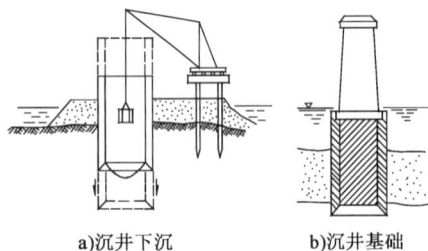

图 5-1　沉井基础示意

　　沉井基础的特点是埋置深度灵活,整体稳定性好,承载面积较大,能承受较高的垂直荷载和水平荷载。沉井是基础的组成部分,下沉过程中井筒外壁起着基坑支挡和临时围堰截水的作用,不需要另设坑壁支撑或板桩围堰,既节约了材料,又简化了施工。在各类地下构筑物中,沉井结构又可作为地下构筑物的围护结构,沉井内部空间亦可得到充分利用。此外,相对其他深基础施工,沉井施工还有占地面积小,挖土量少(与放坡大开挖相比);支挡刚度大,对邻近建筑物影响比较小等优点。同时,常规沉井工程不需特殊专业设备,且操作简便、技术可靠、节省投资。随着沉井关联性施工机械设备、施工技术和施工工艺的不断革新与发展,沉井技术广泛应用于国内外的大型桥梁等水域超重构筑物墩台基础,航道港口工程中的护岸工程,隧道等地下空间工程工作井以及地下泵房、水池、油库、矿用竖井、独立大型设备基础等。江阴长江公路大桥北锚墩沉井,总下沉深度58m,承受悬索桥主缆640000kN拉力。沉井下沉设置方案,上部30m采用排水下沉,下部28m采用不排水下沉,总排土量20.41万 m^3,并采用空气幕助沉技术,堪称当时世界最大沉井,如图5-2所示。

图5-2 江阴长江公路大桥北锚墩沉井

沉井基础的缺点是施工工期较长;对粉、细砂类土在井内抽水排水下沉时易发生流砂现象,造成沉井倾斜或局部突沉损毁安全事故;沉井下沉过程中遇到大的孤石、树干或井底岩层表面倾斜过大等情况,均会给施工带来一定的难度。

综上所述,根据"经济合理、施工上可能"的原则,一般在下列情况下,可以考虑采用沉井基础:

(1)上部荷载较大,表层地基土承载力不足或水平承载力要求偏高,扩大基础开挖工作量大,且基坑支撑困难,而在一定深度下有较好的持力层,且与其他基础方案相比较为经济合理;

(2)在山区河流中,虽土质较好,但冲刷大,或河中有较大卵石不便桩基础施工;

(3)岩层表面较平坦且覆盖层薄,但河水较深,采用扩大基础施工围堰有困难。

第二节 沉井的类型和构造

一、沉井的分类

(一)按施工方法分类

按施工方法可分为一般沉井和浮运沉井。

(1)一般沉井。指直接在基础设计位置上制造,然后挖土,依靠沉井自重下沉;若基础位于水中,亦可先在水中筑岛,再在岛上筑井下沉。

(2)浮运沉井。指先在岸边制造,再水域浮运就位下沉的沉井。通常在深水地区(如水深大于10m)人工筑岛困难或不经济,或有通航要求,且水流流速不大时,可采用浮运沉井。

(二)按建筑材料分类

按建筑材料可分为混凝土沉井、钢筋混凝土沉井和钢沉井。

(1)混凝土沉井。混凝土抗压强度高,抗拉强度低,混凝土沉井宜做成圆形,适用于下沉深度不大(4~7m)的松软土层。混凝土沉井下沉时井身容易开裂。

(2)钢筋混凝土沉井。钢筋混凝土抗压、抗拉强度较高,钢筋混凝土沉井可做成重型或薄壁就地制造下沉的沉井,也可做成薄壁浮运沉井及钢丝网水泥沉井等,下沉深度大(可达数十米以上),在工程实践中广泛采用。

(3)钢沉井。由钢材制作,其强度高、重量轻、易于拼装,适于制造成空心浮运沉井,但用钢量大,国内较少采用。

此外,根据工程条件也可选用竹筋混凝土沉井、木沉井和砌石圬工沉井等。

(三)按形状分类

也可按沉井平面形状和立面形状进行分类。

1. 按沉井的平面形状分类

按沉井的平面形状可分为圆形、矩形和圆端形 3 种基本类型。根据井孔的布置方式,又可分为单孔、双孔、多孔沉井和多排孔(有纵横隔墙的多仓结构)沉井(图 5-3)。

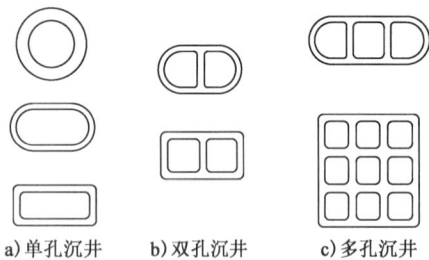

图 5-3　沉井的平面形状分类

a)单孔沉井　b)双孔沉井　c)多孔沉井

(1)圆形沉井。这类沉井在下沉过程中易于控制方向;当采用抓泥斗挖土时,比其他沉井更能保证其刃脚与支撑土层均匀受力。沉井侧压力均匀作用时,井壁仅受轴向压应力作用;即使沉井侧压力分布不均匀,井壁弯曲应力荷载效应较低,其受力特征与混凝土高抗压强度也会协配良好。圆形沉井多用于斜交桥或水流方向不定的桥墩基础。

(2)矩形沉井。这类沉井制造方便,受力有利,能充分利用地基承载力,与上部矩形墩台协配良好。矩形沉井四角一般做成圆角,以减少井壁摩阻力和除土清孔的困难。矩形沉井在侧压力作用下,井壁受较大的挠曲力矩;在流水中阻水系数较大,长期服役时的河床冲刷相对严重。

(3)圆端形沉井。在控制下沉、受力条件、阻水冲刷等方面均较矩形沉井有利,但施工较为复杂。

对平面尺寸较大的沉井,可在沉井中设隔墙,构成双孔、多孔或多排孔沉井,以改善井壁受力条件及均匀取土下沉。

2. 按沉井的立面形状分类

按沉井的立面形状可分为柱形、阶梯形和锥形沉井(图 5-4)。柱形沉井受周围土体约束较均衡,下沉过程中不易发生倾斜,井壁接长较简单,模板可重复利用;但井壁侧阻力较大,当土体密实,下沉深度较大时,易出现下部悬空,造成井壁拉裂,故一般用于入土不深或土质较松软的情况。阶梯形沉井和锥形沉井可以减小土与井壁的摩阻力,井壁抗侧压力性能较为合理,但施工较复杂,消耗模板多,沉井下沉过程中易发生倾斜。因此,阶梯形沉井和锥形沉井多用于土质较密实,下沉深度大,且沉井自重受限的情况下。通常锥形沉井井壁坡度为 $1/20 \sim 1/50$,阶梯形井壁的台阶宽为 $100 \sim 200mm$,最底下一层台阶高度 $h_1 = (1/4 \sim 1/3) H$。

此外,沉井可按数量和相互影响,分为单井和群井。多个沉井之间间距较大,功能独立,互不影响时,视为单井;反之,沉井数量较多,间距较小,功能相互影响的沉井群,视为群井。我国向家坝水电站分期导流工程施工方案,采用 10 个尺寸为 $23m \times 17m$、最大下沉深度 57m(沉井深度超过 30m 的称为大深度沉井)、入岩深 7m 的巨型沉井群。

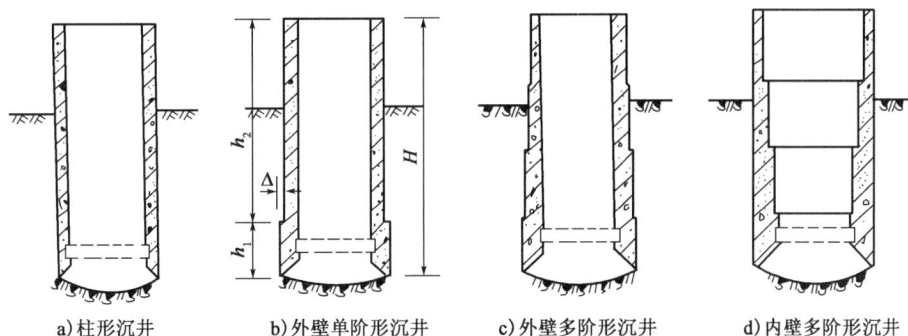

图 5-4 沉井的立面形状分类

a)柱形沉井　　b)外壁单阶形沉井　　c)外壁多阶形沉井　　d)内壁多阶形沉井

二、沉井基础的构造

(一)沉井的轮廓尺寸

沉井基础的平面形状,一般取决于结构物底部的形状。对于矩形沉井,长短边之比不宜大于 3,控制其纵、横向刚度差异不宜太大,确保沉井下沉的稳定性。若结构物的长宽比较接近,可采用方形或圆形沉井。沉井顶面尺寸一般为结构物底部尺寸加襟边宽度,襟边宽度不宜小于 0.2m,且大于沉井全高的 1/50,浮运沉井则不应小于 0.4m。如沉井顶面需设置围堰,其襟边宽度除满足上述基本要求外,还应符合围堰构造需要,可适当加大。结构物边缘应尽可能支承于井壁上或顶盖板支承面上,对井孔内未采取混凝土填实的空心沉井,不允许结构物边缘全部置于空腔井孔范围内。

沉井入土深度,由上部结构、水文地质条件及各土层承载力等综合确定。若沉井入土较深时,应分节制造和下沉,每节高度不宜大于 5m;当底节沉井在松软土层中下沉时,入土深度不应大于沉井宽度的 0.8 倍。底节沉井偏高过重,将给制模、(筑岛时岛面)地基处理、下沉前抽除垫木等施工带来困难。

(二)一般沉井构造

一般沉井由井壁(侧壁)、刃脚、内隔墙、井孔、凹槽、封底和顶(盖)板(又称顶板)等组成,如图 5-5 所示。有时井壁中还预埋射水管等其他构造。

1. 井壁

井壁是沉井的主要部分,普通沉井应有足够的井壁厚度与强度,以承受下沉过程中各种不利荷载组合(水土压力)所产生的内力,混凝土强度等级宜大于 C20。同时,井壁足够厚度与充足重量,可确保其在自重作用下顺利下沉到设计高程。设计时通常先假定井壁厚度,再进行强度验算。一般厚度为 0.7 ~ 1.2m,甚至达 1.5 ~ 2.0m,最薄不宜小于 0.4m (钢筋混凝土薄壁沉井及钢模薄壁浮运沉井可不受

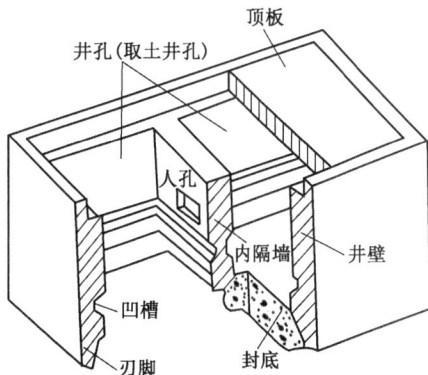

图 5-5 沉井构造图

此限制）。

对于薄壁沉井，井壁外应采用触变泥浆润滑套或喷射高压空气等减阻助沉措施，以降低沉井下沉时的摩阻力，实现减薄井壁厚度与自重下沉的统一。但对于这种薄壁沉井的抗浮问题，应谨慎核算，并采取适当有效的措施。

2. 刃脚

图 5-6 刃脚构造示意

井壁最下端一般都做成刀刃状的"刃脚"，其主要功用是减小下沉阻力。刃脚还应具有足够的强度，避免下沉过程中损坏。刃脚踏水平面（踏面）宽度一般为 10 ~ 20cm，刃脚斜面与水平面交角应大于45°，且一般为 45° ~ 60°。为防止损坏，刃脚踏面应以型钢（角钢或槽钢）加强，刃脚斜面高度视井壁厚度、便于抽除踏面下的垫木以及封底工况特征（是干封、还是湿封）综合确定，一般不小于 1.0m，如图 5-6 所示。根据沉井下沉时所穿越土层的软硬程度，即刃脚单位长度承受土反力的大小决定沉井刃脚断面形式，沉井重且土质软时，踏面要宽些；沉井相对较轻，且需穿过硬土层时，踏面要窄些，有时甚至要用角钢加固的钢刃脚。

3. 内隔墙

根据需要，沉井井筒内可设置内隔墙。内隔墙不仅增加了在下沉过程中的沉井结构刚度，且减小井壁受力（弯拉）的计算跨度。同时，内隔墙将整个沉井空腔分隔成多个施工井孔（取土井），使挖土和下沉控制更加均衡，也便于沉井偏斜时的纠偏处置。内隔墙因不承受水土压力，厚度相对沉井井壁可薄一些，为 0.5 ~ 1.0m。内隔墙底面应高出刃脚踏面 0.5m 以上，避免基底土体搁住而妨碍下沉。如为人工挖土，还应在内隔墙下端设置过人孔（小于 1.0m × 1.0m），以便工作人员在井孔间往来，如图 5-5 所示。

4. 井孔

沉井内设置的内隔墙、或纵横隔墙、或纵横框架间形成的格子空间称作井孔，为挖土、排土的工作场所和通道，平面尺寸应满足挖土施工工艺要求，最小边长（或直径）一般不小于 3.0m，且一般不超 5 ~ 6m，布置应简单与对称，以便对称挖土，保证沉井均匀下沉。

5. 射水管

当沉井下沉深度大，穿过的土质又较好，估计下沉困难时，可在井壁中预埋射水管组。射水管应均匀布置，以利于控制水压和水量来调整下沉方向，一般水压不小于 600kPa。如使用触变泥浆润滑套施工方法时，应预先设置压射泥浆的管路。

6. 封底及顶（盖）板

当沉井下沉到设计高程，经过技术检验并对井底清理整平后，即可封底，隔断地下水渗入井内。为了使封底混凝土、沉井底板与井壁间有更好的连接，整体传递基底反力，使沉井成为空间结构受力体系，沉井刃脚上方井壁内侧一般宜预留凹槽，作为传递底板反力的构造措施，便于该处钢筋混凝土底板和井内结构浇筑。凹槽敞口宽度应根据底板厚度决定（约 1.0m 或以上），凹槽下侧面一般距刃脚踏面约 2.5m，预留凹槽的凹入深度为 150 ~ 250mm。当底板和封底混凝土分开浇筑时，封底混凝土顶面应低于凹槽下侧面 0.5m，以保证封底工作顺利进行。封底混凝土强度等级一般不低于 C15，井孔内填充的混凝土强度等级不低于 C10。

沉井封底后,若条件允许,为节省圬工量,减轻基础自重,在井孔内可不填充任何东西,做成空心沉井基础,或仅填以砂石。此时,须在井顶设置钢筋混凝土顶板,以承托上部结构的全部荷载。顶板厚度一般为 1.5~2.0m,钢筋配置由计算确定。

(三)浮运沉井构造

浮运沉井有不带气筒的浮运沉井和带钢气筒的浮运沉井两种。

1. 不带气筒的浮运沉井

不带气筒的浮运沉井适用于水深较浅、流速不大、河床较平和冲刷较小的自然条件。一般在岸边(分节)浇筑制造沉井,通过滑道拖拉下水,浮运到墩位,再接高下沉到河床泥面,继续开挖下沉。这种沉井可由钢、木、钢筋混凝土、钢丝网和水泥等材料单独或组合使用。

钢丝网水泥薄壁沉井是由内、外壁组成的空心井壁沉井,是典型浮运沉井形式,具有施工方便、节省钢材等优点。这类沉井的内壁、外壁及横隔板都是钢筋钢丝网水泥制成。工艺特征是将若干层钢丝网均匀地铺设在钢筋网两侧,外面涂抹不低于 M5 的水泥砂浆,使它充满钢筋网和钢丝网之间的间隙,并形成厚 1~3mm 保护层。图 5-7 是钢丝网水泥薄壁浮运沉井的一种形式。

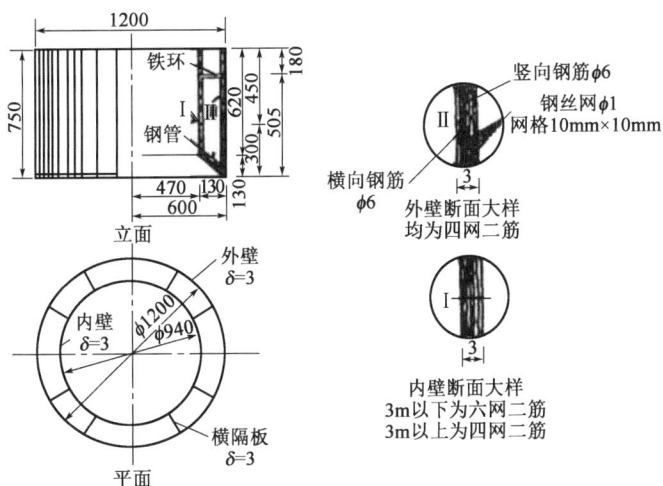

图 5-7 钢丝网水泥薄壁浮运沉井(尺寸单位:cm)

不带气筒的浮运沉井的另一种形式是带临时底板的浮运沉井。底板一般是在底节的井孔下端刃脚处,设置木质底板及其支撑组成。底板的结构应保证其水密性,能承受工作水压并便于拆除。带底板的浮运沉井就位后,即可继续接高井壁使其逐渐下沉,沉到河床后向井孔充水至与外面水面齐平,即可拆除临时底板。这种带底板的浮运沉井与筑岛法、围堰法施工相比,可以节省工程量,施工速度也较快。

2. 带钢气筒的浮运沉井

带钢气筒的浮运沉井适用于水深流急的巨型沉井。图 5-8 为一带钢气筒的圆形浮运沉井构造图,它主要由双壁的沉井底节、单壁钢壳、钢气筒等组成。双壁钢壳沉井底节是一个可以自浮于水中能上能下的壳体结构,上部井壁一般为单壁钢壳。单壁钢壳一般由 6mm 厚的钢板及若干竖向肋骨角钢构成,并以水平圆环弦杆作承受井壁外水压时的支撑。钢壳沿高度分节接高时采用拼焊,单壁钢壳既是防水结构,又是接高时灌注沉井外圈混凝土的模板的一部分。

钢气筒是沉井内部的防水结构,它依据压缩空气排出气筒内的水,从而提供浮式沉井在接高过程中所需的浮力,同时在悬浮下沉中可以通过给气筒充气、放气或调节不同气筒内的气压使沉井上浮、下沉或调正偏斜。这种沉井落入河床后如偏移过大,还可以将气筒全部充气,使其重新浮起,调整姿态后重新定位下沉。

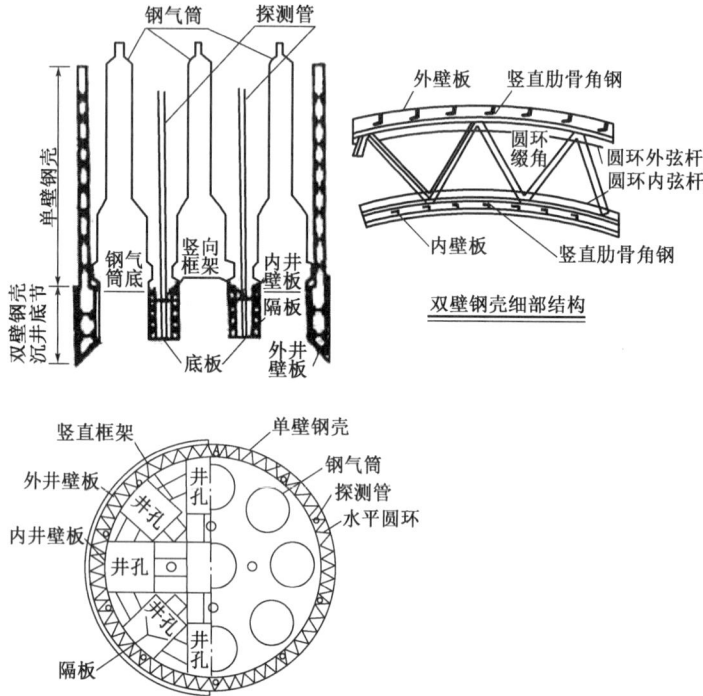

图5-8　带钢气筒的浮运沉井

(四)组合式沉井

当采用低桩承台而围水基础开挖浇筑承台有困难时,或沉井刃脚遇到倾斜较大的岩层,或在沉井范围内地基土软硬不均匀,或水深较大时,可采用沉井下设置桩基的混合式基础,或称组合式沉井。施工时按设计尺寸做成沉井,下沉到预定高程后,浇筑封底混凝土和承台,在井内预留孔位进行钻孔灌注桩成桩。这种混合式沉井既有围水挡土作用,又作为钻孔桩的护筒,还可作为桩基础的承台(请参阅第三章第五节水中桩基础施工中关于沉井结合法的内容)。

第三节　沉井的施工

沉井基础施工一般可分为旱地施工、水中施工(筑岛及浮运)。施工前应详细了解场地的地质和水文条件。水中施工应做好河流汛期、河床冲刷、通航及漂流物等的调查研究,充分利用枯水季节,制订出详细的施工计划及必要的措施,确保施工安全。

一、旱地沉井施工

桥梁墩台位于旱地时,沉井可就地制造、挖土下沉、封底、充填井孔以及浇筑顶板

（图 5-9）。在这种情况下，一般较容易施工，工序示意如图 5-9 所示。旱地上沉井的施工工序如下所述。

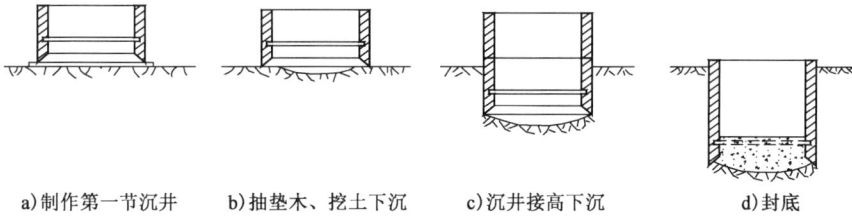

a) 制作第一节沉井   b) 抽垫木、挖土下沉   c) 沉井接高下沉   d) 封底

图 5-9　沉井施工顺序示意

1. 清整场地

沉井施工场地要求平整干净。天然地面土质较硬时，只需将地表杂物清理干净并整平，就可在其上制造沉井。否则，应采取浅层置换加固或在基底铺填一层厚度不小于 0.5m 的夯实砂或砂砾垫层，防止沉井混凝土浇筑养护初期因地面沉降产生不均匀裂缝。为减小下沉深度，可在沉井基础位置处先挖一浅坑，在该浅坑基底制作底节沉井，但坑底应高出地下水面 0.5～1.0m。

2. 制造第一节沉井

制造沉井前，应先在刃脚处对称铺满垫木（图 5-10），以支承第一节沉井的重量，并按定位垫木竖立模板以绑扎钢筋。垫木数量可按垫木底面压力不大于 100kPa 控制，其布置应考虑抽垫方便。垫木一般为枕木或方木（200mm×200mm），其下垫一层厚约 0.3m 的砂找平，垫木之间间隙用砂填实（填到半高即可）。然后在刃脚位置处放上刃脚角钢，竖立内模（图 5-11），绑扎钢筋，立外模，浇筑第一节沉井。模板应有较大刚度，以免挠曲变形。当场地土质较好时，也可采用土模。

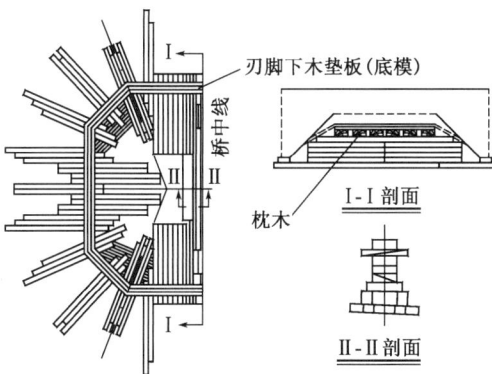

图 5-10　垫木布置实例

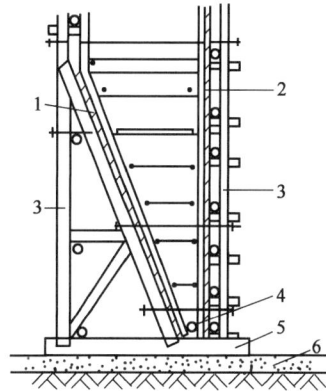

图 5-11　沉井刃脚立模
1-内模；2-外模；3-立柱；4-角钢；5-垫木；6-砂垫层

3. 拆模及抽垫

当沉井混凝土强度达设计强度 70% 时可拆除模板；达设计强度后方可抽撤垫木。抽撤垫

木应分区、依次、对称、同步地向沉井外抽出。抽取垫木的顺序为：先内壁下，再短边，再长边，最后定位垫木。长边下垫木隔一根抽一根，以固定垫木为中心，由远而近对称地抽，最后抽除固定垫木，并随抽随用砂土回填捣实，以免沉井开裂、移动或偏斜。

4. 挖土下沉

沉井宜采用不排水挖土下沉，在稳定的土层中，也可采用排水挖土下沉。挖土方法可采用人工或机械挖土，排水下沉常用人工挖土。人工挖土可使沉井均匀下沉，且易于清除井内障碍物，但应有安全措施。不排水下沉时，可使用空气吸泥机、抓土斗、水力吸石筒、水力吸泥机等挖土。通过硬黏土或强胶结层造成挖土困难时，可采用高压射水破坏土层。

沉井正常下沉时，应自中间向刃脚处均匀对称除土，排水下沉时应严格控制设计支承点土的排除，并随时注意沉井正位姿态，保持竖直下沉，无特殊情况不宜采用爆破施工。

5. 接高沉井

当第一节沉井下沉至一定深度（井顶露出地面不小于0.5m，或露出水面不小于1.5m）时，停止挖土，接筑下节沉井。接筑前刃脚不得掏空，并应尽量纠正第一节沉井的倾斜，凿毛顶面，立模，然后对称均匀地浇筑混凝土，待强度达设计要求后再拆模继续下沉。

6. 设置井顶（防水）围堰

若沉井顶面低于地面或水面，应在井顶接筑时，设置临时性井顶围堰，平面尺寸可略小于沉井，其下端与井顶上预埋锚杆相连。井顶围堰应因地制宜，合理选用，常见的有土围堰、砖围堰和钢板桩围堰。若水深流急，围堰高度大于5.0m时，宜采用钢板桩围堰。

7. 基底检验和处理

沉井沉至设计高程后，应检验基底地质情况是否与设计相符。排水下沉时可直接检验；不排水下沉则应进行水下检验，必要时可用钻机取样进行检验。

当基底达设计要求后，应对地基进行必要的处理。砂性土或黏性土地基，一般可在井底铺一层砾石或碎石至刃脚底面以上200mm。未风化岩石地基，应凿除基底风化岩层；若岩层倾斜偏大，还应凿成阶梯形。要确保井底地基尽量平整，浮土、软土与强风化残余等应清除干净，以保证封底混凝土、沉井与地基结合紧密。

8. 沉井封底

基底经检验合格后应及时封底。排水下沉时，如渗水量上升速度≤6mm/min可采用普通混凝土封底；否则宜用水下混凝土封底。若沉井面积大，可采用多导管先外后内、先低后高分区依次浇筑。封底一般为素混凝土，但必须与地基紧密结合，不得存在有害夹层、夹缝。

9. 井孔填充和顶板浇筑

封底混凝土达设计强度后，再排干井孔中的水，填充井内坞工。如井孔中不填料或仅填砾石，则井顶应浇筑钢筋混凝土顶板，以支承上部结构，且应保持无水施工。然后砌筑井上构筑物，并随后拆除临时性的井顶围堰等临时设施。

二、水中沉井施工

水中沉井施工主要介绍筑岛法和浮运法。

1. 筑岛法

当水深小于 3m,流速≤1.5m/s 时,可采用砂或砾石在水中筑岛[图 5-12a)],周围用草袋围护;若水深或流速加大,可采用围堰防护筑岛[图 5-12b)];当水深较大(通常<15m)或流速较大时,宜采用钢板桩围堰筑岛[图 5-12c)]。岛面应高出最高施工水位 0.5m 以上,砂岛地基强度应符合要求,围堰筑岛时,围堰距井壁外缘距离 $b \geqslant H\tan(45° - \varphi/2)$ 且≥2m,(H 为筑岛高度,φ 为砂在水中的内摩擦角)。其余施工方法与旱地沉井施工相同。

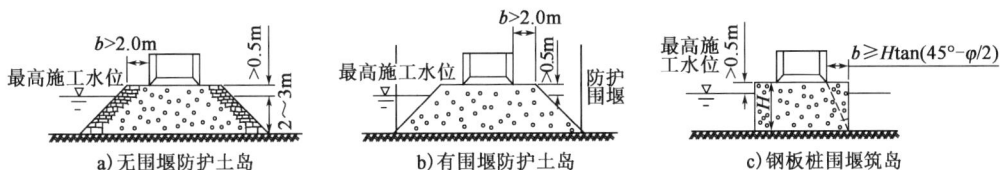

图 5-12 水中筑岛下沉沉井

a)无围堰防护土岛   b)有围堰防护土岛   c)钢板桩围堰筑岛

2. 浮运沉井施工

若水深大于 10m,人工筑岛困难或不经济,可采用浮运法沉井施工。将沉井在岸边作成空体结构,利用在岸边铺成的滑道滑入水中(图 5-13),或采用其他措施(如带钢气筒等)使沉井浮于水上,然后用绳索牵引至设计位置。在悬浮状态下,逐步将水或混凝土注入空体中,使沉井徐徐下沉至河底。若沉井较高,需分段制造,在悬浮状态下逐节接长下沉至河底,但整个过程应保证沉井本身稳定。当刃脚切入河床一定深度后,即可按旱地沉井施工方法进行。

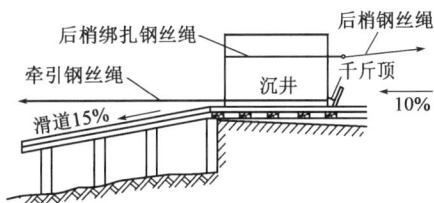

图 5-13 浮运沉井下水示意

三、泥浆润滑套与壁后压气沉井施工方法

对于下沉较深的沉井,井侧土质较硬时,井壁与土层间摩阻力偏大,若采用增加井壁厚度或压重等办法受限时,通常可采用触变泥浆润滑套(井壁后填充减摩泥浆)法和壁后压气(空气幕)法,降低井壁阻力。相对泥浆润滑套法,壁后压气沉井法更为方便,在停气后即可恢复土对井壁的摩阻力,下沉量易于控制,且所需施工设备简单,可以水下施工,经济效果好,适用于细、粉砂类土和黏性土中。

1. 泥浆润滑套法

泥浆润滑套是借助泥浆泵和输送管道将特制的泥浆压入沉井外壁与土层之间,在沉井外围形成有一定厚度的泥浆层。泥浆通常由膨润土(35% ~45%)、水(55% ~65%)和碳酸钠分散剂(0.4% ~0.6%)配制而成,具有良好的固壁性、触变性和胶体稳定性。主要利用泥浆的润滑减阻,显著降低沉井下沉时井壁所受的摩擦阻力(可降低至 3 ~5kPa,一般黏性土为 25 ~50kPa)。相对而言,该技术具有施工效率高,井壁圬工数量少,沉井下沉深、速度快,并具有良好的施工稳定性等优点。

泥浆润滑套的构造主要包括:射口挡板、地表围圈及压浆管。射口挡板可用角钢或钢板弯制,置于每个泥浆射出口处固定在井壁台阶上(图 5-14),其作用是防止压浆管射出的泥浆直冲土壁,以免土壁局部塌落堵塞射浆口。地表围圈用木板或钢板制成,埋设在沉井周围(图 5-15),其作用是防止沉井下沉时浅层沉积土土壁塌落,保持一定储量泥浆的流动性,用于沉井下沉过程中井壁外空隙的泥浆补充,及调整各压浆管出浆的不均衡。围圈高度与沉井台阶相同,高 1.5~2.0m,顶面高出地面或岛面 0.5m,圈顶面宜加盖。压浆管可分为内管法(厚壁沉井)和外管法(薄壁沉井)两种,分别参见图 5-14a)和 b),通常用 $\phi 38 \sim \phi 50$ 的钢管制成,沿井周边每 3~4m 布置一根。

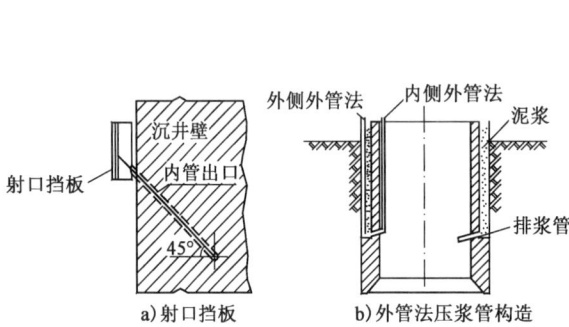

图 5-14　射口挡板与压浆管构造

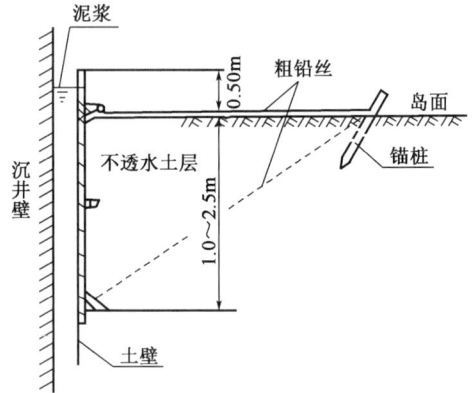

图 5-15　泥浆润滑套地表围圈

沉井下沉过程中要勤补浆、勤观测,发现倾斜、漏浆等问题要及时纠正。当沉井沉到设计高程时,若基底为一般土质,井壁摩阻力较小,形成边清基边下沉现象时,可压入水泥砂浆置换泥浆,以增大井壁的摩阻力。注意,该法不宜用于容易漏浆的卵石、砾石土层。

2. 壁后压气(空气幕)法

空气幕下沉是一种减小下沉时井壁摩阻力的有效方法。江阴大桥北锚墩沉井采用空气幕井壁减阻助沉技术,通过向沿井壁四周预埋的气管中压入高压气流,气流沿喷气孔射出再沿沉井外壁上升,在沉井周围形成一圈空气"帷幕"(即空气幕),促使井壁周围土间接触面松动或液化,摩阻力减小,达到沉井顺利下沉的目的。

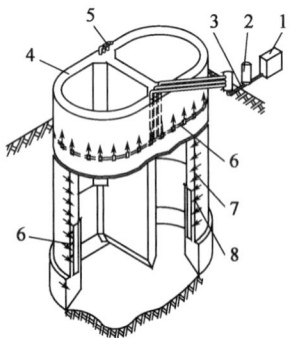

图 5-16　空气幕沉井压气系统构造
1-压缩空气机;2-储气筒;3-输气管路;4-沉井;5-竖管;6-水平喷气管;7-气斗;8-喷气孔

空气幕沉井在构造上增加了一套压气系统,该系统由气斗、井壁中的气管、压缩空气机、储气筒以及输气管等组成,如图 5-16所示。气斗是沉井外壁上凹槽及槽中的喷气孔,凹槽的作用是保护喷气孔,使喷出的高压气流有一扩散空间,然后较均匀地沿井壁上升,形成气幕。气斗应布设简单、不易堵塞、便于喷气,目前多为棱锥形(150mm × 150mm),其数量根据每个气斗作用的有效面积确定。喷气孔直径为 1mm,可按等距离、上下交错排列布置。

喷气管有水平管和竖管两种,可采用内径 25mm 的硬质聚氯乙烯管。水平管连接各层气斗,每 1/4 或 1/2 周设一根,以便纠偏;每根竖管连接两根水平管,并伸出井顶。

由压缩空气机输出的压缩空气应先输入储气筒,再由地面输气管送至沉井外壁,以防止压气时压力骤然降低而影响压气效果。

在整个下沉过程中,应先在井内挖土,消除刃脚下土的抗力后再压气,但也不得过分挖土而不压气,一般挖土面低于刃脚0.5~1.0m时,即应压气下沉。压气时间不宜过长,一般不超过5min/次。压气顺序应先上后下,以形成沿沉井外壁上喷的气流。气压不应小于喷气孔最深处理论水压的1.4~1.6倍(一般取静水压力2.5倍),并尽可能使用风压机的最大值。

停气时应先停下部气斗,依次向上,最后停上部气斗,并应缓慢减压,不得将高压空气突然停止,防止造成瞬时负压,使喷气孔内吸入泥沙而被堵塞。空气幕下沉沉井适用于砂类土、粉质土及黏性土地层,对于卵石土、砾类土及风化岩等地层容易漏气而不宜使用。

四、沉井施工新方法简介

20世纪90年代以来,国外一些国家提出了压沉法、SS(Space System Caisson)法和SOCS(Super Open Caisson System)自动化沉井等施工方法。例如,1997年日本日产建设和沉井研究所共同开发的SS沉井技术,对沉井刃脚钢靴改形,外撇钢靴扩大了地层与井筒间的缝隙(20cm);缝隙中填充卵石辅助循环水技术,不仅使滑动摩擦变为球体滚动摩擦,下沉时阻力大幅度减小,可降至7kN/m²,略高于减阻泥浆套;同时采用导槽井身姿态控制技术,保证井筒的垂直度(偏心量<0.lm,倾斜<l/150),如图5-17所示。SS沉井技术设备简单、成本低,且井筒不易发生倾斜、偏心,故问世以来,施工实例猛增。1998年6月获日本国技术审查通过证书,成为当前一种极有竞争力的新施工方法。SOCS施工方法是采用预制管片拼接井筒,自动挖土与排土,自动锚压阻沉与井筒姿态控制的高精度沉井施工方法,包括三部分自动化施工系统:井筒预制管片拼装系统、自动挖土排土系统和自动沉降管理系统。SOCS施工方法适用的土质范围宽,抗压强度<5MPa的地层均可适用;作业周期短,对周围地层的影响小;节约人力,可以减轻作业人员的负担,成本低;对于8m<φ(直径)<30m的沉井均可适用;且施工过程振动小、噪声小;该施工方法极适合于有快速施工要求的市区施工。

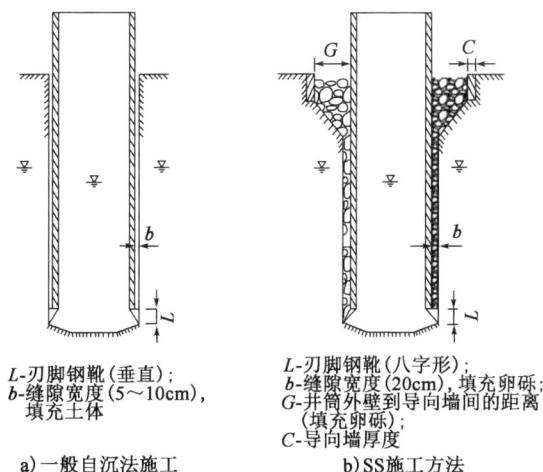

L-刃脚钢靴(垂直);
b-缝隙宽度(5~10cm),填充土体

a)一般自沉法施工

L-刃脚钢靴(八字形);
b-缝隙宽度(20cm),填充卵砾;
G-井筒外壁到导向墙间的距离(填充卵砾);
C-导向墙厚度

b)SS施工方法

图5-17 SS沉井与普通自沉沉井

五、沉井下沉过程中遇到的问题及处理

1. 偏斜

沉井偏斜大多发生在下沉不深时,导致偏斜的主要原因有:

(1)土岛表面松软,制作场地或河底高低不平、软硬不均;

(2)刃脚制作质量差,井壁与刃脚中线不重合;

(3)抽垫方法欠妥,回填不及时;

(4)除土不均匀对称,下沉时有突沉和停沉现象;

(5)刃脚遇障碍物顶住而未及时发现;

(6)排土堆放不合理,或单侧受水流冲击淘空等导致沉井承受不对称外力作用,引起偏移。

井身下沉姿态纠正偏斜,通常可用除土、压重、顶部施加水平力或刃脚下支垫等方法处理,空气幕沉井也可采用单侧压气纠偏。常见的情况有以下几种:

(1)若沉井倾斜,可在偏高侧集中除土,加重物,或用高压射水松土层;在偏低侧回填砂石;且必要时在井顶施加水平力扶正。

(2)若中心偏移则先除土,使井底中心向设计中心倾斜,然后在对侧除土,使沉井恢复竖直,如此反复至沉井逐步移近设计井位中心。

(3)当刃脚遇障碍物时,须先清除再下沉。如遇树根、大孤石或钢料铁件,排水施工时可人工排除,必要时用少量炸药(少于200g)炸碎。不排水施工时,可由潜水工进行水下切割或爆破。

2. 下沉困难

(1)下沉困难指沉井下沉过慢或停沉。导致下沉困难的主要原因是:

①开挖面深度不够,正面阻力大;

②偏斜,或刃脚下遇到障碍物、坚硬岩层和土层;

③井壁摩阻力大于沉井自重;

④井壁无减阻措施或泥浆套、空气幕等减阻装置遭到破坏失效。

(2)解决下沉困难的措施主要是增加压重和减小井壁摩阻力。其中,增加压重的方法有:

①提前接筑下节沉井,增加沉井自重;

②在井顶加压砂袋、钢轨等重物迫使沉井下沉;

③不排水下沉时,可井内抽水,减小浮力,迫使下沉,但需保证土体不产生流砂现象。

(3)减小井壁摩阻力的方法有:

①将沉井设计成阶梯形、钟形,或使外壁光滑;

②井壁内埋设高压射水管组,射水辅助下沉;

③利用泥浆套或空气幕辅助下沉;

④增大开挖范围和深度,必要时还可采用0.1～0.2kg炸药起爆助沉,但同一沉井每次只能起爆一次,且需适当控制炮振次数。

3. 突沉

突沉常发生于软土地区,容易使沉井产生较大的倾斜或超沉。引起突沉的主要原因是井壁摩阻力较小;当刃脚下土被挖除时,沉井支承削弱;或排水过多、挖土太深、刃角踏面下软土出现塑流等。防止突沉的措施一般是控制均匀挖土,减小刃脚处挖土深度。此外,在设计时可采用增大刃脚踏面宽度或增设底梁的措施提高刃脚阻力。

4. 流砂

在粉、细砂层中下沉沉井,经常出现流砂现象,若不采取适当措施将造成沉井严重倾斜。产生流砂的主要原因是土中动水压力的水头梯度大于临界值。故防止流砂的措施是:

(1)排水下沉时发生的流砂,可采取向井内灌水;或不排水除土下沉时,减小水头梯度。

(2)采用井点(深井和深井泵降水),降低井壁外水位,改变水头梯度方向使土层稳定,防止流砂发生。

第四节 沉井的设计与计算

沉井既是结构物的基础,又是施工过程中挡土、挡水的结构物。因此,沉井的设计与计算一般包括:沉井作为整体深基础计算和施工过程中沉井结构强度计算。

沉井设计与计算前,必须掌握如下有关资料:

(1)上部与下部结构尺寸要求和设计荷载;

(2)水文和地质资料(如设计水位、施工水位、冲刷线或地下水位高程,土的物理力学性质,沉井下沉深度范围内是否会遇到障碍物等);

(3)拟采用的施工方法(排水或不排水下沉,筑岛或防水围堰的高程等)。

一、沉井作为整体深基础设计与计算

沉井作为整体深基础设计,主要是根据上部结构特点、荷载大小、水文和地质情况,结合沉井的构造要求及施工方法,拟定出沉井埋深、高度和分节及平面形状尺寸,井孔大小布置,井壁厚度尺寸,封底混凝土和顶板厚度等,然后进行沉井基础的计算。

沉井基础埋置深度在局部冲刷线以下仅数米时,可按浅基础设计计算规定,不考虑沉井周围土体抗力约束,按浅基础设计计算。当沉井埋置较深(>5m)时,则需要考虑基础井壁外侧土体横向弹性抗力影响,按刚性桩计算内力和土体水平抗力;同时应考虑井壁外侧接触面竖向摩阻力,进行沉井基础承载力、变形和稳定性分析与验算。

沉井基础一般要求下沉到坚实的土层或岩层上,作为地下基础结构物,沉井刚度大、(空腔时)自重荷载小。沉井基础的基底地基承载力验算应满足:

$$F + G \leqslant R_j + R_f \tag{5-1}$$

式中:F——沉井顶面处作用的荷载(kN);

G——沉井的自重(kN);

R_j——沉井底部地基土提供的总反力(kN);

R_f——沉井井壁侧面土体提供的总摩阻力(kN)。

显然,沉井底部地基土总反力 R_j 等于基底土体承载力特征值 f_a 与支承面积 A 的乘积,即

$$R_j = f_a A \tag{5-2}$$

沉井侧壁与土接触面提供的抗力,可假定井壁外侧与土的摩阻力沿深度呈梯形分布,距地面5m范围内按三角形分布,5m以下为常数,如图5-18所示,故总摩阻力为

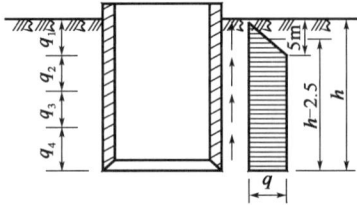

图 5-18 井侧摩阻力分布假定

$$R_f = U(h - 2.5)q \tag{5-3}$$

式中:U——沉井的周长(m);

h——沉井的入土深度(m);

q——单位面积平均摩阻力(kPa),为土层厚度加权平均值,$q = \sum q_{ik} h_i / \sum h_i$;

q_{ik}——土层 i 与井壁单位面积间摩阻力标准值(kPa),根据试验或实践经验或按表5-1选用。

土与井壁间摩阻力标准值 表 5-1

土 的 名 称	土与井壁间摩阻力标准值(kPa)	土 的 名 称	土与井壁间摩阻力标准值(kPa)
黏性土	25～50	砾石	15～20
砂性土	12～25	软土	10～12
卵石	15～30	泥浆套	3～5

注:本表适用于深度不超过30m的沉井。

沉井基础作为整体深基础时,沉井结构的刚度大,在横向外力作用下可以认为只发生转动,而无挠曲。沉井深基础可以视为刚性桩柱,即相当于"m"法中 $ah \leqslant 2.5$ 刚性桩的条件,计算其内力和井壁外侧土抗力。因此,考虑沉井侧壁土体弹性抗力时,基本假定条件如下:

(1)地基土视为文克尔弹性地基,水平向地基抗力系数随深度成正比例增加;

(2)不考虑沉井基础与土之间的竖向黏着力和摩阻力;

(3)沉井基础的刚度与土刚度的比值,可认为是无限大。

根据上述假定,考虑基础底面的工程地质情况,沉井结构内力和井壁外侧土抗力计算分析,可进一步分为非基岩地基和基岩地基两种情况分析。

(一)非基岩地基上沉井基础计算

如图5-19a)所示,作用在墩(台)顶承受的上部结构荷载为竖向荷载 P、水平荷载 H 和弯矩 M,且墩(台)地面上高度为 h_2,自重为竖向中心荷载 G_1,沉井基础地面下深度为 h,自重为竖向中心荷载 G_2,则作用在沉井基础顶面的外荷载 P_0、H_0 和 M_0 分别为

$$P_0 = P + G_1, H_0 = H, M_0 = Hh_2 + M$$

如图5-20所示,当 $H_0 \neq 0$ 时,可将基础顶面弯矩 M_0 等效为水平力 $H_0(H)$ 及其距离地面(或局部冲刷线)上等效后高度 h_1 的乘积 Hh_1,且有

$$h_1 = \frac{M_0}{H} \tag{5-4}$$

首先,考虑沉井在水平力 H 作用下的情况。等效后外荷载如图 5-20 所示坐标系,由于水平力的作用,沉井将围绕位于地面下 z_0 深度处的 A 点转动一 ω 角(顺时针为负值)。地面下深度 z 处沉井基础产生的水平位移 Δx 和土的横向抗力 p_{zx} 分别为

$$\Delta x = (z_0 - z)\tan\omega$$

$$P_{zx} = \Delta x C_z = C_z(z_0 - z)\tan\omega$$

式中:z_0——转动中心 A 离地面的距离(m);

C_z——深度 z 处水平向地基系数,$C_z = mz(\text{kN}/\text{m}^3)$;

m——地基抗力系数的比例系数(kN/m^4)。

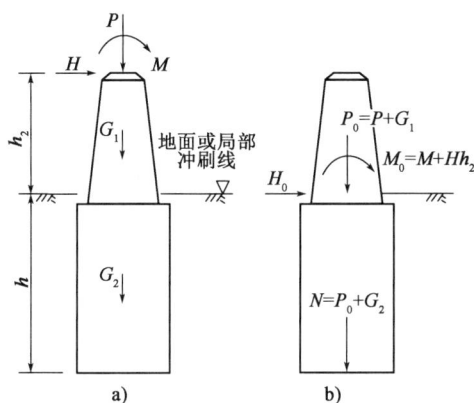

图 5-19 非基岩地基上沉井所受荷载作用情况

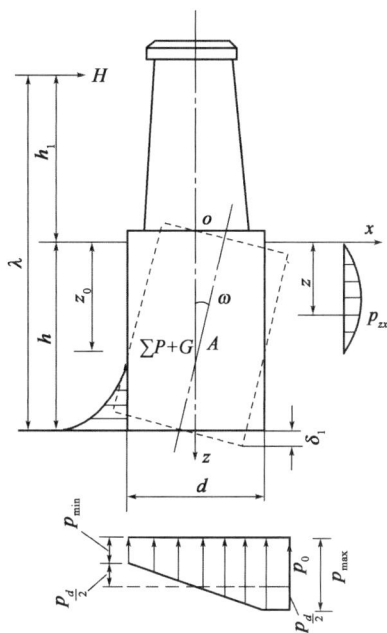

图 5-20 偏心荷载作用下沉井的应力分布

将深度 z 处水平向地基系数 $C_z = mz$ 代入 p_{zx} 表达式,可以得到

$$p_{zx} = mz(z_0 - z)\tan\omega \tag{5-5}$$

由式(5-5)可见,沉井井壁外侧土的横向抗力沿深度为二次抛物线变化。

沉井基础底面处的压应力 $p_{\frac{d}{2}}$ 计算,考虑基底水平面上竖向地基系数 C_0 不变,故其压应力图形与基础竖向位移图相似,有

$$p_{\frac{d}{2}} = C_0\delta_1 = C_0\frac{d}{2}\tan\omega \tag{5-6}$$

式中:C_0——基底面竖向地基系数,可用式(4-35)计算;

d——基底宽度或直径。

在上述公式中,有两个未知数 z_0 和 ω 求解,可建立如下两个平衡方程式:

沉井基础水平作用力等于零,即 $\sum X = 0$,可以得到

$$H - \int_0^h p_{zx} b_1 \mathrm{d}z = H - b_1 m\tan\omega \int_0^h z(z_0 - z)\mathrm{d}z = 0$$

沉井基础顶面 O 点弯矩等于零,即 $\sum M = 0$,可以得到

$$Hh_1 - \int_0^h p_{zx} b_1 z\mathrm{d}z - p_{\frac{d}{2}} W = 0$$

式中:b_1——横向力作用面基础计算宽度,按第四章第二节有关内容计算;

W——沉井基底截面模量。

对以上二式联立求解,可得

$$z_0 = \frac{\beta b_1 h^2 (4h_1 + 3h) + 6\mathrm{d}W}{2\beta b_1 h (3h_1 + 2h)}, \beta = \frac{C_h}{C_0} = \frac{mh}{C_0}$$

$$\tan\omega = \frac{6H}{Amh}, A = \frac{\beta b_1 h^3 + 18\mathrm{d}W}{2\beta (3h_1 + 2h)}$$

式中:β、A——复合计算参数,其中,参数 β 为基底深度 h 处的沉井侧面水平向地基系数 C_h 与底面竖向地基系数 C_0 的比值,地基比例系数 m、m_0 按第四章第二节有关规定选用。

将 z_0 和 $\tan\omega$ 表达式代入式(5-5)和式(5-6),可以得到

$$p_{zx} = \frac{6H}{Ah} z(z_0 - z) \tag{5-7}$$

$$p_{\frac{d}{2}} = \frac{3dH}{A\beta} \tag{5-8}$$

当竖向荷载与水平力 H 同时作用时,则沉井基础基底平面边缘处的压应力为

$$p_{\frac{max}{min}} = \frac{N}{A_0} \pm \frac{3Hd}{A\beta} \quad N = P + G_1 + G_2 \tag{5-9}$$

式中:A_0——基础底面积。

距离地面或局部冲刷线以下,深度为 z 处的沉井基础截面上的弯矩为

$$M_z = H(h_1 + z) - \int_0^z p_{zx} b_1 (z_0 - z)\mathrm{d}z = H(h_1 + z) - \frac{Hb_1 z^3}{2hA}(z_0 - z) \tag{5-10}$$

(二)基岩地基上沉井基础计算

若沉井基底嵌入基岩内,可以认为基底不产生水平位移,则刚性沉井基础旋转中心 A 与基底中心点吻合,且为一已知值,即 $z_0 = h$(图5-21)。这样,在基底嵌岩处便存在一水平抗力 P,由于 P 对基底中心点的力臂很小,分析中可忽略 P 对 A 点的力矩,以简化分析。

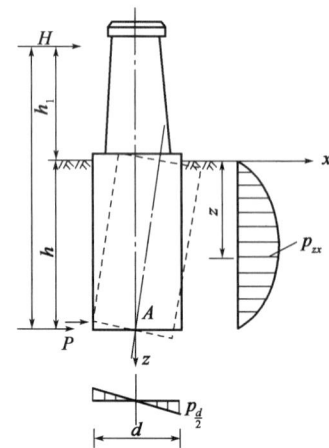

当基础受水平力 H 作用时,地面下深度 z 处产生的水平位移 Δx 及井壁外侧土的横向抗力 p_{zx} 分别为

$$\Delta x = (h - z)\tan\omega$$

$$p_{zx} = mz\Delta x = mz(h - z)\tan\omega \tag{5-11}$$

基底边缘处的竖向应力 $p_{\frac{d}{2}}$ 为

$$p_{\frac{d}{2}} = C_0 \frac{d}{2}\tan\omega = \frac{mhd}{2\beta}\tan\omega \tag{5-12}$$

上述公式中未知数 ω 求解,仅需建立一个弯矩平衡方程便可,即沉井基础底面 A 点弯矩为零,$\sum M_A = 0$ 可以得到

图5-21　基岩地基上沉井井身内力分布

$$H(h + h_1) - \int_0^h p_{zx} b_1(h - z)\mathrm{d}z - p_{\frac{d}{2}}W = 0$$

解上式得

$$\tan\omega = \frac{H}{mhD_0}, D_0 = \frac{b_1\beta h^3 + 6dW}{12\lambda\beta}$$

式中：D_0——计算参数。

将解出的 $\tan\omega$ 代入式（5-11）和式（5-12），可以得到

$$p_{zx} = (h - z)z\frac{H}{D_0 h} \tag{5-13}$$

$$p_{\frac{d}{2}} = \frac{Hd}{2\beta D_0} \tag{5-14}$$

同理，可以得到基底边缘处的应力为

$$p_{\min}^{\max} = \frac{N}{A_0} \pm \frac{Hd}{2\beta D_0} \tag{5-15}$$

根据水平向荷载的平衡关系 $\sum X = 0$，可以求出嵌入处未知的水平阻力 P 为

$$P = \int_0^h b_1 p_{zx}\mathrm{d}z - H = H\left(\frac{b_1 h^2}{6D_0} - 1\right) \tag{5-16}$$

地面以下 z 深度处沉井基础截面上的弯矩为

$$M_z = H(h_1 + z) - \frac{Hb_1 z^3}{12D_0 h}(2h - z) \tag{5-17}$$

必须指出，当基础水平外荷载为零时，$h_1 \to \infty$，上述公式均不能应用，基础顶面外力在沉井基础不同深度的弯矩效应值为常数。非嵌岩边界时，基础顶面 O 点弯矩平衡方程中，以 M_0 代替 Hh_1；嵌岩边界时的基底弯矩平衡方程中，以 M_0 代替 $H(h_1 + h)$，求解转角 ω 和 z_0。同时，沉井基础内力式（5-10）和式（5-17）中，以 M_0 代替 $H(h_1 + z)$ 即可，可详见《公路桥涵地基与基础设计规范》（JTG 3363—2019）。

（三）墩台顶面的水平位移

沉井基础在水平力 H 和力矩 M 作用下，墩台顶水平位移 δ 由地面处水平位移 $z_0\tan\omega$、地面至墩顶 h_2 范围内水平位移 $h_2\tan\omega$ 以及台身（或立柱）h_2 范围内的弹性挠曲变形引起的墩顶水平位移 δ_0 三部分所组成。

$$\delta = (z_0 + h_2)\tan\omega + \delta_0 \tag{5-18}$$

鉴于一般沉井基础转角很小，存在近似关系 $\tan\omega = \omega$。此外，考虑沉井基础实际刚度并非无穷大，需考虑刚度对墩顶水平位移的影响，故引入系数 k_1 和 k_2，反映实际刚度对地面处水平位移及转角的影响，从而得到

$$\delta = (z_0 k_1 + h_2 k_2)\omega + \delta_0 \tag{5-19a}$$

同理，对于支承在岩石地基上的墩台顶面水平位移，则可以采用下式计算：

$$\delta = (hk_1 + h_2 k_2)\omega + \delta_0 \tag{5-19b}$$

式中：k_1、k_2——系数，是 αh 和 $\dfrac{\lambda}{h}$ 的函数，按表 5-2 查用，$\alpha = \sqrt[5]{\dfrac{mb_1}{EI}}$。

墩顶水平位移修正系数

表 5-2

αh	系　　数	λ/h				
		1	2	3	4	∞
1.6	k_1	1.0	1.0	1.0	1.0	1.0
	k_2	1.0	1.1	1.1	1.1	1.1
1.8	k_1	1.0	1.1	1.1	1.1	1.1
	k_2	1.1	1.2	1.2	1.2	1.2
2.0	k_1	1.1	1.1	1.1	1.1	1.1
	k_2	1.2	1.3	1.4	1.4	1.4
2.2	k_1	1.1	1.2	1.2	1.2	1.2
	k_2	1.2	1.5	1.6	1.6	1.7
2.4	k_1	1.1	1.2	1.3	1.3	1.3
	k_2	1.3	1.8	1.9	1.9	2.0
2.6	k_1	1.2	1.3	1.4	1.4	1.4
	k_2	1.4	1.9	2.1	2.2	2.3

注：如 $\alpha h < 1.6$ 时，$k_1 = k_2 = 1.0$。

（四）验算

1. 基底应力验算

沉井荷载作用效应分析中，沉井基底计算的最大压应力 p_{max}，不应超过沉井底面处地基土的承载力特征值 f_a，即

$$p_{max} \leqslant f_a \qquad (5\text{-}20)$$

2. 横向抗力验算

沉井侧壁地基土的横向抗力 p_{zx}，实质上是根据文克尔弹性地基梁假定，得出的横向荷载效应值，应小于井壁周围地基土的极限抗力值。沉井基础在外力作用下，深度 z 处产生水平位移时，井壁（背离位移）一侧将产生主动土压力 P_p，而另一侧将产生被动土压力 P_p，故其沉井侧壁地基土横向抗力可以用土压力表示为

$$p_{zx} \leqslant P_p - P_a \qquad (5\text{-}21)$$

由朗金土压力理论可知

$$P_p = \gamma z \tan^2\left(45° + \frac{\varphi}{2}\right) + 2\cot\left(45° + \frac{\varphi}{2}\right)$$

$$P_a = \gamma z \tan^2\left(45° + \frac{\varphi}{2}\right) + 2\cot\left(45° + \frac{\varphi}{2}\right)$$

代入式(5-21)，可以得到

$$p_{zx} \leqslant \frac{4}{\cos\varphi}(\gamma z \tan\varphi + c) \qquad (5\text{-}22)$$

式中：γ——土的重度；

φ、c——分别为土的内摩擦角和黏聚力。

考虑到桥梁结构性质和荷载情况,并根据试验数据可知,沉井侧壁地基土横向抗力 p_{zx} 最大值,一般出现在 $z = \dfrac{h}{3}$ 和 $z = h$ 处,代入式(5-22)可以得到

$$p_{\frac{h}{3}x} \leqslant \frac{4}{\cos\varphi}\left(\frac{\gamma}{3}\tan\varphi + c\right)\eta_1\eta_2 \tag{5-23a}$$

$$p_{hx} \leqslant \frac{4}{\cos\varphi}(\gamma\tan\varphi + c)\eta_1\eta_2 \tag{5-23b}$$

式中:$p_{\frac{h}{3}x}$——相应于 $z = \dfrac{h}{3}$ 深度处井壁外侧土的横向抗力(kPa);

     p_{hx}——相应于基础的埋置深度,即 $z = h$ 处土的横向抗力(kPa);

     η_1——取决于上部结构形式的系数,对于外超静定推力拱桥的墩台 $\eta_1 = 0.7$,其他结构
体系的墩台 $\eta_1 = 1.0$;

     η_2——考虑恒载对基础底面重心所产生的弯矩 M_g 在总弯矩 M 中所占百分比的系数,即
$\eta_2 = 1 - 0.8\dfrac{M_g}{M}$。

3. 墩台顶面水平位移验算

桥梁墩台设计时,除应考虑基础沉降外,还需验算地基变形和墩台身弹性水平变形所引起的墩台顶水平位移是否满足上部结构设计要求。

二、沉井施工过程中结构强度计算

施工及运营过程的不同阶段,沉井荷载作用不尽相同。沉井结构强度必须满足各阶段最不利情况荷载作用的要求。沉井各部分设计时,必须了解和确定不同阶段最不利荷载作用状态,拟定出相应的计算图式,然后计算截面应力,进行配筋设计,以及结构抗力分析与验算,以保证沉井结构在施工各阶段中的强度和稳定。沉井结构在施工过程中主要进行下列验算。

(一)沉井自重下沉验算

为了使沉井能在自重下顺利下沉,沉井重力(不排水下沉时,应扣除浮力)应大于土与井壁间的摩阻力标准值,将两者之比称为下沉系数,要求

$$K = \frac{Q}{T} > 1 \tag{5-24}$$

式中:K——下沉系数,应根据土类别及施工条件取大于 1 的数值,一般为 $1.15 \sim 1.25$;

     Q——沉井自重(kN),不排水下沉时,尚应扣除浮力;

     T——井壁与土接触面的总摩阻力(kN),$T = \sum q_{ik}h_iU_i$,其中 h_i、U_i 为沉井穿过第 i 层土
的厚度(m)和该段沉井的周长(m),q_{ik} 为第 i 层土的井壁单位面积摩阻力标准值
(kPa)。

井壁摩阻力标准值 q_{ik} 应根据实践经验或实测资料确定,如缺乏资料时,可以根据土的性质按表5-1选用。

当不能满足式(5-24)要求时,可选择下列措施直至满足要求:加大井壁厚度或调整取土井尺寸;如为不排水下沉者,则下沉到一定深度后可采用排水下沉;施加附加荷载压沉或射水助

沉；采用泥浆润滑套或壁后压气法减阻等。

（二）第一节（底节）沉井的竖向挠曲验算

底节沉井在抽垫及除土下沉过程中，由于施工方法不同，刃脚下支承亦不同。沉井自重将导致井壁产生较大的竖向挠曲应力。因此，应根据不同支承情况，进行井壁强度验算。若挠曲应力大于沉井材料的抗拉强度，应增加底节沉井高度或在井壁内设置水平向钢筋，防止沉井竖向开裂。根据施工方法不同，其结构验算时的支承情况可按如下考虑。

1. 排水挖土下沉

排水挖土下沉的整个过程中，沉井支承点相对容易控制。可将沉井视为支承于 4 个固定支点上的梁，且支点控制在最有利位置处，即支点和跨中所产生的弯矩大致相等。对矩形和圆端形沉井，若沉井长宽比大于 1.5，支点可采用长边 $0.7l$ 设置方法，如图 5-22a）所示；圆形沉井的 4 个支点可布置在两相互正交直线上的端点处。

2. 不排水挖土下沉

不排水挖土下沉施工中，机械挖土时刃脚下的支点位置很难控制，沉井下沉过程中可能出现最不利支承，即：对矩形和圆端形沉井，因除土不均将导致沉井支承于四角[图 5-22b)]成为一简支梁，跨中弯矩最大，沉井下部竖向开裂；也可能因孤石等障碍物，使沉井支承于井壁长边的中点[图 5-22c)]，形成悬臂梁，支点处沉井顶部产生竖向开裂；圆形沉井则可能出现支承于直径上的两个支点。沉井长边的跨中或跨边支承两种情况，均应对跨中附近最小截面上、下缘进行抗弯拉和抗裂验算。

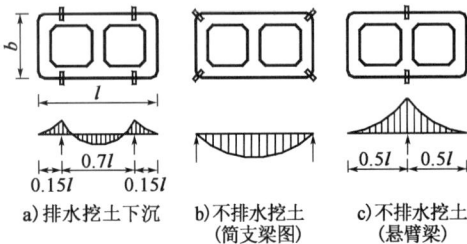

图 5-22 底节沉井支点布置示意图

a) 排水挖土下沉　　b) 不排水挖土（简支梁图）　　c) 不排水挖土（悬臂梁）

若底节沉井隔墙跨度较大，还需验算隔墙的抗拉强度。其最不利受力情况是下节沉井内土已挖空，上节沉井刚浇筑尚未形成强度，此时隔墙成为两端支承在井壁上的梁，承受两节沉井隔墙和模板等重量。若底节隔墙强度不够，可布置水平向抗弯拉钢筋，或在隔墙下夯填粗砂以承受荷载。

（三）沉井刃脚受力计算

沉井在下沉过程中，刃脚受力较为复杂，即刃脚切入土中时受到向外弯曲应力；挖空刃脚下内侧土体时，刃脚又受到向内弯曲的外部土、水压力作用。为简化起见，一般按竖向结构和水平向结构分别计算。竖向分析时，近似地将刃脚结构视为固定于刃脚根部井壁处的悬臂梁（图 5-23），根据刃脚内外侧作用力不同组合，可能向外或向内挠曲；水平分析时，则视刃脚结构为一封闭的框架，在水、土压力作用下使其在水平面内发生弯曲变形。根据悬臂梁及水平框架两者的变位关系及其相应的假定，分别可推出刃脚悬臂分配系数 α 和水平框架分配系数 β。

刃脚悬臂作用的分配系数 α 为

$$\alpha = \frac{0.1 l_1^4}{h_k^4 + 0.05 l_1^4} \leqslant 1.0 \qquad (5\text{-}25)$$

刃脚框架作用的分配系数 β 为

$$\beta = \frac{h_k^4}{h_k^4 + 0.05 l_2^4} \tag{5-26}$$

式中：l_1——支承于隔墙间的井壁最大计算跨度（m）；

l_2——支承于隔墙间的井壁最小计算跨度（m）；

h_k——刃脚斜面部分的高度（m）。

上述分配系数仅适用于内隔墙底面高出刃脚底面不超过 0.5m，或有垂直埂肋的情况。否则 $\alpha = 1.0$，刃脚不起水平框架作用。此时，需按构造布置水平钢筋，承受一定的正、负弯矩。

外力经上述分配后，即可将刃脚受力情况分别按竖、横（水平）两个方向计算。

1. 刃脚竖向受力分析

刃脚竖向分析时的受力情况，一般截取单位宽度井壁，刃脚视为固定在井壁上的悬臂梁，悬臂梁跨度即为刃脚高度。内力分析有下述两种情况。

1）刃脚向外挠曲的内力计算

一般认为，当沉井下沉过程中刃脚内侧切入土中深约 1.0m，同时接筑完上节沉井，且沉井上部露出地面或水面约一节沉井高度时，刃脚斜面上土的抗力最大，且井壁外土、水压力最小，处于刃脚向外挠曲的最不利位置。此时，沉井因自重将导致刃脚斜面土体抵抗刃脚下沉而向外挠曲，如图 5-23 所示，作用在刃脚高度范围内的外力主要有刃脚外侧土、水压力的合力、刃脚外侧摩阻力和刃脚下的土体抵抗力。

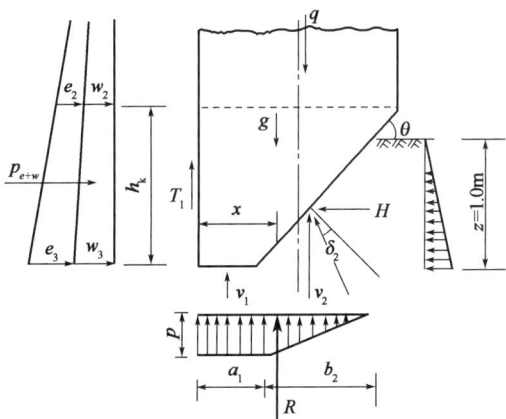

图 5-23 刃脚向外挠曲受力分析

（1）刃脚外侧土压力及水压力的合力 p_{e+w}：

$$p_{e+w} = \frac{1}{2}(p_{e_2+w_2} + p_{e_3+w_3})h_k \tag{5-27}$$

式中：$p_{e_2+w_2}$——作用在刃脚悬臂梁根部（固端）深度处土压力及水压力之和（kPa）；

$p_{e_3+w_3}$——刃脚底面（踏面）深度处的土压力及水压力之和（kPa）；

h_k——刃脚斜面部分的高度（m）。

土、水压力合力 p_{e+w} 的作用点高度（离刃脚根部的距离）为

$$t = \frac{h_k}{3} \cdot \frac{2p_{e_3+w_3} + p_{e_2+w_2}}{p_{e_3+w_3} + p_{e_2+w_2}} \tag{5-28}$$

地面下深度 h_i 处刃脚承受的土压力 e_i，可按朗金主动土压力公式计算，即

$$e_i = \bar{\gamma}_i h_i \tan^2\left(45° + \frac{\varphi}{2}\right) \tag{5-29}$$

式中：$\bar{\gamma}_i$——深度 h_i 范围内土的平均重度，在水位以下应考虑浮力；

h_i——计算位置至地面的距离。

水压力计算可以采用 $\bar{\gamma}_i w_i = \gamma_w h_{wi}$，其中 γ_w 为水的重度，h_{wi} 为计算深度至水面的距离。

水压力计算尚应考虑施工情况和土质条件影响，为安全起见，一般规定式(5-27)计算所得刃脚外侧土、水压力合力不得大于静水压力的70%，否则按静水压力的70%计算。

(2)作用在刃脚外侧单元宽度上的摩阻力 T_1 可按下式计算，并取其较小者。

$$T_1 = q_k h_k \quad \text{或} \quad T_1 = 0.5E \tag{5-30}$$

式中：q_k——土与井壁间单位面积上的摩阻力标准值(kPa)；

h_k——刃脚斜面部分的高度(m)；

E——单位宽度刃脚外侧总的主动土压力(kPa)，即 $E = \dfrac{1}{2}h_k(e_3 + e_2)$。

(3)刃脚下抵抗力的计算。刃脚下竖向反力 R(取井壁周长单位宽度)可按下式计算：

$$R = q - T' \tag{5-31}$$

式中：q——沿井壁周长单位宽度上沉井的自重，在水下部分应考虑水的浮力(kPa)；

T'——沉井入土部分单位宽度上的摩阻力(kPa)。

刃脚竖向反力 R，可分为 v_1 及 v_2 两部分，如图5-23所示。其中，刃脚踏面宽度 a_1 下反力假定为均匀分布，合力即为 v_1。假定刃脚斜面与水平面成 θ 角，斜面与土接触面外摩擦角为 δ_2（一般约30°）。刃脚斜面上土反力合力与斜面的法线方向成 δ_2 角，斜面上反力呈三角形分布，在开挖面处为0，将刃脚斜面的合力分解为竖直力 v_2 及水平力 H 时，应力分布同样呈三角形分布。因此，刃脚下竖向反力 R 为

$$R = v_1 + v_2 \tag{5-32}$$

R 的作用点距井壁外侧的距离为

$$x = \frac{1}{R}\left[v_1 \frac{a_1}{2} + v_2\left(a_1 + \frac{b_2}{3}\right)\right] \tag{5-33}$$

式中：b_2——刃脚内侧入土斜面在水平面上的投影长度。

根据力的平衡条件可知：

$$v_1 = a_1 p = a_1 \frac{R}{a_1 + \dfrac{b_2}{2}} = \frac{2a_1}{2a_1 + b_2}R$$

$$v_2 = \frac{b_2}{2a_1 + b_2}R$$

$$H = v_2 \tan(\theta - \delta_2) \tag{5-34}$$

其中，刃脚斜面上水平反力 H 作用点离刃脚踏面 1/3m。

(4)刃脚(单位宽度)自重 g 为

$$g = \frac{\lambda + a_1}{2}h_k \cdot \gamma_k \tag{5-35}$$

式中：λ——井壁厚度(m)；

γ_k——钢筋混凝土刃脚的重度，不排水施工时应扣除浮力

刃脚自重 g 的作用点至刃脚根部中心轴的距离 x_1 为

$$x_1 = \frac{\lambda^2 + a_1\lambda - 2a_1^2}{6(\lambda + a_1)} \tag{5-36}$$

求出以上各力的数值、方向及作用点后,再算出各力对刃脚根部中心轴的弯矩总和值 M_0、竖向力 N_0 及剪力 Q,其算式为

$$M_0 = M_R + M_H + M_{e+w} M_T + M_g \qquad (5\text{-}37)$$

$$N_0 = R + T_1 + g \qquad (5\text{-}38)$$

$$Q = p_{e+w} + H \qquad (5\text{-}39)$$

式中:M_R、M_H、M_{e+w}、M_T、M_g——反力 R、横向力 H、土压力及水压力 p_{e+w}、刃脚底部的外侧摩阻力 T_1 以及刃脚自重 g 对刃脚根部中心轴的弯矩;各数值正负号视具体情况而定。

此外,刃脚竖向分析验算时,作用在刃脚部分的各水平力均应按规定考虑分配系数 a。

根据 M_0、N_0 及 Q 值就可验算刃脚根部应力,并计算出刃脚内侧所需的竖向钢筋用量。一般刃脚钢筋截面积不宜少于刃脚根部截面积的 0.1%。刃脚的竖直钢筋应伸入根部固端界面以上 $0.5l_1$[l_1 为支承于隔墙间的井壁最大计算跨度,参见式(5-25)]。

2)刃脚向内挠曲的内力计算

刃脚向内挠曲的最不利位置是沉井已下沉至设计高程,刃脚下土体挖空但尚未浇筑封底混凝土(图 5-24)。此时,刃脚可视为根部固定在井壁上的悬臂梁,以此计算最大向内弯矩。

作用在刃脚上的力有刃脚外侧的土压力、水压力、摩阻力以及刃脚本身的重力。各力的计算方法同前。但水压力计算应注意实际施工情况,为偏于安全,一般井壁外侧水压力以 100% 计算,井内水压力取 50%,或按施工可能出现的水头差计算;若排水下沉时,不透水土取静水压力的 70%,透水性土按

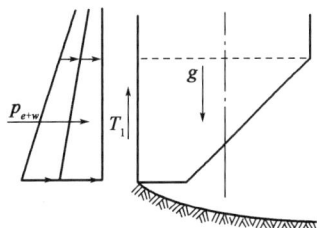

图 5-24　刃脚向内挠曲受力分析

100% 计算。计算刃脚各水平外力进行悬臂梁竖向分析验算时,同样应考虑分配系数 α 后,再由外力计算出对刃脚根部中心轴的弯矩、竖向力及剪力,以此求得刃脚外壁钢筋用量。其配筋构造要求与向外挠曲相同。

2. 刃脚水平钢筋计算

刃脚水平向受力最不利的情况是沉井已下沉至设计高程,刃脚下的土已挖空,尚未浇筑封底混凝土的时候,刃脚具有竖向悬臂作用及水平闭合框架的作用。当刃脚作为悬臂考虑时,如上所述刃脚所受水平力乘以 α;而作用于框架水平分析时,水平力应乘以分配系数 β。刃脚水平框架荷载效应值确定后,求解框架弯矩及轴力,再计算框架所需的水平钢筋用量。

根据常用沉井水平框架的平面形式,现列出其内力计算式,以供设计时参考。

1)单孔矩形框架(图 5-25)

A 点处的弯矩

$$M_A = \frac{1}{24}(-2K^2 + 2K + 1)pb^2$$

B 点处的弯矩

$$M_B = \frac{1}{12}(K^2 - K + 1)pb^2$$

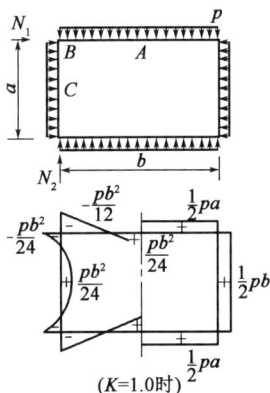

图 5-25　单孔矩形框架受力

C 点处的弯矩

$$M_C = \frac{1}{24}(K^2 + 2K - 2)pb^2$$

轴向力

$$N_1 = \frac{1}{2}pa \quad N_2 = \frac{1}{2}pb$$

式中：$K = a/b$，a 为短边长度，b 为长边长度。

2）单孔圆端形框架（图 5-26）

$$M_A = \frac{K(12 + 3\pi K + 2K^2)}{6\pi + 12K}pr^2$$

$$M_B = \frac{2K(3 - K^2)}{3\pi + 6K}pr^2$$

$$M_C = \frac{K(3\pi - 6 + 6K + 2K^2)}{3\pi + 6K}pr^2$$

$$N_1 = pr \quad N_2 = p(r + L)$$

式中：$K = L/r$，r 为圆心至圆端形井壁中心的距离。

3）双孔矩形框架（图 5-27）

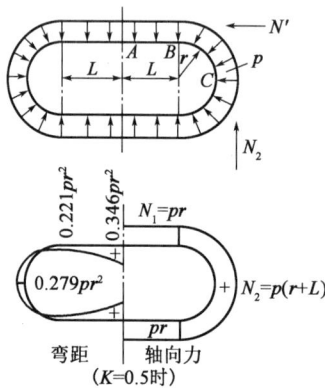

图 5-26　单孔圆端形框架受力　　　图 5-27　双孔矩形框架受力

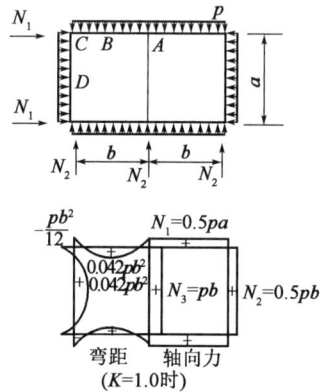

$$M_A = \frac{K^3 - 6K - 1}{12(2K + 1)}pb^2$$

$$M_B = \frac{-K^3 - 3K + 1}{24(2K + 1)}pb^2$$

$$M_C = -\frac{2K^3 + 1}{12(2K + 1)}pb^2$$

$$M_D = \frac{2K^3 + 3K^2 - 2}{24(2K + 1)}pb^2$$

$$N_1 = \frac{1}{2}pa$$

$$N_2 = \frac{K^3 + 3K + 2}{4(2K + 1)}pb$$

$$N_3 = \frac{2 + 5K - K^3}{4(2K+1)}pb$$

式中：$K = a/b$，a、b 为半个矩形对应的长、短边（图 5-27）。

4）双孔圆端形框架［图 5-28a)］

$$M_A = p\,\frac{\zeta\delta_1 - \rho\eta}{\delta_1 - \eta}$$

$$M_C = M_A + NL - p\frac{L^2}{2}$$

$$M_D = M_A + N(L+r) - pL\left(\frac{L}{2} + r\right)$$

$$N = \frac{\zeta - \rho}{\eta - \delta_1}$$

$$N_1 = 2N$$

$$N_2 = pr$$

$$N_3 = p(L+r) - \frac{N_1}{2}$$

式中：

$$\zeta = \frac{L\left(0.25L^3 + \dfrac{\pi}{2}rL^2 + 3r^2L + \dfrac{\pi}{2}r^3\right)}{L^2 + \pi rL + 2r^2}$$

$$\eta = \frac{\dfrac{2}{3}L^3 + \pi rL^2 + 4r^2L + \dfrac{\pi}{2}r^2}{L^2 + \pi rL + 2r^2}$$

$$\rho = \frac{\dfrac{1}{3}L^3 + \dfrac{\pi}{2}rL^2 + 2r^2L}{2L + \pi r}$$

$$\delta_1 = \frac{L^2 + \pi rL + 2r^2}{2L + \pi r}$$

5）圆形沉井框架［图 5-28b)］

圆形沉井，如在均匀土中平稳下沉，受到周围均布的水平压力，则刃脚作为水平圆环，其任意截面上的内力弯矩 $M = 0$，剪力 $Q = 0$，轴向压力 $N = p \times R$，其中 R 为沉井刃脚外壁的半径。但是，由于下沉过程中沉井发生倾斜或土质的不均匀，刃脚截面产生附加弯矩，且应考虑水平压力的实际分布特征。

为了便于计算，井壁外土压力分布模型简化为：井壁（刃脚）的横截面上互成 90°两点处的径向压力为 P_A、P_B，计算 P_A 时土的内摩擦角可增大 2.5°~5°，计算 P_B 时减小

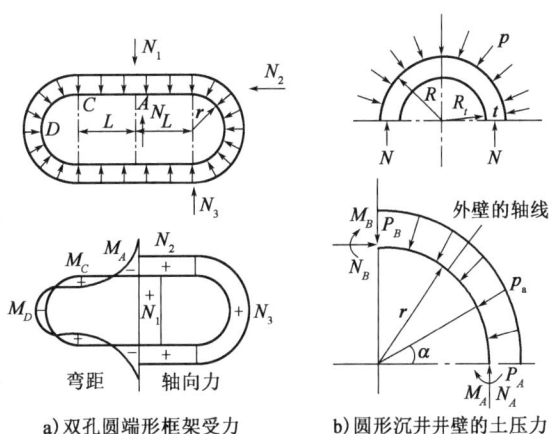

a）双孔圆端形框架受力　　b）圆形沉井井壁的土压力

图 5-28　双孔圆端形沉井内力计算

2.5°~5°，并引入正交各向土压力比 $\omega = P_B/P_A$，且假设其他各点的土压力 p_a 按下式变化：

$$p_a = P_A(1 + \omega'\sin\alpha), \omega' = \omega - 1 = \frac{P_B}{P_A} - 1$$

式中：ω——正交各向土压力比，也可根据土质不均匀情况，覆盖层厚度，直接确定 ω 值，一般取 1.5~2.5。

则作用在 A、B 截面上内力为

$$N_A = P_A \times r(1 + 0.785\omega') \quad M_A = -0.149P_A r^2 \omega'$$
$$N_B = P_A \times r(1 + 0.5\omega') \quad M_B = 0.137P_A r^2 \omega'$$

式中：N_A、M_A——A 截面上的轴向力（kN）和弯矩（kN·m）；

N_B、M_B——B 截面（垂直于 A 截面上）的轴向力（kN）和弯矩（kN·m）；

r——井壁（刃脚）轴线的半径（m）。

（四）井壁受力计算

1. 井壁竖向拉应力验算

沉井在下沉过程中，上部土层工程性能相对下部土层明显偏优时，当刃脚下土体已被挖空，沉井上部良好土层可能提供足够侧壁摩擦力，阻止沉井下沉，则形成下部沉井悬挂结构，井壁结构就有在自重作用下被拉断的可能。因此，需要验算井壁的竖向抗拉承载力。拉应力的大小与最不利截面位置，显然与井壁摩阻力分布有关，当判断可能夹住沉井的土层不明显时，可近似假定井壁摩阻力沿沉井高度呈倒三角形分布（图 5-29）。在地面处摩阻力最大，而刃脚底面处为零。

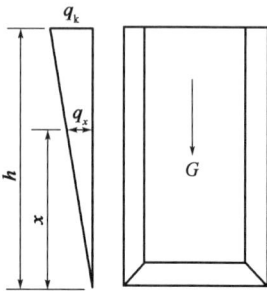

图 5-29 井壁摩阻力分布

假设沉井自重为 G，h 为沉井入土深度，U 为井壁的周长，q_k 为地面处井壁上的摩阻力，q_x 为距刃脚底 x 处的摩阻力，则

$$G = \frac{1}{2}q_k hU$$

$$q_k = \frac{2G}{hU}$$

$$q_x = \frac{q_k}{h}x = \frac{2Gx}{h^2 U}$$

离刃脚底高度为 x 处，井壁拉力为 S_x，其值为

$$S_x = \frac{Gx}{h} - \frac{q_x}{2}xU = \frac{Gx}{h} - \frac{Gx^2}{h^2} \tag{5-40}$$

为求得最大拉应力，令 $\dfrac{dS_x}{dx} = 0$，则有 $\dfrac{dS_x}{dx} = \dfrac{G}{h} - \dfrac{2Gx}{h^2} = 0$，可以得到 $x = \dfrac{1}{2}h$，代入式（5-40），则得到

$$S_{max} = \frac{G}{h} \cdot \frac{h}{2} - \frac{G}{h^2} \cdot \left(\frac{h}{2}\right)^2 = \frac{1}{4}G \tag{5-41}$$

2. 井壁横向受力分析

当沉井沉至设计高程，且刃脚下土已挖空而尚未封底时，井壁承受的土、水合力为最大。此

时,应按水平框架分析内力,验算井壁材料强度,其计算方法与刃脚框架上述竖向分析计算相同。

刃脚根部 c-c 断面(图 5-30)以上高度等于井壁厚度的一段井壁视为计算分析的水平框架。该横向受力验算用水平框架,除承受作用于该段的土、水压力外,还承受由刃脚悬臂作用传来的水平剪力(即刃脚内挠时受到的水平外力乘以分配系数 α)。

此外,井壁横向受力分析中,还应验算每节沉井最下端处,单位高度井壁作为水平框架的强度,并以此控制该节沉井井壁截面设计。作用于分节验算井壁框架上的水平外力,仅为土压力和水压力,且不需考虑以分配系数 β(= 1)的折减。

采用泥浆套下沉的沉井,若台阶以上泥浆压力(即泥浆相对密度乘泥浆高度)大于上述土、水压力之和,则井壁压力应按泥浆压力计算。

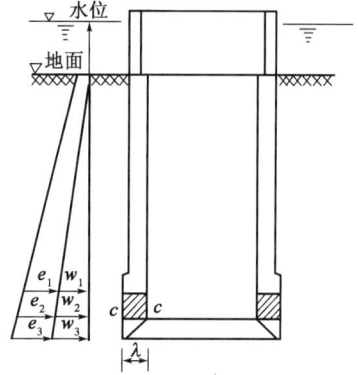

图 5-30 井壁水平框架承受外力

(五)混凝土封底及顶盖的计算

1. 封底混凝土计算

沉井封底混凝土的厚度应根据基底承受的反力情况而定。作用于封底混凝土的竖向反力可分为两种情况:一种是沉井水下封底后,在施工抽水时封底混凝土需承受基底水压力和地基土的向上反力;一种是空心沉井在使用阶段,封底混凝土须承受沉井基础全部最不利荷载组合所产生的基底反力,如井孔内填砂且与地下水联通时,可扣除其重力。封底混凝土厚度,可按下列两种方法计算并取其控制者。

1)弯拉验算

封底混凝土视为支承在凹槽或隔墙底面的刃脚上的底板,按周边支承的双向板(矩形或圆端形沉井)或圆板(圆形沉井)计算,底板与井壁的连接一般按简支考虑;当连接可靠(由井壁内预留钢筋连接等)时,也可按弹性固定考虑。封底混凝土的厚度可按下式计算:

$$h_t = \sqrt{\frac{6 \times \gamma_{si} \times r_m \times M_{tm}}{bR_w^j}}$$ （5-42）

式中:h_t——封底混凝土的厚度(m)。

M_{tm}——在最大均布反力作用下的最大计算弯矩(kN·m),按简支或弹性固定支承不同条件考虑的荷载系数,可由结构设计手册查取;

R_w^j——混凝土弯曲抗拉极限强度(kPa);

γ_{si}——荷载安全系数;

r_m——材料安全系数;

b——计算宽度,此处取 1m。

有时为简单初步估算,也可采用式(2-8)。具体验算时,要求计算所得的弯曲拉应力应小于混凝土的弯曲抗拉设计强度。

2)剪切验算

封底混凝土按受剪计算,即计算封底混凝土承受基底反力后是否有沿井孔范围内周边剪断的可能性。若剪应力超过其抗剪强度则应加大封底混凝土的抗剪面积。

2. 钢筋混凝土顶板计算

空心或井孔内填以砾砂石的沉井，井顶必须浇筑钢筋混凝土顶板，用以支承墩台及其上部全部荷载。顶板厚度一般是预先拟定的，按顶板承受最不利荷载组合，假定为均布荷载的双向板进行板结构的内力计算和配筋设计。

如墩身全部位于井孔内，还应验算顶板的剪应力和井壁支承压力。如墩身较大，部分支承在井壁上则不需进行顶板的剪力验算，只进行井壁压应力的验算。

三、浮运沉井计算要点

(一)浮运沉井稳定性验算

浮运沉井在浮运过程中和就位接高下沉过程中均为浮体，要有一定的吃水深度，使重心低而不易倾覆，保证浮运时稳定；同时还必须具有足够的高出水面高度，使沉井不因风浪等而失稳沉没。因此，除前述计算外，还应考虑沉井浮运过程中的受力情况，进行浮体稳定性（沉井重心、浮心和定倾半径分析确定与比较）和井壁露出水面高度等的验算。现以带临时性底板的浮运沉井为例，说明浮运沉井稳定性验算。

1. 计算浮心位置

根据沉井重量等于沉井排开水的重量浮力原理，则沉井吃水深 h_0（从底板算起，图5-31）为

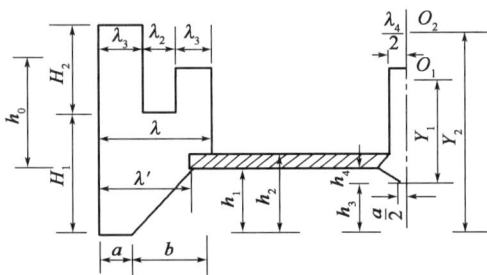

图5-31 计算浮心位置示意图

$$h_0 = \frac{V_0}{A_0} \tag{5-43}$$

对圆端形沉井　　$A_0 = 0.7854d^2 + Ld$

式中：V_0——沉井底板以上部分排水体积（m^3）；

A_0——沉井吃水的截面积（m^2）；

d——圆端形直径或沉井的宽度（m）；

L——沉井矩形部分的长度（m）。

浮心的位置，以刃脚底面起算为 $h_3 + Y_1$ 时，Y_1 可由下式求得：

$$Y_1 = \frac{M_1}{V} - h_3 \tag{5-44}$$

式中：M_1——各排水体积（m^3）（沉井底板以上部分排水体积 V_0、刃脚体积 V_1、底板下隔墙体积 V_2）与其中心至刃脚踏面距离的乘积。

如各部分的乘积分别以 M_0、M_2、M_3 表示，则

$$M_1 = M_0 + M_2 + M_3$$

$$M_0 = V_0\left(h_1 + \frac{h_0}{2}\right)$$

$$M_2 = V_1\frac{h_1 2\lambda' + a}{9\lambda' + a}$$

$$M_3 = V_2\left(\frac{h_4 2\lambda_1 + a_1}{3\lambda_1 + a_1} + h_3\right)$$

式中:h_1——底板至刃脚踏面的距离(m);

h_3——隔墙底距刃脚踏面的距离(m);

h_4——底板下的隔墙高度(m);

$λ'$——底板下井壁的厚度(m);

$λ_1$——隔墙厚度(m);

a_1——隔墙底踏面的宽度(m);

a——刃脚踏面的宽度(m)。

2. 重心位置计算

设重心位置 O_2 离刃脚踏面的距离为 Y_2,则

$$Y_2 = \frac{M_{II}}{V} \tag{5-45}$$

式中:M_{II}——沉井各部分体积与其中心到刃脚踏面距离的乘积,并假定沉井各部分圬工的单位重量相同。

令重心与浮心的高差为 Y,则

$$Y = Y_2 - (h_3 + Y_1) \tag{5-46}$$

3. 定倾半径的计算

定倾半径 $ρ$ 为定倾中心到浮心的距离,由下式计算:

$$ρ = \frac{I_{x-x}}{V_0} \tag{5-47}$$

式中:I_{x-x}——吃水截面的截面惯性矩,对圆端形沉井

(图 5-32)为 $I_{x-x} = 0.049d^4 + \frac{1}{12}Ld^3$;对带气

筒浮运沉井,可根据气筒布置、各阶段气筒

使用与连通情况,分别确定定倾半径 $ρ$。

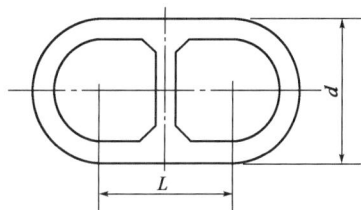

图 5-32 圆端形沉井截面

4. 浮运沉井稳定的必要条件

浮运沉井的稳定性应满足重心到浮心的距离小于定倾中心到浮心的距离,即

$$ρ - Y > 0 \tag{5-48}$$

(二)浮运沉井露出水面最小高度验算

沉井浮运过程中受到牵引力、风力等荷载作用,不免产生一定的倾斜,故一般要求沉井顶面高出水面不小于 $0.5 \sim 1.0m$ 为宜,以保证沉井在拖运过程中的安全。

牵引力及风力等对浮心产生弯矩 M,因而使沉井旋转(倾斜)角度 $θ$,在一般情况下不允许 $θ$ 值大于6°,可按下式分析验算:

$$θ = \arctan \frac{M}{γ_w V(ρ - Y)} \leqslant 6° \tag{5-49}$$

式中:$γ_w$——为水的重度,取为 $10kN/m^3$。

沉井浮运时露出水面的最小高度 h 按下式计算:

$$h = H - h_0 - h_1 - d\tan θ \geqslant f \tag{5-50}$$

式中:H——浮运时沉井的高度(m);

f——浮运沉井发生最大倾斜时,顶面露出水面的安全距离,其值为 0.5 ~ 1.0m。

式(5-50)中,最小高度验算的倾斜修正,采用了 $d\tan\theta$(d 为圆端形的直径),为弯矩作用使沉井没入水中深度计算值 $\dfrac{d}{2}\tan\theta$ 的两倍,主要是考虑浮运沉井倾斜边水面存在波浪,波峰高于无波水面。

第五节　沉井基础计算示例

某公路桥上部结构为等跨等截面悬链线双曲拱桥,下部设计采用圆端形重力式墩与钢筋混凝土沉井基础,基础的平面及剖面尺寸如图 5-33 所示。采用浮运法施工(浮运方法及浮运稳定性验算本例从略),参照《公路桥涵地基与基础设计规范》(JTG 3363—2019)进行设计计算。

一、设计资料

土质情况如图 5-33 所示。

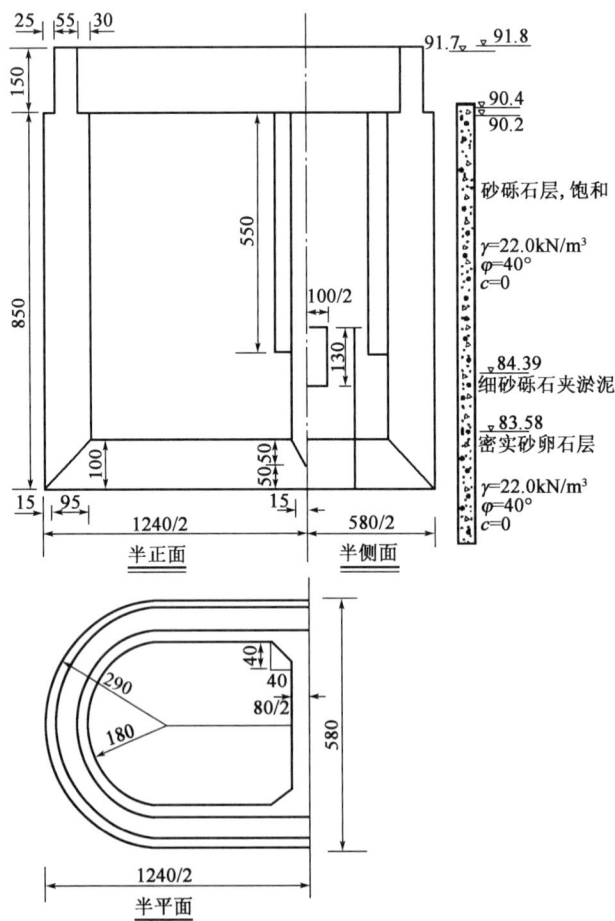

图 5-33　沉井半正面、半侧面、半平面图及地质剖面(尺寸单位:cm;高程单位:m)

传给沉井的恒载及活载见沉井各力的汇总表(表5-3)。

最低水位高程91.8m;潮水位高程96.56m;河床高程90.4m;局部冲刷线高程86.77m。

算例中沉井结构强度验算着重在外力及内力计算,截面材料强度(包括钢筋等)计算可参照《公路桥涵地基与基础设计规范》(JTG 3363—2019)、《公路钢筋混凝土及预应力混凝土桥涵设计规范》(JTG 3362—2018)及《公路圬工桥涵设计规范》(JTG D61—2005)等规定进行。

(一)沉井高度

沉井顶面在最低水位下0.1m,高程为91.7m。

1. 按水文条件计算

局部冲刷线深度为 $h_m = 90.40 - 86.77 = 3.63(m)$,大、中桥基础埋置深度应在局部冲刷线以下不小于2.0m,故沉井所需高度 H 为

$$H = (91.7 - 90.4) + 3.63 + 2.0 = 6.93(m)$$

但若按此深度,则沉井底将较接近于细砂砾石夹淤泥层,形成软弱夹层,对沉井与上部结构安全不利。

2. 按土质条件计算

沉井应穿过近1.0m厚的细砂砾石夹淤泥层,进入密实砂卵石层,并考虑有2.0m的安全度,故沉井高度 H 为

$$H = 91.70 - 83.58 - 2.0 = 10.12(m)$$

3. 按地基承载力特征值,沉井底面位于密实的砂卵石层为宜

根据以上分析,拟采用沉井高度 $H = 10m$,沉井顶面高程定为91.7m,沉井底面高程为81.7m。因潮水位高,第一节(底节)沉井高度不宜太小,故第一节沉井高为8.5m,第二节高为1.5m,第一节沉井顶面高程为90.2m。

(二)沉井平面尺寸

考虑到桥墩形式,故采用两端半圆形、中间为矩形的圆端形沉井。圆端的外半径为2.9m,矩形长边为6.6m,宽度为5.8m。井壁厚度第一节拟取 $\lambda = 1.1m$,第二节厚度为0.55m,隔墙厚度 $\delta = 0.8m$(其他尺寸详见图5-33)。

刃脚踏面宽度采用0.15m,刃脚斜面高度为1.0m(图5-34),刃脚内侧倾角

$$\tan\theta = \frac{1.0}{1.1 - 0.15} = 1.0526, \theta = 46°28' > 45°$$

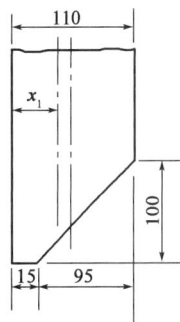

图5-34 沉井刃脚示意图(尺寸单位:cm)

二、荷载计算

(一)沉井自重

1. 刃脚

重度 γ_1 为 $\qquad\qquad \gamma_1 = 25.00 kN/m^3$

刃脚截面积 $F_1 = 1/2 \times (1.1 + 0.15) \times 1.0 = 0.625(\text{m}^2)$

形心至井壁外侧的距离为

$$x_1 = \left[0.15 \times 1 \times \frac{1}{2} \times 0.15 + \frac{1}{2} \times 1.0 \times 0.95 \times \left(0.15 + \frac{1}{3} \times 0.95 \right) \right] \times \frac{1}{0.625} = 0.373(\text{m})$$

刃脚体积 $V_1 = [2 \times 3.1416 \times (2.9 - 0.373) + 6.6 \times 2] \times 0.625 = 18.17(\text{m}^3)$

刃脚自重 $Q_1 = 18.17 \times 25.00 = 454.25(\text{kN})$

2. 第一节(底节)沉井井壁

重度 γ_2 为 $\gamma_2 = 24.50\text{kN/m}^3$

$$F_2 = 1.1 \times 7.5 = 8.25(\text{m}^2)$$

$$V_2 = (2 \times 2.35 \times 3.1416 + 6.6 \times 2) \times 8.25 = 230.72(\text{m}^3)$$

底节井壁自重 $Q_2 = 230.72 \times 24.50 = 5652.64(\text{kN})$

3. 底节沉井隔墙

$$\gamma_3 = 24.50\text{kN/m}^3$$

$$V_3 = \left(0.8 \times 7.5 + \frac{0.15 + 0.8}{2} \times 0.5 \right) \times 3.6 + 0.4 \times 0.4 \times 2 \times 5.5 = 24.22(\text{m}^3)$$

底节隔墙自重 $Q_3 = 24.22 \times 24.50 = 593.39(\text{kN})$

4. 第二节沉井井壁

$$\gamma_4 = 24.50\text{kN/m}^3$$

$$F_4 = 0.55 \times 1.5 = 0.825(\text{m}^2)$$

$$V_4 = (2 \times 2.375 \times 3.1416 + 6.6 \times 2) \times 0.825 = 23.20(\text{m}^3)$$

第二节井壁自重 $Q_4 = 23.20 \times 24.50 = 568.40(\text{kN})$

5. 钢筋混凝土顶板(厚1.5m)

$$\gamma_5 = 24.50\text{kN/m}^3$$

$$V_5 = (3.1416 \times 2.1^2 + 6.6 \times 4.2) \times 1.5 = 62.36(\text{m}^3)$$

顶板自重 $Q_5 = 62.36 \times 24.50 = 1527.82(\text{kN})$

6. 井孔填砂卵石重

$$\gamma_6 = 20.00\text{kN/m}^3$$

考虑自井底以上3.6m范围内用水下混凝土封底,以上用砂卵石填孔,填孔高度为4.9m。

$$V_6 = (3.1416 \times 1.8^2 + 6.6 \times 3.6 - 0.4 \times 0.4 \times 2 - 0.8 \times 3.6) \times 4.9 = 150.62(\text{m}^3)$$

砂卵石自重 $Q_6 = 150.62 \times 20.00 = 3012.40(\text{kN})$

7. 封底混凝土

$$\gamma_7 = 24.00\text{kN/m}^3$$

$$V_7 = (3.1416 \times 2.9^2 + 6.6 \times 5.8) \times 8.5 - (18.17 + 230.72 + 24.22 + 150.62)$$

$$= 549.96 - 423.73 = 126.23(\text{m}^3)$$

封底混凝土自重 $Q_7 = 126.23 \times 24.00 = 3029.52(\text{kN})$

沉井总重为

$$G = Q_1 + Q_1 + Q_3 + Q_4 + Q_5 + Q_6 + Q_7$$
$$= 454.25 + 5652.64 + 593.39 + 568.40 + 1527.82 + 3012.40 + 3029.52$$
$$= 14838.42(kN)$$

8. 低水位时沉井的浮力

$$G' = (549.93 + 3.1416 \times 2.65^2 \times 1.5 + 6.6 \times 5.3 \times 1.5) \times 10.00 = 6355.23(kN)$$

(二)各力汇总

各力汇总见表5-3。

各 力 汇 总 表

表5-3

力 的 名 称	力值 （kN）	对沉井底面形心轴的力臂 （m）	弯矩 （kN·m）
两孔上部结构恒载及墩身	$P_1 = 25691.00$		
一孔活载（竖向力）	$P_g = 650.00$	1.15	747.50
由制动力产生的竖向力	$P_T = 32.40$	1.15	37.26
沉井自重	$G = 14838.42$		
沉井浮力	$G' = -6355.23$		
合计	$\sum P = 34856.59$		784.76
一孔活载（水平力）	$H_g = 815.10$	18.806	-15328.77
制动力	$H_T = 75.00$	18.806	-1410.45
合计	$\sum H = 890.10$		-16739.22
总计		$\sum M = -15954.46$	

注：表中仅列了单孔活载作用情况，对其他活载作用情况本例题从略。

三、基底应力验算

沉井自局部冲刷线至井底的埋置深度为

$$h = 86.77 - 81.7 = 5.07(m)$$

考虑井壁侧面土的弹性抗力，则

$$p_{min}^{max} = \frac{N}{A_0} \pm \frac{3Hd}{A\beta}$$

式中：

$$N = \sum P = 34856.59kN$$

$$A_0 = 3.1416 \times 2.9^2 + 6.6 \times 5.8 = 64.7(m^2)$$

$$d = 5.8m$$

$$H = \sum H = 890.10kN$$

$$A = \frac{b_1\beta h^3 + 18dW}{2\beta(3\lambda - h)}$$

其中：

$$b_1 = \left(1 - 0.1\frac{a}{b}\right)(b + 1) = \left(1 - 0.1 \times \frac{5.8}{12.4}\right) \times (12.4 + 1) = 12.77(m)$$

$$\beta = \frac{C_h}{C_0} \approx 0.5 \quad (h < 10\text{m}, C_0 = 10m_0, C_h = mh, h = 5.07\text{m}, \text{取} \ m_0 = m)$$

$$W = \frac{\pi d^3}{32} + \frac{1}{6}a^2 b = 0.098 \times 5.8^3 + \frac{1}{6} \times 5.8^2 \times 6.6 = 56.12(\text{m}^3)$$

$$\lambda = \frac{\sum M}{\sum H} = \frac{15954.46}{890.10} = 17.92(\text{m})$$

$$A = \frac{12.77 \times 0.5 \times 5.07^3 + 18 \times 5.8 \times 56.12}{2 \times 0.5 \times (3 \times 17.92 - 5.07)} = 137.42(\text{m}^2)$$

$$p_{\min}^{\max} = \frac{34856.59}{64.70} \pm \frac{3 \times 890.10 \times 5.8}{137.42 \times 0.5} = 538.74 \pm 225.41 = \begin{cases} 764.15(\text{kPa}) \\ 313.33(\text{kPa}) \end{cases}$$

沉井底面处地基承载力特征值为

$$f_a = f_{a0} + k_1 \gamma_1 (b - 2) + k_2 \gamma_2 (h - 3)$$

按地质资料，基底土属中等密实的砂、卵石类土层，根据规范（JTG 3363—2019）地基承载力特征值表综合考虑后，取 $f_{a0} = 600\text{kPa}$。$k_1 = 4$，$k_2 = 6$，土的重度 $\gamma_1 = \gamma_2 = 12.00\text{kN/m}^3$（考虑浮力后的近似值），$b$ 为基础底面最小宽度，$b = 5.8\text{m}$。由于考虑作用组合，承载力提高25%：

$$f_a = [600 + 4 \times 12.0 \times (5.8 - 2) + 6 \times 12.0 \times (5.07 - 3)] \times 1.25$$
$$= 931.44 \times 1.25 = 1164.30(\text{kPa}) > 764.15\text{kPa}$$

因沉井埋入深度只有 5.07m，如不考虑井壁侧土的弹性抗力作用，这时，

$$p_{\min}^{\max} = \frac{34856.59}{64.70} \pm \frac{45954.46}{56.12} = 538.74 \pm 284.29 = \begin{cases} 823.03(\text{kPa}) \\ 254.45(\text{kPa}) \end{cases} < 1164.30\text{kPa}$$

均满足要求。

四、横向抗力验算

根据式(5-7)计算在地面下 z 深度处井壁承受的侧土横向抗力 p_{zx} 为

$$p_{zx} = \frac{6H}{Ah} z(z_0 - z)$$

已知：$H = 890.10\text{kN}$，$A = 137.42\text{m}^2$，$h = 5.07\text{m}$，则

$$z_0 = \frac{\beta b_1 h^2 (4\lambda - h) + 6dW}{2\beta b_1 h(3\lambda - h)}$$

$$= \frac{0.5 \times 12.77 \times 5.07^2 \times (4 \times 17.92 - 5.07) + 6 \times 5.8 \times 56.12}{2 \times 0.5 \times 12.77 \times 5.07 \times (3 \times 17.92 - 5.07)}$$

$$= \frac{12885.39}{3152.38} = 4.09(\text{m})$$

当 $z = \frac{1}{3}h = \frac{5.07}{3}$ 时，则

$$p_{\frac{h}{3}x} = \frac{6 \times 890.10}{137.42 \times 5.07} \times \frac{5.07}{3} \times \left(4.09 - \frac{5.07}{3}\right) = 31.09(\text{kPa})$$

当 $z = h = 5.07\text{m}$ 时，则

$$p_{hx} = \frac{6 \times 890.10 \times 5.07}{137.42 \times 5.07} \times (4.09 - 5.07) = -38.09(\text{kPa})$$

根据式(5-23a)及式(5-23b),沉井井壁侧土极限横向抗力为

当 $z = \dfrac{h}{3}$ 时,则 $\qquad [p_{zx}] = \eta_1 \eta_2 \dfrac{4}{\cos\varphi}\left(\dfrac{\gamma h}{3}\tan\varphi + c\right)$

当 $z = h$ 时,则 $\qquad [p_{zx}] = \eta_1 \eta_2 \dfrac{4}{\cos\varphi}(\gamma h\tan\varphi + c)$

已知:$\gamma = 12.00\text{kN/m}^3$,$h = 5.07\text{m}$,$\varphi = 40°$,$c = 0$,$\eta_1 = 0.7$,$\eta_2 = 1.0$(因 $\eta_2 = 1 - 0.8\dfrac{M_g}{M}$,由力的汇总表知 $M_g = 0$,故 $\eta_2 = 1.0$)。将这些值代入上边两式:

当 $z = \dfrac{h}{3}$ 时,则

$[p_{zx}] = 0.7 \times 1.0 \times \dfrac{4}{\cos 40°} \times \dfrac{12.00 \times 5.07}{3} \times \tan 40° = 62.20(\text{kPa}) > p_{\frac{h}{3}x} = 31.09\text{kPa}$

当 $z = h$ 时,则

$[p_{zx}] = 0.7 \times 1.0 \times \dfrac{4}{\cos 40°} \times 12.00 \times 5.07 \times \tan 40° = 186.60(\text{kPa}) > p_{hx} = 31.09\text{kPa}$

均满足要求,计算时可以考虑沉井侧面土的弹性抗力。

五、沉井在施工过程中的强度验算(不排水下沉)

(一)沉井自重下沉验算

$$G = 刃脚自重 + 底节井壁自重 + 底节隔墙重 + 第二节井壁自重$$
$$= 454.25 + 5652.64 + 593.39 + 568.40 = 7268.68(\text{kN})$$

沉井浮力 $= (18.17 + 230.72 + 24.22 + 23.20) \times 10.00 = 2963.10(\text{kN})$

土与井壁间平均单位摩阻力为

$$T_m = \frac{20.0 \times 1.9 + 12.0 \times 0.8 + 18.0 \times 6.0}{8.7} = 17.89(\text{kN/m}^2)$$

井周所受摩阻力为

$T = [(\pi \times 5.3 + 2 \times 6.6) \times 0.2 + (\pi \times 5.8 + 2 \times 6.6) \times 8.5] \times 17.89 = 4884.88(\text{kN})$

排水下沉时,$G > T$(未考虑围堰重)。不排水下沉时,考虑沉井顶部围堰(高出潮水位)重预计为600kN,则

$(7268.68 + 600 - 2963.10)/4884.88 = 1.004$,即 $\dfrac{G}{T} = 1.004 > 1$

沉井自重稍大于摩阻力,在施工中,下沉如有困难,可采取部分排水方法,也可采取加压重或其他措施助沉。

(二)刃脚受力验算

1. 刃脚向外挠曲

刃脚向外挠曲最不利情况,本例经分析及试算,按规范 JTG 3363—2019 的建议将刃脚下沉到中途的高程为 $90.4 - 8.7 + 4.35 = 86.05(\text{m})$ 处,刃脚切入土中 1m,第二节沉井已接上,如图 5-35

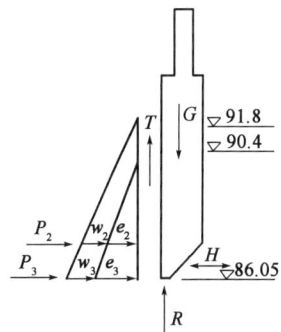

图 5-35 刃脚受力验算

所示。

刃脚悬臂作用的分配系数为

$$\alpha = \frac{0.1L_1^4}{h_k^4 + 0.05L_1^4} = \frac{0.1 \times 4.7^4}{1.0^4 + 0.05 \times 4.7^4} = 1.92 > 1.0$$

取 $\alpha = 1.0$。

（1）计算各个力值（按低水位取单位宽度计算）。

$$w_2 = (91.80 - 87.05) \times 10 = 47.50(\text{kN/m})$$
$$w_3 = (91.80 - 86.05) \times 10 = 57.50(\text{kN/m})$$
$$e_2 = 12.0 \times (90.4 - 87.05) \times 0.217 = 8.72(\text{kN/m})$$
$$e_3 = 12.0 \times (90.4 - 86.05) \times 0.217 = 11.33(\text{kN/m})$$

其中：$\tan^2\left(45° - \dfrac{40°}{2}\right) = 0.217$。

根据施工情况，并从安全考虑，刃脚外侧水压力以50%计算，作用在刃脚外侧的水压力和土压力为

$$p_{w_2+e_2} = 47.5 \times 0.5 + 8.72 = 32.47(\text{kN/m})$$
$$p_{w_3+e_3} = 57.50 \times 0.5 + 11.33 = 40.08(\text{kN/m})$$
$$p_{w+e} = \frac{1}{2}(p_{w_2+e_2} + p_{w_3+e_3})h_k = \frac{1}{2}(32.47 + 40.08) \times 1.0 = 36.28(\text{kN})$$

如取静水压力的70%计算，即

$$0.7\gamma_w h h_k = 0.7 \times 10.00 \times 5.25 \times 1 = 36.75(\text{kN}) > p_{w+e} = 36.28\text{kN}$$

刃脚摩阻力为

$$T_1 = 0.5E = 0.5 \times \frac{1}{2} \times (8.72 + 11.33) \times 1 \times 1 = 5.01(\text{kN})$$

由表 5-1 查得砂砾石层 $q_i = 18.00$ kN/m³，则

$$T_1 = q_i h_k \times 1 = 18.00(\text{kN})$$

故采用刃脚摩阻力为 5.01kN。

单位宽沉井自重（不考虑沉井浮力及隔墙重）为

$$q = (0.625 \times 25.0 + 8.25 \times 24.50 + 0.825 \times 24.50) = 237.96(\text{kN})$$

刃脚踏面竖向反力为

$$R = 237.96 - 11.33 \times \frac{1}{2} \times 4.35 \times 0.5 = 237.96 - 12.32$$

$$= 225.64(\text{kN}) \quad （式中由于 q_i h_k > 0.5E，采用 0.5E 计算）$$

刃脚斜面横向力为

$$H = v_2\tan(\theta - \delta_2) = \frac{b_2 R}{2a_1 + b_2}\tan(\theta - \delta_2)$$

式中：δ_2 取为土的内摩擦角，即 $\delta_2 = \varphi = 40°$。

故

$$H = \frac{225.64 \times 0.95}{2 \times 0.15 + 0.95}\tan(46°28' - 40°) = 171.49 \times 0.113 = 19.38(\text{kN})$$

井壁自重 q 的作用点至刃脚根部中心轴距离为

$$x_1 = \frac{\lambda^2 + a_1\lambda - 2a_1^2}{6 \times (\lambda + a_1)} = \frac{1.1^2 + 0.15 \times 1.1 - 2 \times 0.15^2}{6 \times (1.1 + 0.15)} = 0.177(\text{m})$$

刃脚踏面下反力合力 $v_1 = \frac{2a}{2a_1 + b_1}R = \frac{0.15 \times 2}{0.15 \times 2 + 0.95}R = 0.24R$

刃脚斜面上反力合力 $v_2 = R - 0.24R = 0.76R$

R 的作用点距离井壁外侧的距离为

$$x = \frac{1}{R}\left[v_1\frac{a_1}{2} + v_2\left(a_1 + \frac{b_2}{3}\right)\right]$$

$$= \frac{1}{R}\left[0.24R\frac{0.15}{2} + 0.76R\left(0.15 + \frac{0.95}{3}\right)\right] = 0.37(\text{m})$$

（2）各力对刃脚根部截面中心的弯矩计算（图5-36）。

刃脚斜面水平反力引起的弯矩为

$$M_H = 19.38 \times (1 - 0.33) = 12.98(\text{kN} \cdot \text{m})$$

水平水压力及土压力引起的弯矩为

$$M_p = \frac{1}{2} \times (p_{w_2+e_2} + p_{w_3+e_3}) \times \frac{1}{3} \times \frac{2p_{w_3+e_3} + p_{w_2+e_2}}{p_{w_3+e_3} + p_{w_2+e_2}}h_k$$

$$= 36.28 \times \frac{1}{3} \times \frac{2 \times 40.08 + 32.47}{40.08 + 32.47} = 18.77(\text{kN} \cdot \text{m})$$

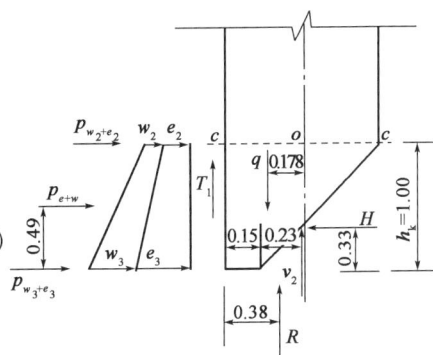

反力 R 引起的弯矩为

$$M_R = 225.64 \times \left(\frac{1.1}{2} - 0.38\right) = 38.36(\text{kN} \cdot \text{m})$$

图5-36 刃脚截面示意图（尺寸单位:m）

刃脚侧面摩阻力引起的弯矩为

$$M_T = 5.01 \times \frac{1.1}{2} = 2.76(\text{kN} \cdot \text{m})$$

刃脚自重引起的弯矩为

$$M_g = 0.625 \times 1 \times 25.00 \times 0.178 = 2.78 \ (\text{kN} \cdot \text{m})$$

总弯矩为

$$M_0 = \sum M = 12.98 + 38.36 + 2.75 - 18.77 - 2.78 = 32.54 \ (\text{kN} \cdot \text{m})$$

（3）刃脚根部处的应力验算。

已知： $N_0 = 225.64 - 0.625 \times 25.00 = 210.02(\text{kN})$

$$F = 1.1 \times 1 = 1.1(\text{m}^2)$$

$$W = \frac{1}{6} \times 1 \times 1.1^2 = 0.2(\text{m}^3)$$

$$p_{\min}^{\max} = \frac{N_0}{F} \pm \frac{M_0}{W} = \frac{210.02}{1.1} \pm \frac{32.54}{0.2} = 190.93 \pm 162.70 = \begin{cases} 353.63(\text{kPa}) \\ 28.23(\text{kPa}) \end{cases}$$

因压应力远小于C25混凝土轴心抗压强度 $f_{cd} = 9780\text{kPa}[f_{cd}$由查《公路圬工桥涵设计规范》（JTG D61—2005）得到]，按受力条件不需设置钢筋，而只需按构造要求配筋即可。至于水平剪力，因其较小，验算时未予考虑。

2. 刃脚向内挠曲（图5-37）

1）计算各个力值

（1）水压力及土压力之和 P 对刃脚根部形心轴的弯矩。

参阅图5-38，按潮水位计算单位宽度上的水、土压力。

$$w_2 = (96.56 - 82.70) \times 10.00 = 138.60 (\text{kN/m})$$

$$w_3 = (96.56 - 81.70) \times 10.00 = 148.60 (\text{kN/m})$$

$$e_2 = 12.0 \times (90.4 - 82.7) \times \tan^2\left(45° - \frac{40°}{2}\right) = 20.10 (\text{kN/m})$$

$$e_3 = 12.0 \times (90.4 - 81.7) \times \tan^2\left(45° - \frac{40°}{2}\right) = 22.70 (\text{kN/m})$$

即
$$P = \frac{1}{2} \times (138.60 + 20.10 + 148.60 + 22.70) \times 1 = 165.00 (\text{kN})$$

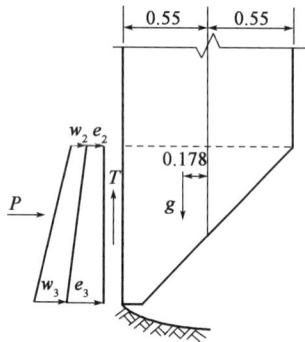

图5-37　刃脚向内挠曲示意图
（尺寸单位：m）

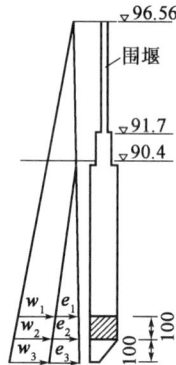

图5-38　潮水位时井壁上的水、土压力计算图
（尺寸单位：cm；高程单位：mm）

对刃脚根部形心轴的弯矩为

$$M_p = 165.00 \times \frac{1}{3} \times \frac{2 \times (148.60 + 22.70) + 138.60 + 20.10}{148.60 + 22.70 + 138.60 + 20.10}$$

$$= 165.00 \times \frac{1}{3} \times \frac{501.10}{329.90} = 83.55 (\text{kN} \cdot \text{m})$$

（2）刃脚摩阻力产生的弯矩。

$$T_1 = 0.5E = 0.5 \times \frac{1}{2} \times (22.70 + 20.10) \times 1 = 10.70 (\text{kN})$$

或
$$T_1 = q_i h_k = 20.00 \times 1 = 20.00 (\text{kN})$$

取用
$$T_1 = 10.70 \text{kN}$$

故其产生的弯矩为
$$M_T = -10.70 \times 0.55 = -5.89 (\text{kN} \cdot \text{m})$$

（3）刃脚自重产生的弯矩。

$$g = 0.625 \times 25.00 = 15.63 (\text{kN})$$

$$M_g = 15.63 \times 0.178 = 2.78 (\text{kN} \cdot \text{m})$$

（4）所有各力对刃脚根部的弯矩、轴向力及剪力。

$$M = M_p + M_T + M_g = 83.55 - 5.89 + 2.78 = 80.44 (\text{kN} \cdot \text{m})$$

$$N = T_1 - g = 10.70 - 15.63 = -4.93(\text{kN})$$
$$Q = P = 165.00(\text{kN})$$

2）刃脚根部截面应力验算

（1）弯曲应力验算。

$$\sigma = \frac{N}{F} \pm \frac{M}{W} = \frac{-4.93}{1.1} \pm \frac{80.44}{0.20} = -4.48 \pm 402.20 = \begin{cases} -406.68(\text{kPa}) < f_{\text{tmd}} = 920\text{kPa} \\ 397.72(\text{kPa}) < f_{\text{cd}} = 9780\text{kPa} \end{cases}$$

（2）剪应力验算。

$$\sigma_j = \frac{165.00}{1.1} = 150.00(\text{kPa}) < f_{\text{vd}} = 1850\text{kPa}$$

因压应力远小于 C25 混凝土轴心抗压强度 $f_{\text{cd}} = 9780\text{kPa}$，拉应力小于 C25 混凝土弯曲抗拉强度 $f_{\text{tmd}} = 920\text{kPa}$，剪应力也小于 C25 混凝土直接抗剪强度 $f_{\text{vd}} = 1850\text{kPa}$[$f_{\text{tmd}}$ 及 f_{vd} 由查《公路圬工桥涵设计规范》（JTG D61—2005）得到]，按受力条件不需设置钢筋，而只需按构造要求配筋即可。

（3）刃脚框架计算。

由于 $\alpha = 1.0$，刃脚作为水平框架承受的水平力很小，故不需验算，可按构造布置钢筋。如需验算时，与井壁水平框架计算方法相同。这里从略。

（三）沉井井壁竖向拉力验算

$$S_{\text{max}} = \frac{1}{4}(Q_1 + Q_2 + Q_3 + Q_4) = 1817.17(\text{kN}) \quad （未考虑浮力）$$

井壁受拉面积为

$$F_1 = \frac{3.1416}{4} \times (5.8^2 - 3.6^2) + 6.6 \times 5.8 - 2.9 \times 3.6 \times 2 = 33.64(\text{m}^2)$$

混凝土所受的拉应力为

$$\sigma_h = \frac{S_{\text{max}}}{F_1} = \frac{1817.17}{33.64} = 54.02(\text{kPa}) < f_{\text{td}} = 1230\text{kPa}$$

式中：f_{td}——混凝土轴心抗拉强度设计值，由《公路钢筋混凝土及预应力混凝土桥涵设计规范》（JTG 3362—2018）查得。

井壁内可按构造布置竖向钢筋。实际上根据土质情况井壁不可能产生大的拉应力。

（四）井壁横向受力计算

其最不利的位置是在沉井沉至设计高程，这时刃脚根部以上一段井壁承受的外力最大。它不仅承受本身范围内的水平力，还要承受刃脚作为悬臂传来的剪力。

考虑刃脚悬臂作用传来的荷载，其分配系数 $\alpha = 1.0$。

1.考虑潮水位时，单位宽度井壁上的水压力

$$w_1 = (96.56 - 83.80) \times 10.00 = 127.60(\text{kN/m})$$
$$w_2 = (96.56 - 82.70) \times 10.00 = 138.60(\text{kN/m})$$
$$w_3 = (96.56 - 81.70) \times 10.00 = 148.60(\text{kN/m})$$

2. 单位宽度井壁上的土压力

$$e_1 = 12.0 \times (90.4 - 83.8) \times \tan^2\left(45° - \frac{40°}{2}\right) = 17.19\,(\text{kN/m}^2)$$

$$e_2 = 20.10\,(\text{kN/m}^2)$$

$$e_3 = 22.70\,(\text{kN/m}^2)$$

刃脚及刃脚根部以上1.1m井壁范围的外力为

$$p = \frac{1}{2}(17.19 + 22.70 + 127.60 + 148.6) \times 2.1 \times 1 = 331.89\,(\text{kN/m}) \quad (\alpha = 1)$$

3. 圆端形沉井各部所受的力

$$L = 3.3\,(\text{m})\,; r = \frac{2.9 + 1.8}{2} = 2.35\,(\text{m})$$

$$\zeta = \frac{L\left(0.25L^3 + \frac{\pi}{2}rL^2 + 3r^2L + \frac{\pi}{2}r^3\right)}{L^2 + \pi rL + 2r^2}$$

$$= \frac{3.3 \times (0.25 \times 3.3^3 + 1.57 \times 2.35 \times 3.3^2 + 3 \times 2.35^2 \times 3.3 + 1.57 \times 2.35^3)}{3.3^2 + 3.1416 \times 2.35 \times 3.3 + 2 \times 2.35^2}$$

$$= \frac{3.3 \times (8.98 + 40.18 + 54.67 + 20.38)}{10.89 + 24.36 + 11.05} = \frac{3.3 \times 124.2}{46.3} = 8.85\,(\text{m}^2)$$

$$\eta = \frac{0.67L^3 + \pi rL^2 + 4r^2L + 1.57r^3}{L^2 + \pi rL + 2r^2}$$

$$= \frac{0.67 \times 3.3^3 + 3.1416 \times 2.35 \times 3.3^2 + \times 4 \times 2.35^2 \times 3.3 + 1.57 \times 2.35^3}{46.3}$$

$$= \frac{24.08 + 80.40 + 72.9 + 20.38}{46.3} = \frac{197.76}{46.3} = 4.27\,(\text{m})$$

$$\rho = \frac{0.33L^3 + 1.57rL^2 + 2r^2L}{2L + nr}$$

$$= \frac{0.33 \times 3.3^3 + 1.57 \times 2.35 \times 3.3^3 + 2 \times 2.35^2 \times 3.3}{2 \times 3.3 + 3.1416 \times 2.35}$$

$$= \frac{11.86 + 40.18 + 36.45}{6.6 + 7.38} = 6.33\,(\text{m}^2)$$

$$\delta_1 = \frac{L^2 + \pi rL + 2r^2}{2L + \pi r} = \frac{3.3^2 + 3.1416 \times 2.35 \times 3.3 + 2 \times 2.35^2}{2 \times 3.3 + 3.1416 \times 2.35} = \frac{46.30}{13.98} = 3.3\,(\text{m})$$

$$N = p\frac{\zeta - \rho}{\eta - \delta_1} = 331.89 \times \frac{8.85 - 6.33}{4.27 - 3.3} = 862.23\,(\text{kN})$$

$$N_1 = 2N = 1724.46\,(\text{kN})$$

$$N_2 = pr = 331.89 \times 2.35 = 779.94\,(\text{kN})$$

$$N_3 = p(L + r) - N = 331.89 \times (3.3 + 2.35) - 862.23 = 1012.95\,(\text{kN})$$

$$M_1 = p\frac{\zeta\delta_1 - \rho\eta}{\delta_1 - \eta} = 331.89 \times \frac{8.85 \times 3.3 - 6.33 \times 4.27}{3.3 - 4.27} = -744.49\,(\text{kN} \cdot \text{m})$$

$$M_2 = M_1 + NL - p\frac{L^2}{2}$$

$$= -744.49 + 862.23 \times 3.3 - 331.89 \times \frac{10.89}{2} = 293.73(\text{kN} \cdot \text{m})$$

$$M_3 = M_1 + N(L + r) - pL\left(\frac{1}{2} + r\right)$$

$$= -744.49 + 862.23 \times (3.3 + 2.35) - 331.89 \times 3.3 \times \left(\frac{3.3}{2} + 2.35\right)$$

$$= -253.84(\text{kN} \cdot \text{m})$$

根据上面计算,井壁最不利的受力位置在隔墙处,其弯矩 $M_1 = -744.49\text{kN} \cdot \text{m}$,轴向力 $N_2 = 779.94\text{kN}$。按纯混凝土的应力验算

$$\sigma_{\substack{\max \\ \min}} = \frac{N_2}{F} \pm \frac{M_1}{W} = \frac{779.94}{1.1 \times 1.1} \pm \frac{744.49}{\frac{1}{6} \times 1.1^3} = 644.58 \pm 3356.08$$

$$= \begin{cases} 4000.66(\text{kPa}) < f_{\text{cd}} = 7820\text{kPa} \\ -2711.50(\text{kPa}) < f_{\text{tmd}} = 800\text{kPa} \end{cases}$$

必须配筋。

4. 配筋计算

(1)选择钢筋截面积(图 5-39)。

偏心距 e 为

$$e = \left|\frac{M_1}{N_2}\right| = \frac{744.49}{779.94} = 0.955(\text{m})$$

设钢筋中心至井壁边缘的距离为

$$a' = a = 0.05(\text{m})$$

则

$$c' = 0.955 - 0.55 + 0.05 = 0.455(\text{m})$$

$$c = 0.955 + 0.55 - 0.05 = 1.455(\text{m})$$

假定钢筋和混凝土应力在用足的条件下,中性轴的位置为

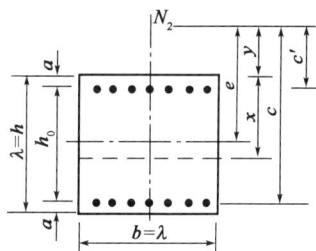

图 5-39 井壁配筋示意图

$$x = \frac{nf_{\text{cd}}}{f'_{\text{sd}} + nf_{\text{cd}}}(\lambda - a) = \frac{10 \times 9.20 \times 10^6}{195 \times 10^6 + 10 \times 9.20 \times 10^6} \times (1.10 - 0.05)$$

$$= 0.337(\text{m})$$

式中:$f_{\text{sd}} = f'_{\text{sd}} = 195\text{MPa}$;$f_{\text{cd}} = 9.2\text{MPa}$。

所需受拉钢筋总截面积为

$$A_s = \frac{N_2 c' + f_{\text{cd}}\frac{bx}{2}\left(\frac{x}{3} - a'\right)}{f_{\text{sd}}(\lambda - a - a')}$$

$$= \frac{779.94 \times 0.455 + 9.20 \times 10^3 \times \frac{1.1 \times 0.337}{2} \times \left(\frac{0.337}{3} - 0.05\right)}{195.0 \times 10^3 \times (1.1 - 0.05 - 0.05)}$$

$$= 23.64 \times 10^{-4}(\text{m}^2)$$

受压钢筋总面积为

$$A'_s = \frac{N_2 c - \frac{1}{2} f_{cd} bx \left(\lambda - a - \frac{x}{3} \right)}{f'_{sd} (\lambda - a - a') \frac{x - a'}{\lambda - x - a'}}$$

$$= \frac{779.94 \times 1.455 - \frac{1}{2} \times 9.20 \times 10^3 \times 1.1 \times 0.337 \times \left(1.1 - 0.05 - \frac{0.337}{3} \right)}{195.0 \times 10^3 \times (1.1 - 0.05 - 0.05) \times \frac{0.337 - 0.05}{1.1 - 0.337 - 0.05}}$$

$$= -59.13 \times 10^{-4} (\text{m}^2)$$

$\phi 10 (R235)$，$A'_s = 5.46 \times 10^{-4} \text{m}^2$，对受拉区采用 9 根 $\phi 22 (R335)$，$A_s = 34.21 \times 10^{-4} \text{m}^2$。

（2）应力验算。

①求中性轴位置。

已知：
$$b = \lambda = 1.1$$
$$B = 3by = 3 \times 1.1 \times (0.955 - 0.55) = 1.3365$$
$$C = 6n(A'_s c' + A_s c)$$
$$= 6 \times 10 \times (0.000546 \times 0.455 + 0.003421 \times 1.455) = 0.313559$$
$$D = 6n(A'_s c' a' + A_s h_0 c)$$
$$= 6 \times 10 \times (0.000546 \times 0.455 \times 0.05 + 0.003421 \times 1.05 \times 1.455) = 0.314331$$
$$bx^3 + Bx^2 + Cx - D = 0$$
$$x^3 + 1.215x^2 + 0.285054x - 0.285755 = 0$$

由试算法得

$$x = 0.3462 (\text{m})$$

②求混凝土应力。

$$\sigma_c = \frac{M_1}{\frac{bx}{x} \left(\frac{h}{2} - \frac{x}{3} \right) + \frac{nA'_s}{x} (x - a') \left(\frac{h}{2} - a' \right) + \frac{nA_s}{x} (h - x - a) \left(\frac{h}{2} - a \right)}$$

$$= 744.49 \div \left[\frac{1.10 \times 0.3462}{2} \times \left(\frac{1.10}{2} - \frac{0.3462}{3} \right) + \frac{10 \times 0.000546}{0.3462} \times \right.$$

$$(0.3462 - 0.05) \times \left(\frac{1.10}{2} - 0.05 \right) + \frac{10 \times 0.003421}{0.3462} \times$$

$$\left. (1.10 - 0.3462 - 0.05) \times \frac{1.10}{2} - 0.05 \right]$$

$$= 6211.28 (\text{kPa}) < f_{cd} = 9200 \text{kPa}$$

③求受拉钢筋应力。

$$\sigma_s = n\sigma_c \frac{h - a - x}{x} = 10 \times 6.21128 \times \frac{1.10 - 0.05 - 0.3462}{0.3462}$$

$$= 126.27 (\text{MPa}) < f_{sd} = 195 \text{MPa}$$

（五）第一节沉井竖向挠曲验算

因井壁截面不对称，故需先求出井壁截面形心轴的位置（图 5-40）。

$$y_{\text{下}} = \frac{8.5 \times 1.1 \times 4.25 - \frac{1}{2} \times 1 \times 0.95 \times \frac{1}{3} \times 1}{8.5 \times 1.1 - \frac{1}{2} \times 1 \times 0.95} = 4.46(\text{m})$$

$$y_{\text{上}} = 8.5 - 4.46 = 4.04(\text{m})$$

$$x_{\text{左}} = \frac{8.5 \times 1.1 \times 0.55 - \frac{1}{2} \times 1 \times 0.95 \times \left(\frac{2}{3} \times 0.95 + 0.15\right)}{8 \times 1.1 - \frac{1}{2} \times 1 \times 0.95} = 0.57(\text{m})$$

$$x_{\text{右}} = 1.1 - 0.54 = 0.53(\text{m})$$

$$I_{x-x} = \frac{1}{12} \times 1.1 \times 8.5^3 + 1.1 \times 8.5 \times (4.46 - 4.25)^2 - \frac{1}{36} \times 0.95 \times 1.0^3 -$$
$$\frac{1}{2} \times 0.95 \times 1 \times (4.46 - 0.33)^2 = 48.58(\text{m}^4)$$

单位宽井壁重 q 为

$$q = 0.625 \times 25.00 + 8.25 \times 24.50 = 217.75(\text{kN/m})$$

当沉井长宽比大于 1.5,设两支点的距离为 $0.7l$(l 为长边长度),使其支点和跨中弯矩大致相等,则支点处的弯矩为(图5-41)

$$M_{\text{支上}} = \frac{3.1416 \times (180° - 25°24') }{180°} \times 2.36 \times 217.75 \times \frac{1.79 \times 2.36}{\frac{3.1416 \times 127°36'}{180°}} - 1.04$$

$$= 1188.15(\text{kN} \cdot \text{m})$$

井壁上端的弯曲拉应力为

$$\sigma = \frac{M_{\text{支上}} y_{\text{上}}}{2 I_{x-x}} = \frac{1188.15 \times 4.04}{2 \times 48.58} = 49.40(\text{kPa}) < f_{\text{tmd}} = 800\text{kPa}$$

由以上计算结果可以看出设计是安全的。

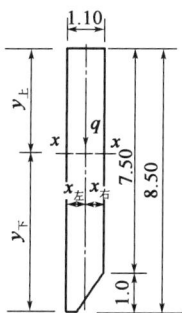

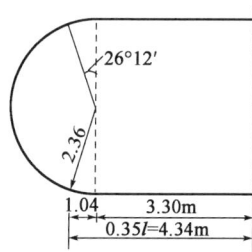

图 5-40 沉井井壁竖向截面图(尺寸单位:m)   图 5-41 沉井平面图(尺寸单位:m)

按最不利情况计算,即假定长边中点搁住或长边两端点搁住。

当长边中点搁住时,最危险截面是在离隔墙中点轴 0.8m 处,该处的弯矩为

$$M_{\text{中上}} = 3.1416 \times 2.36 \times 217.75 \times \left(\frac{2 \times 2.36}{3.1416} + 2.5\right) + 217.75 \times 2.5^2$$

$$= 7822.59(\text{kN} \cdot \text{m})$$

竖向挠曲应力为

$$\sigma = \frac{M_{中上}y_{上}}{2I_{x-x}} = \frac{7822.59 \times 4.04}{2 \times 48.58} = 325.27(kPa) < f_{tmd} = 800kPa$$

沉井支点反力为

$$R_1 = \frac{1}{2} \times (44.50 + 593.39 + 5652.64) = 3350.27(kN)$$

离隔墙中心 0.8m 处的弯矩为

$$M_{中下} = 3350.27 \times 4.86 - 7822.59 = 8459.72(kN \cdot m)$$

井壁下端挠曲应力为

$$\sigma = \frac{M_{中下}y_{下}}{2I_{x-x}} = \frac{8549.72 \times 4.46}{2 \times 48.58} = 388.33(kPa) < f_{tmd} = 800kPa$$

由此可知，第一节沉井在各种情况下，上下端竖向挠曲应力均小于混凝土容许限值。封底混凝土及顶板验算从略。

* 第六节　地下连续墙

一、地下连续墙的概念、特点及其应用与发展

地下连续墙技术起源于欧洲，是根据钻井中膨润土泥浆护壁以及水下浇灌混凝土的施工技术而建立和发展起来的一种方法。这种方法专利（1920 年）已经有近百年历史，意大利人 C. Veder（1950）将其工程应用于 Santa Malia 大坝深达 40m 的防渗墙中。之后 1954 年，这一施工技术传入法国、德国，并很快得到广泛应用。1959 年传入日本，并成为当时该技术使用最多的国家。地下连续墙具有挡土、防渗且兼作主体承重结构等多种功能，能在复杂环境中进行低噪声、低振动和无须降水施工，能通过各种地层进入基岩，且方便配合"逆筑法"施工。随着地下连续墙成槽施工技术设备的不断提高，地下连续墙厚度由最初一般不超过 600mm、深度不超过 20m，发展到目前墙厚可达 1000～1200mm、墙深可达 100m。目前，常规地下连续墙厚度 450～800mm，深度不超过 50m，且支挡长度超过 30m 后，地下连续墙优势明显。

地下连续墙是在地面上用抓斗式或回转式等成槽机械，沿着开挖工程的周边，在泥浆护壁的情况下开挖一条狭长的深槽，形成一个单元槽段后，在槽内放入预先在地面上制作好的钢筋笼，然后用导管护壁法浇灌混凝土，完成一个单元的墙段，各单元墙段之间以特定的接头方式相互连接，形成一条地下连续墙壁（图 5-42）。随着地下连续墙技术的发展，也可在挖好深槽后直接放预制的钢筋混凝土或预应力混凝土墙板。

地下连续墙具有以下优点：结构刚度大；整体性、防渗性和耐久性好；施工时基本上无噪声、无振动，施工速度快，建造深度大，能适应较复杂的地质条件；可以作为地下主体结构的一部分（支挡与承载两墙合一等），省去基坑临时支挡、截水等，降低工程总体造价。因此，地下连续墙被广泛应用于各种地下工程、桥梁基础、房屋基础、竖井、船坞船闸、码头堤坝等。近 20 年来，地下连续墙技术在我国有了较快的发展和应用。归纳起来，地下连续墙在工程应用中，不仅可作为基坑开挖时的挡土与防渗的临时支护体系的核心构件，而且可以作为地下主体结

构侧墙的组成部分,与主体结构侧墙组合连接形成地下结构的挡土、防渗侧墙,甚至单独作为主体结构侧墙使用。同时,地连墙亦可作为建筑物的承重基础、地下防渗墙、隔振墙等。

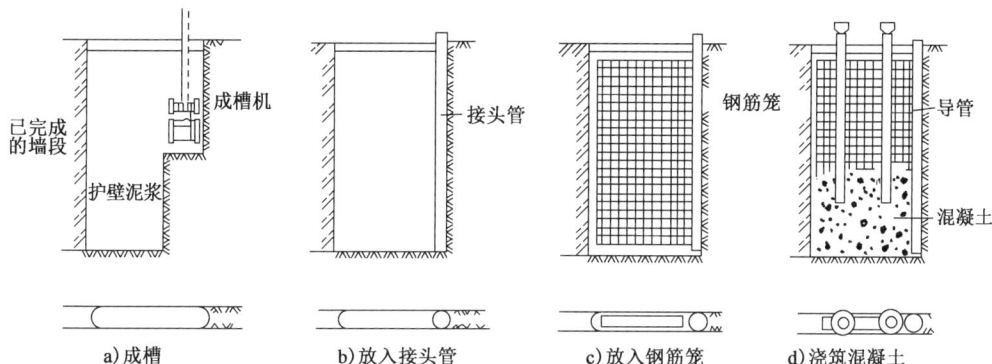

a)成槽   b)放入接头管   c)放入钢筋笼   d)浇筑混凝土

图5-42 地下连续墙施工程序示意图

近年来,地下连续墙发展的趋势有以下几点:

(1)从材料角度,地下连续墙正在向着刚性和柔性两个方向快速发展,柔性地下连续墙的墙体材料强度有时不到1MPa,但抗渗性能良好,应用广泛;

(2)从施工角度,地下连续墙技术向大深度、高精度方向发展,国内外已将地下连续墙技术用于桥梁深基础施工,且质量可靠性能更优的预制桩式及板式连续墙开始得到应用;

(3)从施工环境,聚合物泥浆已实用化,高分子聚合物泥浆已得到越来越多的应用,相对传统膨润土泥浆,增加了泥浆重复使用,减少废浆量,且废泥浆再生处理技术发展很快,发达国家甚至达到零排放。

二、地下连续墙的类型与接头构造

(一)地下连续墙的类型

地下连续墙按其填筑材料分为土质墙、混凝土墙、钢筋混凝土墙(又有现浇和预制两种)和组合墙(预制和现浇混凝土墙的组合)等;按成墙方式可分为桩式、壁板式、桩壁组合式。

本节主要介绍用成槽机械成槽的壁板式连续墙,有关桩式连续墙设计、施工内容请参阅第三章,且预制及现浇的桩壁组合式,不加赘述。

目前,我国应用得较多的是现浇钢筋混凝土壁板式地下连续墙,多为防渗挡土结构,并常作为主体结构的一部分。按其支护结构方式,又有以下四种类型。

(1)悬臂式地下连续墙。在开挖修建过程中不需要设置锚杆或支撑系统,其最大的悬臂高度与墙体厚度和土质条件有关。一般在开挖深度较小(4~5m)情况下应用。在开挖深度较大又难以采用支撑或锚杆支护的工程,可采用T形或I形断面以提高悬臂高度。

(2)锚定式地下连续墙。锚定方式一般为斜拉锚杆(图5-43),锚杆层次数及位置取决于墙体的支点、墙后滑动棱体的条件及地质情况。在软弱土层

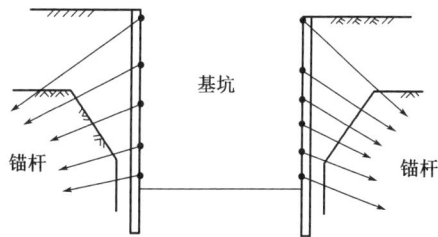

图5-43 斜拉式锚杆地下连续墙示意图

或地下水位较高处,也可在地面墙顶附近设置拉杆,并与远端锚定块体或墙体等锚固构造连接。

（3）支撑式地下连续墙。其一般采用 H 形钢、钢管等构件支撑地下连续墙,或钢筋混凝土支撑梁。这种墙钢支撑施工简便,但其抗侧支撑刚度相对偏低;钢筋混凝土支撑梁施工相对复杂,但支撑刚度高,支护体系变形与稳定性更好,有利于环境稳定控制。同时,钢筋混凝土梁支撑混凝土现浇养护龄期等,导致施工周期较长,且地下主体结构施工不同工况换撑或拆除时,相对困难。当然,有时也可采用主体地下结构的钢筋混凝土结构梁(板)兼作为施工支撑。当基坑开挖较深时,相应可采用多层围檩内撑的多道支撑方式。

（4）逆筑法地下连续墙挡土结构。逆筑法是利用地下主体结构梁板体系作为挡土结构的支撑,逐层进行开挖,逐层进行梁板柱体系的施工,形成地下墙挡土结构的一种方法。其工艺原理是:先沿建筑物地下室轴线(地下连续墙也是结构承重墙)或周围(地下墙只作为支护结构)施工地下连续墙;同时在建筑内部的支撑立柱等位置浇筑或打下中间支撑柱,作为施工期间底板封底前承受上部结构自重和施工荷载的竖向支撑;然后施工地面一层的梁板楼面结构,作为地下连续墙刚度很大的顶层支撑和竖向施工荷载等承重结构;再逐层向下开挖土方,通过预留通道运出,自上而下逐层浇筑地下结构各层楼板,直至底板封底。

根据工程的具体情况,上述各类型可灵活地组合应用。

（二）地下连续墙的接头构造

地下连续墙一般分段浇筑,墙段间需设接头,另外地下墙与内部结构也需接头,后者又称墙面接头。

（1）墙段接头。墙段接头的要求随工程目的而异,作为基坑开挖时的防渗挡土结构,要求接头密合不夹泥;作为主体结构侧墙或结构一部分时,除了要求接头防渗挡土外,还要求有足够的抗剪能力。

常用的墙段接头有以下几种:

①接头管接头(图 5-44),这是目前应用最普遍的墙段接头形式;

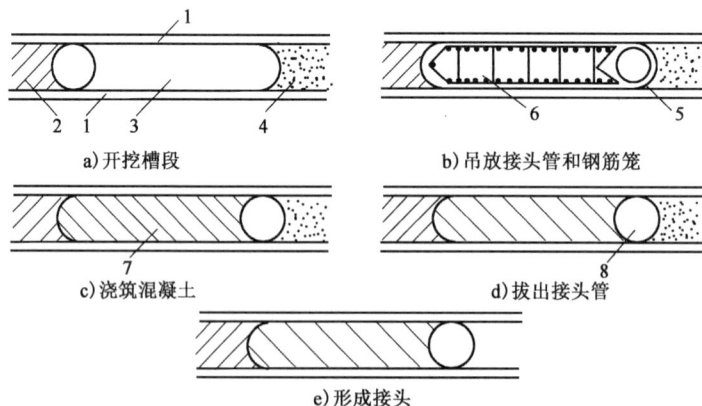

图 5-44　接头管接头的施工程序

1-导墙;2-已浇筑混凝土的单元槽段;3-开挖的槽段;4-未开挖的槽段;5-接头管;6-钢筋笼;7-正浇混凝土的单元槽段;8-接头管拔出后的孔洞

②接头箱接头,可以使地下墙形成整体接头,接头的刚度较好,具有抗剪能力。施工顺序与构造如图 5-45 所示,此外还有隔板式接头等。

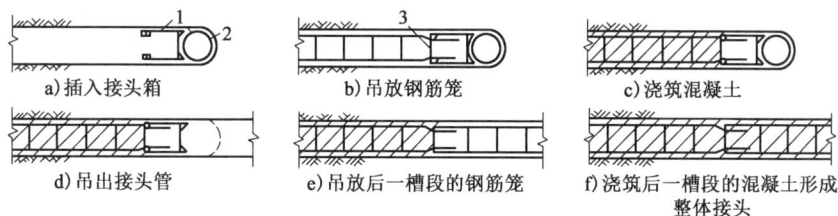

图 5-45 接头箱接头的施工程序
1-接头箱;2-接头管;3-焊在钢筋笼上的钢板

(2)墙面接头。地下连续墙与内部结构的楼板、柱、梁、底板等连续的墙身接头,既要承受剪力或弯矩又应考虑施工的局限性,目前常用的有预埋连接钢筋、预埋连接钢板、预埋剪力连接构件等方法。可根据接头受力条件选用,并参照钢筋混凝土结构规范对构件接头构造要求布设钢筋(钢板)。

三、地下连续墙的施工

现浇钢筋混凝土壁板式连续墙的主要施工程序有:修筑导墙,泥浆制备与处理,深槽挖掘,钢筋笼制备与吊装,以及浇筑混凝土。

(一)修筑导墙

在地下连续墙施工以前,必须沿着地下墙的墙面线开挖导沟,修筑导墙。导墙为就地灌注钢筋混凝土的临时结构,主要作用包括:保证地下连续墙设计的几何尺寸和形状;容蓄部分泥浆,保证成槽施工时液面稳定;承受挖槽机械的荷载,保护槽口土壁不破坏,并作为安装钢筋骨架的基准。

导墙常采用钢筋混凝土制筑(现浇或预制),也有用钢的。常用的钢筋混凝土导墙断面如图 5-46 所示。导墙的埋深一般为 1~2m,墙顶宜高出地面 0.1~0.2m,导墙的内墙面应垂直并与地下连续墙的轴线平行,内外导墙间的净距应比连续墙厚度大 3~5cm,墙底应与密实的土面紧贴,且避开地下水位波动的部位,以防止泥浆渗漏。墙的配筋多为 $\phi12@200$,水平钢筋应连接,使导墙形成整体,禁止任何重型机械在其旁行驶或停置,以防止导墙开裂或变形。

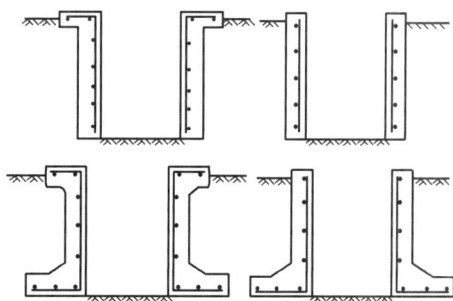

图 5-46 导墙的几种断面形式

(二)泥浆护壁

地下连续墙施工的基本特点是利用泥浆护壁进行成槽。泥浆的作用是在槽壁上形成不透水的泥皮,从而使泥浆的静水压力有效地作用在槽壁上,防止地下水的渗水和槽壁的剥落,保持壁面的稳定。同时,泥浆还有悬浮土渣和将土渣携带出地面的功能,以及冷却钻具和润滑作用。

泥浆材料通常由膨润土、水、化学处理剂和一些惰性物质组成。常用护壁泥浆的种类及主要成分见表5-4。在砂砾层中成槽需要时，可采用木屑、蛭石等挤塞剂防止漏浆。泥浆使用方法分静止式和循环式两种。循环式泥浆使用时，应采用振动筛、旋流器等净化装置，且指标恶化后，要适时采用化学方法处理或换用新浆。

护壁泥浆的种类及其主要成分 表5-4

泥 浆 种 类	主 要 成 分	常用的外加剂
膨润土泥浆	膨润土、水	分散剂、增粘剂、加重剂、防漏剂
聚合物泥浆	聚合物、水	
CMC泥浆	CMC、水	膨润土
盐水泥浆	膨润土盐水	分散剂、特殊黏土

泥浆的质量对地下墙施工具有重要意义，控制泥浆性能的指标有密度、黏度、失水量、pH值、稳定性、含砂量等。这些性能指标在泥浆使用前，在室内可用专用仪器测定，见表5-5。在施工过程中泥浆要与地下水、砂、土、混凝土接触，膨润土等掺和成分有所损耗，还会混入土渣等使泥浆质量恶化，要随时根据泥浆质量变化对泥浆加以处理或废弃。处理后的泥浆经检验合格后方可重复使用。

新拌制泥浆和循环泥浆的性能 表5-5

项 目	指 标		测 定 方 法
	新拌制泥浆	循环泥浆	
黏度	$19 \sim 21s$	$19 \sim 25s$	500mL/700mL漏斗法
相对密度	< 1.05	< 1.20	泥浆比重计
失水量	$< 10mL/30min$	$< 20mL/30min$	失水量计
pH值	$8 \sim 9$	< 11	pH试纸
泥皮	$< 1mm$		失水量计
静切力	$1 \sim 2Pa$		静切力计
稳定性	100%		50mL量筒

（三）成槽施工

深槽分段施工是地下连续墙施工中的关键工序，成槽机械工作机理主要有抓斗式、冲击式和回转式，成槽施工约占地下连续墙整个工期的一半。我国当前应用较多的是吊索式蚌式抓斗、导杆式蚌式抓斗及旋转切削回转式多头钻等，应按不同地质条件、深度与现场情况来选用。例如，一般土质较软，深度约15m时，可选用普通导板抓斗；对密实的砂层或含砾土层可选用多头钻或加重型液压导板抓斗；在含有大颗粒卵砾石或岩基中成槽，以选用冲击钻为宜。通常结合土质情况、钢筋骨架重量及结构尺寸、划分段落等决定。

挖槽是以单元槽段逐个进行挖掘的，单元槽段的长度除考虑设计要求和结构特点外，还应考虑地质、地面荷载、起重能力、混凝土供应能力及泥浆池容量等因素。地下连续墙槽段的单元长度一般为 6~8m。施工时发生槽壁坍塌是严重的事故,当挖槽过程中出现坍塌迹象时,如泥浆大量漏失、泥浆内有大量泡沫上冒或出现异常扰动、排土量超过设计断面的土方量、导墙及附近地面出现裂缝沉陷等,应首先将成槽机械提至地面,然后迅速查清槽壁坍塌原因,采取抢救措施,以控制事态发展。

(四)混凝土墙体浇筑

槽段挖至设计高程进行清底后,槽内泥浆比重满足水下混凝土浇筑要求(<1.3)后,应尽快进行墙段钢筋混凝土浇筑。它包括下列内容:

(1)吊放接头管或其他接头构件;

(2)吊放钢筋笼;

(3)插入浇筑混凝土的导管,并将混凝土连续浇筑到要求的高程;

(4)拔出接头管。

采用导管法按水下混凝土灌注法进行,采取了避免槽内泥浆混入混凝土的措施后,混凝土要连续灌注,并测量混凝土灌注量及上升高度,溢出泥浆送回泥浆沉淀池。对于长度超过 4m 的槽段,宜用双导管同时浇筑,其间距根据混凝土和易性及其浇筑有效半径确定,一般为 2~3.5m,最大为 4.5m。每个槽段混凝土浇筑速度一般为每小时上升 3~4m。

四、地下连续墙设计计算简介

(一)地下连续墙的破坏类型

地下连续墙作为基坑开挖施工中的防渗挡土结构,是由墙体、支撑及墙前后土体组成的共同作用受力体系。它的受力变形状态与基坑形状、开挖深度、墙体刚度、支撑刚度、墙体入土深度、土体特性、施工程序等多种因素有关。地下连续墙的破坏可分为稳定性破坏和强度破坏两种类型。稳定性破坏有整体失稳(整体滑动、倾覆)、基坑底隆起、管涌或流砂现象;强度破坏则主要为支撑强度不足或压屈、墙体强度不足等。

(二)地下连续墙的设计计算

地下连续墙的设计首先应考虑地下墙的应用目的和施工方法,然后决定结构的类型和构造,使它具有足够的强度、刚度和稳定性。

1.作用在地下墙上的荷载

作用在墙体上的荷载主要是土压力和水压力,砂性土应按水土分算的原则计算;黏性土宜按水土合算的原则计算。当地下墙用作主体结构的一部分或结构物基础时,还必须考虑作用在墙体上的各种其他荷载。

(1)土压力

在地下连续墙设计计算中的一个重要问题是确定作用在墙体上的侧向土压力,它与墙体的刚度、支承情况、开挖方法、土质条件及墙高等有关。目前主要有下列三种计算方法。

①古典土压力理论:我国大多数设计单位均采用朗金或库伦的主、被动土压力计算理论,即非开挖一侧均按主动土压力计算,而开挖一侧基坑底面以下部分则采用被动土压力;

②静止土压力理论:对于刚度较大且设有可靠支撑时,墙体位移很小,所以,非开挖侧的土

压力接近静止土压力；

③经验图式法：按各种土质条件下以土压力实测值为基础而提出的土压力分布图形计算。

（2）水压力

作用在地下连续墙上的水压力与土压力不同，它与墙的刚度及位移无关，按静水压力计算。

（3）地下连续墙作为结构物基础或主体结构时的荷载

地下连续墙作为结构物基础或承重结构时，其荷载根据上部结构的种类不同而有差异。在一般情况下，它与作用在桩基础或沉井基础上的荷载大致相同。

2. 墙体内力计算

地下连续墙的设计必须使墙体具有足够的强度与刚度。地下墙作为挡土结构时的内力计算理论是从钢板桩计算理论发展起来的。有的计算方法与板桩计算相似（参见第二章）。目前一般的计算方法归纳后如表5-6所示，其中前两种方法的使用最为广泛。各方法的具体内容可参考有关专著。

地下墙内力计算理论和方法及适用条件一览表   表5-6

类　　别	计算理论及方法	方法的基本条件	具体方法名称
（一）	较古典的钢板桩计算理论	土压力已知 不考虑墙体变形 不考虑支撑变形	假想梁（等值梁）法 二分之一分割法 太沙基法
（二）	横撑轴力、墙体弯矩不变化的方法	土压力已知 考虑墙体变形 不考虑支撑变形	山肩邦男法
（三）	横撑轴力、墙体弯矩随之变化的方法	土压力已知 考虑墙体变形 考虑支撑变形	日本的《建筑基础结构设计规范》的弹性法 有限单元法
（四）	共同变形理论（弹性）	土压力随墙体变化而变化 考虑墙体变形 考虑支撑变形	森重龙马法 有限单元法（包括土体介质） 《公路桥涵地基与基础设计规范》（JTG 3363—2019）法
（五）	非线性变形理论	考虑土体为非线性介质 考虑墙体变形 考虑支撑变形 考虑施工分部开挖	考虑分部开挖的非线性有限单元法

3. 地下连续墙挡土结构的稳定性验算

通过对地下连续墙挡土结构的墙体稳定、基坑稳定及抗渗稳定的验算，确定地下连续墙的插入土内深度，来保证挡土墙的稳定性，主要采用下列验算方法。

（1）土压力平衡的验算；

（2）基坑底面隆起的验算；

（3）管涌的验算。

有时也进行控制隆起位移量的墙体插入深度的计算。

确定地下连续墙的插入土深度是非常重要的,若深度太浅将导致挡土结构物的失稳,而过深则不经济,也增加施工困难,应通过上述验算确定。具体验算方法可参阅本书第二章及有关文献。

五、TRD 地下连续墙简介

TRD（Trench cutting Re-mixing Deep wall）工法,又称等厚度水泥土搅拌墙技术,由日本20世纪90年代初开发研制的一种利用锯链式切削箱连续施工等厚水泥土搅拌墙的成套设备和施工方法,不仅成功应用于黏性土、砂土层中,且在粒径小于100mm的砂砾及砾石层,标贯击数达50～60击的密实砂层和无侧限抗压强度不大于5MPa的软岩地层也应用成功,作为基坑型钢水泥土搅拌墙围护结构以及深度超过50m的隔水帷幕,取得了良好的支防护与截渗效果。此外,TRD工法施工的水泥土搅拌墙还可用于地下污染物运移截断环境岩土工程;地下水截断的风化岩边坡稳定工程;甚至水泥土搅拌墙体平面交叉布置,可形成承重地基基础等。

TRD工法与目前传统的单轴或多轴螺旋钻孔机所形成的柱列式水泥土地下连续墙工法不同。首先TRD将链锯型切削刀具插入地基,注入掘进液掘削拌和至墙体设计深度,然后注入固化剂,在整个设计深度范围内与原位土体充分搅拌,并持续横向掘削、搅拌,水平推进,构筑成连续的等厚度水泥土搅拌墙体。由TRD工法构建的等厚度水泥土搅拌墙最大成墙深度可达60m,设备规格厚度550～850mm,垂直度偏差不大于1/250,墙体均质性好、隔水性能可靠。TRD设备高度仅10.1m（净空要求小于11m）,与施工深度无关,且重心低,稳定性好,适用于高度有限制的场所。

TRD工法施工的等厚度水泥土搅拌墙的成墙工序有三工序成墙方法和一工序成墙方法。三工序成墙方法即分为先行挖掘、回撤挖掘和成墙搅拌3个工序完成搅拌墙体施工。即切割箱钻至预定深度后,首先注入挖掘液先行挖掘一段距离,然后回撤至原处,再注入固化液向前推进搅拌成墙,如图5-47所示。三工序成墙首先将土体在挖掘液混合泥浆的辅助下,向下挖掘松动并拌和,因此,在喷入固化液混合泥浆成墙过程中,切割箱行进速度要均匀,水泥用量及墙体均匀性施工稳定性更高,且容易控制。一工序成墙方法则取消上述回撤挖掘工序,将先行挖掘和成墙搅动拌和并为一道工序完成,即切割箱钻至预定深度后边注入固化液边向前推进挖掘搅拌成墙,切割箱行进速度受到地质条件限制,当地层较硬时会给水泥用量和墙体的均匀性带来较大影响。

（一）主要设计参数

TRD工法主要设计参数简介如下:

（1）墙体厚度为550～850mm,并按50mm模数调整,墙厚应与内插型钢截面相匹配。为确保型钢插入和隔水可靠性,墙厚宜大于型钢截面高度100～150mm。内插型钢间距应均匀布置,且型钢中心距不宜小于550mm,以便型钢拔出。

（2）墙体深度主要取决于型钢插入深度和隔水两方面要求,墙体深度宜深于型钢底部0.5m,以便型钢插入。

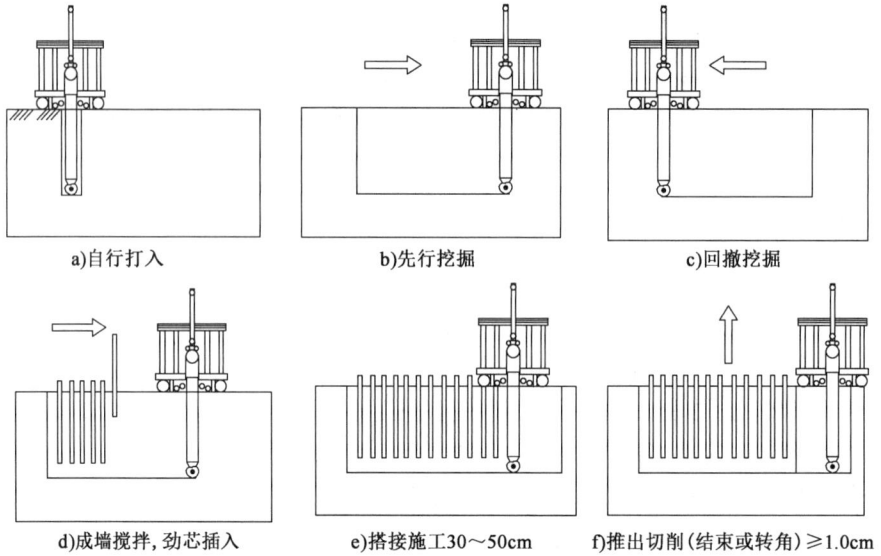

a)自行打入　　　　　　　b)先行挖掘　　　　　　　c)回撤挖掘

d)成墙搅拌，劲芯插入　　e)搭接施工30～50cm　　f)推出切削(结束或转角)≥1.0cm

图 5-47　TRD 工法施工的等厚度水泥土搅拌墙三工序成墙法工艺要点

（3）水泥掺量宜取 20% ～30%，整个墙体深度范围内水泥掺量均一，在渗透性较弱的地层中宜取低值，当地层中存在较厚的强透水层时，水泥掺量宜取高值。水灰比宜为 1.5～2.0，水泥土 28d 龄期无侧限抗压强度不小于 0.5MPa。

（4）由于各个地区地质条件存在较大差异，建议通过试成墙试验确定水泥掺量、水灰比等施工参数。

（二）施工简介

TRD 工法主要施工参数简介如下。

（1）在不同的地层中选用合适的刀头有利于提高工效，降低磨损，例如：标贯值小于 30 击的土层可采用标准刀头；标贯值大于 30 击的硬质土层，采用圆锥形刀头；卵砾石层、软岩地层宜使用齿形刀头。

（2）根据地层特性结合现场试成墙试验选择合适的成墙工序。

（3）合理配置挖掘液、固化液、固化液混合泥浆工艺参数控制指标，确保成墙质量和施工效率，降低消耗。掘液采用钠基膨润土拌制，每立方米被搅土体掺入约 100kg 的膨润土，挖掘液混合泥浆和固化液混合泥浆 TF 值在黏性土中宜适当偏大，在砂性土中宜适当偏小，浆液不得离析。必要时，先行挖掘阶段可预先在施工沟槽内回填黏土与挖掘液混合搅拌形成黏稠度较高的混合泥浆，提高了浆液对破碎后的障碍物的携渣能力，并有效防止事故的发生。

总之，在复杂地层中需要对切削刀具、工序及施工参数等方面进行优化组合，以确保成墙工效和质量，可采用先导试成墙、调整部分施工参数、优化设备配置，及正常施工 4 个阶段。

思考题与习题

5-1 沉井基础与桩基础的荷载传递有何区别?

5-2 沉井基础有什么特点?

5-3 简述沉井按立面的分类以及各自的特点?

5-4 沉井在施工中会出现哪些问题,应如何处理?

5-5 泥浆润滑套的特点和作用是什么?

5-6 沉井基础的设计计算包含哪些内容?

5-7 沉井基础基底应力验算的基本原理是什么?

5-8 沉井结构计算有哪些内容?

5-9 浮运沉井的计算有何特殊性?

5-10 简述沉井刃脚内力分析的主要内容。

5-11 地下连续墙有何优缺点?

5-12 简述地下连续墙成槽施工中泥浆的主要功能。

5-13 简述 TRD 工法施工的地下连续墙工艺特点与应用适用性。

5-14 水下有一直径为 7m 的圆形沉井基础,基底上作用竖直荷载为 18503kN(已扣除浮力 3848kN),水平力为 503kN,弯矩为 7360kN·m(均为考虑作用效应组合荷载)。$\eta_1 = \eta_2 = 1.0$。沉井埋深 10m,土质为中等密实的砂砾层,重度为 21kN/m³,内摩擦角 $\varphi = 35°$,黏聚力 $c = 0$,验算该沉井基础的地基承载力。

第六章
地基处理

第一节 概　　述

　　土木工程建设中,不可避免地会遇到由淤泥、淤泥质土、冲填土、杂填土或其他高压缩性土层构成的软土地基。经过处理后的地基称为人工地基。人工地基可分为两类:一类是地基处理过程中天然地基的物理力学性质得到普遍改良,形成的人工地基类似均匀地基,其承载力和沉降计算方法仍可采用均质地基的计算方法,不同的是地基土的物理力学指标得到改善;另一类是在地基处理过程中部分土体得到增强、被置换或在天然地基中设置加筋材料,形成复合地基。

　　地基处理是为提高地基土的承载力、改善其变形性质或渗透性质而采取的工程措施。地基处理的目的是针对在软弱土地基上建造建筑物可能产生的问题,采取人工的方法改善地基土的工程性质,达到满足上部结构对地基稳定和变形的要求。这些方法主要包括提高地基土的抗剪强度,增大地基承载力,防止剪切破坏或减轻土压力;改善地基土压缩特性,减少沉降和不均匀沉降;改善其渗透性,加速固结沉降过程;改善土的动力特性,防止液化;消除或减少特殊土的不良工程特性(如黄土的湿陷性,膨胀土的膨胀性等)。总之,地基处理是针对软弱地基上工程建筑可能产生的问题,根据不同情况,采取切实有效的措施改善地基一定范围内的土的工程性质,以达到提高地基土的承载力、降低地基土的压缩性、改善地基土的动力特征、渗透性和不良特性,以满足工程建筑的要求。

任何构筑物都通过基础,将上部结构的各种作用传给地基,处理后地基的功能要保证构筑物的稳定和正常使用要求。因此,在地基处理设计时,应当考虑在长期荷载作用下,地基变形不致造成承重结构的损坏;在最不利荷载作用下,地基不出现失稳现象;具有足够的耐久性能。地基处理是公路设计、施工中重要的一部分,地基处理方法很多,各类地基处理方法的分类和适用范围见表6-1。但必须指出,很多地基处理方法具有多重加固处理的功能,例如碎石桩具有置换、挤密、排水和加筋的多重功能;而石灰桩则具有挤密、吸水和置换等功能。

地基处理方法的分类

表6-1

物 理 处 理				化 学 处 理		热 学 处 理	
置换	排水	挤密	加筋	搅拌	灌浆	热加固	冻结

根据具体工程条件,合理选用地基处理方法非常重要,不仅影响地基处理效果,它对公路工程的质量、造价、工期等也有直接的影响。同时,由于公路工程地基土的沉积条件不同,地基土的变化往往极其复杂,设计理论计算还不能完全解决地基处理中所遇到的所有问题,因此,借鉴以往成功的经验是非常重要的。

近几十年来,大量的土木工程实践推动了软土地基处理技术的迅速发展,地基处理的方法多样化,地基处理的新技术、新理论不断涌现并日趋完善,地基处理已成为基础工程领域中一个较有生命力的分枝。公路软土地基常用处理方法及适用范围如表6-2所示。

公路软土地基常用处理方法及适用范围一览表

表6-2

处理层位	处 理 方 法	适 用 范 围	用于软土地基处理的特点
地面上处理	垫层	软土地基表层处理	施工简便
	堆载预压(包括等载预压、超载预压和欠载预压)	有足够预压期的软土地基处理	施工简便,预压期长,需要两次调运预压土方
	粉煤灰路堤	粉煤灰廉价的软土地区	施工简便
	土工泡沫塑料路堤	含水率大、抗剪强度低、深厚软土地基	施工工艺较复杂,造价高
	现浇泡沫轻质土路堤		
	吹填砂路堤	靠河边或海边的软土地基	路堤填筑速度快
	加筋路堤	各种软土地基	施工简便
	反压护道	施工期间路堤失稳的应急处理和修复	增加工程占地
地面下浅层处理	粒料垫层	换填处理厚度不大于3.0m	施工工艺简便,处理深度浅
	灰土垫层		
	抛石挤淤	含水率大,厚度不大于3.0m的软土地基	

处理层位	处理方法		适用范围	用于软土地基处理的特点
地面下深层处理	动力挤密与置换	强夯与强夯置换	强夯法适用于处理碎石土、低饱和度的粉土与黏性土、杂填土和软土等地基。强夯置换法适用于处理高饱和度的粉土与软黏土地基	施工工艺简单，施工速度快，工期短，但对周围地基影响大
		爆破挤淤	含水率大、人烟稀少的海湾滩涂地段	施工工艺要求高，工期短
	固结排水	袋装砂井、塑料排水板	各种软土地基	施工简便
		真空预压	含水率大、软土性质差的地基	施工工艺要求高，工期短，需要专用设备
		真空-堆载联合预压		
	复合地基	粒料桩	振冲置换法成桩时软土的十字板抗剪强不小于15kPa，振动沉管法成桩时软土的十字板抗剪强度不小于20kPa	施工工艺较复杂，能够缩短预压期
		水泥搅拌桩（粉喷桩、浆喷桩）	软土的十字板抗剪强度不小于10kPa，有机质含量不大于10%	
		水泥粉煤灰碎石桩（CFG桩）	软土的十字板抗剪强度不小于20kPa	
	刚性桩	先张法预应力混凝土薄壁管桩	适合于深厚软土地基结构物两端和高路堤段	施工工艺复杂，桩体强度高，工后沉降小，造价偏高
		现浇混凝土大直径管桩		
其他	隔离墙		适用于相邻路堤、新老路堤之间出现干扰情况下的隔离	施工工艺较复杂

各类地基处理方法，均有各自的特点和作用机理，在不同的土类中产生不同的加固效果，并也存在着局限性。地基的工程地质条件是千变万化的，工程对地基的要求也是不尽相同的，材料、施工机具和施工条件等亦存在显著差别，没有哪一种方法是万能的。因此，对于每一工程必须进行综合考虑，通过方案的比选，选择一种技术可靠、经济合理、施工可行的方案，既可以是单一的地基处理方法，也可以是多种方法的综合处理。

第二节　软　土　地　基

软土是指天然孔隙比大于或等于1.0，且天然含水量大于液限的细粒土，包括淤泥、淤泥质土、泥炭、泥炭质土,分类标准见表6-3。

软土的分类标准 表6-3

土 的 名 称	划 分 标 准	备 注
淤泥	$e \geqslant 1.5, I_L > 1$	e-天然孔隙比; I_L-液限指数; W_u-有机质含量
淤泥质土	$1.5 > e > 1.0, I_L > 1$	
泥炭	$W_u > 60\%$	
泥炭质土	$10 < W_u \leqslant 60\%$	

软土是在静水或缓慢流水环境中沉积,多数呈软塑—流塑状,具有压缩性高、强度低、透水性差、灵敏度高等特点的黏性土。例如,泥炭是在潮湿和缺氧环境中未经充分分解的植物遗体堆积而成的一种有机质土,呈深褐色—黑色,其含水量极高,压缩性很大,且不均匀,泥炭往往以夹层构造存在于一般黏性土层中,对工程十分不利,必须引起足够重视。

软土可按表6-4进行鉴别,当表中部分指标无法获得时,可以天然孔隙比和天然含水率两项指标为基础,采用综合分析的方法进行鉴别。

软土鉴别指标表 表6-4

特征指标名称	天然含水率（%）		天然孔隙比	快剪内摩擦角（°）	十字板抗剪强度（kPa）	静力触探锥尖阻力（MPa）	压缩系数 $a_{0.1-0.2}$（MPa^{-1}）
黏质土、有机质土	≥35	液限	≥1.0	宜小于5	宜小于35	宜小于0.75	宜大于0.5
粉质土	≥30		≥0.9	宜小于8			宜大于0.3

我国在沿海地区、内陆江河湖泊的周围广泛分布软土地基。软土由于沉积年代、环境的差异,成因的不同,它们的成层情况、粒度组成、矿物成分有所差别,使得工程性质有所不同。不同沉积类型的软土,有时其物理性质指标虽较相似,但工程性质并不很接近,不应借用。软土的力学性质参数宜尽可能通过现场原位测试取得,不应拘泥于软土的定义,如有地基变形与强度不足的问题,都应认真进行沉降、稳定验算。不满足设计控制指标时,应进行地基处理设计,不能只凭土的名称来确定是否需要进行地基处理。

一、软土的成因及划分

软土按沉积环境分类主要有下列几种类型。

(一)滨海沉积

(1)滨海相:常与海浪岸流及潮汐的水动力作用所形成的较粗颗粒(粗、中、细砂)相掺杂,使其不均匀和极松软,增强了淤泥的透水性能,易于压缩固结。

(2)潟湖相:颗粒微细、孔隙比大、强度低、分布范围较宽阔,常形成海滨平原。在潟湖边缘,表层常有厚约0.3～2.0m的泥炭堆积。底部含有贝壳和生物残骸碎屑。

(3)溺谷相:孔隙比大、结构松软、含水量高,有时甚于潟湖相。分布范围略窄,在其边缘表层也常有泥炭沉积。

(4)三角洲相:由于河流及海潮的复杂交替作用,而使淤泥与薄层砂交错沉积,受海流与波浪的破坏,分选程度差,结构不稳定,多交错成不规则的尖灭层或透镜体夹层,结构疏松软,颗粒细小。如上海地区深厚的软土层中央有无数的极薄的粉砂层,为水平渗流提供了良好条件。

(二)湖泊沉积

湖泊沉积是近代淡水盆地和咸水盆地的沉积。沉积物中夹有粉砂颗粒,呈现明显的层理。淤泥结构松软,呈暗灰、灰绿或暗黑色,厚度一般约为 10m,有的厚度可达 25m。

(三)河滩沉积

主要包括河漫滩相和牛轭湖相。成层情况较为复杂,成分不均一,走向和厚度变化大,平面分布不规则。一般常呈带状或透镜状,间与砂或泥炭互层,其厚度不大,一般小于 10m。

(四)沼泽沉积

分布在地下水、地表水排泄不畅的低洼地带,多以泥炭为主,且常出露于地表。下部分布有淤泥层或底部与泥炭互层。

二、软土的工程特性

(一)含水率较高,孔隙比较大

软土含水率在 35% ~80% 之间,孔隙比一般在 1.0 ~2.0 之间。软土的这一特性反映了土中矿物成分与介质相互作用的性质。在软土中黏土粒组和粉土粒组的含量相对较高,黏土矿物颗粒加剧了土粒与水的作用,使含水率较高;土颗粒粒组较小,易形成具有较大孔隙的各种絮状结构。高含水率、大孔隙比是软土的基本物理特征,直接影响到土的压缩性和抗剪强度,含水率越高,土的抗剪强度越小、压缩性越大。因此,降低含水率和缩小孔隙比是软土地基处理的重要内容。

(二)抗剪强度低

我国软土的天然不排水抗剪强度一般为 $c_u = 5 ~25kPa$,且正常固结软土的不排水抗剪强度,往往随距离地表深度的增加而增大,一般每米深度增长 1 ~2kPa。在外荷载作用下,软土的渗透固结,会使其强度显著增长。因此,加速软土层渗透固结的速率,是改善软土强度特征的一项有效途径。软土抗剪强度试验值与试验方法、排水条件等密切相关,如采用固结不排水试验所得的软土黏聚力 c 和内摩擦角 φ 值将有所增大。因此,试验方法、条件应密切联系工程实际及地基的具体条件等确定,需要时,除室内试验外,可补充现场原位测试方法,以得到较正确的结果。

(三)压缩性较高

一般正常固结软弱土层的压缩系数为 $a_{0.1-0.2} = 0.5 ~1.5MPa^{-1}$,有些高达 $4.5MPa^{-1}$;压缩指数为 $C_c = 0.35 ~0.75$,且压缩指数与含水率 w 的经验关系为 $C_c = 0.0147w - 0.213$。天然

软土层的应力历史一般为正常固结土,但是也有部分土层处于超固结状态,而近代海相或河湖相沉积物,一般处于欠固结状态。显然,软土固结状态对地基的沉降变形特性有着重要的影响。在其他物理性质指标相同情况下,软土液性指数越大,压缩性越高,这是因为土颗粒矿物成分对其压缩性具有明显影响。

(四)渗透性很小

软土层的渗透系数一般为 $k = 10^{-6} \sim 10^{-8} \mathrm{cm/s}$,当有机质含量较高时,$k$ 值还会下降,软土在外荷载附加应力作用下的渗透固结速率很慢,当软弱土层较厚时(例如 10m),往往需要数年或更长的时间,才能达到较大的固结度(例如 90%)。但是,一般软弱土层的渗透性具有明显的各向异性,水平向渗透系数 k_H 往往高于垂直向的渗透系数 k_V,尤其是存在水平砂夹层时更为明显。我国沿海地区和部分内陆沉积往往有薄层粉土或细砂层与软黏土交替成层状,此时水平渗透系数 k_H 常较 k_V 大得多,有利于地基的预压加固。因此,加速软弱土层的固结速率也是软土地基处理的一个重要内容。

(五)结构性明显

软土一般为絮凝结构,尤以海相软土更为明显。这类结构性强的土,一旦其结构受到扰动或破坏,土体强度将明显降低,甚至呈现流动状态。我国沿海软土的灵敏度 $S_t = 4 \sim 8$,属于高灵敏土。软土扰动后,随静置时间的增长,其强度能有所恢复,但极缓慢且一般不能恢复到原有结构的强度。因此,在软土土样的钻取、搬运、切削、制备等过程中常使土样结构会受到不同程度的扰动,而使试验结果(强度指标)偏低,不能完全反映土的实际强度。所以,宜尽量采用原位测试方法如十字板剪切试验、标准贯入试验等测定其强度,或将原位测试与室内试验结果互相分析补充。在地基处理中或地基基础施工中,如何减小对这类结构性强的土层的扰动,将直接影响到处理的效果。

(六)流变性显著

在外荷载作用下,土体的主(渗透)固结已完成,虽荷载保持不变,但土体在长期荷载作用下,因土骨架黏滞蠕变而发生随时间而变化的变形,土内黏土颗粒含量越多,这种特性越明显。蠕变的速率一般都很小,它随土中剪应力值而变化,有试验表明当应力低于不排水剪切强度 5% 时,蠕变最后趋于稳定;应力高于不排水强度的 70% 时速率保持不变,继续产生可观的次固结沉降甚至渐增直至破坏。因此,软土地基中除应充分创造排水固结条件外,还应考虑将影响蠕变的剪应力适当控制在临界抗剪强度(长期强度)内。

在软土较厚处,表层软土长期经受气候影响,含水率降低,发生收缩固结,形成强度较高、压缩性较低的非饱和土层,俗称"硬壳层",厚度一般为 0.5 ~ 3.0m,有时可考虑作为小桥涵等浅基础的持力层。

三、软土地基的承载力、沉降和稳定性的计算

在软土地基设计计算中,由于其工程特性常需解决地基承载力、沉降和稳定性的计算问题,故与一般地基土的计算有所区别,现分述如下。

（一）软土地基的承载力

地基承载力是地基所能承受荷载的能力，即地基土单位面积上随荷载增加所发挥的承载潜力，常用单位 kPa。地基承载力是针对地基基础设计提出的为方便评价地基强度和稳定的综合性、实用性专业术语，其目的在于确保地基不致因荷载过大而发生剪切破坏和保证基础不因沉降（或沉降差）过大而影响建筑物的安全和正常使用，不是土的基本性质指标。地基极限承载力是地基处于极限状态时所能承担的最大荷载，或者说地基产生失稳破坏前所能承担的最大荷载，对某一地基而言，其地基极限承载力值是一确定值。地基承载力特征值是通过地基极限承载力除以安全系数得到的，影响安全系数取值的因素很多，如安全系数取值大小与建筑物重要性、建筑物基础类型、采用的设计计算方法，以及设计计算水平等因素有关，还与国家的综合实力、生活水平，以及建设业主的实力等因素有关。地基承载力特征值、地基承载力标准值、地基承载力基本值、地基承载力设计值等都是与相应的规范规程配套使用的地基承载力表达形式。

软土地基承载力应根据地区建筑经验，并结合下列因素综合确定：①软土成层条件、应力历史、力学特性，及排水条件；②上部结构的类型、刚度、荷载性质、大小和分布，对不均匀沉降的敏感性；③基础的类型、尺寸、埋深、刚度等；④施工方法和程序；⑤采用预压排水处理的地基，应考虑软土固结排水后强度的增长。

确定地基承载力的基本方法有以下几种：①现场原位测试方法，如静力载荷试验、静力触探试验等；②经验法，室内土工试验获取地基土物理力学指标，通过查表和工程实践经验方法确定；③理论计算法，用强度理论公式计算确定。

1. 现场原位测试方法

在公路工程实践中，软土地基承载力的确定应由现场载荷试验或其他原位测试取得。因为，由室内试验测定土的物理力学指标（如 c_u 等）常受土被扰动等因素的影响，其结果不一定可靠；而一般土的承载力理论公式用于软土也会有偏差，因此，采用现场原位测试的方法往往能克服以上缺点。软土地基常用的原位测试方法有：根据载荷试验、旁压试验确定地基承载力，以十字板剪切试验测定软黏土不排水抗剪强度 c_u 换算地基承载力值，按标准贯入试验和静力触探结果用经验公式计算地基承载力等。

2. 经验法

载荷试验和原位测试确有困难时，对于中小桥、涵洞基底未经处理的软土地基修正后的地基承载力特征值 f_a，可采用以下两类方法确定。

1）根据土的物理性质指标确定

软土大多是饱和的，天然含水率 w 基本反映了土的孔隙比的大小，当饱和度 $S_r = 1$ 时，$e = \frac{wG}{S_r} = wG$（G 为土颗粒比重），e 为 1 时，相应天然含水率 w 约 36%；e 为 1.5 时，相应 w 约 55%。一般情况，地基承载力是与其天然含水率密切相关的，根据统计资料 w 与软土地基承载力特征值 f_{a0} 关系见表 6-5。

软土地基承载力特征值 f_{a0} 表 6-5

天然含水率 w（%）	36	40	45	50	55	65	75
f_{a0}（kPa）	100	90	80	70	60	50	40

在基础埋置深度为 $h(\mathrm{m})$ 的软土地基中,修正后的地基承载力特征值 f_a 可按下式计算:

$$f_\mathrm{a} = f_\mathrm{a0} + \gamma_2 h \tag{6-1}$$

式中:h——基底埋置深度(m),自天然地面起算,有水流冲刷时自一般冲刷线起算;当 $h < 3\mathrm{m}$ 时,取 $h = 3\mathrm{m}$;当 $h/b > 4$ 时,取 $h = 4b$;

γ_2——基底以上土层的加权平均重度($\mathrm{kN/m^3}$),换算时若持力层在水面以下,且不透水时,不论基底以上土的透水性质如何,一律取饱和重度;当透水时,水中部分土层则应取浮重度。

2)根据原状土强度指标确定

饱和软黏土上条形基础的极限承载力 $p_\mathrm{u}(\mathrm{kPa})$ 按普朗特尔-雷斯诺(Prandtl-Reissner)极限荷载公式(参见土力学教材),由 $\varphi = 0$,$q = \gamma_2 h$ 确定为

$$p_\mathrm{u} = 5.14 c_\mathrm{u} + \gamma_2 h \tag{6-2}$$

式中:c_u——软土不排水抗剪强度,可用三轴仪、十字板剪切仪测定,也可取室内无侧限抗压强度 q_u 之半计算;

γ_2——基底以上土的重度($\mathrm{kN/m^3}$),地下水位以下为浮重度;

h——基础埋置深度(m),当受水流冲刷时,由一般冲刷线算起。

据此,考虑矩形基础的形状修正系数及水平荷载作用时的影响系数,并考虑必要的安全系数,《公路桥涵地基与基础设计规范》(JTG 3363—2019)提出软土地基修正后的地基承载力特征值 $f_\mathrm{a}(\mathrm{kPa})$ 为

$$f_\mathrm{a} = \frac{5.14}{m} k_\mathrm{p} c_\mathrm{u} + \gamma_2 h \tag{6-3}$$

式中:m——安全系数 $1.5 \sim 2.5$,软土灵敏度高且基础长宽比小者用高值;

k_p——基础形状及倾斜荷载的修正系数,属半经验性质的系数,当矩形基础上作用有倾斜荷载时 $k_\mathrm{p} = \left(1 + 0.2 \dfrac{b}{l}\right)\left(1 - \dfrac{0.4}{bl} \dfrac{H}{c_\mathrm{u}}\right)$;

b——基础宽度(m);

l——垂直于 b 边的基础长度(m),当有偏心荷载时,b 与 l 由 b' 与 l' 代替,$b' = b - 2e_\mathrm{b}$,$l' = l - 2e_1$,e_b、e_1 分别为荷载在 b 方向、l 方向的偏心矩;

H——为作用(标准值)引起的水平力(kN)。

当按式(6-2)或式(6-3)计算软土地基修正后的地基承载力特征值 f_a 时,必须进行地基沉降验算,保证满足基础沉降的要求。

3. 理论计算法估算

软土地基承载力,考虑变形因素可按临塑荷载 p_cr 公式估算,以控制沉降在一般建筑物容许范围。条形基础临塑荷载 $p_\mathrm{cr}(\mathrm{kPa})$ 计算式为

$$p_\mathrm{cr} = N_\mathrm{q} r D + N_\mathrm{c} c$$

饱和软土 $\varphi_\mathrm{u} = 0$,$c = c_\mathrm{u}$ 时,$N_\mathrm{q} = 1$,$N_\mathrm{c} = \pi$ 则

$$p_\mathrm{cr} = 3.14 c_\mathrm{u} + rD = 3.14 c_\mathrm{u} + r_2 h \tag{6-4}$$

式(6-4)用于矩形基础(空间问题)较用于条形基础(平面问题)偏于安全。我国有些地区和部门,根据该地区软土情况,采用略高于临塑荷载的临界荷载 $p_{1/4}$,即允许基础边缘出现塑

性区范围深度不超过基础底宽的 1/4。$p_{1/4}$ 的计算详见与土力学教材。

经排水固结方法处理的软土地基承载力特征值 f_{a0} 应通过载荷试验或其他原位测试方法确定；经复合地基方法处理的软土地基承载力特征值应通过载荷试验确定，然后按式(6-1)计算软土地基修正后的地基承载力特征值 f_a。

修正后的地基承载力特征值 f_a 应根据地基受荷阶段及受荷情况，乘以下列规定的地基承载力抗力系数 γ_R。

1）使用阶段

（1）当地基承受作用频遇组合或作用偶然组合时，可取 $\gamma_R = 1.25$；但对 f_a 小于 150kPa 的地基，应取 $\gamma_R = 1.0$。

（2）当地基承受的作用频遇组合仅包括结构自重、预加力、土重力、土侧压力、汽车和人群效应时，应取 $\gamma_R = 1.0$。

（3）当基础建于经多年压实未遭破坏的旧桥基（岩石旧桥基除外）上时，不论地基承受的作用情况如何，地基承载力抗力系数均可取 $\gamma_R = 1.5$；对 f_a 小于 150kPa 的地基，可取 $\gamma_R = 1.25$。

（4）基础建于岩石旧桥基上，应取 $\gamma_R = 1.0$。

2）施工阶段

（1）地基在施工荷载作用下，可取 $\gamma_R = 1.25$。

（2）当地基施工期间承受单向推力时，可取 $\gamma_R = 1.5$。

对较重要或规模较大的工程，确定软土地基承载力宜综合以上方法，结合当地软土沉积年代、成层情况、下卧层性质等考虑，并注意满足结构物对沉降和稳定的要求。

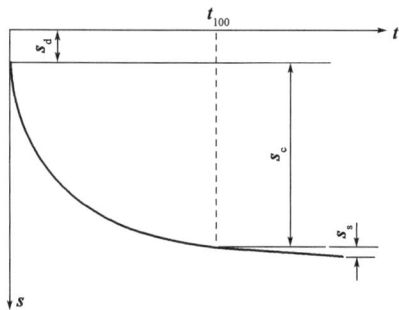

图 6-1　软土地基沉降的组成

（二）软土地基的沉降计算

软土地基在荷载下沉降变形的主要部分为主固结沉降 s_c，此外还包括瞬时沉降 s_d 与次固结沉降 s_s，如图 6-1 所示。软土地基的总沉降量 s 为 s_d、s_c、s_s 之和。

1. 主固结沉降 s_c

在荷载作用下，软土地基缓慢地排水固结发生的沉降称为主固结沉降(s_c)。s_c 应采用分层总和法计算，常用的计算方法如下。

1）采用 e-p 曲线计算

主固结沉降 s_c 按下式计算：

$$s_c = \sum_{i=1}^{n} \frac{e_{0i} - e_{1i}}{1 + e_{0i}} \Delta h_i \tag{6-5}$$

式中：n ——压缩土层内分层的数目；

e_{0i} ——地基中各分层在自重应力作用下的稳定孔隙比；

e_{1i} ——地基中各分层在自重应力和附加应力共同作用下的稳定孔隙比；

Δh_i ——地基中各分层的初始厚度(m)。

2）采用压缩模量计算

主固结沉降 s_c 按下式计算：

$$s_c = \sum_{i=1}^{n} \frac{\Delta p_i}{E_{si}} \Delta h_i \qquad (6\text{-}6)$$

式中:Δp_i——地基中第 i 层土中点的附加应力(kPa);

E_{si}——地基中各分层的压缩模量(kPa),应取第 i 层土分层中点自重应力至自重应力与附加应力之和的压缩段计算。

3)采用 e-$\lg p$ 曲线计算

软土根据先期固结压力 p_c 与上覆土自重应力 p_0 关系,天然土层的固结状态可区分为正常固结状态、超固结状态、欠固结状态。我国海滨平原,内陆平原软土大多属正常固结状态;少数上覆土层经地质剥蚀的软土及软土上的"硬壳"则属超固结状态;江、河入海口处及滨海相沉积(以及部分冲填土)则属欠固结土的。对于欠固结软土,在计算其主固结沉降 s_c 时,必须包括在自重应力作用下继续固结所引起的那一部分沉降,若仍按正常固结的土层计算,所得结果将远小于实际沉降。下面简要介绍考虑先期固结压力的计算公式。

(1)正常固结土、欠固结土的主固结沉降 s_c 为按下式计算:

$$s_c = \sum_{i=1}^{n} \frac{\Delta h_i}{1 + e_{0i}} \left[C_{ci} \cdot \lg \left(\frac{p_{0i} + \Delta p_i}{p_{ci}} \right) \right] \qquad (6\text{-}7)$$

式中:C_{ci}——第 i 层土中的压缩指数,应取分层中点自重应力至自重应力与附加应力之和的压缩段计算;

p_{0i}——地基中第 i 层土,分层中点的自重应力(kPa);

p_{ci}——地基中第 i 层土,分层中点的先期固结压力(kPa),正常固结时 $p_{ci} = p_{0i}$,欠固结时 $p_{ci} < p_{0i}$;

其他变量意义同前。

(2)超固结土的主固结沉降 S_c 分以下两种情况。

①对于应力增量 $\Delta p > p_c - p_0$ 时:

$$s_c = \sum_{i=1}^{n} \frac{\Delta h_i}{1 + e_{0i}} \left[C_{ci} \cdot \lg \left(\frac{p_{ci}}{p_{0i}} \right) + C_{ci} \cdot \lg \left(\frac{p_{0i} + \Delta p_i}{p_{ci}} \right) \right] \qquad (6\text{-}8)$$

②对于应力增量 $\Delta p \leq p_c - p_0$ 时:

$$s_c = \sum_{i=1}^{n} \frac{\Delta h_i}{1 + e_{0i}} \left[C_{si} \cdot \lg \left(\frac{p_{0i} + \Delta p_i}{p_{0i}} \right) \right] \qquad (6\text{-}9)$$

式中:C_{si}——第 i 层土中的回弹指数;

其他变量意义同前。

2. 瞬时沉降 s_d

瞬时沉降包括土的两部分沉降,一部分由地基土弹性变形引起;另一部分是由于软土渗透系数低,加荷后初期不能排水固结,因而土体产生剪切变形,此时沉降是由软土侧向剪切变形引起。前一部分沉降可用弹性理论公式计算,即

$$S_d = F \frac{pB}{E} \qquad (6\text{-}10)$$

$$B = b + \frac{a}{2}$$

式中:p——地基上梯形荷载底面中点的最大垂直应力(kPa);

E——无侧限抗压强度试验得到的弹性模量的平均值（kPa），应按分层厚度加权平均计算；

F——地基上梯形荷载中线沉降系数，可由图6-2查得；当缺少泊松比的实测资料时，可取泊松比$\mu=0.4\sim0.5$；

其他变量可参见图6-2。

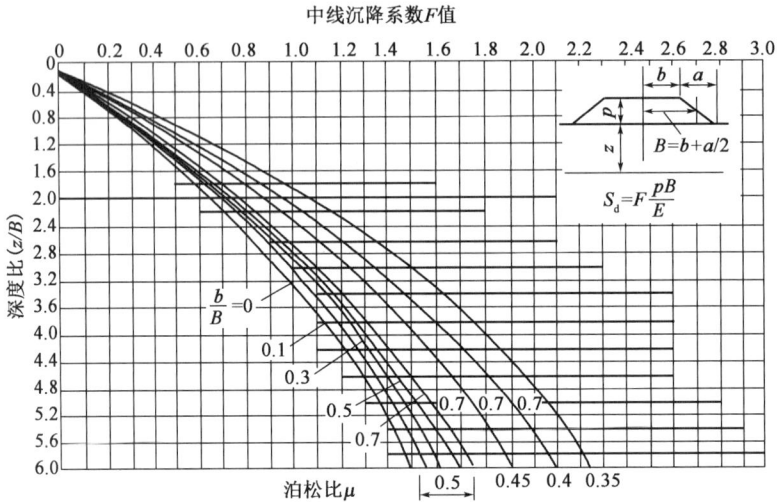

图6-2　梯形荷载中线地基沉降系数

对于土体的一维变形情况，瞬时沉降是很小的，特别是当土体饱和时，土中水及土颗粒本身的变形可忽略不计，所以，瞬时沉降接近于零。但是，对于土体的二维或三维变形情况，瞬时沉降在地基总沉降量中占有相当大的比例，并且与加荷方式和加荷速率有很大的关系，比如采用一次瞬时加载时产生的瞬时沉降就比采用慢速均匀加载时大得多。同时，由于工程设计中地基承载力的采用都限制塑性区的开展，因而由土体初期侧向剪切位移引起的沉降，在总的瞬时沉降中所占比例不大，目前一般不计或略作估算。有时也用$s_d=(0.2\sim0.3)s_c$对瞬时沉降进行估算。

3. 次固结沉降s_s

长期现场观测表明，在理论计算的固结过程结束后，软土地基因土骨架的蠕动而继续发生长期（长达数年以上）的、缓慢的压缩，称为次固结沉降，如图6-3所示。当软土较厚，含高塑性矿物等较多时，对沉降要求严格的建筑物不宜忽视次固结沉降s_s。

s_s可按下式计算：

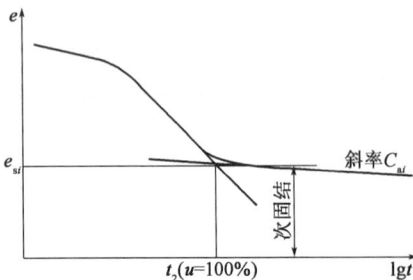

图6-3　次固结沉降图

$$s_s=\sum_{i=1}^{n}\frac{C_{ai}}{1+e_{2i}}\lg\left(\frac{t_3}{t_2}\right)h_i \tag{6-11}$$

式中：C_{ai}——第i层土的次固结系数，可由在固结压力下的e-$\lg t$曲线（图6-3）求取。其值与粒径、矿物成分有关，一般$C_{ai}=0.005\sim0.03$；

e_{2i}——第i层软土在固结压力下完成排水固结时的孔隙比；

t_2、t_3——完成固结(固结度为100%)时间和计算次固结沉降的时间,孔隙比$t_3 > t_2$。

由于对软土的次固结性状仍了解不足,所以对于它的机理、变化规律、影响因素、计算方法和试验测定等都有待进一步深入探讨。

软土地基沉降量s还可以利用观察到的建筑物的若干随时间(t_1、t_2等)变化的沉降值s_{t_1}、s_{t_2}、s_t-t关系等,推算该建筑物的后期沉降s_t及最终沉降s_∞。常用的推算方法是将实测的沉降-时间(s_t-t)曲线拟合为指数曲线、双曲线等,而用数学方法推算s_t或s_∞。具体详见土力学教材。

综上所述,软土地基的沉降应为上述3种沉降之和,即$s = s_d + s_c + s_s$。但是由于瞬时沉降和次固结沉降的计算方法和理论还处于初步阶段,故工程上也常将一维固结沉降计算的结果乘以一个沉降计算经验的修正系数m_s来计算软土地基的沉降s,即

$$s = m_s s_c \tag{6-12}$$

式中:m_s——沉降系数,宜根据现场沉降观测资料确定,也可采用经验公式估算:

$$m_s = 0.123\gamma^{0.7}(\theta H^{0.2} + VH) + Y$$

    H——地基上梯形荷载(路堤)中心高度(m);

    γ——地基上梯形荷载(路堤)填料的重度(kN/m³);

    θ——地基处理类型系数,用塑料排水板处理时取0.95~1.1,用水泥搅拌桩处理时取0.85,预压时取0.90;

    V——加载速率修正系数,加载速率在20~70mm/d之间时,取0.025;采用分期加载,速率小于20mm/d时取0.005;采用快速加载,速率大于70mm/d时取0.05;

    Y——地质因素修正系数,当同时满足软土层不排水抗剪强度小于25kPa、软土层的厚度大于5m、硬壳层厚度小于2.5m 3个条件时,$Y = 0$,其他情况下可取$Y = -0.1$。

由于软土地基沉降的复杂性,m_s的取值尚待补充完善。

(三)软土地基的稳定性分析

软土地基上建筑物承受水平推力后,由于地基土抗剪强度低,发生基础连同部分地基土在土中剪切滑移失稳的可能性增大。在软土地基上的桥台、挡土墙等承受侧向推力时,保证其地基承载力、沉降验算的同时,应进行稳定性的分析。软土地基上的建筑物为天然地基浅基础时,稳定分析请参阅第二章第三节。

对于桩基础,假定的滑动弧面可认为发生在桩底以上,如图6-4所示。只有软土层很厚而桩长又很短时才发生在桩底以下,但此仅是特例。

由于在设计中考虑承台底以上全部外力均由基桩承担,所以,分析时可以不计这部分外力作用于滑动弧面上的分力,只考虑承台底面到滑动弧面以上土柱重,即在图6-4中对N、M不应计入其影响,而阴影部分土的重力应计入其影响。不属于基桩承担的滑裂体范围内的荷载仍应考虑其在滑动弧面上的作用。

现行的各种条分法均需经反复或迭代计算,计算工作量很大,一般都可以借助常用的电算方法进行。这种分析方法理论上不够严密,对软土各种复杂因素也不能很好地概括,但实用性较强,在软土地

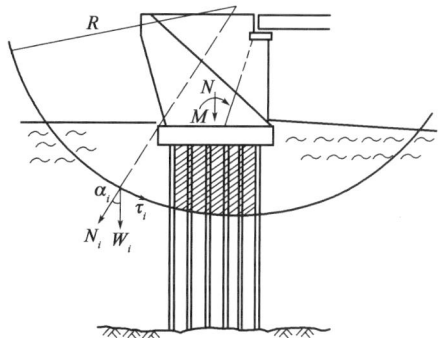

图6-4 桩基稳定性分析示意图

基稳定性分析中仍得到了广泛使用,计算结果应结合现场地形、地貌、工程地质、水文地质情况与现场软土特性进行全面分析判断。

四、软土地基基础工程应注意的事项

软土地基的强度、变形和稳定是工程中必须全面、充分注意的问题。从目前国内的勘察、设计、施工的现状出发,在软土地基上修筑高速公路从基础工程的角度出发,应注意下列一些事项。

(一)要取得代表性很好的地质资料

软土地基上高速公路的设计与施工质量很大程度上取决于地质资料的真实性和代表性,应认真收集沿线的地形、地貌、工程地质、水文地质、气象等资料,合理地利用钻探、触探、十字板剪切等现场综合勘探测试方法,做好软土地基各层土样的物理、力学、水理性质的室内试验,并对上述各项资料进行统计与分析,选择有代表性的技术指标作为设计和施工的依据。

(二)软土路堤地基处理设计应注意的事项

1. 软土路堤稳定性分析

软土路堤的稳定性分析是路堤设计中主要的工作之一,只有在满足路堤稳定的条件下才能进行路堤变形计算。软土路堤破坏主要是路堤边坡的滑动失稳,在工程部门中习惯于用稳定分析不考虑孔隙水压力的影响,而采用总强度指标。在极限平衡这个假定前提下,稳定性分析的计算方法已比较完善。

2. 软土路堤变形分析

软土变形性质十分复杂,与软土种类、状态,以及外界条件有很大关系。软土的变形理论包括沉降理论和固结理论。目前工程中常用的沉降计算有两种方法:其一是根据地基变形特征,将总沉降分为瞬时沉降、主固结沉降和次固结沉降3部分;其二是经验系数校正法,用主固结沉降乘以沉降计算经验系数来计算总沉降。事实上,工程界最关心的是工后沉降和差异沉降量,目前没有统一的计算方法。

3. 软土路堤地基处理方案合理选择

高速公路对地基变形量要求很高,地基加固费用占总投资的比重较大,选取合适的处理方案是在软基上筑路的关键课题,直接关系到工程成败及投资大小,是一项系统工程。应结合当地工程地质条件、材料供应、投资、工期要求和环境保护等因素,按照因地制宜、就地取材、分期修建、综合处治的原则进行充分论证,使得基础工程的设计成果和施工方案达到技术先进、经济合理、确保质量、保护环境的效果。

4. 观测和试验

在软土地基上,高速公路与一、二级公路路堤施工过程中应进行沉降观测和稳定观测,并根据观测结果对路堤填筑速率和预压期等作出必要调整。因此,在大面积施工前应结合工程提前修筑试验路段,以达到检验设计、指导施工的目的。

(三)软土地区的桥涵基础设计应注意的事项

1.全面掌握相关资料合理布设桥涵

在软土地区,桥梁位置(尤其是大型桥梁)既要与路线走向协调,又要注意构造物对工程地质的要求,如果地基土层是深、厚软土,特别是淤泥、泥炭和高灵敏度的软土,不仅设计技术条件复杂,而且将给施工、养护、运营带来许多困难,工程造价也将增大,应力求避免之。因此,桥梁位置应选择在软土较薄、均匀、灵敏度较小的地段。对于小桥涵,可优先考虑地表"硬壳层"较厚的地段,当下卧软土均匀分布、厚度较薄时,可采用明挖刚性扩大基础,以降低工程造价。

在确定桥梁总长、桥台位置时,除应考虑泄洪、通航要求外,宜进一步考虑桥台和引道的结构和稳定。如能利用地形、地质条件,适当地布置或延长引桥,使桥台置于地基土质较好或软土较薄处,以引桥代替高路堤,减少桥台和填土高度,有利于桥台、路堤的结构和稳定。在造价、占地、养护费用、运营条件等方面通盘考虑后,确定技术上、经济上都合理的设计方案。

软土地基上桥梁宜采用轻型结构,减轻上部结构及墩台自重。软土地基易产生较大的不均匀沉降,一般以采用静定结构或整体性较好的结构为宜,如桥梁上部可采用钢筋混凝土空心板或箱形梁;桥台采用柱式、支撑梁轻型桥台或框架式等组合式桥台;桥墩宜用桩柱式、排架式、空心墩等。涵洞宜用钢筋混凝土管涵、整体基础钢筋混凝土盖板涵、箱涵以保证涵洞的刚度和整体性。

2.软土地基桥梁基础设计应注意事项

我国在软土地区的桥梁基础,常用的是刚性扩大基础(天然地基或人工地基)和桩基础,也有用沉井基础的,现结合软土地基的特点,介绍设计时应注意的一些问题。

1)刚性扩大浅基础

在分布较稳定、均匀,有一定强度的软土上修筑对沉降要求不很高的矮小桥梁时,常优先采用天然地基(或配合砂砾垫层)上的刚性扩大浅基础。如软土表层有较厚的"硬壳"也可考虑利用。刚性扩大基础常因软土的局部塑性变形而使墩、台发生不均匀沉降;或由于台后填土影响使桥台前后端沉降不均,从而发生常见的后仰工程事故,有时还会导致桥台向前滑移。因此,在设计时应注意对基础受力不同的边缘(如桥台基础的前趾和后踵)沉降的验算及抗滑动、抗倾覆的验算。

防治措施:可采用人工地基,如有针对性地布设砂砾垫层;对地基进行加载预压以减少地基的沉降量和调整沉降差;采用深层搅拌法,以水泥土搅拌桩或粉体喷射搅拌桩加固软土地基,按复合地基理论验算地基各控制点的承载力和沉降(加固范围应包括桥头路堤地基的一部分);采取结构措施如改用轻型桥台、埋置式桥台,必要时改用桩基础等。也有建议将小桥(如单孔跨径不超过 8m,孔数不多于 3 孔)的相邻墩台刚性扩大基础联合成整体,形成联合基础板,在满足地基承载力和沉降的同时,可以解决小桥的桥台前倾后仰和滑移问题。但此时为避免小桥基础板过厚,常需配置受力钢筋将其改为柔性基础。经先进行技术、经济方案比较,及全面分析后,选用技术先进、经济合理的软土地基小桥基础方案。设计方法可参考第二章第五节钢筋混凝土扩展基础简化的倒梁法及其结构设计有关规定。为了防止小桥基础向桥孔滑移,也可仅在基础间软土地基上相邻墩、台间距小于 5m 时设置钢筋混凝土(或混凝土)支撑梁。软土地基上相邻墩、台间距小于 5m 时,应按《公路桥涵地基与基础设计规范》(JTG 3363—2019)要求,考虑邻近墩、台对软土地基所引起的附加竖向压应力。

2）桩基础

在较深厚的软土地基上，大中型桥梁常采用桩基础，它能获得较好的处理效果，如达到经济上合理，应是首选的方案。施工方法可以是打入（压入）桩、钻孔灌注桩等。要求基桩穿过软土深入硬土（基岩）层以保证足够的承载力和很小的沉降量。软土很厚需采用摩擦桩时，应注意桩底软土承载力和沉降的验算，必要时可对桩周软土进行处理或做成扩底桩。

打入桩的桩距应较一般土质的适当加大，并注意桩的施打顺序，避免已打入的邻桩被挤移或上抬，影响质量。钻孔灌注桩一般应先试桩取得施工经验，避免成孔时发生缩孔、塌孔。

软土地基桩基础设计中，应充分注意由于软土侧向移动而使基桩挠曲和受到的附加水平压力和由于软土下沉而对基桩发生的负摩阻力，现分述如下。

（1）软土侧向移动对基桩的影响。软土地基上桩基础的桥台、挡墙等，由于台后填土重力的挤压，产生地基中软土的侧向移动，使桩、土间产生附加水平压力，引起桩身挠曲，使桥台后仰和向河槽倾移，甚至发生基桩折损等事故。在深厚软土上修桥，特别是较高填土的桥台日益增多，这类事故时有发生，已引起国内外基础工程界广泛重视。

桩身受到附加水平力发生挠曲与填土高度密切相关，也与基桩穿越的各土层层厚、软土的力学性质、软土移动量、软土在深度的变化、基桩刚度，及其两端支承条件等因素有关。对此问题的探讨目前还不够充分，实践中一般应用半理论半经验方法处理，更精确、全面、符合实际的计算分析方法尚需进一步完善。

为了避免桥台后仰前倾，可采取加强桩顶约束或平衡（或减少）土压力的措施，如采用低桩承台、埋置式桥台、台前加筑反压护道和挡墙（其地基应经处理），也可采用刚度较大的基桩和多排桩基础（打入桩可采用部分斜桩），对软土地基加载预压等方法。

（2）软土下沉对基桩的影响。软土下沉使基桩受到负摩阻力，将增加基桩的沉降或使桩身纵向压屈破坏，必须予以重视。基桩桩侧负摩阻力产生原因、条件及计算等请参阅第四章第一节中的有关介绍。

3）沉井基础

在较厚较软土上施工沉井，往往因下沉速度较快而发生沉井倾斜、位移等，应事先注意采取防备措施，如选用轻型沉井、平面形状采用圆形或长宽比较小的矩形、立面形状采用竖直式等，施工时尽量对称挖土以控制均匀下沉并及时纠偏。

（四）软土地基桥台及桥头路堤稳定性设计应注意的事项

软土地基抗剪强度低，在稍大的水平力作用下桥台和桥头路堤容易发生地基的纵向滑动，造成失稳，应进行验算。如稳定性不够，小桥可采用支撑梁、人工地基等；大中桥梁除将浅基改为桩基，采用人工地基、延长引桥使填土高度降低或桥台移至稳定土层上外，常用方法是采取减少台后土压力措施或在台前加筑反压护道（应注意台前过水面积的保证）。埋置式桥台也可同时放缓溜坡，反压护道（溜坡）长度、高度、坡度，以及地基加固方法等都应该经计算确定，施工时注意桥台前、后填土进度的配合，避免有过大的高差。

桥头路堤填土（包括桥台锥坡）横向失稳也须经过验算加以保证，需要时也应放缓坡度或加筑反压护道。

桥头路堤填土稍高时，路堤下沉使桥台后倾是软土地区桥梁工程常发生的事故。除应对桥台基础采取有针对性的结构措施和改用轻质材料填筑路堤外，一般也常对路堤的地基采取人工加固的方法来处理。

第三节 换土垫层法

换土垫层法是挖去地表浅层软弱土层或不均匀土层,回填坚硬、较粗料径的材料,并夯压密实,形成垫层的地基处理方法。换土垫层主要用于浅层地基处理,一般适用于淤泥、淤泥质土、湿陷性黄土、素填土、杂填土地基及暗沟、古井、古墓等处理深度不大(通常控制在3m以内)的各类软弱土层。换填的材料应具有强度高、压缩性低、稳定性好和无侵蚀性等良好的工程特性,根据垫层材料不同,可分为砂和砂石垫层、灰土垫层、土工合成材料垫层、粉煤灰垫层以及矿渣垫层等。换填垫层法的作用可体现在提高浅层地基承载力,减少沉降量,加速软弱土层的排水固结,防止冻胀和减少膨胀土的胀缩性等方面。

一、垫层的设计计算

当软弱土层部分换填时,地基便由垫层及(软弱)下卧层组成(图6-5),足够厚度的垫层置换可能被剪切破坏的软弱土层,以使垫层底部的软弱下卧层满足承载力和沉降的要求,而达到加固地基的目的。

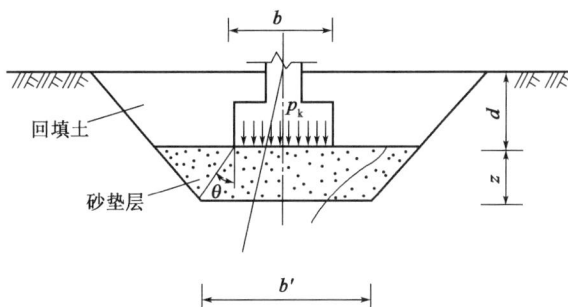

图6-5 垫层及应力分布

垫层的设计不但要满足建筑物对地基变形及稳定的要求,而且应符合经济合理的原则。设计时,应根据建筑的体型、结构特点、荷载性质、岩土工程条件、施工机械设备及填料性质和来源等进行综合分析,进行换土垫层的设计和选择施工方法。其设计内容主要是确定断面的合理厚度和宽度。对于垫层,既要有足够的厚度来置换可能被剪切破坏的软土层,又要有足够的宽度以防止垫层向两侧挤出。对于有排水要求的垫层来说,除要求有一定的厚度和宽度外,还需形成一个排水面,促进软弱土层的固结,提高其强度,以满足上部荷载的要求。因此,垫层的主要设计内容是确定垫层的厚度、宽度和承载力,必要时还要进行变形计算。

(一)垫层厚度的确定

垫层厚度计算实质上是软弱下卧层顶面承载力的验算,根据需要置换的软弱下卧层顶面承载力确定垫层厚度,应满足下式要求,通过试算求得。

$$p_{ok} + p_{gk} \leqslant \gamma_R f_a \tag{6-13}$$

条形基础(长宽比等于或大于10的矩形基础)

$$p_{ok} = \frac{b(p'_{ok} - p'_{gk})}{b + 2z\tan\theta} \qquad (6\text{-}14)$$

矩形基础

$$p_{ok} = \frac{bl(p'_{ok} - p'_{gk})}{(b + 2z\tan\theta)(1 + 2z\tan\theta)} \qquad (6\text{-}15)$$

式中：p_{ok}——垫层底面处的附加压应力（kPa）；

　　　p_{gk}——垫层底面处的自重压应力（kPa）；

　　　f_a——垫层底面处地基的承载力特征值（kPa）；

　　　b——矩形基础或条形基础底面的宽度（m）；

　　　l——矩形基础底面的长度（m）；

　　　p'_{ok}——基础底面压应力（kPa）；

　　　p'_{gk}——基础底面处的自重压应力（kPa）；

　　　z——基础底面下垫层的厚度（m）；

　　　θ——垫层的压力扩散角（°），宜通过试验确定，无试验资料时，可按表6-6采用。

垫层压力扩散角 θ 表6-6

垫 层 材 料	中砂、粗砂、砾砂、圆砾、角砾、卵石、碎石	
z/b	0.25	≥0.5
$\theta(°)$	20	30

注：当 $0.25 < z/b < 0.5$ 时，θ 值可内插确定；当 $z/b < 0.25$ 时，取0°。

　　设计时，一般采用试算法，即先根据上部结构、基础的荷载情况以及软弱下卧层的承载力情况初步取定垫层的厚度，然后根据式（6-13）、式（6-14）、式（6-15）验算承载力是否满足要求。不满足时调整初选值再进行验算，直至符合式（6-13）为止。垫层的厚度通常不宜小于0.5m，也不宜大于3m。

（二）垫层的宽度

（1）垫层的顶宽。

为防止垫层向两侧挤出，垫层顶面每边宜超出基础底边不小于300mm，或从垫层底面两侧向上，按当地开挖基坑经验要求的坡度延伸到地面。

（2）垫层的底宽。

垫层底面的宽度 b_1 应满足基底压应力扩散的要求，可按下式或根据当地经验确定：

$$b_1 = b + 2z\tan\theta \qquad (6\text{-}16)$$

式中：b_1——垫层底面宽度（m）；

　　　θ——垫层的压力扩散角（°），可按表6-6采用；当 $z/b < 0.25$ 时，按表中 $z/b = 0.25$ 取值。

（三）垫层的承载力

　　垫层顶面的压实度要求应与相同层次的路堤填料压实度要求相同。换土垫层处理后的地基承载力，应满足工程要求。垫层的承载力宜通过现场载荷试验确定，并应进行下卧层承载力的验算。当缺乏资料时，垫层承载力特征值 f_a 可按表6-7采用。

各种垫层承载力特征值f_a(kPa) 表6-7

施 工 方 法	垫 层 材 料	压实系数 λ_c		承载力特征值
		重型击实试验	轻型击实试验	
碾压、振密 或夯实	碎石、卵石	≥0.94	≥0.97	200~300
	砂夹石(其中碎石、卵石占总质量30%~50%)			200~250
	土夹石(其中碎石、卵石占总质量30%~50%)			150~200
	中砂、粗砂、砾砂			150~200

注:1. 压实系数 λ_c 为土的控制干密度 ρ_d 与最大干密度 $\rho_{d,max}$ 的比值。

2. 土的最大干密度宜采用击实试验确定;最大干密度可取 2.0~2.2t/m³。

(四)沉降验算

在软土地区,虽然基础持力层经换填后满足了承载力要求,但由于垫层下软弱下卧层的存在,建筑物往往仍会产生较大的沉降与差异沉降,为使建筑物正常使用,必须对地基沉降进行控制,因此,垫层设计亦应验算沉降量。垫层地基的变形包括垫层自身变形及压缩层范围内下卧层的变形。垫层地基的沉降量按下式计算:

$$s = s_{cu} + s_s \tag{6-17}$$

$$s_{cu} = p_m \frac{h_z}{E_{cu}} \tag{6-18}$$

式中:s——垫层地基沉降量(mm);

s_{cu}——垫层本身的压缩量(mm);

s_s——下卧层沉降量,可按《公路桥涵地基与基础设计规范》(JTG 3363—2019)第5.3.4条~第5.3.7条的规定计算;

p_m——垫层内的平均压应力(MPa),即基底平均压应力与垫层底平均压应力的平均值;

h_z——垫层厚度(mm);

E_{cu}——垫层的压缩模量(MPa),宜由静载荷试验确定。无试验资料时,如砂砾垫层,可采用 12~24MPa。

二、垫层施工与质量检验

换填施工应符合《公路路基施工技术规范》(JTG/T 3610—2019)规定,换填料应选用水稳性或透水性好的材料,回填应反层填筑、压实。当采用砂(砾)垫层时,材料宜采用无杂物的中、粗砂,含泥率应不大于5%;也可采用天然级配砂砾料,其最大粒径应小于50mm,砾石强度不低于四级(即洛杉矶法磨耗率小于60%)。垫层宜分层摊铺压实,碾压到规定的压实度。垫层采用砂砾料时,应避免粒料离析。垫层宽度应宽出路基边脚 500~1000mm,两侧宜用片石护砌或采用其他方式防护。

施工时应严格保证垫层材料的密实度,选择合适的铺压厚度,确定最优含水率。分层压实可采用机械碾压、重锤夯实、振动压实等。要求分层压实达到设计要求的压实度(应在90%以上)。砂垫层的质量检验,可选用环刀取样法或贯入测定法进行,采用应达到的干重度或贯入度作为控制指标。

第四节　排水固结法

　　排水固结法是使天然地基在建筑物投入使用之前完成大部分固结沉降,从而减少建筑物或构筑物使用期的沉降,保证建筑物的沉降和沉降差在允许的范围内。饱和软黏土地基在荷载作用下,孔隙中的水慢慢排出,孔隙体积慢慢地减小,地基发生固结变形。同时,随着超静孔

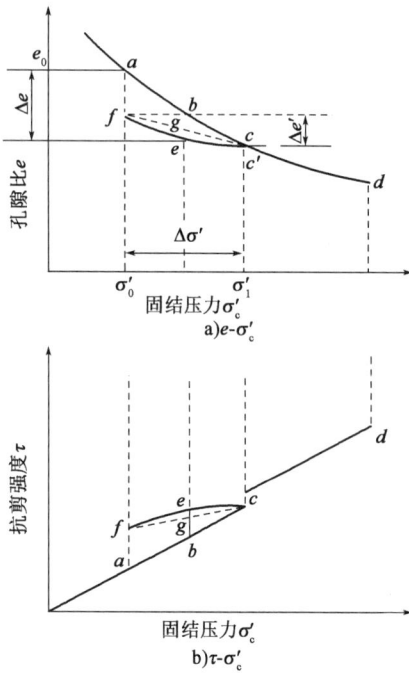

图 6-6　室内压缩试验说明排水固结法原理

隙水压力逐渐消散,有效应力逐渐提高,地基土的强度逐渐增长。现以图 6-6 为例,可说明排水固结法使地基土密实、强化的原理。在图 6-6a)中,当土样的天然有效固结压力为 σ'_0 时,孔隙比为 e_0,在 e-σ'_c 曲线上相应为 a 点,当压力增加 $\Delta\sigma'$,固结终了时孔隙比减少 Δe,相应点为 c 点,曲线 abc 为压缩曲线。与此同时,抗剪强度与固结压力成比例地由 a 点提高到 c 点,说明土体在受压固结时,与孔隙比减小产生压缩的同时,抗剪强度也得到提高。如从 c 点卸除压力 $\Delta\sigma'$,则土样发生回弹,图 6-6a)中 cef 为卸荷回弹曲线,如从 f 点再加压 $\Delta\sigma'$,土样再压缩将沿虚线到 c',其相应的强度包线,如图 6-6b)所示。从再压缩曲线 fgc' 可看出,固结压力同样增加 $\Delta\sigma'$ 而孔隙比减小值为 $\Delta e'$,$\Delta e'$ 比 Δe 小得多。这说明如在建筑场地上先加一个和上部结构相同的压力进行加载预压使土层固结,然后卸除荷载,再施工建筑物,可以使地基沉降减少,如进行超载预压(预压荷载大于建筑物荷载)效果将更好,但预压荷载不应大于地基土的承载力特征值。

　　排水固结法加固软土地基是一种比较成熟、应用广泛的方法,其分类见表 6-8。

排水固结法分类　　　　　表 6-8

按系统划分	排水系统	水平排水体	砂垫层	改变地基原有的排水边界条件,增加孔隙水排出的途径,缩短排水距离
		竖向排水体	砂井、袋装砂井、塑料排水板	
	加压系统	使地基土的固结压力增加,加速孔隙水的排出,从而加速软土的固结		
按加载方法划分	加载预压法	加载应分级逐渐施加,确保每级荷载下地基的稳定		预压法处理地基必须在地表铺设与排水竖井相连的砂垫层,砂垫层厚度应超过预计的沉降量,并不小于500mm;砂垫层砂料宜用中粗砂,其黏粒含量不宜大于3%,砂料中可混有少量粒径小于50mm的砾石。砂垫层的干密度应大于1.5g/cm³,其渗透系数宜大于 10^{-2}cm/s 在预压区边缘应设置排水沟,在预压区内宜设置与砂垫层相连的排水盲沟
	真空预压法	可一次连续抽真空至最大压力		
	降水预压法	利用井点抽水降低地下水位,以增加土的自重来实现加载目的。对于深厚的软黏土层,为加速其固结,往往设置砂井,并采用井点法降低地下水位。当应用真空装置降水时,地下水位能降 5～6m。需要更深的降水时,则需用高扬程的井点法		
	电渗预压法	在土中插入金属电极并通以直流电形成电场,从而促进土中的水分排出		
	联合预压法	几种加载方式联合,如真空堆载预压法		

一、砂井堆载预压法

砂井堆载预压法适用于处理淤泥质土、淤泥和冲填土等饱和黏土地基。饱和黏土渗透系数很低，为了缩短加载预压后排水固结的历时，对较厚的软土层，常在地基中设置排水通道，使土中孔隙较快排出水。可在软黏土中设置一系列的竖向排水通道(砂井、袋装砂井或塑料排水板)，在软土顶层设置横向排水砂垫层如图 6-7 所示，借此缩短排水途程，增加排水通道，改善地基渗透性能。

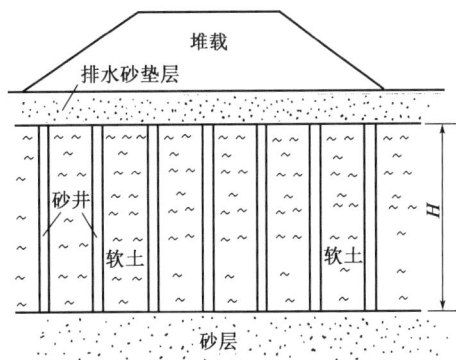

图 6-7　砂井堆载预压

砂井堆载预压法的设计主要内容有排水砂井设计和预压设计。排水砂井设计包括确定排水体类型，砂井断面尺寸、布置方式、间距、深度等。预压设计包括确定预压区的范围、预压荷载的大小、荷载分级、加载速率，以及预压时间等。另外还应计算地基的固结度、强度增长、抗滑稳定性和变形。

(一)排水砂井设计

(1)砂井的直径和间距。砂井的直径和间距主要取决于土的固结特性和施工期的要求。从原则上讲，为达到相同的固结度，缩短砂井间距比增加砂井直径效果要好，即以"细而密"为佳，不过，考虑到施工的可操作性，普通砂井的直径 d 为 300 ~ 500mm。砂井的间距可根据地基土的固结特征和预定时间内所要求达到的固结度确定，间距可按为直径的 6 ~ 8 倍选用。

(2)砂井深度。砂井深度主要根据土层的分布、地基中的附加应力大小、施工期限和条件，及地基稳定性等因素确定。当软土不厚(一般为 10 ~ 20m)时，尽量要穿透软土层达到砂层；当软土过厚(超过 20m)，不必打穿黏土，可根据建筑物对地基稳定性和变形的要求确定。对以地基抗滑稳定性控制的工程，砂井深度应超过最危险滑动面 2.0m 以上。

(3)砂井排列。砂井的平面布置可采取正方形或等边三角形(图 6-8)，在大面积荷载作用下，认为每个砂井均起独立排水作用。为了简化计算，将每个砂井平面上的排水影响面积以等面积的圆来代替，可得一根砂井的有效排水圆柱体的直径 d_e 和砂井间距 l 的关系为

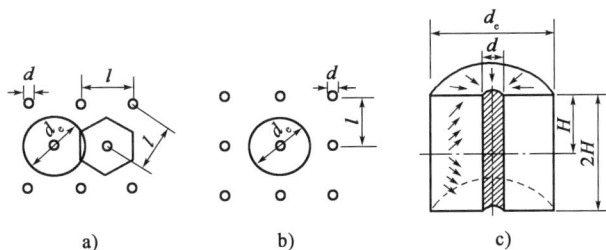

图 6-8　砂井的平面布置及固结渗透途径

等边三角形布置 $$d_e = \sqrt{\frac{2\sqrt{3}}{\pi}}l = 1.05l$$

正方形布置
$$d_e = \sqrt{\frac{4}{\pi}}l = 1.13l$$

（4）砂井的布置范围。由于在基础以外一定的范围内仍然存在压应力和剪应力，所以，砂井的布置范围应比基础范围大为好，一般由基础的轮廓线向外增加 2～4m。

（5）砂料。砂料宜用中粗砂，必须保证良好的透水性，含泥率应小于 3%。

（6）砂砾垫层。为了使砂井有良好的排水通道，砂井顶部应铺设砂垫层，垫层砂料宜用中粗砂，含泥率应小于 5%。砂料中可混有少量粒径小于 50mm 的石粒。砂砾垫层的干密度应大于 1.5t/m³。在预压区内宜设置与砂砾垫层相连的排水盲沟，并把地基中排出的水引出预压区。

（二）预压荷载

预压荷载大小应根据设计要求确定。对于沉降有严格限制的建筑，应采用超载预压法处理，超载量大小应根据预压时间内要求完成的变形量通过计算确定，并宜使预压荷载下受压土层各点的有效竖向应力大于建筑物荷载引起的相应点的附加应力。

为了防止预压荷载过大，使地基发生滑动破坏，预压荷载应小于地基极限承载力，加载速率应根据地基土的强度确定。当天然地基土的强度满足预压荷载下地基的稳定性要求时，可一次性加载，否则，应分级逐渐加载，待前期预压荷载下地基土的强度增长满足下一级荷载下地基的稳定性要求时方可加载。预压荷载顶面的范围应等于或大于建筑物基础外缘所包围的范围。

在公路工程中，根据预压期和运营期作用在地基上荷载的大小，预压分欠载预压、等载预压和超载预压。预压高度应根据软土性质、路堤设计高度、填料情况，及施工工期等确定，并考虑路面结构层材料重度与填料重度不同的因素。超载预压高度应满足施工期路堤稳定性要求。预压期应根据要求的工后沉降量或要求的地基固结度取得。在预压期内地基应完成的沉降量不能小于路面设计使用年限末的沉降量与容许工后沉降之差，必要时，预压期末地基的固结度还应满足路堤稳定性的要求。预压期不宜小于 6 个月。

（三）砂井地基的固结度计算

在堆载预压设计过程中，要重点分析砂井（竖向排水体）的直径、间距、布置形式和固结度之间的关系。

一级或多级等速加载条件下，当固结时间为 t 时，对应总荷载的地基平均固结度为

$$\bar{U}_t = \sum_{i=1}^{n} \frac{\dot{q}}{\sum \Delta p}\left[(T_i - T_{i-1}) - \frac{\alpha}{\beta}e^{-\beta t}(e^{\beta T_i} - e^{\beta T_{i-1}})\right] \tag{6-19}$$

式中：$\bar{U}_t$——固结时间为 t 时地基的平均固结度；

$\dot{q}$——第 i 级荷载的加载速率（kPa/d）；

$\sum \Delta p$——各级荷载的累加值（kPa）；

T_{i-1}、T_i——分别为第 i 级荷载加载的起始和终止时间（从零点起算）（d），当计算第 i 级荷载

加载过程中某时间 t 的固结度时，T_i 改为 t；

α、β——参数，根据地基土排水固结条件按表 6-9 采用。对竖向砂井地基，表中所列 β 为不考虑涂抹和井阻影响的参数值。

α、β 值

表 6-9

参 数	排水固结条件				说 明
	竖向排水固结 $\overline{U}_z > 30\%$	向内径向排水固结	竖向和向内径向排水固结（竖井穿透受压土层）	砂井未贯穿土层固结	
α	$\dfrac{8}{\pi^2}$	1	$\dfrac{8}{\pi^2}$	$\dfrac{8}{\pi^2}Q$	$F_n = \dfrac{n^2}{n^2-1}\ln(n) - \dfrac{3n^2-1}{4n^2}$； c_r——土的径向固结系数（m^2/s）； c_v——土的竖向固结系数（m^2/s）； H——土层竖向排水距离（cm）； $\overline{U}_z$——双面排水层或固结应力均匀分布的单面排水土层平均固结度
β	$\dfrac{\pi^2 c_v}{4H^2}$	$\dfrac{8c_r}{F_n d_e^2}$	$\dfrac{8c_r}{F_n d_e^2} + \dfrac{\pi^2 c_v}{4H^2}$	$\dfrac{8c_r}{F_n d_e^2}$	

注：$Q \approx H/(H_1 + H_2)$，H_1、H_2 为砂井深度及砂井以下压缩土层厚度（m）。

排水砂井采用挤土方式施工时，应考虑涂抹对土体固结的影响。当砂井的纵向通水量与天然土层水平向渗透系数的比值较小，且长度又较长时，还应考虑井阻影响。瞬时加载条件下，考虑涂抹和井阻影响时，砂井地基径向排水平均固结度可按下式计算：

$$\overline{U}_r = 1 - e^{-\frac{8c_r}{Fd_e^2}t} \tag{6-20}$$

$$F = F_n + F_s + F_r \tag{6-21}$$

$$F_n = \ln(n) - \frac{3}{4} \tag{6-22}$$

$$F_s = \left(\frac{k_h}{k_s} - 1\right)\ln s \tag{6-23}$$

$$F_r = \frac{\pi^2 L^2}{4}\frac{k_h}{q_w} \tag{6-24}$$

式中：$\overline{U}_r$——固结时间 t 时砂井地基径向排水平均固结度；

k_h——天然土层水平向渗透系数（cm/s）；

k_s——涂抹区土的水平向渗透系数，可取 $k_s = (1/5 \sim 1/3)k_h$（cm/s）；

s——涂抹区直径 d_s 与砂井直径 d_w 的比值，可取 $s = 2.0 \sim 3.0$，对中等灵敏黏性土取低值，对高灵敏黏性土取高值；

L——砂井深度（cm）；

q_w——井纵向通水量，为单位水力梯度下单位时间的排水量（cm^3/s）；

一级或多级等速加荷条件下，考虑涂抹和井阻影响时砂井穿透受压土层地基之平均固结度可按式（6-20）计算，其中，$\alpha = \dfrac{8}{\pi^2}$，$\beta = \dfrac{8c_r}{F_n d_e^2} + \dfrac{\pi^2 c_v}{4H^2}$。

对排水砂井未穿透受压土层之地基,应分别计算砂井范围土层的平均固结度和砂井底面以下受压土层的平均固结度,通过预压使这两部分固结度和所完成处理的变形量满足设计要求。

(四)预压荷载下地基土体的抗剪强度验算

计算预压荷载下饱和黏性土地基中某点的抗剪强度时,计算时应考虑土体原来的固结状态,对正常固结饱和黏性土地基,某点某一时间的抗剪强度为

$$\tau_{ft} = \tau_{f0} + \Delta\sigma_z U_t \tan\varphi_{cu} \tag{6-25}$$

式中:τ_{ft}——t 时刻,该点土的抗剪强度(kPa);

τ_{f0}——地基土的天然抗剪强度(kPa);

$\Delta\sigma_z$——预压荷载引起的该点的附加竖向应力(kPa);

U_t——t 时刻,该点土的固结度;

φ_{cu}——三轴固结不排水压缩试验求得的土的内摩擦角(°);

(五)预压荷载下地基的最终竖向变形量计算

预压地基的沉降可按第二节软土地基沉降计算的相关内容进行变形计算时,可取附加应力与土自重应力的比值为 0.1 的深度作为受压层的计算深度。

砂井的施工工艺与砂桩大体相近,具体参照本章第五节砂桩的施工工艺。

二、袋装砂井和塑料排水板预压法

用砂井法处理软土地基时,若地基土变形较大或施工质量稍差常会出现砂井被挤压截断,不能保持砂井在软土中排水通道的畅通,影响加固效果。近年来在普通砂井的基础上,出现了以袋装砂井和塑料排水板代替普通砂井的方法,避免了砂井不连续缺点,且施工简便,加快了地基的固结,节约用砂,在工程中得到日益广泛的应用。

(一)袋装砂井预压法

目前国内应用的袋装砂井直径一般为 70～120mm,间距为 1.0～2.0m(井径比 n 约取 15～20)。砂袋可采用聚丙烯或聚乙烯等长链聚合物编织制成,应具有足够的抗拉强度、耐腐蚀、对人体无害等特点。装砂后砂袋的渗透系数不应小于砂的渗透系数。灌入砂袋的砂应为中、粗砂并振捣密实。砂袋留出孔口长度应保证伸入砂垫层至少300mm,并不得卧倒。

袋装砂井的设计理论、计算方法基本与普通砂井相同,其施工已有相应的定型埋设机械,与普通砂井相比,优点是:施工工艺和机具简单、用砂量少;井间距较小,排水固结效率高;井径小,成孔时对软土扰动也小,有利于地基土的稳定和保持其连续性。

(二)塑料排水板预压法

塑料排水板预压法是将塑料排水板用插板机插入加固的软土中,然后在地面加载预压,使土中水沿塑料板的通道逸出,经砂垫层排除,从而使地基加速固结。

塑料板排水与砂井比较具有如下优点:

(1)塑料板由工厂生产,材料质地均匀可靠,排水效果稳定;

(2)塑料板重量轻,便于施工操作;

(3)施工机械轻便,能在超软弱地基上施工;施工速度快,工程费用便宜。

塑料排水板所用材料、制造方法不同,结构也不同,基本上分两类。一类是用单一材料制成的多孔管道的板带,表面刺有许多微孔(图6-9);另一类是两种材料组合而成,板芯为各种规律变形断面的芯板或乱丝、花式丝的芯板,外面包裹一层无纺土工织物滤套(图6-10)。

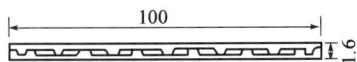

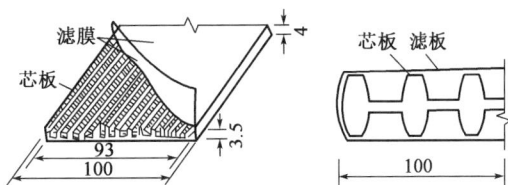

图 6-9 多孔单一型结构塑料排水板(尺寸单位:mm)   图 6-10 复合结构塑料排水板(尺寸单位:mm)

塑料排水板可采用砂井加固地基的固结理论和设计计算方法。计算时应将塑料板换算成相当直径的砂井,根据两种排水体与周围土接触面积相等原理进行换算,当量换算直径 d_w 为

$$d_w = \alpha \frac{2(b+\delta)}{\pi} \tag{6-26}$$

式中:α——排水板在周围土压力作用下,透水能力的折减系数,可取 0.75~1.0;

　　b——排水板的宽度(mm);

　　δ——排水板的厚度(mm)。

目前应用的塑料排水板产品成卷包装,每卷长约数百米,用专门的插板机插入软土地基。先在空心套管装入塑料排水板,并将其一端与预制的专用钢靴连接,插入地基下预定高程处,拔出空心套管。由于土对钢靴的阻力,塑料板留在软土中,在地面将塑料板切断,即可移动插板机进行下一个循环作业。

三、天然地基加载预压法

当软土层厚度不大或软土层含较多薄粉砂夹层,且固结速率能满足工期要求时,可不设置排水竖井。天然地基加载预压法是在建筑物施工前,用与设计荷载相等(或略大)的预压荷载(如砂、土、石等重物)堆压在天然地基上使地基软土得到压缩固结,以提高其强度(也可以利用建筑物本身的重量分级缓慢施工),减少工后的沉降量。待地基承载力、变形达到设计预期要求后,将预压荷载撤除,在其上继续修建建筑物。此方法费用较少,但工期较长,应用就受到限制。软土地基预压处理的效果完全取决于在预压荷载作用下超孔隙水应力的消散和土层的固结。对路堤等建筑物,由于填土高,地基的强度不能满足快速填筑的要求,工程上应严格控制加载速率,采用逐层填筑的方法以确保地基的稳定。设计计算可用一维固结理论。

在施工中通常要监测加载过程中堆体的竖向变形、边桩的水平位移、沉降速率和孔隙水压力发展的情况。根据观测结果,严格控制加载速率,使竖向变形每天一般不超过 10mm(对天然地基)和 15mm(对砂井地基),边桩水平位移每天不超过 5mm,孔隙水压力保持在堆土荷载的 50% 以内,并且随着荷载的增加,为了安全起见,加载速率应逐渐减小。

四、真空预压法和降水位预压法

(一)真空预压法

真空预压法是在软土中设置竖向塑料排水带或砂井,在软土地基表面铺砂层,在砂层上覆盖薄膜封闭,用真空泵不断抽气,使膜内排水带、砂层等处于部分真空,利用膜内真空排出土中多余水量,使土预先固结,以外压力差作为预压荷载减少地基后期沉降的一种地基处理方法。真空预压法(图6-11)实质上是以大气压作为预压荷重的一种预压固结法,在需要加固的软土地基内设置竖向排水通道(普通砂井、袋装砂井或塑料排水板),在其表面铺设砂垫层,并覆盖封闭薄膜与大气隔绝,薄膜四周埋入土中,用真空泵不断抽气,将膜内空气排出,从而在膜的内外产生气压差,即在地表砂垫层及竖向排水通道内逐渐形成负压。在此负压作用下,地基土体中的孔隙水不断排出,从而使土体排水固结,土体的强度同时也得到增长,达到土体加固的目的。同时,真空预压在水平方向产生了一个向着负压源的压力,使四周土体向预压区移动,产生等向固结。这种等向固结只发生收缩变形,对地基的稳定有利,一般情况下不会发生地基失稳破坏的问题。用真空预压代替堆载预压,可以节省工程量和造价。真空预压的理论最大压力为100kPa,在目前的工艺和设备条件下能够达到的最大压力为95kPa。对于填料重度为20kN/m³的路堤,相当于4.75m高的路堤荷载。当路堤高度超过4.75m时,仅靠真空预压达不到等载预压的效果,会造成较大的工后沉降。因此,要求对于设计荷载较大的路堤,采用真空-堆载联合预压,以获得超载预压的效果,减小工后沉降。

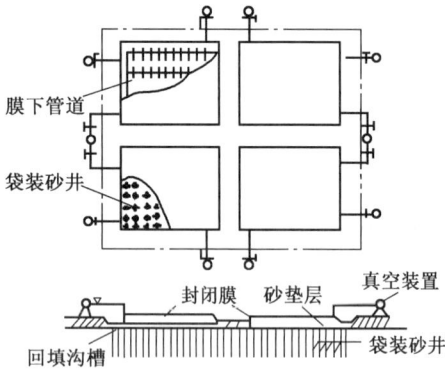

图6-11 真空预压工艺与设备

在路堤工程中,该负压和路堤荷载共同作用使地基加速固结,形成真空联合堆载预压,适用于高填方和桥头路段的软土地基处理。真空预压的效果和密封膜内所能达到的真空度大小关系极大,密封膜内的真空度不宜小于70kPa。当表层存在良好的透气层或在处理范围内存在水源补给的透水层等情况下时,应采取切断透气层和透水层的措施。

真空预压法地基最终竖向变形计算,其中沉降系数 m_s 可取0.6~0.9,瞬时沉降和次固结沉降可忽略不计。沉降计算先计算加固前建筑物荷载下天然地基的沉降量,然后计算真空预压期间所完成的沉降量,两者之差即为真空预压后在建筑物使用荷载下可能发生的沉降。单独采用真空预压时,真空预压期可不进行稳定验算。

(二)降水位预压法

降水位预压法是借井点抽水降低地下水位,以增加土的自重应力,达到预压目的。降低地下水位使地基中的软弱土层承受了相当于水位下降高度水柱的重量而固结,增加了土中的有效应力,从而改善土的性能,地基稳定性提高。这一方法适用于渗透性较好的砂土或粉土或在软黏土层中存在砂土层的情况,使用前应摸清土层分布及地下水位情况等。只要环境容许,地质条件合适,降水位预压法是最经济、最简单的工程措施。降低水位的作用如图6-12所示。

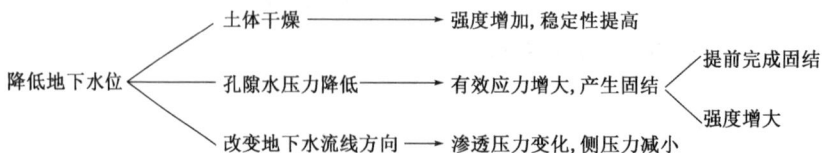

图6-12 降低水位的作用

采用各种排水固结方法加固后的地基,均应进行质量检验。检验方法可采用十字板剪切试验、旁压试验、荷载试验或常规土工试验,以测定其加固效果。

第五节 挤(振)密法

对于不发生冲刷或冲刷深度不大的松散土地基(包括松散砂土、粉土、粉质黏土、素填土、杂填土等),如其厚度较大,用砂垫层处理施工困难时,可考虑采用挤(振)密法,以提高地基承载力,减少沉降量和增强抗液化能力。

下面介绍常用的挤密砂桩法、夯(压)实法和振动法。

一、挤密砂桩法

挤密砂(或砂石)桩是利用振动或锤击作用,将桩管打入土中,分段向桩管加砂石,不断提升并反复挤压而形成的,有关公路工程的规范称这类桩为粒料桩。成桩方法不同,地基土类别不同,砂桩加固地基的作用也不同。对松散的砂土层,砂桩的加固机理有挤密作用、排水减压作用和砂土地基预振作用;对于松软黏性土地基,主要通过桩体的置换和排水作用加速桩间土的排水固结,并形成复合地基,提高地基的承载力和稳定性,改善地基土的力学性质;对于砂土与黏性土互层的地基及冲填土,砂桩也能起到一定的挤实加固作用。

(一)砂桩的设计

1. 加固范围

加固范围应根据建筑物的重要性和场地条件及基础形式确定,通常砂桩挤密地基的面积应超出基础的面积,每边放宽不应少于 1~3 排;用于防止砂层液化时,每边放宽不宜小于处理深度的 1/2,且不宜小于 5m;对高速公路,一般应处理至边缘外 1~3m。

2. 桩直径及桩位布置

砂桩直径可采用 300~800mm,可根据地基土质情况和成桩设备等因素确定。对松软黏性土地基宜选用较大的直径,砂桩孔位宜采用等边三角形或正方形布置;对于砂土地基,砂桩主要起挤密作用,采用等边三角形布置,可使地基挤密较为均匀;对于软黏土地基,采用正方形或等边三角形布置均可。砂桩的布置如图 6-13 所示。

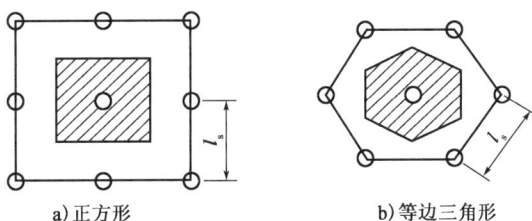

a)正方形   b)等边三角形

图 6-13 砂桩的布置及中距

3. 砂桩的间距

砂桩在砂性与软黏性土中的作用机理不同,桩距计算方法也有所差别,砂桩的中距应通过现场试验确定。一般对粉土和砂土地基,不宜大于砂桩直径的 4 倍;对黏性土地基不宜大于砂桩直径的 3 倍。初步设计时,砂桩的中距也可按下列公式估算。

（1）松散粉土和砂土地基。

砂桩中距可根据挤密后要求达到的孔隙比 e_1 来确定。

等边三角形布置

$$l_s = 0.95d \sqrt{\frac{1+e_0}{e_0-e_1}} \tag{6-27}$$

正方形布置

$$l_s = 0.90d \sqrt{\frac{1+e_0}{e_0-e_1}} \tag{6-28}$$

$$e_1 = e_{max} - D_{rl}(e_{max} - e_{min}) \tag{6-29}$$

式中：l_s——砂桩中距；

d——砂桩直径；

e_0——地基处理前砂土的孔隙比,可按原状土样试验确定,也可根据动力或静力触探等对比试验确定；

e_1——地基挤密后要求达到的孔隙比；

e_{max}、e_{min}——分别为砂土的最大、最小孔隙比；

D_{rl}——地基挤密后要求达到的相对密度,可取 $0.70 \sim 0.85$。

（2）黏性土地基。

等边三角形布置

$$l_s = 1.08\sqrt{A_e} \tag{6-30}$$

正方形布置

$$l_s = \sqrt{A_e} \tag{6-31}$$

一根砂桩承担的处理面积

$$A_e = \frac{A_p}{m} \tag{6-32}$$

$$m = \frac{d^2}{d_e^2} \tag{6-33}$$

式中：A_p——砂桩截面面积；

m——面积置换率；

d_e——等效影响直径,等边三角形布置,$d_e = 1.05l_s$；正方形布置,$d_e = 1.13l_s$。

在工程实践中,除了理论计算外,常常通过现场试验确定砂桩的间距及加固的效果。

4. 砂桩桩长

砂桩桩长可根据工程要求和工程地质条件通过计算确定,不宜小于4m。当软弱土层厚度不大时,砂桩桩长宜穿过松软土层；当松软土层厚度较大时,对按稳定性控制的工程,砂（石）桩桩长不应小于最危险滑动面以下2m 的深度；对变形控制的工程,砂桩桩长应满足处理后地基变形量不超过建筑物的地基变形允许值并满足软弱下卧层承载力的要求；对可液化的地基,砂（石）桩桩长应按现行相关国家标准中的有关规定采用。

5. 砂桩孔内的填料和填砂量

砂桩内填料宜用砾砂、粗砂、中砂、圆粒、角砾、卵石、碎石等,填料中含泥率不应大于 5%,

并不宜含有粒径大于 50mm 的粒料。

砂桩桩孔内的填料量应通过现场试验确定,估算时可按设计桩孔体积乘以充盈系数 β 确定,β 可取 $1.2 \sim 1.4$。如施工中地面有下沉或隆起现象,则填料数量应根据现场具体情况予以增减。

6. 垫层

砂桩施工完成后,桩顶部分的桩体比较松散,密实度较小,应采用碾压或夯实的方法将其压密,然后在砂桩顶部宜铺设一层厚度为 $300 \sim 500mm$ 的砂石垫层。必要时可在垫层中增设加筋织物,加大地基抗剪强度。

7. 强度验算

砂桩加固软土的地基属于复合地基。复合地基理论的最基本假定为桩与土的协调变形,设计中一般不考虑桩的负摩阻力及群桩效应问题。复合地基内滑动面上的抗剪强度采用复合地基抗剪强度 τ_{ps},该强度可按下式计算:

$$\tau_{ps} = m\tau_p + (1 - m)\tau_s \tag{6-34}$$

$$\tau_p = \sigma \cos\alpha \tan\varphi_c \tag{6-35}$$

$$m = \frac{d^2}{d_c^2} \tag{6-36}$$

式中:τ_p——桩体部分的抗剪强度(kPa);

τ_s——地基土的抗剪强度(kPa);

σ——滑动面处桩体的竖向应力(kPa);

φ_c——粒料桩的内摩擦角,桩料为碎石时可取 38°,桩料为砂砾时可取 35°,桩料为砂时可取 28°;

m——面积置换率;

d——桩身平均直径(m);

d_c——根桩分担的处理地基面积的等效影响直径(m)。

8. 沉降计算

在砂桩桩长深度内地基的沉降 s_z 按下式计算:

$$s_z = \mu_s s \tag{6-37}$$

$$\mu_s = \frac{1}{1 + m(n - 1)} \tag{6-38}$$

式中:μ_s——桩间土折减系数;

n——桩土应力比,宜用当地或类似试验工程的试验资料确定;无资料时,n 可取 $2 \sim 5$,当桩底土质好、桩间土质差时取高值,否则取低值;

s——砂桩桩长深度内原地基的沉降值。

9. 复合地基部分的平均固结度

设有砂桩复合地基部分的平均固结度,可将砂桩视为竖向排水体,按砂井地基的固结度计算。计算时应将砂桩的直径 d 折减,其折算后的排水体当量直径 d_w 可按下式计算:

$$d_w = \beta d \tag{6-39}$$

式中:β——当量直径折减系数,砂取 $0.7 \sim 1$,碎石、砂砾可取 $1/5 \sim 1/3$。

10. 承载能力计算

小型构造物下的砂桩，应按照承载能力进行设计。砂桩复合地基承载力特征值 f_{spk} 宜通过现场单桩复合地基或多桩复合地基载荷试验确定，初步设计时可按下式估算：

$$f_{spk} = mf_{pk} + (1 - m)f_{sk} \tag{6-40}$$

$$f_{spk} = [1 + m(n - 1)]f_{sk} \tag{6-41}$$

式中：f_{spk}——桩体承载力特征值（kPa），宜通过单桩载荷试验确定；

f_{sk}——处理后桩间土承载力特征值（kPa），宜按当地经验取值，当无经验时，可取天然地基承载力特征值。

（二）砂桩施工

砂桩施工可采用振动沉管、锤击沉管或冲击成孔等成桩法。当用于消除粉细砂及粉土液化时，宜用振动沉管成桩法。振动式是靠振动机的垂直上下振动作用，把带桩靴或底盖的钢套管打入土中成孔，填入砂料振动密实成桩（一面振动一面拔出套管）。锤击式是将钢套管打入土中，其他工艺与振动式基本相同，但灌砂成桩和扩大是用内管向下冲击而成。

砂（石）桩的充盈系数应通过试桩确定。初步设计时，如缺少经验资料，充盈系数可取 1.3。设有砂（石）桩的路堤底面应设置一层与砂（石）桩相连的排水垫层，垫层材料可采用碎石或砂砾，其厚度宜为 0.5 m，粒料中小于 5 mm 部分的含泥率不宜大于 5%，渗透系数不宜小于 1×10^{-3} cm/s。

（三）质量检验

砂桩施工的沉管时间、各深度段的填砂量，及挤压时间等是施工控制的重要手段，也可以作为评估施工质量的重要依据，再结合抽检便可以较好地做出质量评价。因此，应在施工期间及施工结束后，检查砂桩的施工记录。对沉管法，尚应检查套管往复挤压振动次数与时间、套管升降幅度和速度、每次填砂石料量等各项施工记录。

施工后应间隔一定时间方可进行质量检验。对饱和黏性土地基应待孔隙水压力消散后进行，间隔时间不宜少于 28 d；对粉土、砂土和杂填土地基，不宜少于 7 d。

砂桩的施工质量检验可采用单桩载荷试验，对桩体可采用动力触探试验检测，对桩间土可采用标准贯入、静力触探、动力触探或其他原位测试等方法进行检测。桩间土质量的检测位置应在等边三角形或正方形的中心。砂桩地基竣工验收时，承载力检验应采用复合地基载荷试验。

二、夯（压）实法

夯（压）实法对砂土地基及含水率在一定范围内的软弱黏性土可提高其密实度和强度，减少沉降量。此法也适用于加固杂填土和黄土等。填方或地面浅表层常用的压实方法是碾压法、夯实法和振动压实法，而浅层处理可采用重锤夯实法，深层处理可选择强夯法。

（一）重锤夯实法

夯实与碾压方法是修筑路堤及加固浅层地基最常用的简单处理方法。重锤夯实法是运用起重机械将重锤提到一定高度,然后锤自由落下,重复夯击地基,使浅层的地基土体得到夯击而密实,从而提高强度。该方法可用于处理离地下水位0.8m,饱和度在0.5以上,稍湿的黏性土、粉土、砂土、部分杂填土、湿陷性黄土和分层填土等地基,是一种浅层的地基加固方法。

重锤的式样常为一截头圆锥体(图6-14),重为15~30kN,锤底直径0.7~1.5m,锤底面自重静压力为15~30kPa,落距一般采用2.5~4.0m。重锤夯实的有效影响深度与锤重、锤底直径、落距,及地基土条件等因素有关。为达到预期的加固密实度和深度,宜先进行试夯,以选定锤重、锤底直径和落距,以及夯沉量、相应的最少夯击遍数、地面总下沉量等参数。夯实地基的承载力和压缩模量等工程性质宜按地区经验预估,必要时可通过现场夯实和测试进行校核,必要时还应对软弱下卧层承载力及地基沉降进行验算。

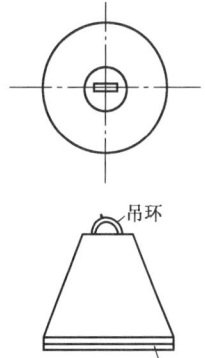

图6-14 夯锤

重锤夯实前应实测地基土的含水率。夯击时,土的饱和度不宜太高,地下水位应低于击实影响深度,在此深度范围内也不应有饱和的软弱下卧层,否则会出现"橡皮土"现象,严重影响夯实效果,含水率过低消耗夯击功能较大,还往往达不到预期效果。一般含水率应尽量控制接近击实土的最佳含水率或控制在塑液限之间而稍接近塑限,也可由试夯确定含水率与锤击功能的规律,以求能用较少的夯击遍数达到预期的设计加固深度和密实度,从而指导施工。一般夯击遍数不宜超过8~12遍,否则,应考虑增加锤重、落距或调整土层含水率。

(二)强夯法

强夯法是用质量达数十吨的重锤自数米高处自由下落,给地基以冲击,从而提高一定深度内地基土的密度、强度并降低其压缩性的方法。强夯法适用于处理碎石土、砂土、低饱和度的粉土与黏性土、湿陷性黄土、素填土和杂填土等地基。对饱和软黏土地基中夹有多层粉砂可采用在夯坑中回填块石、碎砾石、卵石等粒料进行强夯置换处理,但使用中应慎重,必须通过试夯验证设计的合理性。

强夯法的显著特点是夯击能量大,影响深度大,具有工艺简单、施工速度快、效果好、适用范围广、费用低等优点。

1.强夯法加固的机理

强夯法(图6-15)虽然在实践中已被证实是一种较好的地基处理方法,但其加固机理研究尚待完善。从强夯加固的效果看,在地基中沿深度常形成性质不同的3个区:

(1)地基表层形成松动区;

(2)松动区下面某一深度,受到体波的作用,使土层产生沉降和土体的压密,形成加固区;

(3)加固区下面冲击波逐渐衰减,不足以使土体产生塑性变形,对地基不起加固作用,称为弹性区。

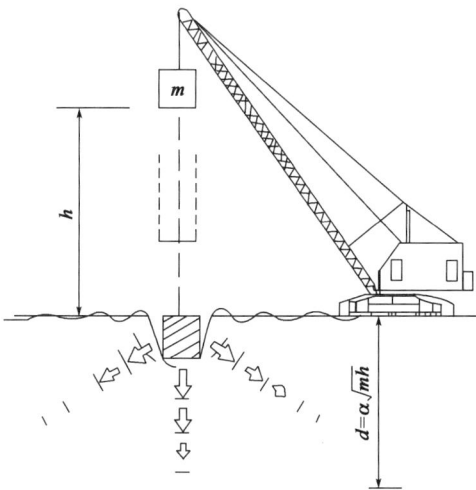

图6-15 强夯法示意图

强夯法加固地基的机理,从加固原理与作用看,分为动力夯实、动力固结、动力置换 3 种情况,其共同特点是,破坏土的天然结构,达到新的稳定状态。目前对强夯加固机理根据土的类别和强夯施工工艺的不同分为不同加固机理。

(1)动力密实。对多孔隙、粗颗粒、非饱和土的加固机理是基于动力密实,即在冲击型荷载作用下,巨大的夯击能量产生的冲击波和动应力在土中传播,使颗粒破碎或使颗粒产生瞬间的相对运动,孔隙中气泡迅速排出或压缩,孔隙体积减小,形成较密实的结构。地基土密实度增加,地基强度提高。

(2)动力固结。在处理饱和的细粒土时,则借助于动力固结理论,即土体在巨大的夯击能量作用下,产生孔隙水压力破坏土体原结构,使土体局部发生液化并产生裂隙,形成新的排水通道,渗透性改变,加速孔隙水排出,随着超孔隙水压力的消散,土体逐渐固结。同时,在夯击过程中伴随土体中气体体积的压缩,饱和土触变的恢复,黏粒结合水向自由水转化等现象的产生,使土体的抗剪强度、变形模量等增大,土体得到加固。

(3)动力置换。在饱和软黏土特别是淤泥及淤泥质土中,通过强夯将碎石等粒料挤填到饱和软土层中,形成"桩柱"或密实的砂石层,构成复合地基,从而提高了地基的承载力。

2. 强夯法设计

强夯法的主要设计参数包括有效加固深度、夯击能、夯击次数、夯击遍数、间隔时间、夯击点布置和处理范围等。

(1)有效加固深度。

强夯的有效加固深度影响因素很多,有锤重、锤底面积和落距,还有地基土层性质、分布,地下水位以及其他有关设计参数等。强夯法的有效加固深度应根据现场试夯或当地经验确定。一般可用下列公式估算:

$$d = \alpha \sqrt{mh} \tag{6-42}$$

式中:m——夯锤质量(t);

h——夯锤落距(m);

α——修正系数,与土质条件、地下水位、夯击能大小、夯锤底面积等因素有关,其范围值为 0.34 ~ 0.80,应根据现场试夯结果确定。

(2)夯点的夯击次数(最佳夯击能)。

根据现场试夯确定,应满足下列条件:以夯坑的压缩量最大,夯坑周围地面隆起最小为原则,且最后两击或三击的平均夯沉量不大于 50 ~ 100mm。

(3)夯点可采用正方形或等边三角形布置,间距以 5 ~ 7m 为宜。一般夯锤有效加固面积可以相连或重合。

(4)夯击遍数通过试夯确定。

(5)间歇时间:两遍夯击之间留出使土中超孔隙水压力消散的时间,可以通过试夯过程中孔隙水压力测量确定,当缺少实测资料时,可按 3 ~ 7d 考虑。适用条件是饱和软黏土地基中夹有多层粉砂或采用在夯坑中回填块石、碎砾石、卵石等粒料进行强夯置换时。

强夯法的设计计算方法目前尚不成熟,通常是针对工程具体情况,初步确定的强夯参数,提出强夯试验方案,进行现场试夯,施工前后及施工过程中需进行大量测试、试验工作。应根据不同土质条件待试夯结束一至数周后,对试夯场地进行检测,并与夯前测试数据进行对比,检验强夯效果,在此基础上修改初步设计,最终确定出适合于现场土质条件的各项强夯设计参数。

当强夯施工所产生的振动对邻近建筑物或设备会产生有害的影响时,应设置监测点,并采取挖同振沟等隔振或防振措施。不宜在建筑物或人口密集处使用,加固范围较小时也不经济。

三、振冲法

振冲法是利用振冲器在土层中振动和水流喷射的联合作用成孔,然后填入碎石料并提拔振冲器逐段振实,形成刚度较大的碎石桩的地基处理方法。

振冲法适用于处理砂土、粉土、粉质黏土、素填土和杂填土等地基。对于处理不排水抗剪强度不小于 20kPa 的饱和黏性土和饱和黄土地基,应在施工前通过现场试验确定其适用性。不加填料振冲加密适用于处理黏粒含量不大于 10% 的中砂、粗砂地基。对大型的,重要的或场地地层复杂的工程,在正式施工前应通过现场试验确定其处理效果。振冲法处理地基最有效的土层为砂类土和粉土,其次为黏粒含量较小的黏性土;对于黏粒含量大于 30% 的黏性土,则挤密效果明显降低,主要产生置换作用。

振冲法对砂性土地基的加固原理是:振动力除直接将砂层挤压密实外,还向饱和砂土传播加速度,因此,在振冲器周围一定范围内砂土产生振动液化。液化后的土颗粒在重力、上覆土压力及外添填料的挤压下重新排列变得密实,孔隙比大为减小,从而提高地基承载力及抗震能力;另一方面,依靠振冲器的重复水平振动力,在加回填料情况下,通过填料使砂层挤压加密。

由于软黏性土透水性很低,振动力并不能使饱和土中孔隙水迅速排除而减小孔隙比,振动力主要是把添加料振密并挤压到周围软黏土中,形成粗大密实的桩柱,桩柱与软黏土组成复合地基。其加固原理与砂石桩基本相同。

振冲法根据其加固机理不同,可分为振冲置换和振冲密实两类。振冲桩加固砂类土的设计计算,类似于挤密砂桩的计算,即根据地基土振冲挤密前后孔隙比进行;对黏性土地基应按后面介绍的复合地基理论进行,另外也可通过现场试验取得各项参数。当缺乏资料时,可参考表 6-10 进行设计。

振 冲 法 的 设 计 表 6-10

加固方法	振冲置换法	振冲密实法
孔位的布置	等边三角形和正方形	等边三角形和正方形
孔位的间距和桩长	间距应根据荷载大小,原地基土的抗剪强度确定,可用 1.5~2.5m。荷载大或原土强度低时,宜取较小间距;反之,宜取较大间距。对桩端未达到相对硬层的短桩,应取小间距。桩长的确定,当相对硬层的埋深不大时,按其深度确定,当相对硬层的埋深较大时,按地基的变形允许值确定。不宜短于 4m。在可液化的地基中,桩长应按要求的抗震处理深度确定。桩直径按所用的填料量计算,常为 0.8~1.2m	孔位的间距视砂土的颗粒组成、密实要求、振冲器功率等而定。砂的粒径越细,密实要求越高,则间距应越小。使用 30kW 振冲器,间距一般为 1.3~2.0m;55kW 振冲器间距可采用 1.4~2.5m;使用 75kW 大型振冲器,间距可加大到 1.6~3.0m
填料	碎石、卵石、角砾、圆砾等硬质材料,最大直径不宜大于 80mm,对碎石常用粒径为 20~50mm	宜用碎石、卵石、角砾、圆砾、砾砂、粗砂、中砂等硬质材料,在施工不发生困难的前提下,粒径越粗,加密效果越好

振冲法主要的施工机具是振冲器、吊机和水泵。振冲器是一个类似插入式混凝土振捣器的机具，其外壳直径为 0.2 ~ 0.45m，长 2 ~ 5m，重 20 ~ 50kN，筒内主要由一组偏心块、潜水电机和通水管三部分组成，如图 6-16 所示。

振冲器有两个功能，一是产生水平向振动力（40 ~ 90kN）作用于周围土体；二是从端部和侧部进行射水和补给水。振动力是加固地基的主要因素，射水起协助振动力在土中使振冲器钻进成孔，并在成孔后清孔及实现护壁作用。施工时，振冲器由吊车或卷扬机就位后（图 6-17），打开下喷水口，启动振冲器，在振动力和水冲作用下，在土层中形成孔洞，直至设计高程。然后经过清孔，用循环水带出孔中稠泥浆后，向桩孔逐段添加填料（粗砂、砾砂、碎石、卵石等），填料粒径不宜大于80mm，碎石常用 20 ~ 50mm，每段填料均在振冲器振动作用下振挤密实，达到要求密实度后就可以上提。重复

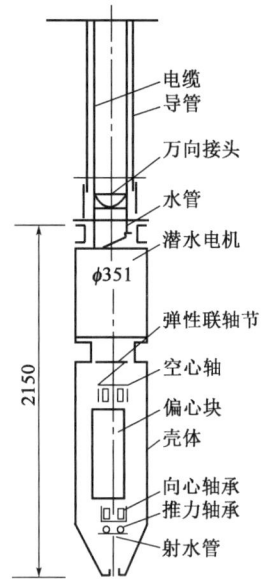

图 6-16　振冲器构造示意图（尺寸单位：mm）

上述操作直至地面，从而在地基中形成一根具有相当直径的密实桩体，同时孔周围一定范围的土也被挤密。孔内填料的密实度可以从振动所耗的电来反映，通过观察电流变化来控制。不加填料的振冲密实法仅适用于处理黏粒含量不大于10%的粗砂、中砂地基。

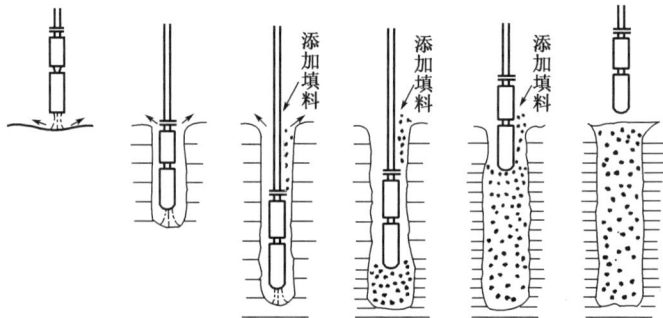

图 6-17　振冲施工过程

振冲法的显著优点是用一个较轻便的机具，将强大的水平振动（有的振冲器也附有垂直向的振动）直接递送到深度约20m的软弱地基内，施工设备较简单，操作方便，施工速度快，造价较低。缺点是加固地基时要排出大量的泥浆，环境污染比较严重。

振冲施工结束后，除砂土地基外，应间隔一定时间后方可进行质量检验。对粉质黏土地基间隔时间可取 21 ~ 28d，对粉土地基可取 14 ~ 21d。检验方法可采用静载试验、标准贯入试验、静力触探或土工试验等，对加固前后进行对比。

第六节　化学固化法

化学固化法是指在软土地基土中掺入水泥、石灰等，采用喷射、搅拌等方法使其与原土体

充分混合,产生固化作用;或把一些具有固化作用的化学浆液(如水泥浆、水玻璃、氯化钙溶液等)灌入地基土体中,以改善地基土的物理力学性质,达到加固目的。

按加固材料的状态可分为粉体类(水泥、石灰粉末等)和浆液类(水泥浆或其他化学浆液)。按施工工艺可分为低压搅拌法(如粉体喷射搅拌桩、水泥浆搅拌桩等)、高压喷射注浆法(如高压旋喷桩等)和胶结法(如灌浆法、硅化法)3类。

一、低压搅拌法

低压搅拌法是利用水泥、石灰或其他材料作为固化剂,通过特别的深层搅拌机械将其与地基深层土体强制搅拌,经物理-化学作用、硬化而形成整体的水泥浆液搅拌桩或粉体喷射搅拌桩的施工方法。在高速公路软基处理中主要采用水泥作为固化材料。当采用水泥浆液为固化剂时,常称为深层搅拌法(简称湿法);当采用粉状水泥为固化剂时,常称粉体喷射搅拌法(简称干法)。这两者的加固原理、设计计算方法和质量检验方法基本一致,但施工工艺有所不同。

(一)加固机理

当采用水泥作为固化剂材料时,其加固软黏土的原理是:在加固过程中发生水泥的水解和水化反应(水泥水化成氢氧化钙、含水硅酸钙、含水铝酸钙,及含水铁铝酸钙等化合物在水中和空气中逐渐硬化)、黏土颗粒与水泥水化物的相互作用(水泥水化生成钙离子与土粒的钠、钾离子交换,使土粒形成较大团粒的硬凝反应)和碳酸化作用(水泥水化物中游离的氢氧化钙吸收二氧化碳生成不溶于水的碳酸钙)3个过程。这些反应使土颗粒形成凝胶体和较大颗粒;颗粒间形成蜂窝状结构;生成稳定的不溶于水的结晶化合物,从而提高软土强度。用水泥粉体作固化剂其水化反应放热直接在地基土中,因此,其水分蒸发和吸收水分的能力较强。已有的试验及研究表明,水泥与软土拌和后,将发生如下的物理化学反应:

(1)水泥的水化反应。

当水泥与软土搅拌后,水泥中的硅酸三钙(Ca_3Si)、硅酸二钙(Ca_2Si)、铝酸三钙(Ca_3Al)等遇到土中的自由水,发生水化反应,形成各种硅、钙、铝质的水溶液,同时水泥中的石膏大量吸水,水解后形成针状晶体。如果土中水分充分,易溶于水的水化物游离出来,水泥颗粒继续发生水化反应生成凝胶体,消耗掉软土中的水分,从而增加土的黏结力。如果土中水泥掺量较多,而土中自由水又较少,就会有部分水泥颗粒不能水化,不但不能起固化剂的作用,而且由于水泥颗粒结构松散而影响桩的强度。所以,设计掺灰数量应根据处理地层的含水量大小并结合室内试验确定,并非掺灰数量越多效果越好。

(2)阳离子交换与团粒化作用。

水泥水解后,溶液中 Ca^{2+} 的含量增加,与土粒发生阳离子交换,等量置换土层中 K^+ 和 Na^+,生成不溶于水的沉淀物并附在黏土颗粒表面,从而形成较大的土团粒。同时水泥水化形成的凝胶粒子的表面积远大于原水泥的表面积,从而产生强烈的吸附作用,使土团粒形成具有蜂窝结构的水泥土。

(3)硬凝反应。

阳离子交换后,在碱性环境中过剩的钙离子与黏土矿物中的 SiO_2 和 Al_2O_3 进行化学反应,生成不溶于水的稳定结晶水化矿物,生成物在水中和空气中逐渐硬化,增大了水泥土的强度和稳定性。

（4）碳酸化反应。

水泥水化物中游离的氢氧化钙吸收水中和空气中的二氧化碳，发生碳酸反应，生成不溶于水的碳酸钙，固化软土，反应式如下：

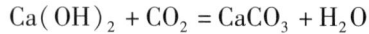

$$Ca(OH)_2 + CO_2 = CaCO_3 + H_2O$$

目前，低压搅拌桩的加固材料是以水泥为主，根据情况，可适量加入减水剂、增强剂、粉煤灰等，但反应机理基本相同。

（二）低压搅拌法设计

低压搅拌法的设计，主要是确定搅拌桩的置换率和长度。

（1）对工程地质勘察的要求和适用范围。

确定处理方案前应搜集拟处理区域内详尽的岩土工程资料。尤其是填土层的厚度和组成；软土层的分布范围、分层情况；地下水位及 pH 值；土的含水量、塑性指数和有机质含量等。

低压搅拌法适用于处理正常固结的淤泥与淤泥质土、粉土、饱和黄土、素填土、黏性土，以及无流动地下水的饱和松散砂土等地基。当地基土的天然含水率小于 30%（黄土含水量小于 25%）、大于 70% 或地下水的 pH 值小于 4 时不宜采用干法。冬季施工时，应注意负温对处理效果的影响。当用于处理泥炭土、有机质土、塑性指数 I_p 大于 25 的黏土、地下水具有腐蚀性时，以及无工程经验的地区，必须通过现场试验确定其适应性。采用低压搅拌桩加固软土地基的十字板抗剪强度不宜小于 10kPa。

（2）布桩形式。

低压搅拌法形成的水泥土加固体，可作为竖向承载的复合地基、基坑工程围护挡墙、被动区加固、防渗帷幕和大体积水泥稳定土等。加固体形状可分为柱状、壁状、格栅状或块状等。

（3）桩长、桩径和间距的确定。

对于低压搅拌桩的直径及设置深度、间距应经稳定验算确定并满足工后沉降的要求。低压搅拌桩的桩径不应小于 500mm。相邻桩的净距不应大于 4 倍桩径。竖向桩的长度应根据上部结构对承载力和变形的要求确定，并宜穿透软弱土层到达承载力相对较高的土层；为提高抗滑稳定性而设置的搅拌桩，其桩长应超过危险滑弧以下 2m。湿法的加固深度不宜大于 20m。干法不宜大于 15m。

（4）固化剂及外掺剂类型和用量。

低压搅拌桩的固化剂宜选用强度等级为 325 级及以上的普通硅酸盐水泥。水泥掺量除块状加固时可用被加固土体质量的 7%～12% 外，其余宜为 12%～20%。湿法的水泥浆水灰比可选用 0.45～0.55。外掺剂可根据工程需要和土质条件选用具有早强、缓凝、减水，以及节省水泥等作用的材料，但应避免污染环境。

竖向承载搅拌桩的桩长超过 10m 时，可采用变掺量设计，在全桩水泥总掺量不变的前提下，桩身上部三分之一桩长范围内可适当增加水泥掺量及搅拌次数；桩身下部三分之一桩长范围内可适当减少水泥掺量。

设计前应进行拟处理土的室内配合比试验。针对现场拟处理的最弱层软土的性质，选择合适的固化剂、外掺剂，及其掺量，为设计提供各种龄期、各种配比的强度参数。对竖向承载搅拌桩的水泥土强度宜取 90d 龄期试块的立方体抗压强度平均值；对承受水平荷载的水泥土强度宜取 28d 龄期试块的立方体抗压强度平均值。

（5）低压搅拌桩复合地基稳定计算。

计算低压搅拌桩复合地基的路堤整体抗剪稳定安全系数时，复合地基内滑动面上的抗剪强度采用复合地基抗剪强度 τ_{ps}，该强度按下式计算：

$$\tau_{ps} = m\tau_p + (1 - m)\tau_s \tag{6-43}$$

式中：变量意义同式（6-34）。

低压搅拌桩的抗剪强度以 90d 龄期的强度为标准，可按钻取的试验路段原状试件的无侧限抗压强度 q_u 的一半计算；也可按在设计配合比条件下由室内制备的加固土试件所测得的 90d 无侧限抗压强度乘以 0.3 的折减系数求得，即 $\tau_p = 0.3q_u$。初步设计时，还可采用 96h 高温养生无侧限抗压强度代替 90d 无侧限抗压强度。

（6）低压搅拌桩复合地基沉降计算。

这类复合地基的沉降量按复合地基加固区的沉降量 s_1 和加固区下卧层的沉降量 s_2 两部分来计算。加固区的沉降量 s_1 采用复合压缩模量法计算；下卧层的沉降量 s_2 采用压缩模量法计算。

复合压缩模量 E_{ps} 按下式计算：

$$E_{ps} = mE_p + (1 - m)E_s \tag{6-44}$$

式中：E_p——桩体压缩模量（MPa）；

E_s——土体压缩模量（MPa）；

其他变量意义同式（6-34）。

（三）低压搅拌法施工

低压搅拌桩分为干法与湿法两种方法，干法是把水泥粉喷入地下，与软土搅拌成桩，俗称粉喷桩。湿法是把水泥浆喷入地下，与软土搅拌成桩，又称浆喷桩或深层搅拌桩。

低压搅拌法施工步骤由于湿法和干法的施工设备不同而略有差异。其主要步骤应为：搅拌机械就位、调平；预搅下沉至设计加固深度；边喷浆（粉）边搅拌，提升直至预定的停浆（灰）面；重复搅拌下沉至设计加固深度；根据设计要求，喷浆（粉）或仅搅拌提升直至预定的停浆（灰）面；关闭搅拌机械；在预（复）搅下沉时，也可采用喷浆（粉）的施工工艺，但必须确保全桩长上下至少再重复搅拌一次。

二、高压喷射注浆法

高压喷射注浆法是采用注浆管和喷嘴，借高压将水泥浆等从喷嘴射出，直接破坏地基土体，并与之混合，硬凝后形成固结体，以加固土体和降低其渗透性的方法。

高压喷射注浆法适用于处理淤泥、淤泥质土，流塑、软塑、可塑黏性土，砂土，黄土，素填土和碎石土等地基。当土中含有较多的大粒径块石、大量植物根茎或有较高的有机质时，以及地下水流速过大和已涌水的工程，应根据现场试验结果确定其适用性。高压喷射注浆法可用于既有建筑和新建建筑地基加固，深基坑、地铁工程的土层加固或防水。

高压喷射注浆法按喷射方向和形成固体的形状可分为旋转喷射、定向喷射和摆动喷射 3 种类别。旋转喷射时喷嘴边喷边旋转和提升，固结体呈圆柱状，称为旋喷法。其主要用于加固地基。定向喷射喷嘴边喷边提升，喷射定向的固结体呈壁状；摆动喷射固结体呈扇状墙，此方式常用于基坑防渗和边坡稳定等工程。按注浆的基本工艺可分为单管法（浆液管）、二重管法

（浆液管和气管）、三重管法（浆液管、气管和水管）和多重管法（水管、气管、浆液管和抽泥浆管）等。加固形状可分为柱状、壁状、条状和块状。

（一）加固机理

高压喷射注浆法加固机理包括对天然地基土的加固硬化机理；形成复合地基以加固地基土，提高地基土强度，减少沉降量。土体在高压喷射流的压力作用下，发生强度破坏，土颗粒从土层中剥落下来，与水泥浆搅拌形成混合浆液。一部分细颗粒随混合浆液冒出地面，其余土粒在喷射流的冲击力、离心力和重力等力的作用下，按一定的浆土比例和质量大小，有规律地重新排列。这样从下向上不断地旋转或定向喷射注浆，混合浆液凝固后，便在土层中形成具有一定形状及强度的固结体，从而使地基得到加固。由于在土中形成一定直径的桩体，它与桩间土形成复合地基承担上部荷载，提高了地基承载力和改善了地基变形特性。该法形成的桩体强度一般高于低压搅拌桩，但仍属于低黏结强度的半刚性桩。

（二）高压喷射注浆法的施工

高压喷射注浆方案确定后，应结合工程情况进行现场试验、试验性施工或根据工程经验确定施工参数及工艺。施工工艺包括以下几步：

（1）首先进行施工前的准备；

（2）桩机按布好的桩点就位；

（3）开机钻孔至设计深度；

（4）高压喷射注浆；

（5）边注浆边提升；

（6）成桩结束提管冲洗。

高压喷射注浆的施工参数应根据土质条件、加固要求通过试验或根据工程经验确定，并在施工中严格加以控制。单管法及双管法的高压水泥浆和三管法高压水的压力应大于 20MPa。高压喷射注浆的主要材料为水泥，对于无特殊要求的工程，宜采用强度等级为 325 级及以上的普通硅酸盐水泥。根据需要可加入适量的外加剂及掺和料。外加剂和掺和料的用量，应通过试验确定。水泥浆液的水灰比应按工程要求确定，可取 0.8～1.5，常用 1.0。

三、胶结法

（一）灌浆法

灌浆法，也称注浆法，是将配制好的浆液，利用压力或电化学原理通过专用的注浆设备和注浆管路，注入岩土的孔隙、裂隙和空洞中去，浆液经扩散、凝固、硬化，将松散的土体或缝隙岩体胶结成整体，降低岩土的渗透性，改变其力学性能，提高其强度和稳定性，从而实现加固岩土或防渗堵漏等目的。

1. 灌浆方法

按照施工工艺和灌浆工作原理的不同，灌浆方法可分为下列几种。

（1）渗透灌浆。将注浆管埋设于需要灌浆的地层内，在灌浆泵输送压力的作用下，将调制好的浆液输送和渗透进入土的孔隙或岩石的裂缝中，即浆液在很小的压力下，置换孔隙中的气体和孔隙水,使松散的土体或缝隙岩体胶结成整体,降低其渗透性,使其整体性、强度和刚度等性能明显提高。

(2)劈裂灌浆。由于黏性土地层渗透性小,渗透灌浆效果不理想,常采用劈裂灌浆。劈裂灌浆就是以合适的压力向钻孔内泵送浆液,注浆压力要超过土层的初始应力(通常为自重应力)和土的抗拉强度,土体被劈裂。劈裂缝一般与小主应力方向垂直,即为竖向的裂缝,它很容易与土体内隐蔽的裂隙和孔洞贯通,浆液通过裂缝将隐蔽的裂隙和孔洞填充,从而起加固土体的作用。

(3)压密灌浆。压密灌浆以压力将很浓的浆液经钻孔挤压入土体中,稠浆不能渗入土的孔隙,而在注浆管端部附近形成扩大了的球状、柱状等浆液固结体,以提高地基的承载力,减小建筑地基的变形。为了保持压密灌浆较高的压力,在钻孔套管或处理过的钻孔孔壁与注浆管之间应设置止浆塞(与大气隔开),从注浆管端部压出的"浆泡",甚至可使局部土体向四方挤密和上抬。

(4)电化学灌浆(或电渗法)。在饱和软黏土中,以注浆管为阳极,滤水管为阴极,在注浆过程中通以直流电,使土中产生离子交换、电泳以及电渗作用,在其影响区内形成网状渗透通道,使孔隙水从阳极流向阴极排出,并使化学浆液渗入土的孔隙中形成硅胶等物质,进而产生胶结作用,使土体结硬。

2. 浆液材料

灌浆胶结法所用浆液材料分类方法很多,按浆液所处状态可分为真溶液、悬浮液和乳化液;按工艺性质可分为单浆液和双浆液;按浆液主剂分为无机系列和有机系列;按浆液颗粒可分粒状浆液(纯水泥浆、水泥黏土浆和水泥砂浆等统称为水泥基浆液)和化学浆液(环氧树酯类、甲基丙烯酸酯类和聚氨酯等)两大类。

(二)硅化法

在地基处理中采用最多的化学浆液是硅化灌浆材料,是以硅酸钠(水玻璃 $Na_2O \cdot nSiO_2$)为主剂的化学浆液,它具有无毒、价廉,流动性好等优点。其他还有以丙烯酰胺为主剂和以纸浆废液木质素为主剂的化学浆液,它们性能较好,黏滞度低,能注入细砂等土中,但有的价格较高,有的虽价格低廉、来源广泛,但含有毒性,应用于加固地基受到一定限制。

利用硅酸钠(水玻璃)为主剂的化学浆液加固方法称为硅化法。

硅化法按浆液成分可分为单液法和双液法。单液法使用单一的水玻璃溶液,它较适用于渗透系数为 $0.1 \sim 0.2 m/d$ 的湿陷性黄土等地基的加固。此时,水玻璃较易渗透入土孔隙,与土中的钙质相互作用形成凝胶,而使土颗粒胶结成整体,其化学反应式为

$$Na_2O \cdot nSiO_2 + CaSO_4 + mH_2O \longrightarrow n SiO_2(m-1) H_2O + Ca(OH)_2 + Na_2SO_4$$

双液法常用的有水玻璃-氯化钙溶液、水玻璃-水泥浆液或水玻璃-铝酸钠溶液等,可适用于渗透系数 $K > 2.0 m/d$ 的砂类土。以水玻璃-氯化钙溶液为例:

$$Na_2O \cdot nSiO_2 + CaCl_2 + mH_2O \longrightarrow n SiO_2(m-1) H_2O + Ca(OH)_2 + 2NaCl$$

硅化法通过在土中凝成硅酸胶凝体,而使土粒胶结成一定强度的土体。无侧限抗压强度可达 $1500kPa$ 以上。

对于受沥青、油脂、石油化合物等浸透的土,以及地下水 pH 值大于 9 的土不宜采用硅化法加固。

第七节　土工合成材料加筋法

一、土工合成材料的发展及分类

土工合成材料是土木工程中应用的土工织物、土工膜、土工复合材料和特种土工合成材料等高分子聚合物材料的总称。

早期曾将土工合成材料分为"土工织物"（geotextile）和"土工膜"（geomembrane）两类，分别代表透水和不透水合成材料。我国在 2014 年颁布的《土工合成材料应用技术规范》（GB 50290—2014）中，将土工合成材料分为四类，即土工织物、土工膜、土工复合材料和土工特种材料，如图 6-18 所示。

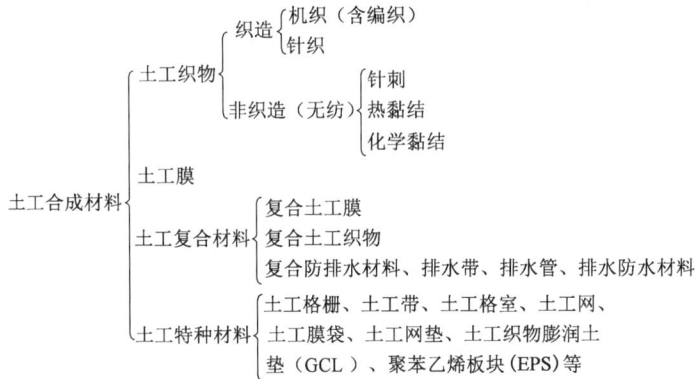

图 6-18　土工合成材料分类

土工合成材料一般具有多功能，在实际应用中，往往是一种功能起主导作用，而其他功能则不同程度地发挥作用。土工合成材料的功能包括隔离、加筋、反滤、排水、防渗和防护 6 大类。各类土工合成材料应用中的主要功能见表 6-11。

各类土工合成材料的主要功能　　　　　　　　表 6-11

类　型	土工合成材料的功能分类					
	隔离	加筋	反滤	排水	防渗	防护
土工织物（GT）	P	P	P	P	P	S
土工格栅（GG）		P				
土工网（GN）				P		P
土工膜（GM）	S				P	S
土工垫块（GCL）	S				P	
复合土工材料（GC）	P 或 S	P 或 S	P 或 S	P 或 S	P 或 S	P 或 S

注：P 表示主要功能，S 表示辅助功能。

二、土工合成材料的排水反滤作用

把土工合成材料置于土体表面或相邻土层之间,可以有效地阻止土粒通过,防止因土粒流失而造成的破坏;同时允许土中的水或气体通过合成材料自由排出,避免因孔隙水压力升高而造成土体失稳。

土工合成材料本身具有一定的排水与过滤功能,可单独或与其他材料配合,有时为满足设计要求或为了增强、更充分地发挥其排水与过滤功能,往往与其他材料配合(如土工织物与砂石料配合)共同形成良好的排水体或过滤体。土工合成材料作为过滤体和排水体常用于暗沟、渗沟、坡面防护等公路工程结构中,其主要应用场合如图6-19所示。

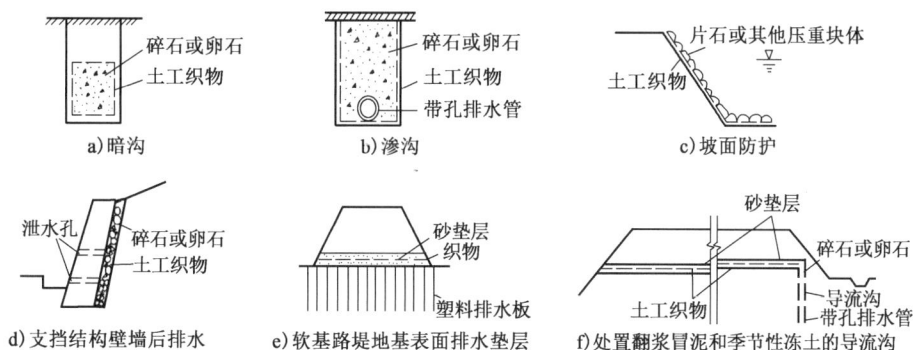

图6-19　土工合成材料用于排水过滤的典型实例

用于过滤的土工合成材料宜采用无纺土工织物,用于排水的土工合成材料可采用无纺土工织物、塑料排水板、带有钢圈和滤布及加强合成纤维组成的加筋软式透水管等。土工织物用于过滤和排水,在施工中以及使用期内不可避免会受到外力的作用,因此,要求其具有一定的强度,其强度应符合相关规范的要求。土工织物的单位面积质量宜为 $300 \sim 500 \mathrm{g/m}^2$。

三、土工合成材料的加筋作用

在土中加筋能增强土体强度,在实际中已证实,但对于品种众多的土工合成材料在各类工程中的作用机理迄今尚研究得不够。由于土的抗拉、抗剪性能差,在土体中放置筋材,构成土-筋复合体,以筋材为抗拉构件,与土产生相互摩擦作用,限制其上下土体及土体的侧向变形,等效于给土体施加了个侧压力增量,增强土体内部的强度和整体性,从而提高土体剪切强度的机理已得到一致认可。

(一)土工合成材料加筋路堤

土工合成材料应用于路堤加筋(图6-20),其主要作用在于提高路堤的稳定性。土工合成材料对路堤的沉降特别是不均匀沉降有一定的减少或调节作用,但这一作用的效果有待进一步认识。土工合成材料加筋路堤对地基的承载力有一定的要求。一方面是为了保证路堤的稳定,另一方面地基承载力影响着加筋路堤的高度,再一方面是为了控制路堤的沉降。加筋后,路堤具有一定的刚度,其地基的承载力可按一般扩大基础估算。填方的压实是保证加筋发挥作用的关键,只有具有良好压实的填方,才能保证土工合成材料与土之间具有足够的摩擦力。当填料是黏性土时,压实更为重要。

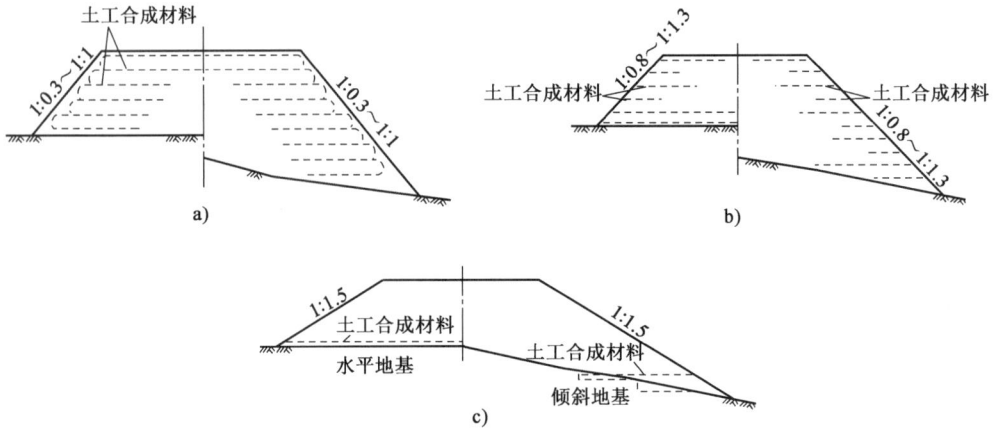

图6-20 土工合成材料加固路堤

（二）台背路基填土加筋

采用土工合成材料加筋构造物台背的回填土，主要是利用土工合成材料与构造物之间的锚固力、与回填土之间的嵌锁力和界面摩阻力，将构造物与回填土联为一体，以增强其整体性，减少两者之间的不均匀沉降。

土工合成材料加筋适宜的桥台高度定为 $5 \sim 10m$。土工合成材料与填料之间的界面摩阻力是保证加筋效果的关键因素，是选择加筋材料的主要依据，应该通过试验确定。台背填料应有良好的稳定性与压实性能，以砾石土、碎石土为宜。

（三）加筋软土地基

土工合成材料在公路工程软土地基处理中主要是通过在路堤底面铺设抗拉强度较高、延伸率较低、刚度较大的土工合成材料（如土工布、土工格栅、土工格网等）与砂石等形成加筋垫层，保持基底完整连续。有时还配合碎石桩、水泥混凝土桩、粉喷桩，形成平铺加筋群桩复合地基。土工合成材料对软土的加固作用主要体现在水平加筋上。复合地基中，筋材主要处于受拉状态，在产生拉伸应力的同时，对土体产生一个类似于侧向约束的压力作用，使得复合地基具有较高的抗剪强度和变形模量。通过约束软土的侧向变形，改善软基上部的位移场和应力场，使应力分布均匀，从而提高地基承载力和稳定性，减小不均匀沉降。

一般认为土工合成材料加筋垫层的加固原理主要是：

（1）增强垫层的整体性和刚度，调整不均匀沉降；

（2）扩散应力，由于垫层刚度增大的影响，扩大了荷载扩散的范围，使应力均匀分布；

（3）约束作用，即约束地基的下卧软弱土层的侧向变形。

土工合成材料作为拉筋时有一定的刚度，与金属筋材相比，土工合成材料不会因腐蚀而失效，所以，在桥台、挡墙、海岸和码头等挡土结构的土体中，每隔一定距离铺设的具有加固作用的土工合成材料可作为拉筋起到加筋作用。对于短期或临时性的挡墙，可只用土工合成材料包裹着土、砂来填筑；对于长期使用的挡墙，面板可采用混凝土填筑，从而可取得令人满意的外观。

四、土工合成材料在应用中的问题

（1）虽然土工合成材料的应用十分活跃，水利、交通、电力等部门都有许多成功的实例，但土工合成材料的理论研究工作滞后于应用,制约了土工合成材料技术的深入发展。土工合成材料的设计、施工和测试规程、规范应进一步完善。

(2)在选择土工合成材料的性能指标时,必须依据具体工程的要求,寻找性能改善的程度与土工合成材料成本之间的平衡。如一般来说,地基土和路堤填土剪切强度的发挥比加筋材料拉伸强度的发挥要相对快一些,当达到平衡状态时,一部分未被发挥的加筋强度被浪费了。

(3)土工合成材料的耐久性包括很多方面,主要指土工合成材料对紫外线辐射、温度变化、化学与生物侵蚀、干湿变化、冻融变化和机械磨损等外界因素变化的抗御能力。土工合成材料的耐久性主要与聚合物的类型及添加剂的性质有关。影响材料老化的各种因素中,阳光辐射起着十分重要的作用,紫外线具有能够切断许多聚合物的分子链,或者引发光氧化反应的作用,如普通聚丙烯(不加防老化剂)在天然阳光作用下,2~3月强度接近全部丧失。聚合物对化学腐蚀一般具有较高的抵抗力,但某些特殊的化学药剂或废品,对聚合物有腐蚀作用;因而在特殊场地应用时,对其化学稳定性要认真分析。

(4)土工合成材料的施工损伤可引起强度降低,对土工合成材料的耐久性影响较大。如土工织物因铺设造成的孔洞是使材料强度降低的主要因素,孔洞数越多,原始强度降低越多。因此,在施工过程中应注意选择与工程要求相互匹配的土工合成材料和填料等垫层材料、施工机械和施工工艺,并加强在施工过程中对土工合成材料的保护,减少土工合成材料的施工损伤。为了避免土工合成材料的施工损伤,压实方式一般采用静压和碾压,不采用机械振动夯实。同时,应注意选择合理的压实路线和方向。

(5)为了选择和应用土工合成材料,必须了解材料的工程性质,以便确定设计参数。目前即便是同一类型的材料,因不同生产厂家的加工工艺及制造过程不同,其工程特性有时差别很大,因此必须通过试验取得。同时,必须综合考虑工程特点、使用环境、施工条件等因素,参考已有的工程经验,综合确定设计和使用过程中的主要参数。

第八节 复合地基理论

一、复合地基的基本概念

(一)复合地基的含义和分类

复合地基的含义随着其在工程建设中推广应用的发展过程有一个演变过程,对于复合地基的概念和定义在学术界和工程界并没有统一认识,对复合地基的含义存在狭义和广义之分。广义复合地基是指天然地基在地基处理中部分土体得到增强、或被置换,或在天然地基中设置加筋材料,加固区是由基体(天然地基土体或被改良的天然地基土体)和增强体两部分组成的人工地基。在荷载作用下,基体和增强体共同承担荷载的作用。根据复合地基工作机理可作以下分类,如图6-21所示。

若不考虑水平向增强体复合地基,则竖向增强体复合地基可称桩体复合地基或简称为复合地基。从某种意义上讲,复合地基界于均匀地基和桩基之间。

散体材料桩{ 砂桩复合地基
复合地基{ 碎石桩复合地基

深层搅拌桩复合地基
粉喷桩复合地基
石灰桩复合地基
柔性桩复合地基{ 土桩和灰土桩复合地基
低标号混凝土桩复合地基
粉煤灰桩复合地基等

刚性桩复合地基{ 小桩复合地基
疏松桩复合地基等

水平增强体复合地基——土工合成材料加筋垫层

竖向增强体
复合地基

黏结材料桩
复合地基

复合地基

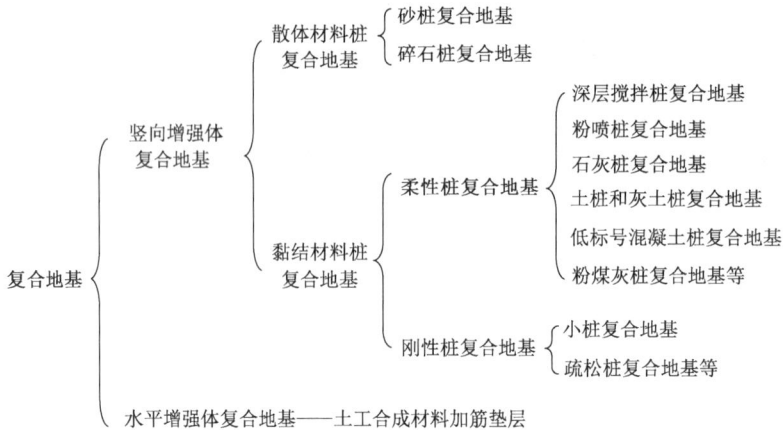

图 6-21　复合地基分类

本节主要讨论复合地基中的增强体为散体材料桩和柔性桩,即在天然地基中设置一群以碎石、砂砾等散体材料或其他材料组成的桩柱与原地基土共同承担荷载的地基。

(二)复合地基的作用机理

组成复合地基中增强体的材料不同,施工方法不同,复合地基的作用机理也不同。综合各类复合地基,其作用机理可体现在以下几个方面。

(1)桩体作用。

复合地基是由许多独立桩体与桩周土共同工作,桩体复合地基中桩体的刚度比桩周围土体的大,在荷载作用下,为了保持桩体和桩间土的变形协调,地基中的应力将重新分配,在桩体上产生应力集中现象,桩体中的竖向应力将大于桩间土中的竖向应力。在刚性基础下,桩体和桩间土沉降相等,比在柔性基础下,应力集中程度还要高。应力集中现象使强度较大的桩体承担较大比例的荷载,并通过桩体将荷载传递到较深的土层中,而桩周土应力降低,因此,复合地基承载力和整体刚度较原天然地基承载力有所提高,地基沉降量减小。竖向增强体复合地基都有桩体效用,并随着桩体刚度的提高,其桩体效用会更加明显。

(2)排水作用。

不少竖向增强体为散体材料桩(如碎石桩、砂桩等)具有良好的透水性,是地基中的排水通道。在荷载作用下,加速了桩间土的排水固结。桩间土中超静孔隙水压力消散较快,有效应力增加,使桩间土抗剪强度增长,有利于提高复合地基承载力。

(3)挤密作用。

一些复合地基在施工过程中对桩间土体有挤密作用,如振冲挤密碎石桩复合地基、挤密砂桩复合地基等,采用振动成桩的施工工艺对桩间土有挤密作用。石灰桩、深层搅拌桩中的生石灰、水泥粉具有吸水、发热、膨胀作用,对桩周土也有一定的挤密作用。

(4)加筋作用。

通过在土层中埋设强度较大的土工合成材料使土体抗拉强度提高,改变土体变形和破坏方式,从而起到提高地基承载力和整体刚度,减小沉降,或维持建筑物稳定的作用。

(5)垫层作用。

宏观上可以将复合地基中的加固区看作复合土体,其力学性能比原天然地基好。复合地基的复合压缩模量比天然地基的高,在荷载作用下,复合地基有均匀应力、增大应力扩散角、减小加固区下卧层土体中应力的作用。这对提高地基承载力,减少地基沉降量是有利的。

(三)复合地基的常用概念

(1)复合地基置换率。

在竖向增强体复合地基中,竖向增强体习惯上称为桩体,基体称为桩间土。在复合地基中,取一根桩及其所影响的桩周土所组成的单元体作为研究对象。若桩体的横截面积为 A_p,该桩体所对应(或承担)的复合地基面积为 A_e,则复合地基面积置换率 m 定义为

$$m = \frac{A_p}{A_e} \qquad (6-45)$$

式中:A_p——桩的截面积;

A_e——一根桩分担的复合地基面积。

在复合地基面积置换率计算中,常常引进一个等效直径 d_e(即一根桩分担的复合地基面积的等效圆直径、有效排水直径),它与桩间距 B 的关系为如果断面为圆形的桩,等边三角形布置时,$d_e = 1.05B$;正方形布置时,$d_e = 1.13B$。等效直径的实质是通过等效圆的面积与原来每个桩所对应的面积相等折算得到。

(2)桩土应力比。

桩土应力比 n 是指复合地基中桩体的竖向平均应力 σ_p 与桩间土的竖向平均应力 σ_s 之比。桩土应力比是复合地基的一个重要设计参数,关系到复合地基承载力和变形的计算。

$$n = \frac{\sigma_p}{\sigma_s} \qquad (6-46)$$

在荷载作用下桩体承担的荷载记为 P_p,桩间土承担的荷载记为 P_s,则桩土荷载分担比 N 为

$$N = \frac{P_p}{P_s} \qquad (6-47)$$

桩土荷载分担比 N 与桩土应力比 n 可通过下式换算:

$$N = \frac{mn}{1 - m} \qquad (6-48)$$

桩土应力比 n 值和荷载分担比 N 值的大小定性反映复合地基的工作状况。影响这两个参数大小的因素很多,如荷载水平、荷载作用时间、桩间土性质、桩体刚度、桩长、复合地基置换率、原地基土强度、固结时间和垫层情况等。桩土应力比 n 宜经试验工程确定,无资料时,如对散体材料桩,n 可取 $2 \sim 5$,当桩底土质好、桩间土质差时取高值,否则取低值。

(3)复合压缩模量。

复合地基是由桩体和桩间土两部分组成的,是非均质的。在复合地基计算中,有时为了简化计算,将加固区视为一均质的复合土体,这一假设的均质复合土体的压缩模量称为复合压缩模量 E_{sp}。一般可按下列公式计算:

$$E_{sp} = mE_p + (1 - m)E_s \qquad (6-49)$$

或
$$E_{sp} = [1 + m(n - 1)]E_s \qquad (6-50)$$

$$E_{sp} = \alpha[1 + m(n - 1)]E_s \qquad (6-51)$$

式中:E_p——桩体压缩模量;

E_s——桩间土压缩模量（MPa），宜按当地经验取值，如无经验时，可取天然地基压缩模量；

α——成桩对周围土的挤密效应系数，如对砂石桩可取 1.0。

二、复合地基承载力确定

复合地基承载力是由地基承载力和桩体承载力两部分组成的。如何合理估计两者对复合地基承载力的贡献是桩体复合地基承载力确定的关键。在复合地基中，散体材料桩、柔性桩和刚性桩荷载传递机理是不同的，桩体复合地基上的基础刚度大小、是否铺设垫层、垫层厚度等都对复合地基受力性状有较大影响。因此，复合地基承载力确定比较复杂，要考虑诸多影响因素。通常认为复合地基在荷载作用下，如果基础是刚性基础，则复合地基中桩体先发生破坏；如果是柔性基础，则复合地基中桩间土先发生破坏。无论哪种破坏形式，复合地基破坏时桩和桩间土各自承载力发挥程度都需估计。同时，复合地基中桩间土的极限荷载与天然地基的不同，复合地基中的桩体所能承担的极限荷载与自由单桩不同。这都给复合地基承载力确定带来不确定因素，应该说复合地基承载力计算理论还很不成熟，需要加强研究、发展和提高。

在工程应用中，复合地基承载力特征值应通过现场复合地基载荷试验确定。有经验时可采用竖向增强体和其周边土的载荷试验确定，由于复合地基竖向增强体种类多，复合地基设计承载力表达式不能完全统一，必须按地区经验由现场试验结果确定。

由理论公式确定复合地基承载力，目前主要有两种计算模式。第一种是将复合地基作为整体来考虑，这方面的研究成果不多；第二种是分别确定桩体和土的承载力，然后按一定的原则将这两部分承载力叠加得到复合地基的承载力，初步设计时，可采用这种所谓复合地基承载力的复合求和法，复合求和法的计算公式根据桩的类型不同而有所不同。

三、复合地基变形验算

复合地基变形验算在复合地基设计中占有重要地位。当按沉降控制设计时，沉降计算在设计中的地位更为重要。但目前复合地基沉降计算理论很不成熟，其计算水平远低于复合地基承载力的计算水平，落后于工程实践的需要。在各类实用计算方法中，通常把复合地基沉降量分为加固区的沉降量 s_1 和下卧层的沉降量 s_2 两部分，基础和复合地基之间垫层的压缩量常被忽略。如图 6-22 所示，复合地基的总沉降量 s 可表示为

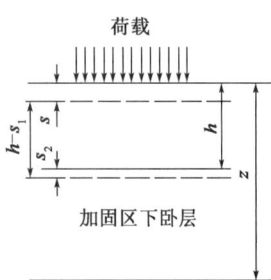

图 6-22 复合地基沉降

$$s = s_1 + s_2 \tag{6-52}$$

具体计算方法可参见土力学教材中的相关章节。

思考题与习题

6-1 工程中常采用的地基处理方法可分几类？概述各类地基处理方法的特点、适用条件和优缺点。

6-2 地基处理要达到哪些目的?

6-3 软黏土的工程特性有哪些?如何区别淤泥和淤泥质土?

6-4 试用图阐明砂垫层的设计原理,它是如何达到处理软弱地基土要求的,如何选用理想的垫层材料,如何确定砂垫层的厚度与宽度?

6-5 试说明砂桩,振冲桩对不同土质的加固机理和设计方法。它们的适用条件和范围是什么?

6-6 强夯法和重锤夯实法的加固机理有何不同?使用强夯法加固地基应注意什么问题?

6-7 选用砂井、袋装砂井和塑料排水板时的区别是什么?

6-8 挤密砂桩和排水砂井的作用有何不同?

6-9 土工合成材料的作用是什么?

6-10 各种搅拌(桩)法各自的适用条件、加固机理,有哪些优缺点?

6-11 什么是复合地基?现行的复合地基设计理论适用于什么情况,用它来计算地基承载力有什么优缺点?

6-12 某小桥桥台为刚性扩大基础 $2m \times 8m \times 1m$(厚),基础埋深 $1m$,地基土为流塑黏性土,$I_L = 1$,$e = 0.8$;$\gamma = 18kN/m^3$,基底平均附加压应力为 $160kPa$,拟采用砂垫层,请确定砂垫层厚度及平面尺寸。

6-13 某路堤建在较深的细砂地基上,细砂的天然干重度 $\rho_d = 14.5kN/m^3$,土粒比重 $G_s = 2.65$,最大干重度 $\rho_{d.max} = 17.4kN/m^3$,最小干重度 $\rho_{d.min} = 13.0kN/m^3$。拟采用砂桩加固地基。选用砂桩直径 $d_0 = 600mm$,正三角形布置。按地区抗震要求,加固后细砂的相对密度 $D_r \geq 0.7$,求砂桩的最大中心距。

6-14 某工程在饱和软土地基上,砂桩长为 $12m$,$d = 1.5m$,正三角形布置,$d_w = 30cm$,$c_v = c_h = 1.0 \times 10^{-3} cm/s$,求一次加荷 3 个月时砂井地基的平均固结度。

6-15 某拟建场地的地层情况及物理力学性质指标如表 6-12 所示。现要求填筑 7m 高的路堤,填料重度 $19kN/m^3$。

(1)请提出 2 个可选择的处理方案并要求说明其加固原理、特点以及达到的效果。

(2)对其中一种地基处理方法进行简单设计。

拟建场地的各土层物理力学性质指标表 表 6-12

序号	土层名称	厚度(m)	含水率 w(%)	孔隙比 e	塑性指数 I_p	压缩模量 E_s(MPa)	黏聚力 c(kPa)	内摩擦角 φ(°)	承载力特征值 f_a(kPa)
1	黏土	2.0	35	0.95	15	4.0	10	15	90
2	淤泥	15.0	64	1.65	18	1.8	9	6	50
3	粉质黏土	6.0	30	0.8	10	8.0	10	20	120
4	砂质粉土	5.0	30	0.7	5	10.0	8	25	160

第七章

几种特殊土地基上的基础工程

在我国不少地区,分布着一些与一般土性质有显著不同的特殊土。由于生成时不同的地理环境、气候条件、地质成因,以及次生变化等原因,使它们具有一些特殊的成分、结构和性质。当用以作为建筑物的地基时,如果不注意这些特点就会造成事故。通常把那些具有特殊工程性质的土类称为特殊土。特殊土种类很多,大部分都具有地区特点,故又有区域性特殊土之称。

我国主要的区域性特殊土包括湿陷性黄土、膨胀土、软土和冻土等。有关软土地基第六章已作介绍,本章不赘述。下面将主要介绍湿陷性黄土、膨胀土和冻土的一些主要特征,对建筑物可能造成的危害,用作地基时所应采取的工程措施,以及地震区的基础工程抗震设计及应采取的抗震措施。

第一节　湿陷性黄土地基

一、黄土的特征和分布

湿陷性黄土是黄土的一种,凡天然黄土在一定压力作用下,受水浸湿后,土的结构迅速破坏,发生显著的湿陷变形,强度也随之降低的,称为湿陷性黄土。湿陷性黄土分为自重湿陷性和非自重湿陷性两种。黄土受水浸湿后,在上覆土层自重应力作用下发生湿陷的称为自重湿陷性黄土;若在自重应力作用下不发生湿陷,而需在自重和外荷载共同作用下才发生湿陷的称为非自重湿陷性黄土。湿陷性黄土地基的湿陷特性,对建筑物存在不同程度的危害,使建筑物大幅度沉降、坼裂、倾斜,甚至严重影响其安全和正常使用。在美国和苏联湿陷性黄土分布面积较大。在我国,湿陷性黄土占黄土地区总面积的60%以上,约为40万 km^2,而且又多出现在地表浅层,如晚更新世(Q_3)及全新世(Q_4^1)新黄土或新堆积黄土是湿陷性黄土分布的主要土层。其地域分布主要集中在黄河中上游山西、陕西、甘肃大部分地区以及河南西部,其次是宁夏、青海、河北的一部分地区,新疆、山东、辽宁等地局部也有发现。因此,如在黄土地区修筑桥涵和较高路堤,要对湿陷性黄土地基有可靠的判定方法和全面的认识,并采取正确的工程措施,防止或降低其湿陷性带来的危害。

二、黄土湿陷发生的原因和影响因素

黄土湿陷的原因常由于管道(或水池)漏水、地面积水、生产和生活用水等渗入地下,或由于降水较大,灌溉渠和水库的渗漏或回水使地下水位上升等原因而引起。但受水浸湿只是湿陷发生所必需的外界条件,而黄土的结构特征及其物质成分是产生湿陷性的内在原因。

黄土的结构是在其形成黄土的整个历史过程中造成的。干旱或半干旱的气候是黄土形成的必要条件。季节性的短期雨水把松散干燥的粉粒黏聚起来,而长期的干旱使土中水分不断蒸发,于是,少量的水分连同溶于其中的盐类都集中在粗粉粒的接触点处。可溶盐逐渐浓缩沉淀而成为胶结物。随着含水率的减少土粒彼此靠近,颗粒间的分子引力以及结合水和毛细水的联结力也逐渐加大。这些因素都增强了土粒之间抵抗滑移的能力,阻止了土体的自重压密,于是形成了以粗粉粒为主体骨架的多孔隙结构(图 7-1)。黄土结构中零星散布着较大的砂粒,附于砂粒和粗粉粒表面的细粉粒、黏粒、腐殖质胶体以及大量集合于大颗粒接触点处的各种可溶盐和水分子形成了胶结性联结,从而构成了矿物颗粒集合体。周边有几个颗粒包围着的孔隙就是肉眼可见的大孔隙。它可能是植物根须造成的管状孔隙。

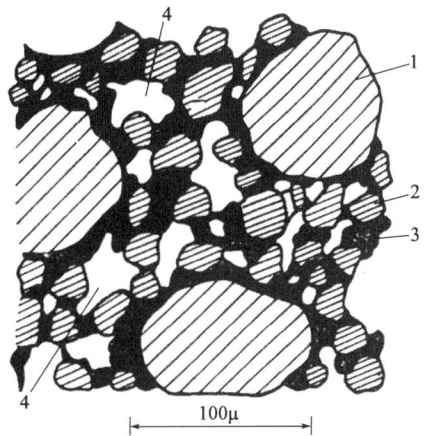

图 7-1　黄土结构示意图
1-砂粒;2-粗粉粒;3-胶结物;4-大孔隙

黄土受水浸湿时,结合水膜增厚楔入颗粒之间。于是,结合水联结消失,盐类溶于水中,骨架强度随之降低,土体在上覆土层的自重应力或在附加应力与自重应力综合作用下,其结构迅速破坏,土粒滑向大孔隙,粒间孔隙减少。这就是黄土湿陷现象的内在过程。

黄土中胶结物的多少和成分,以及颗粒的组成和分布,对于黄土的结构特点和湿陷性的强弱有着重要的影响。胶结物含量大,可把骨架颗粒包围起来,则结构致密。黏粒含量多,并且均匀分布在骨架之间也起了胶结物的作用。这些情况都会使湿陷性降低并使力学性质得到改善。反之,粒径大于0.05mm 的颗粒增多,胶结物多呈薄膜状分布,骨架颗粒多数彼此直接接触,则结构疏松,强度降低而湿陷性增强。此外,黄土中的盐类,如以较难溶解的碳酸钙为主且具有胶结作用时,湿陷性减弱;但石膏及易溶盐的含量较大时,湿陷性增强。

黄土的湿陷性还与孔隙比、含水率以及所受压力的大小有关。天然孔隙比越大,或天然含水率越小,则湿陷性越强。在天然孔隙比和含水率不变的情况下,随着压力的增大,黄土的湿陷量增加;但当压力超过某一数值后,再增加压力,湿陷量反而减少。

三、黄土湿陷性的判定和地基的评价

黄土由于生成年代、环境以及成岩作用的原因和程度的不同,颗粒矿物成分、结构的差异,有湿陷性和非湿陷性之分。湿陷性黄土地基中,自重湿陷性黄土地基与非自重湿陷性黄土地基在湿陷量大小、承载能力等方面也有较大差别。不同地区的自重或非自重湿陷性黄土也因上述原因,湿陷性、湿陷敏感程度等都有明显不同。因此,对黄土是否属湿陷性应有统一的判定方法和标准,地基湿陷类型、湿陷程度也应评定正确、恰当。

（一）黄土湿陷性的判定

黄土湿陷性在国内外都采用湿陷系数 δ_s 值来判定,δ_s 可通过室内浸水压缩试验测定。把保持天然含水率和结构的黄土土样装入侧限压缩仪内,逐级加压,达到规定试验压力,土样压缩稳定后,进行浸水,使含水率接近饱和,土样又迅速下沉,再次达到稳定,得到浸水加压稳定后土样高度 h_p'（图7-2）,土的湿陷系数 δ_s 按下式计算:

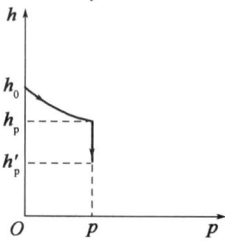

$$\delta_s = \frac{h_p - h_p'}{h_0} \qquad (7-1)$$

式中:h_0——试样的原始高度(mm);

h_p——保持天然湿度和结构的试样,加至一定压力时,下沉稳定后的高度(mm);

h_p'——试样在浸水(饱和)作用下,加压稳定附加下沉稳定后的高度(mm)。

图7-2 在压力 p 作用下浸水压缩曲线

湿陷系数 δ_s 为单位厚度的土层,由于浸水在规定压力下产生的湿陷量,表示了土样所代表黄土层的湿陷程度。我国《湿陷性黄土地区建筑标准》(GB 50025—2018)按照国内各地经验采用 $\delta_s = 0.015$ 作为湿陷性黄土的界限值,$\delta_s \geq 0.015$ 定为湿陷性黄土,否则为非湿陷性黄土。一般认为 $0.015 \leq \delta_s \leq 0.03$ 为轻微湿陷性黄土,$0.03 < \delta_s \leq 0.07$ 为中等湿陷性黄土,$\delta_s > 0.07$ 为强湿陷性黄土。

黄土的湿陷系数 δ_s 与试验时所受压力的大小有关,《湿陷性黄土地区建筑标准》(GB 50025—2018)根据我国一般建筑物基底土的自重应力和附加应力发生的范围规定,测定湿陷系数 δ_s 的试验压力,应自基础底面(如基底高程不确定时,自地面下1.5m)算起:

(1)基底压力小于300kPa时,基底下10m以内土层应用200kPa,10m以下至非湿陷性黄土层顶面,应用其上覆土的饱和自重压力。

(2)基底压力不小于300kPa时,宜用实际基底压力,当上覆土的饱和自重压力大于实际基底压力时,应用其上覆土的饱和自重压力。

(3)对压缩性较高的新近堆积黄土,基底下5m以内的土层宜用100～150kPa压力,5～10m和10m以下至非湿陷性黄土层顶面,应分别用200kPa和上覆土的饱和自重压力。

（二）湿陷性黄土地基湿陷类型的划分

自重湿陷性黄土浸水后,在其上覆土自重压力作用下,迅速发生比较强烈的湿陷,要求采

取较非自重湿陷性黄土地基更有效的措施,保证桥涵等建筑物的安全和正常使用。《湿陷性黄土地区建筑标准》用自重湿陷量的实测值 Δ'_{zs} 或计算值 Δ_{zs} 来划分地基的湿陷类型,自重湿陷量计算值 Δ_{zs}(cm)按下式计算:

$$\Delta_{zs} = \beta_0 \sum_{i=1}^{n} \delta_{zsi} h_i \tag{7-2}$$

式中:Δ_{zs}——自重湿陷量计算值(cm),应自天然底面(挖、填方场地应自设计底面)算起,计算至其下非湿陷性黄土层的顶面止;勘探点未穿透湿陷性黄土层时,应计算至控制性勘探点深度止,其自重湿陷系数 δ_{zs} 值小于 0.015 的土层不累计;

β_0——根据我国建筑经验,因各地区土质而异的修正系数,对陇西地区可取 1.5,陇东、陕北及晋西地区可取 1.2,关中地区取 0.9,其他地区(如山西、河北、河南等)取 0.5;

δ_{zsi}——第 i 层地基土样在压力值等于上覆土的饱和($S_\gamma > 85\%$)自重应力时,试验测定的自重湿陷系数(当饱和自重应力大于 300kPa 时,仍用 300kPa);

h_i——地基中第 i 层土的厚度(m);

n——计算总厚度内土层数。

当自重湿陷量的实测值 Δ'_{zs} 或计算值 Δ_{zs} 小于或等于 7cm 时,为非自重湿陷性黄土地基;自重湿陷量的实测值 Δ'_{zs} 或计算值 Δ_{zs} 大于 7cm 时,为自重湿陷性黄土地基;当自重湿陷量的实测值 Δ'_{zs} 和计算值 Δ_{zs} 出现矛盾时,应按自重湿陷量的实测值 Δ'_{zs} 判定。

用式(7-2)计算时,土层总厚度从基底算起,到全部湿陷性黄土层底面为止,其中 $\delta_{zs} < 0.015$ 的土层(属于非自重湿陷性黄土层)不累计在内。

(三)湿陷性黄土地基湿陷等级的判定

湿陷性黄土地基的湿陷等级,即地基土受水浸湿发生湿陷的程度,可以用地基内各土层湿陷下沉稳定后所发生湿陷量的总和(总湿陷量)来衡量,总湿陷量越大,对桥涵等建筑物的危害性越大,其设计、施工和处理措施要求也应越高。

《湿陷性黄土地区建筑标准》对湿陷性黄土地基受水浸湿饱和,其湿陷量计算值按下式计算:

$$\Delta_s = \sum_{i=1}^{n} \alpha\beta\delta_{si} h_i \tag{7-3}$$

式中:Δ_s——湿陷量计算值(cm),应自基础底面(基底高程不确定时,自地面下 1.5m)算起,在非自重湿陷性黄土场地,累计至基底下 10m 深度止,当地基压缩层深度大于 10m 时累计至压缩层深度;在自重湿陷性黄土场地,累计至非湿陷性黄土层的顶面止;控制性勘探点未穿透湿陷性黄土层时,累计至控制性勘探点深度止,其中湿陷系数值小于 0.015 的土层不累计。

δ_{si}——第 i 层土的湿陷系数;

h_i——第 i 层土的厚度(cm);

β——考虑地基土的受水浸湿可能性和侧向挤出等因素的修正系数,基底下 $0 \sim 5m$(或压缩层)深度内,取 1.5;基底下 $5 \sim 10m$(或压缩层)深度内,取 1;基底下 10m 以下至非湿陷性黄土层顶面,自重湿陷性黄土地基可按式(7-2)β_0 取值;

α——不同深度地基土浸水几率系数，按地区经验取值，无地区经验时可按表7-1取值，对有地下水有可能上升至湿陷性土层内，或侧向浸水影响不可避免的区段，取 $\alpha=1.0$。

浸水几率系数 α 表7-1

基础底面下深度 z（m）	α	基础底面下深度 z（m）	α
$0 \leqslant z \leqslant 10$	1.0	$20 < z \leqslant 25$	0.6
$10 < z \leqslant 20$	0.9	$z > 25$	0.5

由于我国黄土上部土层的湿陷性比下部土层的大，而且地基上部土层受水浸湿的可能性也较大。因此采用式(7-3)时，对非自重湿陷性黄土，计算土层深度从基础底面到以下5m（或压缩层）深度为止；对自重湿陷性黄土地基，为安全计，计算到非湿陷性土层顶面为止；其中 δ_s 或 $\delta_{zs} < 0.015$ 的土层不计在内；地下水浸泡的黄土层一般不具有湿陷性，如计算土层深度内已见地下水，则算到年平均地下水位为止。

湿陷性黄土地基的湿陷等级，可根据地基总湿陷量 Δ_s 和计算自重湿陷量 Δ_{zs} 综合，按表7-2判定。

湿陷性黄土地基的湿陷等级   表7-2

Δ_s（cm）	湿 陷 类 型		
	非自重湿陷性地基	自重湿陷性地基	
	$\Delta_{zs} \leqslant 7cm$	$7cm < \Delta_{zs} \leqslant 35cm$	$\Delta_{zs} > 35cm$
$5 < \Delta_s \leqslant 10$	I（轻微）	I（轻微）	II（中等）
$10 < \Delta_s \leqslant 30$		II（中等）	
$30 < \Delta_s \leqslant 70$	II（中等）	II（中等）或III（严重）	III（严重）
$\Delta_s > 70$	II（中等）	III（严重）	IV（很严重）

注：对 $7cm < \Delta_{zs} \leqslant 35cm$ 且 $30cm < \Delta_s \leqslant 70cm$ 情况下湿陷等级的划分，当湿陷量的计算值 $\Delta_s > 600cm$、自重湿陷量的计算值 $\Delta_{zs} > 300cm$ 时，可判定为III级，其他情况可判为II级。

当 Δ_s 小于5cm时，可按非湿陷性黄土地基进行设计和施工。

也可以采用野外浸水荷载试验确定黄土地基的湿陷系数、湿陷类型和湿陷等级，但工作量较大，较少采用，仅对自重湿陷性黄土地基的鉴别，有较大参考价值。

四、湿陷性黄土地基的地基处理

湿陷性黄土地基处理的目的是改善土的性质和结构，减少土的渗水性、压缩性，控制其湿陷性的发生，部分或全部消除它的湿陷性。在明确地基中湿陷性黄土层的厚度、湿陷类型、湿陷等级等特性参数后，应结合建筑物的工程性质、施工条件和材料来源等，采取必要的措施，对地基进行处理，满足建筑物在安全、使用方面的要求。

在黄土地区修筑建筑物，应首先考虑选用非湿陷性黄土地基，它较经济和可靠。如确定基础在湿陷性黄土地基上，应尽量利用非自重湿陷性黄土地基，因为这种地基的处理要求，比自重湿陷性黄土地基低。

桥梁工程中，对较高的墩、台和超静定结构，应采用刚性扩大基础、桩基础或沉井等形式，并将基础底面设置到非湿陷性土层中;对一般结构的大中桥梁,重要的道路人工构造物,如属Ⅱ级非自重湿陷性地基或各级自重湿陷性黄土地基,也应将基础置于非湿陷性黄土层或对全部湿陷性黄土层进行处理并加强结构措施;如属Ⅰ级非自重湿陷性黄土,也应对全部湿陷性黄土层进行处理或加强结构措施。小桥涵及其附属工程和一般道路人工构造物视地基湿陷程度,可对全部湿陷性土层进行处理,也可消除地基的部分湿陷性或仅采取结构措施。

结构措施是指结构形式尽可能采用简支梁等对不均匀沉降不敏感的结构;加大基础刚度使受力较均匀;对长度较大且体形复杂的建筑物,采用沉降缝将其分为若干独立单元。

所谓对全部湿陷性黄土层进行处理,对于非自重湿陷性黄土地基,应自基底处理至非湿陷性土层顶面(或压缩层下限)。或者若以土层的湿陷起始压力来控制处理深度,即当地基土中某深度 h 处附加应力 σ_h 与土自重应力 γh 之和大于该处土的湿陷起始压力 p_{hs} 时,则深度 h 即为土层处理深度,如图 7-3 所示。对于自重湿陷性黄土地基是指全部湿陷性黄土层的厚度。

消除地基的部分湿陷性主要是处理基础底面以下适当深度的土层,因为该部分土层的湿陷量一般占总湿陷量的大部分。这样处理后,虽发生少部分湿陷也不致影响建筑物的安全和使用。处理深度视建筑物类别、土的湿陷等级、厚度、基底压力大小而定,一般非自重湿陷性黄土为 1~3m,自重湿陷性黄土地基为 2~5m。

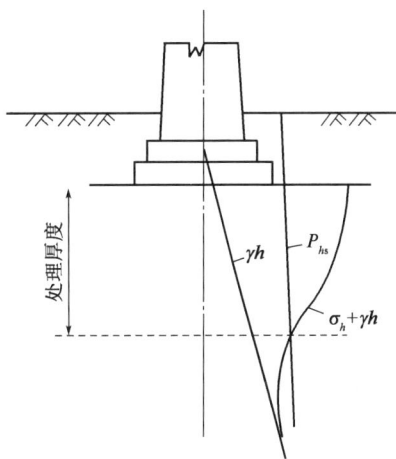

图 7-3 换土垫层法处理湿陷性黄土地基

常用的处理湿陷性黄土地基的方法有灰土(或素土)垫层、重锤夯实、强夯、石灰桩、素土桩挤密法、浸水处理等,可根据地基湿陷类型、湿陷等级、建筑物要求等条件选用。各种地基处理方法的有关内容已在第六章介绍,现仅介绍其使用于湿陷性黄土地基时的特点。

(一)灰土或素土垫层

将基底以下湿陷性黄土层全部挖除或挖到预计深度,然后用灰土(三分石灰七分土)或素土(就地挖出的黏性土)分层夯实回填,垫层厚度及尺寸计算方法同砂砾垫层,压力扩散角 θ 对灰土用 30°,对素土用 22°;垫层厚度一般为 1.0~3.0m。这样即可消除垫层范围内土的湿陷性,减轻或避免了地基因附加应力产生的湿陷,如将地基持力层内 $\sigma_h + \gamma h \geqslant p_{hs}$ 的土层挖除,采用垫层,可以使地基的非自重湿陷消除(图 7-3)。它施工简易,效果显著,是一种常用的地基浅层湿陷性处理或部分处理的方法。施工时必须保证工程质量,对回填的灰土、素土层,应控制其最佳含水率和最大干重度,否则达不到预期效果。

(二)重锤夯实及强夯法

重锤夯实法能消除浅层的湿陷性,如用 15~40kN 的重锤,落高 2.5~4.5m,在最佳含水率情况下,可消除在 1.0~1.5m 深度内土层的湿陷性。强夯法根据国内使用纪录,锤重 100~200kN,自由落下高度 10~20m,锤击两遍,可消除 4~6m 范围内土层的湿陷性。

这两种方法均应事先在现场进行夯击试验,以确定为达到预期处理效果(一定深度内湿陷性的消除情况)所必需的夯点、锤击数、夯沉量等,以指导施工,保证质量。

（三）石灰土或二灰（石灰与粉煤灰）挤密桩

石灰或二灰挤密桩是用打入桩、冲钻或爆扩等方法在土中成孔,然后用石灰土或将石灰与粉煤灰混合分层夯填桩孔而成(少数也有用素土),原理是用挤密的方法破坏黄土地基的松散、大孔结构,达到消除或减轻地基的湿陷性。此方法适用于消除 5～10m 深度内地基土的湿陷性。挤密桩的效果取决于土的被挤密程度,采用的桩径、桩距应在现场用试验确定,要求地基土在挤密范围边缘上干重度应达到 16.0kN/m³ 以上。采用挤密桩处理湿陷性黄土地基时,应在地基表层采取防水措施(如表层夯实等)。

（四）预浸水处理

自重湿陷性黄土地基利用其自重湿陷的特性,可在建筑物修筑前,先将地基充分浸水,使其在自重作用下发生湿陷,然后再修筑。实践证明这样可以消除地表下数米以外黄土的自重湿陷性,地表数米以内的土层往往因压力偏低而仍有湿陷性,须再作处理。使用这种方法时应考虑预浸水后,地表附近可能产生开裂、下沉所产生的影响。

除以上的地基处理方法外,对既有桥涵等建筑物地基的湿陷处理也可考虑采用硅化法等加固地基(方法详见第六章)。

湿陷性黄土地区基坑均应以不透水性土夯实回填,建筑物基础附近地面也应夯实整平,以防止地表水积聚、渗入地基。

五、湿陷性黄土地基的承载力特征值和沉降计算

《湿陷性黄土地区建筑标准》(GB 50025—2018)规定,湿陷性黄土地基承载力特征值 f_a,应根据地基载荷试验及当地经验数据确定。

当基础宽度 b 大于 3m 或埋置深度 d 大于 1.5m 时,地基承载力特征值应按下式修正:

$$f_a = f_{ak} + \eta_b \gamma (b - 3) + \eta_d \gamma_m (d - 1.50) \tag{7-4}$$

式中:f_a——修正后的地基承载力特征值(kPa);

　　　f_{ak}——相应于 $b = 3m$ 和 $d = 1.5m$ 的地基承载力特征值(kPa);

　　　η_b、η_d——分别为基础宽度和基础埋深的地基承载力修正系数,可按基底下土的类别由表 7-3 查得;

　　　γ——基础底面以下土的重度(kN/m³),地下水位以下取有效重度;

　　　γ_m——基础底面以下土的加权平均重度(kN/m³),地下水位以下取有效重度;

　　　b——基础底面宽度(m),当基础宽度小于 3m 或大于 6m 时,可分别按 3m 或 6m 计算;

　　　d——基础埋置深度(m),一般可自室外地面高程算起;当为填方时,d 可自填土地面高程算起,但填方在上部结构施工后完成时,应自天然地面高程算起;对于地下室,如采用箱形基础或筏形基础时,d 可自室外地面高程算起;在其他情况下,应自室内地面高程算起。

经灰土垫层(或素土垫层)、重锤夯实处理后地基土承载力应通过现场测试确定,其承载力特征值一般不宜超过 250kPa(素土垫层为 200kPa),因为,若容许使用较大的基底压力,将增加下面未处理土层的附加压力,有可能增加其湿陷性。垫层下如有软弱下卧层,也需验算其强度。对各种深层挤密桩、强夯等处理的地基,其承载力也应作静载荷试验来确定。

基础宽度和埋置深度的地基承载力修正系数 表 7-3

土 的 类 别	有关物理指标	承载力修正系数	
		η_b	η_d
晚更新世(Q_3)、全新世(Q_4^1)湿陷性黄土	$w \leqslant 24\%$	0.20	1.25
	$w > 24\%$	0	1.10
新近堆积(Q_4^2)黄土		0	1.00
饱和黄土[①②]	e 及 I_L 都小于 0.85	0.20	1.25
	e 或 I_L 大于 0.85	0	1.10
	e 及 I_L 都不小于 1.00	0	1.00

注:①只适用于 $I_p > 10$ 的饱和黄土。

②饱和度 $S_r \geqslant 80\%$ 的晚更新世(Q_3)、全新世(Q_4^1)黄土。

建筑在湿陷性黄土地基上的桥梁墩台,应进行沉降计算。湿陷性黄土地基沉降计算,应结合地基的各种具体情况进行,除考虑土层的压缩变形外,对已处理消除全部湿陷性的地基,可不再计算湿陷量(但仍应计算下卧层的压缩变形);对处理消除部分湿陷性的地基,应计算地基在处理后的剩余湿陷量;对仅进行结构处理或防水处理的湿陷性黄土地基应计算其全部湿陷量。

压缩变形计算可参照第二章内容进行,湿陷量计算可参照式(7-3)进行。压缩沉降及湿陷量之和如超过沉降容许值时,还必须采取减少沉降量、湿陷量措施。

第二节 膨胀土地基

膨胀土也是一种很重要的地区性特殊土类,按照我国《膨胀土地区建筑技术规范》(GB 50112—2013)中的定义,膨胀土应是土中黏粒成分主要由亲水性矿物组成,同时具有显著的吸水膨胀和失水收缩两种变形特性的黏性土。众所周知,一般黏性土也都有膨胀、收缩特性,但其量不大,对工程没有太大的实际意义;而膨胀土的膨胀—收缩—再膨胀的周期性变形特性非常显著,并常给工程带来危害,因而工程上将其从一般黏性土中区别出来,作为特殊土对待。

膨胀土在我国分布范围很广,据现有的资料,广西、云南、湖北、安徽、四川、河南、山东等20多个省、自治区、直辖市均有膨胀土。国外也一样,如美国,50个州中有膨胀土的占40个州。此外,在印度、澳大利亚、南美洲、非洲和中东广大地区,膨胀土也都有不同程度的分布。目前膨胀土的工程问题,已成为世界性的研究课题。自1965年在美国召开首届国际膨胀土学术会议以来,每4年一届。我国对膨胀土的工程问题给予了高度的重视。自1973年开始有组织地在全国范围内开展了大规模的研究工作,总结出在勘察、设计、施工和维护等方面的成套经验,编制成规范并及时修订,现在适用的是《膨胀土地区建筑技术规范》(GB 50112—2013)、《公路路基设计规范》(JTG D30—2015)。

膨胀土这种显著的吸水膨胀、失水收缩特性,给工程建设带来极大危害,使大量的轻型房屋发生开裂、倾斜,公路路基发生破坏,堤岸、路堑产生滑坡。美国土木工程学会在1973年曾进行过统计报道,在美国由于膨胀土问题造成的损失,至少达23亿美元,而据1993年第七届国际膨胀土会议中的报道,目前这种损失每年已超过 100 亿美元,比洪水、飓风和地震所造成的损失总和的两倍还多。在我国,据不完全统计,在膨胀土地区修建的各类工业与民用建筑物,因地基土胀缩变形而导致损坏或破坏的有 1000 万 m^2。全国通过膨胀土地区的铁路线约占铁路总长度的 15%～25%,因膨胀土而带来的各种病害非常严重,每年直接的整修费就在亿元以上。我国过去修建的公路一般等级较低,膨胀土引起的工程问题不太突出,所以尚未引起广泛关注。然而,近年来由于高等级公路的兴建,在膨胀土地区新建的高等级公路,也出现了严重的病害,已引起了公路交通部门的重视。由于上述情况,膨胀土的工程问题已引起包括我国在内的各国学术界和工程界的高度重视。

一、膨胀土的判别和膨胀土地基的胀缩等级

(一)影响膨胀土胀缩特性的主要因素

膨胀土具有胀缩特性的机理很复杂,属于当前国内外岩土界正在研究中的非饱和土的理论与实践问题。定性分析认为,膨胀土之所以具有显著的胀缩特性,可归因于膨胀土的内在机制与外界因素两个方面。

1.内在机制

影响膨胀土胀缩性质的内在机制,主要是指矿物成分及微观结构两方面。试验证明,膨胀土含大量的活性黏土矿物,如蒙脱石和伊利石,尤其是蒙脱石,比表面积大,在低含水率时对水有巨大的吸力,土中蒙脱石含量的多少直接决定着土的胀缩性质的大小。除了矿物成分因素外,这些矿物成分在空间上的联结状态也影响其胀缩性质。经对大量不同地点的膨胀土扫描电镜分析得知,面-面联结的叠聚体是膨胀土的一种普遍结构形式,这种结构比团粒结构具有更大的吸水膨胀和失水收缩的能力。

2.外界因素

影响膨胀土胀缩性质的最大外界因素是水对膨胀土的作用,或者更确切地说,水分的迁移是控制土胀缩特性的关键外在因素。因为只有土中存在着可能产生水分迁移的梯度和进行水分迁移的途径,才有可能引起土的膨胀或收缩。尽管某一种黏土具有潜在的较高的膨胀势,但如果它的含水率保持不变,就不会有体积变化发生;相反,含水率的轻微变化,哪怕只是 1%～2% 的量值,实践证明就足以引起有害的膨胀。因此,判断膨胀土的胀缩性就是反映含水率变化时膨胀土的胀缩量及膨胀力的大小。

(二)膨胀土的胀缩性指标

1.自由膨胀率 δ_{ef}

将人工制备的磨细烘干土样,经无颈漏斗注入量杯,量其体积,然后倒入盛水的量筒中,经充分吸水膨胀稳定后,再测其体积。增加的体积与原体积的比值 δ_{ef} 称为自由膨胀率,可按下式计算:

$$\delta_{ef} = \frac{V_w - V_0}{V_0} \tag{7-5}$$

式中: V_0——干土样原有体积,即量土杯体积(ml);

V_w——土样在水中膨胀稳定后的体积(ml),由量筒量出。

自由膨胀率 δ_{ef} 表示膨胀土在无结构力影响下和无压力作用下的膨胀特性,可反映土的矿物成分及含量。该指标一般用作膨胀土的判别指标。

2. 膨胀率 δ_{ep} 与膨胀力 P_e

膨胀率表示原状土在侧限压缩仪中,在一定压力下浸水膨胀稳定后,土样增加的高度与原高度之比,表示为

$$\delta_{ep} = \frac{h_w - h_0}{h_0} \qquad (7-6)$$

式中:h_w——土样浸水膨胀稳定后的高度(mm);

h_0——土样的原始高度(mm)。

膨胀率可分为不同压力下的膨胀率,以及在50kPa压力下的膨胀率,前者用于计算地基的实际膨胀变形量或收缩变形量,后者用于计算地基的分级变形量,划分地基的胀缩等级。

以各级压力下的膨胀率 δ_{ep} 为纵坐标,压力 p 为横坐标,将试验结果绘制成 p-δ_{ep} 关系曲线,该曲线与横坐标的交点 P_e 称为试样的膨胀力,如图7-4所示。膨胀力表示原状土样,在体积不变时,由于浸水膨胀产生的最大内应力。膨胀力在选择基础形式及基底压力时,是个很有用的指标。在设计上如果希望减少膨胀变形,应使基底压力接近于膨胀力。

3. 线缩率 δ_{sr} 与收缩系数 λ_s

膨胀土失水收缩,其收缩性可用线缩率与收缩系数表示。

线缩率 δ_{sr} 是指土的竖向收缩变形与原状土样高度之比,表示为

$$\delta_{sri} = \frac{h_0 - h_i}{h_0} \times 100\% \qquad (7-7)$$

式中:h_0——土样的原始高度(mm);

h_i——某含水率 w_i 时的土样高度(mm)。

根据不同时刻的线缩率及相应含水率,可绘成收缩曲线(图7-5)。可以看出,随着含水率的减小,土样高度逐渐减小,δ_{sr} 增大,图中 ab 段为直线收缩段,bc 段为曲线收缩过渡段,至 c 点后,含水率虽然继续减少,但体积收缩已基本停止。

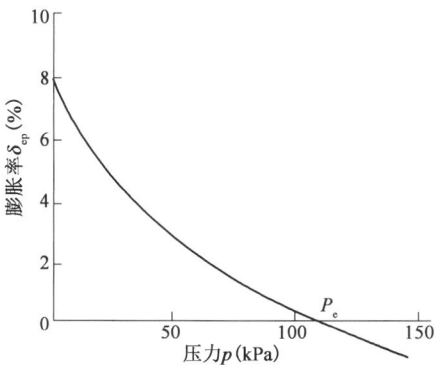

图7-4 膨胀率-压力曲线图

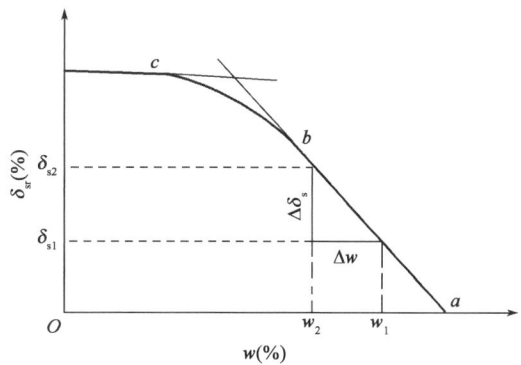

图7-5 收缩曲线

利用直线收缩段可求得收缩系数 λ_s,其定义为原状土样在直线收缩阶段内,含水率每减

少1%时所对应的线缩率的改变值，即

$$\lambda_{s} = \frac{\Delta \delta_{sr}}{\Delta w} \qquad (7\text{-}8)$$

式中：Δw——收缩过程中，直线变化阶段内，两点含水率之差（%）；

$\Delta \delta_{sr}$——两点含水率之差对应的竖向线缩率之差（%）。

收缩系数 λ_{s} 与膨胀率 δ_{ep}，是膨胀土地基变形计算中的两项主要指标。

4. 标准吸湿含水率 w_a

标准吸湿含水率 w_a 指在标准温度下（通常为25℃）和标准相对湿度（通常为60%），膨胀土试样恒重后的含水率，按下式计算：

$$w_{a} = \frac{m_2 - m_3}{m_3 - m_0} \times 100\% \qquad (7\text{-}9)$$

式中：m_0——铝盒质量（g）；

m_2——吸湿后盒与湿土总质量（g）；

m_3——烘干后的盒与土总质量（g）；

$m_2 - m_3$——最大吸湿水质量（g）；

$m_3 - m_0$——试验干土质量（g）。

膨胀土的性质是由膨胀土内蒙脱石及其家族的含量多少决定的。自由膨胀率判别法易产生膨胀土的误判与漏判，铁路部门采用蒙脱石含量和阳离子交换量作为鉴别指标，辨别准确率高，但测试困难。而标准吸湿含水率 w_a 与比表面积、阳离子交换量、蒙脱石含量之间存在线性相关的关系，反映了膨胀土的最基本的本质属性，是判别膨胀土的主要指标。

（三）膨胀土的判别

根据我国的实践经验，判别膨胀土的主要依据是工程地质特征、自由膨胀率 δ_{ef} 和标准吸湿含水率 w_a。《膨胀土地区建筑技术规范》（GB 50112—2013）中规定，凡具有下列工程地质特征的场地，且自由膨胀率 $\delta_{ef} \geq 40\%$ 的土应判定为膨胀土。

（1）裂隙发育，常有光滑面和擦痕，有的裂隙中充填着灰白、灰绿色黏土，在自然条件下呈坚硬或硬塑状态；

（2）多出露于二级或二级以上阶地裂缝、山前和盆地边缘丘陵地带，地形平缓，无明显自然陡坎；

（3）常见浅层塑性滑坡、地裂，新开挖坑（槽）壁易发生坍塌等；

（4）建筑物裂缝多呈"倒八字""X"或水平裂缝，裂缝随气候变化而张开和闭合。

《公路路基设计规范》（JTG D30—2015）中规定，应根据地貌、土体颜色、土体结构、土质情况、自然地质现象和土的自由膨胀率 δ_{ef} 等特征，进行膨胀土初步判定；以标准吸湿率为详判分级指标，当标准吸湿含水率 w_a 大于2.5%时，应判定为膨胀土，具体分级参照表7-4。

膨胀土分级表

表7-4

分级指标	级别			
	非膨胀土	弱膨胀土	中等膨胀土	强膨胀土
自由膨胀率 δ_{ef}（%）	$\delta_{ef} < 40$	$40 \leq \delta_{ef} < 60$	$60 \leq \delta_{ef} < 90$	$\delta_{ef} \geq 40$

续上表

分级指标	级 别			
	非膨胀土	弱膨胀土	中等膨胀土	强膨胀土
塑性指数 I_p	$I_p < 15$	$15 \leq I_p < 28$	$28 \leq I_p < 40$	$I_p \geq 40$
标准吸湿含水率 w_a（%）	$w_a < 2.5$	$2.5 \leq w_a < 4.8$	$4.8 \leq w_a < 6.8$	$w_a \geq 6.8$

（四）膨胀土地基评价

对于平坦场地的膨胀土地基,在评价其胀缩等级时,应根据地基的膨胀、收缩变形量对低层砖混房屋的影响程度进行划分,这是因为轻型结构的基底压力小,胀缩变形量大,易于引起结构破坏的缘故,所以,我国《膨胀土地区建筑技术规范》(GB 50112—2013)规定以50kPa压力下测定的土的膨胀率,计算膨胀土地基分级变形量,作为划分胀缩等级的标准,表7-5给出了膨胀土地基的胀缩等级。

膨胀土地基的胀缩等级 表7-5

地基分级变形量 s_e（mm）	级 别	破 坏 程 度
$15 \leq s_e < 35$	I	轻微
$35 \leq s_e < 70$	II	中等
$s_e \geq 70$	III	严重

注:地基分级变形量 s_e 应按式(7-10)计算,式中膨胀率采用的压力应为50kPa。

对于公路工程的膨胀土地基设计,依据《公路路基设计规范》(JTG D30—2015),同样以变形量作为分类指标,按表7-6进行分类,并确定了膨胀土地基处理措施和处理深度。

膨胀土地基分类 表7-6

膨胀土地基分类等级	膨胀土地基变形量 ρ（mm）	地基处理措施
I	$\rho \geq 200$	小型构造物宜采用深基础。路堤高度小于1.5m时,地基置换非膨胀土或无机结合料处置土,其深度不宜小于2.0m
II	$100 \leq \rho < 200$	小型构造物可采用浅基础。基础埋深不宜小于1.5m,并采用保湿措施。路堤高度小于1.5m时,地基置换非膨胀土或无机结合料处置土,其深度不宜小于1.5m
III	$40 \leq \rho < 100$	小型构造物可采用浅基础。基础埋深不宜小于1.0m,并采用保湿措施。路堤高度小于1.5m时,地基置换非膨胀土或无机结合料处置土,其深度不宜小于1.0m
IV	$15 \leq \rho < 40$	小型构造物宜采用浅基础。路堤高度小于1.5m时,地基置换非膨胀土或无机结合料处置土,其深度不宜小于0.5m
V	$\rho < 15$	可不处理

（五）膨胀土地基变形量计算

膨胀土地基的变形是指胀、缩变形,而其变形形态则与当地气候、地形、地湿、地下水运动,以及地面覆盖、树木植被、建筑物重力等因素有关,在不同条件下可表现为3种不同的变形形

态,即上升型变形、下降型变形和升降型变形。因此,膨胀土地基变形量计算应根据实际情况,按下列 3 种情况分别计算:

(1) 当离地表 1m 处地基土的天然含水率等于或接近最小值时,或地面有覆盖且无蒸发可能时,若建筑物在使用期间经常受水浸湿的地基,可按膨胀变形量计算;

(2) 当离地表 1m 处地基土的天然含水率大于 1.2 倍塑限含水率时,或直接受高温作用的地基,可按收缩变形量计算;

(3) 其他情况下可按胀缩变形量计算。

地基变形量的计算方法仍采用分层总和法。下面分别将上述 3 种变形量计算方法介绍如下。

1. 地基土的膨胀变形量 s_e

在《膨胀土地区建筑技术规范》(GB 50112—2013)中,地基土的膨胀变形量以 s_e 来表示,计算公式如下

$$s_e = \Psi_e \sum_{i=1}^{n} \delta_{epi} h_i \tag{7-10}$$

式中:Ψ_e——计算膨胀变形量的经验系数,宜根据当地经验确定,若无可依据经验时,3 层及 3 层以下建筑物,可采用 0.6;

δ_{epi}——基础底面下第 i 层土在平均自重压力与对应于荷载效应准永久组合时的平均附加压力之和作用下的膨胀率(用小数计),由室内试验确定;

h_i——第 i 层土的计算厚度(mm);

n——自基础底面至计算深度 z_n 内所划分的土层数[图 7-6a)],计算深度应根据大气影响深度确定;有浸水可能时,可按浸水影响深度确定。

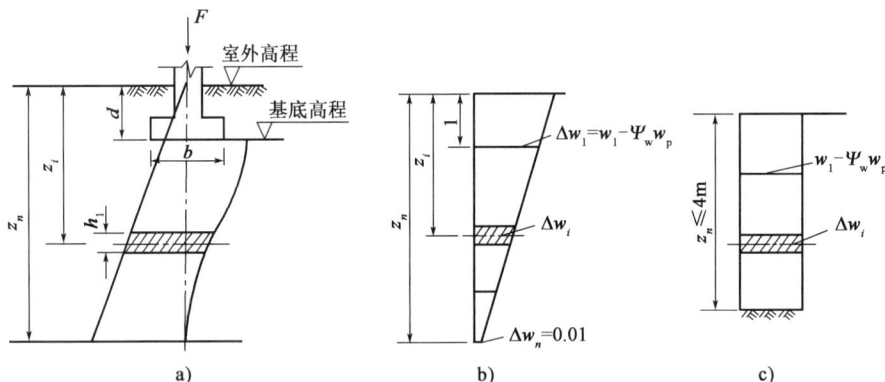

图 7-6 膨胀土地基变形计算示意图

在《公路路基设计规范》(JTG D30—2015)中,基于固结试验的膨胀土地基变形量以 ρ 来表示,计算公式如下

$$\rho = \sum_{i=1}^{n} \frac{C_s z_i}{(1 + e_0)_i} \lg \left(\frac{\sigma'_f}{\sigma'_{sc}} \right) \tag{7-11}$$

式中:e_0——初始孔隙比;

σ'_f——由恒体积试验校正的膨胀压力(kPa);

σ'_{sc}——最后有效应力(kPa);

C_s——膨胀指数；

z_i——第 i 层土的初始厚度(mm)。

2. 地基土的收缩变形量 s_s

在《膨胀土地区建筑技术规范》(GB 50112—2013)中，地基土的收缩变形量以 s_s 来表示，计算公式如下

$$s_s = \Psi_s \sum_{i=1}^{n} \lambda_{si} \cdot \Delta w_i \cdot h_i \tag{7-12}$$

式中：Ψ_s——计算收缩变形量的经验系数，宜根据当地经验确定，若无可依据经验时，3层及3层以下建筑物，可采用0.8；

λ_{si}——第 i 层土的收缩系数，应由室内试验确定；

Δw_i——地基土收缩过程中，第 i 层土可能发生的含水率变化的平均值(以小数表示)[图7-6b)]；

n——自基础底面至计算深度内所划分的土层数。

在《公路路基设计规范》(JTG D30—2015)中，基于固结试验的膨胀土地基变形量同样以 ρ 来表示，计算公式如下

$$\rho = \sum_{i=1}^{n} \Delta z_i = \sum_{i=1}^{n} \frac{C_w \Delta w_i}{(1+e_0)_i} z_i \tag{7-13}$$

$$C_w = \frac{\Delta e_i}{\Delta w_i} \tag{7-14}$$

式中：C_w——非饱和膨胀土体积收缩指数；

Δe_i——第 i 层土的孔隙比的变化；

Δw_i——意义同式(7-12)；

其余变量意义同式(7-11)。

计算深度可取大气影响深度，当有热源影响时，应按热源影响深度确定。在计算深度时，各土层的含水率变化值 Δw_i[图7-6b)]应按下式计算：

$$\Delta w_i = \Delta w_1 - (\Delta w_1 - 0.01) \times \frac{z_i - 1}{z_n - 1} \tag{7-15}$$

$$\Delta w_1 = w_1 - \Psi_w w_p \tag{7-16}$$

式中：w_1、w_p——地表下1m处土的天然含水率和塑限含水率(以小数表示)；

Ψ_w——膨胀土的湿度系数；

z_i——第 i 层土的深度(m)；

z_n——计算深度，可取大气影响深度(m)。

在地下4m土层深度内，存在不透水基岩时，可假定含水率变化值为常数[图7-6c)]，在计算深度内有稳定地下水位时，可计算至水位以上3m。

膨胀土湿度系数 Ψ_w 指在自然气候影响下，地表下1m深度处土层含水率的最小值与其塑限值之比，可根据当地记录资料确定，无此资料时可按《膨胀土地区建筑技术规范》(GB 50112—2013)所给公式计算。

膨胀土的大气影响深度 d_a 应由各气候区的深层变形观测或含水率观测及地温观测资料确定；无此资料时，可按表7-7采用。对于平坦场地的多层建筑物，以增加基础埋深为主要防

313

治措施时,最小基础埋深不应小于大气影响急剧层深度(大气影响急剧层深度系指大气影响特别显著的深度),取值可按表7-7中的大气影响深度值乘以0.45采用。

大气影响深度(m)

表 7-7

土的湿度系数 Ψ_w	大气影响深度 d_a	土的湿度系数 Ψ_w	大气影响深度 d_a
0.6	5.0	0.8	3.5
0.7	4.0	0.9	3.0

注:大气影响深度是自然气候作用下,降水蒸发、地温等因素引起土的升降变形的有效深度。

3.地基土的胀缩变形量 s

$$s = \Psi \sum_{i=1}^{n} (\delta_{epi} + \lambda_{si} \Delta w_i) h_i \tag{7-17}$$

式中: Ψ——计算胀缩变形量的经验系数,宜根据当地经验确定。

二、膨胀土地基承载力

膨胀土地基的承载力同一般地基土的承载力有明显区别,一是膨胀土在自然环境或人为因素等影响下,将产生显著的胀缩变形;二是膨胀土的强度具有显著的衰减性,地基承载力实际上是随若干因素而变动的。其中,尤其是膨胀土地基湿度状态的变化,将明显地影响土的压缩性和承载力的改变。

就膨胀土地基而言,由于膨胀土成因类型的不同,物质组成与土体结构的差别,其承载力也不一样。此外,膨胀土的强度特性与土的风化程度也有密切关系。不同的气候环境,不仅直接影响膨胀土的风化程度,而且还影响膨胀土胀缩变形的变化,进而影响膨胀土强度特性的变化及土的工程特性。

研究表明,我国膨胀土无论从成因类型,或物质组成,或地区气候,都具有明显的区域性规律。因此,膨胀土地基承载力同样显示出明显的区域性特征。

综上所述,在确定膨胀土地基承载力时,应综合考虑以上诸多规律及其影响因素,通过现场膨胀土的原位测试资料,结合桥涵地基的工作环境综合确定,在一般条件不具备的情况下,也可参考现有研究成果,初步选择合适的膨胀土地基承载力特征值,再进行必要的修正。

三、膨胀土地区桥涵基础工程问题及设计与施工要点

(一)膨胀土地基上的桥涵工程问题

在膨胀土地基上修建桥梁与涵洞,与普通黏土地基有显著的不同。虽然桥梁墩台基础一般都埋深较大,尤其是跨度较大的大中型桥梁,一方面由于主体工程的自重荷载较大,另一方面又因这种荷载主要是以集中荷载的形式,传递到地基膨胀土中,因此,对于制约地基土的胀缩变形是十分有利的。同时,基础的埋深大多在土的胀缩变形层或大气风化作用层以下。所以,膨胀土地基上桥梁主体工程的变形损害,在膨胀土地区很少见到。然而相反的是,在膨胀土地基上的桥梁附属工程,如桥台、护坡、桥的两端与填土路堤之间的结合部位等,各种工程问题存在比较普遍,变形病害也较严重,如桥台不均匀下沉、护坡开裂破坏、桥台与路堤之间结合带不均匀下沉等。有的普通公路桥受地基膨胀土胀缩变形影响严重的,不仅桥台与护坡严重变形、开裂、位移,甚至桥面也遭破坏,导致整座桥梁废弃,公路行车中断。

涵洞因基础埋置深度较浅,自重荷载又较小,一方面直接受地基土胀缩变形影响,另一方面还受洞顶回填膨胀土不均匀沉降与膨胀压力的影响,故变形破坏比较普遍。如涵洞翼墙和端墙的变形开裂、涵顶裂缝、洞底膨胀与开裂等。此外,涵洞的淤塞和排水不畅,也是在膨胀土地区常见的一种病害现象。这是由于地表膨胀土的风化剥落,在雨季地表径流夹带大量泥土向涵洞宣泄而造成的淤积堵塞。

无论桥基或涵基,在施工开挖基坑中由于膨胀土产生的施工效应,也常造成基坑开裂、坍塌,或受水浸湿软化等。尤其涵洞基坑开挖,常因地表浅层膨胀土体结构松散,抗剪强度较低,使坑壁土体不能直立,而出现边挖边塌、土方数量成倍增加的困难局面。

(二)膨胀土地基上桥涵基础工程设计与施工应采取的措施

1.换土垫层

在较强或强膨胀性土层出露较浅的建筑场地,可采用非膨胀性的黏性土、砂石、灰土等置换膨胀土,以减少可膨胀的土层,达到减少地基胀缩变形量的目的。换土厚度应通过变形计算确定。平坦场地上Ⅰ、Ⅱ级膨胀土的地基处理,宜采用砂、碎石垫层,垫层厚度不应小于30cm,基础两侧宜采用与垫层相同的材料回填,并做好防水处理。

2.合理选择基础埋置深度

桥涵基础埋置深度应根据膨胀土地区的气候特征、大气风化作用的影响深度,并结合膨胀土的胀缩特性确定。一般情况下,基础应埋置在大气风化作用影响深度以下。当以基础埋深为主要防治措施时,基础埋深还可适当增大。

3.石灰灌浆加固

在膨胀土中掺入一定量的石灰能有效提高土的强度,增加土中湿度的稳定性,减少膨胀。工程上可采用压力灌浆的办法将石灰浆液灌注入膨胀土的裂隙中起加固作用。

4.合理选用基础类型

桥涵设计应合理选择有利于克服膨胀土胀缩变形的基础类型。当大气影响深度较深,膨胀土层厚,选用地基加固或墩式基础施工有困难或不经济时,可选用桩基。这种情况下,桩尖应锚固在非膨胀土层或伸入大气影响急剧层以下的土层中。具体桩基设计应满足《膨胀土地区建筑技术规范》(GB 50012—2013)的要求。

5.合理选择施工方法

在膨胀土地基上进行基础施工时,宜采用分段快速作业法,特别应防止基坑暴晒开裂与基坑浸水膨胀软化。因此,雨季应采取防水措施,最好在旱季施工,基坑随挖随砌,同时做好地表排水等。

第三节　冻土地基

温度为0℃或负温,含有冰且与土颗粒呈胶结状态的土称为冻土。根据冻土冻结延续时间可分为季节性冻土和多年冻土两大类。

土层冬季冻结,夏季全部融化,冻结延续时间一般不超过一个季节,称为季节性冻土层。其下边界线称为冻深线或冻结线。

土层冻结延续时间在 3 年或 3 年以上称为多年冻土。其表层受季节影响而发生周期冻融变化的土层称为季节融化层。最大融化深度的界面线称为多年冻土的上限。当修筑建筑物后所形成的新上限称为人为上限。

季节性冻土在我国分布很广,东北、华北、西北是季节性冻结层厚 0.5m 以上的主要分布地区;多年冻土主要分布在黑龙江的大小兴安岭一带,内蒙古纬度较大地区,青藏高原部分地区与甘肃、新疆的高山区,其厚度从不足一米到几十米。

冻土是由土的颗粒、水、冰、气体等组成的多相成分的复杂体系。冻土与未冻土的物理力学性质有着共同性,但由于冻结时水相变化及其对结构和物理力学性质的影响,使冻土含有若干不同于未冻土的特点,如冻结过程水的迁移、冰的析出、冻胀和融沉等。这些特点会使季节性冻土和多年冻土对建筑物带来不同的危害,因而对冻土地基上的基础工程除按一般地区的要求进行设计施工外,还要考虑季节性冻土或多年冻土的特殊要求,现分别介绍如下。

一、季节性冻土地基

(一)季节性冻土按冻胀性的分类

季节性冻土地区建筑物的破坏很多是由于地基土冻胀造成的。含黏土和粉土颗粒较多的土,在冻结过程中,由于负温梯度使土中水分向冻结峰面迁移积聚,且水冻结成冰后体积约增大 9% ,造成冻土地基的体积膨胀。

地基土的冻胀由于侧向和下面有土体的约束,主要反映在体积向上的增量上(隆胀)。

季节性冻土按冻胀变形量大小是其工程性质的重要指标,可用以野外冻胀观测得出的冻胀系数 K_d 作为分级的直接控制指标。

$$K_d = \frac{\Delta h}{Z_0} \times 100\% \tag{7-18}$$

式中:Δh——地面最大冻胀量(m);

Z_0——最大冻结深度(m)。

以冻胀系数 K_d 作为季节性冻土的冻胀性等级分类指标,结合对建筑物的危害程度可分为 6 个级别:

Ⅰ级(不冻胀):$K_d < 1\%$,冻结时基本无水分迁移,冻胀变形很小,对各种浅埋基础无任何危害。

Ⅱ级(弱冻胀):$1\% < K_d \leqslant 3.5\%$,冻结时水分迁移很少,地表无明显冻胀隆起,对一般浅埋基础也无危害。

Ⅲ级(冻胀):$3.5\% < K_d \leqslant 6\%$,冻结时水分有较多迁移,形成冰夹层,如建筑物自重轻、基础埋置过浅,会产生较大的冻胀变形,冻深大时会由于切向冻胀力而使基础上拔。

Ⅳ级(强冻胀):$6\% < K_d \leqslant 12\%$,冻结时水分大量迁移,形成较厚冰夹层,冻胀严重,即使基础埋深超过冻结线,也可能由于切向冻胀力而上拔。

Ⅴ级(特强冻胀):$12\% < K_d \leqslant 18\%$,冻胀量很大,是使桥梁基础冻胀上拔破坏的主要原因。

Ⅵ级(极强冻胀):$K_d > 18\%$,一般发生在黏性土中。

地基土的冻胀变形,除与负温条件有关外,与土的粒度成分、冻前含水率,及地下水补给条件密切相关。《公路桥涵地基与基础设计规范》(JTG 3363—2019)的附录 E 根据这些因素的统计分析资料,对季节性冻土划分为 Ⅰ~Ⅴ 类,公路桥涵冻土地基的冻胀性分类方法可查阅该规范。

(二)考虑地基土冻胀影响时桥涵基础最小埋置深度的确定

地表实测冻胀量并不随冻深的增加按比例增大,当冻深到一定深度后冻胀量将增加很少甚至不再随冻深而增大,因为结合水的冻结,土中水的迁移需要一定的负温,而接近最大冻结深度处负温较小,所以冻胀量也小。因此,对有些冻胀土可将建筑物的基础底面埋在冻结线以上某一深度,使基底下保留的季节性冻土层产生的冻胀量小于建筑物的容许变形值。基底最小埋置深度 d_{min}(m)可用下式表达:

$$d_{min} = z_d - h_{max} \tag{7-19}$$

$$z_d = \Psi_{zs} \Psi_{zw} \Psi_{ze} \Psi_{zg} \Psi_{zf} z_0 \tag{7-20}$$

式中:d_{min}——基底最小埋置深度(m);

z_d——设计冻深(m);

z_0——标准冻深(m),无实测资料时,可按《公路桥涵地基与基础设计规范》(JTG3 363—2019)附录 H.0.1 条采用;

Ψ_{zs}——土的类别对冻深的影响系数,按表 7-8 查取;

Ψ_{zw}——土的冻胀性对冻深的影响系数,按表 7-9 查取;

Ψ_{ze}——环境对冻深的影响系数,按表 7-10 查取;

Ψ_{zg}——地形坡向对冻深的影响系数,按表 7-11 查取;

Ψ_{zf}——基础对冻深的影响系数,取 $\Psi_{zf} = 1.1$;

h_{max}——基础底面下容许最大冻层厚度(m),按表 7-12 查取。

土的类别对冻深的影响系数 Ψ_{zs} 表 7-8

土 的 类 别	Ψ_{zs}	土 的 类 别	Ψ_{zs}
黏性土	1.00	中砂、粗砂、砾砂	1.30
细砂、粉砂、粉土	1.20	碎石土	1.40

土的冻胀性对冻深的影响系数 Ψ_{zw} 表 7-9

冻 胀 性	Ψ_{zw}	冻 胀 性	Ψ_{zw}
不冻胀	1.00	强冻胀	0.85
弱冻胀	0.95	特强冻胀	0.80
冻胀	0.90	—	—

环境对冻深的影响系数 Ψ_{ze} 表 7-10

周 围 环 境	Ψ_{ze}	周 围 环 境	Ψ_{ze}
村、镇、旷野	1.00	城市市区	0.90
城市近郊	0.95	—	—

注:当城市市区人口为 20 万~50 万时,按城市近郊取值;当城市市区人口大于 50 万小于或等于 100 万时,按城市市区取值;当城市市区人口超过 100 万时,除计入市区影响外,尚应考虑 5km 的近郊范围。

地形坡向对冻深的影响系数 Ψ_{zg}			表7-11
地形坡向	平坦	阳坡	阴坡
Ψ_{zg}	1.0	0.9	1.1

不同冻胀土类别在基础底面下容许最大冻层厚度 h_{max}				表7-12
冻胀土类别	弱冻胀	冻胀	强冻胀	特强冻胀	极强冻胀
h_{max}	$0.38z_0$	$0.28z_0$	$0.15z_0$	$0.08z_0$	0

注：z_0-标准冻深(m)。

上部结构为超静定结构时，除 I 类不冻胀土外，基底埋深应在冻结线以下不小于 0.25m。当建筑物基底设置在不冻胀土层中时，基底埋深可不考虑冻结问题。

(三)刚性扩大基础及桩基础抗冻拔稳定性的验算

1.刚性扩大基础抗冻拔稳定性验算

按上述原则确定基础埋置深度后，基底法向冻胀力由于允许冻胀变形而基本消失。考虑基础侧面切向(垂直与冻结锋面且平行于基础侧面)冻胀力的抗冻拔稳定性按下式计算(图7-7)：

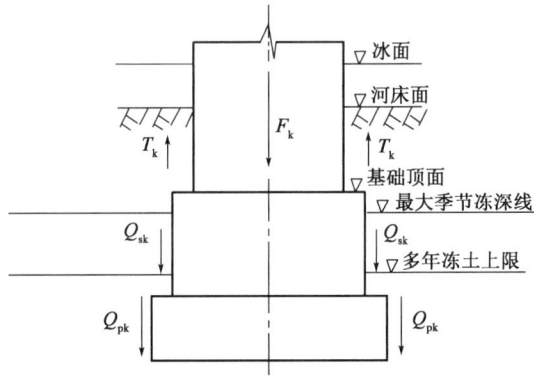

图 7-7　考虑基础侧面切向冻胀力的抗冻拔验算

T_k-对基础切向冻胀力；Q_{sk}-基础位于融化层的摩阻力；Q_{pk}-基础和多年冻土的冻结力

$$F_k + G_k + Q_{sk} \geq kT_k \qquad (7-21)$$

$$T_k = z_d \tau_{sk} u \qquad (7-22)$$

$$Q_{sk} = q_{sk} \cdot A_s \qquad (7-23)$$

式中：F_k——作用在基础上的结构自重(kN)；

$\quad G_k$——基础自重及襟边上的土自重(kN)；

$\quad Q_{sk}$——基础周边融化层的侧摩阻力标准值(kN)；

$\quad k$——冻胀力修正系数，砌筑或架设上部结构之前，k 取 1.1；砌筑或架设上部结构之后，对外静定结构 k 取 1.2；对外超静定结构 k 取 1.3；

$\quad T_k$——对基础的切向冻胀力标准值(kN)；

$\quad z_d$——设计冻深(m)，按式(7-20)计算，当基础埋置深度 $h < z_d$ 时，z_d 采用 h；

τ_{sk}——季节性冻土切向冻胀力标准值(kPa),按表7-13选用;

u——在季节性冻土层中基础和墩身的平均周长(m);

A_s——融化层中基础的侧面面积(m^2);

q_{sk}——基础侧面与融化层的摩阻力标准值(kPa),无实测资料时,对黏性土可采用20 ~ 30kPa,对砂土及碎石土可采用30 ~ 40kPa。

季节性冻土切向冻胀力标准值 τ_{sk}(kPa) 表7-13

基础形式	冻胀类别					
	不冻胀	弱冻胀	冻胀	强冻胀	特强冻胀	极强冻胀
墩、台、柱、桩基础	0 ~ 15	15 ~ 80	80 ~ 120	120 ~ 160	160 ~ 180	180 ~ 200
条形基础	0 ~ 10	10 ~ 40	40 ~ 60	60 ~ 80	80 ~ 90	90 ~ 100

注:1. 条形基础系指基础长宽比等于或大于10的基础。

  2. 对表面光滑的预制桩,τ_{sk}乘以0.8。

2. 桩(柱)基础抗冻拔稳定性验算

$$F_k + G_k + Q_{fk} \geq kT_k \tag{7-24}$$

$$Q_{fk} = 0.4u \sum q_{ik} \cdot l_i \tag{7-25}$$

式中:F_k——作用在桩(柱)顶上的竖向结构自重(kN);

  G_k——桩(柱)自重(kN),对于水位以下且桩(柱)底为透水土时取浮重度;

  Q_{fk}——桩(柱)在冻结线以下各土层的侧摩阻力标准值之和;

  u——桩的周长(m);

  q_{ik}——冻结线以下各层土的摩阻力标准值(kPa),见表4-1或表4-4;

  l_i——冻结线以下各层土的厚度(m);

  T_k——每根桩(柱)的切向冻胀力标准值(kN),按式(7-22)计算;

  k——冻胀力修正系数,砌筑或架设上部结构之前,k 取1.1;砌筑或架设上部结构之后,对外静定结构 k 取1.2;对外超静定结构 k 取1.3。

在冻结深度较大地区,小桥涵扩大基础或桩基础的地基土为Ⅲ ~ Ⅴ类冻胀性土时,由于上部恒重较小,当基础较浅时常会因周围土冻胀而被上拔,使桥涵遭到破坏。基桩的入土深度往往由在冻结线以下抗冻拔需要的锚固长度控制。为了保证安全,以上计算中基础重力在冻土和非冻土部分均不再考虑。基桩间如设横系梁,其设置高程应注意避免系梁承受法向冻胀力。一般中小桥梁采用桩径不宜过大。刚性扩大基础如抗冻拔安全不足应采用相应的防冻胀措施。

(四)基础薄弱截面的强度验算

当切向冻胀力较大时,应验算基桩在未(少)配筋处抗拉断的能力。

$$P = kT_k - (F_k + G_1 + Q_1) \tag{7-26}$$

式中:P——验算截面拉力(kN);

  G_1——验算截面以上基桩重力(kN);

  Q_1——验算截面以上基桩在暖土部分摩阻力标准值(kN),计算方法同式(7-25)中Q_{fk};

  其他变量意义同式(7-24)。

（五）防冻胀措施

目前国内外学者多从减少冻胀力和改善周围冻土的冻胀性来防治冻胀。

（1）基础四侧换土，采用较纯净的砂、砂砾石等粗颗粒土换填基础四周冻土，填土夯实。

（2）改善基础侧表面平滑度，基础必须浇筑密实，具有平滑表面。基础侧面在冻土范围内还可用工业凡士林、渣油等涂刷以减少切向冻胀力。对桩基础也可用混凝土套管来减除切向冻胀力（图7-8）。

（3）选用抗冻胀性基础改变基础断面形状，利用冻胀反力的自锚作用增加基础抗冻拔的能力（图7-9）。

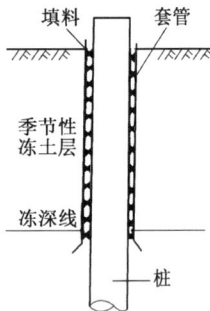

7-8　采用混凝土套管的桩

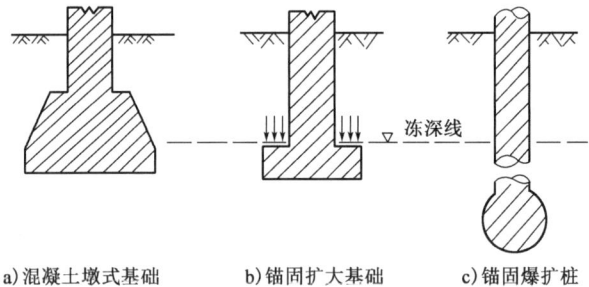

图7-9　抗冻胀性基础

二、多年冻土地基

（一）多年冻土按其融沉性的等级划分

多年冻土的融沉性是评价其工程性质的重要指标，可用融化下沉系数 A 作为分级的直接控制指标。

$$A = \frac{h_m - h_T}{h_m} \times 100\% \tag{7-27}$$

式中：h_m——季节融化层冻土试样冻结时的高度（m）（季节性冻土层土质与其下多年冻土相同）；

　　　h_T——季节融化层冻土试样融化后（侧限条件下）的高度（m）。

以融化下沉系数 A 作为多年冻土融沉性的分级指标，可分为5级：

Ⅰ级（不融沉）：$A \leqslant 1\%$，是仅次于岩石的地基土，在其上修筑建筑物时可不考虑冻融问题。

Ⅱ级（弱融沉）：$1\% < A \leqslant 3\%$，是多年冻土中较好的地基土，可直接作为建筑物的地基，当控制基底最大融化深度在3m以内时，建筑物不会遭受明显融沉破坏。

Ⅲ级（融沉）：$3\% < A \leqslant 10\%$，具有较大的融化下沉量而且冬季回冻时有较大冻胀量。作为地基时一般基底融深不得大于1m，并采取专门措施，如深基、保温防止基底融化等。

Ⅳ级（强融沉）：$10\% < A \leqslant 25\%$，融化下沉量很大，因此施工、运营时不允许地基发生融化，设计时应保持冻土不融或采用桩基础。

Ⅴ级(融陷):$A > 25\%$,为含土冰层,融化后呈流动、饱和状态,不能直接作地基,应进行专门处理。

影响多年冻土融沉变形的主要因素为土的粒度成分、含水(冰)率等,《公路桥涵地基与基础设计规范》(JTG 3363—2019)根据这些因素的调查统计资料,对多年冻土进行Ⅰ~Ⅴ级融沉性分类,具体分类方法可查阅该规范的附录E表E.0.3。

(二)多年冻土地基设计原则

多年冻土地基,应根据冻土的稳定状态和修筑建筑物后地基地温、冻深等可能发生的变化,分别采取两种原则设计。

1.保持冻结原则

保持基底多年冻土在施工和运营过程中处于冻结状态,适用于多年冻土较厚、地温较低和冻土比较稳定的地基或地基土为融沉、强融沉时。采用本设计原则应考虑技术的可能性和经济的合理性。

采取这一原则时,地基土应按多年冻土物理力学指标进行基础工程设计和施工。基础埋入多年冻土人为上限以下的最小深度:对刚性扩大基础弱融沉土为0.5m;融沉和强融沉土为1.0m;桩基础为4.0m。

2.容许融化原则

容许基底下的多年冻土在施工和运营过程中融化,融化方式有自然融化和人工融化。对厚度不大、地温较高的不稳定状态冻土及地基土为不融沉或弱融沉冻土时宜采用自然融化原则。对较薄的、不稳定状态的融沉和强融沉冻土地基,在砌筑基础前宜采用人工融化冻土,然后挖除换填。

基础类型的选择应与冻土地基设计原则相协调。如采用保持冻结原则时,应首先考虑桩基,因桩基施工时冻土暴露面小,有利于保持冻结。施工方法宜以钻孔灌注(或插入、打入)桩、挖孔灌注桩等为主,小桥涵基础埋置深度不大时可仍用扩大基础。采用容许融化原则时,地基土取用融化土的物理力学指标进行强度和沉降验算,上部结构形式以静定结构为宜,小桥涵可采用整体性较好的基础形式或采用箱形涵等。

根据我国多年冻土特点,凡常年流水的较大河流沿岸,由于洪水的渗透和冲刷,多年冻土多退化呈不稳定状态,甚至没有,在这些地带地基基础设计一般不宜采用保持冻结原则。

(三)多年冻土地基承载力特征值的确定

决定多年冻土承载力的主要因素有粒度成分,含水(冰)率和地温。在相同地温和含水(冰)率状况下,碎石类土承载力最大,砂类土次之,黏性土最小。随冻土含水(冰)率增大,其流变性迅速增大,使其长期强度降低。具体的确定方法可用如下几种。

(1)理论公式计算。理论上可通过临塑荷载p_{cr}(kPa)和极限荷载p_u(kPa)确定多年冻土地基承载力特征值,计算公式形式较多,可参考下式计算:

$$p_{cr} = 2c_s + \gamma_2 h \tag{7-28}$$

$$p_u = 5.14c_s + \gamma_2 h \tag{7-29}$$

式中：c_s——冻土的长期黏聚力（kPa），应由试验求得；

$\gamma_2 h$——基底埋置深度以上土的自重压力（kPa）。

p_{cr} 可以直接作为多年冻土地基承载力特征值，而 p_u 应除以安全系数 1.5～2.0。

（2）通过现场载荷试验（考虑地基强度随荷载作用时间而降低的规律），调查观测地质、水文、植被条件等基本相同的邻近建筑物等方法来确定。

（四）多年冻土融沉计算

采用容许融化原则（自然融化）设计时，除满足多年冻土地基承载力特征值要求外，尚应满足建筑物对沉降的要求。多年冻土地基总融沉量由两部分组成：一是多年冻土解冻后冰融化体积缩小和部分水在融化过程中被挤出，土粒重新排列所产生的下沉量；二是融化完成后，在土自重和恒载作用下产生的压缩下沉。最终沉降量 $s(\mathrm{m})$ 计算公式如下：

$$s = \sum_{i=1}^{n} A_i h_i + \sum_{i=1}^{n} \alpha_i p_{ci} h_i + \sum_{i=1}^{n} \alpha_i p_{pi} h_i \tag{7-30}$$

式中：A_i——第 i 层多年冻土融化系数，见式（7-27）；

h_i——第 i 层多年冻土厚度（m）；

α_i——第 i 层多年冻土压缩系数（1/kPa），由试验确定；

p_{ci}——第 i 层多年冻土中心点处自重应力（kPa）；

p_{pi}——第 i 层多年冻土中心点处建筑物恒载附加应力（kPa）。

基底融化压缩层计算厚度可参照基底持力层深度及融化层厚度确定。

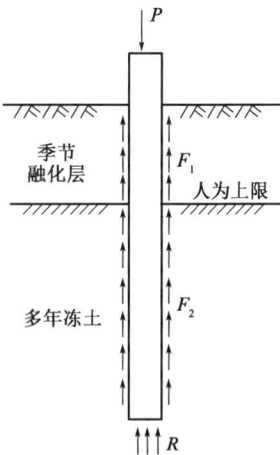

图 7-10　桩轴向承载力示意

（五）多年冻土地基基桩承载力的确定

采取保持冻结原则时，多年冻土地基基桩轴向承载力特征值由季节融土层的摩阻力 F_1（冬季则变成切向冻胀力）、多年冻土层内桩侧冻结力 F_2 和桩端反力 R 这 3 部分组成，如图 7-10 所示。其中桩与桩侧土的冻结力是承载力的主要部分。多年冻土地基基桩的承载力主要通过试桩的静载试验来确定。

（六）多年冻土地区基础抗拔验算

多年冻土地基墩、台和基础（含条形基础）抗冻拔稳定性按下列公式验算（图 7-7）：

$$F_k + G_k + Q_{sk} + Q_{pk} \geq kT_k \tag{7-31}$$

$$Q_{pk} = q_{pk} \cdot A_p \tag{7-32}$$

式中：Q_{pk}——基础周边与多年冻土的冻结力标准值（kN）；

A_p——在多年冻土内的基础侧面面积（m²）；

q_{pk}——多年冻土与基础侧面的冻结力标准值（kPa），可按表 7-14 选用；

其他变量意义同式（7-21）、式（7-22）、式（7-23）。

多年冻土与基础间的冻结力标准值 q_{pk}（kPa）　　　　表 7-14

土类别及融沉等级		温度（℃）						
		-0.2	-0.5	-1.0	-1.5	-2.0	-2.5	-3.0
粉土、黏性土	III	35	50	85	115	145	170	200
	II	30	40	60	80	100	120	140
	I、IV	20	30	40	60	70	85	100
	V	15	20	30	40	50	55	65
砂土	III	40	60	100	130	165	200	230
	II	30	50	80	100	130	155	180
	I、IV	25	35	50	70	85	100	115
	V	10	20	30	35	40	50	60
砾石土（粒径小于 0.075mm 的颗粒含量小于或等于 10%）	III	40	55	80	100	130	155	180
	II	30	40	60	80	100	120	135
	I、IV	25	35	50	60	70	85	95
	V	15	20	30	40	45	55	65
砾石土（粒径小于 0.075mm 的颗粒，含量大于 10%）	III	35	55	85	115	150	170	200
	II	30	40	70	90	115	140	160
	I、IV	25	35	50	70	85	95	115
	V	15	20	30	35	45	55	60

注：1. 多年冻土融沉等级见《公路桥涵地基与基础设计规范》（JTG 3363—2019）附表 E.0.3。

2. 对于预制混凝土、木质、金属的冻结力标准值，表列数值分别乘以 1.0、0.9 和 0.66 的系数。

3. 多年冻土与沉桩的冻结力标准值按融沉等级 IV 类取值。

（七）防融沉措施

（1）换填基底土。对采用融化原则的基底土可换填碎、卵、砾石或粗砂等，换填深度可到季节融化深度或到受压层深度。

（2）选择好施工季节。采用保持冻结原则的基础宜在冬季施工；采用融化原则时，最好在夏季施工。

（3）选择好基础形式。对融沉、强融沉的地基宜用轻型墩台，适当增大基底面积，减少压应力，或结合具体情况，加深基础埋置深度。

（4）注意隔热措施。采取保持冻结原则时施工中注意保护地表上覆盖植被，或以保温性能较好的材料铺盖地表，减少热渗入量。施工和养护中，保证建筑物周围排水通畅，防止地表水灌入基坑内。

如抗冻胀稳定性不够，可在季节融化层范围内，按防冻胀措施处理。

第四节　地震区的基础工程

我国地处环太平洋地震带和欧亚地震带之间，是个地震频发的国家。据记载，全国曾有

1600 个县(市)先后发生过地震。这些地震对我国人民的生命财产和社会主义建设造成巨大的损失。遭到地震破坏的桥梁、道路建筑物相当多,由此还造成交通中断,对灾区的救援工作增加了难度。综合分析已发生的地震对桥梁、道路建筑物造成的危害,其中很多是由于其地基与基础遭到震坏而使整个建筑物严重损坏的。如 1976 年唐山地震,在Ⅷ度烈度区修筑在易液化地基上的 3 座桥梁,由于地基液化,墩、台下沉、斜倾,上部结构也因之损坏,整个桥梁遭到严重破坏。而同一烈度区其他修筑在一般稳定地基上的桥梁,由于地基基本未遭损坏,整座桥梁也仅受轻微损坏(桥台轻微斜倾,主梁在桥墩上横向移动数厘米)。各地对地基与基础的震害,都有类似情况,因此,应得到足够的重视。实践证明,正确地进行抗震设计,并采取有效抗震措施,就能减轻或避免大部分震害损失。

一、地基与基础的震害

地基与基础的震害主要有地基土振动液化、地裂、震陷和边坡滑塌,因此而发生基础沉陷、位移、倾斜、开裂等。基础的震害虽然大多数是由于地基的失效、失稳而引起,但也有由于基础本身结构构造上处理不当而促成的情况。

(一)地基土的液化

地震时地基土的液化是指地面以下,一定深度范围内(一般指 20m)的饱和粉细砂土、亚砂土层,在地震过程中出现软化、稀释、失去承载力而形成类似液体性状的现象。它使地面下沉,土坡滑塌,地基失效、失稳,天然地基和摩擦型桩上的建筑物大量下沉、倾斜、水平移位等。国内外大地震中,砂土液化情况相当普遍,是造成震害的主要原因之一,由此引起了科学研究人员和工程技术人员的重视,已成为工程抗震设计中重点考虑的因素。

1. 砂土液化机理及影响因素

砂土液化的机理和影响砂土液化的主要因素,在《土质学与土力学》教材中已有较详细的介绍。饱和砂土地基在地震作用下,结构破坏,颗粒发生相对位移,有增密趋势,而细、粉砂的透水性较小,导致孔隙水压力暂时显著地增大,当孔隙水压力上升到等于土总法向压应力时,有效应力下降为零,抗剪强度完全丧失,处于没有抵抗外荷能力的悬浮状态,即发生砂土液化。

地震时土层液化较多发生在饱和松散的粉、细砂和亚砂土(塑性指数小于 7,黏土颗粒含量小于 10%)。相对密度小于 0.65 的松散砂土,Ⅷ度烈度的地震即会液化;相对密度大于 0.75 的砂土,即使Ⅷ度地震也不液化。根据砂土液化机理和液化现象分析,影响砂土振动液化的主要因素为地震烈度,振动持续时间,土层的埋深,土的粒度成分、密实度、饱和度及黏土颗粒含量等。

2. 砂土液化可能性的判别

判别砂土液化可能性的方法较多,但尚不完善,因为影响砂土振动液化因素较多且较复杂。现有方法大致可归纳为经验对比、现场试验和室内试验 3 类,一般都采用现场试验方法判定,因为它能综合反映各种有关的影响因素。我国《公路桥梁抗震设计规范》(JTG/T 2231-01—2020)(以下简称《公桥抗震规范》)根据国内调查资料和国内外现场试验资料,对地基土液化可能性先按现场条件,运用经验对比方法初步判定,再通过现场标准贯入试验进一步判定,具体方法如下。

1) 初步判定

当在地面以下 20m 范围内有饱和砂土或饱和粉土(不含黄土),可根据下列情况,初步判定其是否有可能液化。

(1) 当地质年代为第四纪晚更新世(Q_3)及其以前时,Ⅶ度、Ⅷ度烈度时,可判为不液化。

(2) 粉土的黏粒(粒径小于 0.005mm 的颗粒)含量百分率 ρ_c,在Ⅶ度、Ⅷ度、Ⅸ度烈度时分别不小于 10、13、16 时,可判为不液化土。

(3) 天然地基的桥梁,当上覆非液化土层厚度和地下水位深度符合下列条件之一时,可不考虑液化影响:

$$d_u > d_0 + d_b - 2 \tag{7-33}$$

$$d_w > d_0 + d_b - 3 \tag{7-34}$$

$$d_u + d_w > 1.5d_0 + 2d_b - 4.5 \tag{7-35}$$

式中:d_w——地下水位深度(m),宜按设计基准期内年平均最高水位采用,也可按近期内年最高水位采用;

　　d_u——上覆盖非液化土层厚度(m),计算时宜将淤泥和淤泥质土层扣除;

　　d_b——基础埋置深度(m),不超过 2m 时应采用 2m;

　　d_0——液化土特征深度(m),可按表 7-15 采用。

液化土特征深度(m)　　　　　　　　　　表 7-15

饱和土类别	烈　　度		
	Ⅶ度	Ⅷ度	Ⅸ度
粉土	6	7	8
砂土	7	8	9

2) 用标准贯入试验进一步判定

当初步判别认为需进一步进行液化判别时,应采用标准贯入试验判别法判别地面下 15m 深度范围内的液化情况;当采用桩基或埋深大于 5m 的基础时,尚应判别 15～20m 范围内土的液化情况。当饱和土标准贯入锤击(未经杆长修正)小于液化判别标准贯入锤击数临界值 N_{cr} 时,应判为液化土。当有成熟经验时,尚可采用其他判别方法。

在地面下 15m 深度范围内,液化判别标准贯入锤击数临界值可按下式计算:

$$N_{cr} = N_0[0.9 + 0.1(d_s - d_w)]\sqrt{\frac{3}{\rho_c}} \quad (d_s \leq 15) \tag{7-36}$$

在地面下 15～20m 范围内,液化判别标准贯入锤击数临界值可按下式计算:

$$N_{cr} = N_0(2.4 - 0.1d_s)\sqrt{\frac{3}{\rho_c}} \quad (15 \leq d_s \leq 20) \tag{7-37}$$

式中:N_{cr}——液化判别标准贯入锤击数临界值;

　　N_0——液化判别标准贯入锤击数基准值,应按表 7-16 采用;

　　d_s——饱和土标准贯入点深度(m);

　　ρ_c——黏粒含量百分率,当小于 3 或为砂土时,应采用 3。

标准贯入锤击数基准值　　　　　　　　表 7-16

区划图上的特征周期	烈　度		
（s）	Ⅶ度	Ⅷ度	Ⅸ度
0.35	6（8）	10（13）	16
0.40、0.45	8（10）	12（15）	18

注：1. 特征周期根据场地位置在《中国地震动参数区划图》（GB 18306）上查取。

　　2. 括号内数值用于设计基本地振动加速度为 0.15g 和 0.30g 的地区。

对存在液化土层的地基，应探明各液化土层的深度和厚度，按下式计算每个钻孔的液化指数，并按表 7-17 综合划分地基的液化等级。

$$I_{IE} = \sum_{i=1}^{n} \left(1 - \frac{N_i}{N_{cri}} \right) d_i W_i \tag{7-38}$$

式中：I_{IE}——液化指数；

　　　　n——在判别深度范围内每一个钻孔标准贯入试验点的总数；

　　N_i、N_{cri}——分别为 i 点标准贯入锤击数的实测值和临界值，当实测值大于临界值时应取临界值的数值；

　　　　d_i——i 点所代表的土层厚度（m），可采用与该标准贯入试验点相邻的上、下两标准贯入试验点深度差的一半，但上界不高于地下水位深度，下界不深于液化深度；

　　　　W_i——i 土层单位土层厚度的层位影响权函数值（m^{-1}），若判别深度为 15m，当该层中点深度不大于 5m 时应采用 10，等于 15m 时应采用零值，5～15m 时应按线性内插法取值；若判别深度为 20m，当该层中点深度不大于 5m 时应采用 10，等于 20m 时应采用零值，5～20m 时应按线性内插法取值。

液 化 等 级　　　　　　　　表 7-17

液化等级	轻微	中等	严重
判别深度为 15m 的液化指数	$0 < I_{IE} \leqslant 5$	$5 < I_{IE} \leqslant 15$	$I_{IE} > 15$
判别深度为 20m 的液化指数	$0 < I_{IE} \leqslant 6$	$6 < I_{IE} \leqslant 18$	$I_{IE} > 18$

3. 砂土液化的危害

砂土液化使地基失效、失稳，丧失强度和承载能力，发生大的沉降和不均匀沉降，使基础连同整个建筑物沉陷、倾斜、开裂，甚至倒塌。在我国沿海及平原地区，地基的震害主要是由于地基土液化造成的。此外，砂土液化常伴随岸坡、边坡的滑塌，地基的喷砂冒水，使道路、桥梁墩台、道路挡土建筑物等遭到损坏。

地层内可液化土在地震作用下，由非液化转化为液化是一个渐变的过程（虽然历时较短暂），而地震的持续时间一般很短，当地震力最大时，可液化土的抗震强度往往并未降到其最低值。因此，在许多情况下，可液化土并不发生完全液化，并未完全丧失（而是部分丧失）其强度，《公桥抗震规范》第 4.4.2 条规定，液化土层的承载力（包括桩侧摩阻力）、土抗力（地基系数）、内摩擦角和黏聚力等，可根据液化抵抗系数 C_e 予以折减，折减系数 α 按表 7-18 采用，就是考虑这一因素而定的。

$$C_e = \frac{N_1}{N_{cr}} \tag{7-39}$$

式中：N_1、N_{cr}——分别为实际标准贯入锤击数和标准贯入锤击数临界值。

土层液化影响折减系数 α 表 7-18

C_e	$d_s(m)$	α
$C_e \leq 0.6$	$d_s \leq 10$	0
	$10 < d_s \leq 20$	1/3
$0.6 < C_e \leq 0.8$	$d_s \leq 10$	1/3
	$10 < d_s \leq 20$	2/3
$0.8 < C_e \leq 1.0$	$d_s \leq 10$	2/3
	$10 < d_s \leq 20$	1

（二）地基与基础的震沉、边坡的滑塌以及地裂

1. 震沉

软弱黏性土和松散砂土地基，在地震作用下，结构被扰动，强度降低，产生附加的沉陷（土层的液化也会引起地基的沉陷），且往往是不均匀的沉陷，这种沉陷即称为震沉，可使建筑物遭到破坏。我国沿海地区及较大河流下游的软土地区，震沉往往也是主要的地基震害。地基土级配情况差、含水率高、孔隙比大，震沉也大；在一般情况，震沉随基础埋置深度加大而减少；地震烈度越高，震沉也越大；荷载大的，震沉也大。同一座桥梁各墩、台的地基条件不同，会因震沉的不均匀而遭损坏，如我国通海地区某拱桥，东台置于岩层上，西台为桩基础，未达岩层，1970 年地震后西台下沉 0.3m，拱圈开裂。同一墩台的地基如土质不均匀，也会产生不良后果，应力求避免。

2. 边坡滑塌

陡峻山区土坡，层理倾斜或有软弱夹层等不稳定的边坡、岸坡等，在地震时由于附加水平力的作用或土层强度的降低而发生滑动（有时规模较大），会导致修筑在其上或邻近的建筑物遭到损坏。

3. 地裂

构造地震发生时地面常出现与地下断裂带走向基本一致的呈带状的地裂带。地裂带一般在土质松软区、古河道、河堤岸边、陡坡、半填半挖处较易出现，它大小不一，有时长达几十公里，对建筑物常造成破坏。

（三）基础的其他震害

除了因地基失效、失稳、沉陷、滑动、开裂而使基础遭受损坏外，在较大的地震作用下，基础也常因其本身强度、稳定性不足以抗衡附加的地震作用力而发生断裂、折损、倾斜等损坏。

刚性扩大基础如埋置深度较浅时，会在地震水平力作用下发生移动或倾覆。

桩基础的震害，在高桩承台表现较多，由于承台的反复振动，在桩和承台连接处或桩顶附近，往往因剪应力的作用而发生混凝土开裂，甚至断桩现象。基桩由于水平地震力的作用，地

面以下部分曾产生过环状裂纹,有人认为这除与桩身结构强度有关外,还可能与地基中存在软硬交替土层有关。

基础、承台与墩、台身连接处也是抗震的薄弱处,由于断面改变、应力集中使混凝土发生断裂。

二、基础工程抗震设计

(一)基础工程抗震设计的基本要求

在破坏性地震发生后,立即恢复交通运输是减轻和迅速消除震灾的一个重要条件,因此公路工程的抗震工作是有重要意义的。结合目前抗震工程的技术发展水平和公路的特点,建筑物发生基本烈度的地震时,按不受任何损坏的原则进行设计,在经济上是不合理的,在技术上也常是不可行的。因此,公路建筑物基础工程的抗震设计基本要求应与整个建筑物一致,《公路桥梁抗震设计规范》(JTG/T 2231-01—2020)根据建筑物所属公路等级和所处地质条件,要求发生相当基本烈度地震时,位于一般地段的高速公路和一级公路,经一般整修即可正常使用;位于一般地段的二级公路及位于软弱黏性土层或液化土层上的高速公路和一级公路经短期抢修即可恢复使用;三、四级公路工程和位于抗震危险地段的软弱黏性土层或液化土层上的二级公路,以及位于抗震危险地段的高速公路和一级公路应保证桥梁、隧道及重要的构造物不发生严重破坏。

其中基本烈度是指该地区在今后一定时期内,在一般场地条件下,可能发生的最大地震烈度,以国家地震局规定并绘制的全国地震烈度区域图作为设计依据。抗震危险地段是指发震断裂的地段,地震时可能发生大规模滑坡、崩塌等严重中断交通的各种地段。

根据我国历次地震的调查和我国地震烈度表划分的原则,基本烈度为Ⅵ度地区的公路工程一般可不进行抗震设计,只采用简易抗震设防措施;基本烈度为Ⅶ度以上就要求进行抗震设计和采取抗震措施;对于基本烈度大于Ⅸ度的地区,抗震设计应进行专门研究。

(二)选择对抗震有利的场地、地基

由于场地对建筑物的抗震安全性有很大的影响,而评价场地的因素又比较复杂,因此,如何科学地划分场地就是一项很重要的工作。《公桥抗震规范》归纳我国地震灾害和抗震工程经验,并参考许多国外场地分类方法,提出如下分类标准。

1. 按地形、地貌、地质划分为对抗震有利、一般、不利和危险地段

各种地段的标准见表7-19。在选择场地时,首先应该了解该场地所属地段的地震活动情况,掌握工程地质和地震地质的有关资料,按表7-19判定地段的性质。不要把建筑物建造在危险的地段上;尽量避开不利地段,确实无法避开时,应针对问题,采取有效的工程措施,力争把建筑物建造在有利地段上。

有利、一般、不利和危险地段划分　　　　　　　　　　　　　　表7-19

地段类别	地质、地形、地貌
有利地段	建设场地及其邻近无晚近期活动性断裂,地质构造相对稳定,同时地基为比较完整的岩体、坚硬土或开阔平坦密实的中硬土等

续上表

地段类别	地质、地形、地貌
不利地段	软弱黏性土层、液化土层和地层严重不均匀的地段(岩性、土质、层厚、界面等在水平方向变化很大的地层);地形陡峭、孤突、岩质松散、破碎的地段;地下水位埋藏较浅、地表排水条件不良的地段
危险地段	地震时可能发生滑坡、崩塌的地段;地震时可能塌陷的地段,溶洞等岩溶地段和已采空的矿穴地段,河床内基岩具有倾向河槽的构造软弱面被深切河槽所切割的地段,发震断裂、地震时可能坍塌而中断交通的各种地段
一般地段	除抗震有利、不利和危险地段以外的其他地段

选择有利的工程地质条件,有利抗震地段布置建筑物可以减轻甚至避免地基、基础的震害,也能使地震反应减少,是提高建筑物抗震效果的重要措施。若难以避开而必须在这些抗震不利的地段上建造建筑物时,应对地震影响系数适当增大,但地震影响系数不宜大于1.6。

2. 按剪切波速评价地基土的性质

坚硬土中波的传播速度快,软弱土中波的传播速度慢。地基土根据剪切波的传播速度可以分成坚硬土或岩石、中硬土、中软土和软弱土4类,其相应的剪切波速和相对应的实际土的种类见表7-20。地基通常都是由性质不一样的土层所组成,用以划分地基土类型时,应按土层平均剪切波速计算。土层平均剪切波速就是剪切波穿越整个计算土层的时间等于分别穿过各个土层的用时所对应的平均波速。用公式表示则为:

$$v_{se} = \frac{d_0}{t} \tag{7-40}$$

$$t = \sum_{i=1}^{n} \frac{d_i}{v_{si}} \tag{7-41}$$

式中:v_{se}——土层平均剪切波速(m/s);

d_0——计算深度(m),取覆盖层厚度和20m二者的较小值;

t——剪切波在地面至计算深度之间的传播时间;

d_i——计算深度范围内第 i 层土的厚度(m);

v_{si}——计算深度范围内第 i 层土的剪切波速(m/s);

n——计算深度范围内土的分层数。

土的类型划分和剪切波速范围 表7-20

土 的 类 型	岩土名称和性状	土层剪切波速 v_s 范围(m/s)
岩石	坚硬、较硬且完整的岩石	$v_s > 800$
坚硬土或软质岩石	破碎和较破碎的或软和较软的岩石,密实的碎石土	$800 \geqslant v_s > 500$
中硬土	中密、稍密的碎石土,密实、中密的砾、粗、中砂,$f_{a0} > 150$ 的黏性土和粉土,坚硬黄土	$500 \geqslant v_s > 250$
中软土	稍密的砾、粗、中砂,除松散外的细、粉砂,$f_{a0} \leqslant 150$ 的黏性土和粉土 $f_{a0} > 130$ 的填土,可塑黄土	$250 \geqslant v_s > 150$
软弱土	淤泥和淤泥质土,松散的砂,新近沉积的黏性土和粉土,$f_{a0} \leqslant 130$ 的填土,流塑黄土	$v_s \leqslant 150$

注:f_{a0} 为由荷载试验等方法得到的地基承载力特征值(kPa);v_s 为土的剪切波速。

3. 按岩土的性质和覆盖层的厚度划分场地类别

反映地基岩土性质的平均剪切波速 v_{se} 确定以后，再结合覆盖层的厚度就可以按表 7-21 确定场地的类别，其中 Ⅰ 类分为 $Ⅰ_0$、$Ⅰ_1$ 两个亚类。

桥梁工程场地的类别与覆盖层厚度　　　　　　表 7-21

岩石的剪切波速或土层平均剪切波速（m/s）	场 地 类 别				
	$Ⅰ_0$	$Ⅰ_1$	Ⅱ	Ⅲ	Ⅳ
$v_s > 800$	0				
$800 \geqslant v_s > 500$		0			
$500 \geqslant v_{se} > 250$		<5	≥5		
$250 \geqslant v_s > 150$		<3	3~50	>50	
$v_s \leqslant 150$		<3	3~15	>15, ≤80	>80

（三）地基、基础抗震强度和稳定性的验算

建筑物所在地点的地震基本烈度在设防起点以上时，其地基与基础都应进行抗震强度和稳定的验算，并采取相应的抗震措施。

地震力在空间可能是任何方向的，由于在大多数情况，地震横波到达时，地面运动较剧烈，而水平向地震力也是造成建筑物损坏的基本原因，因此，对一般公路在抗震设计中，只考虑横波影响的水平地震力作用。计算中假定水平地震力是作用在建筑物纵、横轴向的。这两个方向的地震荷载和相应的内力分别计算，但对位于基本烈度为Ⅸ度区（及以上）的大跨径悬臂梁桥还应考虑上、下两个方向竖向地震荷载和水平地震荷载的不利组合。

验算桥梁及道路建筑物抗震强度和稳定性时，地震荷载应与建筑物重力、土的重力和水的作用力组合，其他荷载可以不考虑。水的作用力是指：常年有水的河流上的桥梁，应按常水位计算水的浮力；位于常水位水深超过 5m 的实体桥墩、空心桥墩应计入地震动水压力。

位于非岩石地基上的梁桥桥墩及基础抗震设计应计入地基变形的影响。

地震时地基土和建筑物的振动反应是十分复杂的。从震源发出的地震波可认为是由一些不同周期的波综合组成，当通过不同的土层到达地表土层时，由于不同性质土层界面的多次反射以及地基土的滤波作用，使接近某一特定周期的地震波反应占主导地位，此周期称为地基土的卓越周期。它是与地基土的分层情况，各层土的组成、粒度成分、结构有关，与表层土关系更大些，故也称为表层土的自振周期。若建筑物的振动基本周期与地基土的卓越周期相近，地震时，将使建筑物的振动反应大大增加（由于阻尼的影响，不致极度增加）。不同性质、不同厚度的地基土层具有不同的动力参数，不同柔度的建筑物也有不同的动力参数，因此计算建筑物地震反应、地震荷载时，除应考虑地震烈度外，还应考虑地基土和建筑物的动力特性。

目前我国各桥梁抗震规范，对基本烈度为Ⅶ、Ⅷ、Ⅸ度地区，在地震荷载计算中与世界各国发展趋势基本一致：对各种上部结构的桥墩、基础采用考虑地基和建筑物动力特性的反应谱理论；而对刚度大的建筑物和挡土墙、桥台采用静力设计理论；对跨度大（如超过 150m）墩高大（如超过 30m）或结构复杂的特大桥及烈度更高地区则建议采用精确的方法（如时程反映分析法等）。

1. 桥墩基础地震荷载的计算(用反应谱理论计算)

反应谱理论是以大量的强震水平加速度记录为基础,经过动力计算和数理统计分析,按照建筑物作为单质点振动体系,在一定的阻尼比条件下,其自激振动周期与它对应的平均最大水平加速度函数关系,用曲线图表示水平设计加速度反应谱(图7-11),以此作为桥梁基础地震反应计算荷载的依据。

设计加速度反应谱(图7-11)由下式确定:

$$S = \begin{cases} S_{max}(0.6T+0.4) & (T < T_0) \\ S_{max} & (T_0 \leq T \leq T_g) \\ S_{max}(T_g/T) & (T_g < T \leq 10s) \end{cases}$$

(7-42)

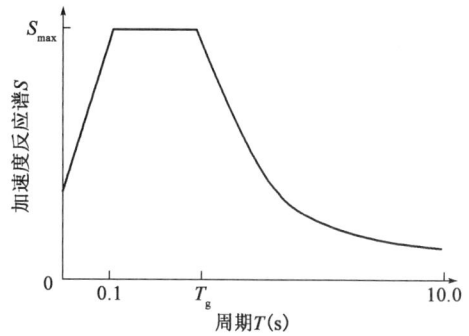

图 7-11 设计加速度反应谱

式中:T——结构自振周期(s);

T_0——反应谱直线上升段最大周期,取0.1s;

T_g——场地特征周期(s),按场址位置在《中国地震动反应谱特征周期区划图》上读取后,根据场地类别进行调整,水平、竖向分量的特征周期应分别按表7-22和表7-23取值;

S_{max}——设计加速度反应谱最大值(g)。

水平向设计加速度反应谱特征周期调整表　　　　表7-22

区划图上的特征周期(s)	场地类型划分				
	I_0	I_1	II	III	IV
0.35	0.20	0.25	0.35	0.45	0.65
0.40	0.25	0.30	0.40	0.55	0.75
0.45	0.30	0.35	0.45	0.65	0.90

竖向设计加速度反应谱特征周期调整表　　　　表7-23

区划图上的特征周期(s)	场地类型划分				
	I_0	I_1	II	III	IV
0.35	0.15	0.20	0.25	0.30	0.55
0.40	0.20	0.25	0.30	0.35	0.60
0.45	0.25	0.30	0.35	0.50	0.75

设计加速度反应谱最大值 S_{max} 由下式确定:

$$S_{max} = 2.5C_iC_sC_dA$$

(7-43)

式中:C_i——抗震重要性系数,按表7-24取值;

C_s——场地系数,水平向和竖向应分别按表7-25和表7-26取值;

C_d——阻尼调整系数,按式(7-44)取值;

A——水平向设计基本地震动加速度峰值,按表7-27取值。

各类桥梁的抗震重要性系数 C_i　　　　　表 7-24

桥梁类别	E1 地 震	E2 地 震
A 类	1.0	1.7
B 类	0.43(0.5)	1.3(1.7)
C 类	0.34	1.0
D 类	0.23	—

注：高速公路和一级公路上的大桥、特大桥，其重要性系数取 B 类括号内的值。

水平向场地系数 C_s 的数值　　　　　表 7-25

场地类型	地震基本烈度					
	Ⅵ	Ⅶ		Ⅷ		Ⅸ
	0.05g	0.1g	0.15g	0.2g	0.3g	0.4g
Ⅰ$_0$	0.72	0.74	0.75	0.76	0.85	0.90
Ⅰ$_1$	0.80	0.82	0.83	0.85	0.95	1.00
Ⅱ	1.00	1.00	1.00	1.00	1.00	1.00
Ⅲ	1.30	1.25	1.15	1.00	1.00	1.00
Ⅳ	1.25	1.20	1.10	1.00	0.95	0.90

竖向场地系数 C_s 的数值　　　　　表 7-26

场地类型	地震基本烈度					
	Ⅵ	Ⅶ		Ⅷ		Ⅸ
	0.05g	0.1g	0.15g	0.2g	0.3g	0.4g
Ⅰ$_0$	0.6	0.6	0.6	0.6	0.6	0.6
Ⅰ$_1$	0.6	0.6	0.6	0.6	0.7	0.7
Ⅱ	0.6	0.6	0.6	0.6	0.7	0.8
Ⅲ	0.7	0.7	0.7	0.8	0.8	0.8
Ⅳ	0.8	0.8	0.8	0.9	0.9	0.9

抗震设防烈度和基本地震动峰值加速度值 A 对照表　　　　　表 7-27

抗震设防烈度	Ⅵ	Ⅶ	Ⅷ	Ⅸ
A	0.05g	0.10(0.15)g	0.20(0.30)g	0.40g

注：g 为重力加速度。

除有专门规定外，结构的阻尼比 ζ 应取 0.05，阻尼调整系数 C_d 取 1.0。当结构的阻尼比 ζ 按有关规定取值不等于 0.05 时，阻尼调整系数 C_d 应按下式取值。

$$C_d = 1 + \frac{0.05 - \zeta}{0.06 + 1.7\zeta} \tag{7-44}$$

式中，当 C_d 小于 0.55 时，应取 0.55。

由于作用在地基与基础上的地震荷载应结合上部结构及桥墩的地震荷载计算,以下以简支梁桥为例介绍《公桥抗震规范》计算桥墩的地基及基础地震荷载的基本方法。

对桥面不连续的简支梁桥,其顺桥向和横桥向水平地震力可按《公桥抗震规范》采用下列公式计算,计算简图如图7-12所示。

$$E_{ktp} = SM_t \tag{7-45}$$

$$M_t = M_{sp} + \eta_{cp}M_{cp} + \eta_p M_p \tag{7-46}$$

$$\eta_{cp} = X_0^2 \tag{7-47}$$

$$\eta_p = 0.16\left(X_0^2 + X_f^2 + 2X_{f\frac{1}{2}}^2 + X_f X_{f\frac{1}{2}} + X_0 X_{f\frac{1}{2}}\right) \tag{7-48}$$

图 7-12　柔性墩计算简图

式中:E_{ktp}——顺桥向作用于固定支座顶面或横桥向作用于上部结构质心处的水平地震(kN);

$\quad S$——根据结构基本周期,按式(7-42)计算出的反应谱值;

$\quad M_t$——换算质点质量(t);

$\quad M_{sp}$——桥梁上部结构的质量(t),相应于墩顶固定支座的一孔梁的质量;

$\quad M_{cp}$——盖梁的质量(t);

$\quad M_p$——墩身质量(t),对于扩大基础,为基础顶面以上墩身的质量;

$\quad \eta_{cp}$——盖梁质量换算系数;

$\quad \eta_p$——墩身质量换算系数;

$\quad X_0$——考虑地基变形时,顺桥向作用于支座顶面或横桥向作用于上部结构质心上的单位水平力在墩身计算高度 H 处引起的水平位移与单位力作用处的水平位移之比值;

X_f、$X_{f\frac{1}{2}}$——考虑地基变形时,顺桥向作用于支座顶面上或横桥向作用于上部结构质心处的单位水平力在一般冲刷线或基础顶面、墩身计算高度 $H/2$ 处引起的水平位移与单位力作用处的水平位移之比值。

在求得 E_{ktp}(作用于支座顶面)后,即可计算基础的地震力。

对于实体式桥墩,由于墩身重力较大,分布也较均匀,宜按多质点弹性体系考虑,将墩身分为若干段,每段重力及地震荷载作用于该段重心,《公桥抗震规范》简化计算仅考虑该体系基本振型的影响,具体方法可参阅该规范或有关抗震工程专著。

2. 桥台(挡土墙)基础地震荷载的计算(用静力理论计算)

静力理论出发点是认为建筑物为刚性,地震时不变形,各部分受到的地震水平加速度与地面相同,也不考虑不同场地土对地震反应的影响。

桥台的顺桥向和横桥向水平地震力可按下式计算:

$$E_{hau} = C_i C_s A G_{au}/g \tag{7-49}$$

式中:C_i、C_s——分别为抗震重要性系数和场地系数,分别按表7-24、表7-25取值;

$\quad A$——水平向基本地震动峰值加速度,按表7-27取值;

$\quad E_{hau}$——作用于台身质心处的水平地震作用力(kN);

$\quad G_{au}$——基础顶面以上台身的重力(kN)。

需要注意的是:

(1)对于修建在基岩上的桥台,其水平地震力可按式(7-49)计算值的80%采用;

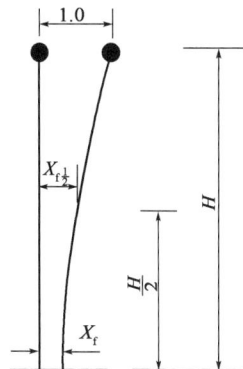

（2）验算设有固定支座的梁桥桥台时,还应计入由上部结构所产生的水平地震力,其值按式(7-49)计算,但 G_{au} 取一孔梁的重力。

在验算桥台(挡土墙)基础时,尚需考虑台后填土受地震影响的土压力。根据《公桥抗震规范》,桥台(挡土墙)后填土无黏性时,地震时作用于桥台(挡土墙)背的主动土压力也可按下列简化公式计算:

$$E_{ea} = \frac{1}{2}\gamma H^2 K_a \left(1 + \frac{3C_i A}{g}\tan\varphi\right) \tag{7-50}$$

$$K_a = \frac{\cos^2\varphi}{(1 + \sin\varphi)^2} \tag{7-51}$$

式中:E_{ea}——地震时作用于台背每延米长度上的主动土压力(kN/m),其作用力为距台底 $0.4H$ 处;

　　γ——台背土的重度(kN/m³);

　　H——台身高度(m);

　　K_a——非地震条件下作用于台背的主动土压力系数;

　　φ——台背土的内摩擦角(°);

　　C_i——抗震重要性系数。

当判定台(墙)址地表以下 10m 内有液化土层或软土层时,桥台(挡土墙)基础应穿过液化土层或软土层;当液化土层或软土层超过 10m 时,桥台(挡土墙)基础应埋深至地表以下 10m 处。其作用于台(墙)背的主动土压力应按下式计算:

$$E_{ea} = \frac{1}{2}\gamma H^2 (K_a + 2C_i A/g) \tag{7-52}$$

式中:变量意义同式(7-50)、式(7-51)。

3. 墩、台、挡墙基础抗震强度的验算

桥梁墩、台、挡墙基础按以上方法计算得到水平地震荷载后,即可根据一般静力学方法,按规定的作用效应组合进行地基、基础抗震强度的验算。

地震荷载是一种偶然性荷载,出现的概率很小,因此在验算时,要求的安全储备可比无地震时稍小,各专业的抗震规范,对此都有具体的规定,现以《公桥抗震规范》有关规定为例综合介绍如下。

（1）地基土、基桩的抗震承载力特征值。地基土的抗震承载力特征值,可按经宽度、埋深修正后的地基土承载力特征值 f_a 根据地基土的强弱和抗震性能相应提高。地震土抗震承载力调整系数 K 见表7-28。

地基土抗震承载力调整系数 K 表 7-28

岩土名称和性状	K
岩石,密实的碎石土,密实的砾、粗、中砂,$f_{a0} \geq 300kPa$ 的黏性土和粉土	1.5
中密、稍密的碎石土,中密和稍密的砾、粗、中砂,密实和中密的细、粉砂,$150 \leq f_{a0} < 300kPa$ 的黏性土和粉土,坚硬黄土	1.3
稍密的细、粉砂,$100 \leq f_{a0} < 150kPa$ 的黏性土和粉土,可塑黄土	1.1
淤泥,淤泥质土,松散的砂,杂填土,新近堆积黄土及流塑黄土	1.0

（2）可液化地基的强度和稳定。当地基内有液化土层,液化土层以上地基承载力特征值不应修正和提高,液化土层不宜直接作为建筑物地基。当难以避免时,应采取有针对性的抗震措施(见后续介绍)。液化土层的承载力、强度指标等应按表7-18查取折减系数 α 予以折减。在计算液化土层以下地基土承载力时,应计入液化土层及其上土层的重力。

（3）基础本身结构的抗震强度和稳定性验算。《公桥抗震规范》规定基础的结构抗震强度和稳定性验算方法与现行公路桥涵结构设计规范一致,都是采用以分项系数表达的极限状态法,但其中作用效应系数(长期荷载及短期荷载)予以降低。

地震区建筑物地基基础的设计应该同时保证满足各种荷载组合作用下(有无地震作用)的强度和稳定性验算要求。

三、基础工程的抗震措施

对建筑物及基础采取有针对性的抗震措施,在抗震工程中也是十分重要的,而且往往能取得"事半功倍"的效果。下面介绍基础工程常用的抗震措施。

（一）对松软地基及可液化土地基

在松软地基、可液化土地基及严重不均匀的地基土上,不宜修大跨径的超静定建筑物。建造其他类型的建筑物也应根据具体情况采取下列措施。

1. 改善土的物理力学性质,提高地基抗震性能

对较浅的松软可液化土层,若厚度不大的可采用挖除换土或用砂垫层等浅层处理方法,此法较适用于小型建筑物。否则,应考虑采用砂桩、碎石桩、振冲碎石桩、深层搅拌桩等地基加固方法,地基加固范围应适当扩大到基础之外。

2. 采用桩基础、沉井基础等

采用各种形式深基础,穿越松软或可液化土层,基础伸入稳定土层足够的深度。

3. 减轻荷载、加大基础底面积

减轻建筑物重力对地基的影响,加大基础底面积以减少地基压力,对松软地基抗震是有利的。增加基础及上部结构刚度常是防御震沉的有效措施。

（二）对地震时不稳定（可能滑动）的河岸地段

在此类地段修筑大、中桥墩台时应适当增加桥长,注重桥跨布置等将基础置于稳定土层上并避开河岸的滑动影响。小桥可在两墩台基础间设置支撑梁或用片块石满床铺砌,以提高基础抗位移能力。挡墙也应将基础置于稳定地基上,并在计算中考虑失稳土体的侧压力。

（三）基础本身的抗震措施

地震区基础一般均应在结构上采取抗震措施。圬工墩台、挡墙与基础的连接部位,由于截面发生突变,容易震坏,应根据情况采取预埋抗剪钢筋等措施提高其抗剪能力。桩柱与承台、盖梁连接处也易遭震害,在基本烈度Ⅷ度以上地区宜将基桩与承台连接处做成2:1或3:1的喇叭渐变形,或在该处适当增加配筋;桩基础宜做成低桩承台,发挥承台侧面土的抗震能力;柱式

墩台、排架式桩墩在与盖梁、承台(基础)连接处的配筋不应少于桩柱身的最大配筋;桩柱主筋应伸入盖梁并与梁主筋焊(搭)接;柱式墩台、排架式桩墩均应加密构件与基础连接处及构件本身的箍筋,以改善构件延性,提高其抗震能力;桩基础的箍筋加密区域应从地面或一般冲刷线以上1倍桩径处往下延伸到桩身最大弯矩以下3倍桩径处。

思考题与习题

7-1 黄土为什么会有湿陷性? 如何评价黄土的湿陷性?

7-2 什么叫起始湿陷压力,它与黄土地基设计有什么关系?

7-3 在湿陷性黄土地基上进行工程建设,应采取哪些措施防止地基湿陷对建筑物的危害?

7-4 影响膨胀土胀缩特性的主要因素是什么? 如何判别膨胀土?

7-5 膨胀土地区桥涵基础设计与施工要点是什么?

7-6 基础工程的抗震设计应包括哪些内容?

7-7 反应谱理论有什么优缺点?

7-8 为什么在抗震设计和施工中应采取有效的抗震措施,在基础工程中有哪些有针对性的抗震措施?

7-9 表7-29列出甘肃陇东地区某建筑场地湿陷性黄土中一个探井的土工试验资料,试划分该建筑场地的湿陷类型和确定该区黄土地基湿陷程度(陇东地区修正系数 β_0 可取1.2;基底下5m深度内 β 可取1.5,5m深度下与 β_0 取值相同)。

土 工 试 验 资 料   表7-29

土 样 编 号	取土深度 (m)	土粒密度 ρ_s (t/m³)	孔隙比 e	天然重度 γ (按 $S_\gamma = 85\%$ 计,kN/m³)	湿陷系数 δ_s	自重湿陷 系数 δ_{zs}	备 注
1-1	1.5	2.69	0.96	17.9	0.075	0.0018	
1-2	2.5	2.69	1.05	15.0	0.057	0.014	
1-3	3.5	2.69	1.15	17.1	0.073	0.020	
1-4	4.5	2.69	1.12	17.2	0.028	0.013	
1-5	5.5	2.69	1.10	17.3	0.086	0.027	
1-6	6.5	2.69	1.25	16.7	0.085	0.055	
1-7	7.5	2.69	1.16	17.0	0.072	0.05	
1-8	8.5	2.69	1.03	17.6	0.037	0.013	
1-9	9.5	2.69	0.77	19.0	0.002	0.001	
1-10	10.5	2.69	0.76	19.0	0.039	0.025	

附 表

桩置于土中($\alpha h > 2.5$)或基岩($\alpha h \geq 3.5$)中的位移系数 A_x

附表1

$\bar{z} = \alpha z$	$\bar{h} = \alpha h$					
	4.0	3.5	3.0	2.8	2.6	2.4
0.0	2.44066	2.50174	2.72658	2.90524	3.16260	3.52562
0.1	2.27873	2.33783	2.55100	2.71847	2.95795	3.29311
0.2	2.11779	2.17492	2.37640	2.53269	2.75429	3.06159
0.3	1.95881	2.01396	2.20376	2.34886	2.55258	2.83201
0.4	1.80273	1.85590	2.03400	2.16791	2.35373	2.60528
0.5	1.65042	1.70161	1.86800	1.99069	2.15859	2.38223
0.6	1.50268	1.55187	1.70651	1.81796	1.96790	2.16355
0.7	1.36024	1.40741	1.55022	1.65037	1.78228	1.94985
0.8	1.22370	1.26882	1.39970	1.48847	1.60223	1.74157
0.9	1.09361	1.13664	1.25543	1.32271	1.42816	1.53906
1.0	0.97041	1.01127	1.11777	1.18341	1.26033	1.34249
1.1	0.85441	0.89303	0.98696	1.04074	1.09886	1.15190
1.2	0.74588	0.78215	0.86315	0.90481	0.94377	0.96724
1.3	0.64498	0.67875	0.74637	0.77560	0.79497	0.78831
1.4	0.55175	0.58285	0.63655	0.65296	0.65223	0.61477
1.5	0.46614	0.49435	0.53349	0.53662	0.51518	0.44616
1.6	0.38810	0.41315	0.43696	0.42629	0.38346	0.28202
1.7	0.31741	0.33901	0.34660	0.32152	0.25654	0.12174
1.8	0.25386	0.27166	0.26201	0.22186	0.13387	− 0.03529
1.9	0.19717	0.21074	0.18273	0.12676	0.01487	− 0.18971
2.0	0.14696	0.15583	0.10819	0.03562	− 0.10114	− 0.34221
2.2	0.06461	0.06243	− 0.02870	− 0.13706	− 0.32649	− 0.64355
2.4	0.00348	− 0.01238	− 0.15330	− 0.30098	− 0.54685	− 0.94316
2.6	− 0.03986	− 0.07251	− 0.26999	− 0.46033	− 0.86553	—
2.8	− 0.06902	− 0.12202	− 0.38275	− 0.61932	—	—
3.0	− 0.08741	− 0.16458	− 0.49434	—	—	—
3.5	− 0.10495	− 0.25866	—	—	—	—
4.0	− 0.10788	—	—	—	—	—

桩置于土中$(\alpha h > 2.5)$或基岩上$(\alpha h \geqslant 3.5)$的转角系数A_φ　　　　附表2

$\bar{z} = \alpha z$	$\bar{h} = \alpha h$					
	4.0	3.5	3.0	2.8	2.6	2.4
0.0	−1.62100	−1.64076	−1.75755	−1.86940	−2.04819	−2.32686
0.1	−1.61600	−1.63576	−1.75255	−1.86440	−2.04319	−2.32180
0.2	−1.60117	−1.62024	−1.73774	−1.84960	−2.02841	−2.30705
0.3	−1.57676	−1.59654	−1.71341	−1.82531	−2.00418	−2.28290
0.4	−1.54334	−1.56316	−1.68017	−1.79219	−1.97122	−2.25018
0.5	−1.50151	−1.52142	−1.63874	−1.75099	−1.93036	−2.20977
0.6	−1.46009	−1.47216	−1.59001	−1.70268	−1.88263	−2.16283
0.7	−1.39593	−1.41624	−1.53495	−1.64828	−1.82914	−2.11060
0.8	−1.33398	−1.35468	−1.47467	−1.58896	−1.77116	−2.05445
0.9	−1.26713	−1.28837	−1.41015	−1.52579	−1.70985	−1.99564
1.0	−1.19647	−1.21845	−1.34266	−1.46009	−1.64662	−1.93571
1.1	−1.12283	−1.14578	−1.27315	−1.39289	−1.58257	−1.87583
1.2	−1.04733	−1.07154	−1.20290	−1.32553	−1.51913	−1.81753
1.3	−0.97078	−0.99657	−1.13286	−1.25902	−1.45734	−1.76186
1.4	−0.89409	−0.92183	−1.06403	−1.19446	−1.39835	−1.71000
1.5	−0.81801	−0.84811	−0.99743	−1.13273	−1.34305	−1.66280
1.6	−0.74337	−0.77630	−0.93387	−1.07480	−1.29241	−1.62116
1.7	−0.67075	−0.70699	−0.87403	−0.02132	−1.24700	−1.58551
1.8	−0.60077	−0.64085	−0.81863	−0.97297	−1.20743	−1.55627
1.9	−0.53393	−0.57842	−0.76818	−0.93020	−1.17400	−1.53348
2.0	−0.47063	−0.52013	−0.72309	−0.89333	−1.14686	−1.51693
2.2	−0.35588	−0.41127	−0.64992	−0.83767	−1.11079	−1.50004
2.4	−0.25831	−0.33411	−0.59979	−0.80513	−1.09559	−1.49729
2.6	−0.17849	−0.27104	−0.57092	−0.79158	−1.09307	—
2.8	−0.11611	−0.22727	−0.55914	−0.78943	—	—
3.0	−0.06987	−0.20056	−0.55721	—	—	—
3.5	−0.01206	−0.18372	—	—	—	—
4.0	−0.00341	—	—	—	—	—

桩置于土中($\alpha h > 2.5$)或基岩上($\alpha h \geqslant 3.5$)的弯矩系数 A_M　　　　附表3

$\bar{z} = \alpha z$	$\bar{h} = \alpha h$					
	4.0	3.5	3.0	2.8	2.6	2.4
0.0	0	0	0	0	0	0
0.1	0.09960	0.09959	0.09959	0.09953	0.09948	0.09942
0.2	0.19696	0.19689	0.19660	0.19638	0.19606	0.19561
0.3	0.29010	0.28984	0.28891	0.28818	0.28714	0.28569
0.4	0.37739	0.37678	0.37463	0.37296	0.37060	0.36732
0.5	0.45752	0.45635	0.45227	0.44913	0.44471	0.43859
0.6	0.52938	0.52740	0.52057	0.51534	0.50801	0.49795
0.7	0.59228	0.58918	0.57867	0.57069	0.55956	0.54439
0.8	0.64561	0.64107	0.62588	0.61445	0.59859	0.577713
0.9	0.68926	0.68292	0.66200	0.64642	0.62494	0.59608
1.0	0.72305	0.71452	0.68681	0.66637	0.63841	0.60116
1.1	0.74714	0.73602	0.70045	0.67451	0.63930	0.59285
1.2	0.76183	0.74769	0.70324	0.67120	0.62810	0.57187
1.3	0.76761	0.75001	0.69570	0.65707	0.60563	0.53934
1.4	0.76498	0.74349	0.67845	0.63285	0.57280	0.49654
1.5	0.75466	0.72884	0.65232	0.59952	0.53089	0.44520
1.6	0.73734	0.70677	0.61819	0.55814	0.48127	0.38718
1.7	0.71381	0.67809	0.57707	0.50996	0.42551	0.32466
1.8	0.68488	0.64364	0.53005	0.45631	0.36540	0.26008
1.9	0.65139	0.60432	0.47834	0.39868	0.30291	0.19617
2.0	0.61413	0.56097	0.42314	0.33864	0.24013	0.13588
2.2	0.53160	0.46583	0.30766	0.21828	0.12320	0.03942
2.4	0.44334	0.36518	0.19480	0.11015	0.03527	0.00000
2.6	0.35458	0.26560	0.09667	0.03100	0.00001	—
2.8	0.26996	0.17362	0.02686	0.00001	—	—
3.0	0.19305	0.09535	0.0000	—	—	—
3.5	0.05081	0.00001	—	—	—	—
4.0	0.00005	—	—	—	—	—

桩置于土中$(\alpha h > 2.5)$或基岩上$(\alpha h \geqslant 3.5)$的剪力系数 A_Q 　　　附表4

$\bar{z} = \alpha z$	$\bar{h} = \alpha h$					
	4.0	3.5	3.0	2.8	2.6	2.4
0.0	1.00000	1.00000	1.00000	1.00000	1.00000	1.00000
0.1	0.98833	0.98803	0.98695	0.98609	0.98487	0.98314
0.2	0.95551	0.95434	0.95033	0.94688	0.94569	0.93569
0.3	0.90468	0.90211	0.89304	0.88601	0.87604	0.86221
0.4	0.83898	0.83452	0.81902	0.80712	0.79034	0.76724
0.5	0.76145	0.75464	0.73140	0.71373	0.68902	0.65525
0.6	0.67486	0.66529	0.63323	0.60913	0.57569	0.53041
0.7	0.58201	0.56931	0.52760	0.49664	0.45405	0.39700
0.8	0.48522	0.46906	0.41710	0.37905	0.32726	0.25872
0.9	0.38689	0.36698	0.30441	0.25932	0.19865	0.11949
1.0	0.28901	0.26512	0.19185	0.13998	0.07114	0.01717
1.1	0.19388	0.16532	0.08154	0.02340	− 0.05251	− 0.14789
1.2	0.10153	0.06917	− 0.02466	− 0.08828	− 0.16976	− 0.26953
1.3	0.01477	− 0.02197	− 0.12508	− 0.19312	− 0.27824	− 0.37903
1.4	− 0.06586	− 0.10698	− 0.21828	− 0.28939	− 0.37576	− 0.47356
1.5	− 0.13952	− 0.18494	− 0.30297	− 0.37549	− 0.46025	− 0.55031
1.6	− 0.20555	− 0.25510	− 0.37800	− 0.44994	− 0.52970	− 0.60654
1.7	− 0.26359	− 0.31699	− 0.44249	− 0.51147	− 0.58233	− 0.63967
1.8	− 0.31345	− 0.37030	− 0.49562	− 0.55889	− 0.61637	− 0.64710
1.9	− 0.35501	− 0.41476	− 0.53660	− 0.59098	− 0.62996	− 0.62610
2.0	− 0.38839	− 0.45034	− 0.56480	− 0.60665	− 0.62138	− 0.57406
2.2	− 0.43174	− 0.49154	− 0.58052	− 0.58438	− 0.53057	− 0.36592
2.4	− 0.44647	− 0.50579	− 0.53789	− 0.48287	− 0.32889	− 0.00000
2.6	− 0.43651	− 0.48379	− 0.43139	− 0.29184	0.00001	—
2.8	− 0.40641	− 0.43066	− 0.25462	0.00001	—	—
3.0	0.36065	− 0.34726	0.00000	—	—	—
3.5	− 0.19975	0.00001	—	—	—	—
4.0	− 0.00002	—	—	—	—	—

桩置于土中($\alpha h > 2.5$)或基岩上($\alpha h \geqslant 3.5$)的位移系数 $\boldsymbol{B}_x$　　　　　附表5

$\overline{z} = \alpha z$	$\overline{h} = \alpha h$					
	4.0	3.5	3.0	2.8	2.6	2.4
0.0	1.62100	1.64076	1.75755	1.86940	2.04819	2.32680
0.1	1.45094	1.47003	1.58070	1.68555	1.85190	2.10911
0.2	1.29088	1.30930	1.41385	1.51169	1.66561	1.90142
0.3	1.14079	1.15854	1.25697	1.34780	1.43928	1.70368
0.4	1.00064	1.01772	1.11001	1.19383	1.32287	1.51585
0.5	0.87036	0.88676	0.97292	1.04971	1.16629	1.33783
0.6	0.74981	0.76553	0.84553	0.91528	1.01937	1.16941
0.7	0.63885	0.65390	0.72770	0.79037	0.88191	1.01039
0.8	0.53727	0.55162	0.61917	0.67472	0.75364	0.86043
0.9	0.44481	0.45846	0.51967	0.56802	0.63421	0.71915
1.0	0.36119	0.37411	0.42889	0.46994	0.52324	0.58611
1.1	0.28606	0.29822	0.34641	0.38004	0.42027	0.46077
1.2	0.21908	0.23045	0.27187	0.29791	0.32482	0.34261
1.3	0.15985	0.17038	0.20481	0.22306	0.23635	0.23098
1.4	0.10793	0.11757	0.14472	0.15494	0.15425	0.12523
1.5	0.06288	0.07155	0.09108	0.09299	0.07790	0.02464
1.6	0.02422	0.03185	0.04337	0.03663	0.00667	-0.07148
1.7	-0.00847	-0.00199	0.00107	-0.01470	-0.06006	-0.16383
1.8	-0.03572	-0.03049	-0.03643	-0.06163	-0.12298	-0.25214
1.9	-0.05798	-0.05413	-0.06965	-0.10475	-0.18272	-0.34007
2.0	-0.07572	-0.07341	-0.09914	-0.14465	-0.23990	-0.42526
2.2	-0.09940	-0.10069	-0.14905	-0.21696	-0.34881	-0.59253
2.4	-0.11030	-0.11601	-0.19023	-0.28275	-0.45381	-0.75833
2.6	-0.11136	-0.12246	-0.22600	-0.34523	-0.55748	—
2.8	-0.10544	-0.12305	-0.25929	-0.40682	—	—
3.0	-0.09471	-0.11999	-0.29185	—	—	—
3.5	-0.05698	-0.10632	—	—	—	—
4.0	-0.01487	—	—	—	—	—

桩置于土中（$\alpha h > 2.5$）或基岩上（$\alpha h \geqslant 3.5$）的转角系数 B_φ　　　　附表6

$\bar{z} = \alpha z$	$\bar{h} = \alpha h$					
	4.0	3.5	3.0	2.8	2.6	2.4
0.0	−1.75058	−1.75728	−1.81849	−1.88855	−2.01289	−2.22691
0.1	−1.65068	−1.65728	−1.71849	−1.78855	−1.91289	−2.12691
0.2	−1.55069	−1.55739	−1.61861	−1.68868	−1.81303	−2.07707
0.3	−1.45106	−1.45777	−1.51901	−1.58911	−1.71351	−1.92761
0.4	−1.35204	−1.35876	−1.42008	−1.49025	−1.61476	−1.82904
0.5	−1.25394	−1.26069	−1.32217	−1.39249	−1.51723	−1.73186
0.6	−1.15725	−1.16405	−1.22581	−1.29638	−1.42152	−1.63677
0.7	−1.06238	−1.06926	−1.13146	−1.20245	−1.32822	−1.54443
0.8	−0.96978	−0.97678	−1.03965	−1.11124	−1.23795	−1.45556
0.9	−0.87987	−0.88704	−0.95084	−1.02327	−1.15127	−1.37080
1.0	−0.79311	−0.80053	−0.86558	−0.93913	−1.06885	−1.29091
1.1	−0.70981	−0.71753	−0.78422	−0.85922	−0.99112	−1.21638
1.2	−0.63038	−0.63881	−0.70726	−0.78408	−0.91869	−1.14789
1.3	−0.55506	−0.56370	−0.63500	−0.71402	−0.85192	−1.08581
1.4	−0.48412	−0.49338	−0.56776	−0.64942	−0.79118	−1.03054
1.5	−0.41770	−0.42771	−0.50575	−0.59048	−0.73671	−0.9228
1.6	−0.35598	−0.36689	−0.44918	−0.53745	−0.68873	−0.94120
1.7	−0.29897	−0.31093	−0.35262	−0.49035	−0.64723	−0.90718
1.8	−0.24672	−0.25990	−0.27808	−0.44927	−0.61224	−0.88010
1.9	−0.19916	−0.21374	−0.22448	−0.41408	−0.58353	−0.85954
2.0	−0.15624	−0.17240	−0.18980	−0.38468	−0.56088	−0.84498
2.2	−0.08365	−0.10355	−0.17078	−0.34203	−0.53179	−0.83056
2.4	−0.02753	−0.05196	−0.16335	−0.31834	−0.52008	−0.82832
2.6	−0.01415	−0.01551	−0.12217	−0.30888	−0.52821	—
2.8	−0.04351	−0.00809	—	−0.30745	—	—
3.0	−0.06296	−0.02155	—	—	—	—
3.5	−0.08294	−0.02947	—	—	—	—
4.0	−0.08507	—	—	—	—	—

桩置于土中($\alpha h > 2.5$)或基岩上($\alpha h \geqslant 3.5$)的弯矩系数 B_M　　　附表7

$\bar{z} = \alpha z$	$\bar{h} = \alpha h$					
	4.0	3.5	3.0	2.8	2.6	2.4
0.0	1.00000	1.00000	1.00000	1.00000	1.00000	1.00000
0.1	0.99974	0.99974	0.99972	0.99970	0.99967	0.99963
0.2	0.99806	0.99804	0.99789	0.99775	0.99753	0.99719
0.3	0.99382	0.99373	0.99325	0.99279	0.99207	0.99076
0.4	0.98617	0.98598	0.98486	0.98382	0.98217	0.97966
0.5	0.97458	0.97420	0.97209	0.97012	0.96704	0.97236
0.6	0.95861	0.95797	0.95443	0.95056	0.94607	0.93835
0.7	0.93817	0.93718	0.93173	0.92674	0.91900	0.90736
0.8	0.91324	0.91178	0.90390	0.89675	0.88574	0.86927
0.9	0.88407	0.88204	0.87120	0.86145	0.84653	0.82440
1.0	0.85089	0.84815	0.83381	0.82102	0.80160	0.77303
1.1	0.81410	0.81054	0.79213	0.77589	0.75145	0.71582
1.2	0.77415	0.76963	0.74663	0.72658	0.69667	0.65354
1.3	0.73161	0.72599	0.69791	0.67373	0.63803	0.58720
1.4	0.68694	0.68009	0.64648	0.61794	0.57627	0.51781
1.5	0.64081	0.63259	0.59307	0.56003	0.51242	0.44673
1.6	0.59373	0.58401	0.53829	0.44082	0.44739	0.37528
1.7	0.54625	0.53490	0.48280	0.38115	0.38224	0.30497
1.8	0.49889	0.48582	0.42729	0.32261	0.31812	0.23745
1.9	0.45219	0.43729	0.37244	0.266055	0.25621	0.17450
2.0	0.40658	0.38978	0.31890	0.16255	0.19779	0.11803
2.2	0.32025	0.29956	0.21844	0.07820	0.09675	0.03282
2.4	0.24262	0.21815	0.13116	0.02101	0.02654	− 0.00002
2.6	0.17546	0.14778	0.06199	− 0.00023	− 0.00004	—
2.8	0.11979	0.09007	0.01638	—	—	—
3.0	0.07595	0.04619	− 0.00007	—	—	—
3.5	0.01354	0.00004	—	—	—	—
4.0	0.00009	—	—	—	—	—

桩置于土中$(\alpha h > 2.5)$或基岩上$(\alpha h \geqslant 3.5)$的剪力系数 B_Q　　　附表8

$\bar{z} = \alpha z$	$\bar{h} = \alpha h$					
	4.0	3.5	3.0	2.8	2.6	2.4
0.0	0	0	0	0	0	0
0.1	− 0.00753	− 0.00763	− 0.00319	− 0.00873	− 0.00958	− 0.01096
0.2	− 0.02795	− 0.02832	− 0.08050	− 0.03255	− 0.03579	− 0.04070
0.3	− 0.05820	− 0.05903	− 0.16373	− 0.06814	− 0.07506	− 0.68567
0.4	− 0.09554	− 0.09698	− 0.10502	− 0.11247	− 0.12412	− 0.14185
0.5	− 0.13747	− 0.13966	− 0.15171	− 0.16277	− 0.17994	− 0.26584
0.6	− 0.18191	− 0.18498	− 0.20159	− 0.21668	− 0.23991	− 0.27464
0.7	− 0.22685	− 0.23092	− 0.25253	− 0.27191	− 0.30418	− 0.34524
0.8	− 0.27087	− 0.27604	− 0.30294	− 0.32675	− 0.36271	− 0.41528
0.9	− 0.31245	− 0.31882	− 0.35118	− 0.37941	− 0.42152	− 0.48223
1.0	− 0.35059	− 0.35822	− 0.39609	− 0.42856	− 0.47634	− 0.51405
1.1	− 0.38443	− 0.39337	− 0.43665	− 0.47302	− 0.52570	− 0.59882
1.2	− 0.41335	− 0.42364	− 0.47207	− 0.51187	− 0.56841	− 0.64486
1.3	− 0.43690	− 0.44856	− 0.50172	− 0.54429	− 0.60333	− 0.68054
1.4	− 0.45486	− 0.46788	− 0.52520	− 0.56969	− 0.62957	− 0.70445
1.5	− 0.46715	− 0.48150	− 0.54220	− 0.58757	− 0.64630	− 0.71521
1.6	− 0.47378	− 0.48939	− 0.55250	− 0.59747	− 0.65272	− 0.71143
1.7	− 0.47496	− 0.49174	− 0.55604	− 0.59917	− 0.64819	− 0.69188
1.8	− 0.47103	− 0.48883	− 0.55289	− 0.59243	− 0.63211	− 0.65562
1.9	− 0.46223	− 0.48092	− 0.54299	− 0.57695	− 0.60374	− 0.60035
2.0	− 0.44914	− 0.46839	− 0.52644	− 0.55254	− 0.56243	− 0.52562
2.2	− 0.41179	− 0.43127	− 0.47379	− 0.47608	− 0.43825	− 0.31124
2.4	− 0.36312	− 0.38101	− 0.39538	− 0.36078	− 0.25325	− 0.00002
2.6	− 0.30732	− 0.32104	− 0.29102	− 0.20346	− 0.00003	—
2.8	− 0.24853	− 0.25452	− 0.15980	− 0.00018	—	—
3.0	− 0.19052	− 0.18411	− 0.00004	—	—	—
3.5	− 0.01672	− 0.00001	—	—	—	—
4.0	− 0.00045	—	—	—	—	—

桩嵌固于基岩内（$\alpha h > 2.5$）土侧向位移系数 A_x^0

$\bar{z} = \alpha z$	$\bar{h} = \alpha h$					$\bar{z} = \alpha z$	$\bar{h} = \alpha h$				
	4.0	3.5	3.0	2.8	2.6		4.0	3.5	3.0	2.8	2.6
0	2.401	2.389	2.385	2.371	2.330	1.4	0.543	0.553	0.547	0.524	0.480
0.1	2.248	2.230	2.230	2.210	2.170	1.5	0.460	0.471	0.466	0.443	0.399
0.2	2.080	2.075	2.070	2.055	2.010	1.6	0.380	0.397	0.391	0.369	0.326
0.3	1.926	1.916	1.913	1.896	1.853	1.7	0.317	0.332	0.325	0.303	0.260
0.4	1.773	1.765	1.763	1.745	1.703	1.8	0.257	0.273	0.267	0.244	0.203
0.5	1.622	1.618	1.612	1.596	1.552	1.9	0.203	0.221	0.215	0.192	0.153
0.6	1.475	1.473	1.468	1.450	1.407	2.0	0.157	0.176	0.170	0.148	0.111
0.7	1.336	1.334	1.330	1.314	1.267	2.2	0.082	0.104	0.099	0.078	0.048
0.8	1.202	1.202	1.196	1.178	1.133	2.4	0.030	0.057	0.050	0.032	0.012
0.9	1.070	1.071	1.070	1.050	1.005	2.6	−0.004	0.023	0.020	0.008	0
1.0	0.952	1.956	0.951	0.930	0.885	2.8	−0.022	0.006	0.004	0	—
1.1	0.831	0.844	0.831	0.818	0.772	3.0	−0.028	−0.001	0	—	—
1.2	0.732	0.740	0.713	0.712	0.667	3.5	−0.015	0	—	—	—
1.3	0.634	0.642	0.636	0.614	0.570	4.0	0	—	—	—	—

桩嵌固于基岩内（$\alpha h > 2.5$）土侧向位移系数 B_x^0

$\bar{z} = \alpha z$	$\bar{h} = \alpha h$					$\bar{z} = \alpha z$	$\bar{h} = \alpha h$				
	4.0	3.5	3.0	2.8	2.6		4.0	3.5	3.0	2.8	2.6
0	1.600	1.584	1.586	1.593	1.596	1.4	0.113	0.128	0.157	0.169	0.172
0.1	1.430	1.420	1.426	1.430	1.430	1.5	0.070	0.087	0.119	0.129	0.134
0.2	1.275	1.260	1.270	1.275	1.280	1.6	0.034	0.053	0.086	0.097	0.101
0.3	1.127	1.117	1.123	1.130	1.137	1.7	0.003	0.027	0.059	0.070	0.074
0.4	0.988	0.980	0.990	0.998	1.025	1.8	0.002	0.001	0.037	0.048	0.052
0.5	0.858	0.854	0.866	0.874	0.878	1.9	−0.042	−0.017	0.021	0.032	0.035
0.6	0.740	0.737	0.752	0.760	0.763	2.0	−0.058	−0.031	0.008	0.010	0.023
0.7	0.630	0.630	0.643	0.654	0.659	2.2	−0.077	−0.046	−0.006	0.004	0.007
0.8	0.531	0.533	0.550	0.561	0.564	2.4	−0.083	0.048	−0.010	−0.001	0.001
0.9	0.440	0.444	0.464	0.473	0.478	2.6	−0.080	−0.043	−0.007	−0.001	0
1.0	0.359	0.364	0.386	0.396	0.400	2.8	−0.070	−0.032	−0.003	0	—
1.1	0.285	0.294	0.318	0.327	0.332	3.0	−0.056	−0.020	0	—	—
1.2	0.220	0.230	0.257	0.267	0.271	3.5	−0.018	0	—	—	—
1.3	0.163	0.176	0.203	0.214	0.218	4.0	0	—	—	—	—

桩嵌固于基岩内计算 $\varphi_{z=0}$ 系数 A_φ^0、B_φ^0　　附表11

$\overline{z} = \alpha z$	$\overline{h} = \alpha h$				
	4.0	3.5	3.0	2.8	2.6
$A_\varphi^0 = -B_x^0$	-1.600	-1.584	-1.586	-1.593	-1.596
B_φ^0	-1.732	-1.711	-1.691	-1.687	-1.686
A_x^0	2.401	2.389	2.385	2.371	2.330

注：1. 表列为 $\overline{z} = \alpha z = 0$ 的系数值，$\overline{z}$ 为其他值的系数不常应用，此处从略。

　　2. A_Q^0、B_Q^0 系数不常应用，此处从略。

桩置于基岩内 $(\alpha h > 2.5)$ 弯矩系数 A_M^0、B_M^0　　附表12

$\overline{z} = \alpha z$	$\overline{h} = \alpha h$									
	4.0		3.5		3.0		2.8		2.6	
	A_M^0	B_M^0	A_M^0	B_M^0	A_M^0	B_M^0	A_M^0	B_M^0	A_M^0	B_M^0
0	0	1.000	0	1.000	0	1.000	0	1.000	0	1.000
0.1	0.100	1.000	0.100	1.000	0.100	1.000	0.100	1.000	0.100	1.000
0.2	0.197	0.998	0.197	0.998	0.197	0.998	0.197	0.998	0.197	0.998
0.3	0.290	0.994	0.290	0.994	0.290	0.994	0.290	0.994	0.291	0.994
0.4	0.378	0.986	0.378	0.986	0.378	0.986	0.378	0.986	0.379	0.986
0.5	0.458	0.975	0.459	0.975	0.458	0.975	0.458	0.975	0.460	0.975
0.6	0.531	0.959	0.531	0.960	0.531	0.959	0.532	0.959	0.533	0.959
0.7	0.594	0.939	0.595	0.939	0.595	0.939	0.596	0.939	0.598	0.939
0.8	0.648	0.914	0.649	0.915	0.649	0.914	0.651	0.914	0.654	0.913
0.9	0.693	0.886	0.694	0.886	0.694	0.885	0.696	0.884	0.701	0.884
1.0	0.728	0.853	0.729	0.854	0.729	0.852	0.732	0.850	0.739	0.850
1.1	0.753	0.817	0.754	0.817	0.755	0.815	0.759	0.813	0.769	0.810
1.2	0.770	0.777	0.770	0.778	0.772	0.774	0.777	0.771	0.789	0.770
1.3	0.777	0.735	0.778	0.736	0.779	0.730	0.786	0.727	0.802	0.725
1.4	0.776	0.691	0.777	0.691	0.779	0.684	0.788	0.680	0.808	0.678
1.5	0.768	0.645	0.768	0.645	0.771	0.635	0.782	0.630	0.806	0.628
1.6	0.753	0.598	0.752	0.597	0.756	0.585	0.769	0.578	0.799	0.576
1.7	0.731	0.551	0.730	0.549	0.734	0.533	0.750	0.525	0.786	0.522
1.8	0.705	0.503	0.703	0.500	0.707	0.480	0.727	0.471	0.769	0.467
1.9	0.673	0.456	0.670	0.451	0.676	0.427	0.699	0.416	0.749	0.411
2.0	0.638	0.410	0.633	0.402	0.640	0.373	0.667	0.360	0.725	0.355
2.2	0.559	0.321	0.549	0.307	0.558	0.265	0.595	0.247	0.672	0.246
2.4	0.472	0.239	0.457	0.216	0.468	0.157	0.517	0.135	0.615	0.126
2.6	0.383	0.165	0.358	0.129	0.373	0.051	0.435	0.022	0.556	0.010
2.8	0.294	0.099	0.258	0.047	0.276	-0.055	0.352	-0.091	—	—
3.0	0.207	0.041	0.156	0.032	0.179	-0.161	—	—	—	—
3.5	0.005	-0.079	-0.096	-0.221	—	—	—	—	—	—
4.0	-0.184	-0.181	—	—	—	—	—	—	—	—

确定桩身最大弯矩及其位置的系数表

$\bar{z} = \alpha z$	$\bar{h} = \alpha h$											
	4.0		3.5		3.0		2.8		2.6		2.4	
	C_Q	K_M	C_Q	K_M	C_Q	K_M	C_Q	K_M	C_Q	K_M	C_Q	K_M
0.0	∞	1	∞	1	∞	1	∞	1	∞	1	∞	1
0.1	131.252	1.001	129.489	1.001	120.507	1.001	112.594	1.001	102.805	1.001	90.196	1.000
0.2	34.186	1.004	33.699	1.004	31.158	1.004	19.090	1.005	26.326	1.005	22.939	1.006
0.3	15.544	1.012	15.282	1.013	14.013	1.015	13.003	1.014	11.671	1.017	10.064	1.019
0.4	8.871	1.029	8.605	1.030	7.799	1.033	7.176	1.036	6.368	1.040	5.4.09	1.047
0.5	5.539	1.057	5.403	1.059	4.821	1.066	4.385	1.073	3.829	1.083	3.183	1.100
0.6	3.710	1.010	3.597	1.105	3.141	1.120	2.811	1.134	2.400	1.158	1.931	1.196
0.7	2.566	1.169	2.465	1.176	2.089	1.209	1.826	1.239	1.506	1.291	1.150	1.380
0.8	1.791	1.274	1.699	1.289	1.377	1.358	1.160	1.426	0.902	1.549	0.623	1.795
0.9	1.238	1.441	1.151	1.475	0.867	1.635	0.683	1.807	0.471	2.173	0.248	3.230
1.0	0.824	1.728	0.740	1.814	0.484	2.252	0.327	2.861	0.149	5.076	−0.032	−18.277
1.1	0.503	2.299	0.420	2.562	0.187	4.543	0.049	14.411	−0.100	−5.649	−0.247	−1.684
1.2	0.246	3.876	0.163	5.349	−0.052	−12.716	−0.172	−3.165	−0.299	−1.406	−0.416	−0.174
1.3	0.034	23.438	−0.049	−14.587	−0.249	−2.093	−0.355	−1.178	−0.465	−0.675	−0.557	−0.381
1.4	−0.145	−4.596	−0.299	−2.572	−0.146	−0.986	−0.508	−0.628	−0.597	−0.383	−0.672	−0.220
1.5	−0.299	−1.876	−0.384	−1.265	−0.559	−0.574	−0.639	−0.378	−0.712	−0.233	−0.769	−0.131
1.6	−0.434	−1.128	−0.521	−0.772	−0.684	−0.365	−0.753	−0.240	−0.812	−0.146	−0.853	−0.078
1.7	−0.555	−0.740	−0.645	−0.517	−0.796	−0.242	−0.854	−0.157	−0.898	−0.091	−0.925	−0.046
1.8	−0.655	−0.530	−0.756	−0.366	−0.896	−0.164	−0.943	−0.103	−0.975	−0.057	−0.987	−0.026
1.9	−0.768	−0.396	−0.862	−0.263	−0.988	−0.112	−1.024	−0.067	−1.034	−0.034	−1.043	−0.014
2.0	−0.865	−0.304	−0.961	−0.194	−1.073	−0.076	−1.098	−0.042	−1.105	−0.020	−1.092	−0.006
2.2	−1.048	−0.187	−1.148	−0.106	−1.225	−0.033	−1.227	−0.015	−1.210	−0.005	−1.176	−0.001
2.4	−1.230	−0.118	−1.328	−0.057	−1.360	−0.012	−1.338	−0.004	−1.299	−0.001	0	0
2.6	−1.420	−0.074	−1.507	−0.028	−1.482	−0.003	−1.434	−0.001	0.333	0	—	—
2.8	−1.635	−0.045	−1.692	−0.013	−4.593	−0.001	−0.056	0	—	—	—	—
3.0	−1.893	−0.026	−1.886	−0.004	0	0	—	—	—	—	—	—
3.5	−2.994	−0.003	1.000	0	—	—	—	—	—	—	—	—
4.0	−0.045	−0.011	—	—	—	—	—	—	—	—	—	—

桩置于土中（$\alpha h > 2.5$）或基岩上（$\alpha h \geqslant 3.5$）桩顶位移系数 A_{x_1}　　　附表14

$\bar{l}_0 = \alpha l_0$	$\bar{h} = \alpha h$					
	4.0	3.5	3.0	2.8	2.6	2.4
0.0	2.44066	2.50174	2.72658	2.90524	3.16260	3.52562
0.2	3.16175	3.23100	3.50501	3.73121	4.06506	4.54808
0.4	4.03889	4.11685	4.44491	4.72426	5.14455	5.76476
0.6	5.08807	5.17527	5.56230	5.90040	6.41707	7.19147
0.8	6.32530	6.42228	6.87316	7.27562	7.89862	8.84439
1.0	7.76657	7.87387	8.39350	8.86592	9.60520	10.73946
1.2	9.42790	9.54605	10.13933	10.68731	11.55282	12.89269
1.4	11.31526	11.45480	12.12663	12.75578	13.75746	15.32007
1.6	13.47468	13.61614	14.37141	15.08734	16.23514	18.03760
1.8	15.89214	16.04606	16.88967	17.69798	19.00185	21.06129
2.0	18.59365	18.76057	19.69741	20.60371	22.07359	24.40713
2.2	21.59520	21.77565	22.81062	23.82052	25.46636	28.09112
2.4	24.91280	25.10732	26.24532	27.36441	29.19616	32.12926
2.6	28.56245	28.77157	30.01750	31.25138	33.27899	36.53756
2.8	32.56014	32.78440	34.14315	35.49745	37.73085	41.33201
3.0	36.92188	37.16182	38.63829	40.11859	42.56775	46.52861
3.2	41.66367	41.91982	43.51890	45.13082	47.80568	52.14336
3.4	46.80150	47.07440	48.80100	50.55013	53.46063	58.19227
3.6	52.35138	52.64156	54.50057	56.39253	59.54862	64.69133
3.8	58.32930	58.63731	60.63362	62.67401	66.08564	71.65655
4.0	64.75127	65.07763	67.21615	69.41057	73.08769	79.10391
4.2	71.63329	71.97854	74.26416	76.61822	80.57378	87.04943
4.4	78.99135	79.35603	81.89365	84.31295	88.55089	95.50910
4.6	86.84147	87.22611	89.82062	92.51077	97.04403	104.49893
4.8	95.19962	95.60477	98.36107	101.22767	106.06621	114.03491
5.0	104.08183	104.50801	107.43100	110.47965	115.63342	124.13304
5.2	113.50408	113.95183	117.04640	120.28273	125.76165	134.80932
5.4	123.48237	123.95223	127.22329	130.65288	136.46692	146.07976
5.6	134.03271	134.52522	137.97765	141.60611	147.76522	157.96034
5.8	145.17110	145.68679	149.32550	153.15844	159.67256	170.46709
6.0	156.91354	157.45294	161.28282	165.32584	172.20492	183.61598
6.4	182.27455	182.86299	187.08990	191.56990	199.20874	211.90423
6.8	210.24375	210.88337	215.52690	220.46630	228.90468	242.95308
7.2	240.94913	241.64208	246.72182	252.14303	261.42075	276.89055
7.6	274.51869	275.26712	280.80266	286.72810	296.88495	313.84463
8.0	311.08045	311.88649	317.89741	324.34951	335.42527	353.94333
8.5	361.18540	362.06647	368.69917	375.84111	388.12147	408.68380
9.0	416.41564	417.37510	424.66017	432.52699	446.07411	468.78773
9.5	477.02117	478.06237	486.03042	494.65714	509.53320	534.50511
10.0	543.25199	544.37827	553.05991	562.48157	578.79873	606.08595

桩置于土中($\alpha h > 2.5$)或基岩上($\alpha h \geqslant 3.5$)桩顶转角(位移)$A_{\varphi_1} = B_{x_1}$　　附表15

$\overline{z} = \alpha z$	$\overline{h} = \alpha h$					
	4.0	3.5	3.0	2.8	2.6	2.4
0.0	1.62100	1.64076	1.75755	1.86949	2.04819	2.32680
0.2	1.99112	2.01222	2.14125	2.26711	2.47077	2.79218
0.4	2.40123	2.42367	2.56495	2.70482	2.93335	3.29756
0.6	2.85135	2.87513	3.02864	3.18253	3.43592	3.84295
0.8	3.34146	3.36658	3.53234	3.70024	3.97850	4.42833
1.0	3.87158	3.89804	4.07604	4.25795	4.50108	5.05371
1.2	4.44170	4.46950	4.65974	4.85566	5.18366	5.71909
1.4	5.05181	5.08095	5.28344	5.49337	5.84624	6.42447
1.6	5.70193	5.73241	5.94713	6.17108	6.52881	7.16986
1.8	6.39204	6.42386	6.65083	6.88879	7.29139	7.95524
2.0	7.12216	7.15532	7.39453	7.64650	8.07397	8.18062
2.2	7.89228	7.92678	8.17823	8.44421	8.89655	9.64600
2.4	8.70239	8.73823	9.00193	9.28192	9.75913	10.56138
2.6	9.55251	9.58969	9.86562	10.15963	10.66170	11.49677
2.8	10.44262	10.48114	10.76932	11.07734	11.60428	12.48215
3.0	11.37274	11.41260	11.71302	12.03505	12.58686	13.50753
3.2	12.34286	12.38406	12.69672	13.03276	13.60944	14.57291
3.4	13.35297	13.39551	13.70242	14.07047	14.67202	15.67829
3.6	14.40309	14.44697	14.78411	15.14818	15.77459	16.82368
3.8	15.49320	15.53842	15.88781	16.26589	16.91717	18.00906
4.0	16.62332	16.66988	17.03151	17.42360	18.09975	19.23444
4.2	17.79344	17.84134	18.21521	18.62131	19.32233	20.49982
4.4	19.00355	19.05279	19.43891	19.86902	20.58491	21.30520
4.6	20.25367	20.30425	20.70260	21.13673	21.88748	23.19059
4.8	21.54378	21.59570	22.00630	22.45444	23.23006	24.53597
5.0	22.87390	22.92716	23.35000	23.81215	24.61264	25.96135
5.2	24.24402	24.29862	24.73370	25.20986	26.03522	27.42673
5.4	25.65413	25.71007	26.15740	26.64757	27.49780	28.93211
5.6	27.10436	27.16153	27.62109	28.12528	29.00037	30.47750
5.8	28.59436	28.65298	29.12479	29.64299	30.54295	32.05288
6.0	30.12448	30.18444	30.66849	31.20070	32.12553	38.68826
6.4	33.30471	33.36735	33.87589	34.48612	35.41069	37.05902
6.8	36.64494	37.71062	37.24328	37.83154	38.85584	40.58979
7.2	40.14518	40.21318	40.77068	41.38696	42.46100	44.28055
7.6	43.80541	44.87606	44.45807	45.10238	46.22615	48.13132
8.0	47.62564	48.69900	48.30547	48.97780	50.15131	52.14208
8.5	52.62593	52.70264	53.33972	54.04708	54.28276	57.38054
9.0	57.87622	57.95628	58.62396	59.36635	60.66420	62.86899
9.5	63.37651	63.45992	64.15821	64.93563	66.29565	68.60745
10.0	69.12680	69.21356	69.94245	70.75490	72.17709	74.59590

桩置于土中（$\alpha h > 2.5$）或基岩上（$\alpha h \geqslant 3.5$）桩顶转角系数 $B_{\varphi 1}$ 附表16

$\bar{l}_0 = \alpha l_0$	$\bar{h} = \alpha h$					
	4.0	3.5	3.0	2.8	2.6	2.4
0.0	1.75058	1.75728	1.81849	1.88855	2.01289	2.22691
0.2	1.95058	1.95728	2.01849	2.08855	2.21289	2.42691
0.4	2.15058	2.15728	2.21849	2.28855	2.41289	2.62691
0.6	2.35058	2.35728	2.41849	2.48855	2.61289	2.82691
0.8	2.55058	2.55728	2.61849	2.68855	2.81289	3.02691
1.0	2.75058	2.75728	2.81849	2.88855	2.01289	3.22691
1.2	2.95058	2.95728	3.01849	3.08855	3.21289	3.42691
1.4	3.15058	3.15728	3.41849	3.48855	3.41289	3.62691
1.6	3.35058	3.35728	3.21849	3.28855	3.61289	3.82691
1.8	3.55058	3.55728	3.61849	3.68855	3.81289	4.02691
2.0	3.75058	3.75728	3.81849	3.88855	4.01289	4.22691
2.2	3.95058	3.95728	4.01849	4.08855	4.21289	4.42691
2.4	4.15058	4.15728	4.21849	4.28855	4.41289	4.62691
2.6	4.35058	4.35728	4.41849	4.48855	4.61289	4.82691
2.8	4.55058	4.55728	4.61849	4.68855	4.81289	5.02691
3.0	4.75058	4.75728	4.81849	4.88855	5.01289	5.22691
3.2	4.95058	4.95728	5.01849	5.08855	5.21289	5.42691
3.4	5.15058	5.15728	5.21849	5.28855	5.41289	5.62691
3.6	5.35058	5.35728	5.41849	5.48855	5.61289	5.82691
3.8	5.55058	5.55728	5.61849	5.68855	5.81289	6.02691
4.0	5.75058	5.75728	5.81849	5.88855	6.01289	6.22691
4.2	5.95058	5.95728	6.01849	6.08855	6.21289	6.42691
4.4	6.15058	6.15728	6.21849	6.28855	6.41289	6.62691
4.6	6.35058	6.35728	6.41849	6.48855	6.61289	6.82691
4.8	6.55058	6.55728	6.61849	6.68855	6.81289	7.02691
5.0	6.75058	6.75728	6.81849	6.88855	7.01289	7.22691
5.2	6.95058	6.95728	7.01849	7.08855	7.21289	7.42691
5.4	7.15058	7.15728	7.21849	7.28855	7.41289	7.62691
5.6	7.35058	7.35728	7.41849	7.48855	7.61289	7.82691
5.8	7.55058	7.55728	7.61849	7.68855	7.81289	8.02691
6.0	7.75058	7.75728	7.81849	7.88855	8.01289	8.22691
6.4	8.15058	8.15728	8.21849	8.28855	8.41289	8.62691
6.8	8.55058	8.55728	8.61849	8.68855	8.81289	9.02691
7.2	8.95058	8.95728	9.01849	9.08855	9.21289	9.42691
7.6	9.35058	9.35728	9.41849	9.48855	9.61289	9.82691
8.0	9.75058	9.75728	9.81849	9.88855	10.01289	10.22691
8.5	10.25058	10.25728	10.31849	10.38855	10.51289	10.72691
9.0	10.75058	10.75728	10.81849	10.88855	11.01289	11.22691
9.5	11.25058	11.25728	11.31849	11.38855	11.51289	11.72691
10.0	11.75058	11.75728	11.81849	11.88855	12.01289	12.22691

多排桩计算 ρ_{HH} 系数 x_Q

$\overline{l}_0 = \alpha l_0$	$\overline{h} = \alpha h$					
	4.0	3.5	3.0	2.8	2.6	2.4
0.0	1.06423	1.03117	0.97283	0.94805	0.92722	0.91370
0.2	0.88555	0.86036	0.81068	0.78723	0.76549	0.74870
0.4	0.73649	0.71741	0.67595	0.65468	0.63352	0.61528
0.6	0.61377	0.59933	0.56511	0.54634	0.52663	0.50831
0.8	0.51342	0.50244	0.47437	0.45809	0.44024	0.42269
1.0	0.43157	0.42317	0.40019	0.38619	0.37032	0.35401
1.2	0.36476	0.35829	0.33945	0.32749	0.31353	0.29866
1.4	0.31105	0.30505	0.28957	0.27938	0.26717	0.25380
1.6	0.26516	0.26121	0.24843	0.32975	0.22912	0.21717
1.8	0.22807	0.22494	0.21435	0.20694	0.19769	0.18707
2.0	0.19728	0.19478	0.18595	0.17961	0.17157	0.16215
2.2	0.17157	0.16956	0.16216	0.15673	0.14972	0.14138
2.4	0.15000	0.14836	0.14213	0.13746	0.13134	0.12895
2.6	0.13178	0.13044	0.12516	0.12113	0.11578	0.10924
2.8	0.11633	0.11522	0.11072	0.10723	0.10254	0.09673
3.0	0.10314	0.10222	0.09837	0.09533	0.09121	0.08604
3.2	0.09183	0.09105	0.08775	0.08510	0.08147	0.07686
3.4	0.08208	0.08143	0.07857	0.07625	0.07304	0.06893
3.6	0.07364	0.07309	0.07061	0.06857	0.06572	0.06204
3.8	0.06630	0.06583	0.06367	0.06187	0.05934	0.05604
4.0	0.05989	0.05949	0.05760	0.05600	0.05375	0.05079
4.2	0.05427	0.05392	0.05226	0.05085	0.04883	0.04616
4.4	0.04932	0.04902	0.04756	0.04630	0.04449	0.04209
4.6	0.04495	0.04469	0.04339	0.04227	0.04065	0.03847
4.8	0.04108	0.04085	0.03970	0.03869	0.03723	0.03526
5.0	0.03763	0.03743	0.03641	0.03550	0.03419	0.03239
5.2	0.03455	0.03438	0.03346	0.03265	0.03146	0.02983
5.4	0.03180	0.03165	0.03083	0.03010	0.02901	0.02753
5.6	0.02933	0.02920	0.02846	0.02780	0.02682	0.02546
5.8	0.02711	0.02699	0.02633	0.02573	0.02483	0.02359
6.0	0.02511	0.02500	0.02440	0.02385	0.02304	0.02190
6.4	0.02165	0.02156	0.02107	0.02062	0.01994	0.01897
6.8	0.01880	0.01873	0.01832	0.01784	0.01736	0.01655
7.2	0.01642	0.01686	0.01600	0.01550	0.01522	0.01452
7.6	0.01443	0.01438	0.01438	0.01382	0.01341	0.01280
8.0	0.01275	0.01271	0.01246	0.01223	0.01187	0.01135
8.5	0.01099	0.01096	0.01076	0.01056	0.01027	0.00983
9.0	0.00954	0.00951	0.00935	0.00919	0.00894	0.00857
9.5	0.00832	0.00831	0.00817	0.00804	0.00783	0.00751
10.0	0.00732	0.00730	0.00719	0.00707	0.00689	0.00662

多排桩计算 ρ_{MH} 系数 x_M

$\bar{l}_0 = \alpha l_0$	$\bar{h} = \alpha h$					
	4.0	3.5	3.0	2.8	2.6	2.4
0.0	0.98545	0.96279	0.94023	0.93844	0.94348	0.95469
0.2	0.90395	0.88451	0.85998	0.85454	0.85469	0.86138
0.4	0.82232	0.80600	0.78152	0.77377	0.77017	0.72552
0.6	0.74453	0.73099	0.70767	0.69870	0.69251	0.69101
0.8	0.67262	0.66145	0.63993	0.63048	0.62266	0.61839
1.0	0.60746	0.59825	0.57875	0.56928	0.56061	0.55442
1.2	0.54910	0.54150	0.52402	0.51487	0.50584	0.49843
1.4	0.49875	0.49092	0.47536	0.46669	0.45766	0.44956
1.6	0.45125	0.44601	0.43220	0.42411	0.41530	0.40688
1.8	0.41058	0.40620	0.39397	0.38648	0.37804	0.36956
2.0	0.37462	0.37093	0.36009	0.35319	0.34519	0.33684
2.2	0.34276	0.33964	0.33002	0.32370	0.31617	0.30807
2.4	0.31450	0.31184	0.30329	0.29750	0.29046	0.28267
2.6	0.28936	0.28709	0.27947	0.27417	0.26761	0.26018
2.8	0.26694	0.26499	0.25819	0.25335	0.24724	0.24019
3.0	0.24691	0.24521	0.23912	0.23470	0.22903	0.22236
3.2	0.22894	0.22747	0.22200	0.21268	0.21268	0.20639
3.4	0.21279	0.21150	0.20658	0.19798	0.19798	0.19206
3.6	0.19822	0.19709	0.19265	0.18471	0.18471	0.17914
3.8	0.18505	0.18406	0.18004	0.17270	0.17270	0.16746
4.0	0.17312	0.17224	0.16859	0.16180	0.16180	0.15688
4.2	0.16227	0.16149	0.15817	0.15551	0.15188	0.14725
4.4	0.15238	0.15168	0.14866	0.14621	0.14282	0.13848
4.6	0.14336	0.14273	0.13996	0.13770	0.13454	0.13046
4.8	0.13509	0.13452	0.13199	0.12990	0.12695	0.12311
5.0	0.12750	0.12700	0.12467	0.12273	0.11998	0.11636
5.2	0.12053	0.12007	0.11793	0.11612	0.11356	0.11015
5.4	0.11410	0.11368	0.11171	0.11003	0.10763	0.10442
5.6	0.10817	0.10779	0.10597	0.10440	0.10215	0.09913
5.8	0.10268	0.10232	0.10064	0.09919	0.09708	0.09422
6.0	0.09759	0.09727	0.09571	0.09435	0.09237	0.08967
6.4	0.08847	0.08821	0.08686	0.08566	0.08391	0.08150
6.8	0.08256	0.08034	0.07916	0.07811	0.07656	0.07440
7.2	0.07366	0.07530	0.07244	0.07151	0.07647	0.06271
7.6	0.06760	0.06744	0.06653	0.06571	0.07013	0.06818
8.0	0.06225	0.06211	0.06131	0.06058	0.05946	0.05787
8.5	0.05641	0.05629	0.05560	0.05496	0.05398	0.05258
9.0	0.05135	0.05125	0.05065	0.05009	0.04922	0.04797
9.5	0.04694	0.04685	0.04633	0.04583	0.04507	0.04395
10.0	0.04307	0.04299	0.04253	0.04210	0.04141	0.04041

多排桩计算 ρ_{MM} 系数 φ_M

$\bar{l}_0 = \alpha l_0$	$\bar{h} = \alpha h$					
	4.0	3.5	3.0	2.8	2.6	2.4
0.0	1.48375	1.46802	1.45863	1.45683	1.45683	1.44656
0.2	1.43541	1.42026	1.40770	1.40640	1.40619	1.40307
0.4	1.38316	1.36908	1.25432	1.35147	1.35074	1.35022
0.6	1.32858	1.31580	1.21969	1.29538	1.29336	1.29311
0.8	1.27325	1.26182	1.24517	1.23965	1.23619	1.23507
1.0	1.21858	1.20844	1.19111	1.18536	1.18059	1.77818
1.2	1.16551	1.15655	1.14024	1.13323	1.12757	1.12363
1.4	1.11713	1.10675	1.09104	1.08367	1.07697	1.07203
1.6	1.06637	1.05940	1.04442	1.03688	1.02957	1.02362
1.8	1.02081	1.01465	1.00048	1.99290	0.98518	0.97841
2.0	0.97801	0.97255	0.95920	0.95169	0.94372	0.93631
2.2	0.93788	0.93304	0.92050	0.91313	0.90504	0.89715
2.4	0.90032	0.89600	0.88425	0.87708	0.86896	0.86074
2.6	0.86519	0.86133	0.85032	0.84337	0.83531	0.82687
2.8	0.83233	0.82886	0.81855	0.81185	0.80389	0.79533
3.0	0.80158	0.79846	0.78880	0.78235	0.77454	0.76593
3.2	0.77279	0.76997	0.76092	0.75473	0.74709	0.73849
3.4	0.74580	0.74325	0.73475	0.72882	0.72138	0.71284
3.6	0.72049	0.71816	0.71019	0.70450	0.69727	0.68883
3.8	0.69670	0.69458	0.68909	0.68165	0.67463	0.66632
4.0	0.67433	0.67239	0.66535	0.66014	0.66334	0.64517
4.2	0.65327	0.65149	0.64485	0.63987	0.63329	0.62528
4.4	0.63341	0.63177	0.62552	0.62074	0.61439	0.60655
4.6	0.61467	0.61315	0.60724	0.60268	0.59653	0.58888
4.8	0.58694	0.59555	0.58996	0.58559	0.57965	0.57218
5.0	0.58017	0.57888	0.57359	0.56941	0.56367	0.55638
5.2	0.56429	0.56308	0.55807	0.55406	0.54853	0.54142
5.4	0.54921	0.54809	0.54334	0.53949	0.53415	0.52723
5.6	0.53489	0.53385	0.52934	0.52565	0.52049	0.51375
5.8	0.52128	0.52031	0.51602	0.51248	0.50749	0.50094
6.0	0.50833	0.50741	0.50333	0.49993	0.49511	0.48874
6.4	0.48421	0.48840	0.47969	0.47655	0.47205	0.46602
6.8	0.46222	0.46151	0.45812	0.45522	0.45101	0.44531
7.2	0.44211	0.44147	0.43838	0.43568	0.43174	0.42634
7.6	0.42364	0.42307	0.42023	0.41772	0.41403	0.40892
8.0	0.40663	0.40612	0.40350	0.40116	0.39970	0.39286
8.5	0.38718	0.38672	0.38434	0.28220	0.37899	0.37446
9.0	0.36947	0.36901	0.36690	0.36493	0.36195	0.35771
9.5	0.35330	0.35294	0.35096	0.34914	0.34637	0.34239
10.0	0.33847	0.33915	0.33633	0.33464	0.33206	0.32832

桩置于土中（$\alpha h \geqslant 2.5$）或基岩上（$\alpha h > 3.5$）桩顶弹性嵌固时位移系数 A_{xa}　　附表20

$\overline{l}_0 = \alpha l_0$	$\overline{h} = \alpha h$					
	4.0	3.5	3.0	2.8	2.6	2.4
0.0	0.93965	0.96977	1.02793	1.05462	1.07849	1.09445
0.2	1.12925	1.16230	1.23353	1.27027	1.30636	1.33565
0.4	1.35780	1.39390	1.47939	1.52745	1.57848	1.62533
0.6	1.62927	1.66853	1.76958	1.83036	1.89888	1.96730
0.8	1.94773	1.99028	2.10804	2.18300	2.27150	2.36580
1.0	2.31713	2.36311	2.49882	2.58937	2.88085	2.82477
1.2	2.74152	2.79105	2.94594	3.05349	3.18953	3.34823
1.4	3.21492	3.27812	3.45339	3.57936	3.74292	3.94019
1.6	3.77128	3.82830	4.02522	4.17099	4.43071	4.60460
1.8	4.38467	4.44563	4.66536	4.83237	5.05852	5.34556
2.0	5.06882	5.13406	5.37786	5.56752	5.82869	6.49800
2.2	5.82838	5.89761	6.16633	6.38043	6.67911	7.07300
2.4	6.66677	6.74034	7.03590	7.27509	7.61379	8.02186
2.6	7.58813	7.66617	7.98951	8.25552	8.63677	9.15447
2.8	8.59653	8.67917	9.03142	9.32572	9.75196	10.33801
3.0	9.69590	9.78327	10.16571	10.48968	10.96593	10.62207
3.2	10.89027	10.98250	11.39635	11.75140	12.27513	13.01065
3.4	12.18369	12.28093	12.72736	13.11489	13.69109	14.50777
3.6	13.58007	13.68243	14.06268	14.58415	15.21537	16.11735
3.8	15.08350	15.19115	15.70651	16.16318	16.85184	17.84353
4.0	16.69790	16.81093	17.36261	17.85597	18.60458	19.69022
4.2	18.42730	18.54586	19.13507	19.66653	20.48058	21.66146
4.4	20.27567	20.40000	21.12790	21.53569	22.47483	24.00000
4.6	22.24719	22.37722	23.04516	23.65697	24.60040	25.72193
4.8	24.34567	24.48164	25.19072	25.84483	26.85817	28.36299
5.0	26.57511	26.71714	27.46865	28.16647	29.25219	30.87165
5.2	28.93955	29.08778	29.88293	30.62944	31.78646	33.52554
5.4	31.44307	31.59763	32.44050	33.22706	34.46500	36.32797
5.6	34.08871	34.25057	35.13669	35.97399	37.29198	39.28285
5.8	36.88307	37.05071	37.98409	38.87072	40.27093	42.47424
6.0	39.82755	40.07973	40.98385	41.92390	43.40624	45.90000
6.4	46.18562	46.37386	47.67556	48.08371	50.16163	52.70807
6.8	53.19573	53.39838	54.58665	55.74084	57.59013	60.43979
7.2	60.88980	61.10738	62.40623	63.67727	65.72358	68.89375
7.6	69.29998	69.53333	70.94737	72.34079	74.59416	78.10176
8.0	78.45823	78.70730	80.24188	81.76340	84.23367	88.09602
8.5	91.00669	91.27653	92.96835	94.65780	97.41325	101.7430
9.0	104.83647	105.1279	106.9847	108.8509	111.9070	116.7309
9.5	120.01006	120.3240	122.3533	124.4049	127.7773	133.1221
10.0	136.58998	136.9272	139.1328	141.3826	145.1369	150.9793

参 考 文 献

[1] 王晓谋.基础工程[M].4版.北京:人民交通出版社,2010.

[2] 范立础.桥梁工程上册[M].3版.北京:人民交通出版社股份有限公司,2017.

[3] 李克钏.基础工程[M].2版.北京:中国铁道出版社,2000.

[4] 周景星,李广信,虞珉,等.基础工程[M].2版.北京:清华大学出版社,2007.

[5] 中华人民共和国交通运输部.公路桥涵设计通用规范:JTJ D60—2015[S].北京:人民交通出版社股份有限公司,2015.

[6] 中华人民共和国交通部.公路桥涵地基与基础设计规范:JTJ 024—1985[S].北京:人民交通出版社,1985.

[7] 中华人民共和国交通运输部.公路桥涵地基与基础设计规范:JTG 3363—2019[S].北京:人民交通出版社股份有限公司,2019.

[8] 中华人民共和国交通运输部.公路钢筋混凝土及预应力混凝土桥涵设计规范:JTG 3362—2018[S].北京:人民交通出版社股份有限公司,2018.

[9] 中华人民共和国交通部.公路圬工桥涵设计规范:JTG D61—2005[S].北京:人民交通出版社,2005.

[10] 中华人民共和国交通部.公路桥涵钢结构及木结构设计规范:JTJ 025—1986[S].北京:人民交通出版社,1987.

[11] 中国铁路桥梁史编辑委员会.中国铁路桥梁史[M].北京:中国铁道出版社,1987.

[12] 许兆斌,龚志刚.科林斯湾上的里翁—安蒂里翁4塔斜拉桥[J].世界桥梁,2003(2):9-11.

[13] 金增洪.明石海峡大桥简介[J].国外公路,2001,21(1),13-18.

[14] 刘自明.桥梁深水基础[M].北京:人民交通出版社,2003.

[15] 洪毓康.土质学与土力学[M].2版.北京:人民交通出版社,1999.

[16] 钱建固,袁聚云,赵春风,等.土质学与土力学[M].5版.北京:人民交通出版社股份有限公司,2015.

[17] 肖仁成,俞晓.土力学[M].北京:北京大学出版社,2006.

[18] 交通部第一公路工程总公司.公路施工手册——桥涵(上)[M].北京:人民交通出版社,2000.

[19] 中华人民共和国交通运输部.公路桥涵施工技术规范:JTG/T 3650—2020[S].北京:人民交通出版社股份有限公司,2020.

[20] 欧阳效勇,任回兴,徐伟.桥梁深水桩基础施工关键技术——苏通大桥南塔基础工程施工实践[M].北京:人民交通出版社,2006.

[21] 中华人民共和国住房和城乡建设部.建筑基桩检测技术规范:JGJ 106—2014[S].北京:中国建筑工业出版社,2014.

[22] 王伯惠,上官兴.中国钻孔灌注桩新发展[M].北京:人民交通出版社,1999.

[23] 张宏.灌注桩检测与处理[M].北京:人民交通出版社,2001.

[24] 徐攸在,刘兴满.桩的动测新技术[M].北京:中国建筑工业出版社,1989.

［25］俞振全.钢管桩的设计与施工［M］.北京:地震出版社,1993.

［26］中华人民共和国建设部.建筑桩基技术规范:JGJ 94—2008［S］.北京:中国建筑工业出版社,2008.

［27］胡人礼.桥梁桩基础分析和设计［M］.北京:人民铁道出版社,1987.

［28］赵明华.桥梁桩基计算与检测［M］.北京:人民交通出版社,2001.

［29］刘金砺.桩基础设计与计算［M］.北京:中国建筑工业出版社,1990.

［30］公路设计手册编写组.公路设计手册——墩台与基础［M］.北京:人民交通出版社,1987.

［31］中华人民共和国住房和城乡建设部.建筑地基处理技术规范:JGJ 79—2012［S］.北京:中国建筑工业出版社,2013.

［32］中华人民共和国交通运输部.公路软土地基路堤设计与施工技术细则:JTG/T D31-02—2013［S］.北京:人民交通出版社,2013.

［33］中华人民共和国住房和城乡建设部.建筑地基基础设计规范:GB 50007—2011［S］.北京:中国建筑工业出版社,2012.

［34］任文杰.基础工程［M］.北京:中国建材工业出版社,2007.

［35］王协群、章宝华.基础工程［M］.北京:北京大学出版社,2006.

［36］李志新.地基与基础工程施工［M］.北京:中国建筑工业出版社,2008.

［37］徐至钧,等.新编建筑地基处理工程手册［M］.北京:中国建材工业出版社,2005.

［38］王晓谋,袁怀宇.高等级公路软土地基路堤设计与施工技术［M］.北京:人民交通出版社,2001.

［39］张留俊,王福胜,李刚.公路地基处理设计施工实用技术［M］.北京:人民交通出版社,2004.

［40］王保田,张福海.土力学与地基处理［M］.南京:河海大学出版社,2005.

［41］龚晓南.复合地基设计和施工指南［M］.北京:人民交通出版社,2003.

［42］牛志荣,李宏,穆建春,等.复合地基处理及其工程实例［M］.北京:中国建材工业出版社,2000.

［43］中华人民共和国住房和城乡建设部.湿陷性黄土地区建筑标准:GB 50025—2018［S］.北京:中国建筑工业出版社,2019.

［44］华南理工大学.地基及基础［M］.3 版.北京:中国建筑工业出版社,1998.

［45］中华人民共和国交通运输部.公路工程抗震规范:JTG B02—2013［S］.北京:人民交通出版社,2014.

［46］中华人民共和国交通运输部.公路桥梁抗震设计细则:JTG/T 2231-01—2020［S］.北京:人民交通出版社股份有限公司,2020.

［47］李斌.特殊地区公路(膨胀土地区)［M］.北京:人民交通出版社,1993.

［48］刘祖典.黄土力学与工程［M］.西安:陕西科学技术出版社,1997.

［49］中华人民共和国住房和城乡建设部.膨胀土地区建筑技术规范:GB 50112—2013［S］.北京:中国建筑工业出版社,2013.

［50］张忠苗.桩基工程［M］.北京:中国建筑工业出版社,2007.

［51］中华人民共和国住房和城乡建设部.建筑基桩自平衡静载试验技术规程:JGJ/T 403—

2017[S].北京:中国建筑工业出版社,2017.

[52] K·太沙基,1943.理论土力学[M].徐志英,译.北京:地质出版社,1960.

[53] 四川省住房和城乡建设厅.四川省旋挖钻孔灌注桩基技术规程:DB J51/T062—2016 [S].成都:西南交通大学出版社,2016.